2022

中国水电
青年科技论坛论文集

上册

中国水力发电工程学会　组编

中国电力出版社
CHINA ELECTRIC POWER PRESS

图书在版编目（CIP）数据

2022 中国水电青年科技论坛论文集/中国水力发电工程学会组编．—北京：中国电力出版社，2022.8
ISBN 978-7-5198-6959-5

Ⅰ．①2… Ⅱ．①中… Ⅲ．①水力发电工程－中国－文集 Ⅳ．①TV752-53

中国版本图书馆 CIP 数据核字（2022）第 135106 号

出版发行：中国电力出版社
地　　址：北京市东城区北京站西街 19 号（邮政编码 100005）
网　　址：http：//www.cepp.sgcc.com.cn
责任编辑：安小丹（010-63412367）　孙建英
责任校对：黄　蓓　郝军燕　李　楠　朱丽芳
装帧设计：赵姗姗
责任印制：吴　迪

印　　刷：三河市万龙印装有限公司
版　　次：2022 年 8 月第一版
印　　次：2022 年 8 月北京第一次印刷
开　　本：787 毫米×1092 毫米　16 开本
印　　张：63.5
字　　数：1576 千字
定　　价：380.00 元（上下册）

编 委 会

序

  过去的一年，中国共产党迎来百年华诞，实现了第一个百年奋斗目标，开启了全面建设社会主义现代化国家新征程。2022 年是进入全面建设社会主义现代化国家、向第二个百年奋斗目标进军新征程的重要一年，我们党将召开具有重大而深远意义的第二十次全国代表大会。当前我国已进入新发展阶段，深入贯彻新发展理念，加快推动构建新发展格局，是能源电力行业肩负的新时代使命，以深化供给侧结构性改革为主线，以改革创新为根本动力，坚持系统观念，更好统筹发展与安全。水电在全球能源供应及温室气体减排中发挥着重要作用。

  我国一直把水电开发作为能源发展的重点领域，中国水电技术已经实现了全产业链的全面提升。按照"十四五"规划和 2035 年远景目标纲要提出的目标任务，我国将继续推进能源消费、供给、技术和体制四个革命，全方位加强国际合作，实现开放条件下能源安全。坚持生态优先，积极稳妥推进水电开发，统筹流域水电综合利用，建立完善梯级水电站联合调度运用机制，开展梯级电站调蓄储能研究，推进重点流域水电开发生态保护与修复，推进水电开发利益共享，中国水电事业已稳妥有序地走入"十四五"的第二年。

  2021 年 11 月，党的十九届六中全会通过了《中国共产党第十九届中央委员会第六次全体会议公报》，全面总结了党的百年奋斗重大成就和历史经验，是郑重的战略性决策，体现了我们党重视和善于运用历史规律的高度政治自觉，体现了我们党牢记初心使命、继往开来的自信担当。习近平总书记在全会上的重要讲话，回顾总结了一年来党和国家工作，科学分析了国内外形势发展变化，深刻阐明了制定《决议》的战略考虑，对贯彻落实全会精神提出了明确要求。2022 年中国水力发电工程学会党建工作将坚持以习近平新时代中国特色社会主义思想为指导，全面贯彻落实党的十九大和十九届历次全会精神，自觉运用党的百年奋斗历史经验，弘扬伟大建党精神，坚持稳中求进工作总基调，认真落实科协科技社团党委对学会工作的指示精神和工作要求，进一步强化大局意识凝聚发展合力，推进水电和清洁能源事业高质量发展。

  中国由于地形优势，加之幅员辽阔，水能资源位居世界第一。在"双碳"目标的指引下，我国的水电工作者克服新冠肺炎疫情和变幻的国际形势的不利影响，相继迎来了乌东德、白鹤滩等巨型水电站的正式投产发电，铸就了中国水电的"国家名片"地位。

在"双碳"目标的指引下，新能源爆发式增长，抽水蓄能对于维护电网安全稳定运行、建设新型电力系统具有无可替代的支撑作用，抽水蓄能迎来前所未有的发展机遇。

2021年12月，由中国电力建设集团设计施工的世界最大抽水蓄能电站——河北丰宁抽水蓄能电站首批机组正式投产发电，为北京冬奥会历史上首次实现100%绿色电能供应提供了可靠保障。2022年3月，我国海拔最高的百万千瓦级水电站——雅砻江两河口水电站6台机组全部投产发电，年发电量可达110亿kWh。2022年4月，700m级高水头、高转速、大容量抽水蓄能电站——吉林敦化抽水蓄能电站，随着4号机组的正式投入商业运行，宣告该电站全面投产发电。2022年6月，位于安吉县天荒坪镇的浙江省重点该项目国内首座长龙山抽水蓄能电站最后一台机组成功发电，至此，该电站6台机组全部实现投产。同时，我国参与建设的国际水电工程也取得了丰硕成果。2022年6月，布隆迪胡济巴济水电站电站3台机组全部实现并网发电目标，它是中国援外在建最大水电站，由此全部投产发电，为布隆迪增加约1/3的电力供应，将减少当地用电缺口，促进当地工业生产，推动布隆迪国民经济发展，改善居民生活水平。

随着多年来的技术沉淀，我国水电原创了大量的水利水电工程尖端技术，积累了雄厚的人才队伍，形成了一大批工程勘察规划设计、工程建设、投融资和运营管理等领域的顶尖企业。这其中，青年英才的贡献功不可没。中国水力发电工程学会作为水电行业的科技工作者之家，历来极其重视青年人才的发现、培养和举荐工作，为水电杰出人才的成长搭建平台，号召并引导广大水电青年科技工作者牢固树立科学精神、培养创新思维、挖掘创新潜能、提高创新能力，在继承前人工作的基础上不断实现超越。同时呼吁水电青年人才坚守学术操守和道德理念，把学问提高和人格塑造融合在一起，既赢得崇高的技术和学术声望，又培养高尚的人格风范，以促进水电青年人才的成长进步，在我国实现"双碳"目标的征程上贡献最大的力量。

"中国水电青年科技论坛"的品牌学术活动经过连续三年的实践打磨，影响和声望不断提升，成为了水电青年科技人才交流创新思想和展现才华的重要平台，经充分的讨论和酝酿，学会将论坛上报中国科协并最终入选中国科学技术协会《重要学术会议指南（2022）》，在中国科协的关怀和指导下，会议将有效促进水电行业中青年的学术分享与交流，推动多学科互动，加快产学研联动发展，提升我国水电行业的研究与应用水平，形成求真务实、开放合作的学术会风。2022年的"中国水电青年科技论坛"论文征集工作，大家继续积极响应，踊跃投稿，论文数量和质量均创新高，中国水力发电工程学会决定继续出版论文集，供广大水电科技工作者学习交流、互相借鉴，合力推进我国水电和新能源科技进步和创新。

中国水力发电工程学会　理事长

前　言

　　我国力争 2030 年前实现碳达峰、2060 年前实现碳中和，是以习近平同志为核心的党中央经过深思熟虑做出的重大战略决策，是贯彻新发展理念、推动高质量发展的必然要求，也是构建人类命运共同体、建设更加美好地球家园的时代责任。中国水力发电工程学会牢牢把握这一重大战略目标的本质要求、丰富内涵和实践路径，坚持走在前、干在先、做表率，加快构建与"双碳"战略目标更加契合的高水平青年人才发现与培育体系，以高质量人才培养、科技创新、服务社会积极响应时代命题，以助推经济社会发展与全面绿色转型，为实现碳达峰、碳中和做出更大贡献。为此，中国水力发电工程学会创办了"中国水电青年科技论坛"，从 2019 年开始，在北京、西安、贵阳连续成功举办了三届。论坛共吸引了全国水利水电和新能源领域的 150 余家单位 400 余名专家、领导及青年科技工作者参加，对中国水电和新能源的未来发展进行深入交流。经过三年的实践打磨，影响和声望持续提升，论坛成为了水电青年科技人才交流创新思想和展现才华的重要平台，连续被列入《中国科协重要学术会议指南》，并获得了中国科协中国特色一流学会建设项目的资助。

　　2022 年中国水电青年科技论坛在昆明举办，本次论坛继续开展学术论文征集活动，共收到论文 258 篇，论文作者均为 45 岁以下的青年科技工作者、专业技术人员，全部来自水电行业生产、管理、科研和教学等一线岗位。

　　本次大会组委会对征集到的论文进行了查新，并邀请水电行业知名专家分门别类对论文进行了独立评审并提出评审意见，组委会依据专家评审意见对论文进行了遴选和录取工作，并采取无记名投票方式，评选出了本届科技论坛优秀论文 9 篇，刊登在《水电与抽水蓄能》期刊。

　　本论文集共收录论文 138 篇，涵盖水电及新能源技术领域发展规划勘测设计、机组装备实验与制造、施工实践、建设管理、运行与维护、新能源六个方向，基本反映了水电行业的工程实践及前沿热点问题，可供水电及新能源各专业领域的科技工作人员学习借鉴及参考。

　　感谢行业内各单位的大力支持，感谢广大水电青年科技工作者的踊跃投稿和热情参与，也感谢各位论文评审专家的无私奉献和悉心指导。在会议组织和论文集征集、评审、编辑出版过程中，中国电建集团昆明勘测设计研究院有限公司、华能澜沧江水电股份有限公司、云南省水力发电工程学会、中国电力出版社、《水电与抽水蓄能》编辑部等单位做了大量的工作，在此一并表达谢意。本书的出版将为中国水电和新能源事业的发展做出新的贡献。

本书编委会

2022 年 8 月 18 日

目 录

二、机组装备试验与制造

三、施 工 实 践

下　册

四、建　设　管　理

五、运 行 与 维 护

六、新　能　源

一、

规划勘察设计

基于 BIM 的水电站三维结构模型可视化设计探讨

姬 钊 邹 磊

（南水北调中线干线工程建设管理局渠首分局，河南省南阳市 473000）

[摘 要]现代科学技术在水电站建设中逐渐普及，为了更好实现水电站项目的科学和有效建设，BIM 技术逐渐得到其项目引入。本文主要采取论述法、实践分析法等阐述了 BIM 技术的内涵，并对基于 BIM 的水电站实现过程进行三维结构模型可视化设计技术实施详细分析，借助 BIM 技术的可视化和信息化等特点，有效实现水电站三维结构模型可视化设计，对提升水电站项目的有效建设提供有力支持。

[关键词]BIM 技术；水电站；三维结构模型；可视化；模型设计

0 引言

传统发电方式对煤炭能源消耗巨大，且易对生态环境造成不利影响，国家出于环保战略发展理念，提出和强调对清洁能源的使用，这也促进了水电站项目建设规模的增加。水电站项目建设中，项目设计工作至关重要，传统项目设计主要采用手工二维方式，随着科技水平不断提高，CAD 机械制图和 BIM 技术逐渐在项目设计中得到运用，并促进相关设计工作朝着立体化和三维化方向发展。而 BIM 技术的逐渐成熟和普及，有效实现了水电站三维结构模型可视化设计效果，如何借助 BIM 技术更好服务项目设计工作是现阶段相关领域重点研究的内容。但目前水电项目领域对 BIM 三维建模及可视化的研究还处在探索阶段，诸多理论及技术方面存在难题。本文在阐述 BIM 技术的基础上，探讨基于 BIM 的水电站三维结构模型可视化设计实施及实现过程，希望能给相关项目的应用提供一定的参考。

1 BIM 技术概述

BIM 技术是建筑信息模型的缩写，是借助数字化信息仿真对建筑物各方面真实信息进行模拟的一种技术，此处的信息包括三维几何信息和非几何的形状信息等，如构件材料、价格、位置、性能和工程进度等信息。此技术可以在项目工程的全生命周期内使用，实现对项目工程的现代化管控，具体如图 1 所示。

此技术在项目设计中呈现出诸多显著特点，主要包括模型信息化、可视化、参数化和模拟化等。在模型信息化方面，其模型不仅包括 3D 化的几何信息，还包括项目工程设计、施工和维护等环节的信息；且信息模型内的对象呈现互相关联和识别的关系，若模型内的某对象出现变动，则与其相关联的对象均会随之发生变化，从而确保模型信息具有一致性[1]。在可视化方面，此技术对传统手绘图纸和电脑二维图纸的形式进行了改变，实现三维立体化实物图形的展示，此方式具有更加真实和形象的效果，不管是项目设计阶段，还是施工、建设和维护过程都便于可视化的沟通与管理。在参数化方面，此技术所建立的信息模型并非简单数字和信息堆积而成，而是依据参数变量构建的信息分析模型，对模型内参数值进行改编和调整，就能够驱动模型完成更新。在模拟化方面，借助 BIM 除能够实现建筑物的模型信息模拟外，还能够对实践操作的情境进行模拟，如设计阶段可以结合要求数据进行节能分析和日照分析等；施工阶段加入项目的进展时间可以开展 4D 化的模拟施工，实现最优化施工方案的制定和确认。

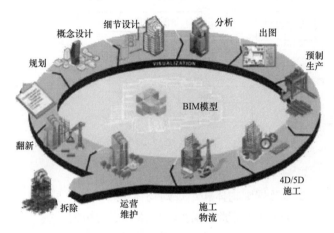

图 1　基于 BIM 技术的项目全生命周期图

2　BIM 技术在水电站项目设计中的价值

　　BIM 技术借助三维建模、三维计算等手段，可帮助水电站项目的建设实现关联数据库的构建，此数据库内涵盖项目详细资料、规划设计的目标、设计和管理的数据、项目施工的信息等，其信息包含水电站项目从设计环节到施工、运营管理、拆除等环节的全部信息，从而构建出一个综合化、全面化和复杂化的数据库[2]。

　　通过此虚拟化的信息模型，项目不同专业的设计人员根据实际需求，均能够实现项目模型几何信息、基础图表等数据的便捷改动与调整，还能够及时查找与输出所需要的信息、报表等。此信息模型的数据库从项目规划、设计阶段开始建立，随着项目持续的进展，信息模型数据库内的信息数据也会随之增多[3]。不同专业的人员借助数据库能够对项目的这些信息数据实现实时的共享，且结合自身实际需求还能够实时获取有用的信息资料，这就为工作的协同开展和统筹管理提供良好的条件，改善和解决传统项目设计和建设期间出现的信息流通问题和信息缺失问题等，对其工作质量和效率的提升都具有重要意义。

3　基于 BIM 的水电站三维结构模型可视化设计

3.1　水电站三维结构模型构建分析

3.1.1　构建流程

　　对水电站项目进行三维结构的可视化设计时，需要先通过相关软件，如 Navisworks 等，构建三维数字化的信息模型，此模型包括了项目的基本信息，如地质信息、几何参数信息和施工条件信息等，后通过渲染处理构建出仿真性的建设场景[4]。水电站三维建模的流程图如图 2 所示。

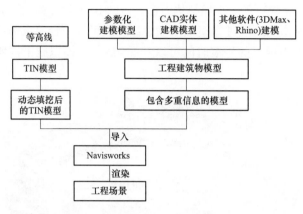

图 2　水电站三维建模的流程图

3.1.2　构建方法

在模型构建中，主要涉及规则物体和不规则物体两种类型模型的构造。在规则物体的模型构造中，以大坝为例，可以以"能够表现实际物体特征的相关面域"进行实体模型的构建，后对模型采取移动、复制、旋转等操作处理，再通过几何图形布尔运算获取模型差集、交集和并集等，从而得到实体的三维化模型。

其中两个物体 A 和 B 如果在空间存在并集，而并集部分是实体 C，则实体 C 的求解公式表示为

$$A \cup B = \{R \mid R \in A \ OR \ R \in B\} \tag{1}$$

其中两个物体 A 和 B 如果在空间存在交集，而交集部分是实体 C，则实体 C 的求解公式表示为

$$A \cap B = \{R \mid R \in A \ AND \ R \in B\} \tag{2}$$

其中两个物体 A 和 B 如果在空间存在差集，而差集部分是实体 C，则实体 C 的求解公式表示为

$$A - B = \{R \mid R \in A \ AND \ R \in B\} \tag{3}$$

在不规则的物体进行模型构造时，以水电站位置地形图为例，就可以采用曲面建模的方式，其曲面以网格形式构成，通过大量三角形、四边形等高密度的网格对曲面分解，再通过"微切平面逼近于曲面"法，即可最终实现水电站实体三维化模型的构建。

3.1.3　构建技术

建模过程中使用到的建模技术有很多，主要有 CAD 建模、参数建模、特征建模等。其中 CAD 建模主要先借助 CAD 软件对水电站二维模型进行绘制，后导入到 3D Max 软件中，使用计算机对二维模型采取布尔运算、变形等操作，最终实现模型的可视化目的。参数建模主要通过参数对构件几何的形状、组合等进行控制，其建模其实就是对水电站各个部位组件完成拼装的过程；在水电站中，不同的构件具有诸多参数信息，设计时要结合构件重要性和关键性进行选择输入，对不重要构件可以仅输入主要参数，避免导致设计周期的增加[5]。在特

征建模中，此技术主要在水电站洞室建模环节使用，包括导流洞和泄洪洞等，其以诸多预定义的特征为技术实现建模，它工作的内容包括水电站模型的几何参数信息定义，如精度和尺寸等；数据库的搜索并实现模型几何参数和模型预定义的特征比较，确定水电站特征参数；对水电站的特征参数实现位置的约束，最后实现水电站可视化的三维模型构建。

3.2 水电站三维结构模型设计实践

3.2.1 工程建模

基于 BIM 的水电站仿真设计中，构建可视化的模型是基础，此过程主要包括大坝结构建模、坝体和厂房结构建模、机电设备建模等，整体三维结构模型如图 3 所示。

图 3　某水电站三维结构模型

在建模过程中，需要注意建模标准的统一和图纸实效性的明确。因为水电站项目工程量大，且涉及的专业也不同，往往存在不同供应商、设计单位三维建模标准不同的问题，面对这种情况就需要注意建模标准的统一，以便于设计效率的提升。同时，水利工程的设计过程往往由于诸多原因的出现，会不可避免导致多次设计变更情况的发生，因此一定要保证图纸和模型具有良好的实效性，且都要以项目部统一出具的图纸为基准，不能擅自改动。

3.2.2 地形仿真处理

在对地形的仿真处理中，主要采用 BIM 系统内的 CIVil 3D 软件实现，通过此软件能够进行三维化地形曲面的创建，体现地形、地质等特征，如河流、植被及山川等数据都能够通过实体模型信息体现。此软件不仅能够实现地形的仿真处理，还能够基于地形曲面开展土方项目明挖基坑、放坡和道路施工设计等，通过土方量的计算还可以实现土方的施工图、土方量计算表等输出[6]。但在通过此软件对土方量进行计算时，要特别注意能够直接用在工程填方及挖方的工程量方面的计算、回填用的挖方挖掘地点规划和布置等内容，它们对土方项目成本控制有显著影响。

3.2.3 建筑结构仿真处理

在 BIM 系统内，具备建筑部分施工结构的工艺仿真功能模块，如 Revit 等软件，可以实现对建筑结构的配筋、设备的建模和施工方案的布置等处理。借助其软件可以对三维模型实现多种类型建筑材料的特性赋予，如砖砌、结构钢和混凝土等种类。对混凝土的结构配筋进行设计时，可直接选择现有的三维模型并以不同类型配筋进行施工配筋的模型转化，便于后续工程施工进度的模拟控制，如图 4 所示。同时借助此软件还可实现建立施工设备模型，如

图 5 所示为塔带机的模型。

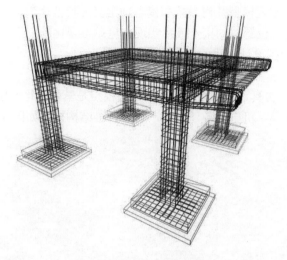

图 4 混凝土结构配筋模型

图 5 塔带机模型

在通过 Revit 软件对结构工程进行设计的计算过程中，要做好诸多注意事项的把控工作，如强度设计中要关注材料特性的设置和载荷定义等。与 PKPM 结构设计的软件对比，此款 Revit 软件的显著功能主要在 MEP 和建筑设计中体现，如果是强度计算的正式评审报告，就要先通过专业型结构力学的计算软件进行分析，后与 Revit 计算结果做好对比。

3.2.4 方案布置仿真展示

在 BIM 系统内，往往还具有 AIM 软件功能，此软件能够借助虚拟环境实现建筑、地形和设备等模型的及时布置，并使上述模块所建模型实现快速导入和虚拟布置效果；同时以 Revit 软件模块构建出不同时段内混凝土的结构模型部分，还能够采取时序化的布置处理，实现工程项目各个不同阶段的施工情况展示[7]。

通过 AIM 软件模块对施工方案进行快速布置和展示期间，一定要注重对不同类型施工场景的文件进行分类和时序化管理。在 BIM 系统功能内，想要实现 4D 施工和管理的功能，主要是在 3D 的技术上增加时间参数，以此来对工程施工进度进行实时反映，这也是 BIM 特色化的功能体现，所以 AIM 设计过程一定要做好时序化的仔细处理。

3.2.5 动态仿真及管理

BIM 的系统内还具备诸多动态仿真、动画渲染等软件，如 Navisworks、3Dmax 等，这些软件都为水电站三维结构动态仿真及管理提供了良好的支持。其中通过 Navisworks 软件的使用，可以对 CAD、Revit 和 CIVil 3D 等软件所构建的相关模型进行导入，如建筑工程结构、施工设备、工程地形等，且能够根据实际情况进行渲染，结合需求进行施工进度相关数据的导入和导出，实现工程项目动态化的进度模拟呈现。同时，如果把项目工程土方计算的数据、力学分析的数据和全过程 AIM 施工布置的数据等进行导入，就能够对水利工程项目 4D 施工的面貌、结构实际强度、地形及道路施工的土方与作业数据进行查询，从而更好地为工程管理提供支持。但在使用的过程中还要注意很多事项，尽管 Navisworks 软件具有强大且丰富的功能，但其功能的发挥需要以前面诸多模块数据的集成为基础，所以对计算机的要求比较高，一般将服务器当作载体。其不仅能够体现施工的进度、工程成本、分时的效果和工程量等信息，还可以对结构力学的计算结果进行有效集成，但一般不将此分析结果进行单独存储，否则会增加系统的压力。

4 结语

综上所述，BIM 是一项现代化先进科学技术类型，它具有显著的特点和诸多功能，在水电站项目设计工作中具有重要的价值。由于水电站三维结构模型的设计是一项综合化和复杂化的活动，项目的过程涉及水电站工程的勘测、规划、设计、使用、运维等阶段，且模型设计涵盖地质地形的生成、地上建筑的生成、机械模型的生成等，因此想要实现对 BIM 的有效使用，就需要相关单位和人员在水电站三维结构模型可视化设计中把握好各个设计要点，并根据实际工程情况和需求，及时进行设计的调整与优化，确保 BIM 技术功能的充分发挥。

参考文献

[1] 邹今春，赵春龙，李岗，等. BIM 技术在乌东德水电站启闭机设计中的应用 [J]. 制造业自动化，2019，41（9）：93-96.

[2] 王欣垚，郑兆信，欧阳明鉴. 三维可视化管理平台在水电站工程管理中的应用研究 [J]. 水力发电，2021，47（11）：118-124.

[3] 任焰培. 基于 OpenGL 的水电站三维可视化技术研究 [J]. 智富时代，2017（5）：393.

[4] 胡海龙，常龙，王欣欣，等. 三维可视化技术在水电站设备管理中的应用研究 [J]. 水电与抽水蓄能，2020，6（1）：106-114.

[5] 徐俊，李小帅，韩旭，等. 巴基斯坦 Karot 水电站工程多专业三维协同设计 [J]. 土木建筑工程信息技术，2017，9（6）：1-6.

[6] 胡秋爽，廖少波，刘阜羊. 三维可视化在两河口水电站泄水建筑物布置设计中的指导及施工应用 [J]. 水电站设计，2017，33（2）：33-35.

[7] 黄文钰，尚海兴．三维实景 GIS 平台在水电站设计中的应用探索 [J]．西北水电，2020（4）：107-109．

作者简介

姬　钊（1991—），男，初级工程师，主要从事水利水电工程运行维护。E-mail：1465060127@qq.com

邹　磊（1988—），男，助理工程师，主要从事输水调度。E-mail：1677859936@qq.com

麻石电厂进水口拦污栅改造可行性研究

陶荣能

（广西水利电力建设集团有限公司麻石水力发电厂，
广西壮族自治区融水苗族自治县　545400）

[摘　要]水电厂的进水口拦污栅设计科学与否会对电厂运作水平以及经济效益带来直接影响，由拦污栅导致的安全事故屡见不鲜，故要予以高度重视。每年丰水期，因流域上游漂浮物增多，广西水力建设集团有限公司麻石水力发电厂（以下简称"麻石电厂"）拦污栅经常会出现堵塞现象，造成发电水头损失，导致机组未能按照额定功率满发。笔者从麻石电厂进水口拦污栅的过流水平、抗堵能力等方面进行分析，研究改造可行性，以提高电厂经济效益。

[关键词]进水口；拦污栅；改造

0　引言

当前国家对清洁能源的发展尤为重视，麻石电厂进水口拦污栅堵塞现象造成了水资源的浪费，进行拦污栅改造对提高电厂经济效益有积极的意义。本文围绕麻石电厂进水口拦污栅的改造进行探讨，为存在类似现象的水电厂提供借鉴。

1　概述

麻石电厂共有三台机组，总装机容量为 108.5MW（1×36.5MW+2×36MW），设计水头为 18m，最小水头为 10m，最高水头为 20.5m。每台机组设有 2 个进水口，3 台机组共设有 6 个进水口、6 个拦污栅。拦污栅设计水头损失 1.4m，即没有任何堵塞情况下水头损失 1.4m。麻石电厂所在的融江流域汛期为 4～9 月，汛期漂浮物较多，易造成拦污栅堵塞，2 天左右就要清理拦污栅，每次清理花费 2h。经统计，汛期麻石电厂拦污栅损失水头平均为 2.5m 左右，机组出力减少 10%～20%。麻石电厂拦污栅设计允许压差 5m，由于使用年限久，性能下降，目前允许压差 3.5m，超过了就需要减负荷或停机。鉴于当前的捞渣机清理效果不佳，费时费力，所以对进水口拦污栅改造就显得格外重要。

利用汛期夜间低负荷某台机组停机，借助清污机对拦污栅进行清理，夜间作业会花费较多的时间和精力，也无法充分确保工作人员的人身安全。因为进水口相关建筑物结构的原因，若某台机组拦污栅因为淤堵致使压差过大需停机清淤，除了需要本机组停机外，与该机组相近的机组也要进行停机或减负荷，这样才能达到理想清淤效果。

2 改造措施

2.1 增加栅片间距

笔者对西津、大化、岩滩、葛洲坝等水电厂进水口拦污栅调查后发现：其拦污栅栅片间距为 0.12～0.25m，发电机组转轮越大，拦污栅栅片间距随之增大。葛洲坝水电厂机组转轮直径为 5.5m，拦污栅栅片间距为 0.13m。目前国家提倡绿水青山就是金山银山，实行封山育林、退耕还林等相关政策，环保意识增强，河流漂浮物有所减少，可尝试将麻石电厂进水口拦污栅栅片间距增加到 0.16～0.17m。

2.2 降低栅片过流水头损失

在充分结合 kischmer 试验公式的基础上得到与之相匹配的拦污栅前后水位变化量，公式为

$$\Delta h = \xi \frac{V^2}{2g} \qquad (1)$$

式中 V ——拦污栅前流速，m/s；

  ξ ——栅片损失系数；

  g ——重力加速度，m/s²。

对式（1）进行分析得知：降低栅片损失系数 ξ 可以降低拦污栅水头损失，栅片损失系数 ξ 的计算公式为

$$\xi = \beta \sin\alpha \left(\frac{\delta}{l}\right)^{4/3} \qquad (2)$$

式中，β 表示栅片的断面形状系数。栅片断面为圆形状，断面形状系数取 1.73；栅片断面为矩形状，断面形状系数取 2.34；栅片断面为长椭圆形状，断面形状系数取 1.6。δ 表示栅片厚度，l 表示栅片间距，单位为 m；α 表示拦污栅面和水流夹角，正常为 90°。

通过如上分析，降低栅片损失系数 ξ 可采取如下改造措施。

（1）把原栅片断面从原来的矩形转变成长椭圆形。用无缝钢管加工，既可以充分确保栅片的整体性能，又能降低拦污栅重量。

（2）把原栅片间距拓宽。既可降低栅片的使用量，又能增加拦污栅过流面积。

（3）添加一定数量的筋板，加强拦污栅强度。改造之后的拦污栅如图 1 所示。

图 1 改造后的拦污栅

2.3 将拦污栅前移

麻石电厂每台机组有 2 个进水口，每台机组设计额定流量为 220m³/s，当拦污栅发生堵塞时，进水流量小于发电所需流量会形成、加大水头损失，反之不会造成水头损失。在考虑机组发电

流量安全、足够的前提下，可将进水口拦污栅前移至坝前 100～150m 处，并增加拦污栅数量，大大增加拦污栅总进水量，极大降低水头损失，还可随时清理任意一扇拦污栅而不影响机组发电。如图 2 所示。

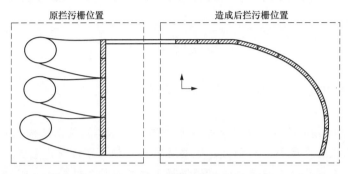

图 2　拦污栅前移示意图

2.4　增加回旋式清污机

拦污栅前增加 HQ 型回旋式清污机，就是把拦污与清污结合起来的固定式连续清污设备，把拦截在拦污栅之前的漂浮物通过相应的齿耙运输至岸上平台，确保拦污栅堵塞物及时被清理。如此设计有几个优点：一是结构简单，安全可靠。二是减少人工清污工作量，确保人身安全；三是清淤期间不需停机。

3　经济效益分析

麻石电厂拦污栅设计水头损失为 1.4m（栏污栅前后压差），加上漂浮物堵塞，年平均损失在 2.0m 以上，效率损失达 10%～20%，按多年平均发电量 4.5 亿 kWh 算，估计损失电量为 0.5 亿 kWh。

4　结语

改造拦污栅可以加大进水量，减少发电水头损失，增加发电量，提高经济效益，势在必行。

参考文献

[1] 杨波. 大朝山水电站进水口拦污栅栅条断裂原因分析 [J]. 云南水力发电，2015，31（3）：150-151.

[2] 邓育林. 水电厂进水口拦污栅前后水位差过大分析与处理 [J]. 水电自动化与大坝监测，2008（1）：81-83.

[3] 邓育林. 漫湾水电厂拦污栅前后水位差过大处理措施 [J]. 水电站机电技术，2008（1）：53-55.

[4] 周武元，俞德宽. 黄坛口水电站拦污栅的运行及改进 [J]. 华东电力，1983（2）：8.

作者简介

陶荣能（1974—），男，工程师，主要从事水电厂运行、维护工作。E-mail：trn110@163.com

典型渡槽结构混凝土温控仿真反馈分析

（南水北调中线干线工程建设管理局河北分局，河北省石家庄市 050035）

[摘　要]由于渡槽的承台、墩身和平板支撑均属大体积混凝土结构，上部挡水结构（底板和扶壁式挡水面板）厚度小、面积大，这些混凝土在施工期极易产生温度裂缝，危及渡槽寿命和运行安全。南水北调中线青兰渡槽的混凝土施工温控条件较差，温控防裂形势严峻。因此，基于现场实际情况，采用三维有限元仿真计算的方法，开展渡槽结构混凝土防裂温控方案优化研究，对于防止混凝土有害裂缝的发生、保证混凝土质量、提高渡槽寿命、保障运行安全具有重要的意义。

[关键词]渡槽；温度；反演分析；仿真反馈

0　引言

在渡槽建设当中，混凝土的裂缝情况对于渡槽的安全运行是至关重要的。在高温季节和低温季节进行混凝土浇筑，由于混凝土浇筑后短期内水化热温升迅速，外部气温条件恶劣，自身热学性能不良，混凝土体常会出现裂缝。

本文以南水北调中线青兰渡槽工程为例，进行渡槽结构混凝土温度历时曲线的反演，青兰渡槽为 1 级建筑物，槽身为分离式扶壁梯形渡槽，共 3 跨，2 个边跨为 19m 跨径，中跨为 25m 跨径。过水断面底宽 22.5m，侧墙高 7.55m。承台和墩身为二级配 C30 混凝土；平板支撑预应力结构为二级配 C40 混凝土；上部挡水结构为 C30 混凝土。通过各结构混凝土实测温度数据，反演模拟计算现场温度场，然后通过应力分析为现场施工条件下采取合适的冬季保温方案提供依据。

1　反馈分析方法

由于施工现场条件多变及施工能力限制，混凝土温度常与有限元计算结果有一定差距，所以可根据施工现场的前期温度检测数据，研究施工现场的温度变化，反演出与工程实际情况相吻合的混凝土前期温度历时曲线，然后利用数值模拟方法预测混凝土后期温度场，得出合理的后期温度控制措施，预防温度裂缝的产生。

2　承台混凝土温控仿真反馈分析

2.1　现场温度观测资料及反演分析

渡槽承台采用 C30 混凝土，2013 年 4 月 1 日在 4 号承台西部进行了混凝土浇筑的温度数据实测。4月2日7:30时，试验仓开始浇筑即通水，截止到4月7日9:30时，进水温度为20～40℃，浇筑温度为18℃，通水流量范围为45～48L/min。通过对现场温控措施进行分析，对现场温度历时曲线进行拟合，图1所示为前期温度检测结果和反演温度对比图。

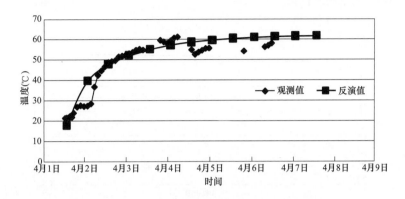

图1 4号西部承台内部前期温度历时曲线拟合对比

2.2 承台混凝土冬季保温分析

施工方考虑到施工场地及施工条件，对承台混凝土进行覆盖土层保护，分析承台混凝土的冬季保温措施。

冬季侧面覆盖土层厚3m，渡槽整体采用保温被保温，当气温低于14℃时开始保温，即保温时间从2013年10月中旬开始保温到次年5月20日，持续170天。通过前期温度的反演值，对后期的温度温度场进行预测。

计算结果：承台混凝土中央断面代表点温度时间变化曲线如图2所示，代表点最高温度和最大内表温差及出现时间见表1。

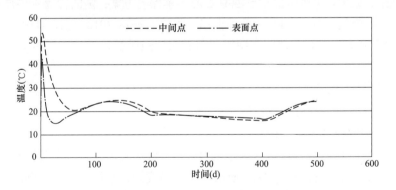

图2 承台中央断面代表点温度时间变化曲线

表1   承台代表点温度峰值、内表温差及出现时间

浇筑方法	中间点		表面点		内表温差	
	T_{max}（℃）	龄期（d）	T_{max}（℃）	龄期（d）	T_{max}（℃）	龄期（d）
三期浇筑	54.09	3	43.06	1.5	22.28	9

承台混凝土中央断面代表点第一主应力时间变化曲线如图 3 所示，代表点代表龄期应力及安全系数见表 2。

计算结果表明，承台混凝土最小抗裂安全系数为 1.02，有裂缝风险。计算中并未考虑应力松弛；如考虑，安全系数会略有增加。

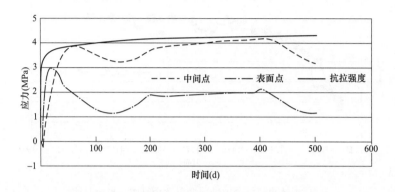

图 3   承台中央断面各代表点第一主应力时间变化曲线

表 2   承台各代表点最大拉应力、最小抗裂安全系数及出现时间

浇筑方法	中间点				表面点			
	σ_{max}（MPa）	龄期（d）	K_{min}	龄期（d）	σ_{max}（MPa）	龄期（d）	K_{min}	龄期（d）
三期浇筑	4.17	410	1.02	61	2.96	21	1.24	19.5

综合以上计算结果，可以给出承台混凝土的冬季保温方案：侧面覆盖土层厚 3m，渡槽整体结构加保温被，当气温低于 14℃时开始保温，保温时间从 2013 年 10 月中旬开始到次年 5 月 20 日，持续 170 天，尤其在特殊时期如寒潮等应加强保温。

3   墩柱混凝土温控仿真反馈分析

3.1   现场温度观测资料及反演分析

渡槽墩柱采用 C30 混凝土，2013 年 5 月 18—25 日 4 号墩柱东段上部混凝土进行温度数据实测。5 月 18 日，实验仓开始浇筑并通水，通水温度为井水温度，随着混凝土内部温度的变化及时调节通水温度，每 12h 变化一次水流方向。浇筑温度为 25.5℃，通水流量范围为 45～48L/min。通过对现场温控措施的分析，对现场温度历时曲线进行拟合，图 4 所示为前期温度检测结果和反演温度对比图。

3.2   墩柱混凝土冬季保温分析

通过前期温度的反演值，对后期的温度场进行预测。

计算结果：墩柱混凝土中央断面代表点温度时间变化曲线如图 5 和图 6 所示，代表点最高温度和最大内表温差及出现时间见表 3。

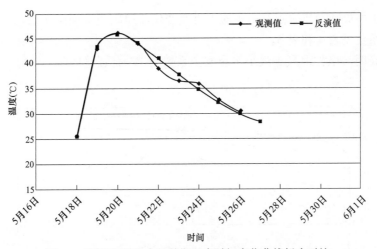

图4　4号西部墩柱内部前期温度时间变化曲线拟合对比

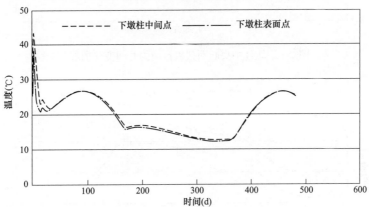

图5　下墩柱中央断面代表点温度时间变化曲线

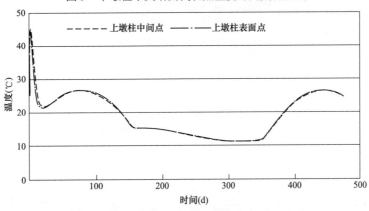

图6　上墩柱中央断面代表点温度时间变化曲线

表3　　　　　　　　墩柱各代表点温度峰值、最大内表温差及出现时间

浇筑方法		下墩柱			上墩柱		
		中间点	表面点	内表温差	中间点	表面点	内表温差
三期浇筑	最高温度（℃）	43.19	37.98	5.97	45.91	38.45	8.29
	龄期（d）	1.5	1	2.5	2	1.5	2.5

墩柱混凝土中央断面代表点第一主应力时间变化曲线如图7和图8所示，代表点代表龄期应力及安全系数见表4和表5。

计算结果表明，墩柱混凝土最小抗裂安全系数为1，有裂缝风险，计算中并未考虑应力松弛，如考虑，安全系数会略有增加。

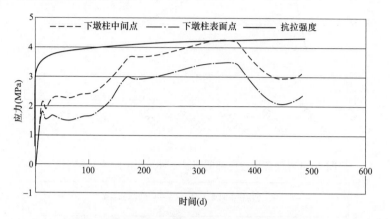

图7　下墩柱中央断面代表点应力时间变化曲线

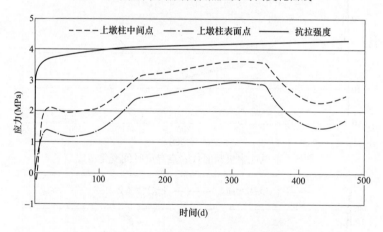

图8　上墩柱中央断面代表点应力时间变化曲线

表4　　　　　　下墩柱代表点最大应力、最小抗裂安全系数及出现时间

浇筑方法	下墩柱中间点				下墩柱表面点			
	σ_{max}（MPa）	龄期（d）	K_{min}	龄期（d）	σ_{max}（MPa）	龄期（d）	K_{min}	龄期（d）
三期浇筑	4.23	355	1.00	345	3.50	345	1.21	345

表5　　　　　　上墩柱代表点最大应力、最小抗裂安全系数及出现时间

浇筑方法	上墩柱中间点				上墩柱表面点			
	σ_{max}（MPa）	龄期（d）	K_{min}	龄期（d）	σ_{max}（MPa）	龄期（d）	K_{min}	龄期（d）
三期浇筑	3.63	310	1.16	300	2.93	310	1.44	300

综合以上计算结果，推荐温控方案：冬季保温采用保温被保温，当气温低于 14℃时开始保温，保温时间从 2013 年 10 月中旬开始保温到次年 5 月 20 日，持续 170 天，特殊时期如寒潮等应加强保温。

4 平板支撑混凝土温控仿真计算反馈分析

4.1 现场温度观测资料及反演分析

渡槽平板支撑混凝土采用 C40 混凝土，2013 年 8 月 19—24 日对III下块混凝土进行了温度数据实测。8 月 19 日，实验仓开始浇筑并通水，通水温度为 18℃。浇筑温度为 25.4℃，通水流量为 35L/min。通过对现场温控措施的分析对现场温度历时曲线进行拟合，图 9 所示为前期温度检测结果和反演温度对比图。

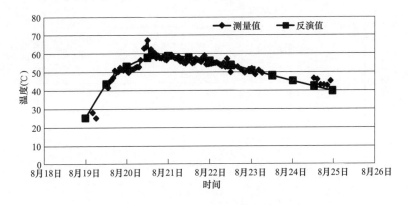

图 9　III下块混凝土内部前期温度历时曲线拟合对比

4.2 平板支撑混凝土冬季温控分析

通过前期温度的反演值，对后期的温度温度场进行预测。

计算结果：平板支撑混凝土中央断面代表点温度时间变化曲线如图 10～图 12 所示，代表点最高温度和最大内表温差及出现时间见表 6～表 8。

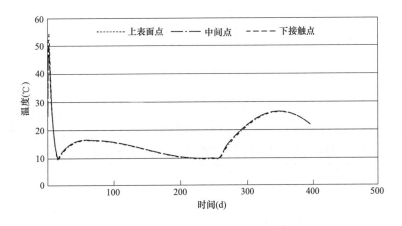

图 10　截面 1 代表点温度时间变化曲线

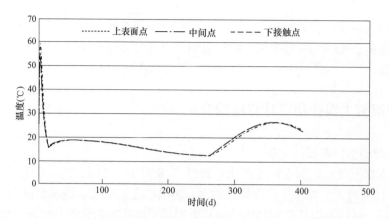

图 11　截面 2 代表点温度时间变化曲线

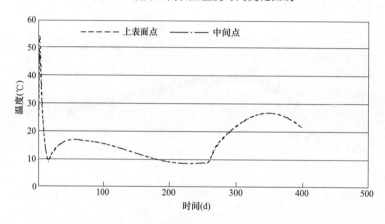

图 12　截面 3 代表点温度时间变化曲线

表 6　　　　平板支撑结构截面 1 代表点温度峰值、最大内表温差及出现时间

截面 1	上表面点		中间点		下接触点		内表温差	
	T_{max}（℃）	龄期（d）	T_{max}（℃）	龄期（d）	T_{max}（℃）	龄期（d）	T_{max}（℃）	龄期（d）
	49.08	1.5	54.91	1.5	51.13	1.5	6.94	2.5

表 7　　　　平板支撑结构截面 2 代表点温度峰值、最大内表温差及出现时间

截面 2	上表面点		中间点		下接触点		内表温差	
	T_{max}（℃）	龄期（d）	T_{max}（℃）	龄期（d）	T_{max}（℃）	龄期（d）	T_{max}（℃）	龄期（d）
	54.00	1.5	58.98	2	55.07	2	8.34	4

表 8　　　平板支撑结构截面 3 代表点温度峰值、最大内表温差及出现时间

截面 3	上表面点		中间点		内表温差	
	T_{max}（℃）	龄期（d）	T_{max}（℃）	龄期（d）	T_{max}（℃）	龄期（d）
	48.70	1.5	54.42	1.5	6.66	2.5

平板支撑结构混凝土中央断面代表点第一主应力时间变化曲线如图13～图15所示，代表点代表龄期应力及安全系数见表9～表11。

计算结果表明，平板支撑混凝土最小抗裂安全系数为1.1，有裂缝风险。计算中并未考虑应力松弛；如考虑，安全系数会略有增加。

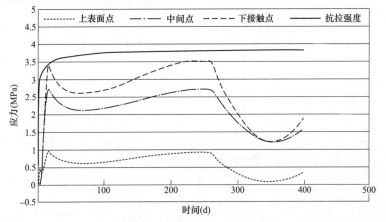

图13 截面1代表点应力时间变化曲线

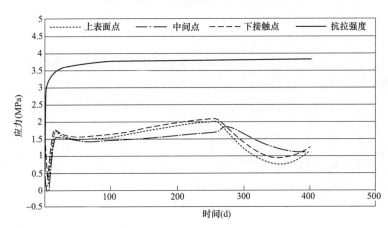

图14 截面2代表点应力时间变化曲线

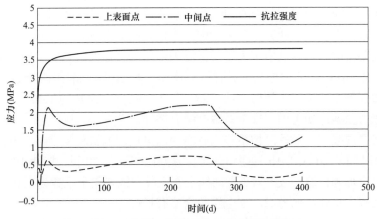

图15 截面3代表点应力时间变化曲线

19

表 9 平板支撑截面 1 最大应力、最小抗裂安全系数及出现时间

截面 1	上表面点				中间点				下接触点			
	σ_{max}（MPa）	龄期（d）	K_{min}	龄期（d）	σ_{max}（MPa）	龄期（d）	K_{min}	龄期（d）	σ_{max}（MPa）	龄期（d）	K_{min}	龄期（d）
	0.97	15	3.87	15	2.77	15	1.36	15	3.52	240	1.10	15

表 10 平板支撑截面 2 最大应力、最小抗裂安全系数及出现时间

截面 2	上表面点				中间点				下接触点			
	σ_{max}（MPa）	龄期（d）	K_{min}	龄期（d）	σ_{max}（MPa）	龄期（d）	K_{min}	龄期（d）	σ_{max}（MPa）	龄期（d）	K_{min}	龄期（d）
	1.98	260	2.08	15	1.84	270	2.46	15	2.06	260	1.64	1

表 11 平板支撑截面 3 最大应力、最小抗裂安全系数及出现时间

截面 3	上表面点				中间点			
	σ_{max}（MPa）	龄期（d）	K_{min}	龄期（d）	σ_{max}（MPa）	龄期（d）	K_{min}	龄期（d）
	0.75	210	5.71	15	2.21	230	1.72	15

综合以上计算结果，推荐温控方案：冬季保温采用保温被保温，当气温低于 14℃时开始保温，保温时间从 2013 年 10 月中旬开始保温到次年 5 月 20 日，持续 170 天，特殊时期如寒潮等应加强保温。

5 结语

根据施工现场的前期温度检测数据，研究施工现场的温度变化，反演出与工程实际情况相吻合的混凝土前期温度历时曲线，然后利用数值模拟方法预测混凝土后期温度场，对后期温度控制措施进行验算。

对于承台混凝土的冬季温控措施建议冬季保温采用侧面覆盖土层 3m，渡槽整体加保温被，当气温低于 14℃时开始保温，即保温时间从 2013 年 10 月中旬开始保温到次年 5 月 20 日，持续 170 天，尤其在特殊时期如寒潮等应加强保温。从应力历时曲线上看，最小抗裂安全系数为 1.02，富余度不大。计算中并未考虑应力松弛；如考虑，安全系数会略有增加。

对于墩柱混凝土的冬季温控措施为冬季保温采用保温被保温，当气温低于 14℃时开始保温，即保温时间从 2013 年 10 月中旬开始保温到次年 5 月 20 日，持续 170 天，尤其在特殊时期如寒潮等应加强保温。从应力历时曲线上看，最小抗裂安全系数为 1.00，富余度不大。计算中并未考虑应力松弛；如考虑，安全系数会略有增加。

对于平板支撑混凝土的冬季温控措施为冬季保温采用保温被保温，当气温低于 14℃时开始保温，即保温时间从 2013 年 10 月中旬开始保温到次年 5 月 20 日，持续 170 天，尤其在特殊时期如寒潮等应加强保温。从应力历时曲线上看，最小抗裂安全系数为 1.10，富余度不大。计算中并未考虑应力松弛；如考虑，安全系数会略有增加。

由于施工期个结构段混凝土温度较高，以至于混凝土冬季保温防裂困难，但限于现场条

件，只能做到安全抗裂系数略大于 1.0，仍有裂缝风险。因此各单位应通力合作，进一步加强保温，封闭整个渡槽，有可能的话，在封闭结构内部加热升温，使混凝土的温度控制再上一个台阶。

参考文献

[1] 全国水利水电工程施工技术信息网，《水利水电工程施工手册》编委会. 水利水电工程施工手册　第 3
　　卷　混凝土工程 [M]. 北京：中国电力出版社，2002.

[2] 朱伯芳. 大体积混凝土温度应力与温度控制 [M]. 北京：清华大学出版社，2012.

[3] 中华人民共和国水利部. SL 319—2018 混凝土重力坝设计规范 [S]. 北京：中国水利水电出版社，2018.

作者简介

王晓光（1976—），男，高级工程师，主要从事水利水电工程设计与施工工作。E-mail: 376381721@qq.com

基于深度神经网络的 TBM 掘进岩体参数预测方法

李宁博[1, 2]　朱　颜[1]　迟守旭[2]　王瑞睿[1]　王亚旭[1]

（1. 山东大学岩土工程中心，山东省济南市　250061；
2. 水利部水利水电规划设计总院，北京市　100023）

[摘　要]隧洞前方岩体特性的准确预测是指导全断面硬岩掘进机（TBM）参数决策的重要依据，而单轴抗压强度（UCS）是表征岩体特性的重要指标之一。本文提出利用深度神经网络（DNN）预测隧洞前方岩体 UCS 的方法，构建了 TBM 机器参数（刀盘扭矩、刀盘转速、推力和主发动机电流）与 UCS 的映射模型。研究表明，本文方法预测 UCS 的平均绝对百分比误差（MAPE）为 11.39%，优于传统的反向传播神经网络的 MAPE（18.65%）。

[关键词]全断面硬岩掘进机；岩体参数预测；深度神经网络

0　引言

全断面硬岩掘进机（TBM）因其安全和高效的优点而被广泛应用于隧洞建设。然而 TBM 的性能对地质环境和岩体性质十分敏感[1]，其中单轴抗压强度（*UCS*）是 TBM 性能的重要影响因素。隧洞前方岩体特性是指导全断面硬岩掘进机（TBM）参数决策的重要依据。然而，由于隧洞环境中空间有限，环境复杂[2]，岩体信息在现场很难获得，而实验室测试需要较长时间。因此亟须研究一种现场获取岩体信息的新方法。

在过去的几十年里，各位学者和专家对 TBM 性能预测进行了大量研究。这些研究证明了岩体性质与 TBM 性能之间的相关性。其中最著名的模型之一是 CMS 模型[3]。科罗拉多矿业大学在 1977 年进行了一系列实验室全刀盘切割试验，并根据试验数据提出了著名的 CMS 模型。该模型后来在 1993 年[4]和 1997 年[5]进行了更新。CMS 模型考虑了许多影响破岩过程的因素，如单轴抗压强度、抗拉强度和刀具的几何特征。基于纽约皇后隧洞隧洞掘进机施工性能数据和地质数据，S.Yagiz[6]在原有 CSM 模型的基础上，增加了围岩完整性和脆性指标作为因子，提出了一种新的 TBM 掘进速率预测模型。所有这些模型都将岩体特性作为影响 TBM 性能的主要因素，证明了岩体特性与 TBM 性能之间的强相关性。受此启发，我们认为 TBM 的性能数据可用于岩体参数的预测。

另外，由于岩体与 TBM 相互作用的复杂性，人工智能方法在 TBM 性能预测问题取得了良好的效果。一个著名的模型是 NTNU（挪威科技大学）模型[7]。它使用来自超过 47 条隧洞的现场数据作为数据库，通过对岩体性质和机器参数进行回归分析，得到一系列经验图表和预测函数，并在实际工程运用中取得良好的效果。许多其他机器学习方法，如 PSO[8]、ANN[9]、SVR[10]也被用于解决这个问题。这些研究已经证明，人工智能方法在利用岩体特性预测 TBM 性能问题上是可行的。因此在本文中，深度神经网络方法（DNN）被用于利用

TBM 数据预测岩体特征。

1 深度神经网络及其优化方法

1.1 DNN 方法的特点

DNN 是在反向传播神经网络（BPNN）的基础上发展起来的。BPNN 于 1988 年被提出[11]，基本组成包括层、神经元和激活函数。神经元是 BPNN 的最基本结构，如图 1 所示。每个神经元的值（输入层除外）计算公式如下

$$y = f(w^T \cdot x + b) \tag{1}$$

式中 f ——非线性激活函数；

    w ——可以训练的权重向量；

    b ——偏差。

BP 神经网络整个计算过程可以用式（2）来表示[12]

$$\hat{y} = f_{\text{output}} \sum_{j=1}^{H} w_{ki} \left[f_{\text{hidden}} \left(\sum_{j=1}^{H} w_{ji} X_i + b_j \right) + b_k \right] \tag{2}$$

式中 i ——输入层中的神经元数量；

    H ——隐藏层中的神经元数量；

    b_j ——隐藏层偏差；

    b_k ——输出层偏差；

  f_{output} ——隐藏神经元的激活函数；

  f_{hidden} ——输出神经元的激活函数；

    w_{ji} ——连接输入层和隐藏层的权重；

    w_{ki} ——隐藏层和输出层之间的权重。

两种最常见的激活函数是 Sigmoid 函数和 ReLu 函数[13]，如式（3）所示

$$f_{\text{sigmoid}}(x) = 1/(1 + e^{-x}), \quad f_{\text{ReLu}}(x) = \max(0, x) \tag{3}$$

如式（2）所示，BPNN 神经网络只有一个隐藏层。与 BPNN 相比，DNN 隐藏层数量较多，通常在十个以上，有时甚至超过一百个（例如 Resnet152）。研究证明，更大的神经网络架构可以更精确地拟合预测值和实际值[14]。

1.2 优化算法

DNN 的训练过程是调整权重参数以使神经网络的输出与实际结果相匹配的过程。反向传播（BP）是一种用于在任意深度的离散或可微网络中进行监督学习的有效的梯度下降训练方法。然而实践证明，BP 算法在具有多隐藏层的DNN 上应用 BP 十分困难[15]。由于权重参数的数量过大，传统的反向传播算法非常耗时，并且权重参数很容易陷入局部最小值。

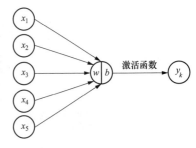

图 1 神经元的基本结构

为了解决这个问题，学者在梯度下降法中引入了动量的概念[16]。动量优化方法的主要思想是，当一个速度随时间保持不变时，在估计的速度上加上一个梯度。对于每个时间步，一个会以衰减系数 β 而衰减的摩擦力会被叠加到当前梯度中。

权重参数将在速度矢量的方向而不是在原始梯度的方向上步进。这种策略降低了训练的时间成本并缓解了局部最小值问题。标准动量优化方法具有以下形式[16]

$$v_0 = 0 , \tag{4}$$
$$v_t = \beta v_{t-1} + dW_t ,$$
$$W_{t+1} = W_t - \alpha v_t ,$$

式中　W_t ——时间步 t 时的权重；

　　　　β ——速度衰减系数（通常设置为 0.9）；

　　　　α ——学习率；

　　　　v_t ——每一步的方向和长度；

　　　　dW_t ——每个时间步 t 的权重参数的梯度。

动量优化方法能够使网络权重参数跳出局部最小点并加快收敛过程。在本研究中，标准动量优化方法被用于代替传统的 SGD 来训练 DNN。

2　*UCS* 预测模型在引松工程的应用

2.1　案例研究

本研究的区域位于吉林省引松供水工程三标段（如图 2 所示）。吉林省引松供水工程旨在为吉林中部 11 个城市和多个乡镇供水。其中，工程第三标段全长 24.3km，在整个工程中地质条件最复杂，作业难度最大。其中 21148m 使用 TBM 进行掘进。线路总体走向由东北向西南，低山、丘陵、谷地交替。沿线地势起伏，植被较为发达，海拔范围为 254.8～493.7m，隧洞最大埋深 272.9m。沟堑段全长约 4440m。

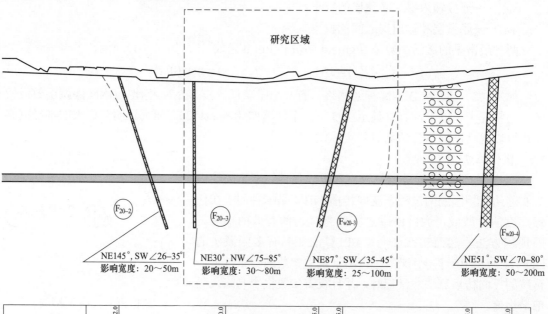

桩号	30+402.0		30+940.0	31+415.0	31+515.0		32+165.0	32+365.0
长度		538		475	100		650	200
岩体等级		IV～V		III	IV～V		III	IV～V

图 2　工程地质图

整个施工段共发现与洞身相交断层及低阻异常带 24 条（包括确定断层 15 条、物探异常带 7 条、遥感解译断层 2 条），按倾向北东向为 6 条，北西向为 4 条，南东向 7 条，南西向 7 条。

本次研究区域位于项目第三标段 K30+616～K31+722。研究区域地貌为丘陵及沟谷，地势较平坦，植被不发育，多为耕地。地面高程为 330～418m。隧洞一般埋深为 100m。穿越地层岩性为侏罗系凝灰岩，多处穿插燕山早期中细粒花岗岩，岩性关系复杂。凝灰岩晶屑成分为石英及少量长石，胶结物为火山灰，部分硅化、泥化，岩石受力明显。与花岗岩接触带角岩化。关家屯 0613 钻孔，岩石中局部红柱石角岩化，斑状变晶结构，基质具角岩结构，岩石见少量裂隙，宽度为 0.3～1.2mm，充填物为长石、石英、白云母、绿泥石和磁铁矿，节理裂隙面光滑。其中灰岩的单轴抗压强度为 70MPa，花岗岩的单轴抗压强度为 80MPa，硬度较高。本段围岩类别以Ⅲ～Ⅳ类为主。断层、低阻异常带及影响带为Ⅳ～Ⅴ类，岩性接触带为Ⅳ类。

研究区域内有 2 个断层，F_{20-3} 和 Fw_{20-3}。F_{20-3} 断裂带方向为 NW300°，宽度为 30～80m。f_{20-3} 与隧洞线的夹角为 75°～80°。电阻率范围为 200～500Ω·m。从钻孔中可以观察到，26.8～31.0m 的岩石破碎到可以徒手破碎的程度。Fw_{20-3} 断裂带方向 NW357°，宽度为 25～100m。f_{20-3} 与隧洞线的夹角为 30°～45°，电阻率范围为 150～500Ω·m。由于与隧洞线间夹角较小，断裂带 Fw_{20-3} 对隧洞稳定性影响较大。

本研究中，作者于研究区域每隔 20m 从隧洞掌子面采集岩石样本，共采集样本 187 个。并于实验室通过单轴压缩试验对样品进行测试以获取岩体参数 UCS（如图 3 所示）。TBM 运行相关机器参数则由 TBM 自动记录。

本研究中，岩样的 UCS 的范围为 20.51～145.71MPa，平均值为 65.59MPa，标准差为 27.70。通过实验数据可以观测到，TBM 开挖段的岩体参数变化大，岩体参数预测的难度较大。用于预测 UCS 的 TBM 机器参数包括刀盘扭矩（CT）和刀盘每分钟转数（RPM）以及推力（TF）和主发动机电流（I），这些数据均由 TBM 自动记录。表 1 记录了这些数据的统计特征。

图 3　实验室单轴抗压实验测试 UCS

表 1　　　　　　　　本研究中数据集的统计特征

参数	单位	均值	最大值	最小值	标准差
UCS	MPa	65.59	145.71	20.51	27.70
CT	kN·m	2051.44	3340	516	343.03
RPM	r/min	6.52	8.63	2.54	1.83
MCP	bar	175.75	246.00	68.00	31.20
I	A	208.6	235	100	27.98

2.2　数据预处理

在数据集中，PR 和 CT 等不同类型数据之间的数量级差异可能导致预测结果不稳定。因此数据必须在输入神经网络之前进行预处理。训练数据集中的所有数据（包括 UCS 和机器参数）分别缩放到 0～1，如式（5）所示

$$x_{norm}^i = \frac{x^i - x_{min}}{x_{max} - x_{min}} \tag{5}$$

式中　　x^i——某一类数据中第 i 个值；

　　　　x_{min}——某一类数据中的最小值；

　　　　x_{max}——某一类数据中的最大值。

2.3　DNN 模型设计

以下为预测岩体参数 UCS 的 DNN 的算法：

（1）数据预处理。收集模型训练所需的数据，对输入数据进行归一化以将每个参数的范围转换为 [0，1]，如式（5）所示。然后将归一化的数据集随机分成三部分：训练集、验证集和测试集。

（2）设计 DNN 的架构。设定岩体参数预测任务的层数、每层神经元数量以及合适的激活函数。

（3）训练 DNN 模型。在每次迭代中，计算损失并使用动量梯度下降法调整权重参数以最小化损失。

（4）将测试集输入训练好的模型并计算预测 UCS 的平均准确度。如果准确率不满足要求，则更改 DNN 模型的超参数和架构，然后返回步骤（2）。

（5）将训练好的模型应用于验证数据集，并评估预测和实际 UCS 之间的准确度，直到达到验证数据集的最佳准确度。

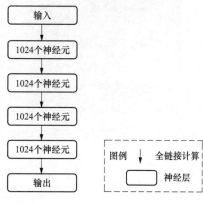

图 4　用于 UCS 预测的 DNN 网络结构

2.4　UCS 预测模型网络结构

本文用于 UCS 预测的 DNN 网络架构如图 4 所示。该网络由四个隐藏层、一个输出层和一个输入层组成。每个隐藏层有 1024 个神经元，激活函数为 Relu 激活函数。输出层的激活函数为将输出约束在 0～1 的范围内来匹配数据预处理的归一化结果，以提高模型准确率。

在模型中，均方误差（MSE）用于衡量预测的岩体参数与实际测量值之间的差异。同时 L2 [17] 损失与 MSE 损失相加，作为该 DNN 算法的总损失，如式（6）所示

$$总损失 = MSE + \lambda \times L2 \tag{6}$$

式中　　λ——L2 损失的权重。

深度神经网络的过于复杂架构通常会导致严重的过拟合。L2 损失是所有权重参数的平方和，通过迫使权重参数分布更均匀，以克服过拟合问题。

3　结果分析

本文通过平均绝对百分比误差（MAPE）来衡量模型的准确性，如式（7）所示

$$MAPE = \frac{|UCS_t - UCS_p|}{UCS_t} \tag{7}$$

式中　UCS_t ——实验室测得 UCS；

　　　UCS_p ——算法预测 UCS。

如图 5 所示，除 K35+300 和 K35+360 号桩的 UCS 预测结果不够准确外，大部分试验数据的 UCS 预测结果都比较准确，绝对误差在 20MPa 以内。验证集上 $MAPE$ 和 MSE 分别为 11.39% 和 13.325，表明 DNN 模型可以应用于岩体参数 UCS 的预测，算法性能能够满足指导 TBM 掘进参数决策的需要。

另一种常见的用于 TBM 性能预测的方法是使用传统的反向传播神经网络（BPNN）。BPNN 只有一个隐藏层和少量神经元。研究得出，14 个隐藏节点和初始学习率 0.0001 并每 2000 次迭代乘以 0.2 的学习率衰减策略可获得最高的 UCS 预测准确率。BPNN 再验证集上误差 $MAPE$ 和 MSE 损失分别为 18.65% 和 20.038。

图 5 将 DNN 和 BPNN 的 UCS 预测值与测量值进行比较，发现 DNN 模型大多数预测结果与测量值一致。图 5 中虚线矩形内的点为 UCS 较极端处，属于突变点。可以看出，DNN 的结果在远离平均值的数据点上表现更好。

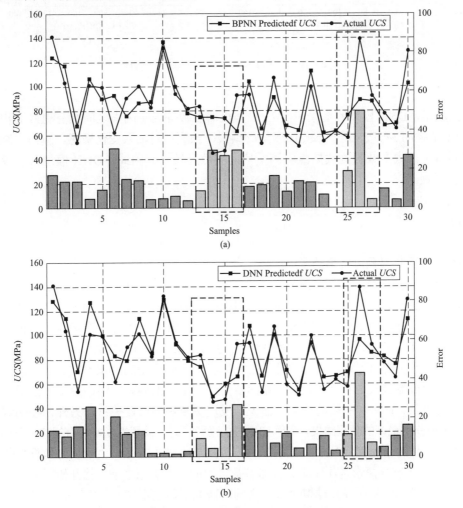

图 5　两种算法 UCS 预测结果与实际值的对比

（a）BPNN 的预测结果，实际值以及误差对比；（b）BPNN 的预测结果，实际值以及误差对比

图 6 从另一个角度比较了两种模型的性能。在 30 个验证数据中，BPNN 的结果中有 6 个结果与 *UCS* 实际值偏差超过 10MPa，而 DNN 中只有 3 个值偏差大于 10MPa。这证明了 DNN 在预测 *UCS* 时比 BPNN 更可靠稳定。

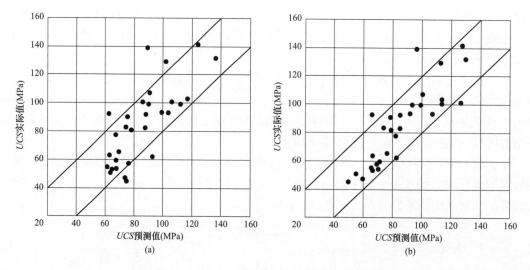

图 6　BPNN 和 DNN 的 UCS 预测结果对比

（a）BPNN；（b）DNN

综上所述，DNN 模型的结果表明 *UCS* 与机器参数等影响因素之间具有更好的相关性。DNN 模型结果的 *MAPE* 小于传统 BPNN 的结果。预测值对输入变化敏感，输出更准确地反映了实际情况。大多数预测数据点与测量值的离散度较小。因此，DNN 模型可以较好地对 *UCS* 进行预测。

4　讨论

4.1　网络结构变化对预测结果的影响

为了研究基于 DNN 的 *UCS* 预测模型最好的网络架构，本文分析了不同层数和不同神经元数量对模型性能的影响。表 2（a）展示了不同层数时 DNN 模型的预测误测。由表可见，隐藏层层数较小时，*MAPE* 随着隐藏层数量的增加而降低，当达到 4 个隐藏层时模型误差达到最小值。*MAPE* 在隐藏层大于 4 层时时开始随层数增加时略有增加。

这种现象产生的原因为，较少的隐藏层意味着 DNN 模型的权重参数较少，因此缺乏模拟岩体属性和机器参数之间复杂映射关系的能力。由于模拟能力有限，模型只能学习到输入和输出之间明显、简单、主要的趋势，而无法发现更复杂的内在关系。另外，在隐藏层层数为 4 时，模型获得最好的预测结果，当添加更多的隐藏层时，模型性能并没有提高，反而 MAPE 略有增加。这是因为随着 DNN 模型的加大，模拟能力越来越强。由于训练数据集的数量有限，DNN 模型在充分探索岩体性质和机器参数之间的普遍关系之前，就开始学习所数据集随机产生的独特模式，从而导致过拟合。本文同时研究了每层不同节点数（16、32、64、……、2048）的性能，模型在每层神经元数量为 1024 时获得了最好的结果，这种变化规律的原因与上面讨论的相同。

表 2　　　　　　　　　　　　　　　网络结构对 *UCS* 预测准确度的影响

（a）不同隐藏层数量对准确度的影响		（b）不同神经元数量对准确度的影响	
隐藏层数量 （每层 1024 神经元）	*MAPE*	神经元数量 （4 个隐藏层）	*MAPE*
1	0.195	128	0.177
2	0.152	256	0.172
3	0.145	512	0.155
4	0.139	1024	0.139
5	0.147	2048	0.146
6	0.159	4096	0.159

4.2　断层影响带上 *USC* 模型预测准确性

TBM 的性能对地质环境和岩体性质十分敏感，隧洞前方岩体特性是指导 TBM 参数决策的重要依据。然而断裂带往往伴随着岩体性质的快速变化，作业人员难以及时根据岩性变化对 TBM 操作参数做出调整，极易导致卡机等工程事故。因此，在断层影响带附近准确预测 *UCS* 等岩体参数尤其重要。在本研究中的 30 个测试数据点中，有 5 个点位于断层影响带（如图 7 所示）。其中，数据点 15、16、17（桩号分别为 K31-561、K-31-528、K31-413）位于断层 Fw_{20-3} 影响带内。数据点 28、29（桩号 K30-779 和 K30-741）位于断层 F_{20-3} 的影响带内。5 个数据点的平均准确率为 18.5%，略低于正常地层，但仍能满足施工人员作业需要。结果表明，本文提出的算法可以用于岩体参数预测任务。

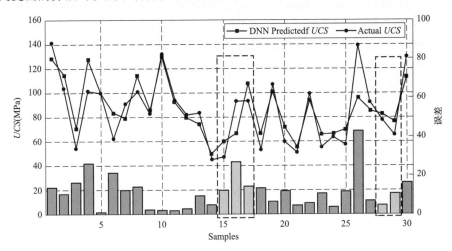

图 7　断层影响带区域内模型预测结果

5　结语

TBM 的性能对地质环境和岩体性质十分敏感，其中 *UCS* 是 TBM 性能的重要影响因素，隧洞前方岩体特性是指导 TBM 参数决策的重要依据。本研究中所提出的 DNN 模型在 *UCS* 预测问题上达到了 11.39% 的低误差，证明了 DNN 是一种有效且准确的岩体参数预测方法。

然而，本文所提出的模型并不完善，许多问题仍未解决。主要问题是，本文测试了许多基本的网络结构，事实上有可能存在专门针对岩体特性和机器参数之间相互关系的良好架构。未来的研究将集中于探索用 DNN 更好地解决岩体性质预测问题。

参考文献

［1］A，Delisio，and，et al. Analysis and prediction of TBM performance in blocky rock conditions at the Lötschberg Base Tunnel［J］. Tunnelling and Underground Space Technology，2013.

［2］Yamamoto T，Shirasagi S，Yamamoto S，et al. Evaluation of the geological condition ahead of the tunnel face by geostatistical techniques using TBM driving data［J］. Tunnelling and Underground Space Technology，2003，18（2-3）：213-221.

［3］Bieniawski Z T，Celada B，Galera J M. Predicting TBM excavability［J］. Tunnels and Tunnelling International，2007：25-28.

［4］SANIO H P. Prediction of the performance of disc cutters in anisotropic rock［J］. International Journal of Rock Mechanics and Mining Sciences and Geomechanics Abstracts，1985，22（3）：153-161.

［5］OZDEMIR L. Development of theoretical equations for predicting tunnel borability［Ph. D. Thesis］［D］. Golden：Colorado School of Mines，1977.

［6］ROSTAMI J，OZDEMIR L. A new model for performance prediction of hard rock TBMs［C］// Proceedings of the Rapid Excavation and Tunneling Conference.［S. l.］：［s. n.］，1993：793-809.

［7］ROSTAMI J. Development of a force estimation model for rock fragmentation with disc cutters through theoretical modeling and physical measurement of crushed zone pressure［Ph. D. Thesis］［D］. Golden：Colorado School of Mines，1997.

［8］YAGIZ S. Development of rock fracture and brittleness indices to quantify the effects of rock mass features and toughness in the CSM model basic penetration for hard rock tunneling machines［Ph. D. Thesis］［D］. Golden：Colorado School of Mines，2002.

［9］BRULAND A. Hard rock tunnel boring［Ph. D. Thesis］［D］. Trondheim：Norwegian University of Science and Technology，1998.

［10］Yagiz S，Karahan H. Prediction of hard rock TBM penetration rate using particle swarm optimization［J］. International Journal of Rock Mechanics and Mining Sciences，2011，48（3）：427-433.

［11］Benardos A G，Kaliampakos D C. Modelling TBM performance with artificial neural networks［J］. Tunnelling and Underground Space Technology，2004，19（6）：597-605.

［12］Mahdevari S，Shahriar K，Yagiz S，et al. A support vector regression model for predicting tunnel boring machine penetration rates［J］. International Journal of Rock Mechanics and Mining Sciences，2014，72：214-229.

［13］Rumelhart D E，Hinton G E，Williams R J. Learning representations by back-propagating errors［J］. nature，1986，323（6088）：533-536.

［14］Hecht-Nielsen R. Theory of the backpropagation neural network［M］//Neural networks for perception. Academic Press，1992：65-93.

［15］V. Nair and G. E. Hinton. Rectified linear units improve restricted boltzmann machines. In Proc. 27th International Conference on Machine Learning，2010.

［16］Zhang C，Bengio S，Hardt M，et al. Understanding deep learning requires rethinking generalization ［J］. 2018.

［17］Bühlmann P，Yu B. Boosting with the L 2 loss：regression and classification ［J］. Journal of the American Statistical Association，2003，98（462）：324-339.

作者简介

李宁博（1981—），男，高级工程师，主要从事 TBM 掘进岩机映射关系挖掘及智能决策研究工作。在职博士研究生。E-mail：liningbo@giwp.org.cn

朱　颜（1995—），男，全日制博士研究生，主要从事 TBM 掘进智能决策和卡机防控研究工作。E-mail：zhuyan0077@126.com

迟守旭（1977—），男，正高级工程师，主要从事全国大、中型水利水电工程审查和咨询工作。E-mail：chishouxu@giwp.org.cn

王瑞睿（1992—）男，博士，山东建筑大学讲师，主要从事 TBM 掘进岩机映射关系挖掘及智能决策研究工作。E-mail：wangruirui0501@163.com

王亚旭（1994—）女，全日制博士研究生，主要从事 TBM 掘进岩机映射关系挖掘及智能决策研究工作。E-mail：wangyxscu@163.com

吹气式水位计在某水电站的设计应用

王艳妮 王 龙 张 杨

（中国电建集团西北勘测设计研究院有限公司，陕西省西安市 710065）

[摘 要]吹气式水位计在国内外的水电站中应用较少，但由于其测量精度高，近年来应用逐渐增多。对于其原理、结构及在设计过程中应注意的事项，目前可参考的资料和论文均很少。本文以国外某水电站吹气式水位计的设计应用为例，全面地总结了该类型水位计的工作原理、系统组成、特点、系统设计及注意事项。旨在通过本文，为吹气式水位计在水电站水位测量的设计应用中提供借鉴。

[关键词]水电站；吹气式水位计；水位测量

0 引言

目前国内外水电站常用的水位测量方式主要为浮子码盘式和投入式水位计，相较之下，吹气式水位计应用较少。曾生产过吹气式水位测控装置，并应用于湖南柘溪水电站、丹江口水电厂、大黑汀水电厂等项目，但受当时工艺限制，该装置的测量精度仅为0.2%FS。相较于浮子码盘式和投入式水位计，吹气式水位计系统复杂，因此逐渐被取代[1]。

近些年随着生产工艺的提高，吹气式水位计的测量精度大幅提高，普通传感器的测量精度可达到0.05%FS，石英晶振型传感器甚至可达到0.01%FS，因此国网新源公司在天荒坪、桐柏等抽水蓄能电站中均应用了瑞士某公司生产的吹气式水位计。

吹气式水位计可根据是否连续输出水位信号分为恒定流式和非恒定流式。非恒定流式多用于水文观测站，需要测量水位时从气源装置释放气体，待伸入液位下的管口冒出大量气泡即停止供气，从而完成一次测量过程。恒定流式则会自适应静水压力的变化，长期供给少量气体，使液面下的管路出口处长期均匀地释放出少量气泡，多用于需要持续检测水位的电站上下游水位、调压井水位等处。本文主要对恒定流式吹气水位计进行介绍[2]。

国外某水电站位于马来西亚沙捞越州，业主要求使用以压缩空气罐作为气源的吹气式水位计测量库水位及尾水位，其中进水口处设置三套相互独立的吹气式水位计，尾水处设置一套吹气式水位计。

1 结构说明

吹气式水位计分别由气源、流量控制阀、主控制模块、压力传感器、Y形连控制器、减压阀、安全阀、气管及附件等部分构成。其中气源可采用带气罐的空气压缩机或压缩空气罐两种型式。该项目业主明确要求采用压缩空气罐作为气源。气源将压缩空气依次通过减压阀、流量控制阀经由气管及附件传输到 Y 形控制器。Y 形控制器类似于三岔管，压缩空气进入 Y 形控制器后，其中一路通往被测液体的最低液面以下，另外一路回到流量控制阀，经安全阀通往压力传感器。反馈回的气体压力信号由压力变送器进行转换以后，输入主机处理单元对水位信息进行分析、运算并传输给上位机。系统组成如图 1 所示。

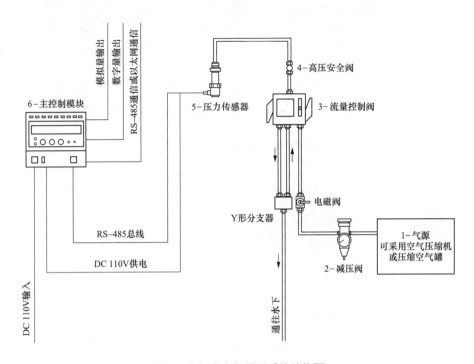

图 1　吹气式水位量测系统结构图

2　工作原理

对恒定流式吹气水位计，当管路内的压缩空气将管路中的水压出，水—气的分界处正好位于压缩空气管口，管口有少数气泡时，流量控制阀、压力传感器及 Y 形分支器之间的管路内形成了一个密闭的空间，该空间内各处压力均相等。

设备安装时，可根据待测水面的波动范围，调整流量控制阀，从而确定系统的压缩空气使用量。为了便于观测，流量控制阀上设置了一个带刻度的、玻璃的观测空间，观测空间的刻度由流量控制阀型号决定，观测空间内置一颗小球。正常运行过程中，小球是不会上下浮动的。若系统故障，小球偏离设定的用气量刻度值。同时，监控系统也可根据上传的水位信号异常判断故障，发出警报。流量控制阀及观测空间如图 2 所示。

系统正常工作时，流量控制阀内的气流通道如图 3 所示。当被测水位发生变化时，系统内的用气量保持不变，但随着水位的上升或下降，通往水下的压缩空气管路出口处，会出现气泡量增多或者水被压入管路的情况，此时，系统的压力随着系统内气体的体积变化而变化，压力传感器同时获取管道内的压力。最终通过计算处理单元计算出液体的水位，并将水位的模拟信号传送至中央控制室。

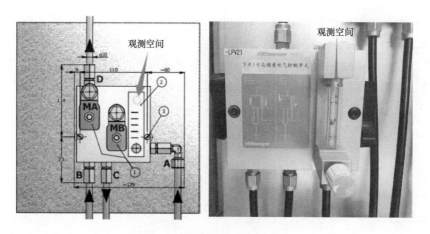

图 2 流量控制阀及观测空间

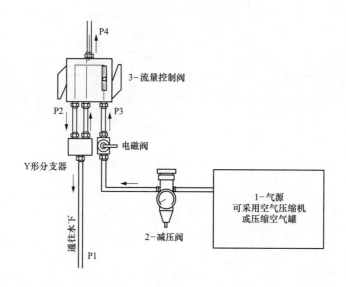

图 3 系统气流通道示意图

3 系统设计

系统设计前，应先了解所测水位每分钟的变化幅度、压缩空气管路的长度、被测水位的范围等。根据水位变幅及气管长度，通过图 4 曲线确定系统单位时间的用气量。

根据被测水位的范围，在最高水位的基础上，预留一定裕量，确定测量所需最低压力。该项目尾水位的最高水位为 EL.50.0m，最低水位为 EL.37.0m，压缩空气管伸入水面下 EL.36.5m 处，因此该项目库水位测量所需的最大压力可设定为 0.13MPa。

（1）以空气压缩机作为气源。当以带气罐的空气压缩机作为气源时，确定了测量所需的最低压力后，初步拟定测量所需的最高压力。例如该项目，可设定气罐内压力下降至 0.5MPa 时，启动空气压缩机进行补气，补气至压力达到 1.0MPa 时停止[2]。带气罐的空气压缩机宜设置一用一备，以保证水位测量工作的连续。

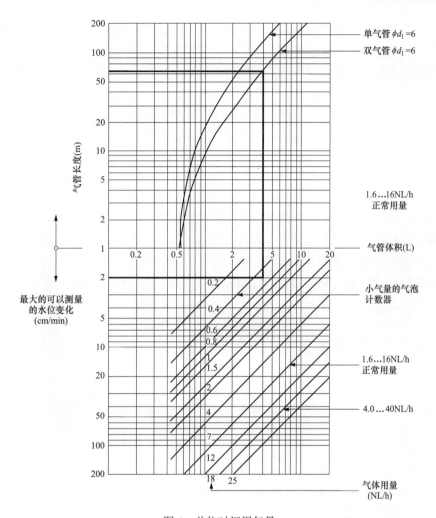

图 4　单位时间用气量

（2）以压缩空气罐作为气源。本项目中采用压缩空气罐作为气源，考虑到更换气罐需要人工操作，可设定测量所需的最低压力为 1.0MPa，当压缩空气罐内的压力低于 1.0MPa 时，发出警报，提醒运行人员更换压缩空气罐。压缩空气罐的规格选择，则需要根据现场交通情况、距城市的远近及其他现场条件确定业主可接受的更换压缩空气罐的频率，以本项目中的尾水位测量为例，计算如下：

气管长度 65m，每分钟水位变化 2cm，如图 3 所示，可得用气量为 0.5L/h。

根据当地市场情况，确定采用 18L、200bar 的压缩空气罐。

根据理想气体状态方程 $PV=nRT$，在环境温度没有大的波动时，可以近似用 PV 值来判定压缩空气罐内的气体量。故气瓶可用时间 $=\dfrac{(200-10)\times18}{0.5}=6840\text{h}=9.5$ 个月。

4　吹气式水位计的特点

（1）传统的投入式水位计及浮子码盘式水位计的测量精度为 0.1%FS，吹气式水位计测量精度则远高于这两种，当采用石英晶振型传感器时，测量精度可达到 0.01%FS，即使采用普通的传感器，精度也可达到 0.05%FS。

（2）气泡式水位计所有元器件均不接触被测液体，仅需将不锈钢压缩空气管路伸入水位即可。这不仅可以防止自动化元件因长期浸泡于液体中而受到腐蚀或加速老化，还便于检修，如果信号异常，可直接对元器件进行检查，及时发现故障原因。

（3）若采用空气压缩机作为气源，空气压缩机需设置至少 2 台，一用一备，且需采购本体自带小型储气罐的空气压缩机，这无疑增加了额外的设备购置及检修维护费用。若采用压缩空气罐作为气源，则需在气压力降低到整定值时及时更换气罐，以便于日常运行。

（4）相较于传统的水位计，目前成套的吹气式水位计设备购置费用较高。

（5）布置时，应注意使压缩空气管路不能有倒坡，否则会影响测量精度。如果受现场环境和厂房布置的制约，倒坡不可避免，则可在管路最低处设置集水器，收集压缩空气中的凝结水。但该做法能否保证测量精度，目前暂无定论。

（6）布置时，应尽量缩短压缩空气管路的长度。因为压缩空气管路的长度直接影响用气量，增加了系统的功耗。

5 结语

本文结合吹气式水位计在项目中的实际应用，详细介绍了其工作原理、主要零部件作用、设计过程以及在具体应用过程中应注意的事项，为吹气式水位计在电站中的应用提供借鉴。

参考文献

[1] 唐利剑. 吹气式水位测量装置在水电厂的应用 [J]. 水电站机电技术，1996（2）：42-48.

[2] 张亚，宗军，蒋东进，等. 气泡压力式水位计现场检测装置设计与实现 [J]. 水文，2021，41（6）：60-65.

[3] 朱佳，洪旭. 桐柏抽水蓄能电站水力监视测量系统 [J]. 水电厂自动化，2006，（4）：214-216.

作者简介

王艳妮（1989—），女，工程师，主要从事水电站机电设计方面的研究。E-mail：849622732@qq.com

南水北调中线工程膨胀土渠段边坡变形研究

耿世良　刘美钰

（南水北调中线信息科技有限公司，河北省石家庄市　050000）

[摘　要]南水北调工程一直都是大家所关注的重点，在南水北调施工过程中，每个步骤都至关重要。南水北调中线工程干渠渠坡的渠道工程地质条件复杂，特别是膨胀土段，一旦边坡失稳将影响渠道工程的正常运行，并产生一定的社会影响，因此有必要开展膨胀土边坡变形控制的研究，确保南水北调工程的顺利实施及运行。

[关键词]南水北调；膨胀土；边坡变形

0　引言

南水北调工程对于我国的水利工程发展具有重要意义，是缓解我国黄淮海平原水资源严重短缺问题的重要举措，同时也优化了水资源的配置，其对我国而言是非常重要的一项工程。在这条干线当中，因为膨胀土的特殊性，其工程性质也变得非常的特殊。其他工程相比这种土非常敏感，如果膨胀就可能引起工程建筑的破坏，因此这一项工程显得尤为重要。膨胀土在运行过程中还会受土质环境[1]等各方面的影响，故而在工程建设过程中，如果用到膨胀土，会有较多的问题需要解决，若膨胀土的问题无法得到解决，南水北调工程就难以正常运行。

1　南水北调中线膨胀土边坡变形控制要求、风险预警

南水北调对于整个社会而言都非常重要，而南水北调中线工程的膨胀土渠段一直都是大家关注的重点，一旦这个地方出现问题，带来的负面影响较大，所以相关工作人员必须了解当地的情况，采取有效的措施，根据当地坡面防护采用的方法来设计综合性方案。如果有软弱外形结构面的坡体，则需要采用抗滑桩以及坡面梁等支护结构，这样便可有效解决；如果坡面防护采用的是非膨胀性土换填，则需要采取更加综合性的方法，比如说拱形框架植草等方案，要结合一般边坡工程的变形要求施工，同时要对南水北调工程膨胀土渠道的设计特点十分了解，才能够及时解决问题。解决的措施工程安全风险也要分等级，相关人员必须要做出及时的判断处理，结合控制要求来解决问题，在整个工程中，需要根据监测数据异常风险研判的标准来找到合适的解决方法，同时也要了解南水北调中线工程膨胀土边坡变形的控制要求，根据南水北调工程的要求来了解通水运行受威胁的程度，从而将风险分为不同的级别，一般工程安全可分为严重、较重、一般三个等级。膨胀土渠段边坡变形控制的监测数据要以此为基础开展后续工作。

风险等级为严重表示监测变形或其他变化率大于等于警戒值，这种情况下风险就可以判别为严重。如果在监测的过程中，一级马道以及以上的坡体实时监测部位的累积，最大水平位移已经超过规定的数值，如已经持平 50mm 或是超过这个临界值，则风险等级也可以判定为严重。如果在整个工程监测的过程中，累积的最大水平位移已超过边坡开挖深度的五百分之一，也要判定为严重。因此在整个工程实施的过程中，要了解研判标准，才能够及时地做好预警工作。

一般情况下监测或其他变速都低于警戒值时，则需要根据监测变形过程线来判断风险等级，如果累积位移过程现无限突变或者是在持续增大，这种情况就应该引起重视，此时的风险等级为一般，如果位移过程线有突变，危险等级要判为严重。根据物理量或者是变形速度判断出风险的等级，从而采取不同的解决措施，同时也要按照最高等级来确定。

2 膨胀土边坡实测资料解析

要对膨胀土边坡实测资料进行分析，从而了解具体的情况，根据实测监测的资料可以分为累积位移以及累积位移速度等绝对值，以此了解边坡变形的特征。

从监测点的某一个时刻起到当前时刻发生的总位移，称为累积位移，它可分为垂直和水平方向，两种位移均可以通过三维空间表示，通过一基本指标的累积位移，就可看出整个区域的变化情况。初始空间可以设定为坐标，经过一定时间的变化之后，累积位移可以通过公式计算出来，用三维空间的累积位移公式，得出相关的数值累计位移速度。用位移速度表示区域的稳定性，而监测点经过时间周期发生位移的速度用公式表示。

边坡的变形可以分为累积位移、等速变形以及加速变形等几个阶段，这几个阶段需要分别计算以了解边坡岩土体在重力的作用下变形演化所遵循的普遍规律。需要对实测内部变形观测资料进行分析，了解实际的情况，如果在计算的过程中发现整个过程水平位移的速度快于预警值，则可以判断出该监测点的数据存在着风险，同时也要根据采集到的数据进行分析，通过其他原因了解实际情况。还要对相关的数据进行对比分析，得到最可靠的资料，根据分析了解实际的情况是否有所改变，进而判断边坡数据异常风险的等级。

另外，也要对实测外部变形观测资料进行分析，了解坡面水平位移变化的过程以及累积位移的趋势线，则需要坡面水平位移监测的数据来得知，再通过一定的数字标准来进行研判。如果表面累积最大水平位移已经超过了预警值，这时就要关注三个特定位移的变化情况，是否为平缓有无增长阶段，也要关注有无突变现象，利用监测数据汇测累积的曲线再来判断等级标准。

在判断的过程中，首先，要根据外部变形监测的资料来分析结果，再结合实测内部变形的资料进行分析，最后得出结论。如图 1 所示南水北调工程典型建筑物累计位移过程线，该建筑物变形呈现周期性变化，以 Q46-4 测点为例，根据其整体变形趋势来看，汛期呈现上抬变形，汛后呈现下沉变形，但整体变形趋势较稳定。在工程实际施工过程中，膨胀土渠段边坡如果出现了问题，一定要引起重视，比如出现防护结构混凝土拱圈、裂痕等情况时，就要引起重视，这一坡段存在滑坡等隐患问题。其次，要关注是否出现坡面纵向排水沟缩窄现象，如果出现了这些问题，要马上进行加固处理，避免出现更大的危机。先做好防护工作，后续的工作才能顺利进行，在处理边坡情况时确保处于合理的方向。

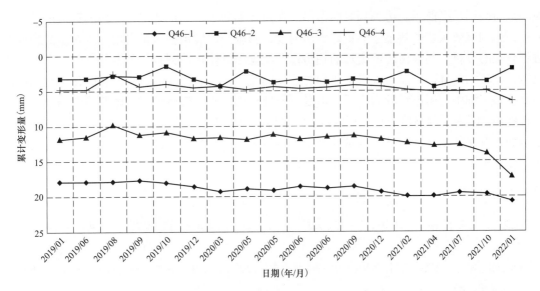

图 1　典型建筑物累计位移过程线

3　一般边坡工程的变形控制要求、风险预警

　　边坡工程一直都是大家所关注的重点，而边坡的位移不仅与坡高水文地质条件有关，还与坡顶等多种因素有关，因此要将所有可能的原因都考虑到位，才能了解边坡工程的变化情况。目前关于边坡位移的计算，虽然还没有形成完整的计算理念，但是通过相关规范可以了解到边坡位移以及降层观测值等情况，通过支护结构以及周边的环境可以进行预判，明确边坡是否稳定，而边坡工程在施工的过程[2]也尤为重要，要及时地进行监测。在施工的过程中也要做好应急措施，如果在监测中出现问题，要立马采取应急措施来解决问题，有柔软外倾结构面的岩土边坡支护结构坡顶[3]有水平位移迹象或者是发现支护结构受力且结构变形，若发生这样的情况则应该引起高度重视。如果边坡水平位移已经超出了标准，则需要及时解决问题，边坡坡顶邻近的建筑物如果有持续下沉或者是不均匀下沉等情况，已经超过标准，那么整个建筑物的倾斜度变化都应该引起相关人员的重视，同时也要及时找到解决方法，如果坡顶严禁的静止物出现新裂痕，或是原有裂痕有了新发展，这些情况都要进行风险预警。

　　边坡底部周围的岩土也有可能会导致危险情况发生，比如说护坡结构发生断裂，这类情况要提前预防，避免发生更多的意外。边坡底部或周围的岩土如果已经出现了有破坏的迹象，就一定要及时地采取措施，这种迹象的出现说明已经有了安全隐患，有可能会影响到整体的工程，同时也要有足够的实际经验，根据当地的实际情况来进行判断，当出现安全事故预警时应立刻采取补救措施。

4　结语

　　南水北调工程中线膨胀土边坡变形控制要求及风险预警要能够符合基本的标准，也要考虑到累计位移是否能够全面地反映变化的具体情况，从而了解边坡现在所处的阶段，判断边坡的危险级别，提前预防达到预警的作用。在进行判断中，一定要根据掌握的数值进行综合分析，达到有效预警的效果才能更好解决问题，膨胀土边坡预警非常实用，要对监测的数据进行合理的分析，判断出边坡变形的趋势以及变化的规律，达到有效预警的目的，目前的传感器已经较为先进，可以实现自动化和智能化的监测。随着科技的进步，智能化和自动化在南水北调工程中运用已经较为广泛，但是也不能掉以轻心，获得较多实时监测数据之后也要进行观测，因为观测仪器的数量有限，同时受传统监测变形的影响，因此要进行实时的分析，了解施工变化的规律，同时可以试着采用三维累积位移了解变化规律，开展实时监测数据的可视化分析。

参考文献

[1] 杨利红，李林可. 南水北调中线总干渠工程膨胀土渠段渠基排水处理 [J]. 水科学与工程技术，2014（3）：73-75.

[2] 陈世刚，牟伟，刘军. 南水北调中线工程膨胀土渠段改性土施工中存在的困难及对策研究 [J]. 长江科学院院报，2013，30（9）：85-88.

[3] 王森. 南水北调中线工程膨胀岩（土）渠坡处理施工技术研究. 河南省：河南省水利第一工程局，2009.

作者简介

耿世良（1985—），男，工程师，主要从事水利水电工程运行维护工作。E-mail：shiliang1985@163.com

刘美钰（1996—），女，助理工程师，主要从事水利水电工程。E-mail：15226720664@163.com

基于欧标水泥净浆灌注微型桩设计参数取值研究

蒲泰條[1]　史程园[2]　陈再谦[1]　范金辉[2]

（1. 中国电建集团贵阳勘测设计研究院有限公司，贵州省贵阳市　550081；

2. 中国水利水电第九工程局有限公司，贵州省贵阳市　550081）

[摘　要]微型桩通常采用混凝土作为灌注材料，采用水泥净浆作为灌注材料的工程实践及研究鲜少。本文以毛里求斯传奇山庄基础设施项目为工程背景，基于欧洲规范 BS EN 1997-1：2004 的分项系数法对参数 β_p 和 N_p 取值进行了研究。在分析了现场单桩荷载试验数据的基础上，对试桩结果进行了反演分析计算，得到桩基设计参数 β_p 和 N_p 的取值；然后采用 JGJ 94—2008《建筑桩基技术规范》对参数进行了复核计算，复核计算所得承载力特征值与设计值较为接近，可认为桩基设计参数取值较为合理，指导本工程的桩基设计，为海外类似工程提供一定的借鉴和参考。

[关键词]欧洲标准；水泥净浆灌注桩；桩基设计；分项系数法

0　引言

微型桩按截面形式不同，分为方形、圆形和多边形等[1-3]。由于其桩径小、施工方便、承载力较高、对土体扰动小及支护效果好等诸多优点[4-5]，使得其目前在基坑支护、软弱地基加固、房屋基础及边坡工程中得到广泛应用，并取得了较好的支护及加固效果[6-7]。

桩基设计计算方法在 JGJ 94—2008《建筑桩基技术规范》中有详细的阐述，采用的是安全系数法。通过现场试验或地方经验确定桩侧摩阻力和桩端阻力，在此基础上，可以得出桩的极限承载力标准值，再除以 2 的安全系数得到桩的承载力特征值，然后和设计值进行比较，得到桩的设计尺寸。欧洲标准 BS EN 1997-1：2004 提供了另外一种设计方法，即分项系数法，对上部结构荷载标准值的永久荷载和可变荷载分别乘相应的分项系数值，得到设计值；单桩竖向承载力可以通过有效应力法计算，该法适用于排水条件，即施工结束足够长的时间后土体已经基本排水固结时的条件。整个设计过程最为关键的是确定桩侧承载力系数 β_p 和桩端承载力系数 N_p 这两个基本参数，合理地确定其取值对桩基承载力有着重要的影响；文献 [9] 通过研究针对不同的土性给出了范围值，但是其范围值过大，取范围小值进行计算又过于保守，造成浪费，因此具体的工程还需具体分析。

本文以毛里求斯传奇山庄基础设施项目为工程背景，考虑到当地的房屋修建习惯并结合施工工艺，本项目中桩基灌注材料采用的是水泥净浆，而非常用的混凝土。通过搜索相关文献，目前关于水泥净浆作为灌注材料的桩基研究鲜少，考虑到工程的安全施工和运营，非常有必要对其承载力进行研究。基于欧标 BS EN 1997-1：2004 既定的设计计算方法，在现场荷载试验的基础上，对影响桩基承载力重大的两个基本参数 β_p 和 N_p 的取值进行研究，为桩基设计提供参考，同时为后续类似的国外工程提供一定的借鉴。

1 工程概况

本项目位于毛里求斯西南部黑河拉普兰玛格里，距离首都路易港约 25km。整个场地位于一斜坡上，坡度为 25°～35°。根据勘察资料揭露，场地主要为上部崩塌堆积层（厚 0～30m）及下部玄武岩地层，崩塌堆积层主要物质成分为可塑状黏土夹少量碎块石，碎块石含量占20%～30%，年降雨量为 0～500mm，雨量较少，较为干燥，无地下水。

整个场地分布范围面积约 0.8km²。根据设计，房屋类型主要有 LOT1～LOT23、Block1～Block4、公寓 A～公寓 D 及其附属设施（水池、泳池、配电房等）。现场选取 2 根桩进行试桩，试桩 1 位于 LOT3 附近，试桩 2 位于泳池附近，如图 1 所示。

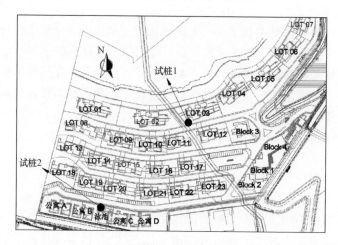

图 1 项目平面布置图

根据当地建设习惯并结合现场设备，拟采用桩径 270mm 和 350mm 两种桩型。设计计算依据主要为欧洲标准 BS EN 997-1:2004，设计计算软件采用 GEO5 岩土设计软件。

2 现场试桩及分析

结合工期及业主要求，现场选取了 2 个试验点进行桩基载荷试验。根据 BS EN 1997-1:2004 7.5.2.3 小节，试桩荷载不小于设计值，当施加荷载大于设计值时，桩处于正常工作状态且未发生正常使用的允许沉降（一般为桩径 D 的 10%），可以认为桩基承载满足要求。

试桩点 1：桩径为 350mm，长 10m，永久荷载为 274kN，可变荷载为 80kN，试桩荷载为624kN。

试桩点 2：桩径为 270m，长 8m，永久荷载为 125kN，可变荷载为 47kN，试桩荷载为 400kN。

根据勘察资料，试桩点 1 位置 0～22.5m 范围内为崩塌堆积层；试桩点 2 位置，0～11.7m范围内崩塌堆积层。

2.1 水泥净浆配合比试验

现场进行了水泥净浆配合比试验，根据不同水灰比的水泥净浆的流动性、泌水性以及强度，确定最终的水灰比，见表1。

表1 水泥净浆配合比试验方案

编号	水灰比	混合材料消耗（kg）	
		水	水泥
G.01	0.40	10.00	25
G.02	0.45	11.25	25
G.03	0.50	12.50	25

根据配合比试验方案进行了试验，如图2所示。

图2 现场水灰比试验制样照片

试验结果见表2。

表2 水泥净浆配合比试验方案

编号	试验次数	水灰比	相对密度（g/cm³）	平均相对密度（g/cm³）
G.01	1	0.40	1.90	1.90
	2		1.91	
	3		1.90	
G.02	1	0.45	1.82	1.82
	2		1.82	
	3		1.82	
G.03	1	0.50	1.73	1.72
	2		1.72	
	3		1.72	

在此基础上，进行了立方体抗压强度试验，水灰比为0.40、0.45和0.50的抗压强度平均值分别为37.7MPa、35.2MPa和32.5MPa，满足设计要求的前提下，考虑到经济性，最终选定水灰比0.45。

2.2 现场试桩试验

单桩竖向静载试验采用慢速荷载维持法，加载反应系统采用压重台反力装置（如图3所示）。

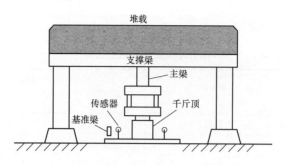

图 3 单桩竖向静载试验原理示意图

现场试桩试验的采集仪器为国产 YL-PLT1s 静荷载测试仪（如图 4 所示）。

现场堆载采用混凝土块（如图 5 所示），加载至上述试桩荷载值。

图 4 YL-PLT1s 静荷载测试仪现场接线   图 5 现场堆载

2.3 试桩结果分析

根据现场数据采集，试桩 1 和试桩 2 测试数据见表 3。

表 3 测 试 数 据 统 计

试桩 1		试桩 2	
载荷（kN）	沉降（mm）	载荷（kN）	沉降（mm）
125	0.01	80	0.19
187	0.01	120	0.24
250	0.03	160	0.30
312	0.13	200	0.39
374	0.25	240	0.49
437	0.37	280	0.61
499	0.45	320	0.73
562	0.49	360	0.85
624	0.47	400	0.97
499	0.44	320	0.90
372	0.36	240	0.82

试桩 1		试桩 2	
载荷（kN）	沉降（mm）	载荷（kN）	沉降（mm）
248	0.21	160	0.74
124	−0.04	80	0.63
0	−0.06	0	0.53

上述试验数据显示，试桩沉降比较小，试桩 1（桩径 350mm）最大沉降约为 0.49mm，试桩 2（桩径 270mm）最大沉降约为 0.97mm，远小于规范要求的允许沉降（允许），桩处于正常工作状态。

从图 6 和图 7 的 Q—s 曲线可以看出，试桩 1 和试桩 2 均随着荷载的增加，沉降逐渐增加，两者近乎呈直线变化。

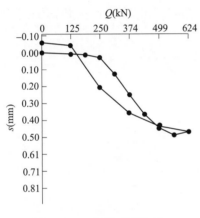

图 6 Q—s 曲线（试桩 1）

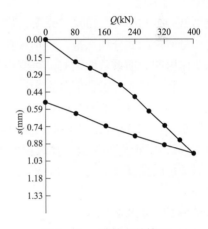

图 7 Q—s 曲线（试桩 2）

3 桩基设计参数取值

基于上述试桩试验结构，确定桩基设计参数。

3.1 设计方法介绍

桩基设计验算方法采用欧洲 EN 1997-1：2004（分项系数法），分项中用于修正作用，材料性能和抗力的分项系数与选择的"设计方法"有关，其实质就是使用有效应力法；本项目在设计验算中选择设计方法 1，就是作用和材料性能的分项系数。本项目场地无地下水，可采用有效应力法进行设计计算。下面简单介绍有效应力法。

$$Q_d = R_s + R_b \tag{1}$$

式中 Q_d——桩的承载力特征值，kN；
   R_s——桩侧摩阻力，kN；
   R_b——桩端阻力，kN。

桩侧摩阻力由下式计算得到

$$R_s = \sum_{i=1}^{n} \beta_p \sigma_0 A_s \tag{2}$$

式中　β_p——桩侧承载力系数；

σ_0——土层的平均有效自重应力，kPa；

A_s——桩侧表面积，m^2。

桩端阻力可由下式计算得到

$$R_b = \sum_{i=1}^{n} N_p \sigma_p A_b \tag{3}$$

式中　N_p——桩端承载力系数；

σ_p——桩端处土的有效自重应力，kPa；

A_b——桩段截面积，m^2。

3.2　设计参数取值

根据 BS EN1997-1：2004（分项系数法）的有关规定进行选取，计算中采用设计方法1，即作用和材料性能的分项系数，分项系数取值如下：

永久作用的分项系数取 1.35，可变作用的分项系数取 1.50。

试桩 1 和试桩 2 的设计值分别为：

试桩 1：Q_{d1}=1.35×274+1.5×80=489.9kN；

试桩 2：Q_{d2}=1.35×125+1.5×47=239.3kN。

基本参数 β_p 和 N_p 的取值计算过程如下：

崩塌堆积层重度取值为17kN/m^3。

试桩 1：

σ_0=0.5×17×10=85kPa；

A_s=3.14×0.35×10=10.99m^2；

σ_p=17×10=170kPa；

A_b=0.25×3.14×0.35×0.35=0.0962m^2；

Q_{d1}=934.15β_p+16.35N_p=489.9kN。

试桩 2：

σ_0=0.5×17×8=68kPa；

A_s=3.14×0.27×8=6.78m^2；

σ_p=17×8=136kPa；

A_b=0.25×3.14×0.27×0.27=0.0572m^2；

Q_{d2}=461.04β_p+7.78N_p=239.3kN。

联立式 Q_{d1} 和式 Q_{d2} 可得

β_p=0.35，N_p=10。

3.3　参数取值复核

参数取值复核采用 JGJ 94—2008《建筑桩基技术规范》5.3.5 小节公式，其表达式如下

$$Q_{uk} = u \sum q_{sik} l_i + q_{pk} A_p \tag{4}$$

式中　Q_{uk}——桩的极限承载力标准值，kN；

　　　q_{sik}——桩侧摩阻力标准值，kPa；

　　　q_{pk}——极限桩端阻力标准值，kPa；

　　　l_i——桩长，m；

　　　A_p——桩端截面积，m^2；

　　　u——桩周长，m。

根据规范建议参数并结合崩塌堆积层主要物质成分，干作业钻孔桩，按照硬可塑状黏土取值：q_{sik}=70kPa，q_{pk}=1800kPa。

经计算，试桩 1 和试桩 2 的极限承载力标准值分别为

$$Q_{uk1}=942.4kN$$
$$Q_{uk2}=577.8kN$$

承载力特征值分别为

$$R_{a1}=Q_{uk1}/2=471.1kN$$
$$R_{a2}=Q_{uk2}/2=288.9kN$$

复核计算结果与上述计算结果较为接近，可认为参数 β_p 和 N_p 取值较为合理。

4　结语

本文以毛里求斯传奇山庄基础设施项目为工程背景，基于欧标 BS EN 1997-1:2004 既定的设计计算方法，在现场荷载试验的基础上，对影响桩基承载力重大的两个基本参数 β_p 和 N_p 的取值进行研究，为桩基设计提供参考，同时为后续类似的国外工程提供一定的借鉴。全文得出如下结论：

（1）结合规范，对试桩试验结果进行了统计分析，试桩处于正常工作状态，满足要求。

（2）基于试验结果，采用有效应力对试桩结果进行了反演分析计算，得到桩基设计参数 β_p 和 N_p 的取值。

（3）采用较为熟悉的国内规范 JGJ 94—2008《建筑桩基技术规范》及建议参数取值对计算所得参数 β_p 和 N_p 进行了复核，复核计算所得桩基承载力特征值与设计值果较为接近，可认为所取参数较为合理。

（4）本文仅仅研究了崩塌堆积层的参数取值，对于具有多层土结构的地层需要更多的荷载试验数据支撑。本研究是基于无地下水的情况，若存在地下水时，本文所采用的有效应力法不适用，需采取其他方法进一步研究，可作为后续的研究方向。

参考文献

［1］Furlong R W．Strength of Steel-Encased Concrete Beam Columns［J］．Journal of the Structural Division American Society of Civil Engineers．ASCE，1967，93：113-124．

［2］Tomii M，Yoshimura K，Morishita Y．Experimental Studies on Concrete-Filled Steel Tubular Stub Columns under Concentric Loading［C］．Stability of Structures Under Static and Dynamic Loads．ASCE，2010：718-741．

［3］Hajjar J F，Gourley B C．A Cyclic Nonlinear Model for Concrete-Filled Tubes［J］．Journal of Structural Engineering，1997，123（6）：736-744．

［4］李征．微型钢管桩边坡加固技术及其应用的研究［D］．长沙：湖南大学，2011．

［5］唐传政，舒武堂．微型钢管群桩在基坑工程事故处理中的应用［J］．岩石力学与工程学报．2005（24）：5459-5463．

［6］腾海军，刘伟．微型钢管桩在基坑支护工程中的应用［J］．施工技术．2011：40（6）：93-95．

［7］陈强，陈炜韬，刘世东，等．注浆钢管微型桩加固滑坡的试验研究［J］．成都：西南交通大学学报．2011，46（5）：758-763．

［8］韩林海，钟善桐．钢管混凝土弯扭构件的理论分析和试验研究［J］．工业建筑，1994（2）：3-8．

［9］中华人民共和国建设部．JGJ 94—2008 建筑桩基技术规范［S］．北京：中国建筑工业出版社，2008．

［10］Fellenius，B.H.：Foundation Engineering Handbook，Editor H.S. Fang，Van Nostrand Reinhold Publisher，New York，1991，511-536．

作者简介

蒲黍條（1992—），男，工程师，主要从事岩土工程勘察与设计工作。E-mail：997110232@qq.com

基于 SWMM 降水—径流动态模拟的雨水排水系统的规划设计——以天府新区某地块为例

王济港 文 典 康昭君

（中国电建集团成都勘测设计研究院有限公司生态环保工程分公司，
四川省成都市 610072）

[摘 要] SWMM 雨洪管理模型能够模拟降水径流与雨水管道排水的动态变化过程，这对于城镇区域雨水排水系统的规划设计具有重要的应用价值。研究以天府新区成都直管区华阳街道某一相对独立的雨水排水系统为例，通过收集区域范围内的管道、下垫面和芝加哥雨型拟合的短时强降雨过程等基本参数信息构建了 SWMM 模型，对方案 S 和方案 T 两种不同工况的雨水排水路径进行分析。结果表明，SWMM 模型的降雨时序性变化对排水系统的规划方案比选表现出良好的适用性，模拟分析判断了两种方案的可行性，并基于 SWMM 的模拟分析结果对方案存在的缺点提出了优化建议。

[关键词] 雨洪管理模型；SWMM；芝加哥雨型；雨水管道系统

0 引言

气候变化引起的频繁暴雨正在成为全社会关注的焦点。城镇地区由于人口密集、地面不透水率高，暴雨洪涝灾害造成的影响尤为突出[1]。在城镇雨水排水规划设计中，排水设施布置、排水路径和排出口会有多种方案，管道系统工况往往比较复杂[2]。传统的设计计算方法不仅工作量大而且忽略了降雨的时序性动态变化过程，而 SWMM 的降水径流与排水系统的动态模拟不但可以解决这一问题，还有利于排水系统的协调性改造。

吴慧英等[3]采用 SWMM 提出了以全局管网淤积系数（GSC）作为自变量模拟雨水管道淤积程度对溢流积水及内涝影响的研究方法及步骤。赵磊等[4]选取城市河道为研究区域对 SWMM 中的参数敏感性进行分析，结果表明 SWMM 水文水力模块中最灵敏参数为不透水率，水量水质模拟结果与实测结果较为吻合。胡彩虹等[5]构建了 SWMM 模拟流量与实测排水口流量比较，结果表明模拟径流过程与实测径流过程吻合度较好。黄诚等[6]以镇江市老城区作为研究区域，采用 SWMM 模型构建该地区排水系统模型，模拟当地 30 年一遇暴雨条件下管网系统运行情况，并以淹没较为严重的汇水区为研究对象，布设不同海绵措施模拟不同种情景下径流控制情况，从空间尺度对比汇水区径流系数对不同比例海绵措施的响应，研究结果为城区排水防涝能力建设提供了技术支撑。

1 SWMM 模型构建

1.1 研究区域的概况

研究区域位于成都市双流区、高新区和天府新区交界处，面积约为 174.69ha，共有住宅小区 11 个、农贸市场 1 处、学校 1 所、商业综合体 1 座。该区域为城镇密集建成区，下垫面总体硬化面积占比较大。区域内河道有栏杆堰和锦江，雨水管涵排水设施构成了相对独立的排水系统，现状出水口位于华龙大桥下的锦江，雨水管道和箱涵累计长度约为 5290m，如图 1 所示。

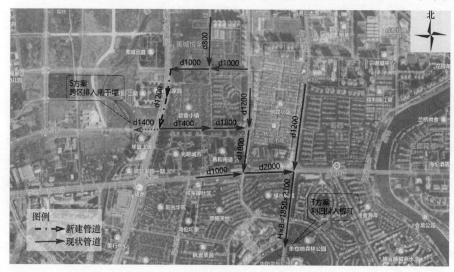

图 1 研究区域雨水管涵系统图

1.2 方案概况

根据街区、地面坡向和雨水管涵布置情况将该区域划分为 23 个子汇水区、19 个计算管段、1 个现状出水口、1 个方案比选出水口和 1 次典型降雨，其中第 15 号管段为新建管道，第 19 号管段为方案比选管段。第 15 号管段通过第 13 号节点接入 19 号管段形成方案 S 排水系统，或者接入第 13 号管段形成方案 T 排水系统。通过 SWMM 构建研究区域的各项模型参数，SWMM 模型构建的雨水管涵平面图如图 2 所示。

方案 S 为将第 15、16、17、18 号管段汇水区域内的雨水通过第 19 号管段就近排入双流区的栏杆堰；方案 T 为将上述汇水区域内的雨水通过第 13、12、10、9、6、5、1 号管段排入天府新区成都市直管区的锦江。方案 S 和方案 T 优缺点对比见表 1。

表 1 方案 S 和方案 T 优缺点对比

方案	方案 S	方案 T
优点	（1）排水路径短； （2）降低天府新区侧排水系统的负荷	（1）利用天府新区侧既有雨水排水系统，建设周期短； （2）可减少新建双流区段的雨水管道
缺点	（1）穿越军用光缆和大型电力管廊； （2）出水口栏杆堰渠底高程较高，新建管道排水能力低； （3）跨越行政区域建设周期长	排水路径长，可能会造成下游雨水管道系统超负荷

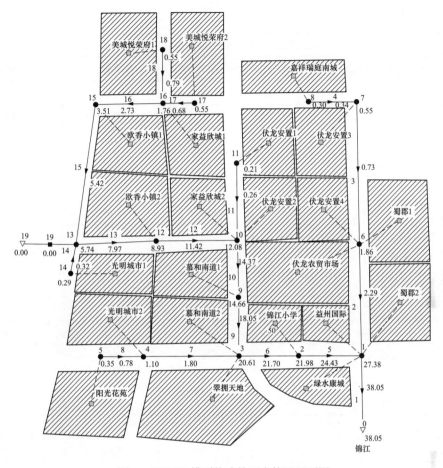

图 2 SWMM 模型构建的雨水管涵平面图

1.3 模型的基础数据

构建 SWMM 模型的流程包括数据采集、数据输入、模拟运行和数据导出，输入数据的准确性会对模型运行结果的精准度产生较大影响[7]。因此为保证 SWMM 建模的准确性，需要根据研究区域的实际情况对 SWMM 模型中参数进行修正。SWMM 模型中的缺省参数根据实际应用的需要，一般分为可直接获取参数和需间接获取参数两大类。可直接获取的参数主要通过测绘地图、管道探测资料，需间接获取参数主要通过文献资料获取，必要时还应该通过实验测定。

1.3.1 子汇水区下垫面基础数据

各个子汇水区下垫面的关键基础数据包括面积、不透水比率、地面坡度和地表径流宽度（见表 2），其中子汇水区面积、地面坡度通过项目建设指标和实际测量获取，不透水比率根据研究范围内的绿地面积、透水铺装面积建设指标确定，地表径流宽度根据周毅等[8]的研究成果通过估算方法确定。

表 2　　　　　　　　　　　研究范围内的各子汇水区下垫面基础数据

序号	汇水区域	面积（ha）	不透水比率（%）	地面坡度（%）	地表径流宽度（m）
1	美城悦荣府 1	9.13	60	0.34	610

续表

序号	汇水区域	面积（ha）	不透水比率（%）	地面坡度（%）	地表径流宽度（m）
2	美城悦荣府2	9.26	60	0.33	620
3	欧香小镇1	6.40	50	0.09	430
4	欧香小镇2	7.52	50	0.05	500
5	光明城市1	5.21	65	0.44	350
6	光明城市2	5.20	65	0.44	330
7	阳光华苑	4.96	65	0.05	300
8	家益欣城1	4.54	60	0.09	300
9	家益欣城2	4.50	60	0.09	340
10	慕和南道1	5.04	65	0.32	330
11	慕和南道2	5.02	65	0.32	340
12	翠拥天地	8.79	65	0.78	590
13	嘉祥瑞庭南城	5.38	65	0.13	360
14	伏龙安置小区1	3.15	70	0.62	210
15	伏龙安置小区2	3.22	70	0.62	210
16	伏龙安置小区3	3.18	70	0.62	210
17	伏龙安置小区4	3.22	70	0.62	210
18	伏龙农贸市场	4.91	90	0.62	320
19	锦江小学	2.12	50	0.05	140
20	绿水康城	4.15	65	0.75	280
21	益州国际广场	1.36	85	0.05	90
22	蜀郡1	5.46	65	0.32	360
23	蜀郡2	5.12	65	0.32	340

1.3.2 计算管段基础数据

各计算管段关键基础数据包括管道或箱涵的尺寸、管涵材质、长度、管涵起终点高程、管道粗糙系数（见表3），其中管道或箱涵的尺寸、管涵材质、长度、管涵起终点高程（1985年国家高程基准）通过实际测量获取，粗糙系数根据周雪漪[9]的研究成果确定，取值为0.013。

表3　　　　　　　　研究范围内的各子汇水区下垫面基础数据

管段号	管涵尺寸（mm）	管涵材质	长度（m）	起点标高（m）	末端标高（m）	粗糙系数
1	矩形箱涵 1800×2200	混凝土	515	471.505	471.013	0.013
2	圆管 $d1000$	混凝土	350	475.800	472.300	0.013
3	圆管 $d1000$	混凝土	350	477.273	475.800	0.013
4	圆管 $d1000$	混凝土	110	477.400	477.273	0.013

管段号	管涵尺寸（mm）	管涵材质	长度（m）	起点标高（m）	末端标高（m）	粗糙系数
5	圆管 d2000	混凝土	190	471.996	471.728	0.013
6	圆管 d2000	混凝土	190	472.220	471.996	0.013
7	圆管 d1400	混凝土	400	473.754	472.899	0.013
8	圆管 d800	混凝土	260	474.159	473.954	0.013
9	圆管 d1800	混凝土	180	472.475	472.420	0.013
10	圆管 d1800	混凝土	170	472.690	472.475	0.013
11	圆管 d800	混凝土	400	475.500	472.820	0.013
12	圆管 d1800	混凝土	305	472.811	472.690	0.013
13	圆管 d1400	混凝土	300	473.493	473.211	0.013
14	圆管 d1000	混凝土	120	474.326	473.50	0.013
15	圆管 d1200	混凝土	460	474.800	473.900	0.013
16	圆管 d1000	混凝土	280	478.534	477.178	0.013
17	圆管 d1000	混凝土	210	479.634	478.534	0.013
18	圆管 d800	混凝土	290	478.966	478.530	0.013
19	圆管 d1200	混凝土	210	473.900	473.600	0.013

1.3.3 成都市降雨过程模拟

采用芝加哥雨型[10]拟合成都市降雨强度，重现期 5 年，降雨历时 180min，时间步长 5min。芝加哥雨型通用公式为

$$i = \frac{A_1(1 + C\lg P)}{(t + b)^n} (\text{mm/min})$$

2015 年 5 月 21 日成都市最新修订的暴雨强度公式[11]为

$$i = \frac{44.594(1 + 0.651\lg P)}{(t + 27.346)^{0.953(\lg P)^{-0.017}}} (\text{mm/min})$$

式中 i——降雨强度，mm/min；

t——降雨历时，min；

P——重现期，年。

雨峰系数是芝加哥雨型拟合的重要参数，根据赵刘伟等[12]收集的成都市 1971～2014 年历年 3 个降雨历时（60min、180min、360min）的年最大 2 场暴雨每 5min 的降雨过程线资料以及其分析得到的 3 个降雨历时雨型分配比例相对应的雨峰发生位置，180min 雨峰系数可以取 0.28。

成都市暴雨强度公式 5 年重现期的参数见表 4，成都市典型降雨的芝加哥雨型参数见表 5。

表 4　　　　　　　　　　成都市暴雨强度公式 5 年重现期的参数

A_1	C	b	n
44.594	0.651	27.346	0.959

表5 成都市典型降雨的芝加哥雨型参数

重现期 P（年）	降雨历时 T（min）	时间步长 t（min）	雨峰系数（r）
5	180	5	0.28

根据芝加哥雨型拟合的成都市降雨过程，在一场重现期 5 年、降雨历时 180min 的降雨中最大降雨强度出现在 0:55:00 左右，最大强度达到 2.251mm/min，该时刻以及之后的一段时间内管道流量往往会达到最大（如图 3 所示）。将此降雨历时数据输入 SWMM 模型的降雨时间序列中，之后的管道与节点流量特征将以此为基础进行分析。

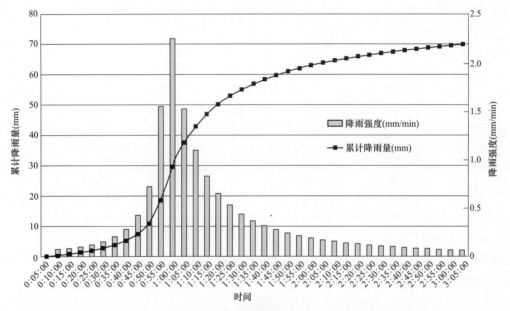

图 3 芝加哥雨型模拟的成都市重现期 5 年、历时 180min 降雨过程

2 数据分析

根据方案工况构建 SWMM 模型，并将模拟时间序列延长至第 360min，包括 180min 降雨历时和后续 180min 的退水时间，以获取管道流量从降雨初始阶段、降雨峰值时以及后续逐渐消退的流量变化过程。

2.1 方案对比

将方案 S 和方案 T 两种不同雨水排水口工况导入 SWMM 中运行，研究第 13 号节点和该节点前的第 15 号管段流量随降雨历时的变化情况（如图 4 所示），运行结果显示方案 S 和方案 T 的第 15 号管段流量随降高峰雨历时的变化情况几乎相同，且在流量时与第 13 号节点流量接近，此时管道刚好达到满流状态，这表明在重现期 5 年时，两种方案均能排除这种情况下上游汇水区域的雨水，这也与该区域雨水管道能满足 5 年重现期过流能力的设计标准基本一致。

在方案 S 或方案 T 中，尽管节点 13 号前汇水区域的雨水排水可以满足设计年限的要求，但方案 T 的下游管路系统较长，这可能会对 13 号节点下游雨水排水系统，尤其是排入锦江之前的 1 号管段产生一定影响（如图 5 所示）。根据 SWMM 对 1 号管段在两种方案下的运行结果，方案 T 会使 1 号管段在相对较长时间内仍然有较大流量的雨水经过，在管道流量 9000L/s 以上时的最长延滞时间约为 20 分钟。因此还需对方案 T 敏感节点和敏感管段流量变化过程进一步分析，以评价方案 T 的可靠性和安全性。

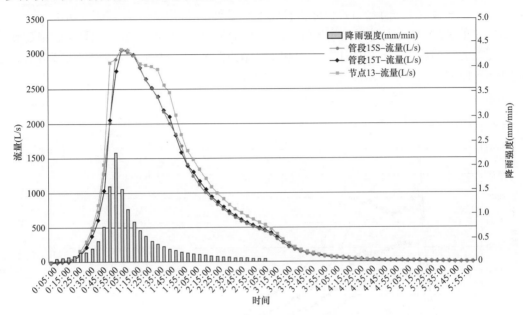

图 4　方案 S 和方案 T 的 13 号节点和 15 号管段降雨径流—流量变化过程

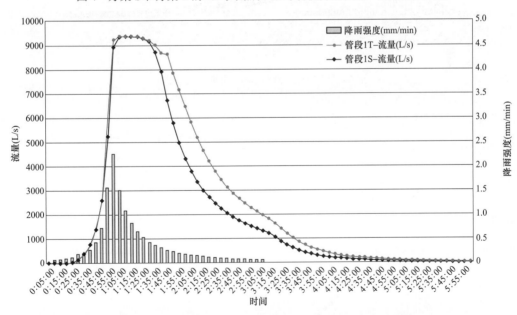

图 5　方案 S 和方案 T 的 1 号管段降雨径流—流量变化过程

2.2　方案 T 敏感节点和敏感管段流量

该研究区域的节点 1、节点 3、节点 10、节点 13 为汇流节点，积水内涝风险较高，因此选择这些节点作为典型节点进行分析。节点 1、节点 3、节点 10、节点 13 的下游管段分别为管段 1、管段 6、管段 10、管段 13。在 0:55:00 左右降雨强度达到最大，排水管网系统在此后的一段时间里流量达到最大。通过分析典型管段过流流量可以看出，在 1:00:00 左右 1 号管段出现流量最大值并维持一段时间，这表明 1 号管段出现满流。与此同时，因为 1 号管段达到满流，对上游系统产生顶托效应，因此 10、13 管段均出现短暂满流。节点 1 流量最大，需进一步对节点 1 和管段 1 进行分析，以分析管段 1 的超载时间和积水量，如图 6 所示。

方案 T 的 SWMM 运行结果显示 1 号管段和 1 号节点约在 0:55:00 左右出现了管段超载运行，需提取此时刻后 30min 内的 1 号管段和 1 号节点的流量—时间序列数据进一步分析管道的超载运行时间，如图 7 所示。

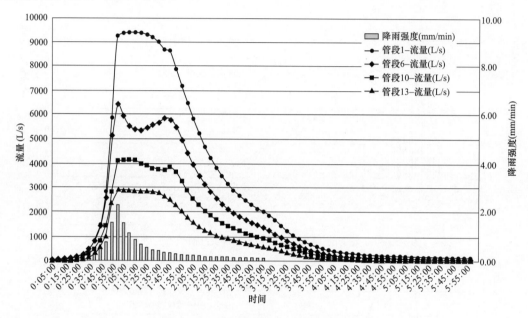

图 6 敏感节点降雨径流—流量变化过程

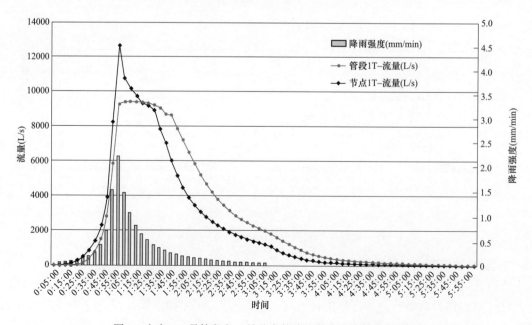

图 7 方案 T 1 号管段和 1 号节点的降雨径流—流量变化过程

2.3　方案 T 1 号敏感管段节点超负荷运行分析

通过 SWMM 提取方案 T 工况下 1 号管段和 1 号节点在 0:55:00 时刻后 30min 的流量—时间序列数据，结果表明 1 号管道在 1:00:00 左右时管道需要排走的径流量超过管道最大过流能力为 9370.76L/s，该时间持续了约 20min，这表明地面此时正在形成积水（如图 8 所示），积水体积 V 的计算公式如下：

$$V = \sum_{i=1}^{n}[(q_i - q_{max}) \cdot T)] = 28.61\text{m}^3$$

式中　$q_i > 9370.76\text{L/s}$，$q_{max} = 9370.76\text{L/s}$，$T = 5\text{min}$，$n = 4$。

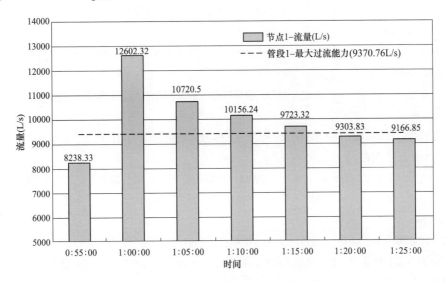

图 8　方案 T 1 号管段超负荷运行时间

积水量约为 28.61m³，积水时间一直持续至从降雨开始后的 1:15:00 才开始逐渐消退。因此在重现期为 5 年的暴雨强度工况下，可以通过在敏感节点处或之前设置调蓄设施，调蓄设施有效容积≥28.61m³。调蓄设施在地表径流流量超过过流能力，即管段达到满流时，调蓄设施开始蓄水，以削减径流峰值，保证地面不积水。

3　结语

（1）当仅考虑雨水系统的排水能力时，方案 S 和方案 T 均能解决新建雨水管段上游汇水区域的排水。S 方案可以避免增加天府新区下游雨水管道的负荷，但是实际操作中，方案 S 新增的下河出水口管段需穿越军用光缆和大型电力管廊，影响此类敏感管线的安全。

（2）方案 T 会增加天府新区成都市直管区下游雨水管道系统的负荷，导致下游管道系统在约 20min 仍然承担着较大的雨水流量，并造成了下河箱涵段出现短时间的超负荷和交汇节点处的地面积水，但持续时间较短，约为 20min。方案 T 可通过系统中设置 28.61m³ 的雨水调蓄设施削减这一洪峰流量。

（3）SWMM 动态降水—径流模拟模型对于复杂雨水排水系统的规划设计具有良好的适用性，通过 SWMM 可以实现在空间上合理布置调蓄池等海绵设施，确定调蓄池等海绵设施的规模，增强雨水排水设施的系统性和协调性，保证排水系统的安全，降低暴雨洪涝灾害的影响程度。

参考文献

[1] 殷杰，尹占娥，王军，等. 基于 GIS 的城市社区暴雨内涝灾害风险评估 [J]. 地理与地理信息科学，2009（6）：92-95.

[2] 徐得潜，王瑞雯. 基于穷举法的雨水管渠设计流量计算方法研究 [J]. 水土保持通报，2018，38（3）：158-161.

[3] 吴慧英，江凯兵，李天兵，等. 基于 SWMM 的市政排水管道泥沙淤积对溢流积水影响的模拟分析 [J]. 给水排水，2019，45（11）：135-139.

[4] 赵磊，杨逢乐，袁国林，等. 昆明市明通河流域降雨径流水量水质 SWMM 模型模拟 [J]. 生态学报，2015（6）：320-331.

[5] 胡彩虹，李东，李析男，等. 基于 SWMM 模型的贵安新区暴雨径流过程模拟 [J]. 人民黄河，2020，42（5）：8-12.

[6] 黄诚，张晓祥，韩炜，等. 基于 SWMM 模型及 GIS 技术的城市雨洪调控情景模拟——以镇江市城区为例 [J]. 人民长江，2022，53（4）：31-36.

[7] 黄涛，王建龙，史德雯，等. 汇流路径对 SWMM 模型水量模拟结果的影响 [J]. 环境工程，2020（4）.

[8] 周毅，余明辉，陈永祥. SWMM 子汇水区域宽度参数的估算方法介绍 [J]. 中国给水排水，2014，30（22）：61-64.

[9] 周雪漪. 计算水力学 [M]. 北京：清华大学出版社，1995.

[10] 张大伟，赵冬泉，陈吉宁，等. 芝加哥降雨过程线模型在排水系统模拟中的应用 [J]. 给水排水，2008，34（S1）：354-357.

[11] 成都市水务局《关于发布成都市中心城区暴雨强度公式（修订）的公告》，2015 年 5 月 22 日.

[12] 赵刘伟，朱钢，陆柯，等. 基于成都市中心城区海绵城市建设的设计暴雨雨型研究 [J]. 城市道桥与防洪，2016，000（8）：140-143.

作者简介

王济港（1992—），男，硕士，主要研究方向为城镇雨水系统、海绵城市、雨洪管理模型。E-mail：1540382149@qq.com

基于 3DE 协同平台的路桥隧工程 BIM 设计关键技术研究

王　新　田鸿程　陈泰中

（中国电建集团成都勘测设计研究院有限公司，四川省成都市　610072）

[摘　要]本研究以某公路工程项目为依托,采用协同工作优良的 3DE 平台自行利用 CAA 二次开发道路中心线、挡墙布设、桥隧自动布设、交安设施自动布设等 BIM 功能模块。探索在 3DE 平台上实现公路工程路线、路基路面、桥梁、隧道、交安工程建模的关键技术,为研发全面的 3DE 协同 BIM 道路设计工具拓展思路。

[关键词] 3DE 平台；路桥隧工程；BIM 设计；关键技术

1　研究背景

BIM 即 Building Information Model，相对于传统的二维工程制图设计具有先天的可视化优势，是一种能够处理工程项目从可行性研究、设计、施工到运营维护阶段数据和信息的理念和方法。强调将各阶段涉及的数据进行交互和融合，力争达到最优的工程管理和生产效率[2][3]。

目前，我国交通运输部已经颁布 JTG/T 2421—2021《公路工程设计信息模型应用标准》、JTG/T 2422—2021《公路工程施工信息模型应用标准》、JTG/T 2420—2021《公路工程信息模型应用统一标准》等一系列标准规范以推动 BIM 技术在公路工程行业的规范化、快速化落实与发展。但是，自 BIM 技术于 21 世纪初引入以来，其在我国道路工程行业的发展主要用于"翻模"和辅助二维设计[1]。而且，目前研究对三维可视化的关注较多，往往对 BIM 核心的协同与数据交互理念相关研究较少。

为了兼顾三维协同和可视化的研究思路，选取 Dassault System 公司旗下的 3DExperience 平台（简称"3DE"平台），可以多账户同时在线，实现模型参数的关联化，动态地对同一模型进行修改和发布，达到真正意义上的各专业协同设计。此外，在项目前期便可搭建好项目框架，便于"设校审"人员全过程设计与管理。

3DE 平台具有上述建模、协同和管理方面的优势，本研究基于 3DE 平台的 CAA（Component Application Architecture）工具和内部 EKL 语言，开发完善其在 BIM 路桥隧协同设计方面的功能，包括路线、路基、桥涵、隧道、交通工程各方面，寻找和开拓出适用于公路的 BIM 设计技术。

2　项目依托

本研究依托于某公路工程，线路地处岷江下游，全长约为 10km，路基宽度为 10.5m，采用场内 1 级公路标准设计。该项目周边居民点较多，区内有高铁、高速公路、自然保护区，边界条件复杂。由于该项目沿江建设，地质水文条件也相对复杂。

研究目的是在此平台基础上，设计人员可基于统一数据源开展多专业三维协同设计，更准确地查看并模拟项目比较真实的外观、性能和成本，还可以创建出更准确地施工图纸；应用三维设计，有效减少传统二维图纸的错漏碰缺问题，减少由于后期返工造成的成本增加，节约工期，从而实现更多的经济效益；同时提高成本控制中工程量计算环节的工作效率和精度，为工程的智慧运营管理创造条件。

3 协同设计管理环境搭建

3.1 协同管理系统 WBS 架构搭建

为项目建立 WBS 架构，用于制订计划和确保实施。3DE 平台中，WBS 即 Work Breakdown Structure，是对项目的时间进行分解和任务划分[5]。

基本的流程为创建项目、组建团队、WBS 调整、工作分配、交付标准建立、项目启动等几个步骤。

该 WBS 架构平台支持用户在网页端分配工作任务给不同设计人员开展工作，随时浏览查看项目进度，包括项目的活动状态、任务整体进度、甘特图表、燃尽图等。实时的完成和监控三维设计、校核、审查工作。

本项目 WBS 拆解为项目策划书、资料收集、现场勘查、总体设计、道路工程、岩土工程、造价工程共 7 个部分。每一部分工作均可指定所有者，具有最高权限，所有者将每一项任务分派给团队成员，并可对项目的进度监控和管理，如图 1 所示。

名称	类型	标识	关键任务	状态	完成百分比	持续时间	开始日期	结束日期	持续时间	开始日期	结束日期	所有者
岷江老木孔航电枢纽工程	项目空间	0		工作中	35.8	60.0 天数	2021年6月1日	2021年7月30日	0.0	2021年6月29日		王新
项目策划书	任务	1		已完成	100.0	15.0 天数	2021年6月1日	2021年6月15日	1.0	2021年6月29日	2021年6月29日	王新
资料收集	任务	2		已完成	100.0	15.0 天数	2021年6月1日	2021年6月15日	1.0	2021年6月29日	2021年6月29日	王新
现场勘察	任务	3		已完成	100.0	2.0 天数	2021年6月8日	2021年6月9日	1.0	2021年6月29日	2021年6月29日	王新
总体设计	任务	4		已完成	100.0	5.0 天数	2021年6月16日	2021年6月20日	1.0	2021年6月29日	2021年6月29日	王新
道路工程	任务	5	▲	工作中	32.1	32.0 天数	2021年6月21日	2021年7月22日	0.0	2021年6月29日		王新
路线设计	任务	6		工作中	0.0	32.0 天数	2021年6月21日	2021年7月22日	0.0	2021年6月29日		王新
挡墙设计	任务	7		工作中	0.0	10.0 天数	2021年7月13日	2021年7月22日	0.0	2021年6月29日		王新
横断面设计	任务	8		已完成	100.0	22.0 天数	2021年7月1日	2021年7月22日	1.0	2021年6月29日	2021年6月29日	王新
路基、路面及排水	任务	9		工作中	90.0	22.0 天数	2021年7月1日	2021年7月22日	0.0	2021年6月29日		王新
涵洞设计	任务	10		工作中	0.0	22.0 天数	2021年7月1日	2021年7月22日	0.0	2021年6月29日		王新
交安设计	任务	11	▲	工作中	0.0	22.0 天数	2021年7月1日	2021年7月22日	0.0	2021年6月29日		王新
岩土工程	任务	12	▲	草稿	0.0	45.0 天数	2021年6月16日	2021年7月30日	0.0			王新
造价工程	任务	14	▲	草稿	0.0	8.0 天数	2021年7月23日	2021年7月30日	0.0			王新

图 1 本项目 WBS 结构划分

通过对本项目的任务划分与分派，搭建起统一信息管理系统，相比于传统设计中点对点的联系，编织起设计人员与管理人员的信息沟通网络，提高项目的水平和管理精度。

3.2 项目 BIM 设计结构树搭建

3DE 平台的数据管理与交互是基于操作界面上的结构树来完成的，该结构树可以详细地保存设计过程中的点线面等数据。节点之间具有很强的逻辑联系和父子集关系，节点之间可以相互引用数据。所以项目任务划分完成后，接下来便是在 3DE 平台上提前搭建好每一部分工作的文件放置区域，即结构树节点的搭建。

本项目总结点下细分为地形、地质、线路、路基、挡墙、桥梁、隧道 7 个 1 级子点，每一个 1 级子节点下还包含组成该部分内容的多个子节点，如图 2 所示。1 级子节点可以指派所有权属性，如地形属于 user06 用户，该用户对此节点下的数据具有修改保存的权限，其余用户则不可更改，只能当该用户将此节点下的数据发布出来后才能引用，避免了多用户同时在线操作造成数据的混乱状况。

图 2　结构树构造

4　基础三维环境建立

4.1　三维地形地质

传统公路设计流程中，首先需要测设项目所在地的地形地貌，以便全面了解线路周边情况。同样，在 3DE 平台环境下进行 BIM 设计，搭建好三维平台后便是建立实体三维地形。在 3DE 平台中建立三维地形的方式有多种，包括点云数据转换、CAD 等高线转换、激光雷达数据转换等。介于长期以来测量单位提供的地形数据大部分以 CAD 等高线数据为主，本项目在研究过程中采用等高线数据进行三维地形的生成。

首先，将 CAD 图纸中的等高线图层和高程点图层筛选出来，单独导出.dwg 格式文件。采用 Rhion 软件打开等高线高程点文件，通过曲线分段功能对等高线进行离散，离散的间距可根据项目进度需求选取（本项目取为 2m），得到较为精确的地形点云数据，共计约 1199620个点。将点云空间坐标数据（x, y, z）导出为.txt 格式，并重命名为.acs 格式。点云数据生成如图 3 所示。

在 3DE 地形模块下，导入上述.acs 格式点云即可建立三维地形。最终建成的三维地形如图 4 所示。

由于本项目地处岷江边，水文条件较为复杂，为了线路设计中有更多的参考，本研究结合 3DE 灵活的建模方法，创造性地将地质水位面也进行了三维建模。其建立流程为：提取CAD 中水位线图层曲线，曲线导入 3DE 环境水位线，垂直投影到三维地形线，封闭投影线得到水位面，如图 5 所示。这些水位面在后期线路选择和路基设计中有较为关键的作用。

图 3　点云数据生成

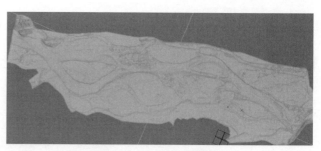

图 4　建成后的三维地形

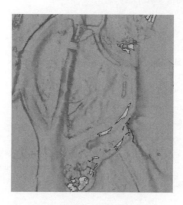

图 5　地质水位三维建模

此外，3DE 支持建立三维地质体，这里介绍较为简单的三维地质体建立。该流程还是基于该平台自带的三维建模功能，流程为：沿地形面绘制边界轮廓，选取包络体拉伸功能分割命令，保留地形以下部分得到三维地质模型，如图 6 所示。

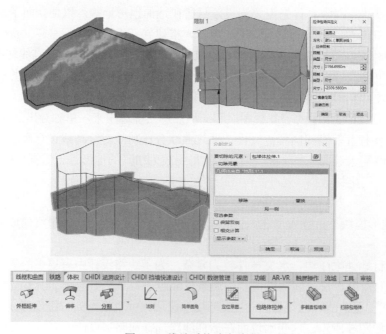

图 6　三维地质体建立流程

4.2 地物和卫星图片参考

为了更加直观地体现三维实景，下载该地区卫星图片，通过 ARCGIS 软件对卫星图片和地形进行地理配准操作，保证坐标系一致，得到精确的地物展示效果，如图 7 所示。

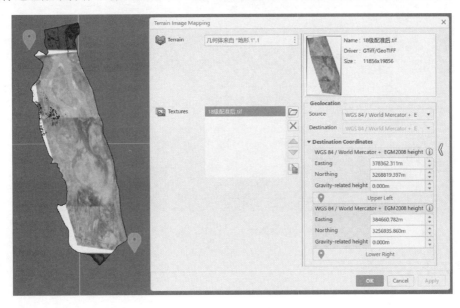

图 7 卫星配准操作

传统设计中有很多需要参考的地物图层，如河流、房屋、农田等。但目前很多地物均为二维线框，不具有三维属性，建成三维实体大多为示意性质。本次研究以房屋为例，进行三维实体建筑物的构建。具体的流程为：从 CAD 导入房屋图层；将二维线框投影到地形中；采用自编 EKL 语言程序，以线框和地形作为输入条件，并生成设定范围内的随机拉伸高度；生成建筑物实体模型。效果如图 8 所示。

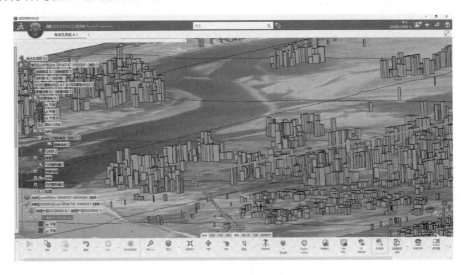

图 8 生成的房屋建筑物实体

此外，也可以直接导入 CAD 中需要用到的参考图层，直接作为设计中的参考要素，如图

9 所示。

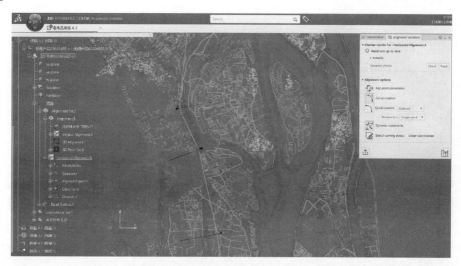

图 9 直接采用 CAD 图层作为参考

5 线路设计

当三维环境节点地形、地质完成好之后，便可将结果发布，线路专业设计人员便可在地形中开始线路的设计阶段。3DE 平台有原生的道路设计模块，单功能较为单一，且没有交点桩号的显示和出图设置，不能满足设计要求。所以，本研究基于 C++语言开发了新的"道路中心线快速设计"模块。该模块具有以下功能：

（1）道路中心线设计界面。支持用户选择现有的设计规范规则并在超标时警告，在三维地形界面设定交点并自动编号，显示交点地理坐标，设计交点圆曲线半径，缓和曲线长度及半径，设置虚交，设置交点的前后相切，计算缓和曲线长度，如图 10 所示。

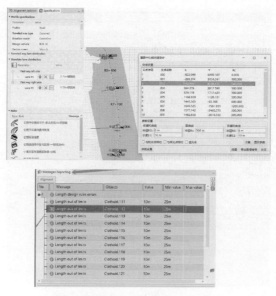

图 10 道路中心线快速设计界面

（2）设计"显示参数"按钮。可以方便用户查看交点处的曲线元素参数、交点参数、桩号参数三个部分，包括切线长、高程、要素点的桩号等。单击"详细设置"按钮，主要是用于设置线路起点桩号和线路名称，控制平曲线出图时出图元素的设置，如图 11 所示。

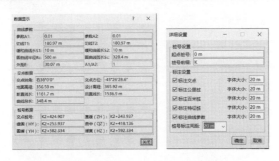

图 11　道路中心线参数显示和详细设计界面

（3）设置设计参数界面。可以指定道路中不同桩号段的地质、桥梁、隧道、涵洞等名称和概况，用于后续的设计和出图，如图 12 所示。

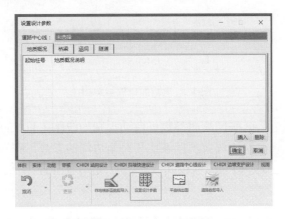

图 12　设计参数输入界面

（4）纵断面设计部分，采用 3DE 平台原有的功能模块，目前进入之后与传统设计思路一致，即在平面定完之后可以对地形进行剖切，生成地形线，进行纵断面拉坡设计。

（5）道路曲面模型。平纵设计完成后得到了道路的线性三维曲线，3DE 可以根据前述选取的道路等级对应规范规则生成道路曲面的模型，该模型包含了沿线的超高、加宽数据。

6 路基设计

6.1 路基横断面

横断面的设计基于建立好的空间线路和模板库，空间线路包含了全线的平总数据、桥隧布置桩号范围等信息。本次研究针对常用的横断面形式，建立了多种横断面模板，每一个模板里均提前预设了路基、路面、填挖坡比、路堑边沟等参数，并支持参数化修改。这些模板都存放在统一的服务器上，有单独的名称和创建者信息，不同用户使用时均可在 3DE 平台用户端直接搜索调用，避免了传统项目中模板协调的问题，且便于维护更新。横断面模版示意图如图 13 所示。

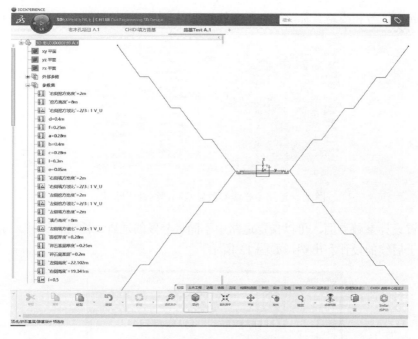

图 13　横断面模板示意图

在设计生成的过程中，这些横断面参数可自动识别为线路中设计好的路面宽度和超高加宽参数，针对不同情况修改默认边坡填挖坡比和路堑边沟的参数，在布设桥梁和隧道桩号范围内不生成路基模型。选择好横断面模板和线路中心线后，便可以实现三维实体路基的生成，如图 14 所示。

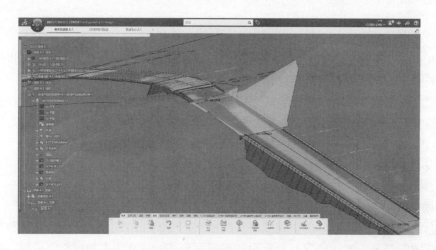

图 14　填挖方路基模型

生成道路路基填挖模型之后，通过 3DE 测量工具可以查看基于三维实体的填挖方量精确数量，本项目全线填方 109382.966m³，挖方 408557.349m³，如图 15 所示，相对于传统的平均断面法计算的填挖方量更加准确。

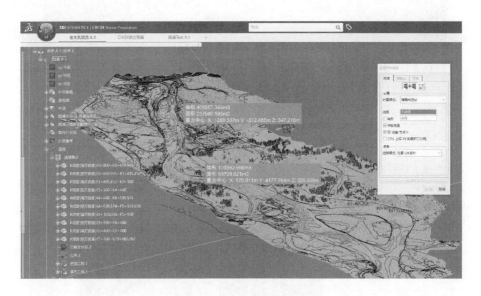

图15　全线路基填挖方量查询

6.2　支挡结构

　　路基模型建立之后，对于填挖较大区域，结合地形地质条件需要增设支挡结构，由于3DE本身没有挡墙功能模块。本研究基于3DE平台和C++语言开发了道路挡墙自动布设模块。该模块功能支持如下几个方面的功能：

　　（1）在工具窗口设定好挡墙埋置深度、水平襟边宽度、分段长度、地质水位面、边坡面等参数之后，可自动布设生成路肩墙、路堤墙、路堑墙等墙型的三维模型。如图16所示。

图16　挡墙自动布设窗口

　　（2）挡墙布设过程中自动识别地质水位面与挡墙的相对位置，如图17所示。支持横断面与立面设计查看和修改参数并生成三维模型，实现实时联动设计，如图18所示。

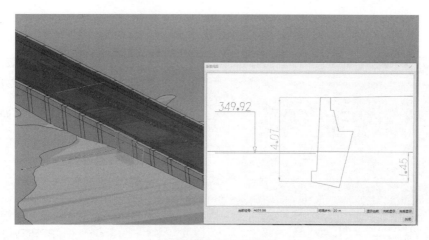

图 17 挡墙水位面查看

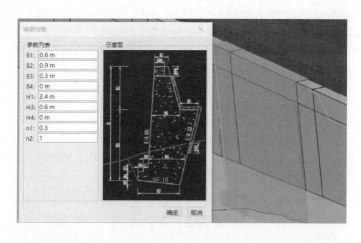

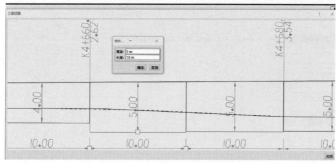

图 18 挡墙横断面查看和修改

（3）挡墙自动出图命令支持生成挡墙的平立面二维工程图纸，图纸效果见后续介绍。

6.3 路基排水设施

排水设施目前支持路堑边沟与路堤边沟两种形式，其中路堑边沟设置在横断面模板内，生成道路路基时自动生成，路堤边沟则在路基模型建立之后添加。添加路堤边沟的过程类似于线路设计，可在路堤坡脚线的基础上对路堤边沟进行平纵设计，再调用服务器上设计好的路堤排水沟模板生成边沟三维模型，如图 19 所示。

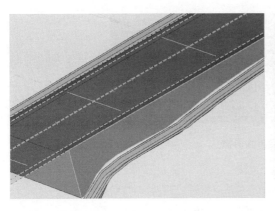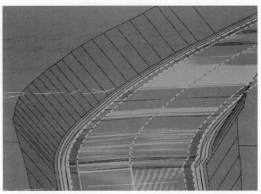

图19　路堤边沟与路堑边沟

7　桥梁隧道的整体性布设

本研究开发了桥梁自动化整体布置模块和隧道整体布置模块。程序的思路为提前设置好布设桥隧的填挖阈值，自动计算全线道路中心线距离地形面的填挖方高度，当填挖值超过了设定阈值时系统将自动调用模板库中设计好的桥梁或隧道模板，结合道路宽度参数生成三维实体模型。该模块功能可以辅助设计人员初步划分关键桥隧段落，大大节省了传统设计中人为判断填挖高度设置桥隧的时间。

以桥梁布置为例简要介绍该功能。界面需要以道路中心线、地形、道路左右侧边线作为必要的输入条件；然后，设置好桥隧布置段的起始点桩号、桥梁结构形式、斜交角度、桥台类型等布设参数；最后，详细设定填挖阈值、桥台长度等信息即可生成桥隧表和桥梁的三维实体模型。如图 20 所示。

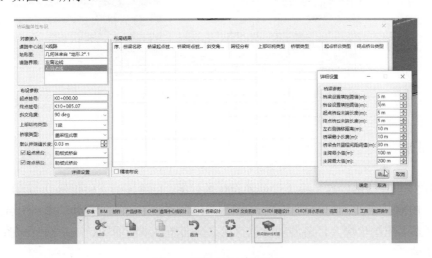

图20　桥梁自动布设界面

桥梁生成之后可以在模型上结合地形地物对桥墩布跨组成和桥墩长度进行精细的调整，以满足设计要求。如图 21 所示。

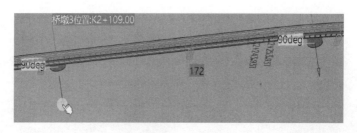

图 21 桥梁布跨调整

8 交通安全设施布设

由于公路工程是线性结构，交通安全设施具有很强的规范化、标准化特性，采用程序自动化布设可行性强，二次修改工作量小。

但是，针对不同道路等级和边界条件具有不同的选择要求，本研究对于交通安全设施的布设做了初步工作，整体工作思路为建立各种类型的交通安全设施参数化模版，梳理各种交通安全设施边设置的条件要求，编写自动布设的规则程序。目前，完成了参数化的模板建立，如图 22 所示，完成的限速标志包含距行车道距离、标牌尺寸、设计时速、标杆立柱大小、实体厚度等三维可编辑的参数化模型，可根据输入的定位参数和几何参数放置。

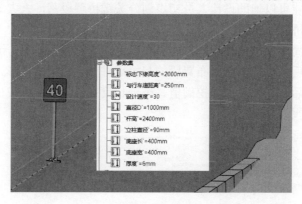

图 22 交通安全设施参数化模型

9 二维出图

三维 BIM 设计的出发点是提高管理和设计的效率，目前施工交付仍然以二维图纸为重要文件，所以 BIM 技术的研发中，二维施工图纸的出图是必不可少的模块。本研究针对上述各个功能均开发了出图模块，目前的功能包括线路平面图、纵断面图、路基横断面图、挡墙平立面图等 4 种。

（1）平纵出图。平面、纵断面出图的信息主要包含线路走向信息、交点元素信息、曲线要素信息和要素表、标高里程信息、起终点信息、桥隧涵等构造物标注信息、地形地物的参考信息等，平面线型图如图 23 所示。

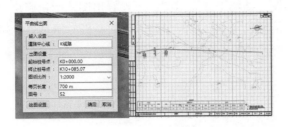

图 23　平面出图示意

（2）路基横断面出图。路基横断面出图信息包含横断面宽度、填挖面积、挡墙横断面、地面线、标高里程等信息，如图 24 和图 25 所示。

图 24　路基横断面出图设置

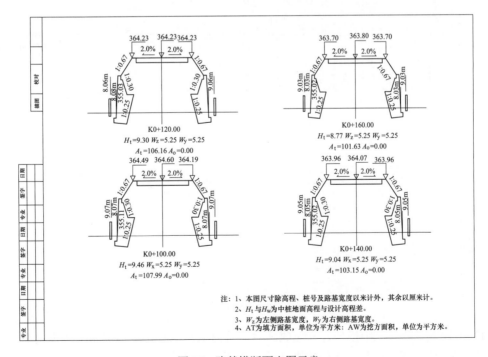

图 25　路基横断面出图示意

（3）挡墙平立面出图。挡墙平立面出图，可设置出图范围、起止点名称、典型断面、图号、出图格式等，图纸信息包含了挡墙的平面、立面、桩号信息等，如图 26 和图 27 所示。

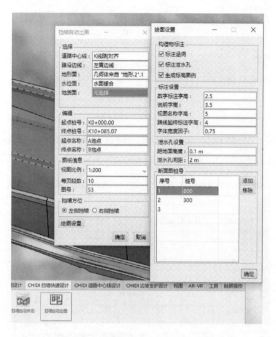

图 26 挡墙平立面出图设置

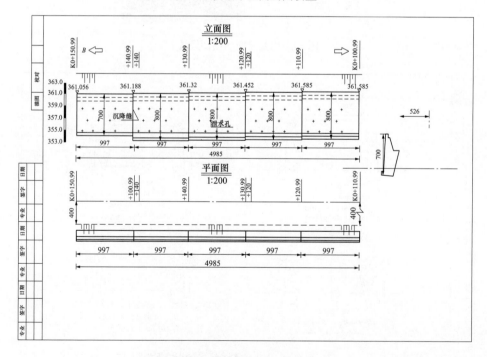

图 27 挡墙平立面出图示意

（4）工程数量表。三维模型建立完成之后，可以从模型数据中提取施工所需的工程数量表格。用 C++语言编写好相关提取规则之后，本研究可以从三维数据中自动提取的工程表格包括线路直曲线表、竖曲线表、逐桩用地表、每公里土石方表、桥涵布置表、隧道布置表、路基路面工程排水数量表、交安护栏设置表、标线设置表等。

　　导出这些数量表的功能集成到数据管理模块，出表之前可以选择需要输出的表格类型，实现批量生成 Excel 格式的工程数量表，并可自动编辑图号，如图 28 所示。

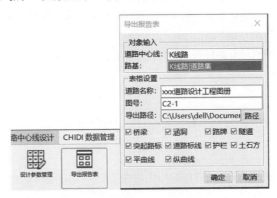

图 28　导出表格功能模块

　　导出的表格可以在 Excel 软件中进行二次编辑或直接打印成图。

10　结语

　　（1）3DE 平台具有良好的协同管理和项目资料管理功能，可以在 BIM 设计中统一工作区，提升团队合作的效率。

　　（2）开发了基于 3DE 平台的中心线设计工具，可以根据需求编辑控制参数，完善 3DE 平台中原本道路设计工具的部分缺陷。

　　（3）通过定制和调用路基横断面模板生成路基的三维实体模型，将路基数据从传统设计的桩号断面离散数据升级成连续实体数据，对工程量的计算更加精确。排水设计中引入了线路中的平纵设计思路，对填挖交界段、水沟纵坡的处理可以更精细化。挡墙实现了自动化布设功能，并支持多种墙型。

　　（4）桥隧的布置采用程序自动计算填挖对比阈值判断，能提高了布设效率，并且可以单独修改。交通安全设施因其规范化、模版化程度较高，程序编写好后设置规则便可调用放置。说明 3DE 平台赋予用户二次开发的空间较大。

　　（5）建立的水面和它在挡墙布设中的应用、三维建筑模型、卫星图片等是三维地形、地物和地质建模同时用于 BIM 设计的探索。说明采用 3DE 平台可以实现地形、地物、地质的三维建模的整合，对建立公路工程项目的全专业整体化信息模型具有很好指导性意义。

　　目前，实现了线路在平、纵、横界面的实时查看和交互功能，后续研究中应该朝这个方向进一步探索。路基模版还相对较少，生成的过程计算量较多，排水设施和交通安全设施的自动化布设还待探索，后续研究中应进一步优化程序算法。

参考文献

[1] 孙再征. 基于 Dassault_3DE 的选煤厂 BIM 正向设计方法研究 [J]. 煤炭工程，2020，52（7）：45-48.

［2］黄柳云，宋少军等. 基于 CATIA 的 BIM 技术在大跨度钢管混凝土拱桥施工中应用研究［J］. 公路，2019，64（1）：122-125.

［3］张悟韬. 基于 BIM 技术的隧道参数化建模与应用研究［D］. 成都：西南交通大学，2018.

［4］徐博. 基于 BIM 技术的铁路工程正向设计方法研究［J］. 铁道标准设计，2018，62（4）：35-39.

［5］彭扬平，严勇等. 3DExperience 富客户端二次开发技术体系研究及选型建议［C］//第六届全国 BIM 学术会议论文集. 太原：2020.：247-251.

［6］邵文文. BIM 主流平台对传统公路行业改革的技术探讨. 黑龙江交通科技，2020，314（4）：154-155.

作者简介

王　新（1980—），男，高级工程师，主要从事公路工程设计工作。

水电洞群围岩稳定与反馈分析辅助程序开发应用

杨云浩[1, 2]　巨　珺[1]　尹华安[1]

（1. 中国电建集团成都勘测设计研究院有限公司，四川省成都市　610072;
2. 国家能源水电工程技术研发中心　大型地下工程分中心，四川省成都市　610072）

[摘　要]针对目前水电工程复杂地下洞群围岩稳定与反馈分析前处理耗时长、模型难以快速修改、所涉及技术流程不易被普通设计人员掌握的问题，采用 VB.Net 开发了围岩稳定与反馈分析辅助程序系统。该系统以 CATIA 为三维建模工具，以 FLAC^{3D} 为内核计算工具，将相关技术流程和数值分析经验固化在程序中，可对复杂洞群快速建模及模型网格自动剖分，实现了地应力反演、围岩稳定正演计算和施工期动态反馈分析的功能定制。结合某工程围岩参数反演问题对该系统进行实例应用验证，结果表明该系统建模效率高、人工干预少、计算结果合理，具有较高的实用价值。

[关键词]辅助程序；CATIA 二次开发；软件集成；复杂地下洞群；围岩稳定；功能定制

0　引言

围岩稳定控制是水电站地下洞室群设计与建设的关键[1]。为保障围岩稳定，在设计阶段对洞群布置、洞室开挖方法和程序、围岩支护强度和时机等进行优化时必然要求开展洞群开挖支护的应力变形分析；在施工阶段，基于围岩变形（位移）实测数据开展围岩力学参数反演与反馈支护设计已成为保障施工期围岩安全稳定的规定动作。

设计阶段洞群开挖支护的应力变形分析，包含了从洞群三维建模到有限元网格剖分，再到初始地应力场的反演，直至开挖及支护过程的模拟计算的全过程，其中的三维建模及有限元网格剖分是制约整个过程执行效率的瓶颈，并且初始地应力场反演对于普通的设计人员也有一定的难度；在施工阶段，基于实测围岩位移的参数反演与反馈分析则需要在初始地应力场反演基础上，按照正演反分析法流程获取围岩力学参数并据此参数进行应力变形计算，这一过程要求设计人员不仅熟悉围岩应力变形分析的一般方法，而且还要掌握诸如非线性映射关系建模和优化算法等数学工具，以上要求显然不是普通设计人员能够达到的。因此，从提高设计和施工阶段计算分析效率的角度出发，如何在设计阶段快速开展数值建模仿真分析，实现短时间内对众多洞群设计方案进行优化比选的目标，以及如何在施工阶段实现快速及时的动态反馈分析设计目标，都是迫切需要解决的问题。

上述问题本质上属于 CAD/CAE 一体化技术问题，目前，在水电工程领域已开展的 CAD/CAE 一体化技术研究主要集中在水工结构设计方面。文献［2］基于 CATIA 的二次开发接口，采用 VB 编写了水电站钢岔管计算机辅助设计程序，实现了从岔管体型设计、自动网格剖分到 ANSYS 有限元前处理的自动化,缩短了计算周期。文献[3]通过 CAPRI 实现 CATIA 与 ANSYS 之间的模型数据的传输,将其应用到灌浆平洞衬砌结构的优化设计中。文献 [4] 利用 ISIGHT 平台集成 CATIA 三维设计和 Abaqus 有限元分析工具,进行了重力坝断面参数的优化设计。在水电地下洞群工程方面,文献 [5,6] 均开发了地下洞室群施工期反馈分析系统,然而都不具备快速建模及模型网格自动剖分功能。本文以水电行业三维设计主流软件 CATIA 为建模工具,以 FLAC^{3D} 为数值模拟内核工具,采用 VB 语言开发了水电地下洞群围岩稳定与反馈分析辅助程序系统。该系统将相关流程和诸多数值分析经验固化在程序中,可对复杂洞群快速建模(含网格自动剖分),实现地应力反演、围岩稳定正演计算和施工期动态反馈分析的功能定制,对提高复杂洞群设计和施工阶段计算分析效率具有重要意义。

1 系统总体结构

洞群围岩稳定与反馈分析辅助程序系统具有两大功能,即前处理及数据管理(以下简称"前处理功能")和围岩稳定与反馈计算(以下简称"计算功能"),其中计算功能又细分为初始地应力场反演、围岩稳定正演计算和围岩稳定反馈分析三个子功能。在系统的开发方式上,对这两大功能采用模块化独立开发,因此在前处理功能模块和计算功能模块之间,数据是单向流动的,如图 1 所示。

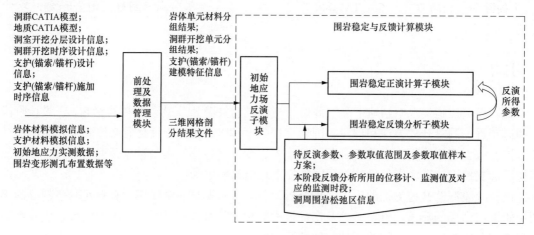

图 1 系统总体结构与数据流图

2 系统功能模块设计

2.1 前处理及数据管理模块设计

前处理及数据管理模块用于辅助用户创建可供稳定计算分析所用的洞群开挖支护三维模型,解决复杂洞群建模耗时过长这一影响设计计算效率的瓶颈问题。图 2 所示为前处理及数据管理模块总流程。该模块基于 CATIA 的自动化对象(V5 Automation)二次开发接口,采用 VB 编程方式,通过调用 CATIA 的类、库的属性与方法以及二次开发函数,实现水电地下洞群开挖支护三维模型的快速建立与修改功能,最后通过调用 ABAQUS 实现 CATIA 三维实体模型的有限元计算网格剖分。

图 2 所示输入项中，洞群 CATIA 模型基于水工专业设计成果并进行适当简化而得，其中不含岩体地质结构信息；地质 CATIA 模型基于地质专业设计成果并根据建模要求进行加工而得，其中不含洞群结构信息。洞群模型处理子流程通过对洞群实体的分割操作，实现洞室开挖分层与洞群施工过程的分步开挖模拟的模型描述；地质模型处理子流程通过地层实体与洞群实体的布尔操作将洞群 CATIA 模型和地质 CATIA 模型进行融合，实现对开挖体及围岩体的岩性分类属性赋值；支护模型处理子流程对洞群 CATIA 模型内的支护实体（锚索/锚杆，以直线段的聚合对象模型表征）赋以支护材料属性，并依据其所属开挖分层属性和支护激活延迟模拟步数属性实现洞群施工过程的支护模拟的模型描述。

本模块除输出三维模型网格文件外，还以文本文件形式将计算模块所用的其他必要信息，如岩体材料信息、岩体（包括开挖体和围岩体）单元材料分组信息、洞群开挖单元分组信息、支护材料信息、支护建模特征信息、地应力测点与测值信息、围岩变形监测测孔布置信息等一并输出。

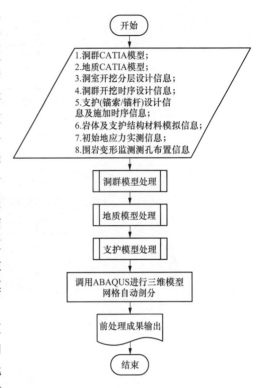

图 2　前处理及数据管理模块总流程

需要说明的是，初始地应力实测信息和围岩变形监测测孔布置信息原本是计算模块所需的数据，之所以前移至前处理模块进行输入，是由于这两项输入数据都带有关键的坐标信息，在前处理模块进行输入时可利用 CATIA 的绘图区实时查看其点位，防止输入错误。

2.2　围岩稳定与反馈计算模块设计

本模块辅助用户实现初始地应力场反演、围岩稳定及施工期围岩动态反馈分析的目的，含三个子模块（如图 1 所示），其设计思路分述如下。

（1）初始地应力场反演子模块。图 3 所示为初始地应力反演总流程，该流程的第一步是解析前处理模块的建模信息输出文件，该操作起到"数据接力棒"的作用，使得数据流可以被顺利接入围岩稳定计算模块。由图 3 可见，该子模块中提供了回归分析法和优化荷载边界法这两种常用的初始地应力场反演方法。两种反演方法的基本原理可参见文献 [7, 8]，此处不赘述。图 4 所示为回归法反演流程。需要说明的是，两种反演方法的实施过程是相似的，即首先确定荷载因素组合形式（如"自重作用+水平向构造挤压作用""自重作用+水平向构造挤压作用+水平构造剪切作用"等组合形式），然后优化确定各荷载的量值。由于涉及优化拟合，地应力场反演较为耗时，尤其在采用优化荷载边界反演法时更是如此，因此在反演总流程中增加了预反演子流程，预反演通常依据某个测点的实测应力信息直接指定反演应考虑的荷载因素及其量值（所依据的测点应远离河谷并能代表区域地应力分布的总体趋势），可以快速获得一个初步的反演结果，以此结果为参考，可以避免在回归反演法或优化荷载边界反演法时选择荷载因素组合的盲目性，减少反演耗时。

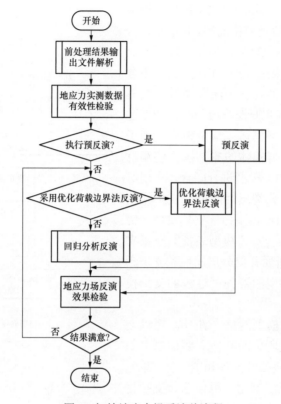

图 3　初始地应力场反演总流程

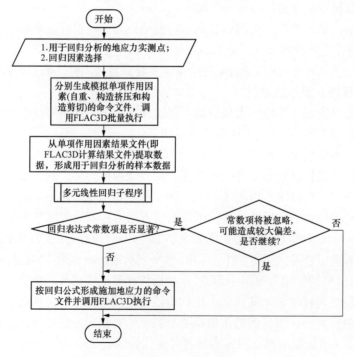

图 4　回归法反演流程

图 4 中，流程的输入项只列出了关键输入数据，诸如岩体材料信息、岩体（包括开挖体和围岩体）单元材料分组信息这些从前处理输出文件中解析出的数据也是本流程的输入数据，它们被用于生成模拟单项因素作用的命令文件和按回归公式形成施加地应力的命令文件中。

（2）围岩稳定正演及基于实测围岩变形的反馈分析子模块。围岩稳定正演分析流程利用从前处理输出文件中解析出的洞群开挖单元分组信息、支护（锚索/锚杆）材料信息、支护（锚索/锚杆）设计与施加时序信息，用以生成洞群分步开挖与支护的命令文件，然后调用 FLAC³D 执行。基于实测围岩变形的反馈分析采用的是正演反分析法，该方法在实践应用中已形成了较为固定的流程，可将其概化如图 5 所示，其中：为建立"力学参数—测点位移"映射关系模型可采用响应面、神经网络或支持向量机（本系统所采用）；优化算法可用传统优化算法或者全局寻优效果较好的仿生智能全局优化算法（本系统所采用）。图 6 所示为本系统的围岩反馈分析子模块总流程，其中，最为关键和耗时的是待反演参数取值样本方案开挖支护模拟计算子流程（如图 7 所示）。

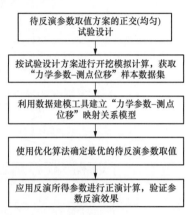

图 5　正演反分析概化流程

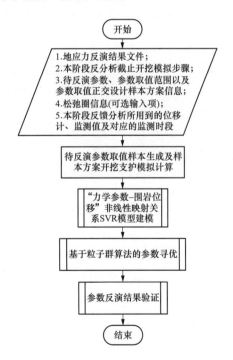

图 6　基于实测围岩变形的反馈分析总流程

由图 7 可见，在参数取值样本方案开挖支护模拟计算中考虑了洞周松弛区，这是本模块的一个重要功能。众所周知，水电工程大型洞室的洞周围岩松弛区是随着开挖下卧的进行而逐渐扩大的，可以通过声波检测确定松弛区的边界。在文献［9］所采用的考虑松弛区的参数反演方法中，需要在建模时预先划分出洞周松弛区，此种做法较难适应施工期动态多阶段参数反演的快速、实时性要求，原因在于当松弛区边界发生变动时，必须重新进行剖分网格、反演地应力场等极为耗时的操作。在本系统中，对松弛区采用了动态建模技术来克服该缺点，具体分两步实施：

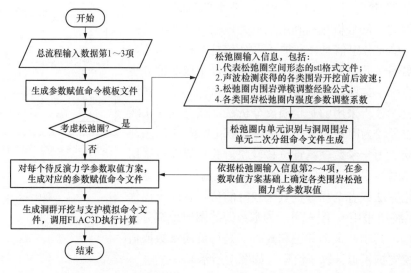

图 7　待反演参数取值样本方案开挖支护模拟计算子流程

步骤 1：基于洞轴向多个声波检测断面上的检测结果，借助 CATIA 软件生成用于描述松弛区空间形态的封闭包络面并以 stl 文件格式保存，通过编写空间关系分析 FISH 函数将该封闭包络面内外的单元区分开来，最终实现将洞周松弛区作为一类特殊的岩体划分出来的目的。

空间关系分析 FISH 函数的核心操作是判断网格单元在松弛区内部还是外部，参照文献[10] 所提出的算法，建立如下处理流程：

①构造从单元中心点 O 发出的一条射线，其方向为 d，并初始化计数变量 count=0，循环计算该射线与构成包络面的每一个三角面片 [以（$v_1, v_2 v_3, n$）表示，其中 $v_i(i=1,2,3)$ 为三角面的三个顶点，n 为三角面的法向量] 的交点 p，如式（1）所示

$$p=O+\frac{(v_1-O)\cdot n}{d\cdot n}d \qquad (1)$$

②判断交点 p 是否满足不等式组（2），若满足则说明交点 p 在三角面内，并置 count=count+1；

$$\begin{cases} [(v_2-v_1)\times(v_3-v_1)]\cdot[(v_2-v_1)\times(p-v_1)]>0 \\ [(v_3-v_2)\times(v_1-v_2)]\cdot[(v_3-v_2)\times(p-v_2)]>0 \\ [(v_1-v_3)\times(v_2-v_3)]\cdot[(v_1-v_3)\times(p-v_3)]>0 \\ \frac{(v_1-O)\cdot n}{d\cdot n}>0 \end{cases} \qquad (2)$$

③循环计算与判断结束后，若计数变量 count 为奇数，则标记该单元为松弛区内单元。

步骤 2：依据洞群施工过程中实测的岩体开挖前后声波波速，并利用声波波速与弹模间的经验关系（见表 1）以及声波波速衰减与强度参数变幅间的关系（文献[11]），对松弛区围岩力学参数进行赋值。

表1 估算岩体变形模量的经验公式

序号	公式	提出者	针对的岩类
1	$E_m = 10 \times 10^{(V_p - 3.5)/3}$	Barton 等，2002	不详
2	$E_m = 0.01(V_p)^{4.8}$	吴兴春等，1998[12]	花岗岩
3	$E_m = 0.0238(V_p)^{4.3266}$	宋彦辉等，2011[13]	变质砂岩、二长岩

注 表中 V_p 为岩体波速，单位为 km/s；E_m 为岩体弹模估算值，单位为 GPa。

需特别说明的是，本程序仅利用表1所示经验公式计算开挖前后弹模比值，以此作为弹模调整系数 r_E［式（3）］，通过将该系数与样本方案中原始围岩的弹模相乘得到松弛区围岩弹模的取值。

$$r_E = E_m(V_p')/E_m(V_p) \tag{3}$$

式中，V_p、V_p' 分别为开挖前、后岩体波速，单位为 km/s。由于上述做法系在不改变原始模型网格剖分的前提下，识别洞周松弛区围岩单元并进行单元二次分组，进而对松弛区内单元赋以基于原岩性参数调整后的新力学参数，因此可在开挖模拟过程中随松弛区形态的变化而对模型进行动态更新，能够适应施工期动态多阶段参数反演的快速、实时性要求。

3 程序系统实例应用检验

本节以某水电站厂房洞群施工期参数反演为例说明该系统的应用及其效果。

该水电站位于雅砻江干流，坝址为横向谷，两岸山体雄厚，谷坡陡峻。电站引水发电系统洞群由压力管道、主副厂房、母线洞、主变室、尾水连接洞、尾水调压室及尾水隧洞等组成。洞群区地层岩性为变质砂岩、变质粉砂岩、粉砂质板岩，以Ⅲ 1类为主，局部为Ⅲ 2类，洞群区内无区域性断层通过，主要结构面为与地层产状基本一致的小断层和节理裂隙。洞群分步开挖时序设计如图8所示，支护设计以喷混凝土、系统锚杆和系统预应力锚索为主。

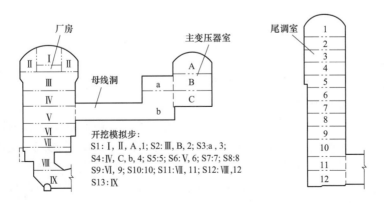

图8 洞群分步开挖时序示意

基于三维设计成果并经处理后，得到洞群、地质 CATIA 模型［如图9（a）、图9（b）所示], 以此为基础输入数据, 利用前处理模块完成洞群开挖支护建模 [如图 9 (c) 所示, 限于篇幅, 仅展示代表性操作界面], 最终得到用于对接围岩稳定与反馈计算模块的前处理结果输出文件和自动剖分形成的模型三维网格 [如图 9 (d) 所示]。

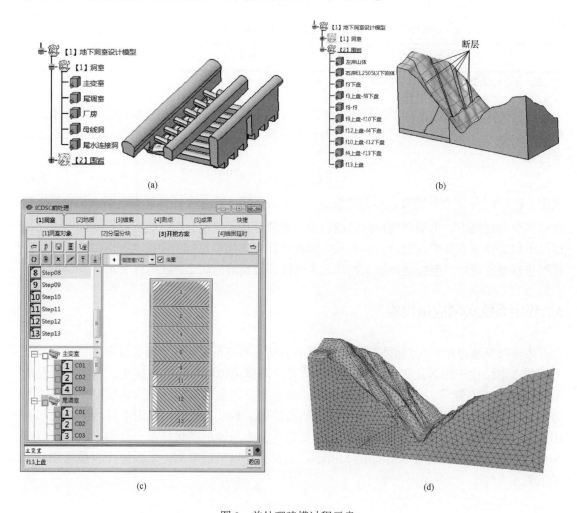

图 9 前处理建模过程示意

(a) 洞群 CATIA 模型; (b) 地质 CATIA 模型; (c) 前处理程序操作界面; (d) 模型网格

围岩本构模型设为理想弹塑性模型并采用莫尔—库伦屈服准则。使用围岩稳定与反馈计算模块, 采用回归反演法获得三维模型初始地应力场。

将Ⅲ 1、Ⅲ 2 两类岩体的弹性模量 (E)、内摩擦角 (φ)、黏聚力 (c) 作为待反演力学参数, 取截至 S9 开挖模拟步时的开挖状态对应的围岩变形监测数据 (见表 2) 及松弛区检测结果 (限于篇幅, 仅给出一个声波检测断面的结果, 如图 10 所示) 进行参数反演。使用围岩稳定与反馈计算模块, 首先完成松弛圈设置 (如图 11 所示), 然后形成各组参数取值设计方案所对应的洞群分步开挖 FLAC^{3D} 命令文件并进行计算, 其中: 在 S1、S3、S5、S7 和 S9 模拟步时使用本文 2.2 节所述松弛区动态建模技术识别出松弛区单元 (如图 12 所示), 并对围岩松弛区单元弹性模量、黏聚力和内摩擦角基于原始值及调整系数进行赋值。

表2　　　　　　　　　　　　反演所用位移计信息

位移计	监测时段		测值
	起始点	终止点	
3CF-5	S1	S9	10.4
4CF-5	S1	S9	9.3
6ZB-4	S2	S9	49.2
6WT-9	S6	S9	25.8

注　监测时段起始、终止时点以开挖模拟步代表。

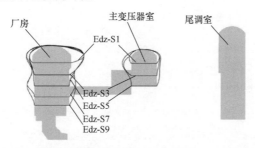

图10　声波检测所得松弛区边界时变演化图（厂纵0+059断面）

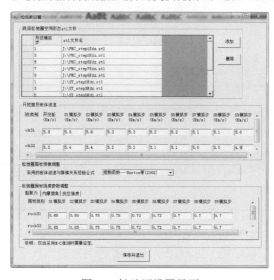

图11　松弛区设置界面

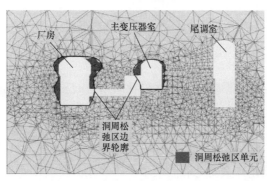

图12　对应S9模拟步时的松弛区单元识别结果（厂纵0+059断面）

随后，依次完成 "力学参数—围岩位移" 非线性映射关系 SVR 模型建模以及基于粒子群算法的参数寻优（如图 13 所示），最终得到参数反演结果，见表 3。

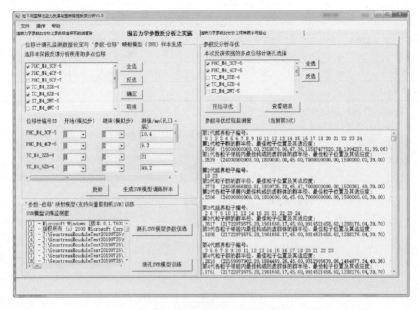

图 13 参数寻优程序界面

表 3

参 数 反 演 结 果

力学参数		III 1			III 2		
		E（GPa）	φ（°）	c（MPa）	E（GPa）	φ（°）	c（MPa）
搜索范围		[19，40]	[45，57]	[1.8，2.3]	[7，19]	[39，45]	[0.9，1.8]
反演结果	考虑松弛区	24.5	47.3	1.8	10.0	39	0.9
	不考虑松弛区	20.1	45.0	1.8	7.2	42.6	1.8

由表 3 可知，考虑松弛区时，反演所得III 1 类岩体弹性模量值为 24.5GPa，相应地，由表 1 中 Barton 等所提公式和式（3）可得III 1 类岩体松弛区弹性模量值为 13.0GPa；不考虑松弛区时，反演所得III 1 类岩体弹性模量值为 20.1GPa，可见该值介于 13.0 和 24.5，这一结果表明反演所得参数是合理的。

4 结语

本文探讨了复杂洞群围岩稳定与反馈计算辅助程序的总体设计思路和具体实施方案，并以某水电站厂房洞群施工期参数反演问题对所开发的程序系统进行了实例应用检验，得到如下结论：

（1）前处理（建模）模块基于 CATIA 的二次开发接口编制，可充分利用 CATIA 优秀的参数化建模功能，实现设计方案变更后的模型快速修改更新。在此基础上，应用围岩稳定计算模块可高效地完成复杂洞群开挖支护设计方案的优化比选，因而在一定程度上实现了设计与计算分析的一体化。

（2）将围岩稳定与反馈计算的诸多成熟流程与经验固化在程序系统中，实现了以 FLAC^{3D} 为内核的复杂洞群工程计算分析功能的定制，可辅助缺乏相关经验的设计人员开展高效的围岩稳定与反馈计算，有效降低设计人员的计算分析工作强度，具有较大的工程实用价值。

参考文献

[1] 王仁坤，邢万波，杨云浩. 水电站地下厂房超大洞室群建设技术综述 [J]. 水力发电学报，2016，35（8）：1-11.

[2] 付山，伍鹤皋，汪洋. 基予 CATIA 二次开发的月牙肋钢岔管辅助设计系统开发与应用 [J]. 水力发电，2013，39（7）：73-76.

[3] 任浩楠，王晓东. 基于 CATIA 和 ANSYS Workbench 的水工结构 CAD/CAE 一体化系统 [J]. 水利规划与设计，2018，2：92-94.

[4] 张乐，李小帅，杜华冬. CAD/CAE 协同优化设计在水电工程应用研究 [J]. 水利规划与设计，2018，2：134-136.

[5] 郭凯. 地下工程洞室群施工期反馈分析系统的构建 [D]. 北京：清华大学，2010.

[6] 徐磊，张太俊. 地下洞室施工期围岩力学参数反演与力学响应超前预测自动化系统开发 [J]. 四川大学学报（工程科学版），2013，45（6）：51-57.

[7] 黄书岭，丁秀丽，廖成刚，等. 深切河谷区水电站厂址初始应力场规律研究及对地下厂房布置的思考 [J]. 岩石力学与工程学报，2014，33（11）：2210-2224.

[8] 郭明伟，李春光，王水林，等. 优化位移边界反演三维初始地应力场的研究 [J]. 岩土力学. 2008，29（5）：1269-1274.

[9] 魏进兵，邓建辉. 高地应力条件下大型地下厂房松动区变化规律及参数反演 [J]. 岩土力学. 2010，31（增1）：330-336.

[10] T. Möller，Trumbore B . Fast，minimum storage ray-triangle intersectuion [J]. Journal of Graphics Tools，1997，2（1）：21-28.

[11] 严鹏，张晨，高启栋，等. 不同损伤程度下岩石力学参数变化的声波测试 [J]. 岩土力学，2015，36（12）：3425-3432.

[12] 吴兴春，王思敬，丁恩保. 岩体变形模量随深度的变化关系 [J]. 岩石力学与工程学报，1998，17（5）：487-492.

[13] 宋彦辉，巨广宏，孙苗. 岩体波速与坝基岩体变形模量关系 [J]. 岩土力学，2011，32（5）：1507-1512.

印尼巴塘水电站抗震设计标准总结

林易澍

（中国电建集团北京勘测设计研究院有限公司，北京市　100024）

[摘　要]本文基于目前国际水电工程主流的国际大坝委员会（ICOLD）和美国陆军工程兵团（USACE）标准体系，归纳总结地震动参数选取原则以及关于抗震设防标准、性能目标、分析评价原则，并与国内水工建筑物抗震设计标准进行对照，为中国承包商在国际工程项目的抗震设计提供借鉴。

[关键词]地震设防标准；ICOLD；USACE；中外抗震标准对比

0　引言

多元性地震灾害及其引发的次生灾害不断给工程项目的抗震设计带来新的挑战。由于各个国家综合实力的差异和对工程风险认识的不同，世界各国和不同地区对工程的地震安全评估和抗震设计标准、性能目标等也有各自的相关规定。基于我国承包商在基建领域的优势，并跟随国家"一带一路"倡议的引领，目前全球范围内遍布中国承包商承接的水电工程项目，但与此同时越来越多的工程项目位于地震活动频发的地质构造活跃区域或大陆板块交界位置，此类位于高地震烈度的工程越来越引起项目属地人员及参建各方对工程项目抗震安全的重视。

印尼巴塘水电站位于印度—澳大利亚板块和太平洋板块的交界位置，是世界范围地震活动最活跃的地区，地震活动频发，地震烈度高。地震安全评价及设防等级成为工程抗震设计标准的重要因素。2014年国际大坝委员会重新修订了大坝地震动参数选取导则，同时国内能源局的水电工程水工建筑物抗震设计规范也于2015年修订发布，地震动参数的合理选择和正确的地震动参数输入方式是大坝地震安全评价的基础。而大坝在地震作用下的动力计算分析理论和性能目标评价准则是抗震设计的关键，往往会对高地震区的项目方案产生控制性影响。本文总结概况了国际大坝委员会大坝抗震专委会针对大坝地震动参数选取导则和设防标准，以及美国陆军工程兵团（USACE）关于地震灾害、抗震设计、性能目标的相关规定，同时与国内标准进行对照，总结中外标准关于地震动参数选取、地震设防等级、抗震设计的主要异同。

1　概述

1.1　工程概况

印尼巴塘水电站位于印度尼西亚北苏门答腊省南部，电站为调峰电站，具备6h日调节能力，总装机容量为 510MW，工程首部枢纽主要包括 74m 高碾压混凝土弧形重力坝，坝顶长度为 134.70m，坝轴线曲率半径为 200m。坝身泄水建筑物由 1 个表孔和 3 个中孔组成，均采用挑流消能，下游设水垫塘。左岸布置一条导流洞，长 500m，后期改建成永久泄洪洞，用于泄洪冲砂，辅助水库放空。引水发电系统布置在右岸，进水口位于右坝肩上游 25m 处，后面衔接 12.3km 长引水隧洞。

1.2 工程区域构造及地质情况

由于印度尼西亚位于三大地震活动活跃板块——欧亚大陆板块、印度—澳大利亚板块和太平洋板块交界地带，是世界范围地震活动最活跃的地区，本工程位于印尼苏门答腊岛，作为巽他大陆板块的一部分，该板块向南移动，印度—澳大利亚板块则向东北移动，两板块俯冲相撞，形成了巽他海沟，印度—澳大利亚板块沿巽他海沟每年向东北移动 50～70mm。太平洋板块则以 120mm/年的相对速度向西移动，并与印度尼西亚的东部碰撞，这样构造上的动态环境使得印尼大部分地区容易发生地震。因此，在印度尼西亚进行的工程设计应慎重考虑地震的活动和危害性。

1.3 工程地震安全评价

减少地震灾害最有效的方法是评估地震灾害并将这些地震信息应用在工程设计和施工中，使建筑物结构拥有足够的抗震能力。根据 EPC 合同要求，承包商需要在基本设计阶段对工程区进行地震安全评价工作，对大坝及各个建筑物设计地震加速度取值，按国际大坝委员会（ICOLD）最新 148 号公告执行。因此，基于合同要求，EPC 承包商前后分别委托法国 FUGRO GEOTER 公司和印尼 BANYU BIRU 公司开展地震安评工作。其间，由于工程位处地震活动频发区域，地震动参数变化受各因素影响较敏感，参建各方对于地震研究方法及结论分析的分歧较多，例如关于是否考虑板块深源地震、断层连续性的影响等问题，对于地震评估的一些参数与方法进行了大量讨论和多次修改，并且在报告讨论期间，印尼国家颁布了新的地震区划图，最终经过文件的更新修改以及各方讨论，业主同意采用印尼 BANYU BIRU 公司专题报告中地震安评的结论成果：运行基准地震（OBE）的 PGA 为 0.402g，安全评估地震（SEE）的 PGA 为 0.648g。

2 地震设防标准和抗震设计准则

2.1 地震动参数和抗震设计遵循的国标标准

本项目抗震设计采用的标准主要遵循两大类标准体系：国际大坝委员会（ICOLD）标准体系以及美国标准体系［包括陆军工程兵团（USACE）和联邦能源管理委员会（FERC）］。

其中，设防等级及地震动参数选取遵循国际大坝委员会于 2014 年最新发布的 148 号公告（ICOLD Bulletin 148：Selecting Seismic Parameters for Large Dams Guidelines），该公告代替了之前的 72 号公告（1988 年发布，2010 年修订），公告中规定大坝抗震设计按照 OBE 和 SEE 两级地震设防，其他建筑物按照 DEAS（附属建筑物设计地震）设防。

工程抗震计算分析理论和性能目标评价准则依照美国陆军工程兵团（USACE）和联邦能源管理委员会（FERC）的系列规定，其中包括如下规定标准：

（1）Earthquake Design and Evaluation for Civil Works Projects，ER 1110-2-1806，2016。

（2）Stability Analysis of Concrete Structures，EM 1110-2-2100，2005。

（3）Earthquake Design and Evaluation of Concrete Hydraulic Structures，EM1110-2-6053，2007。

（4）FERC Engineering Guidelines for the Evaluation of Hydropower Projects，2015。

2.2 抗震设防标准和性能目标

根据国际大坝委员会 148 号公告中的规定要求选取地震动参数，公告中定义了如下地震参数：

（1）最大可信地震（MCE）：结合工程区域地质构造情况，认为是工程区可能产生的最大地震，通常采用确定性分析方法（DSHA），根据工程区域地震历史和地质构造信息及已探明断层的情况来判定合理的最大可信地震，地震动参数选取确定性分析 84%分位值（平均值+1 个标准差）。此外，规定如果坝址区附近无明显的地震活动（无活断层），或不具备开展确定性分析条件时，可采用概率分析方法（PSHA）确定最大可信地震，地震重现期考虑采用 10000 年，等同于前序版本公告中的最大设计地震（MDE），但最新版本公告中已不再使用 MDE 的概念，采用 SEE 代替。

（2）安全评估地震（SEE）：大坝最高抗震设防等级需要承受的地震作用影响，动参数通常等同于最大可信地震。公告中建议同时考虑确定性分析方法和概率性分析方法来评价安全评估地震的动参数大小，推荐采用偏不利影响的地震动参数作为最终安全评估地震输入参数。但规定当工程位于地震活动频发或板块交界附近的情况下推荐采用确定性分析方法选取地震动参数。此外，根据溃坝可能产生的社会影响和对下游生命财产危害程度的差异，随着溃坝危害影响程度的降低，安全评估地震的动参数可在确定性分析 84%分位值到 50%百分位值之间选取。

安全评估地震的抗震性能目标是在地震作用下坝体可以出现部分结构损伤，坝体横缝可能张开并产生错动位移，沿大坝建基面可能产生瞬时或残余滑移，局部坝体结构出现塑性变形乃至张拉破坏，但局部结构破坏不影响大坝整体安全，破坏程度在大坝整体安全可承受的范围内，不至于产生溃坝洪水下泄。在 SEE 震后的安全评价要满足大坝整体稳定的可靠性及泄水建筑物的结构和设备的可操作性。

（3）运行基准地震（OBE）：大坝最低抗震设防等级需要承受的地震作用影响，通常采用概率性分析方法来评估运行基准地震的动参数大小，运行基准地震在大坝整个寿命周期内取 100 年 50%超越概率（重现期 145 年）。

运行基准地震的抗震性能目标是确保坝体及坝身结构不出现危害水库运行的结构性损伤，轻微的破坏可在地震后方便修复。如果从结构承载能力角度来评价，坝体混凝土及金属结构等设备在运行基准地震下结构强度应保持在弹性范围内，不产生塑性变形或破坏。

（4）水库触发地震（RTE）：水库在蓄水、骤降等其他活动时所能引发的最大地震活动。规定认为：①当坝高超过 100m 或者库容超过 5 亿 m^3 的工程规模；②工程规模小，但坝址位于地质构造活动敏感区域才有研究水库触发地震的必要性。目前对水库触发地震活动的记录有限，对于触发地震活动的机理仍在研究探索中，公告中并无统一规定设防标准。由于水库触发地震的最大动参数小于安全评估地震，因此一般认为不会对大坝的抗震最高设防标准产生控制影响。公告中推荐加强蓄水前后的地震监测，并没有规定明确量化的性能目标。

（5）施工期地震（CE）：国际大坝委员会 148 号公告中没有专门规定施工期临时建筑物承受的地震动参数的取值方法，但国际大坝委员会大坝抗震专委会主席 Wieland 推荐采用基于临时建筑物设计使用寿命超越概率 10%的地震动参数，或者采用与施工期设计洪水相同重现期的地震动参数。

（6）附属建筑物设计地震（DEAS）：规定采用基于概率性分析方法重现期 475 年的地震动参数，应用于除大坝外其他建筑物（如厂房、进水塔、调压井等）的抗震设防标准，等同国际大坝委员会 46 号公告中规定中的 DBE（设计基准地震），也等同于国内水工建筑物抗震规范（NB 35047—2015）中非 1 级建筑物设计地震所采用的 50 年超越概率 10%的地震动参数。

但是在国际大坝委员会148 号公告中专门强调对于影响坝体安全的关键性附属建筑物或设备，如用于放空水库的底孔、闸门及其控制设备或电源设备，应一同按照最高设防等级安全评估地震来设计其抗震性能。

3 抗震设计分析理论和计算方法

美国陆军工程兵团（USACE）规范中推荐采用渐进式的分析方法来评价不同地震作用下结构的动力响应特征，以确保坝体结构在稳定、倾覆、应力、变形、位移等方面的表现满足相关规范要求。从最简便的拟静力法，到反应谱法、弹性时程法，如果有需要最后进入到非线性时程分析方法。每阶段不同的计算方法依据各自的计算理论分析评价相应的结构响应特征，例如，抗滑稳定安全系数、弹性应力应变、结构位移、接触面错动位移及缝间开度等。以下分别概述各计算方法的主要特点：

3.1 拟静力法（Quasi-static method）

拟静力法分为地震系数法和等效水平力法。

地震系数法（Seismic Coefficient method）通过动水压力和地震惯性力来模拟地震作用。采用单一折减系数乘以坝体质量得到水平向地震惯性力，在抗滑稳定计算中不考虑竖向地震作用，坝体应力（坝趾/坝踵竖向正应力）计算可考虑结合水平向及竖向地震共同作用。PGA 的折减系数规定取值 2/3。对比国内水工建筑物抗震设计规范（NB 35047—2015）中提供的拟静力法计算公式（5.5.9）和公式（7.1.11），若将坝体假设为单一集中质点，PGA 的折减系数可等效为 $\xi \times \alpha i=0.25 \times 1.4 = 0.35$，对比美标的折减系数小 47.5%。

等效水平力法（EquIValent Lateral Force method）类似于国内抗震规范中推荐的拟静力法，受力分析理论与反应谱法相似，将坝体假设为若干集中质量的单自由度节点，坝体的地震惯性力只考虑第一阶振型的水平向作用力，通常一阶振型的质量参与系数可达到 80%以上，认为基本能够代表地震惯性力的量值。

当采用拟静力法评价坝体稳定时，美国陆军工程兵团 EM 1110-2—2100 在地震系数法中规定：SEE 地震（偶然工况）下按照刚体极限平衡法得到的抗滑稳定安全系数应大于 1.1，但如果安全系数不满足要求，不代表坝体不安全或设计方案不成立，应通过更先进和更可靠的动力法（如时程法）来进一步分析研究坝体在地震作用下的动力响应（应力、变形、滑移位移）是否在可接受的安全范围。

总体而言，以上两种静力方法忽略了建筑物结构的动力特性以及地震作用的三维空间方向，仅用顺河方向的水平惯性力+动水压力来模拟最不利的地震荷载，美国标准规范中明确规定拟静力法只能作为工程前期规划、可研设计的简易评判方法，不能作为最终工程设计的计算依据，尤其当地震作用对坝体设计产生控制性影响时，不能以拟静力法作为抗震设计的评判标准。

3.2 反应谱法（Response Spectrum）

相比较只能考虑一阶振型单自由度的等效水平力法，反应谱法能够通过计算软件程序得到坝体三维动力特性（坝体的各阶振型和相应振动频率，以及质量参与系数）和动力响应（坝体加速度和位移、应力等），是最基本的动力计算方法。应力采用平方和方根法（SRSS）或CQC（完全二次型方根法）来考虑二维或三维地震作用的空间组合效应。反应谱法通常计算考虑总体90%以上的质量参与系数，所有质量参与系数较高的振型都可以包括在内。但是对比时程分析方法，当结算结果中出现局部应力超过材料允许值时，反应谱法无法评估应力的非线性响应特征及坝体应力超过弹性范围的累计时长。

3.3 线弹性时程分析（Linear Elastic Time History）

当采用时程分析法时，可以通过3组加速度时程作为地震作用输入参数，模拟地震作用的三维空间效应。在地震波作用过程中，可以得到坝体每一个瞬态的动力响应，同样可以得到各项动力响应时程以及最大/小主应力包络图。通过各项动力响应时程信息，可以更全面地评价坝体各项指标是否在允许值或可接受范围内。在美标中，规定了一种DCR-CID（Demand capacity ratio-Cumulative inelastic duration）的评价方法，以某项动力响应的峰值和超过允许值（或弹性范围值）的累积总历时作为评判标准，评价坝体的承载能力是否满足动力响应需求，并且评估是否需要再进一步采用非线性时程法分析坝体的动力响应特征。

3.4 非线性时程分析（Non-linear Time History）

大坝在强地震作用下的非线性动力响应及抗震安全评价是一系列非常复杂的问题，地震动参数输入、结构和材料模型、计算分析方法等各项因素的差异选择都会对坝体动力响应成果产生很大的影响。本项目在非线性数值模拟分析中通过接触模型模拟了坝体横缝的张开错动，以及沿建基面坝身混凝土的拉裂滑移，从而分析在安全评估地震中坝体的非线性动力响应特征。目前国外标准对于在安全评估地震作用下大坝的安全性能目标尚未规定具体量化评价准则，只是规定要求水库不产生不可控泄的洪水，坝体结构的安全性和泄洪建筑物的可操作性需要根据具体工程情况进行分析。在联邦能源管理委员会的水工建筑物评价导则中规定了震后的安全稳定系数要大于1.3，震后的抗滑稳定安全主要考虑沿建基面滑移可能引起的扬压力折减失效和抗剪参数的影响。

4 结语

上述内容主要从地震设防标准、抗震性能目标和评价方法三个方面阐述了欧美规范的要求和准则，以及对比国内的《水电工程防震抗震设计规范》（NB 35057—2015）和《水电工程水工建筑物抗震设计规范》（NB 35047—2015），总结如下：

（1）地震设防标准。国内规范要求甲类设防的水工建筑物满足设计地震和最大可信地震校核两级设防，其他采用设计地震一级设防。国际大坝委员会及美国陆军工程兵团对大坝抗震要求两级设防（OBE 和 SEE），其他建筑物一级设防（DEAS）。但根据建筑物设防类别的不同，国内标准的设计地震重现期从4950年到475年不等，而国外的OBE地震重现期为145年，最大可信地震或安全评估地震的国内外的重现期相同。

（2）性能目标。虽然国内设计地震的重现期远高于 OBE 地震的重现期，但是这两级地震的性能目标是相同的，均要求坝体的动力响应特征处于弹性范围内。从这个标准来看，国内的抗震设计标准要求更为严格。但针对最高设防标准，国内最大可信地震和国外 SEE 地震的性能目标一样，都是要求水库不会发生不可控泄的洪水。

（3）分析方法。关于拟静力法，国内外的计算理论相似，但地震惯性力的 PGA 折减程度不同，国外更为保守。国内外对于拟静力法的适用性规定不相同，国内标准规定 70m 以上的混凝土坝拟静力法不再适用，需要动力法计算。国外标准规定项目前期可以使用拟静力法计算，项目进入招标和详图阶段后不再适用，尤其当地震作用成为控制工况时，不能以拟静力法的计算结果作为坝体设计的评判标准。美国标准在线弹性时程分析中规定了一种 DCR-CID 的评价方法来判定坝体动力响应是否满足要求，如果超过目标要求，则需要进一步采用非线性时程分析坝体的各项动力响应指标，而目前对于在 SEE（或 MCE）地震下非线性分析的评价指标尚未明确统一，只是规定要求水库大坝不产生不可控泄的洪水，坝体结构具体的响应特征情况需要依据已有工程案例或工程师经验进行判断决策。

位于高地震烈度地区的水电工程，需要由地震地质工程师来进行专门的现场地震危害性安全评价，通过合理的假设和适合的方法获得地震频谱、加速度时程等地震动输入参数。而通常坝工工程师更为熟悉了解大坝抗震安全的相关知识和规定，通过采取针对性的抗震措施来提高建筑物的抗震安全性能。从而在满足合同、规范对建筑物功能要求的前提下，如何更好地平衡工程项目的安全性和经济性是对工程师设计方案的一项重要考验。通过对地震动参数选取原则以及关于抗震设防标准、性能目标、分析评价原则的归纳总结，对比国内外工程抗震设计的异同，为今后中国承包商在执行国际水电工程抗震设计方面提供借鉴。

参考文献

[1] Martin, Wieland. Safety Aspects of Sustainable Storage Dams and Earthquake Safety of Existing Dams [J]. Engineering, 2016（3）：325-331.

[2] Wieland M, Matsumoto N, Landon-Jones I , et al. Inspection of dams after earthquakes [J]. Chinese Journal of Geotechnical Engineering, 2008, 30.

[3] 陈厚群. 大坝的抗震设防水准及相应性能目标 [C] // 第二届全国防震减灾工程学术研讨会论文集. 2005.

[4] 陈厚群. 水工混凝土结构抗震研究进展的回顾和展望 [J]. 中国水利水电科学研究院学报, 2008, 6（4）：3-15.

作者简介

林易澍（1988—），男，高级工程师，主要从事水利水电工程设计工作。E-mail：linys@bjy.powerchina.cn

基于正交试验与响应面法的 MICP 技术优化

李彬瑜[1]　姜新佩[2]

（1. 中国电建集团北京勘测设计研究院有限公司，北京市　100024;
2. 河北工程大学，河北省邯郸市　056000）

[摘　要] 为探明 MICP 改良砂土实施工艺各因素对改良砂土渗透性的影响机制，以菌液浓度、胶结液浓度、胶结时间和灌浆次数为自变量影响因子，渗透系数为响应目标值，通过正交试验初步筛选具有显著影响的因素，采用 Box-Behken 响应面法做进一步优化。试验结果表明：正交设计与响应面法优化结果接近，所得渗透系数较小的最佳试验参数为菌液浓度 1.88（OD 值）、胶结液浓度 1.14mol/L、灌浆次数 4、胶结时间 12h；模型验证试验相对误差为 4.756%，模型可靠，表明响应面预测模型对优化 MICP 改良砂土实施工艺及预测其渗透系数具有一定的指导意义。

[关键词] MICP; 响应面法; 交互作用; 渗透性; 微观结构

0　引言

微生物诱导碳酸钙沉积（Microbial-Induced Calcite Precipitation，MICP）是一项新兴的地基处理技术，在砂土改性方面有良好的效果与前景[1]。MICP 是指特定微生物的代谢产物与周围环境中的物质合成碳酸钙的过程[2]。由于该过程涉及一系列生物化学及离子化学反应，因此改良效果受到多种因素的影响与制约[3]，主要影响因素有微生物种类及培养条件、菌液浓度、胶结液成分及浓度、灌浆方式等。众多学者对此开展大量试验与研究，尹黎阳等人系统总结分析了不同类型产脲酶菌的特性和适用领域以及对其改良效果做出评价；李娜[4]等人的研究给出了培养巴氏生孢八叠球菌的最优条件；Zhao[5] 等人设置菌液浓度梯度研究巴氏生孢八叠球菌胶结石英砂 *UCS* 强度达到 2.22MPa；练基建[6] 等人采用控制变量法探究胶结液浓度对微生物固结效果的影响；崔明娟[7] 等人研究提出多批次多浓度灌注胶结液，能够改善砂柱碳酸钙含量的均匀性；梁仕华[8] 等人研究了多种不同灌浆方式对固化砂土的影响。

上述研究在一定程度上推动了 MICP 改良砂土技术的发展，但是在 MICP 改良砂土工艺中各因素对改良效果影响的显著性研究较少。本文在研究前人工作的基础上，选定菌液浓度、胶结液浓度、胶结时间和灌浆次数，通过正交试验初步筛选，随后通过响应面优化试验构建回归模型，探究各因素对 MICP 改良砂土渗透性影响的显著性，并基于验证试验优化各影响因素的最优配比。

基金项目：国家科技重大专项基金"水体污染控制与治理"（2018ZX07101005-03）。

1 实验材料及方法

试验菌种购自中国普通微生物菌种保藏管理中心的巴氏生孢八叠球菌（Sporosarcina-pasteurii），编号为 1.3687。参考李娜[4]等人的研究成果，确定培养巴氏生孢八叠球菌的最优条件为 10% 的接种比例、pH 值为 6.24、30℃ 培养温度。选用 $CaCl_2$、尿素、蒸馏水作为胶结液的主要成分，其中 $CaCl_2$ 与尿素的摩尔比为 1:1。试验所用砂土取自永定河下游立垡村，砂土物理指标经室内试验测定后见表 1。根据前人的研究[6][9][10]，选择菌液浓度、胶结液浓度、胶结时间和灌浆次数作为影响 MICP 技术改良砂土渗透性试验的主要因素，按四因素四水平表 L_{16}（4^4）进行正交试验，正交试验设计及结果见表 2。采用表面入渗法处理土样时，依次加入对应浓度的菌液（OD 值=0.5、OD 值=1、OD 值=1.5、OD 值=2；其中 OD 值为菌液在 600nm 波长处的吸光值，每单位 OD 值约对应 10^8 个细胞[1]），静置 2h 后加入对应浓度的胶结液（0.5mol/L、0.8mol/L、1.1mol/L、1.4mol/L），按设计的胶结时间（3h、6h、12h、24h）放置一段时间，再依次循环相应设计灌浆次数，完成实验。基于正交试验，采用响应面法做进一步优化设计[11]，响应面法基于优化设计实验结果，构建二次多项式回归方程[12]，拟合各试验因素与目标响应值之间的函数关系，综合方差分析、回归拟合方程来优化试验[13]给出最佳实验条件。

表 1　砂土基本物理性质指标

粒径（mm）				土粒比重 G_S	堆积密度（g/cm³）	紧密密度（g/cm³）	渗透系数（cm/s）
0.5～0.25	0.25～0.075	0.075～0.005	＜0.005				
6.5	62.6	28.6	2.3	2.668	1.35	1.55	$8.67×10^{-5}$

试验装置由内径为 10cm、高为 50cm 的土柱和内径为 5cm 的马氏瓶供水系统组成，来测量土样的常水头渗透系数。采用德国 D8-advance 型 X 射线衍射仪来测定 MICP 技术改良砂土的物相组成。微观扫描试验采用环境扫描电子显微镜（ESEM）采集土体的微观结构图像。

2 结果与讨论

2.1 正交试验分析

正交试验设计与结果见表 2，根据试验结果，将菌液浓度、胶结液浓度、胶结时间、灌浆次数与渗透系数平均值的关系曲线绘制于图 1，在图 1（a）中随着菌液 OD 值从 0.5 增加到 2，试样渗透系数平均值从 2.20E-03Cm/s 降至 5.07E-04Cm/s，渗透系数降低了 76.95%，试样渗透系数与菌液浓度呈负相关；图 1（b）中随胶结液浓度的增加，试样渗透系数呈下降趋势，试样渗透系数平均值从 1.67E-03Cm/s 降至 7.03E-04Cm/s，渗透系数降低 57.9%；图 1（c）中胶结时间为 12h 时，试样渗透系数达到最好，表明巴氏生孢八叠球菌生成的脲酶把尿素中的碳酸根分解出后，在 12h 内可以很好地与外界的钙离子结合生成碳酸钙沉淀；图 1（d）中随着灌浆次数的增加，试样渗透系数近似呈线性下降趋势，降幅达到了 68.33%。

由表2对各因素的极差 R 对比分析可知各因素对试验结果的影响大小依次为A＞D＞B＞C，即菌液浓度＞灌浆次数＞胶结液浓度＞胶结时间，通过对正交试验结果进行极差分析，可得MICP改良砂土试验的最佳参数为：菌液浓度2（OD值）、胶结液浓度1.4mol/L、灌浆次数4、胶结时间12h。

正交试验方差分析结果见表3，由表3可知各因素对试验结果的影响大小顺序依次为菌液浓度＞灌浆次数＞胶结液浓度＞胶结时间。其中菌液浓度对试样渗透系数有重要影响，灌浆次数对试验结果有一定影响。方差分析的观点认为，对试验结果有影响的因素在试验范围内选取最优值，对实验结果无影响的因素原则上可选取试验范围内的任意值，或由其他指标确定。最终确定MICP改良砂土工艺为：菌液浓度2（OD值）、胶结液浓度1.4mol/L、灌浆次数4、胶结时间取试验范围内任意一点。方差分析结果与极差分析结果比较一致。

表2 　　　　　　　　　　　　　　　　　正交试验设计与结果

编号	A 菌液浓度（OD 值）	B 胶结液浓度（mol/L）	C 胶结时间（h）	D 灌浆次数	渗透系数（cm/s）
试验 1	0.5	0.5	3	1	4.50×10^{-3}
试验 2	0.5	0.8	6	2	2.40×10^{-3}
试验 3	0.5	1.1	12	3	9.80×10^{-4}
试验 4	0.5	1.4	24	4	9.30×10^{-4}
试验 5	1	0.5	6	4	8.30×10^{-4}
试验 6	1	0.8	3	3	7.50×10^{-4}
试验 7	1	1.1	24	2	7.60×10^{-4}
试验 8	1	1.4	12	1	7.40×10^{-4}
试验 9	1.5	0.5	12	2	8.60×10^{-4}
试验 10	1.5	0.8	24	1	6.70×10^{-4}
试验 11	1.5	1.1	3	4	3.30×10^{-4}
试验 12	1.5	1.4	6	3	4.10×10^{-4}
试验 13	2	0.5	24	3	4.70×10^{-4}
试验 14	2	0.8	12	4	3.90×10^{-5}
试验 15	2	1.1	6	1	7.90×10^{-4}
试验 16	2	1.4	3	2	7.30×10^{-4}
$\bar{K}1$	2.20×10^{-3}	1.67×10^{-3}	1.58×10^{-3}	1.68×10^{-3}	
$\bar{K}2$	7.70×10^{-4}	9.65×10^{-4}	1.11×10^{-3}	1.19×10^{-3}	
$\bar{K}3$	5.68×10^{-4}	7.15×10^{-4}	6.55×10^{-4}	6.53×10^{-4}	
$\bar{K}4$	5.07×10^{-4}	7.03×10^{-4}	7.08×10^{-4}	5.32×10^{-4}	
R	1.70×10^{-3}	9.63×10^{-4}	9.23×10^{-4}	1.14×10^{-3}	

注　R 为极差。

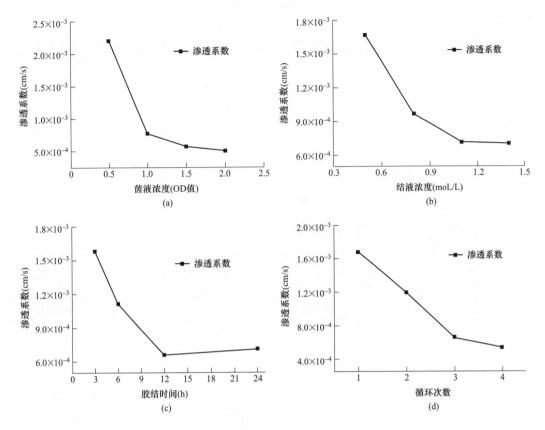

图 1　试验因素与渗透系数的关系

表 3 正 交 试 验 方 差 分 析

来源	离均差平方和	自由度	均方	F	显著性
菌液浓度	7.71×10^{-6}	3	2.57×10^{-6}	7.735	*
胶结液浓度	2.45×10^{-6}	3	8.17×10^{-7}	2.458	
胶结时间	2.20×10^{-6}	3	7.32×10^{-7}	2.203	
灌浆次数	3.32×10^{-6}	3	1.11×10^{-6}	3.329	（*）
误差项	9.97×10^{-7}	3	3.32×10^{-7}	—	
总和	1.67×10^{-5}	15	—	—	

注　因素的 F 值，大于 1%F 表上数，该因素特别重要，记为**；如在 5%和 1%F 表上值之间，该因素重要，记为*；
在 20%和 5%F 表上值之间，该因素有一定影响，记为（*）。

2.2　响应面法分析

在正交试验基础上，采用 Design-Expert 8.0 软件中的 Box-Behken 模块进行响应面分析。
选用对试样渗透系数影响较大的 3 个因素——菌液浓度、胶结液浓度、灌浆次数为考察因素，
响应面试验因素水平见表 4，试验结果与分析见表 5。

表4　　　　　　　　　　　　　　　响应面试验因素水平

水平	因素		
	A 菌液浓度（OD 值）	B 胶结液浓度（mol/L）	C 灌浆次数
−1	1	0.8	2
0	1.5	1.1	3
1	2	1.4	4

表5　　　　　　　　　　　　　　　响应面试验设计与结果

编号	A 菌液浓度（OD 值）	B 胶结液浓度（mol/L）	C 灌浆次数	渗透系数（cm/s）
试验 1	1	0.8	3	7.50×10^{-4}
试验 2	2	0.8	3	3.90×10^{-5}
试验 3	1	1.4	3	6.40×10^{-4}
试验 4	2	1.4	3	2.20×10^{-5}
试验 5	1	1.1	2	7.60×10^{-4}
试验 6	2	1.1	2	5.30×10^{-4}
试验 7	1	1.1	4	3.30×10^{-4}
试验 8	2	1.1	4	3.90×10^{-5}
试验 9	1.5	0.8	2	8.60×10^{-4}
试验 10	1.5	1.4	2	4.10×10^{-4}
试验 11	1.5	0.8	4	3.30×10^{-4}
试验 12	1.5	1.4	4	1.10×10^{-4}
试验 13	1.5	1.1	3	4.50×10^{-4}
试验 14	1.5	1.1	3	3.20×10^{-4}
试验 15	1.5	1.1	3	3.30×10^{-4}
试验 16	1.5	1.1	3	4.60×10^{-4}
试验 17	1.5	1.1	3	2.80×10^{-4}

通过 Design-Expert 8.0 软件处理表 5 的样本数据得到渗透系数二次多项式回归模型，公式如下

$$Y=3.68 \times 10^{-4}-2.313 \times 10^{-4}A-9.962 \times 10^{-5}B-2.189 \times 10^{-4}C+2.325 \times 10^{-5}AB-1.525 \times 10^{-5}AC$$
$$+5.75 \times 10^{-5}BC-9 \times 10^{-6}A^2+3.75 \times 10^{-6}B^2+5.575 \times 10^{-5}C^2 \tag{1}$$

式中　Y ——渗透系数，cm/s；

　　　A ——菌液浓度，OD 值；

　　　B ——胶结液浓度，mol/L；

　　　C ——灌浆次数。

对得到的渗透系数二次多项式回归模型进行方差分析，响应面方差分析结果见表 6。由表 6 可知，该模型显著性水平较高（$p=0.024<0.01$），失拟误差不显著（$p=0.0585>0.05$），表明该模型与试验拟合性较好。由表 6 比较 F 值可知，试验各因素对渗透系数影响的主次顺序

为：菌液浓度＞灌浆次数＞胶结液浓度，其中一次项菌液浓度和灌浆次数对试验结果有极显著影响（$p<0.01$），其他项对结果影响不显著。

表 6 　　　　　　　　　　　　　　　　　响 应 面 方 差 分 析

方差来源	平方和	自由度	均方	F 值	显著性	
Model	9.20×10^{-7}	9	1.02×10^{-7}	4.9	0.024	*
A	4.28×10^{-7}	1	4.28×10^{-7}	20.49	0.0027	**
B	7.94×10^{-8}	1	7.94×10^{-8}	3.7	0.0422	*
C	3.83×10^{-7}	1	3.83×10^{-7}	18.35	0.0036	**
AB	2.16×10^{-9}	1	2.16×10^{-9}	0.1	0.757	
AC	9.30×10^{-10}	1	9.30×10^{-10}	0.045	0.8389	
BC	1.32×10^{-8}	1	1.32×10^{-8}	0.63	0.4523	
A^2	3.41×10^{-10}	1	3.41×10^{-10}	0.016	0.9019	
B^2	5.92×10^{-11}	1	5.92×10^{-11}	2.84×10^{-3}	0.959	
C^2	1.31×10^{-8}	1	1.31×10^{-8}	0.63	0.4546	
残差	1.46×10^{-7}	7	2.09×10^{-8}	—	—	
失拟误差	1.20×10^{-7}	3	3.98×10^{-8}	5.97	0.0585	
纯误差	2.67×10^{-8}	4	6.67×10^{-9}	—	—	
总和	1.07×10^{-6}	16	—	—	—	

注　"**"表示该项极显著（$p<0.01$）；"*"表示该项显著（$0.01<p<0.05$）。

图 2 是将渗透系数作为响应值的各因素交互作用曲面图，响应面曲率越大，因素间的交互作用影响越显著，反之则交互作用影响不显著[14]。图 2（a）揭示了菌液浓度与胶结液浓度对改良砂土渗透系数的影响，当胶结液浓度为 1.4mol/L 时，随着菌液浓度的增加，渗透系数呈直线下降趋势，渗透系数下降 69.76%，曲面较陡，说明菌液浓度对渗透系数影响显著；当菌液浓度处于较低水平时，胶结液浓度由 0.8mol/L 增加到 1.4mol/L，渗透系数下降 34.31%，曲面较平缓，这是由于菌液浓度较低，巴氏生孢八叠球菌产生的脲酶较少，则由尿素分解产生的碳酸根较少，导致生成碳酸钙速率较慢，生成总量较少，在响应曲面上表现为曲面较缓，渗透系数下降不明显。结合表 6，交互项菌液浓度与胶结液浓度交互作用不显著（$p=0.757>0.05$），由此说明菌液浓度与胶结液浓度交互作用对 MICP 改良砂土渗透系数影响不显著。

图 2（b）表达了菌液浓度与灌浆次数对渗透系数的影响，当灌浆次数较小时，菌液浓度与渗透系数成负相关，渗透系数下降 50%；当菌液浓度 OD 值为 1 时，灌浆次数增加到 4 次，改良砂土渗透系数降低 48%，表明灌浆次数的增加，可以增加试样中碳酸钙的总量，有效地降低试样的渗透性，但是在灌浆次数较小时，菌液浓度的增加亦可使试样渗透系数降低幅度同灌浆次数效果相近。因此菌液浓度与灌浆次数的交互作用对渗透系数影响不显著。图 2（c）反映了胶结液浓度和灌浆次数交互作用对渗透系数的影响，当灌浆次数较小时，试样渗透系数对胶结浓度的敏感性随其添加量的增加而下降，胶结液浓度从 0.8mol/L 增加到 1.4mol/L 时渗透系数下降 25.31%；当胶结液浓度为 0.8mol/L 时，灌浆次数由 1 次增加到 4 次，试样渗透系数降低 29.40%。互效应响应曲面较平整，说明二者交互作用对试样渗透系数影响不显著。

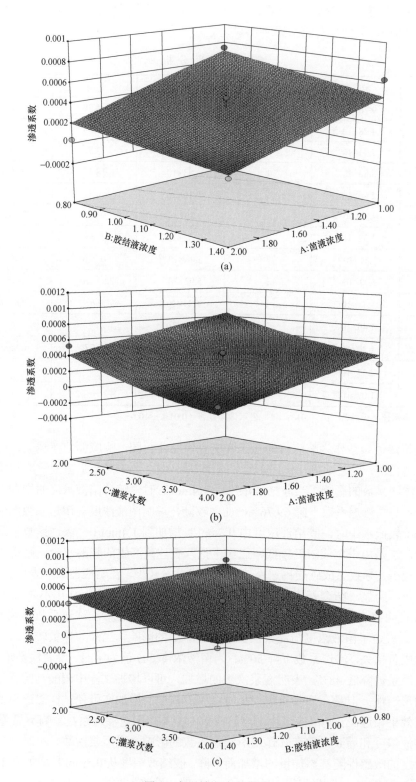

图 2 交互效应响应曲面

2.3 优化预测与试验验证

借助 Design-Expert 8.0 软件 Box-Behken 模块中的 Optimization 功能优化 MICP 技术改良砂土渗透系数回归模型自变量参数为：菌液浓度 1.88（OD 值）、胶结液浓度 1.14mol/L、灌浆次数 4、胶结时间 12h，最优条件下预测渗透系数为 8.69E-06cm/s。为了验证响应面优化参数的准确性，在最优条件下，分别进行 3 次平行验证试验，结果列于表 7。得到试样渗透系数平均值为 9.10×10^{-6}cm/s，预测值相对误差为 4.756%（$p < 5\%$），说明试验验证值与模型预测值在试验误差允许范围内，从数学角度验证了基于响应面法得到的模型可应用于 MICP 改良砂土渗透系数预测领域的适用性，对于 MICP 技术施工工艺的优化具有一定的参考价值。

表 7   验 证 试 验 结 果

	渗透系数（cm/s）	平均值（cm/s）	误差（%）
响应面法预测值	8.69×10^{-6}		
试验验证	8.93×10^{-6}	9.10×10^{-6}	4.756
	9.12×10^{-6}		
	9.26×10^{-6}		

2.4 微观结构分析

为探究不同处理条件下 MICP 改良砂土的物相组成及其微观结构形貌，选用响应面法［菌液浓度 1.88（OD 值）、胶结液浓度 1.14mol/L、灌浆次数 4、胶结时间 12h，记为试样 1］与正交试验法［菌液浓度 2（OD 值）、胶结液浓度 1.4mol/L、灌浆次数 4、胶结时间 12h，标记为试样 2］最优参数配比进行试验。将试样烘干，取表面较为平整且尺寸合适的试样，表面喷金以备电镜扫描观测。部分试样用于 X 衍射分析。

试样 XRD 衍射谱如图 3 所示，其中图 3（a）为试样 1 的 XRD 衍射谱，图 3（b）为试样 2 的 XRD 衍射谱，对照组为试验所用砂土。由 XRD 衍射标准卡比对可得试样 1 与试样 2 的物相主要为二氧化硅（SiO_2）以及方解石（$CaCO_3$），对比图 3（a）、图 3（b）可得试样 1

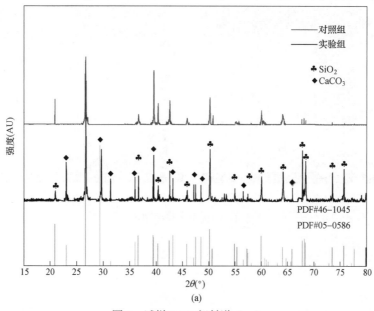

图 3   试样 XRD 衍射谱（一）

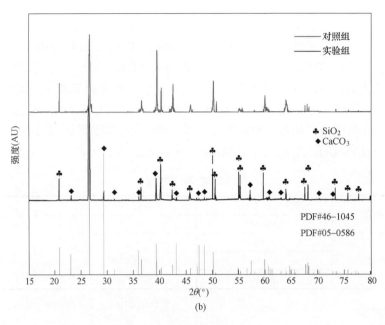

图 3　试样 XRD 衍射谱（二）

中 $CaCO_3$ 的峰值明显增强，说明由响应面法得出的试验最优参数制备的试样 1 生成的 $CaCO_3$ 含量要高。

由扫描电子显微图片（如图 4 所示）可得，从图 4（a）试样 1 的扫描电子显微图片中可以观察到在砂颗粒连接处即孔隙处 $CaCO_3$ 大量沉淀胶结在一起，砂土孔隙封堵较密实，且在砂颗粒表面也附着大量 $CaCO_3$ 晶体；反观图 4（b）试样 2 的扫描电子显微图片，$CaCO_3$ 沉淀对砂颗粒孔隙封堵不完全，孔隙形貌清晰可辨。

(a)　　　　　　　　　　　　　　　(b)

图 4　扫描电子显微图片

3　结语

（1）本研究选取菌液浓度、胶结液浓度、胶结时间和灌浆次数四个因素，通过正交试验初步筛选,由响应面法进一步优化试验参数为:菌液浓度 1.88(OD 值)、胶结液浓度 1.14mol/L、灌浆次数 4、胶结时间 12h。与单纯正交试验结果相比,菌液浓度、胶结液浓度均有所降低,并节约成本。

（2）基于 Box-Behken 试验设计构建了 MICP 改良砂土渗透系数的二次多项式回归模型,相关系数为 0.863,并对最优参数经 3 次平行试验验证,相对误差为 4.756%,表明模型预测较准确,拟合效果可靠。

（3）基于响应面法探讨了菌液浓度、胶结液浓度、灌浆次数交互作用与 MICP 改良砂土渗透系数的关联规律,研究表明三个因素间的交互作用对改良砂土渗透系数的影响不显著。

参考文献

[1] 程晓辉,Andres Quiros,张帅. 微生物入渗注浆法加固非饱和砂土的研究 [J]. 工业建筑,2015,45（7）: 28-30+175.

[2] 何稼,楚剑,刘汉龙,等. 微生物岩土技术的研究进展 [J]. 岩土工程学报,2016,38（4）: 643-653.

[3] 尹黎阳,唐朝生,谢约翰,等. 微生物矿化作用改善岩土材料性能的影响因素 [J]. 岩土力学,2019,40（7）: 2525-2546.

[4] 李娜,李凯,王丽娟,等. MICP 技术影响因素探究及其灌注效果分析 [C] //中国水利学会地基与基础工程专业委员会. 地基与基础工程技术创新与发展（2017）——第 14 次全国水利水电地基与基础工程学术研讨会论文集,2017.

[5] ZHAO Q, LI L, LI C.Factors affecting improvement of engineering properties of MICP-treated soil catalyzes by bacteria and urease [J]. Journal Materials in Civil Engineering. 2014,26（12）: 4014094.

[6] 练继建,吴昊潼,闫玥,等. 基于微生物诱导碳酸钙沉积的生物覆膜防渗研究 [J]. 水利水电技术,2019,50（8）: 128-136.

[7] 崔明娟,郑俊杰,章荣军,等. 化学处理方式对微生物固化砂土强度影响研究 [J]. 岩土力学,2015,36（S1）: 392-396.

[8] 梁仕华,戴君,李翔,等. 不同固化方式对微生物固化砂土强度影响的研究 [J]. 工业建筑,2017,47（2）: 82-86.

[9] 王绪民,崔芮,王铖. 微生物诱导 $CaCO_3$ 沉淀胶结砂室内试验研究进展 [J]. 人民长江,2019,50（9）: 153-160.

[10] 余清鹏,李娜,符平,等. 微生物灌浆加固砂土效果的试验研究 [J]. 中国水利水电科学研究院学报,2019,17（3）: 204-210.

[11] 刘树龙,王发刚,李公成,等. 基于响应面法的复合充填料浆配比优化及微观结构影响机制 [J]. 复合材料学报,2021（1）: 1-15.

[12] 郭策,江小婷,邹稳蓬,等. 仿甲虫鞘翅轻质结构及其参数优化设计 [J]. 复合材料学报,2015,32（3）: 856-863.

[13] 高谦,杨晓炳,温震江,等. 基于 RSM-BBD 的混合骨料充填料浆配比优化 [J]. 湖南大学学报（自然科学版）,2019,46（6）: 47-55.

[14] 劳德平,丁书强,倪文,等. 含铝铁硅固废制备 PSAF 混凝剂 RSM 优化与结构表征 [J]. 中国环境科学,2018,38（10）: 3720-3728.

作者简介

李彬瑜（1992—），男，硕士研究生，主要从事水工结构工程设计工作。E-mail：libiny@bjy.powerchina.cn

姜新佩（1961—），男，博士，教授，主要从事水工结构工程设计工作。

液压启闭机动力学仿真和振动抑制研究

毛延翩　董万里　席前伟　侯春尧

（中国长江电力股份有限公司，湖北省宜昌市　443002）

[摘　要]水电站液压启闭机启闭过程中的振动问题不可忽视。应在对振动情况进行实地监测的基础上，运用大型多刚体动力学软件 Simpack，建立动力学仿真模型。在简谐、随机和瞬态三种激励下，对闸门的振动响应进行数值模拟，研究添加阻尼器后的减振效果。仿真计算和对比分析结果表明：在简谐和随机激励下，添加隔振阻尼器后，运行振动得到极大改善，振幅降低99%以上，添加吸振阻尼器作用效果不明显。不同的荷载对于阻尼器的参数调整提出了相悖的要求。综合考虑简谐、随机和瞬态三种激励下闸门的振动响应，可以选择刚度为 500kN/m、阻尼为 25000Ns/m 的隔振阻尼器进行减振。

[关键词]液压启闭机；虚拟样机；动力学；振动抑制；参数优化

0　引言

液压启闭机是水利水电工程中的重要设备，广泛应用于泄洪系统工作门和引水发电系统快速门启闭，对发电、防洪、灌溉和航运等起重要作用。

液压启闭机油缸和泵站的振动，严重影响液压系统及液压元件的工作性能，缩短设备及元件的使用寿命，从而影响闸门启闭的安全可靠运行。液压启闭机一旦故障甚至无法运行，将直接导致泄洪设施和机组停运。若是油缸或泵站的主要部件损坏，更无法在短期内恢复，定制液压启闭机作为整机备件造成库存积压将极大地影响电站运营经济指标，难以成为提高可靠性的安全策略，而且液压启闭机的制造安装调试周期至少为 9 个月。鉴于此，对液压启闭机运行过程中存在的任何风险都应密切关注，并对其运行可靠性实时评估。

Gamez-Montero 等[1]通过对典型液压缸的理论分析和实验研究，得出了由于缺陷导致的屈曲对负载能力的影响。Sochacki[2]提出了一种基于汉密尔顿原理的公式和液压缸阻尼振动问题的解决方案。张于贤[3]基于弹塑性缩套缸体理论，建立了存在同轴度偏差的双层缩套缸体数学模型，研究了同轴度偏差对界面压力的影响。王朝平[4]针对苏丹某水电站液压启闭机振动问题，通过现场试验，对所有可能振源进行了逐一排查与分析，通过增大液压油黏度解决了问题。宁辰校[5]分析了液压启闭机振动与噪声产生的原因，然后从系统整体的设计选型方面给出了预防措施。潘志军[6]从机械和流体两方面分析振动产生的原因，总结提出液压启闭机安装、运行、维护中避免产生故障隐患的措施。姜志宏[7]等建立以双出杆液压缸和转阀式激振器组成的液压激振系统的数学模型，通过仿真分析液压激振器的位移动态响应特性。谢苗[8]等通过安装溢流阀，在仿真与实验后得出其方案可有效减小液压冲击作用的结论。李鑫[9]等设计了一种风帆回转液压系统，并建立了系统的数学模型，使用 Matlab/Simulink

对系统进行了仿真分析，得出系统在 PID 控制下，当有负载干扰时，风帆转角也可被精确控制。

上述研究主要针对液压启闭机中液压缸振动的原因进行分析以及对液压系统进行动力学建模分析，并提出相关抑振措施，但对机器振源和其他系统部件之间的隔振没有涉及。本文针对水电站液压启闭机振动问题，运用大型多刚体动力学软件 Simpack，建立动力学仿真模型，分析液压启闭机在不同激励下的振动响应，找出减小振动的方案。

1 动力学仿真模型建立

水电工程液压启闭机及闸门系统的几个关键零部件的三维图如图 1 所示。

根据多体动力学理论，将液压启闭机及闸门看成一个多刚体系统，建立 Simpack 模型，该模型由下机架（$B_Frame_Down）、上机架（$B_Frame_Up）、缸体（$B_HydraulicCylinder）、活塞杆（$B_PistonRod）、闸门（$B_FloodGate）、双铰支座（$B_Foundation）、吸振器（$B_Absorber）7 个刚体组成。液压启闭机动力学二维拓扑图如图 2 所示，图中黑色框代表部件，蓝色线代表铰接，绿色线代表约束，红色线代表力元。刚体间通过铰接和约束限制自由度，而由力元模拟弹性阻尼元件的连接。在某些仿真工况下，未安装吸振器。

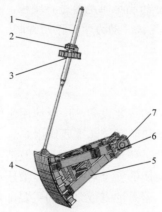

图 1　液压启闭机模型三维图

1—液压缸总成；2—液压缸上支座；3—液压缸下支座；4—闸门；5—闸门支臂；6—动铰支座；7—固定铰支座

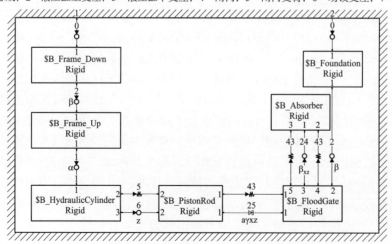

图 2　液压启闭机动力学二维拓扑图

图 3 所示为液压启闭机的运动原理图，液压启闭油缸绕点 A 旋转，活塞杆杆头与闸门在点 B 处铰接，闸门可绕点 O 转动，活塞杆拉力随时间变化拉力 $F(t)$，以点 O 为坐标原点，OA 连线建立 x 轴，垂直 OA 连线为 y 轴，建立坐标系 Oxy。为抑制系统振动，在活塞杆与闸门之间设置阻尼器，刚度为 k_1，阻尼为 c_1，在闸门上设置吸振阻尼器，刚度为 k_2，阻尼为 c_2，闸门、活塞杆、液压缸体、吸振阻尼器的质量分别为 m_1、m_2、m_3、m_4，x 轴与 OB 间角度为 θ，x 轴与 AB 间角度为 γ。结合虚位移与达朗贝尔原理，以逆时针旋转为正方向，吸振阻尼器、闸门、活塞杆和液压缸体的运动微分方程如下。

吸振阻尼器 x、y 向移动微分方程如式（1）所示

$$\begin{cases} x向移动: m_4\ddot{Z}_1 \sin(\theta+\beta) = -k_1 Z_1 \sin(\theta+\beta) - c_1\dot{Z}_1 \sin(\theta+\beta) + m_4 g\cos(\theta-25°) \\ y向移动: m_4\ddot{Z}_1 \cos(\theta+\beta) = -k_1 Z_1 \cos(\theta+\beta) - c_1\dot{Z}_1 \cos(\theta+\beta) + m_4 g\sin(\theta-25°) \end{cases} \quad (1)$$

闸门转动微分方程如式（2）所示

$$J_1\ddot{\theta} = -k_2 Z_2 l_5 - c_2\dot{Z}_2 + c_1\dot{Z}_1 l_4 + m_1 g l_1 \cos(\theta-25°) \quad (2)$$

活塞杆 x、y 向移动微分方程如式（3）所示

$$\begin{cases} x向移动: m_2\ddot{Z}_2 \cos\gamma = -F(t) - k_2 Z_2 \cos\gamma - c_2\dot{Z}_2 \cos\gamma + m_2 g\sin\gamma \\ y向移动: m_2\ddot{Z}_2 \sin\gamma = F(t) - k_2 Z_2 \sin\gamma - c_2\dot{Z}_2 \sin\gamma - m_2 g\cos\gamma \end{cases} \quad (3)$$

液压缸体转动微分方程如式（4）所示

$$J_3\ddot{\gamma} = m_3 g l_3 \sin\gamma \quad (4)$$

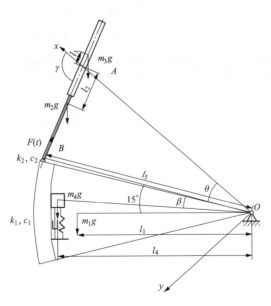

图 3   液压启闭机运动原理图

通过监测液压启闭机运行时的振动情况，用仪器采集到液压缸不同位置的振动时域和频域曲线，其中无水工况下活塞杆提升行程中液压缸底部活塞杆的振动数据如图 4 所示。

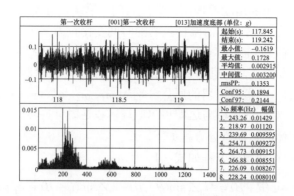

图 4　液压启闭机底部振动曲线图

可以看出，现场液压缸的振动表现为随机的广谱激励，主频率段为 200～300Hz，呈现高频特征，其他工况下的振动表现与此类似但特性不完全一致。

2　多体动力学仿真

液压缸振动的可能原因包括：①密封橡胶圈的预紧力和老化磨损；②液压缸中液压油的压力脉动；③由于制造和安装误差等导致活塞杆和缸体的配合间隙、形位公差失当等。其中第 3 点原因对于超长大型液压缸的振动尤为关键。

本文对振动原因不做深究，而旨在研究如何用专门装置将工程结构与振源隔离，以减少振动的影响和破坏。

对活塞杆轴向振动的工况进行模拟，依次施加简谐、随机和瞬态的位移激励，分别考虑："①不加阻尼器的原始配置""②活塞杆和闸门间添加隔振阻尼器""③闸门上添加吸振阻尼器"三种配置情况，监测闸门的振动并考虑抑振方法。

2.1　随机激励下隔振阻尼器的影响分析

在活塞杆沿杆方向施加实地监测的随机位移激励，观察闸门质心的角位移、角速度和角加速度的时域曲线配置 1 下的闸门质心角位移图、角速度图和角加速度图分别如图 5～图 7 所示。

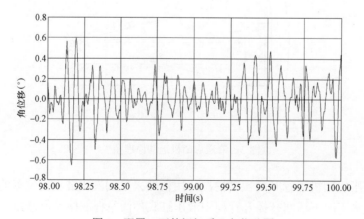

图 5　配置 1 下的闸门质心角位移图

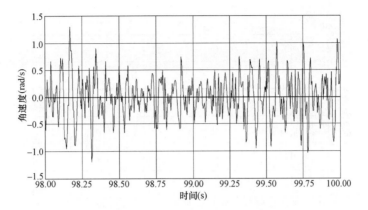

图 6　配置 1 下的闸门质心角速度图

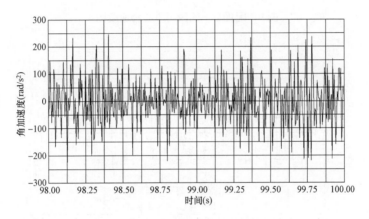

图 7　配置 1 下的闸门质心角加速度图

由图 5~图 7 可得，在"①不加阻尼器的原始配置"时，稳态振动时闸门质心的最大角位移 P_m 为 0.745°，最大角加速度 A_m 为 258.82rad/s²，平均角位移 P_a 为 0.192°，平均角加速度 A_a 为 70.652rad/s²。

配置 2 下的闸门质心角位移图、角速度图和角加速度图分别如图 8~图 10 所示。

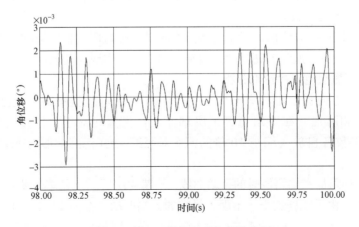

图 8　配置 2 下的闸门质心角位移图

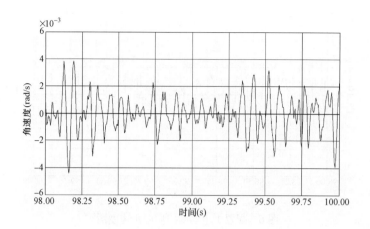

图 9　配置 2 下的闸门质心角速度图

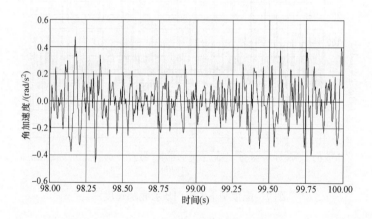

图 10　配置 2 下的闸门质心角加速度图

由图 8～图 10 可得，在"②活塞杆和闸门间添加隔振阻尼器"时，稳态振动时闸门质心的最大角位移 P_m 为 5.0×10^{-3}，最大角加速度 A_m 为 0.462rad/s^2，平均角位移 P_a 为 1.7×10^{-3}，平均角加速度 A_a 为 0.133rad/s^2。

对比两种配置情况可以看出，对于实测随机激励，隔振阻尼器可以非常有效地减小闸门的振动幅度，并显著降低振源的高频激扰向闸门的传递，实现振动隔离。

2.2　瞬态激励下隔振阻尼器的影响分析

在活塞杆沿杆方向施加沿杆方向大小为 1000kN 的阶跃型瞬态力元激励，并修改隔振阻尼器的刚度和阻尼，在多组仿真工况试算后，设置相对于"刚度 500kN/m，阻尼 50kNs/m"两项参数各自放大缩小 10 倍的四个对照组，闸门质心的瞬态振动图像如图 11～图 15 所示。

图 11 为刚度和阻尼在均衡值时的振动曲线，振荡 4 次后归于稳态，属于较为典型的阻尼振动。在图 12 中，由于刚度过小，出现了异常的大幅振动。在图 13 中，由于刚度过大，没有出现超过稳态值的峰值。在图 14 中，由于阻尼过小，阻尼振动衰减很慢。在图 15 中，由

于已接近临界阻尼（ξ），振荡次数只有一次，振动衰减很快。

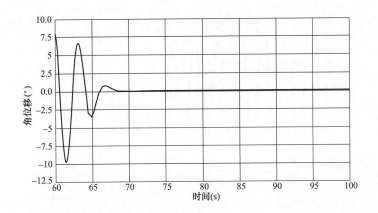

图 11　刚度为 1×500kN/m、阻尼为 1×50kNs/m 时的闸门质心角位移图

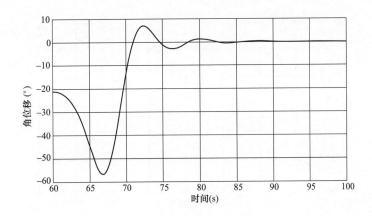

图 12　刚度为 0.1×500kN/m、阻尼为 1×50kNs/m 时的闸门质心角位移图

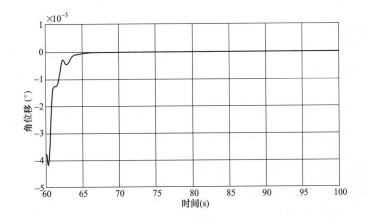

图 13　刚度为 10×500kN/m、阻尼为 1×50kNs/m 时的闸门质心角位移图

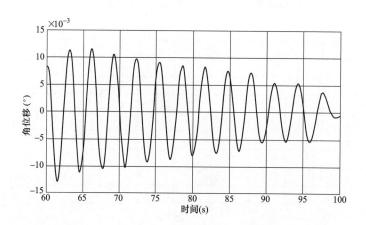

图 14　刚度为 1×500kN/m、阻尼为 0.1×50kNs/m 时的闸门质心角位移图

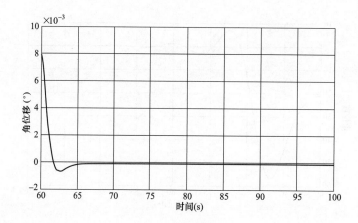

图 15　刚度为 1×500kN/m、阻尼为 10×50kNs/m 时的闸门质心角位移图

2.3　吸振阻尼器的影响分析

两级悬挂系统的振动会相互影响，当以一系隔振体（主质量）为减振目标时，可以充分利用二系隔振体（吸振器）的振动来降低一系的共振幅值，此时二系隔振体振动加剧，从而实现动力吸振[10]。

于是，探究在闸门上添加吸振阻尼器，将振动能量转移到吸振阻尼器的可能性。质量设为 96460.8kg，弹性阻尼元件的横向刚度为 240kN/m，横向阻尼为 50000Ns/m；垂向刚度为 500kN/m，垂向阻尼为 50000Ns/m。仿真结果见本文第 3 节。

3　仿真结果分析

从简谐激励、随机激励、瞬态激励三种情况考虑闸门的振动响应。由于计算的工况较多，限于篇幅不能将所有图像全部列出，现将所有结果数据整理为表 1～表 3。

表1 幅值 *A* 为 1mm、频率 *f* 为 40Hz 的简谐激励下的闸门质心振动响应

阻尼器刚度 K_a（kN/m）	阻尼器阻尼 C_a[N/（m/s）]	最大旋转角度 P_m（°）	最大角加速度 A_m（rad/s²）	位移传递率 P_m/A（°/m）
不添加阻尼器		4.4×10^{-3}	4.960	4.396
0.2×500	1×50000	5.5×10^{-6}	7.8×10^{-3}	5.5×10^{-3}
0.5×500	1×50000	5.7×10^{-6}	7.7×10^{-3}	5.7×10^{-3}
1×500	1×50000	6.8×10^{-6}	7.7×10^{-3}	6.8×10^{-3}
2×500	1×50000	5.5×10^{-6}	7.7×10^{-3}	5.5×10^{-3}
5×500	1×50000	6.8×10^{-6}	7.7×10^{-3}	6.8×10^{-3}
1×500	0.2×50000	3.4×10^{-6}	1.5×10^{-3}	3.4×10^{-3}
1×500	0.5×50000	3.4×10^{-6}	3.9×10^{-3}	3.4×10^{-3}
1×500	1×50000	6.8×10^{-6}	7.7×10^{-3}	6.8×10^{-3}
1×500	2×50000	10.3×10^{-6}	15.4×10^{-3}	10.3×10^{-3}
1×500	5×50000	27.3×10^{-6}	38.5×10^{-3}	27.3×10^{-3}
只有吸振阻尼器		4.4×10^{-3}	4.959	4.393
隔振阻尼器+吸振阻尼器		6.8×10^{-6}	7.5×10^{-3}	6.8×10^{-3}

表2 实地振动试验采集的随机激励下的闸门质心振动响应

阻尼器刚度 K_a（kN/m）	阻尼器阻尼 C_a[N/（m/s）]	最大旋转角度 P_m（°）	最大角加速度 A_m（rad/s²）	平均旋转角度 P_a（°）
不添加阻尼器		0.745	258.82	0.192
0.2×500	1×50000	3.6×10^{-3}	0.460	1.1×10^{-3}
0.5×500	1×50000	3.6×10^{-3}	0.457	1.1×10^{-3}
1×500	1×50000	5.0×10^{-3}	0.462	1.7×10^{-3}
2×500	1×50000	5.1×10^{-3}	0.483	1.3×10^{-3}
5×500	1×50000	7.1×10^{-3}	0.539	2.1×10^{-3}
1×500	0.2×50000	4.2×10^{-6}	0.108	1.8×10^{-6}
1×500	0.5×50000	3.0×10^{-3}	0.242	0.9×10^{-3}
1×500	1×50000	5.0×10^{-3}	0.462	1.7×10^{-3}
1×500	2×50000	6.3×10^{-3}	0.911	1.9×10^{-3}
1×500	5×50000	17.3×10^{-3}	2.274	4.5×10^{-3}
只有吸振阻尼器		0.746	258.40	0.192
隔振阻尼器+吸振阻尼器		4.3×10^{-3}	0.460	1.19×10^{-3}

表 3 力元大小为 1000kN，阶跃加载的瞬态激励下的闸门质心振动响应

刚度 K_a（kN/m）	阻尼 C_a［N/（m/s）］	峰值时间 t_p（s）	峰值 P_m（°）	调节时间 t_s（s）	稳态值 P_s（°）
不添加阻尼器					
0.1×500	1×50000	12.4	6.89	26.2	21.18
0.2×500	1×50000	3.5	$1.6×10^{-3}$	9.2	$3.6×10^{-3}$
0.5×500	1×50000	2.0	$17.4×10^{-3}$	8.7	$20.4×10^{-3}$
1×500	1×50000	1.4	$9.2×10^{-3}$	8.7	$8.0×10^{-3}$
2×500	1×50000	1.0	$5.1×10^{-3}$	7.1	$1.1×10^{-3}$
5×500	1×50000	4.3	$0.1×10^{-3}$	8.2	$2.7×10^{-3}$
10×500	1×50000			5.0	$3.8×10^{-3}$
1×500	0.1×50000	1.4	$12.9×10^{-3}$	48.8	$8.2×10^{-3}$
1×500	0.2×50000	1.5	$12.6×10^{-3}$	15.2	$8.2×10^{-3}$
1×500	0.5×50000	1.5	$11.3×10^{-3}$	11.1	$8.2×10^{-3}$
1×500	1×50000	1.4	$9.2×10^{-3}$	8.7	$8.0×10^{-3}$
1×500	2×50000	1.5	$7.3×10^{-3}$	12.6	$8.2×10^{-3}$
1×500	5×50000	1.7	$3.3×10^{-3}$	5.1	$8.1×10^{-3}$
1×500	10×50000	2.7	$0.6×10^{-3}$	5.1	$8.1×10^{-3}$
只有吸振阻尼器				3.5	$4.4×10^{-3}$
隔振阻尼器+吸振阻尼器		3.0	$0.6×10^{-3}$	13.0	$3.8×10^{-3}$

在当前的参数调整范围内，由表 1～表 3 的结果可以分析得到：

（1）对于简谐激励和随机激励，由表 1 和表 2 可以看出，隔振阻尼器的出现使得闸门的振幅减少了三个数量级，效果显著。随着隔振阻尼器刚度和阻尼的减小，闸门质心的最大旋转角度和最大角加速度基本都是下降的。其中刚度对最大角加速度的影响不大。相比刚度而言，目前大小比例的阻尼变化引起的动力学指标变化更大。

（2）对于瞬态激励，由表 3 可以看出，隔振阻尼器的刚度对振动的峰值时间、最大峰值、调节时间、稳态值都有一定影响，其中对调节时间影响较小。在刚度为 50kN/m 时，闸门质心的振动出现了非常高的异常值，应极力避免刚度过小的情况。当刚度接近 5000kN/m 时，瞬态振动过程很短。这说明隔振阻尼器刚度的增加会减小瞬态振动的幅值和时间。

隔振阻尼器的阻尼对于峰值时间和稳态值的影响可以忽略。而最大峰值和调节时间，在一定范围内会随着阻尼的增大而减小。由图 11～图 15 可以看出，随着阻尼逐渐增大接近临界阻尼（ξ），超过稳态的振荡次数越来越少，振动衰减越来越快。而最大峰值和调节时间是瞬态振动中最重要的性能指标，其中刚度主要影响峰值，阻尼主要影响调节时间。

（3）机械机构的动力学需求是多方面的。简谐振动和随机振动中的最大旋转角度和角加速度抑制，和瞬态振动中的降低峰值、快速衰减需求，对阻尼器参数的要求在某些方面相互矛盾。

（4）比较有无吸振阻尼器的情况，振动幅度变化不大，吸振阻尼器影响微乎其微。而同时添加隔振阻尼器和吸振阻尼器后，相比仅有隔振阻尼器时，振动幅度变化也不大，但瞬态振动的调节时间大幅变长。液压启闭机的结构与传统的多系悬挂系统有所区别，可能是影响吸振阻尼器效果的原因。

对于当前幅值和频率分布的激励，隔振阻尼器就能起到较好的减振作用。在隔振阻尼器的基础上再添加吸振阻尼器，对减振效果不一定有益。目前参数配置下的吸振阻尼器对减少振动收效甚微，而且额外添加的机构将降低系统可靠性。

综上所述，考虑多种工况、复合激励下的动力学调节适用性，对于当前幅值和频率分布的激励，刚度为500kN/m、阻尼为25000Ns/m的隔振阻尼器能起到较好的减振作用。

4 结语

（1）对于简谐激励和随机激励，减小隔振阻尼器的刚度和阻尼能减弱振动；而对于瞬态激励，增大隔振阻尼器的刚度和阻尼能减弱振动。

（2）添加隔振阻尼器后，运行振动得到极大改善，在简谐和随机激励下，振幅降低99%以上。相比隔振阻尼器，吸振阻尼器对减弱当前系统振动的作用甚微，无需额外添加吸振阻尼器。

（3）根据不同激励方式和不同优化目标，可以得到阻尼器的不同最优结构参数，包括最优刚度和最优阻尼。

导致液压缸振动的原因可能并不单一，现场的荷载或许是多种类型激励的杂糅，且各成分在不同工况中的权重不同。综合考虑简谐、随机和瞬态三种激励下闸门的振动响应，可以选择刚度为500kN/m、阻尼为25000Ns/m的隔振阻尼器进行减振。

参考文献

[1] Gamez-Montero PJ，Salazar E，Castilla R，et al. Misalignment effects on the load capacity of a hydraulic cylinder [J]. International Journal of Mechanical Sciences，2009，51（2）：105-113.

[2] Sochacki W. Modelling and analysis of damped vibration in hydraulic cylinder [J]. Mathematical and Computer Modelling of Dynamical Systems，2015，21（1）：23-37.

[3] 张于贤，刘彬彬，王红. 同轴度偏差对缩套液压缸界面压力的影响研究 [J]. 矿山机械，2013，41（10）：113-116.

[4] 王朝平，吴芳. 苏丹上阿特巴拉水利枢纽底孔闸门及液压启闭机运行振动问题分析及处理 [J]. 水电与新能源，2018，32（9）：60-63.

[5] 宁辰校，张戌社. 液压启闭机液压系统振动与噪声研究 [J]. 液压与气动，2013（2）：64-66.

[6] 潘志军，张浩，周益安，等. 倒挂式液压启闭机液压系统振动故障分析 [J]. 浙江水利科技，2017，45（3）：77-79.

[7] 姜志宏，郭河舟，李宇达，等. 转阀式液压激振器低频特性研究 [J]. 机械设计与研究，2020，36（4）：65-68+80.

[8] 谢苗，李晓婧，李海超，等. 改进的超前支架液压系统防冲击性能研究 [J]. 机械设计与研究，2018，34（6）：152-155+160.

［9］李鑫，陆建辉. 风帆回转液压系统建模与仿真［J］. 机械设计与研究，2017，33（5）：165-167+172.

［10］罗仁，石怀龙. 铁道车辆系统动力学及应用［M］. 成都：西南交大出版社，2018：294-300.

作者简介

毛延翩（1978—），男，硕士研究生，主要研究方向为水利水电工程。E-mail：y79910473@163.com

山区低坝水电站取水防沙研究

王党伟[1] 邓安军[1] 史红玲[1] 金 勇[2]

（1. 流域水循环模拟与调控国家重点实验室，中国水利水电科学研究院，北京市 100048；
2. 中国电建集团海外投资有限公司，北京市 100048）

[摘 要]山区河道水沙条件复杂，当水电站采用低坝引水方式时，水沙调控难度大，需要研发系统的取水防沙技术来保障电站的取水防沙安全。本文以尼泊尔上马相迪 A 水电站为例，介绍了该水电站的泥沙问题处理措施。上马相迪 A 水电站在运行初期开展了全面的泥沙问题研究，采用水沙运动基本理论分析和泥沙数学模型等方法，确定了水库排沙阈值、停机避沙指标、泥沙排除效率等关键指标，在此基础上制定了水库、引水渠、沉沙池联动的防沙调度方案。水电站运行后的实测结果表明，泥沙分析计算结果与实际观测结果符合良好，该水电站采用的取水防沙措施提高了水库排沙效率，满足了水电站持续运行需求。

[关键词]山区河道；低坝取水；取水防沙

0 引言

水电站一般需要通过修筑拦河坝形成水库来发电，水库在蓄水的同时也将大量泥沙拦截在其中。据 2001 年的统计数据，世界上大型水库库容的年均淤损量占剩余库容的 0.5%～1%[1]，泥沙不仅占据了大量的库容，而且对水轮机叶片造成磨损[2, 3]。因此，在多沙河流上修建水库一般要求库容较大，预留出足够的库容用于淤积泥沙，并通过水库调度减少泥沙淤积来维持水库和电站长期运行[4]。由于开发条件有限，近年来多沙河流逐渐修建了一些径流式电站，这种电站库区容易被泥沙淤积，对电站正常运行造成不可忽视的影响，已有的研究成果多关注于大型水库的泥沙淤积及处理措施[5-7]，关于多沙河流低坝水电站库区的泥沙淤积过程及其成因的研究相对较少。由于低坝水电站的库容更小，对水沙的调节能力更弱，取水防沙难度更大，很多电站的泥沙处理效果较差[8]，泥沙问题成为制约电站持续运行的关键因素。本文以上马相迪 A 水电站为研究对象，在水电站运行之初，采用数学模型对电站可能出现的泥沙问题进行了模拟和预测，确定了水库的排沙时机和引水渠入渠含沙量阈值，基于非均匀不平衡输沙理论方法预估了排沙漏斗的沉沙效率，为科学处理电站取水防沙问题提供了直接的技术支撑。

1 工程概况

上马相迪 A 水电站位于尼泊尔马相迪河上游，该河道为喜马拉雅山南麓，水电站库区所在河段平均底坡为 1.25%，根据河道类型划分，属于典型的山区河道[9]。坝址以上流域面积

2740km², 坝址处多年平均流量为 97.3m³/s, 多年平均径流量为 30.7 亿 m³, 多年平均悬移质含沙量为 3.24kg/m³, 悬移质中值粒径约为 0.118mm, 泥沙颗粒较粗。根据实测的水沙数据估算水库入口处推悬比为 30%, 由此得到每年进入库区的总沙量为 1292 万 t。上马相迪 A 水电站坝高 18m, 坝前最大水深 14.25m, 壅水高度较小, 水库库容约 70 万 m³, 库沙比约为 0.1, 水库对水沙调节能力很小。水电站采用侧向取水方式, 引水口位于坝前, 引水系统布置在左岸, 由引水渠、沉沙池 (排沙漏斗)、暗涵、引水隧洞等建筑物组成, 如图 1 所示。

图 1 上马相迪电站首部枢纽

2 泥沙问题及应对措施

上马相迪 A 水电站的泥沙问题主要包括库区淤积导致大量泥沙进入引水渠、引水渠淤积导致引水流量不足、过机含沙量高导致机组磨蚀过快等。针对此分别解决水库排沙指标、引水渠引水临界含沙量以及排沙漏斗排沙效率三个关键问题, 保障水电站取水防沙安全。

2.1 泥沙淤积

2.1.1 库区淤积形态

采用平面二维水沙数学模型模拟库区泥沙输移过程, 模型控制方程见文献 [10]。由于本区域水文资料较为缺乏, 糙率按照式 (1) 进行计算[11]

$$n_{tot} = 7.69S^{0.28}\left(\frac{h}{d_{90}}\right)^{-0.21}\sqrt{0.009^2 + n_B^2} \qquad (1)$$

水流挟沙力采用张瑞瑾公式, 推移质输沙率采用 Mayer-Peter 公式[12]。图 2 所示为上马相迪 A 水电站库区纵剖面变化过程。由图可见, 由于水库库容与来沙量相比较小, 水库淤积呈锥体淤积形态, 泥沙能够快速推到坝前, 库区在一年内即可达到淤积平衡, 淤积平衡后坝前淤积高度约为 900m, 库区最大淤积量约为模型预测的淤积高程, 与水库运行后观测的结果基本一致, 说明模型能够准确反映库区淤积形态。

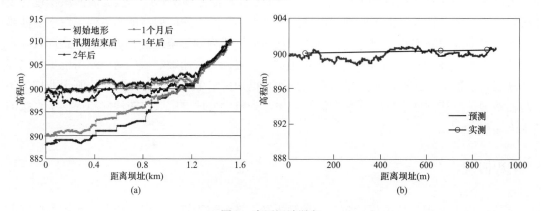

图 2 库区泥沙淤积

(a) 预测的淤积过程; (b) 计算与实测淤积高程对比

2.1.2 引水渠淤积阈值

上马相迪水库库容小，水库快速达到淤积平衡后就基本失去了沉沙和调节水沙的能力，泥沙容易被水流带至坝前，大量进入引水渠，导致引水渠淤积。泥沙淤积在引水渠中最大的危害是导致引水流量不足，影响发电效率。图 3 所示为模型计算得到的不同含沙量水流进入引水渠后引水渠的淤积和过流能力变化。由图可见，引水渠泥沙淤积速率与进入引水渠的含沙量成正比，随着淤积量增加，引水渠中流速会逐渐增大，水流挟沙力增加，引水渠淤积量不再增大，泥沙冲淤达到平衡。水流含沙量越大引水渠达到淤积平衡的时间越短，当含沙量不大于 3.0kg/m³ 时，引水渠虽然有泥沙淤积，但是达到淤积平衡后仍然能够保障满发流量进入发电系统，当含沙量不大于 3.0kg/m³ 时，就有可能导致发电引水流量不足。含沙量越大，淤积平衡时引水渠的淤积量越大。

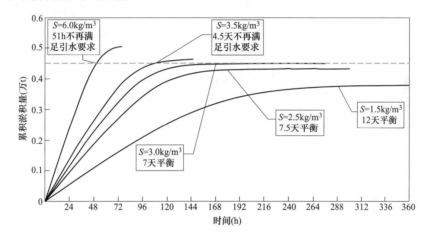

图 3　含沙量引水渠淤积量的关系（图中虚线为能够满足引水流量的最大淤积量）

2.2 取水防沙措施

2.2.1 水库排沙指标及时机

当水库达到淤积平衡后，且淤积平衡后坝前水深不足 3m，泥沙容易进入引水渠。根据数学模型计算结果，当上马相迪 A 水电站坝前淤积接近 900m 时，水库需要考虑排沙。尤其是当入库水流含沙量大于 3kg/m³ 时，水库可以选择适当的时机停机避沙，避免泥沙淤积导致引水渠过流能力不足影响后续发电效率。停机避沙可以与水库排沙同期开展，通过数学模型计算发现，上马相迪 A 水库的排沙比与来沙系数关系较为密切，如图 4 所示。水库的排沙比与来沙系数成反比，当来沙系数小于 0.01kg·s/m⁶ 时库区排沙比约为 100%，即这种水沙条件下库区基本冲淤平衡，当水库来沙系数小于这一临界值时，水库冲刷效率较高。因此，水库在汛期停机避沙时尽量选择流量较大、来沙系数较低的时段开展排沙。汛末一般流量较大，含沙量较低，来沙系数不大，是开展排沙的有利时机。

模型预测结果表明，采用敞泄排沙的方式，当流量大于 100m³/s，且来沙系数小于 0.006kg·s/m⁶ 时，水库排沙效率较高，6h 以后水库排沙比基本稳定在 1 左右，通过排沙可以减少水库淤积泥沙约为 18 万 t，坝前可以冲刷恢复到淤积前河底高程，如图 5 所示。水库实际排沙效果显示，水库单次排沙能够减少水库淤积泥沙约 13 万 m³，拉沙的影响范围主要集中在坝上游 600m 范围内，按照干容重 1.3t/m³ 估算，通过排沙清除的泥沙质量约为 17 万 t，坝前深泓点高程基本恢复到淤积前河底高程，且排沙后坝前剩余淤积泥沙的厚度与排沙时河道的来沙系数成正比（如图 6 所示），实际排沙效果与数学模型预测结果基本一致。通过排沙恢复库容，能够使部分泥沙沉降在水库中，尤其是含沙量较大时，水库沉沙效果更明显，实测结果表明，排沙后进入引水渠的平均含沙量比排沙前降低了约 10%，如图 7 所示。

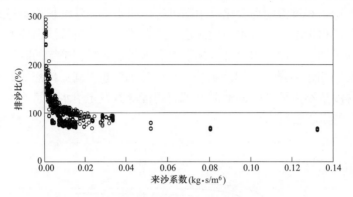

图 4　排沙比与来沙系数的关系

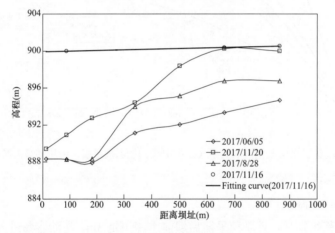

图 5　排沙前后纵剖面变化

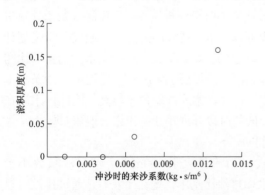

图 6　排沙后闸前淤积厚度与来沙系数的关系

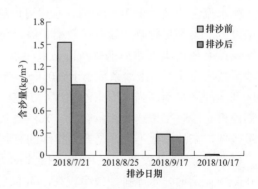

图 7　排沙前后含沙量变化

2.2.2　引水渠排沙

在水电站停机避峰期间，水库降低水位排沙，此时引水渠也通过水力冲刷进行排沙。上马相迪 A 水电站引水渠冲刷充分利用了发电引水暗涵中的水量，在电站停机后关闭暗涵与引水渠之间的闸门，其他闸门全部打开，随着库区水位降低，引水渠中的水流将通过引水口闸门和排沙漏斗排向河道。待引水渠中水流排出之后，打开暗涵进水口闸门，利用暗涵中水流与渠底高程的落差，冲刷引水渠靠近暗涵一侧的淤积泥沙，这一过程中水流方向与水电站引水方向相反，称为反向冲刷［如图 8（a）所示］。反向冲刷结束后，关闭引水渠进水口和暗涵闸门，待库区蓄水高程高于引水渠底部高程 0.3m 时，打开引水渠闸门，利用库区水流冲刷引水渠上段的淤积泥沙，这一过程称为正向冲刷［如图 8（b）所示］。实践证明，通过正反向冲刷可以基本清除引水渠淤积泥沙。

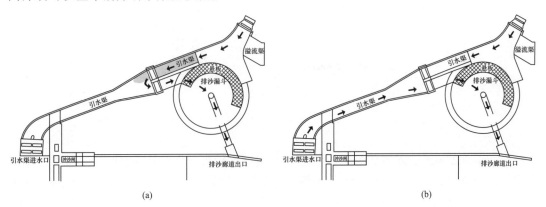

图 8　引水渠冲刷示意图

（a）反向冲刷；（b）正向冲刷

2.2.3　排沙漏斗排沙效率

排沙漏斗是一种投资和运行成本都比较低的沉沙设施。上马相迪 A 水电站采用的排沙漏斗是原八一农业学院（现为新疆农业大学）研发的[13]，排沙漏斗最大的优点在于可以持续排沙，且排沙耗水率低，排除同样体积泥沙的条件下其耗水率远低于其他类型的沉沙池，较适用于干旱缺水地区，20 世纪 80 年代以来在新疆应用较多，对推移质来量较大的河流排沙效率较高，综合排沙效率可达 80% 以上[14]。

由于排沙漏斗在工程中应用较少，电站运行后对排沙漏斗排沙效果进行了观测，记录了引水渠入口、排沙漏斗出口和发电引水暗涵进口三个关键节点上的含沙量变化过程，如图 9 所示。实测平均引水渠渠首含沙量为 0.89kg/m³，排沙漏斗排水平均含沙量为 3.01kg/m³，发电引水暗涵入口平均含沙量为 0.70kg/m³。虽然排沙漏斗排水含沙量增幅较大，但其平均耗水率仅为 3.83%，从漏斗排出的泥沙量占来沙量的比例不高，发电引水暗涵进口的含沙量比引水渠渠首的含沙量减少 21.3%。按照排沙漏斗综合排沙效率的定义[15]

$$E_t = \left(1 - \frac{Q_s}{Q'_s}\right) \qquad (2)$$

式中　E_t——综合排沙效率；

　　　Q'_s——排沙漏斗入口输沙率，kg/s；

　　　Q_s——发电引水暗涵入口输沙率，kg/s。

根据式（2）计算得到上马相迪 A 水电站排沙漏斗的综合排沙效率为 24.0%，排沙效率显著低于新疆地区。这主要是因为通过水库排沙避免了推移质进入引水渠和排沙漏斗，实测引水渠中值粒径为 0.02～0.125mm，汛期进入引水渠的泥沙粒径较粗，最大粒径约为 1mm。

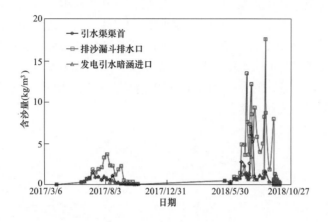

图 9　实测含沙量过程

粒径大于 0.25mm 的泥沙会对上马相迪 A 水电站水轮机产生明显的磨蚀，如何避免有害粒径进入水轮机更为关键。表 1 所示为实测的分组泥沙去除率。上马相迪 A 水电站的排沙漏斗基本无法排除 0.1mm 以下的泥沙颗粒，当粒径大于 0.1mm 后泥沙去除效率大幅提高，且泥沙去除率与泥沙粒径成正比。排沙漏斗内水流流态复杂，很难准确模拟漏斗中的泥沙输移过程，缺少快速准确计算分组泥沙的去除率的方法。本文基于非均匀不平衡输沙理论得到了不同粒径组泥沙排除率的计算方法

$$E_k = \left(1 - \frac{C_* \beta_{*k}}{C_s P_k} \right) \tag{3}$$

式中　E_k——分组水流排除率；
　　　C_*——水流挟沙力，kg/m^3；
　　　β_{*k}——挟沙力级配；
　　　C_s——悬移质含沙量，kg/m^3；
　　　P_k——分组悬移质泥沙占比。

各参数和变量的计算方法参见文献 [11]。由式（3）计算得到 E_k 大于 0 时，即为分组泥沙理论去除率。以上马相迪 A 水电站实测典型泥沙级配为例，由式（3）计算得到的分组泥沙去除率如图 10 所示。由理论公式得到的分组泥沙去除率总体上与泥沙粒径成正比，泥沙粒径越大其通过排沙漏斗后减少的幅度越大。由图 10 还可以看到，排沙漏斗的泥沙排除率还与来流的含沙量成正比，来流含沙量越大，分组泥沙排除率也越高。当来流含沙量小于 $3kg/m^3$ 时，小于 0.25mm 的泥沙排除率基本为 0，而当来流含沙量增大到 $10kg/m^3$ 时，0.25mm 粒径的泥沙的排除率约为 60%。由此可见，排沙漏斗的高效排沙区间为粗沙且含沙量较大。不同区域由于泥沙级配、含沙量等因素差别较大时，相同的排沙漏斗的排沙效率会存在明显差异，这也是上马相迪 A 水电站与喀什一级电站虽然排沙漏斗形态接近，但是排沙效率却差别巨大的根本原因。

表 1 实测分组含沙量去除率

粒径 (mm)	0.001～0.002	0.002～0.005	0.005～0.01	0.01～0.02	0.02～0.05	0.05～0.1	0.1～0.25	0.25～0.5	>0.5
去除率 (%)	4.40	4.83	4.21	3.10	2.93	7.3	28.1	38.1	53.0

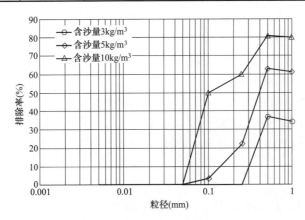

图 10 分组排沙率与含沙量的关系

3 结语

（1）上马相迪 A 水电站泥沙数学模型计算结果与实际运行结果符合良好，为电站取水防沙提供了可靠的依据。

（2）水沙条件上对水库排沙效率影响较大，及时开展水库排沙能够减少进入引水渠的悬移质含沙量，避免推移质进入引水渠。

（3）避沙停机与水库和引水渠排沙可以同步进行，合理利用水流能量能在短时间内清除淤积的泥沙。

（4）提出了排沙漏斗分组排沙效率计算方法，从理论上明确了排沙漏斗适用的水沙条件，揭示了上马相迪 A 水电站排沙漏斗排沙效率不高的原因。

参考文献

［1］谢金明，吴保生，刘孝盈. 水库泥沙淤积管理综述 ［J］. 泥沙研究，2013（3）：71-80.

［2］Thapa B S, Dahlhaug O G, Thapa B. Sediment erosion in hydro turbines and its effect on the flow around guide vanes of Francis turbine ［J］. Renewable & Sustainable Energy Reviews，2015，49：1100-1113.

［3］Sangal S, Singhal M K, Saini R P. Hydro-abrasive erosion in hydro turbines: a review［J］. International Journal of Green Energy，2018：1-22.

［4］Morris G L, Fan Jiahua. Reservoir sedimentation handbook: design and management of dams, reservoirs, and watersheds for sustainable use ［M］. New York：McGraw-Hill，1998.

［5］韩其为，杨小庆. 我国水库泥沙淤积研究综述 ［J］. 中国水利水电科学研究院学报，2003，1（3）：169-178.

［6］Wang Zhaoyin, Hu Chunhong. Strategies for managing reservoir sedimentation ［J］. International journal of sediment research，2009，24（4）：369-384.

［7］胡春宏. 从三门峡到三峡我国工程泥沙学科的发展与思考［J］. 泥沙研究，2019（2）：1-10.

［8］夏元明，孟广注. 云南中、小型水电站取水防沙问题探讨［J］. 云南水力发电，1993（4）：48-50.

［9］Lewin J. British River［M］. London：George Allen and Unwin，1981，216.

［10］Dou Shentang，Wang Dangwei， Yu Minghui，et al. Numerical simulation of levee breach by overtopping in a flume with 180° bend［J］. Natural Hazards & Earth System Sciences Discussions，2013，1（4）：3935-3965.

［11］Wang，Dangwei，Chen，Jianguo，Fu，Xudong. Quantification of Flow Resistance in Mountain Rivers Based on Resistance Partitioning［C］// 35th World Congress of the International-Association-for-Hydro-Environment-Engineering-and-Research，2013，Chengdu，China：10339-10345.

［12］王党伟，鲁文. 漫堤水沙运动过程及模拟技术［M］. 北京：中国水利水电出版社，2019.

［13］周著. 强螺旋流排砂漏斗简介［J］. 新疆农业大学学报，1987（1）：97-98.

［14］邓宏荣. 喀什一级电站排沙漏斗工程悬移质泥沙水文测验与分析［J］. 四川水利，2015，36（4）：51-54.

［15］李琳，牧振伟，周著. 排沙漏斗截沙率计算［J］. 水利水电科技进展，2007，27（4）：50-54.

作者简介

王党伟（1982—），男，正高级工程师，主要从事河流水沙运动基本理论及数值模拟工作。E-mail：wangdw17@126.com

邓安军（1976—），男，正高级工程师，主要从事工程泥沙和河工模型试验工作。E-mail：dengaj@iwhr.com

史红玲（1973—），女，正高级工程师，主要从事河流水沙运动基本理论研究工作。E-mail：shihl@iwhr.com

金　勇（1975—），男，高级工程师，主要从事水库调度工作。E-mail：602596988@qq.com

ArcGIS 在河湖水域"一河（湖）一策"和岸线保护利用规划制图中的应用

张枝枝

（中国电建集团西北勘测设计研究院有限公司，陕西省西安市 710100）

[摘 要] 为实现数据信息"一张图"，ArcGIS 软件在河湖水域"一河（湖）一策"和岸线保护利用规划制图中的应用尤为重要。首先，可以将实施方案的河流信息精准地落在图面上，从而更直观地掌握河湖现状，便于管理河湖存在的问题，针对性地实施河（湖）长制；其次，在河湖管理制度落实基础上，划定河湖岸线管理范围线及各功能区，实现发展利用与生态环境和谐发展。

[关键词] "一河（湖）一策"；岸线保护利用规划；ArcGIS

0 引言

全面推行河长制是我国为加强河湖管理保护做出的重大决策部署，是加强中国河湖管理保护、维护河湖健康生命的重要举措[1]。综合考虑社会经济发展和生态环境保护，提出年度任务和对策措施，并严格划定岸线保护区、保留区、控制利用区和开发利用区[2]，完成"一河（湖）一策"方案和岸线保护与利用规划报告成果，为河湖岸线管理保护工作提供依据，全面推动河长制从"有名"向"有实""有能"转变。成果附图中需要借助 ArcGIS 绘制，更直观地显示地势、河流、现状工程、功能区划等内容，实现数据信息"一张图"化。

当前，"一河（湖）一策"方案大部分都是以报告的形式表达的，但"千言万语不如一张图"[3]。岸线保护与利用规划成果附图中着重强调功能区的划分，对其他要素未明确规定。本文以河湖水域"一河（湖）一策"方案和岸线保护与利用规划报告成果为依据，以地图制图学为理论支撑，以 GIS 技术作为实现方法，根据专题地图要素表达要求，完成成果附图，并总结绘制成果附图的具体流程，使规划图件的生成流程化、体系化，更高效地完成并清晰明了地展现成果内容。

1 图件成果内容

1.1 "一河（湖）一策"方案图件

河湖水域"一河（湖）一策"方案成果由文本报告、附表及附图三部分组成，其中附图包括河湖行政区划图、河湖水系分布图、河湖地形图、河湖涉河建筑物图、河湖涉河水文站点分布图、水功能区划图等。对于"一河（湖）一策"方案附图没有强制性规定，其主要为了更形象地体现河长制管理区域沿河现状情况，针对性地分析河流沿岸存在问题，制定合理目标和任务，并提出相对应措施，保障河（湖）长制的落实。

1.2 岸线保护与利用规划图件

河湖水域岸线保护与利用规划成果由文本报告和附图图集两部分组成，其中附图图集包括河湖水系分布及规划范围示意图、河道形势图、岸线功能区分区规划图等。河湖水域岸线保护与利用规划成果附图以水利普查、数据采集或地形图等空间数据为底图，以河湖水系、涉水工程设施、自然保护区、生态敏感红线、岸线及其功能区为图层，构建河湖岸线信息聚集平台，可形成方便且直观的水利河湖岸线"一张图"，为河湖水利行政管理及设计提供信息化支撑[4]。

2 图件编制

编制"一河（湖）一策"方案和岸线保护与利用规划报告成果附图主要借助于 ArcGIS 软件完成，展现了 ArcGIS 软件对地理数据进行加工、处理、编辑、显示及管理的强大功能[5]。根据图件编绘内容，在 ArcGIS 软件中的绘图流程如图 1 所示。ArcGIS 软件平台主要由 ArcMap、ArcToolbox 及 ArcCatalog 等组成。本文所述的绘图流程中，图层要素数据管理由 ArcCatalog 完成，数据空间处理由 ArcToolbox 完成，图幅整饰及成果输出由 ArcMap 完成，通过这三个应用的协调工作完成成果图件的编绘。

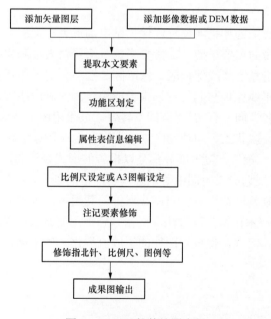

图 1 ArcGIS 软件绘图流程

2.1 数据管理

图层要素数据管理由 ArcCatalog 完成。在 ArcCatalog 界面建立一个地理数据库（*.mdb 或*.gdb），可以在地理数据库中新建要素，也可将已处理的要素导入地理数据库中。通过数据库管理数据可以避免因要素图层位置改变导致工程文件出错。例如，绘制河湖水系分布图时，需要在图面上呈现行政驻地、行政界线、水系（线状）、河流（面状）等要素，通过鼠标右键单击命名为"河湖水系分布图.mdb"的地理数据库，并执行 New/Feature Class 或 Import/Feature Class（Multiple）命令，完成河湖水系分布图的数据管理（如图 2 所示）。

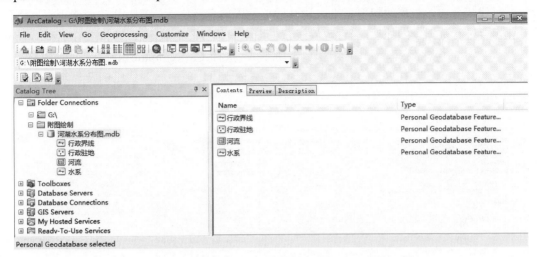

图 2　在 ArcCatalog 中"河湖水系分布图.mdb"的数据管理结果

2.2　数据空间处理

2.2.1　点状地理要素

河湖水域"一河（湖）一策"成果附图中的点状地理要素包括行政驻地、桥梁、排污口、取水口等，岸线保护与利用规划中涉及的点状地理要素除以上内容外，还有水文站点、水库等重要敏感要素点。例如，在 ArcToolbox 中对行政界面要素执行 Data Management Tools/Features/ Feature to Point 命令（如图 3 所示），需勾选 Inside（optional），得到的行政驻地点要素在行政界线范围内；通过前期基础资料收集来的坐标（X 值和 Y 值）来确定点要素的地理空间位置，如排污口、取水口等；还可以根据遥感影像，判断识别各种点状地理要素，从而矢量化数据要素。

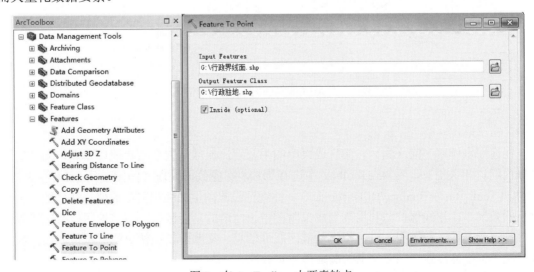

图 3　在 ArcToolbox 中要素转点

2.2.2 线状地理要素

河湖水域"一河（湖）一策"成果附图中的线状地理要素有行政界线、水系，岸线保护与利用规划成果附图中还涉及临水边界线、外缘边界线、生态红线等地理要素。这些地理要素主要呈线状分布，采用线状要素来表达其地理位置信息及属性信息。线状要素根据比例尺的变化需要进行数据空间处理，当行政界线在主图幅的位置图上显示表达时，要在 ArcToolbox 中进行线要素的简化处理（如图 4 和图 5 所示），执行 Cartographic Tools/Generalization/Smooth Line 命令，其中 Smoothing Tolerance 是必填项，可根据图式比例及显示效果调整设置。

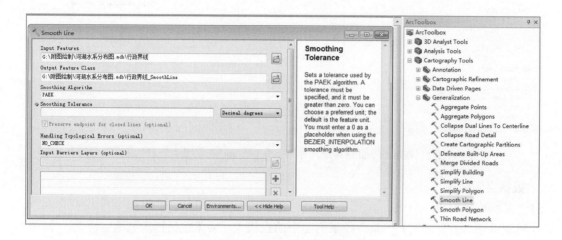

图 4 在 ArcToolbox 中圆滑线要素

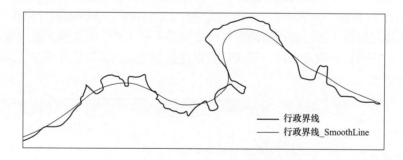

图 5 在 ArcToolbox 中圆滑线要素结果

2.2.3 面状地理要素

在河湖水域"一河（湖）一策"成果附图中，河流流域范围呈面状地理要素，为了突出流域内河流相关信息，在 ArcToolbox 中进行 DEM 影像数据处理（如图 6 所示），执行 3D Analyst Tools/Raster Suaface/Hillshade 命令，并通过设置图层属性相关参数值，达到图面美观醒目的效果；在岸线保护与利用规划成果附图中，河道的功能区、自然保护区核心区等以面状地理要素表达，在图面上赋予不同功能区属性信息，文字配以图件更能形象地表述岸线规划情况，可以提高整个图面信息的准确性和实效性。

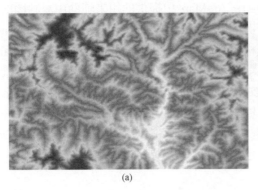 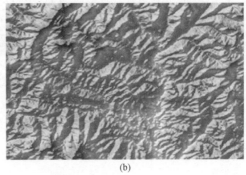

（a） （b）

图 6 在 ArcToolbox 中进行 DEM 影像数据处理

（a）DEM 效果图；（b）处理后 DEM 山体效果图

2.3 图幅整饰

一幅完整的成果图包括图名、图框、图层要素、注记、图例、指北针、比例尺等。根据制图目的、图幅比例尺，图面上所要表达的要素内容不同。

在河湖水域"一河（湖）一策"和岸线保护与利用规划成果附图中，在 ArcMap 的布局视图（Layout View）下设置出图图幅相关参数：图幅大小选 A3 图幅（如图 7 所示），横纵向表示效果根据河流流向确定，一般优先选择横向（Landscape）出图效果，为使用者翻阅提供方便。

在 ArcMap 的布局视图（Layout View）下，加载数据库中的图层要素，按照《水利空间要素图式与表达规范》要求匹配相对应的符号样式，同时生成适用于"一河（湖）一策"和岸线保护与利用规划成果图件的符号库（.style），以便于后期其他河流制图。《河湖岸线保护与利用规划编制指南（试行）》中，明确规定各功能区的颜色，红色区域表示岸线保护区，紫色区域表示岸线保留区，黄色区域表示岸线控制利用区，绿色区域表示岸线开发利用区。新建的符号库中，设置红、

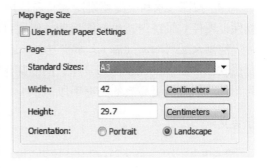

图 7 在 ArcMap 中设置出图图幅相关参数

紫、黄、绿的 RGB 值分别是（255，0，0）、（150，0，200）、（255，255，0）、（0，255，0）。图面上的文字注记的大小、颜色、形式反映着地图内容的位置属性及重要程度，也要参考《水利空间要素图式与表达规范》的表达要求，同时结合图面比例尺调整，使图面上文字注记既能清晰表示又美观整齐。最后，插入图名、图例、指南针、比例尺等要素。图名要反映出一幅地图所要表达的中心内容，位于图框外正上方居中。图例放置在图幅的右下侧区域，指南针、比例尺放置在图幅的左上角或右上角区域，随主图显示区域而调整，这些要素在不影响主图的情况下可合理调整布局。

2.4 成果图输出

在 ArcMap 的布局视图（Layout View）下完成图件编制，执行 File/Export Map…命令，设置出图参数，输出成果图。对于岸线保护与利用规划附图中岸线功能分区规划图分幅图的批

量出图，用传统的出图方式较烦琐费时，可以应用 ArcMap 中提供的用来辅助用户制图的工具：数据驱动页面（Data Driven Pages）[6]，右键单击菜单栏空白处，勾选 Data Driven Pages 工具，打开 Set Up Data Driven Pages 窗口，设置相关参数。首先在 Definition 界面，勾选 Enable Data Driven Pages，设置名称字段和排序字段，默认正序；其次在 Extent 界面，设置图幅最适显示比例。在 Data Driven Pages 工具栏上，添加需要的 Page Text，运行驱动可以动态显示每幅分幅图内容。执行 File/Export Map…命令，设置出图参数，保存类型选 PDF，输出页面选全部，即可一次性地导出该河湖岸线功能分区规划图的全部分幅图。但使用数据驱动页面（Data Driven Pages）工具前，需要制作好出图模版，包括图幅大小、横纵向、图例、比例尺、指北针等要素。

3 结语

本文结合实际生产工作中遇到的制图问题，介绍了河湖水域"一河（湖）一策"方案和岸线保护与利用规划成果附图在 ArcGIS 软件的制作流程，通过对地图制图的关键技术进行深入性分析，突出地理信息空间数据技术的应用价值，提高数据处理的效率。总结如下：

（1）根据制图目的，明确图件要表达的内容，确定要提取的空间数据信息，准确清晰地表达河湖岸线的现状情况及规划理念。

（2）应用 ArcGIS 的数据空间处理、数据管理功能，将各图层数据入库存储和管理，便于数据更新和维护，并保证数据的完整性和准确性。

（3）按照《水利空间要素图式与表达规范》要求建立对应的符号库（.style）和出图模版，既保证图件效果统一，也方便后期类似项目的操作。

河湖水域"一河（湖）一策"方案和岸线保护与利用规划成果附图绘制还可以应用其他制图软件，如 MapGIS 在符号库、图框制作方面有优势[7]，等等。通过不同软件互补共用，为图件绘制提供更高效的处理手段。

参考文献

[1] 中共中央办公厅，国务院办公厅. 中共中央办公厅，国务院办公厅印发《关于全面推行河长制的意见》（厅字〔2016〕42 号）[Z]. 2016.

[2] 水利部. 河湖岸线保护与利用规划编制指南（试行）[Z]. 2019.

[3] 杨雨辰. 研究生创新基金管理系统的设计与实现 [D]. 长春：吉林大学，2014.

[4] 姜楠. ArcMap 在河湖水域岸线保护利用规划中的应用 [J]. 黑龙江水利科技，2021（6）：148-149.

[5] 李茂林. ArcGIS 在地图制图中的应用 [J]. 价值工程，2021（9）：213-214.

[6] 侯辉娇子. 基于 ArcGIS 的村庄地图快速批量制作方法研究 [J]. 测绘与空间地理信息，2018，41（1）：149-150，155.

[7] 蒙琳，张衍毓. ArcGIS 与 MapGIS 在土地利用规划制图中的比较 [J]. 中国土地科学，2012，26（4）：42-46.

作者简介

张枝枝（1991—），女，硕士，主要从事水利水电工程勘查设计与规划工作。E-mail：704971474@qq.com

万花溪水库工程溢洪道防空蚀研究

杨卫甲[1]　岳朝俊[2]　段　寅[2]　张　超[2]

（1．大理白族自治州水利水电勘测设计研究院，云南省大理市　671014；
2．长江勘测规划设计研究有限责任公司，湖北省武汉市　430010）

[摘　要]祥云县万花溪水库工程是以农业灌溉供水为主的中型工程，总库容为 1254.9 万 m^3，主要泄水建筑物为布置在主坝左岸的溢洪道。溢洪道在下泄洪水时，产生的高速水流易产生空化空蚀。为了防止溢洪道可能出现的空蚀破坏，本文通过数值计算和水工模型试验对溢洪道进行研究分析，对原方案是否出现空蚀进行判别，在此基础上提出针对性的处理措施，并通过模型试验对处理效果加以验证，为类似工程设计提供借鉴和参考。

[关键词]万花溪水库；溢洪道；防空蚀；数值计算；模型试验

0　引言

万花溪水库工程地处祥云县米甸镇境内楚场河左岸支流金旦河（渔泡江二级支流）下游河段，属金沙江流域。水库死水位 2023.4m，正常蓄水位 2041.83m，兴利库容为 851.0 万 m^3，总库容为 1254.9 万 m^3，年供水量为 1109.8 万 m^3，设计灌溉面积为 2.4065 万亩。水库为Ⅲ等中型工程，设计洪水标准为 50 年一遇，校核洪水标准为 1000 年一遇，消能防冲洪水标准为 30 年一遇。

万花溪水库工程溢洪道布设于主坝左岸坡，为河岸式有闸控制溢洪道，堰顶高程为 2038.33m，轴线方位 134°38′04″，呈直线布置。

溢洪道在开闸泄水时，出现的最大流速超过 20m/s，根据一般工程经验，此时经过溢洪道的高速水流可能引起局部空化空蚀，导致溢洪道遭受破坏，影响安全运行。本文通过数值计算与水工模型试验，研究分析溢洪道在高速水流条件下是否会产生空蚀，可能产生的位置以及消除空蚀现象的措施。

1　溢洪道布置及运行工况

1.1　溢洪道布置

万花溪水库工程溢洪道全长 219.60m，由进口引渠段、控制段、泄槽段、挑流鼻坎段、出口挡墙段组成，具体如图 1 所示。

（1）进水渠段。溢洪道里程 SY0-035.20～SY0+000.00 段为进水渠段，位于主坝左岸坡。进口段平面布置为"八"字形喇叭口渐变段，采用 C20 埋石混凝土浇筑，边墙及底板采用分离式结构。

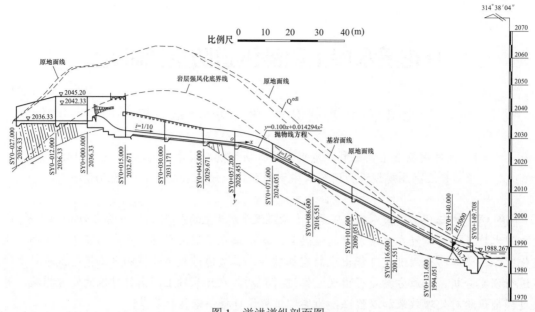

图 1　溢洪道纵剖面图

（2）控制段。控制段位于溢洪道轴线里程 SY0+000.00～SY0+015.00 段，水平长 15.0m，堰顶高程为 2038.33m，堰型为 WES 双圆弧曲线形实用堰，净宽 6.0m，单孔布置。

（3）泄槽段。溢洪道里程 SY0+015.00～SY0+140.00 段为泄槽段，长 125.0m，断面型式为矩形，采用 C35 钢筋混凝土衬砌，底宽 6.0m，底坡由 $i=1/10$ 逐步渐变为 $i=1/2$，底部设 $b \times h=0.8m \times 0.4m$ 的砂、碎石排水盲沟，侧墙顶部设栏杆。

（4）挑流鼻坎段。SY0+140.00～SY0+149.708 段，长 9.708m，底宽 6.0m，边墙净高为 3.2m，采用 C35 钢筋混凝土衬砌，溢洪道的消能方式采用挑流消能，将水流挑至下游河道，挑流鼻坎末端高程为 1988.267m，反弧半径 $R=15.0m$，挑射角 $\varphi=0°$。

（5）出口挡墙段。SY0+149.708～SY0+184.40 段，为左岸出口挡墙段，轴线长 34.692，斜长 31.0m，挡墙采用衡重式挡墙结构，衡重式挡墙总高度为 6.0m，墙顶宽 0.6m，挡墙临水面铅垂。

1.2　运行工况

考虑水库调蓄作用，溢洪道在运行过程中出现的主要工况见表 1。

表 1　　　　　　　　　　　　　　溢 洪 道 运 行 工 况 表

工况	洪水频率 P（%）	库水位（m）	下泄流量	备注
1	5	2041.83	78.5	正常蓄水位
2	3.33	2042.69	108.7	消能防冲洪水位
3	2	2043.00	120.7	设计洪水位
4	0.1	2044.60	187.7	校核洪水位

2　数值计算

SL 253—2018《溢洪道设计规范》附录 A.7 防水流空蚀设计的相关要求如下。

判别发生空化与否应按以下标准：

（1）$\sigma \geqslant \sigma_i$，不发生空化水流，不会产生空蚀；

（2）$\sigma \leqslant \sigma_i$，发生空化水流，可能发生空蚀。

式中　σ——水流空化数；

　　　σ_i——初生空化数。

其中水流空化数 σ 可按式（1）计算

$$\sigma = \frac{h_0 + h_a - h_v}{v_0^2 / 2g} \qquad (1)$$

$$h_a = 10.33 - \frac{\nabla}{900} \qquad (2)$$

式中　h_0——来流参考断面时均压力水头，m；

　　　v_0——来流参考断面平均流速，m/s；

　　　h_a——建筑物所在地区的大气压力水柱，m；

　　　∇——当地的海拔高度，m；

　　　h_v——水的汽化压力水柱，m，与水温度有关。

溢洪道各部分的初生空化数 σ_i 与所在部位和体型有关，其中泄槽段初生空化数 σ_i 与泄槽的不平整度关系很大，不平整度越大初生空化数越小，发生空蚀的可能性也就越大。

由于在工况 4 校核洪水位时，溢洪道流速最大，所以采用该工况下溢洪道下泄流量进行空蚀计算。经计算，可能发生空蚀部位的空化数及初生空化数结果见表 2。

表 2　　　　　　　　　　　　　　溢洪道水流空蚀计算成果表

部位	里程（km+m）	初生空化数 σ_i	水流空化数 σ	断面时均压力水头 h_0（m）	汽化压力水柱高 h_v（m）	断面平均流速 v_0（m/s）	大气压力水柱高 h_a（m）
闸墩墩头	0+000.00	1.15	24.089	7.3	0.24	3.51	8.066
闸门槽	0+003.114	0.70	9.450	5.3	0.24	5.22	8.064
堰面变坡	0+007.614	0.80	1.165	3.2	0.24	13.63	8.067
泄槽陡坡	0+116.141	0.32	0.288	1.255	0.24	24.919	8.103
泄槽陡坡	0+131.60	0.32	0.253	1.181	0.24	26.486	8.114
挑流鼻坎	0+147.708	0.30	0.229	1.127	0.24	27.75	8.121

由以上计算成果可知，在泄槽陡坡段（底坡 $i=1/2$）及挑流鼻坎段 $\sigma < \sigma_i$，出现空化水流，可能发生空蚀，需要采取一定的工程措施预防空蚀现象的发生。

3　模型试验

在数值计算的基础上，为进一步研究分析万花溪水库溢洪道在高速水流条件下的空蚀现象，还开展了水工模型试验研究，模型试验的具体工况与运行工况一致，具体见表 1。

3.1　模型设计与制作

模型上、下游长度应保证建筑物相应位置上、下游流态的相似性，模拟范围确定为上游模拟至溢洪道引水渠起始桩号以上至少 80m，下游的长度应保证溢洪道挑流消能工下游河道弯道之后 50m，以满足冲坑下游流态的相似性。

模型宽度范围为上游库区宽度左岸 70m、右岸 50m、高程 2050m 内的地形范围，下游宽度为高程 2010m 内河道地形范围。

根据万花溪水库工程溢洪道布置和运行特性，试验模型采用正态模型，按重力相似准则设计，并满足阻力相似要求。模型几何比尺 λ_L=30，流速比尺 $\lambda_v=\lambda_L^{0.5}$=5.477，流量比尺 $\lambda_Q=\lambda_L^{2.5}$=4929.5。糙率比尺 $\lambda_n=\lambda_L^{1/6}$=1.763，由于溢洪道混凝土糙率取 n=0.015，对应的水工模型溢洪道的糙率为 0.0085，而有机玻璃的糙率 n=0.008~0.010，故采用有机玻璃材料制作模型。

3.2 流速及时均动水压强

各试验工况下水库水面平稳，控制段、泄槽段及其抛物线连接段、挑流鼻坎段水流流态正常，在泄槽陡坡段和挑流鼻坎段流速最大，具体见表 3。工况 1 泄槽陡坡段水流形态如图 2 所示。

表 3 各种工况下水流速度

工况	部位	流速（m/s）
1	泄槽陡坡 0+071.600~0+140.000	17.86~23.56
	挑流鼻坎段	23.12~23.48
2	泄槽陡坡 0+071.600~0+140.000	17.75~26.45
	挑流鼻坎段	23.77~24.92
3	泄槽陡坡 0+071.600~0+140.000	17.36~25.91
	挑流鼻坎段	25.03~26.73
4	泄槽陡坡 0+071.600~0+140.000	17.80~26.45
	挑流鼻坎段	25.96~26.56

图 2 工况 1 泄槽陡坡段水流形态

根据水力学原理，空化发生的条件为 $p \leq p_v$，其中 p 为水流中某点的瞬时压强，p_v 为水的蒸汽压强，两者均采用压力水柱高度表示，以试验时水温 20℃计，p_v=0.24m。

模型沿轴线共布置 30 个测压孔。在各种工况下，除泄槽陡坡段及挑流鼻坎段外，其他部位实测均未出现负压，且均大于 0.24m，时均动水压强值正常，分布合理。泄槽陡坡段（12 个测压孔）及挑流鼻坎段（3 个测压孔）时均动水压强见表 4、表 5。

表 4 泄槽陡坡段（0+071.600～0+140.000）段实测时均动水压强

测压孔号	$P_测$（m）			
	工况 1	工况 2	工况 3	工况 4
Y16	1.04	1.46	1.45	1.28
Y17	1.26	1.53	1.59	1.35
Y18	1.12	1.26	1.47	1.42
Y19	0.93	0.93	1.32	1.56
Y20	0.67	1.04	1.41	1.39
Y21	0.48	1.20	1.53	1.32
Y22	0.54	0.90	1.02	1.35
Y23	0.72	1.12	0.90	1.47
Y24	1.11	1.17	1.29	1.59
Y25	—	1.11	0.75	0.84
Y26	1.44	1.50	1.26	2.01
Y27	0.62	0.80	0.89	1.16

注 "—"表示时均动水压强为负值。

表 5 挑流鼻坎段实测时均动水压强

测压孔号	$P_测$（m）			
	工况 1	工况 2	工况 3	工况 4
Y28	—	0.91	2.89	4.72
Y29	1.12	2.71	3.25	5.98
Y30	1.47	2.19	3.15	5.25

注 "—"表示时均动水压强为负值。

由表 4、表 5 可知，在工况 1 条件下，时均动水压强分别在泄槽陡坡段（0+071.600～0+140.000）Y25 处（0+125.266）、挑流鼻坎段 Y28 处（0+141.374）出现负值，其他部位均未出现负值，且均大于 0.24m，时均动水压强值正常，分布基本合理。在其他工况下，泄槽陡坡段（0+071.600～0+140.000）及挑流鼻坎段也未出现负值，且均大于 0.24m，时均动水压强值正常，分布基本合理。发生空蚀的部位主要是 Y25 处和 Y28 处，也就是泄槽陡坡段和挑流鼻坎段。

3.3 水流空化数

溢洪道可能出现空化水流的位置为泄槽陡坡段和挑流鼻坎段，该段水流流速较大，动水压强较低。根据实测流速及动水压强计算该区域不同断面的水流空化数 σ，具体结果见表 6。在 SL 253—2018《溢洪道设计规范》4.7.1 条中要求水流空化数 $\sigma \leqslant 0.3$ 的部位应进行防空蚀设计，将表 6 中的结果与该条要求做对比，以判断是否会出现空化水流，是否需要进行防空蚀设计。

表 6 泄槽陡坡段、挑流鼻坎段水流空化数

测压孔号	水流空化数 σ			
	工况 1	工况 2	工况 3	工况 4
Y24	0.381	0.366	0.324	0.305
Y25	0.287（—）	0.252	0.256	0.268
Y26	0.333	0.279	0.326	0.277
Y27	0.300	0.311	0.256	0.280
Y28	0.293（—）	0.278	0.337	0.350
Y29	0.320	0.366	0.313	0.389
Y30	0.337	0.350	0.303	0.382

注 "—"表示时均动水压强为负值。

由表 6 可知，在测压孔 Y25 处，在工况 1、工况 2、工况 3 和工况 4 条件下，泄槽陡坡段水流空化数最小值分别为 0.287、0.252、0.256 和 0.268，均小于 0.30，综合时均动水压强的分析结果，泄槽陡坡段 Y25 处（0+125.266）为发生空蚀可能性最大的位置。而 Y26（0+130.632）、Y27（0+135.999）、Y28（0+141.374）三处测压孔在工况 1～工况 4 条件下，也会有水流空化数小于 0.30 的情况出现，所以泄槽陡坡段和挑流鼻坎段需要采取措施防止空化空蚀。

4 工程措施及效果分析

数值计算结果表明，在泄槽陡坡及挑流鼻坎段均可能发生空蚀。在水工模型试验中，下泄常遇洪水时，泄槽陡坡段及挑流鼻坎段流速较高，达 20m/s 级，局部出现了负压，同时空化数小于 0.30，具有产生水流空化气蚀的条件。数值计算及模型试验均表明泄槽陡坡段及挑流鼻坎段可能发生空蚀，为解决可能出现的空蚀问题，根据工程经验并结合溢洪道体型，选择在泄槽陡坡段上部（空化空蚀部位以上）设置掺气坎。

4.1 工程措施

根据 SL 253—2018《溢洪道设计规范》要求，掺气坎应布置在易于发生空蚀部位的上游，设置后应确保泄槽流态良好、坎后水流掺气充分、掺气空腔形态合理稳定，同时对水流流态无明显不利影响，水流边壁、挑坎空腔内部出现过大的负压。在规范要求的基础上，经模型试验研究，最终确定在泄槽陡坡段起始段（桩号 0+087.700～0+090.38）3 设置高度为 0.3m 的掺气坎解决空化空蚀问题，具体如图 3 所示。

图 3 溢洪道掺气坎体型图

4.2 水工模型试验及效果分析

在原水工模型试验的基础上，修改调整增设掺气坎，在表 2 工况条件下又进行新的模型试验。

试验结果显示：增设掺气坎后，各工况下溢洪道水工模型各部位（尤其是泄槽陡坡段及挑流鼻坎段）均未出现负压，时均动水压强值均大于 0.24m，时均动水压强值正常，分布合理，水流空化数均大于 0.30。

试验各工况实测数据表明，掺气坎后形成的空腔稳定，坎后水流充分掺气且流态平顺，增设掺气坎后工况 1 水流形态如图 4 所示。空腔特征值尺寸如图 5 所示，具体见表 7。

图 4　增设掺气坎后工况 1 水流形态

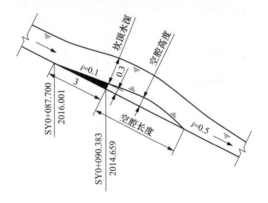

图 5　掺气坎后空腔尺寸示意图

注：图中高程、桩号及尺寸均以米计。

表 7　　　　　　　　　　　　　掺气坎后空腔特征值

工况	空腔长度（m）	空腔高度（m）	坎顶水深（m）
1	5.73	0.46	0.51
2	7.65	0.65	0.84
3	9.00	0.55	0.96
4	8.70	0.56	1.41

模型试验表明：水流经掺气坎上挑，脱离底部边界而形成较大的稳定空腔，掺气充分，

流态较好，水流平顺，不再有产生空化空蚀的条件。

5 结语

本文在数值计算的基础上，通过水工模型试验对祥云县万花溪水库工程溢洪道体型进行研究分析，判断出在高速水流条件下溢洪道是否发生空化空蚀，并确认泄槽陡坡段及挑流鼻坎段可能发生空蚀。同时，在以上研究成果的基础上，提出增设掺气坎的处理措施，并通过水工模型试验加以验证，不但有效解决了万花溪水库工程溢洪道存在的空化空蚀问题，还可为类似工程设计提供借鉴和参考。

参考文献

[1] 吴持恭，等. 四川大学水力学 [M]. 北京：高等教育出版社，2016.

[2] 中华人民共和国水利部. SL 253—2018 溢洪道设计规范 [S]. 北京：中国水利水电出版社，2018.

[3] 左东起. 模型试验的理论与方法 [M]. 北京：水利电力出版社，1985.

[4] 中华人民共和国水利部. SL 155—2012 水工（常规）模型试验规程 [S]. 北京：中国水利水电出版社，2012.

[5] 南京水利科学研究院. 水工模型试验（第二版）[M]. 北京：水利电力出版社，1985.

[6] 水利部水利水电规划设计总院. 水工设计手册（第 2 版）第 7 卷　泄水与过坝建筑物 [M]. 北京：中国水利水电出版社，2013.

作者简介

杨卫甲（1966—），男，高级工程师，主要从事水利水电工程设计工作。Email：1252905658@qq.com

岳朝俊（1986—），男，工程师，主要从事水利水电工程施工组织设计与管理工作。E-mail：329686986@qq.com

段　寅（1986—），男，高级工程师，主要从事水利水电工程施工组织设计工作。E-mail：303623563@qq.com

张　超（1988—），男，高级工程师，主要从事水利水电工程设计工作。E-mail：523902109@qq.com

某排冰泄洪闸闸室结构研究

刘文胜

（水电水利规划设计总院，北京市　100120）

[摘　要]某泄洪闸位于寒冷地区，在春汛季节需考虑小流量排冰的措施。经分析研究，推荐采用大孔口舌瓣门排冰泄洪闸体型。本文主要从闸室方案选择、水工模型试验模拟排冰研究、闸室细部结构研究等方面介绍了排冰泄洪闸闸室结构的设计研究情况。

[关键词]泄洪闸；堰孔双层泄水；舌瓣闸门；混凝土保护层；闸墩墩头

0　引言

某电站位于白俄罗斯境内西德维纳河，电站装机容量为 40MW，年均发电量为 1.5 亿 kW·h，枢纽布置从左至右分别为左岸土坝、船闸、连接土坝、排冰泄洪闸、厂房、右岸土坝。排冰泄洪闸布置在主河床靠左侧，从上游往下游依次由铺盖、闸室段、消力池、护坦、海漫、防冲槽等组成。

电站位于寒冷地区，年平均气温为 5.1℃，其中每年 11 月至第二年 3 月月平均气温均低于 0℃，积雪形成于每年 12 月，一直持续到第二年 3 月。电站的主汛期为春汛洪水，春汛多发生在冰雪融化的 3~4 月，2000 年一遇校核洪水洪峰流量为 3340m³/s。另外，西德维纳河发源于俄罗斯的小德维纳湖，属于严寒地区。每年春天来临，气候变暖，冰雪融化，上游湖泊和河道中化解的冰块随着融化的雪水洪流漂流而下，这要求泄水建筑物在泄洪的同时还需快速排泄漂浮的冰块，使其不在水库坝前簇拥聚集。为此在设计阶段，针对排冰泄洪闸开展了一系列的研究工作，使其满足泄洪的同时还能在小流量工况下顺利排冰。排冰泄洪闸的设计从上游破冰开始，到闸室体型结构，以及接下来的消能防冲布置均需进行相应的考虑，其中闸室结构又是实现排冰泄洪的核心。本文从排冰泄洪闸方案选择、水工模型试验模拟排冰研究、闸室细部结构研究等方面对排冰泄洪闸闸室进行介绍，希望为类似工程提供参考和借鉴。

1　排冰泄洪闸方案比选

经分析研究，泄洪闸既能满足各工况泄洪要求又能在小流量下进行排冰的解决方案主要有两种：堰孔双层排冰泄洪闸和大孔口舌瓣门排冰泄洪闸。某排冰泄洪闸在可行性研究阶段对两种方案进行了比较研究。

1.1　堰孔双层排冰泄洪闸

堰孔双层排冰泄洪闸与普通泄洪闸的区别主要在于其闸室中设置横梁，将闸室分为两层。闸室上层为表孔，这时横梁为表孔闸门的底坎；闸室下层为底孔，这时横梁为底孔的门楣。堰孔双层闸纵剖面如图 1 所示。可研阶段闸室的尺寸拟定为表孔 12m×6.2m（宽×高），底孔 12m×3.2m（宽×高），均设置 6 孔，表孔堰顶高程为 132.8m，底孔进口高程为 126.0m。

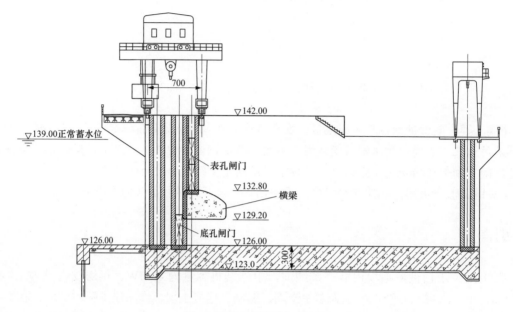

图 1 堰孔双层泄洪闸纵剖面

堰孔双层闸解决泄洪和排冰的主要思路为在小流量情况下仅开启部分表孔闸门，此时可排冰或排泄漂浮物，随着来流量的变化依次开启其他闸门以满足不同工况下泄洪排冰的要求。

堰孔双层闸泄流能力计算不同于普通的泄洪闸，经研究可采用循环试算法。第一步：表孔采用开敞式溢洪道泄流能力公式（$Q=\sigma_s\sigma_c mn\sqrt{2g}H_0^{3/2}$），底孔按孔流公式 [$Q=\sigma_s\mu enb\sqrt{2g(H_0-\varepsilon e)}$] 计算，并在假定的下游水位条件下进行初步试算；第二步：根据初步计算得出的流量和下游河道的水位流量关系曲线确定新的下游水位并再次按上述公式进行计算；第三步循环第二步的动作直到得出的流量和下游水位的关系符合水位流量关系曲线。可以看到堰孔双层闸泄流能力计算较为繁琐，实际运行后调度运行也较为复杂。经计算，堰孔双层泄洪闸总泄量可以满足泄流能力要求；同时单个表孔宽高仅为 12m×6.2m，可以满足来流量较小情况下的排冰要求。

1.2 大孔口舌瓣门排冰泄洪闸

大孔口舌瓣门排冰泄洪闸与普通泄洪闸的区别在于弧形工作闸门上带一个舌瓣门，舌瓣门结构侧面图如图 2 所示，舌瓣门排冰泄洪闸闸室纵剖面如图 3 所示。大孔口舌瓣门方案孔口尺寸为 20m×9m（宽×高），设置 3 孔，堰型为 WES 实用堰，堰顶高程为 130m。舌瓣门布置在弧形工作闸门上部中间位置，尺寸为 11m×2.5m（宽×高），底部设有可转动的支铰与弧形工作闸门铰接，舌瓣门的侧边和底边与弧形闸门止水配合，舌瓣门的背面与液压启闭机吊耳铰接，液压启闭机构设置在弧形闸门结构部件上，通过液压启闭机操作绕支铰转动来实现舌瓣门的开启和关闭，以满足小流量泄洪、排冰、排漂等要求。

大孔口舌瓣门排冰泄洪闸中的大孔口是由于闸室宽度达到 20m，因此比堰孔双层方案宽了 8m。根据 SL 265—2001《水闸设计规范》设计说明："按照我国目前的闸门设计技术水平和制造工艺条件，如果采用弧形钢闸门，闸孔孔径一般选用 8～12m，因为这样的孔径无论是在闸底板厚度和配筋量方面，还是在闸门、启闭机价格方面，都是比较合理的"。舌瓣门方案闸室宽度选择 20m 有两方面的原因，一是随着技术和社会发展，制造 20m 宽的闸门已不再受设计技术、制造工艺等条件制约；二是为了满足泄洪闸过较大冰块的要求。

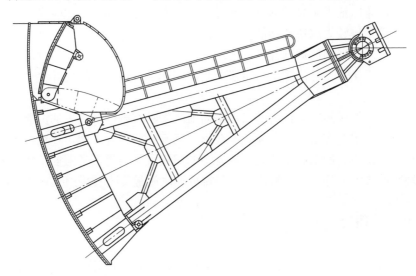

图 2　排冰泄洪闸弧形闸门结构侧面示意图

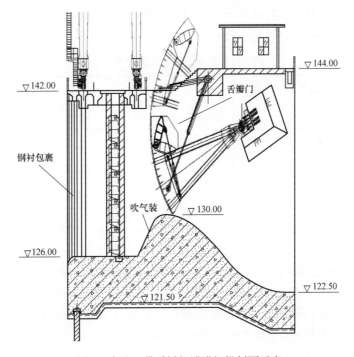

图 3　大孔口带舌瓣门泄洪闸纵剖面示意

1.3　方案比较

　　堰孔双层排冰泄洪闸是一个表层排冰过漂浮物、底部过泥沙的布置方案，目前国内应用案例较少，经收集资料发现国内的甘肃省迭部县白龙江干流尼傲加尕水电站泄洪闸进行了此项应用。根据有关文献，堰孔双层泄流在孔口进口门槽会出现涡带现象，且没有很好的措施解决。在运行过程中，表孔开启运行后，尤其是表孔有浮冰漂流通过时，在通过门式启闭机抓取开启底孔闸门时存在一定的干扰和困难，这也是制约堰孔双层闸布置的一个因素。

大孔口舌瓣门排冰泄洪闸打破常规，通过设置较宽的孔口和应用比较成熟的舌瓣门技术很好地具有了小流量排较大冰块的功能。若通过开启弧形工作闸门排冰，则下泄水量较大，电量损失也较大；若弧形闸门局部开启，冰块又不能从弧门底部排走；同时通过舌瓣门的启闭可以降低弧形闸门小开度开启频率，可避免闸门因局部开启带来的门叶振动、门底水封损坏等问题。

与堰孔双层排冰泄洪闸比较，大孔口舌瓣门泄洪闸具有闸门开启更加灵活、可以在更小的流量下排冰排漂、不会带来涡带现象、不会出现闸门开启相互干扰等优势。虽然较大的孔口尺寸也会存在要求更高的基础承载力、更复杂的门机大梁、更高的配筋率等方面的问题，但均可以在现有的技术条件下一一解决，故某排冰泄洪闸最终推荐采用大孔口舌瓣门方案。

2 水工模型试验研究

为了进一步研究大孔口舌瓣门排冰泄洪闸的排冰性能，在设计阶段的水工模型试验中对排冰情况和运行方式进行了专题研究。排冰试验选取上游水位为正常蓄水位 139.0m，研究舌瓣门一孔开启、两孔开启和三孔开启情况下的过冰情况，各试验工况下的水位流量参数详见表 1。

表 1　　　　排冰试验工况下各水位流量参数

工况编号	舌瓣门开启的孔数	门顶高程（m）	水库水位（m）	泄洪闸过流量（m³/s）	电站过流量（m³/s）	总的下游河道流量（m³/s）	下游水位（m）	水舌落点水垫深度（m）
1	开中孔	136.915	139.00	62.5	495	557.5	129.788	1.852
2	开两孔	136.915	139.00	125.0	495	620.0	130.100	2.164
3	开三孔	136.915	139.00	187.5	495	682.5	130.413	2.477

排冰试验模拟的冰块为方形，边长分别为 1m、2m 和 7m，过冰流态如图 4～图 6 所示。当过舌瓣门冰块尺寸小于 2m、三孔舌瓣门打开、下游水深 2.477m 时，冰块轻微撞击堰面。通过进一步观察，当过舌瓣门冰块尺寸为 1m、下游水深需达到约 4m 时，冰块不会直接撞击堰面，此时下游水位约为 131.936m，下泄流量约为 1080m³/s；当过舌瓣门冰块尺寸为 2m、下游水深约 4.564m 时，冰块不会直接撞击堰面，此时下游水位为 132.5m，下泄流量约为 1270m³/s。当过舌瓣门冰块尺寸为 7m、下游水深 4.564m 时，冰块会直接撞击堰面。试验同时还观察到，冰块在水舌落点附近由于水流的旋滚做往复运动，冰块对堰面和闸墩有轻微的撞击。通过试验可以得出，下游消力池水面越高，冰块对堰面和闸墩的作用就越小；过舌瓣门的冰块尺寸越小，对堰面和闸墩的作用就越小。

图4　正常蓄水位 139.0m 中孔舌瓣门 1m 冰块的
过冰过程流态（Q=62.5+495m³/s）

图5　正常蓄水位 139.0m 中孔舌瓣门 2m 冰块的
过冰过程流态（Q=62.5+495m³/s）

根据电站的运行方式，当来流量大于 1270m³/s 时，机组停止发电，没有必要非通过舌瓣门排冰，且大冰块通过舌瓣门下落会撞击堰面，这时泄洪闸三孔全开敞泄可以降低库水位，减少上、下游的水位差，大冰块过堰时不会撞击堰面，因此试验建议当来流量大于 1270m³/s 时，采取泄洪闸三孔全开敞泄的这种方式排冰，这种运行方式和洪水期电站的运行方式是完全一致的。

图6　正常蓄水位 139.0m 中孔舌瓣门 7m 冰块的
过冰过程流态（Q=62.5+495m³/s）

小冰块排冰时，下游水位不宜小于131.936m，因此试验建议，当下泄流量达到 1080m³/s 时，可以通过舌瓣门排小于 1m 的小冰块；当下泄流量达到 1270m³/s 时，可以通过舌瓣门排小于 2m 的小冰块；当来流量大于 1270m³/s 时，可以采取泄洪闸三孔全开敞泄的方式排冰。当流量较小，而冰块较大时需采取一定的措施破碎冰块以减少冰块对下游结构的影响。

3　闸室细部结构研究

为了减轻冰块对泄洪闸的影响，对闸室的细部结构也做了相应的研究。闸室的细部结构包含金属结构和混凝土结构两个方面。金属结构方面主要在金属闸门结构体系、加热防冻系统、防静冰压力系统等方面采取了对应措施，这部分内容属于金属结构专业范畴，本文不再赘述。混凝土结构方面主要在混凝土强度等级和抗冻标号、钢筋保护层厚度和闸墩墩头结构设计方面采取了相关措施。

3.1　混凝土强度等级和抗冻标号

电站的地理位置为北纬 55°15′4.20″，东经 30°9′37.81″，比我国北极村还靠北，属于高纬度地区。工程区多年平均气温为 5.1℃，1 月最冷，平均气温为−7.9℃，历史极端最低气温为−41℃。根据 SL 211—2006《水工建筑物抗冰冻设计规范》，电站所属区域为寒冷地区。

考虑到电站处于寒冷地区且闸室有过冰的要求，经分析研究，闸室结构混凝土强度等级在 C25 的基础上进行了提高，堰体表面 1m 和闸墩混凝土强度等级提高到 C35 混凝土；同时考虑到构件的年冻融循环次数基本小于 100 次，混凝土的抗冻等级确定为 F200。

3.2 混凝土保护层厚度研究

泄洪闸所处的工作环境为露天环境，其中部分部位还处于水位变动区，按照 DT/T 5057—2009《水工混凝土结构设计规范》，其对应的工作环境类别为二类或三类，为施工便捷需要，统一考虑为三类环境。根据 DT/T 5057—2009《混凝土结构规范》第 12.2.2 条，纵向受力钢筋的混凝土最小保护层厚度，根据构件类别"板、墙""梁、柱、墩"和"截面厚度不小于 2.5m 的底板及墩墙"三类环境分别对应 30mm、45mm 和 50mm，为简便计算，统一考虑为 50mm。

根据 SL 211—2006《水工建筑物抗冰冻设计规范》"溢流面、底孔、尾水闸墩、尾水墙和大型水闸的墙、墩等受冻严重且有抗冲耐磨要求的部位，以及有抗冻要求的梁、板、柱、墙、墩的钢筋净保护层，其厚度宜适当增加"的要求，同时考虑到冰块对闸室结构有轻微撞击和磨损并结合国内水电工程经验通行的大体积混凝土的保护层厚度，根据计算与论证，创新性将其保护层厚度增加至 150mm。

3.3 墩头结构设计

由于排冰泄洪闸孔口尺寸较大，其相应的闸墩设置厚度达 6m。在初步设计阶段，考虑到闸前流速并不大，闸墩墩头体型采用"方头圆角"方案。墩头迎水面为平面，以半径为 1m 的 90°角圆弧过渡至侧向流面。

施工详图阶段，考虑到闸墩迎水面比较宽，当上游漂流下来的浮冰体型比较大时，可能被挡在闸墩前面不能顺着闸孔飘走。遂修改墩头的体型至"圆尖头"形状，由两个半径为 6m 的圆弧交合构成墩头形状。此墩头还具有一定的破冰功能，当上游来的冰块以一定的速度和墩头接触时，可被劈开顺利流向下游。泄洪闸方形墩头和尖形墩头示意图如图 7 所示。为了保护墩头不被破坏，设计对墩头用角钢和钢板进行保护，墩头保护大样图如图 8 所示。

钢板保护的尖形墩头结构已运行几年，目前运行良好，无破损的迹象，且起到一定的破冰效果。

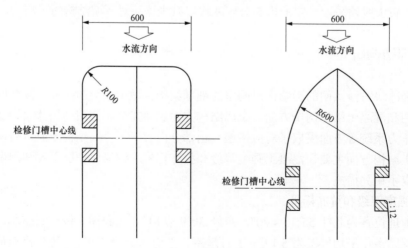

图 7 泄洪闸方形墩头和尖形墩头示意图

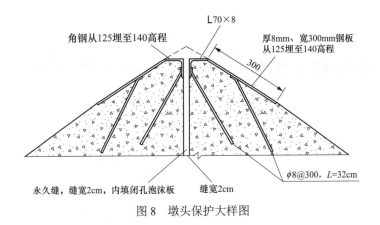

角钢从125埋至140高程

L70×8

厚8mm、宽300mm钢板
从125埋至140高程

300

永久缝，缝宽2cm，内填闭孔泡沫板

缝宽2cm

$\phi 8@300$，$L=32cm$

图 8　墩头保护大样图

4　结语

　　某泄洪闸位于寒冷地区，在春汛季节需考虑小流量排冰的措施。经堰孔双层和大孔口舌瓣门两种方案分析研究，推荐采用大孔口舌瓣门排冰泄洪闸方案。为进一步研究大孔口舌瓣门排冰泄洪闸的排冰性能，水工模型试验通过模拟排冰过程对排冰情况和运行方式进行了专题试验。试验证明大孔口舌瓣门过冰块情况良好，试验结果也要求当来流量较小时，上游需采取一定的措施破碎冰块以减小冰块对下游结构的影响。为了适应泄洪闸过冰的能力，设计同时还在混凝土强度等级、混凝土保护层厚度和闸室墩头等细部结构方面进行了分析研究并采取了相应的措施。

　　某排冰泄洪闸于 2017 年投入运行，至今已有 5 个冬季，经回访了解，目前运行情况良好，其相关设计指标已成为西德维纳河后续梯级电站排冰泄洪闸所遵循的技术要求。某排冰泄洪闸的体型不仅可以应用于东欧平原、西伯利亚以及我国北方等其他高寒、寒冷或严寒地区水电站工程，也可以为其他类似工程抗冰冻设计提供借鉴。

参考文献

[1] 谈松曦．水闸设计 [M]．北京：水利电力出版社，1986．

[2] 谢佩珍．堰、孔双层泄流时坝面形成的纵向旋涡 [J]．水利科技，1992．

[3] 翁情达．双层泄水闸若干水力学问题的探讨 [J]．武汉水利电力学院学报，1981．

[4] 张飞峰．尼傲加尕水电站排冰闸的设计 [J]．黑龙江科技信息，2017．

[5] 杨红星．洮河上游水电站冬季水库排冰与发电方案研究 [J]．水资源与水工程学报，2012．

[6] 李炜．水力学计算手册 [M]．北京：中国水利水电出版社，2006．

[7] 胡荣金．国内水利工程新型大跨度闸门应用综述 [J]．人民长江，2016．

[8] 黄国兵．表孔泄洪闸前漩涡数值模拟研究 [J]．水电与新能源，2021．

[9] 赵海镜．天桥水电站新增泄水建筑物布置型式研究 [J]．水力发电学报，2009．

[10] 刘红宇．舌瓣门在大顶子山航电枢纽中的应用与设计 [J]．黑龙江科技信息，2012．

作者简介

刘文胜（1986—），男，高级工程师，主要从事水利水电工程设计与咨询工作。E-mail：271438931@qq.com

热泵技术在生物质电厂集中供热中的应用

姚　强　何龙飞

（中国水利水电建设工程咨询西北有限公司，陕西省西安市　710100）

[摘　要] 热泵是一种将低位热源的热能转移到高位热源的装置，是全世界备受关注的新能源技术。本文通过热泵技术在生物质电厂的应用展开研究，以偏关县某生物质电厂机组为例，建立数学计算模型，对热泵的供热经济性进行了分析及研究，结果表明采用吸收式热泵可显著增加供热面积，提高供热收益，并在很大程度上促使资源有效利用，节约了资源。

[关键词] 热泵；生物质；供热；节能

0　引言

热泵，是指一种耗费部分电能或热能而将热能由低温介质直接传递至高温介质的热能再利用装置，因具有节能的特性，其在多个领域得到广泛应用。在"双碳"目标下，生物质能将在我国能源结构调整中发挥更加重要的作用，随着对环境保护的要求越来越高，以秸秆、树枝、木屑、稻壳为燃料的生物质可再生能源供热电厂的节能降耗水平不断提升，这是保证电厂可持续发展的重要途径。生物质电厂的热泵技术应用对回收余热、提高供热能力以实现节能减排的目标尤为重要。

1　热泵技术在吸收汽轮机乏汽中的应用

蒸汽型吸收式热泵是一种热量提升设备，其工作原理是利用少量的驱动蒸汽去吸收在汽轮机乏汽中的热量，并将吸收的热量有效传递给需加热对象，实现能量传递。热泵技术的主要结构和功能：①压缩机：通过压缩并输送介质，使之从低温转变为高温；②膨胀节流阀：即节流阀，可对循环介质起到节流减压效果，同时对进入蒸发器的循环介质流速进行控制调节；③冷凝器：冷凝器为热泵机组传递热量的主要装置，压缩机将消耗功转化的热能以及蒸发器中吸收的热量传递至冷凝器以后，会被冷却介质吸收，从而达到制热的基本目的；④蒸发器：蒸发器将经节流阀进入的制冷剂液体蒸发，从而吸取了被冷却物体的热量，进而达到制冷的基本目的。

结合偏关县 24MW 农林生物质高温高压直接空冷发电项目实际情况，进行系统的论证研究。将吸收式热泵按以下方式连接，即可发挥热泵技术在乏汽二次利用方面的重要作用。

汽轮机排汽经排汽装置后分两路布置，一路排汽进入空冷岛，另一路排汽进入凝汽器，两路排汽管之间设隔断阀，现有直接空冷系统基础上并联设置有冷凝器，夏季高温天气下可作为汽轮机排汽的尖峰凝汽器使用，冬季采暖的情况下，切换作为加热器预热回水。在冷凝器的出水串联热泵系统，驱动蒸汽采用汽轮机三段抽汽，再次吸收汽轮机乏汽，对热网回水进行加热；冬季采暖期，在汽轮机的乏汽管道上接通蒸汽管道后进入冷凝器预加热热网回水，加热器热网水出口串联热泵，对热网回水继续加热，热泵的整套系统设计按热泵要求提供冷凝热的最大负荷设计。

汽轮机排汽后直接进吸收式热泵蒸汽器冷却，取消了水冷式凝汽器、汽轮机排汽后直接进入吸收式的热泵技术蒸发器冷却有如下好处：

（1）取消了凝汽器和循环水系统，系统结构简化，降低了设备装置的投资，初投入也减少了。

（2）大大降低了间接换热的高温损失，在汽轮机背压恒定的前提下直接吸收式热泵工作效率更高，热泵技术的初期投入大大减少，提高了冷凝热水利用率。

（3）吸收式热泵对汽轮机排汽的利用，基本不会更改现行供热管理模式和供热技术参数，更好地提高了运行效率。

（4）此方案基本保持了系统原有的机组运行参数，同时也不会破坏机组的真空系统，不增加机组的发电煤耗，从而实现能量的吸收转换。

应用的限制条件：由于汽轮机排汽压力低，同时受管道输送距离影响，吸收式热泵技术必须设置在空冷器周围（最好 50m 内），且必须有合理的安装场地。

2　计算模型

主要应用在高温高压直接空冷机组中，使用典型的吸收式热泵进行供暖时的系统图如图 1 所示。

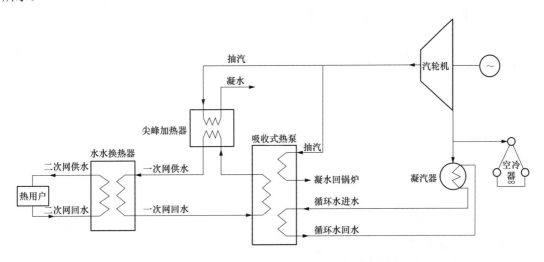

图 1　利用吸收式热泵技术的供热机组系统原理图

该系统以汽轮机抽汽为驱动热量来源，并回收汽轮机乏汽余热，使用循环水系统作为冷源，为热网提供温度热水，在不增加机组容量的情况下提高机组的供热能力。

系统中各参数定义见表 1。

表1 系统中各参数的名称、符号和单位

名称	符号	单位
汽轮机抽汽流量	p	t／h
汽轮机抽汽焓值	h_{cq}	kJ／kg
直接供热抽汽流量	a	t／h
吸收式热泵驱动蒸汽流量	b	t／h
循环水冷却流量	c	t／h
吸收冷凝余热	i	MW
增加供热面积	s	m²
一次热网回水流量	d	t／h
循环水供水焓值	h_{xhgs}	kJ／kg
循环水回水焓值	h_{xhhs}	kJ／kg
尖峰加热器进水焓值	h_{jjs}	kJ／kg
一次热网回水焓值	h_{yhs}	kJ／kg
一次热网供水焓值	h_{ygs}	kJ／kg
抽汽转化为热的效率	η_{qr}	

由此可建立方程式

$$
\begin{aligned}
&p=a+b\\
&(h_{ygs}-h_{yhs})\times d=COP\times h_{cq}\times\eta_{qr}\times b\\
&(h_{xhgs}-h_{xhhs})\times c=(COP-1)\times h_{cq}\times\eta_{qr}\times b\\
&h_{cq}\times\eta_{qr}\times a=(h_{jjs}-h_{ygs})\times d\\
&(h_{xhgs}-h_{xhhs})\times c/3600=i\\
&i/(COP-1)=s
\end{aligned}
\tag{1}
$$

注：COP 为能效比，1kWh＝3600kJ。

利用热泵收集的汽轮机乏汽余热实现采暖，相比于从汽轮机抽汽直接加热热网水方案，在同等供热能的条件下，热泵所回收的余热就是节省的能源费用，即节省了燃煤消耗，年节能减排量可用以下公式近似计算

$$\Delta B=Q/(Q_{net}\times\eta_{gl}\times\eta_{gd})\times\tau \tag{2}$$

式中　ΔB ——节能量，kg；

　　Q ——利用乏汽的热量，kJ；

　　Q_{net} ——燃料低位发热量，kJ/kg；

　　η_{gl} ——锅炉效率；

　　η_{gd} ——管道效率；

　　τ ——机组年运行小时数，h。

3　热泵技术在偏关项目的实际应用

偏关县 24MW 农林生物质发电项目采用高温高压直接空冷汽轮发电机组，使用的吸收式

热泵通过减少部分汽轮机抽汽进行驱动，能效比（COP）约为1.7，亦即用驱动抽汽为1的热功率能够吸收1.7的余热功率。系统图如图2所示。部分水和水蒸气焓值见表2。

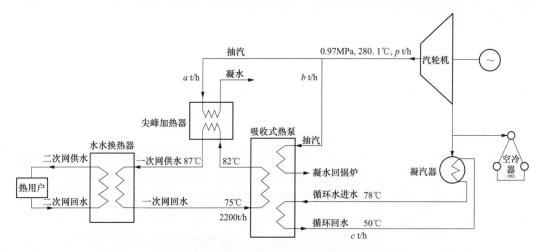

图2　偏关县某生物质发电项目吸收式热泵系统图

表2　　　　　　　　　　　　　　　部分水和水蒸气焓值表

状态	温度（℃）	压力（MPa）	焓值（kJ/kg）	备注
汽	280.1	0.97	3009.82	汽轮机抽汽
水	78	0.1	326.60	循环水供水
水	50	0.1	209.41	循环水回水
水	82	0.8	343.94	尖峰加热器进水
水	75	0.8	314.59	一次热网回水
水	87	0.8	364.93	一次热网供水

由此可建立六元一次方程组：

$$p=a+b$$
$$(343.94-314.59)\times2200 = 1.7\times3009.82\times0.98\,b$$
$$(326.60-209.41)c = 0.7\times3009.82\times0.98\,b$$
$$3009.82\times0.98\,a =(364.93-343.94)\times2200$$
$$(326.60-209.41)c/3600=i$$
$$i/0.7=s$$

解得：p=28.52t/h，a=15.65t/h，b=12.87t/h，c=226.75t/h，i=7.38MW s=10.54 万 m^2。

求解得结果见表3。

表3　　　　　偏关县某生物质发电项目吸收式热泵系统计算结果

名称	数值	单位
汽轮机抽汽流量	28.52	t／h

续表

名称	数值	单位
直接供热抽汽流量	15.65	t／h
吸收式热泵驱动蒸汽流量	12.87	t／h
吸收冷凝余热	7.38	MW
增加供热面积	$10.54×10^4$	m²

按供热指标=52W/m²，供热单价=43 元/GJ（折 20.9 元/m²）。计算得出增加供热面积，所增加效益=10.54 万 m²×20.09 元/m²=211.7486 万元。

偏关县某生物质发电项目所使用的主燃料是柠条修枝，低位发热量的 Q_{net} 为 13653kJ/kg，锅炉利用率约为 90%，管道效率为 99%，采暖期为 10 月 15 日至次年 4 月 15 日共 6 个月，运行小时数为 4320h，由此可计算出一个采暖期节能量为 9434.889t。

$$\Delta B = Q/（Q_{net}×\eta_{gl}×\eta_{gd}）×\tau$$
$$\Delta B = (7380×3600000/1000)/(13653×90\%×99\%)×4320$$
$$\Delta B = 26568000kJ/12164.823kJ/kg×4320$$
$$\Delta B = 9434889.43kg$$

现阶段，生物质燃料平均为 400 元/t，同时可计算出一个采暖期可节省生物质燃料费用=9434.889t×400 元/t=377.4 万元。

4 结语

综上所述，热泵技术回收电厂余热用于集中供热解决方案基本不会影响现有的供暖模式和供热基本参数，仅在电厂供热首站内利用吸收式热泵替换整个或部分汽水换热器，从而高效利用冷凝热，即可为电厂提供可观利润。

（1）节能：回收电厂低温热能用来供热，可以大幅度提高抽凝机组的能量效率，减少供暖成本，从而降低资源浪费，达到提高效益的目的。

（2）扩容：在不新增热源设施的情况下，提高电厂供暖能力，扩大供暖覆盖面，减少热源设施的投入。

（3）低碳减排：由于供热系统能耗降低，减少了二氧化碳的排放量。

参考文献

[1] 陈万庆. 浅谈热泵技术 [J]. 中国新技术新产品，2012（3）.

[2] 穆锴. 集中供热项目高温水源热泵应用研究 [J]. 中国新技术新产品，2010（2）.

[3] 高静轩. 解析热泵技术在热电厂的节能应用 [J]. 能源与节能，2017（4）：75-76.

[4] 王有镗，朱林. 工业热泵应用经济性研究 [J]. 第六届全国土木工程研究生学术论坛论文集，2008.

某深厚覆盖层上土工膜防渗堆石坝渗漏影响因素分析

周小来

（四川川投田湾河开发有限责任公司，四川省成都市　610000）

[摘　要] 在深厚覆盖层上建造土石坝往往面临坝基渗漏、坝体破坏等问题，大坝渗流控制是需要解决的关键问题之一。应采用有限元法对某深厚覆盖层上土工膜防渗堆石坝的渗流场进行计算分析，重点研究坝面土工膜缺陷、坝基防渗墙缺陷和覆盖层渗透性对大坝渗流特性的影响。结果表明：随坝面土工膜缺陷位置升高，大坝渗流量和膜后浸润线高程先小幅增加后逐渐减小；随土工膜缺陷扩大，渗流量和膜后浸润线高程不断增加，其中土工膜缺陷位置对大坝渗流场影响比缺陷尺寸更大。随坝基防渗墙缺陷位置升高或缺陷扩大，大坝渗流量和膜后浸润线高程均不断增大，整体上坝基防渗墙缺陷位置对大坝渗流场影响比土工膜缺陷尺寸更大。大坝渗流量随覆盖层渗透系数的增大呈线性增大的趋势；当覆盖层渗透系数放大倍数小于 3 时对膜后浸润线高程的影响相对较大。

[关键词] 堆石坝；土工膜；防渗墙；深厚覆盖层；缺陷渗漏

0　引言

我国已建水库中土石坝约占总数的 93%，其中由于渗漏而导致坝体失事的比例超过 30%[1, 2]。深厚覆盖层上筑坝存在坝体变形大、坝基结构较松散和渗透性大等问题，使得深厚覆盖层筑坝所面临的渗漏问题更为突出，相应的水电站坝型选择存在较大局限性。当前，土工膜防渗堆石坝采用"坝面土工膜+坝基混凝土防渗墙"的联合防渗模式是解决上述问题的科学方案之一。但由于大坝防渗体在施工、运行等环节容易出现不同程度的局部缺陷，导致此类坝可能出现较严重的渗漏问题。一方面，实际铺设于坝面的土工膜厚度很薄，在施工和运行过程中受土石颗粒、施工机械等作用，容易引起土工膜顶破和刺破，造成坝面防渗体出现缺陷渗漏问题。岑威钧等[3, 4]分析了土工膜不同缺陷大小和位置下大坝整体及局部渗流场变化规律，发现土工膜缺陷渗漏仅对缺陷附近坝体局部渗流场分布产生较大影响。另一方面，坝基防渗墙属于地下隐蔽工程，施工时处于水下浇筑状态，施工工艺复杂，墙体部位极易出现施工缺陷，造成坝基渗漏问题[5]。万文新等[6]研究了防渗墙裂缝型式和裂缝宽度对坝基渗流场的影响，得出防渗墙上部横向裂缝比竖向裂缝对坝基渗流场影响更大的结论，并且裂缝宽度会对坝基渗透破坏范围产生较大影响。尽管不少学者对深厚覆盖层上土石坝的渗漏问题做出了一些有价值的研究，但由于问题本身相对复杂，且影响因素多，仍需深入研究。

本文依托某深厚覆盖层上土工膜防渗堆石坝，建立大坝平面有限元计算模型，开展大坝饱和—非饱和渗流场数值模拟，研究了坝面土工膜缺陷、坝基防渗墙缺陷和覆盖层渗透性对大坝渗漏特性的影响，研究结果可为深厚覆盖层上土石坝防渗设计、渗漏治理和渗漏控制提供参考。

1 基本工况

某水库电站位于四川省康定县境内，是一座以发电为主的水利枢纽。水库总库容为
$1.12 \times 10^8 m^3$，水库正常蓄水位为 2930.00m，设计洪水位为 2930.09m，校核洪水位为 2930.94m。
拦河大坝为复合土工膜防渗堆石坝，坝顶高程为 2934.00m，最大坝高 56.00m，坝顶长 843.87m，
坝顶宽 8.00m。上游坝坡比为 1:1.8，下游坝坡比为 1:2.0。坝基覆盖层最大深度为 148m，坝
基防渗采用悬挂式混凝土防渗墙，施工最大墙深 82m，墙厚 1m。坝面铺设 1.2mm 厚的复合
土工膜作为防渗体，与坝基混凝土防渗墙形成封闭防渗体系。大坝典型剖面如图 1 所示。

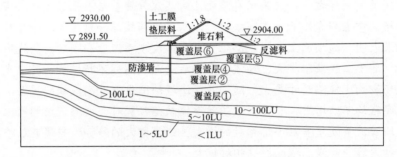

图 1 大坝典型剖面

依据大坝典型剖面建立渗流场计算网格，如图 2 所示，其中节点数为 2486 个，单元数为
2372 个。坝面土工膜根据流量等效原则[7, 8]将其等效为 0.10m 厚的多孔介质防渗层。有限元
模型边界条件：上游坝面和上游地基表面为水头边界（正常蓄水位为 2930.00m），下游坝面
和下游地基表面为逸出边界，其余为不透水边界。根据相关地质和设计资料，坝体、覆盖层、
基岩和防渗结构的渗透系数取值见表 1。

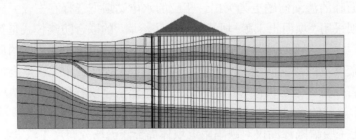

图 2 有限元计算网格

表 1 材 料 渗 透 系 数

材料编号	材料名称	渗透系数（cm/s）
1	基岩（$q \leq 1Lu$）	1.00×10^{-5}
2	基岩（$1 < q \leq 5Lu$）	5.00×10^{-5}
3	基岩（$5 < q \leq 10Lu$）	1.00×10^{-4}
4	基岩（$10 < q \leq 100Lu$）	1.00×10^{-3}

材料编号	材料名称	渗透系数（cm/s）
5	基岩（$q>100Lu$）	3.00×10^{-3}
6	覆盖层①（含孤块碎石土）	1.50×10^{-3}
	覆盖层②（含孤块碎石土）	
	覆盖层④（含块碎砾石土）	
7	覆盖层⑤［碎（卵）砾石砂］	1.18×10^{-2}
	覆盖层⑥［含块碎（卵）砾石土］	
8	混凝土防渗墙	1.00×10^{-7}
9	土工膜	1.20×10^{-10}
10	垫层料	4.53×10^{-3}
11	堆石料	1.00×10^{-1}
12	反滤料	5.00×10^{-2}

以正常蓄水位下大坝防渗体完好无缺陷作为基本工况进行大坝渗流场计算分析，计算得到大坝（含坝基）等水头线分布如图3所示。由图可知，坝基等水头线形态、走向和密集程度均能反映相应区域材料渗透特性和边界条件，符合深厚覆盖层上土工膜防渗堆石坝渗流场的一般规律。坝基等水头线在地层分界处出现一些偏折，合理反映了覆盖层分层的渗透特性。在坝面土工膜和坝基防渗墙的联合防渗作用下，水头削减明显，其他区域等水头线变化相对平缓。下游坝体渗流自由面低，膜后浸润线高程为2886.27m（较正常蓄水位下降43.73m），计算得到大坝单宽渗流量为3.64×10^{-4}m³/s/m。可见，在防渗体完好条件下，防渗体防渗效果显著，整个大坝渗流场的渗透水流得到有效控制。

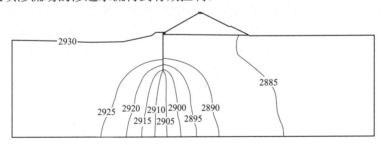

图3　基本工况下大坝等水头线分布（单位：m）

2　大坝渗漏影响因素分析

2.1　土工膜缺陷的影响

实际工程中，坝面土工膜在运输、施工和运行等过程中不可避免会出现大小不同的缺陷，且缺陷随机分布于坝面不同高程处，破坏坝面防渗体完整性，对坝体渗流安全产生不利影响。为此，假设土工膜缺陷等效尺寸为2cm，分别在高程2890、2900、2910m和2920m处（分别对应0.21、0.39、0.57倍和0.75倍坝高）设置膜缺陷，以分析缺陷位置对大坝渗流场的影响。此外，固定土工膜缺陷高程为2910m，分别设置土工膜缺陷尺寸为1、2、4cm和6cm，以分析缺陷大小对大坝渗流场的影响。土工膜缺陷单元模拟采用"放大渗透系数法"进行处理[9]，其余材料计算参数不变。

由于不同土工膜缺陷位置和尺寸下的大坝等水头线分布规律与此相似，以土工膜于 2900m 高程处存在 2cm 缺陷时的大坝等水头线分布图（如图 4 所示）为例进行展示。由图可知，当土工膜出现缺陷时，大量上游库水进入坝体，缺陷附近垫层处等水头形成"鼓包"，坝体浸润线上升，大坝等水头线整体向下游侧移动，大坝渗流量显著增加。

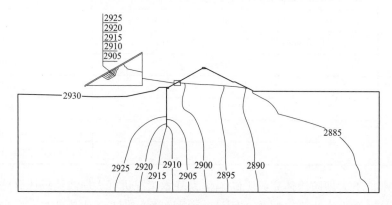

图 4　土工膜缺陷下大坝等水头线分布（单位：m）

图 5 分别绘制不同土工膜缺陷高程和尺寸下的大坝渗流量和膜后浸润线高程变化曲线；由图 5（a）可知，若土工膜缺陷大小固定为 2cm，随着土工膜缺陷高程由 2890m 增加到 2920m，大坝渗流量和膜后浸润线高程均呈现先小幅增加后逐渐减小趋势，大坝单宽渗流量由 $2.05×10^{-3}m^3$（s•m）先小幅增至 $2.36×10^{-3}m^3$（s•m）后减少至 $7.81×10^{-4}m^3$（s•m），膜后浸润线高程由 2899.43m 先小幅上升至 2902.73m 后下降至 2889.30m，曲线折点出现在土工膜缺陷高程 2900m 处（对应 0.39 倍坝高处）。由图 5（b）可知，若土工膜缺陷位置固定为 2900m，随着土工膜缺陷尺寸由 1cm 增加至 6cm，大坝渗流量和膜后浸润线高程均逐渐增大，大坝单宽渗流量由 $1.63×10^{-3}m^3$（s•m）增加至 $1.88×10^{-3}m^3$（s•m），膜后浸润线高程由 2895.18m 上升至 2896.62m。整体上，坝面土工膜缺陷位置和缺陷尺寸均对大坝渗流场有较大影响，其中土工膜缺陷位置的影响更大，且低高程处土工膜缺陷引起的渗漏量约是高高程处的 3 倍，这主要是由水头引起的垫层坡降变幅超过了缺陷渗漏面积的影响效应[9]导致。

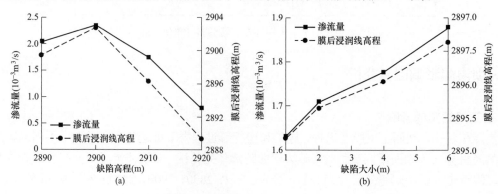

图 5　土工膜缺陷下渗流计算结果

（a）土工膜缺陷高程的影响；（b）土工膜缺陷大小的影响

2.2 防渗墙缺陷的影响

由于防渗墙属于地下隐蔽工程，施工时长期处于水下浇筑状态，施工工艺复杂，施工质量通常难以得到保障，容易出现施工缺陷，破坏坝基防渗体完整性，长时间渗漏会对大坝整体渗流安全产生不利影响。为此，固定防渗墙缺陷尺寸为2cm，缺陷高程分别设置为2820、2840、2860m和2880m，以分析防渗墙缺陷位置的影响；固定防渗墙缺陷高程为2860m，缺陷大小分别设置为1、2、4cm和6cm，以分析防渗墙缺陷大小对的影响。防渗墙缺陷单元亦采用"放大渗透系数法"进行处理，其余材料计算参数不变。

由于不同防渗墙缺陷位置和尺寸下的大坝等水头线分布规律与此相似，以2840m高程处防渗墙存在2cm大小缺陷时大坝等水头线分布图（如图6所示）为例进行展示。由图可知，一旦防渗墙出现缺陷，大量渗水通过防渗墙缺陷流向下游，防渗墙缺陷附近等水头形成"鼓包"，坝体浸润线上升，大坝等水头线整体向下游侧移动，大坝渗流量增加。分别绘制不同防渗墙缺陷高程和尺寸下的大坝渗流量和膜后浸润线高程变化曲线如图7所示，由图7（a）可知，若防渗墙缺陷大小固定为2cm，随着防渗墙缺陷高程由2820m增加到2880m，离建基面距离减小，相应地层渗透性增大，渗漏路径缩短，大坝渗流量和膜后浸润线高程均逐渐增加，大坝单宽渗流量由$4.38\times10^{-4}\mathrm{m}^3/$（s·m）增加至$1.51\times10^{-3}\mathrm{m}^3/$（s·m），上升约3.4倍，膜后浸润线高程由2886.91m上升至2895.90m。由图7（b）可知，若防渗墙缺陷位置固定为2860m，随着防渗墙缺陷尺寸由1cm增加至6cm，大坝渗流量和膜后浸润线高程均逐渐增大，大坝渗流量由$1.23\times10^{-3}\mathrm{m}^3/$（s·m）增加至$1.44\times10^{-3}\mathrm{m}^3/$（s·m），上升约17.1%，膜后浸润线高程

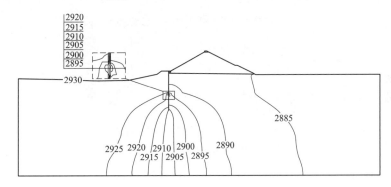

图6 防渗墙缺陷下大坝等水头线分布（单位：m）

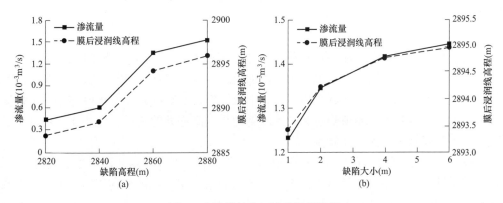

图7 防渗墙缺陷下渗流计算结果

（a）土工膜缺陷高程的影响；（b）土工膜缺陷大小的影响

由 2893.43m 上升至 2894.94m。可见，坝基防渗墙缺陷位置和大小均对大坝渗流场有较大影响，其中防渗墙缺陷位置的影响更大，高高程处防渗墙缺陷引起的渗漏量约是低高程处的 3.4 倍，因此工程中近基处防渗墙施工质量更为关键，发现防渗墙缺陷应及时采取修补措施，对坝基渗漏进行有效控制，以保证大坝安全运行。

2.3 覆盖层渗透性的影响

由于该工程建造于深厚覆盖层上采用悬挂式防渗墙，防渗墙端部距相对不透水地层仍有相当一段距离，加之深厚覆盖层具有结构松散、物理力学性质呈现较大不均匀性等特点，地勘资料亦不尽准确，导致覆盖层渗透系数测量存在误差，这将影响坝基绕渗计算的准确性。因此需分析覆盖层渗透性变化对大坝渗流场的影响，在初始计算参数上，将覆盖层渗透系数分别放大 0.1、0.3、1.0、3.0 倍和 10.0 倍（所有覆盖层渗透系数均变化）进行渗流计算。

不同覆盖层渗透系数下的大坝渗流量和膜后浸润线高程变化曲线如图 8 所示。由图可知，大坝渗流量随覆盖层渗透系数的增大（由 0.1 倍基础值增加至 10 倍）呈线性增大的趋势，大坝单宽渗流量由 $4.06\times10^{-5}\mathrm{m^3/}$（$\mathrm{s \cdot m}$）增加至 $3.37\times10^{-3}\mathrm{m^3/}$（$\mathrm{s \cdot m}$）。膜后浸润线高程均随覆盖层渗透系数的增大呈增速变缓的增长趋势，膜后浸润线高程由 2883.92m 增加至 2890.02m，增长趋势变缓明显出现在放大 3 倍覆盖层渗透系数时。可见，覆盖层渗透系数对大坝渗流量影响明显，勘测资料中覆盖层渗透系数的一定范围内偏差可能会对计算结果造成较大影响，当覆盖层渗透系数放大倍数小于 3 时，覆盖层渗透系数对膜后浸润线高程的影响相对较大。

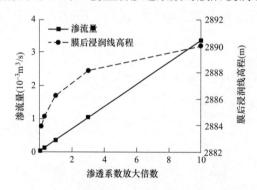

图 8 覆盖层渗透系数变化下渗流计算结果

3 结语

（1）坝面土工膜缺陷位置对大坝渗流场影响比缺陷尺寸更大，随着土工膜缺陷高程增加，大坝渗流量和膜后浸润线高程均呈现先小幅增加后逐渐减小趋势；随着土工膜缺陷尺寸增加，大坝渗流量和膜后浸润线高程均逐渐增大。其中土工膜在低高程处（约 0.39 倍坝高）缺陷的影响最大，且低高程处土工膜缺陷引起的渗漏量约是高高程处的 3 倍，工程中更应注重施工后对低高程土工膜缺陷的探测及修复。

（2）坝基防渗墙缺陷位置对大坝渗流场影响比缺陷尺寸更大，随着防渗墙缺陷高程增加，相应地层渗透性增大，渗漏路径减短，大坝渗流量和膜后浸润线高程均逐渐增加，且防渗墙缺陷高程由 2820m 增加到 2880m 时，大坝渗流量上升约 3.4 倍；随着防渗墙缺陷尺寸增加，大坝渗流量和膜后浸润线高程均逐渐增大，防渗墙缺陷尺寸由 1cm 增加至 6cm 时，大坝渗流量上升约 17.1%。该结论也直接用于对防渗墙的中浅部缺陷进行重点处理，取得了较好的治理效果。

（3）大坝渗流量随覆盖层渗透系数的增大呈线性增大的趋势。当覆盖层渗透系数放大倍数小于 3 时，覆盖层渗透系数对膜后浸润线高程的影响相对较大，工程勘测中应对深厚覆盖层工程地基进行较精准勘察。

参考文献

[1] 沈振中，邱莉婷，周华雷. 深厚覆盖层上土石坝防渗技术研究进展 [J]. 水利水电科技进展，2015，35（5）：27-35.

[2] 位敏，徐轶，陈信任. 大坝渗漏多源信息融合诊断技术及其安全评估方法 [J]. 水利水电技术，2020，51（11）：102-108.

[3] 岑威钧，和浩楠，李邓军. 土工膜缺陷对土石坝渗流特性的影响及控制措施 [J]. 水利水电科技进展，2017，37（3）：61-65+71.

[4] 岑威钧，陈司宁，李邓军，等. 考虑土工膜缺陷的石渣坝三维渗流特性分析 [J]. 河海大学学报：自然科学版，2021，49（5）：413-418.

[5] 周清勇，刘智，洪文浩，等. 防渗墙施工缺陷对土石坝渗流与稳定的影响分析 [J]. 水利水电快报，2020，41（5）：28-33+37.

[6] 万文新，沈振中. 防渗墙裂缝对沥青心墙坝坝基渗流的影响 [J]. 水电能源科学，2015，33（12）：85-88.

[7] 严俊，温彦锋，璩爱玉，等. 深厚覆盖层上高土石坝防渗墙裂缝渗流分析模型及应用研究 [J]. 水力发电，2017，43（9）：39-44.

[8] 盛金昌，赵坚，速宝玉. 混凝土防渗墙开裂对坝基渗透稳定性的影响 [J]. 水利水电科技进展，2006，26（1）：23-26.

[9] 岑威钧，王辉，李邓军. 土工膜缺陷对土石坝渗流特性及坝坡稳定的影响 [J]. 武汉大学学报（工学版），2018，51（7）：589-595.

作者简介

周小来（1984—），男，工程师，主要从事水利水电工程项目管理。E-mail：zxlai220@163.com

WRF/WRF-Hydro 陆面参数化方案对降雨径流模拟的影响——以雅砻江中上游流域为例

王 维 李 铭 王 涛 万 民 钟毫忠

（中国电建集团成都勘测设计研究院有限公司，四川省成都市 611130）

［摘 要］为了验证 WRF/WRF-Hydro 陆面参数化方案在雅砻江中上游流域气象水文模拟中的适用性，本文采用 WRF/WRF-Hydro 耦合方式，基于雪表层反照率、雪/土壤温度时间变化以及蒸发/升华的土壤阻抗变化，构建了 8 组陆面参数化组合方案，对流域 2012 年主汛期水文过程开展了模拟研究，并进一步分析不同陆面过程参数化方案对降雨径流结果的影响。结果表明：①WRF 模拟下各方案累积降雨量与观测值均成负偏离，整体相差不大，但空间上不同方案呈现出不同的暴雨中心分布；②当雪表层反照率、雪/土壤温度时间变化以及蒸发/升华的土壤阻抗分别为 BATS、RSURF 和 SLAB 时可以获得最佳的降雨径流模拟效果；③蒸发/升华的土壤阻抗为 PCI 时会带来较大的累积降雨波动，并可能在随后导致较差的流量模拟效果，在耦合模拟时应避免选择。

［关键词］WRF；WRF-Hydro；降雨径流；水文耦合模拟

0 引言

水文、地理、气象等多学科融合发展以及计算机与测算技术的提高，促进了基于陆面水文模式来深入认识反应水文过程机理、开展水文水资源模拟和极端水文事件预报[1-3]。WRF-Hydro 是一种多尺度的准三维陆面水文模式系统，能够将水文过程耦合到大气模式或其他地球系统建模中，WRF-Hydro 对陆面过程以外的水文过程补充也很好地解决了传统陆面模式中缺乏侧向运移以及陆面水文空间尺度不匹配的问题[4-6]。美国当前已实现基于数值天气预报系统与 WRF-Hydro 框架的流域水文预报业务应用，即便如此，由于各类模式系统的复杂性，目前仅在国内少数流域开展了相关研究[7-10]。基于数值大气模式 WRF 与陆面水文模式 WRF-Hydro 耦合（以下简称 "WRF/WRF-Hydro"）可以为流域提供降雨径流、风速风向、长短辐射等关键水循环要素的高时空分辨率成果，对于水风光可再生能源基地的建设规划具有重要意义，通过 WRF/WRF-Hydro 耦合并搭配不同陆面参数化方案开展水文耦合模拟也有望解决高海拔区域水文预报中存在的地面资料缺、预见期短、时空预报精度低等问题。

1 WRF/WRF-Hydro 与流域概况

1.1 数值大气模式 WRF

WRF 模式，作为新一代的中尺度大气模式，在各种天气预报中都具有较好的模拟能力，能够成功地再现中尺度过程中环流形势的演变和雨带分布特征[11, 12]。WRF 拥有多元化的模式动力框架和物理参数化方案,可同时支持单向和双向反馈嵌套模拟。图 1 展示了 WRF 中各类物理参数化方案及其在降雨过程中的相互作用,当前 WRF 中的物理参数化方案主要包括积云对流参数化方案、微物理过程方案、辐射方案和行星边界层方案[13, 14]等。此外,WRF 也有不同的陆面模式方案(例如 Noah、Noah-MP、CLM 等),目的是提供大气模式运行所需的大气近地表热量与水汽通量等下边界条件。不同的参数化方案对于物理过程的侧重有所不同,参数化方案的多样性以及各类参数化方案在不同区域不同降雨场次的表现效果存在差异,导致准确模拟区域降雨时空分布和累积雨量面临巨大挑战[15-18]。

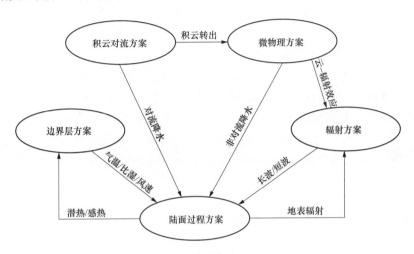

图 1   WRF 模式物理参数化方案

近十几年间,随着 WRF 模式降雨模拟精度的逐渐提升,将大气模式与水文模型耦合研究气象水文过程成为可能[19, 20]。但是从模式结构机理上看,WRF 中包含的陆面模式并不完整,缺乏水文过程的完整描述,无法串联起整个水循环过程。

1.2   陆面水文 WRF-Hydro

与 WRF 一样,WRF-Hydro 并不是单一的"模型",而是一种模式架构,可选择多种可替换的水文耦合模块[21](如图 2 所示)。为了串联起陆面水文过程以及便于独立运行,WRF-Hydro 中配备了与 WRF 一致的陆面模式(当前仅包含 Noah 和 Noah-MP)模块;除

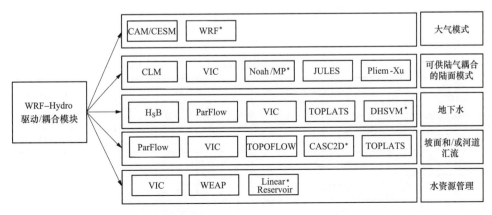

图 2   WRF-Hydro 可匹配模型/模块(标*为当前官方支持模块,译自用户手册[21])

157

此以外，其主要功能还包括实现河道和坡面、地下汇流的汇流模块以及用于解决陆面与水文过程分辨率不匹配问题的聚解—聚合（降尺度—升尺度）模块。WRF-Hydro 具有极高的灵活性与可扩展性，其代码完全开源，随着模式系统研发，当前已开展的研究包括了陆气耦合研究、山洪灾害预测、区域水文气候影响评估、水资源季节性预报等。

1.3 研究区概况

雅砻江是金沙江第一大支流，发源于青海省玉树县境内的巴颜喀拉山南麓，自西北向东南流，干流河道全长 1570km，流域面积为 13.6 万 km²，占金沙江（宜宾以上）集水面积的 27.3%。每年夏季季风强盛时期，西南季风将印度洋和孟加拉湾的水汽源源不断地输进流域。同时，西太平洋副高北移，冷空气在副高前受阻，在这种大环流形势下，致使本流域常发生大范围暴雨。雅砻江流域南北跨越 7 个多纬度，尤其是中上游流域，流域内地形地势变化悬殊，高海拔的区域水文测站布设稀疏，流域自然景观在南北及垂直方向上都有明显的差异。本文研究区选取了雅砻江流域雅江站以上流域，集水面积为 6.58 万 km²，海拔高程为 2789～6102m，流域内暴雨一般出现在 6—9 月，主要集中在 7、8 两月，且多连续降水。一次降水过程为 3 天左右，两次连续过程为 5 天左右或更长时间，主雨段多持续 1～2 天。下面以 2012 年发生在研究区内的主汛期雨洪过程为例，通过 WRF/WRF-Hydro 开展多陆面参数化方案模拟。

2 WRF/WRF–Hydro 耦合模拟试验

在模式运行前需要对与降雨径流模拟相关的模式参数或方案进行设置，主要包括 WRF 前置驱动配置、嵌套方案，物理参数化方案、WRF-Hydro 产汇流过程参数等，同时为了探究耦合模拟性能，在 WRF/WRF-Hydro 的陆面模式 Noa-MP 中设置了 8 组不同的陆面参数方案。

2.1 WRF 配置

2.1.1 基本配置

在模拟前，首先对 WRF 进行了基础的配置与参数化方案选择，在研究区内建立了 2 个嵌套域：外层 Dom1 分辨率为 25km，内层 Dom2 分辨率为 5km，驱动数据用从美国国家环境预测中心（NCEP）获取的 FNL 资料，为 WRF 模拟提供初始场和边界场。基于研究区的气候特征和潜在对流降雨条件，筛选了单参数—3 类水成物微物理过程方案 WSM3（Single-Moment 3 class）、积云对流的描述方案 GD（Grell-Devenyi）和行星边界层方案 YSU（Yonsei University）[22]。表 1 列出了 WRF 物理参数化方案和其他设置细节。

表 1 WRF 模 式 设 置

选项	设置情况	选项	设置情况
驱动数据	6h FNL	大气压强	50hPa
积分时间步长	6s for Dom3	长波辐射	RRTM
WRF 输出时间间隔	1h	短波辐射	Dudhia
嵌套中心	32°10′12″N，99°22′48″E	陆面模式	Noah
各层网格分辨率	25km，5km	微物理过程	WSM3

续表

选项	设置情况	选项	设置情况
各层网格数	105×105，105×100	积云对流过程	GD
投影	Lambert	行星边界层	YSU

2.1.2 陆面过程参数化方案配置

WRF 中的陆面模式选择了 Noah-MP，并对包含雪表层反照率（Snow surface albedo，ALB）、雪/土壤温度时间变化（The first-layer snow or soil temperature time scheme，STC）和蒸发/升华的土壤阻抗（Surface resistent to evaporation/sublimation，RSF）共 3 个物理过程进行进一步的方案配置，方案选项及配置好的 8 组方案细节见表 2，除以上 3 个物理过程外，其余陆面过程方案设为默认值。

表 2   陆面过程参数化方案细节

方案组合	雪表层反照率 ALB	雪/土壤温度时间变化 STC	蒸发/升华的土壤阻抗 RSF
1	BATS	SZ09	PCI
2	BATS	SZ10	SLAB
3	BATS	RSURF	PCI
4	BATS	RSURF	SLAB
5	CLASS	SZ09	PCI
6	CLASS	SZ10	SLAB
7	CLASS	RSURF	PCI
8	CLASS	RSURF	SLAB

2.2 WRF-Hydro 配置

WRF-Hydro 中也需要对陆面过程方案进行配置，这里保持与 WRF 中的配置一致，开展不同陆面过程方案下的径流模拟。模拟时以 WRF 输出的不同陆面过程方案下的降雨进一步驱动 WRF-Hydro，在内部嵌套域（Dom2，水平分辨率 5km）上耦合 WRF/WRF-Hydro，并通过聚解过程将河道汇流分辨率提升到 500m。河道汇流采用 D8 算法计算河道网格流向，并通过马斯京根康吉从上游演算到出口断面，WRF-Hydro 配置细节见表 3。

表 3   WRF-Hydro 模式设置

选项	设置情况
驱动数据输入步长	1h
次网格尺寸	500m
汇流积分步长	30s
聚解—聚合比例因子	10
地下汇流选项	开

续表

选项	设置情况
坡面汇流选项	开
河道汇流选项	开，马斯京根康吉
基流选项	开

2.3　评价指标

对 2012 年 WRF 模拟的降雨进行分析，主要考虑模拟降雨的相对误差 *BIAS* 以及空间降雨的分布情况。实测降雨由于地面测站空间上分布并不均匀，采用了克里金法对雅砻江中上游的 33 个雨量站（包括气象站）进行了逐小时的时段插值。*BIAS* 的公式可以表示为

$$BIAS = \frac{P_i - \hat{P}}{\hat{P}} \times 100\% \tag{1}$$

式中　P_i——不同陆面参数化方案下 WRF 模式模拟获得的面累积降雨量，mm；

$\hat{P}$——雨量站经过克里金插值后统计得到的实测面累积雨量，mm。

对于流量结果的评价选择了洪峰误差（R_p）、洪量误差（R_v）及纳什效率系数（*NSE*）3 个指标对不同方案下的洪水过程进行评判

$$NSE = 1 - \frac{\sum_{i=1}^{n}(q'_i - q_i)^2}{\sum_{i=1}^{n}(q_i - \overline{q})^2} \tag{2}$$

$$R_p = (q'_p - q_p) / q_p \tag{3}$$

$$R_v = (r'_v - r_v) / r_v \tag{4}$$

式中　　　i——时间步长；

n——洪水过程的总时长；

q'_i、q_i 和 $\overline{q}$——分别为模拟、观测和平均流量，m³/s；

q'_p、q_p——分别为模拟、观测的洪峰流量，m³/s；

r'_v、r_v——分别为模拟和观测洪量，mm。

3　研究结果

3.1　降雨结果评价

图 3 展示了不同陆面过程参数化方案下研究区面累积雨量空间分布情况，表 4 和图 4 进一步统计了累积降雨量的相对误差情况。空间上来看插值后降雨的空间分布更加均匀，而通过 WRF 模拟出来的则可能更容易反映出局部暴雨中心的分布情况，而从降雨量级上来看，与观测相比，模拟得到的降雨均偏小，但整体的偏差不大。结合图表结果发现，方案 1 和方案 4 在 8 种方案中的模拟表现较好，方案 4 能够反映出上游的暴雨中心，累积降雨误差仅次于方案 1，而方案 1 在整体的累积雨量上误差最小，为 −5.2%，而方案 5 的误差最大，达到了 −11.1%。进一步分析累积降雨量相对误差较大的方案分别为方案 3、方案 5 和方案 7，结合表 2

发现其蒸发/升华的土壤阻抗选择了 PCI 方法，方案 1 也包含了 PCI，说明其在陆面过程方案中对降雨的影响比重可能较大。雪表层反照率和雪/土壤温度时间变化，则可能因为统计的时段原因，几种方案的组合各有好坏，有待后期进一步研究不同场景下对降雨的模拟效果。

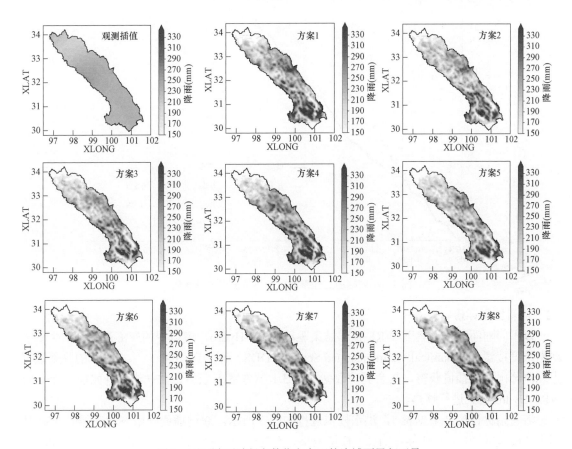

图 3　不同陆面过程参数化方案下的流域面累积雨量

表 4　　　　　　　　　不同陆面过程参数化方案下累积降雨量相对误差

组合方案	累积降雨（mm）	相对误差 BIAS（%）
观测插值	269.2	—
方案 1	255.2	−5.2
方案 2	242.8	−9.8
方案 3	241.1	−10.5
方案 4	251.9	−6.4
方案 5	239.4	−11.1
方案 6	247.9	−7.9
方案 7	243.0	−9.8
方案 8	245.5	−8.8

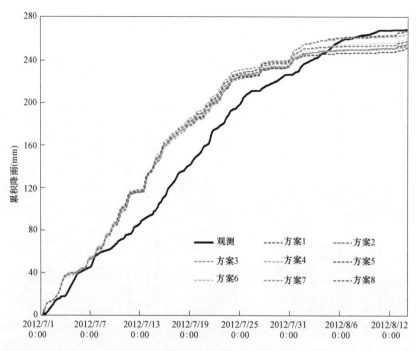

图 4 不同陆面过程参数化方案面累积雨量变化

3.2 流量结果评价

以不同陆面过程方案下 WRF 输出结果驱动 WRF-Hydro，模拟中的产汇流参数结果基于动态维度搜索（Dynamically Dimensioned Search，DDS）算法自动调参[23]，输入的降雨数据由观测降雨空间插值获得，其余驱动数据则由 3.1 节方案 1 获得，并在洪水开始前 1 个月对 WRF-Hydro 模式进行预热。

流量指标评价结果见表 5，洪水模拟过程如图 5 所示。通过插值降雨方式获得的 NSE 达到了 0.681，洪峰误差则为−17.1%，模拟效果仍有提升的空间，这主要是由于 WRF-Hydro 对于陆面水文模式在流域内包含土壤、植被在内的初始条件的调节难度较大，另外流域控制面积较大，对于地下水和基流的描述技术仍不成熟，有待后续进一步的研究；8 个方案中方案 4 获得了最佳的流量模拟效果，NSE 为 0.556，其方案组合为 BATS、RSURF 和 SLAB；累积降雨较好的方案 1 则获得了最差 NSE 结果，仅为 0.315，同样的方案 3、方案 5 和方案 7，模拟效果均不理想，结合 3.1 节结果以及具体方案，说明蒸发/升华的土壤阻抗选择 PCI 方式在流域降雨径流模拟中并不适用。

表 5   不同陆面过程参数化方案下 WRF/WRF-Hydro 模拟的洪水过程指标

组合方案	R_p（%）	R_v（%）	NSE
观测插值	−17.1	−23.24	0.681
方案 1	−21.3	−36.3	0.315
方案 2	−19.9	−36.3	0.329
方案 3	−19.9	−37.2	0.374
方案 4	−14.9	−28.8	0.556

续表

组合方案	R_p（%）	R_v（%）	NSE
方案 5	−19.8	−34.5	0.366
方案 6	−18.0	−30.5	0.427
方案 7	−19.1	−33.5	0.401
方案 8	−18.4	−34.1	0.456

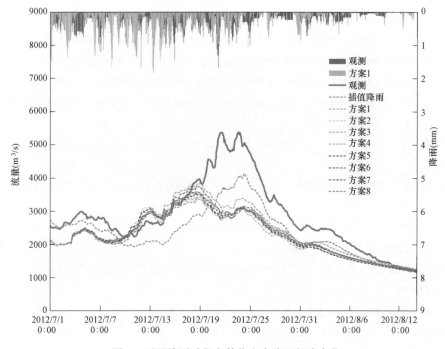

图 5　不同陆面过程参数化方案降雨径流变化

4　结语

　　本文基于 WRF/WRF-Hydro 耦合并构建了 8 组不同的陆面过程参数化方案，对雅砻江中上游流域 2012 年主汛期的降雨径流进行了模拟。随着降雨时段的增加，不同的陆面参数化方案改变了降雨的时空分布，但对降雨量的影响相对较小；当雪表层反照率选择 BATS，雪/土壤温度时间变化选择 RSURF，蒸发/升华的土壤阻抗选择 SLAB 时可以获得最佳的雨洪模拟效果，同时在雨洪模拟时需要避免在蒸发/升华的土壤阻抗中使用 PCI 方式。基于数值模式和陆面水文模式开展大尺度降雨径流过程模拟仍存在困难，一方面由于数值模式模拟降雨的不确定性，另一方面由于当前陆面水文模式在流域内包含土壤、植被的初始条件调节难度大，相应产汇流描述技术仍有待提高。不同陆面过程方案对降雨和流量过程的影响并不相同，后期仍有待进一步对模式系统的初始条件进行分析，增加不同类型的降雨径流案例用于验证，并构建不同天气形势下的陆面水文过程参数化方案，并在业务生产中考虑模型结构的调整以及对流量结果的实时校正。

参考文献

[1] 占车生，宁理科，邹靖，等．陆面水文—气候耦合模拟研究进展 [J]．地理学报，2018，73（5）：893-905.

[2] 王姝，郑辉，林佩蓉，等．NoahMP-RAPID 在高海拔山地流域的模拟检验与误差分析 [J]．2018.

[3] 刘昱辰，刘佳，李传哲，等．WRF-Hydro 模式在水文模拟与预报应用中的研究进展 [J]．水电能源科学，2019，37（11）：1-5.

[4] Wang W，Liu J，Li C，et al. Assessing the applicability of conceptual hydrological models for design flood estimation in small-scale watersheds of northern China [J]．Natural Hazards，2020，102（3）：1135-1153.

[5] Wang W，Liu J，Li C，et al. Data Assimilation for Rainfall-Runoff Prediction Based on Coupled Atmospheric-Hydrologic Systems with Variable Complexity [J]．Remote Sensing，2021，13（4）：595.

[6] Arnault J，Fersch B，Rummler T，et al. Lateral terrestrial water flow contribution to summer precipitation at continental scale-A comparison between Europe and West Africa with WRF-Hydro-tag ensembles [J]．Hydrological Processes，2021，35（5）：e14183.

[7] 孙明坤，李致家，刘志雨，等．WRF-Hydro 模型与新安江模型在陈河流域的应用对比 [J]．湖泊科学 32（3）.

[8] 李光伟，孟宪红．WRF-Hydro 模型对三江源水文气象参数的模拟评估研究 [C]．第 35 届中国气象学会年会，2018：1.

[9] 高玉芳，吴雨晴，彭涛，等．基于不同降水产品的 WRF-Hydro 模式径流模拟——以漳河流域为例 [J]．热带气象学报，2020，36（3）：299-306.

[10] 顾天威，陈耀登，高玉芳，等．基于 WRF-Hydro 模式的清江流域洪水模拟研究 [J]．水文，2021，41（3）：63-68+18.

[11] Kusaka H，Crook A，Dudhia J，et al. Comparison of the WRF and MM5 models for simulation of heavy rainfall along the Baiu front [J]．Sola，2005，1：197-200.

[12] 张芳华，马旭林，杨克明．2003 年 6 月 24～25 日江南特大暴雨数值模拟和诊断分析 [J]．气象，2004，30（1）：28-33.

[13] Pieri A B，von Hardenberg J，Parodi A，et al. Sensitivity of precipitation statistics to resolution, microphysics, and convective parameterization：A case study with the high-resolution WRF climate model over Europe [J]．Journal of Hydrometeorology，2015，16（4）：1857-1872.

[14] Cassola F，Ferrari F，Mazzino A. Numerical simulations of Mediterranean heavy precipitation events with the WRF model：A verification exercise using different approaches [J]．Atmospheric Research，2015，164：210-225.

[15] Cardoso R M，Soares P M M，Miranda P M A，et al. WRF high resolution simulation of Iberian mean and extreme precipitation climate [J]．International Journal of Climatology，2013，33（11）：2591-2608.

[16] Qian Y，Ghan S J，Leung L R. Downscaling hydroclimatic changes over the Western US based on CAM subgrid scheme and WRF regional climate simulations [J]．International Journal of Climatology，2009，30（5）.

[17] Toride K，Iseri Y，Duren A M，et al. Evaluation of physical parameterizations for atmospheric river induced precipitation and application to long-term reconstruction based on three reanalysis datasets in Western Oregon [J]．Science of the Total Environment，2018，658：570-581.

［18］Wang X，Barker D M，Snyder C，et al. A Hybrid ETKF-3DVAR data assimilation scheme for the WRF model. Part I: Observing system simulation experiment［J］. Monthly Weather Review，2007，136（12）：5116-5131.

［19］Liu J. Advances in Rainfall-runoff Modelling and Numerical Weather Prediction for Real-time Flood Forecasting［M］. 北京：科学出版社，2014.

［20］刘佳，田济扬，于福亮，等. 基于空天地多源数据同化的暴雨洪水预报技术与应用［M］. 北京：科学出版社，2019.

［21］Gochis D，Barlage M，Dugger A，et al. The WRF-Hydro modeling system technical description，（version 5.0）［M］. Boulder：National Center for Atmospheric Research，2018.

［22］杨明祥，蒋云钟，王忠静，等. 雅砻江流域 WRF 模式构建及应用［J］. 天津大学学报：自然科学与工程技术版，2016，49（4）：349-354.

［23］Tolson B A，Shoemaker C A. Dynamically dimensioned search algorithm for computationally efficient watershed model calibration［J］. Water Resources Research，2007，43（1）：1-16.

作者简介

王　维（1991—），男，博士后/工程师，主要从事水利水电工程新技术、水利工程科学研究与信息化工作。E-mail：wangwei_hydro@163.com

李　铭（1981—），男，高级工程师，主要从事水利水电工程建设与管理、水利工程科学研究与信息化工作。E-mail：5279034@qq.com

王　涛（1982—），男，正高级工程师，主要从事水利水电工程建设与管理、水利工程科学研究与信息化工作。E-mail：115983503@qq.com

万　民（1982—），男，高级工程师，主要从事水利水电工程新技术、水利工程科学研究与信息化工作。E-mail：wmfengyun@163.com

钟毫忠（1980—），男，正高级工程师，主要从事水利水电工程建设与管理、水利工程科学研究与信息化工作。E-mail：39234712@qq.com

长垣滩区生态治理对防洪影响的研究分析

谢亚光[1, 2]　梁艳洁[1, 2]　高　兴[1, 2]　朱呈浩[1, 2]

[1. 黄河勘测规划设计研究院有限公司，河南省郑州市　450003;
2. 水利部黄河流域水治理与水安全重点实验室（筹），河南省郑州市　450003]

[摘　要]黄河滩区治理事关黄河流域的安宁与稳定，对黄河流域抵御洪水的危害有着重要的意义。本文通过采用二维河道平面水流数学模型对长垣滩区生态治理对于防洪的影响进行了数值模拟计算。结果表明：不考虑贯孟堤改扩建工程时，生态治理工程前后工程河段最高水位降幅为 0.09～0.14m; 考虑贯孟堤改扩建工程时，生态治理工程前后工程河段最高水位降幅为 0.10～0.15m。

[关键词] 长垣滩区；生态治理；防洪影响

0　引言

黄河以"善淤、善徙、善决"闻明于世，素有"三年两决口，百年一改道"之说。黄河下游"地上悬河"形势严峻，下游地上悬河长达 800km，现状河床平均高出背河地面 4～6m，其中新乡市河段高于地面 20m[1-2]。时至今日，尽管黄河流域防洪工程控制体系已日趋完善，但仍约有 190 万群众生活在下游滩区，黄河洪水风险依然是流域的最大威胁。长期以来，如何治理黄河一直是众多学者关注的焦点。张金良等[3-7]提出了黄河下游滩区生态治理思路：由黄河大堤向主槽滩地依次分区改造为高滩、二滩和嫩滩，各类滩地设定不同的洪水上滩标准，高滩区域作为居民安置区，二滩发展高效生态农业等，嫩滩建设湿地公园，与河槽一起承担行洪输沙功能。

长垣滩区位于黄河下游左岸河南省新乡市境内，该滩区是河南省最大的低滩区、防汛重点县，黄河下游最宽断面大车集断面（24km）位于此，同时也是游荡性河势向过渡性河势转变的节点河段，"二级悬河"严重发育河段，"槽高、滩低、堤根洼"的不利河道断面形态显著。贯孟堤位于黄河下游左岸河南省新乡市境内，黄河干流测淤断面位于辛庄和王高寨之间，长度为 21.12km，是封丘倒灌区的控制性工程。封丘倒灌区位于黄河下游左岸河南省新乡市封丘县和长垣县境内。贯孟堤设防段末端姜堂至黄河大堤之间有长约 8km 的缺口，形成封丘倒灌区的倒灌口门，威胁封丘倒灌区群众防洪安全。

本文考虑了长垣滩区生态治理工程的可行性，以治理前后滩区为研究对象，通过建立二维平面数学模型，研究了长垣滩区生态治理工程对防洪的影响。

1　工程区域情况

1.1　河段概况

长垣滩区位于黄河下游东坝头至高村河段。东坝头至高村河段是清咸丰五年（1855 年）

铜瓦厢决口后形成的河道,河段长 70km,两岸堤距为 5.0～20.0km,河道比降 0.172‰。天然情况下,该河段河道内水流散乱,主流摆动十分频繁。20 世纪 60 年代后期以来,东坝头至高村河段陆续修建了多处河道整治工程。这些工程作用明显,工程的修建使得该段河势主流摆动大幅减弱。

1.2 水文条件

黄河下游洪水主要由中游地区暴雨形成,洪水发生时间为 6—10 月。黄河中游的洪水,分别来自河龙间、龙三间和三花间这三个地区。小浪底水库建成后,黄河下游防洪工程体系的上拦工程有三门峡、小浪底、陆浑、故县、河口村五座水库;下排工程为两岸大堤,设防标准为花园口 22000m³/s 流量;两岸分滞工程为东平湖滞洪水库,进入黄河下游的洪水须经过防洪工程体系的联合调度。表 1 是黄河水利委员会发布的防洪工程运用后黄河下游各级洪水流量表。

表 1 工程运用后各站不同量级洪水流量表 m³/s

水文站 \ 重现期	1000 年	200 年	100 年	20 年	10 年	5 年
夹河滩	20900	16500	13700	10700	10000	8000
石头庄	20600	16100	13200	10600	10000	8000
高村	19900	15500	13000	10400	10000	8000

1.3 工程概况

本工程方案对洪水有影响的主要治理措施包括淤筑高滩、二滩整治、嫩滩及河槽治理。高滩位于黄河大堤的临河侧,规模按照安置现状人口进行规划,其中,苗寨高滩顶面积为 5.53km²,占地面积为 5.57km²,武邱高滩顶面积为 4.78km²,占地面积为 4.84km²。"二滩"为高滩至黄河控导工程之间的区域,主要发展生态农业,并对搬迁后的村庄进行土地整治。"嫩滩"位于控导工程与黄河主槽之间,本次规划对嫩滩进行一定程度的疏浚,扩大现有河槽的过流能力。当前河道疏浚的目标,按照主槽达到安全通过 5 年一遇及以上洪水为目标。典型断面疏浚如图 1 所示。

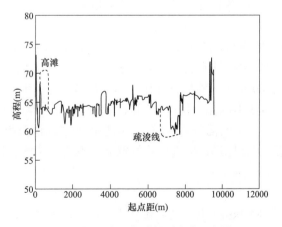

图 1 长垣滩区典型断面疏浚示意图

贯孟堤扩建工程自现状贯孟堤尾处开始，沿现有贯孟堤延伸到天然文岩渠右堤相接，主体堤防工程总长23.874km，在贯孟堤扩建工程末端新建防洪闸，预留应急水泵工作平台，跨越天然文岩渠，抵至左岸黄河大堤桩号20+300处，与贯孟堤扩建工程形成闭合的防洪体系，防御黄河洪水。

2 模型建立

2.1 控制方程及定解条件

采用河道平面二维水流数学模型进行计算，基本方程包括水流连续方程与水流运动方程

$$\frac{\partial Z}{\partial t}+\frac{\partial(hu)}{\partial x}+\frac{\partial(hv)}{\partial y}=0 \tag{1}$$

$$\frac{\partial(hu)}{\partial t}+\frac{\partial u(hu)}{\partial x}+\frac{\partial v(hu)}{\partial y}=-gh\frac{\partial Z}{\partial x}+D\left(\frac{\partial^2(hu)}{\partial x^2}+\frac{\partial^2(hu)}{\partial y^2}\right)-\frac{gn^2(hu)\sqrt{u^2+v^2}}{h^{4/3}} \tag{2}$$

$$\frac{\partial(hv)}{\partial t}+\frac{\partial u(hv)}{\partial x}+\frac{\partial v(hv)}{\partial y}=-gh\frac{\partial Z}{\partial y}+D\left(\frac{\partial^2(hv)}{\partial x^2}+\frac{\partial^2(hv)}{\partial y^2}\right)-\frac{gn^2(hv)\sqrt{u^2+v^2}}{h^{4/3}} \tag{3}$$

式中 h——水深，m；

u——x方向的流速，m/s；

v——y方向的流速，m/s；

Z——水位，m；

n——糙率系数；

D——紊动黏性系数，m^2/s。

2.2 计算范围及网格剖分

2.2.1 计算范围及网格剖分

数学模型的计算范围上边界为夹河滩水文站测量断面，下边界至高村水文站测量断面，河道长约84.4km，建模范围如图2所示。模拟区域内的离散采用三角形网格，对区域内堤防、道路、河道整治工程等周围网格适当加密，共布置网格41876个。

2.2.2 地形概化

为分析工程建设造成的壅水、淹没影响，本次结合工程河段河道冲淤演变预估分析，从偏于安全的角度考虑，选择主槽过流能力最小的地形条件（主要是河槽地形）进行洪水影响分析计算。因此，采用2000年汛前地形条件作为本次模型计算的地形条件。滩地地形采用黄河下游实测1:10000河道地形图（结合场区范围内测量的1:2000地形图进行了补充）。主槽地形需要利用2000年汛前实测大断面资料生成。根据整理的滩地地形和主槽地形资料，进行滩槽地形拼接，生成全河道三维地形，检查拼接位置处地形连贯性并进行必要的修正。生成后的地形图如图2所示。

2.2.3 计算边界条件

计算河段总长度约为84.4km，上游边界条件为来流量，下游边界为水位控制条件，两岸水边界流速为0。

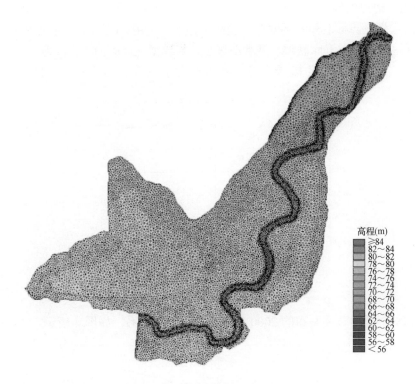

图 2　模型计算网格及地形插值图

2.3　模型率定及模型验证

模型主槽糙率采用根据黄委发布的河段实测糙率，对于滩地糙率，采用黄河防总发布的2000 年该河段沿程水位流量成果验证，通过不断调整糙率，使模型计算所得的河道测验断面水位计算值和实测水位误差不超过 3cm，验证计算成果与已有成果吻合较好。

3　计算方案及结果分析

3.1　计算方案

本次计算共 3 个工况（见表 2），工况 1 不考虑工程措施，为原状方案，工况 2 考虑长垣滩区生态治理工程，工况 3 考虑贯孟堤改扩建工程，工况 4 考虑长垣滩区生态治理工程及贯孟堤改扩建工程。

表 2　　　　　　　　　　　　　　　计 算 工 况

工况类型	方　　　　案
工况 1	原状
工况 2	考虑长垣滩区生态治理工程
工况 3	考虑贯孟堤改扩建工程
工况 4	考虑长垣滩区生态治理工程及贯孟堤改扩建工程

3.2 模型进出口边界条件

考虑下游大堤设防标准和滩区安全建设防洪标准，选用 1000 年一遇洪水（"82.8"型洪水）过程。通过黄河中游五库联调，洪水演进至计算模型进口断面（夹河滩水文站断面），过程如图 3 所示。该场洪水持续 13 天，最大洪峰流量为 20936m³/s，洪量为 114.13 亿 m³。

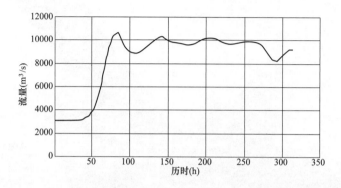

图 3　1982 年典型 1000 年一遇洪水设计流量过程

模型出口边界采用黄委发布的 2000 年高村水位流量关系，如图 4 所示。

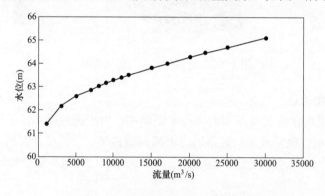

图 4　高村水位流量关系（2000 年）

3.3 计算结果及分析

3.3.1 流场及流速变化

图 5～图 8 显示了工况 1～工况 4 条件下工程河段流场图。对比工况 1 与工况 2，工况 1 条件下河道主槽流速为 1.12～2.89m/s，工况 2 条件下河道主槽流速为 1.07～2.75m/s，这是由于工况 2 中河道主槽清淤疏浚使河道断面面积增大，从而使河道主槽流速略有减小，主槽水流流向则没有明显变化；滩地流速变化较为明显，工况 1 条件下滩地流速为 0～0.58m/s，工况 2 条件下滩地流速则为 0～0.44m/s。工况 2 条件下滩地水流流速明显减小，水流流向在高滩附近有明显的变化，高滩附近水流流速约为 0.13m/s。工况 3 条件下河道主槽流速为 1.26～3.22m/s，滩地流速为 0～0.82m/s，对比工况 1，河道主槽及滩地水流流速明显增大，这是由贯孟封堵使过流断面减小造成的，但主槽水流流向则没有明显变化，滩地水流流向局部受贯孟堤改扩建工程的影响有明显的改变。工况 4 考虑了贯孟堤改扩建工程与滩区生态治理工程的共同影响，河道主槽流速为 1.18～3.03m/s，滩地流速为 0～0.71m/s，对比工况 3，受滩区

生态治理工程的影响，主槽及滩地水流流速有明显降低，主槽水流流向没有明显变化，滩地局部水流流向变化较为显著，高滩附近水流流向有明显改变，高滩附近水流流速约为0.17m/s。对比工况4与工况2可以看出，受贯孟堤改扩建影响，河道主槽及滩地流速明显增大，贯孟堤附近局部水流流向有明显变化。

图5　工程河段流场图（工况1）

图6　工程河段流场图（工况2）

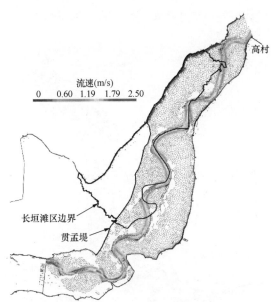

图7　工程河段流场图（工况3）

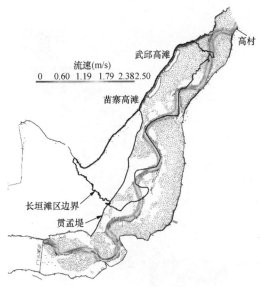

图8　工程河段流场图（工况4）

3.3.2　淹没范围及水位变化

　　图9～图12显示了工况1～工况4条件下工程河段最大淹没水深图。相较工况1，工况2

的淹没范围变化不大，受生态治理工程影响，局部淹没水深有所减小，高滩附近淹没水深减小 0.3～0.8m，工况 3 与工况 4 受贯孟堤改扩建工程影响，滩区淹没水深明显有所增大。相较工况 3，工况 4 淹没范围有所减小，高滩附近水深略有减小，局部增大 0.4～1.1m。

滩区生态治理工程会对洪水沿程水面线有明显的影响。在不实施贯孟堤改扩建工程时，实施滩区生态治理工程后，长垣滩区范围内最高水位降幅为 0.09～0.14m。在实施贯孟堤封堵的条件下，再实施滩区生态治理工程后，长垣滩区最高水位降幅为 0.10～0.15m。

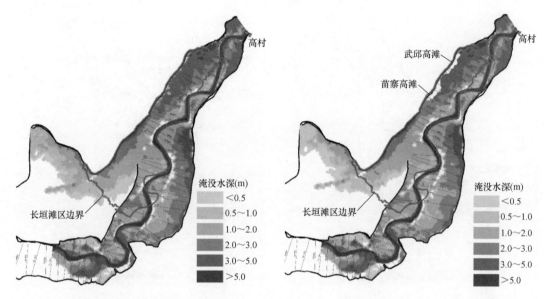

图 9　工程河段最大淹没水深图（工况 1）　　图 10　工程河段最大淹没水深图（工况 2）

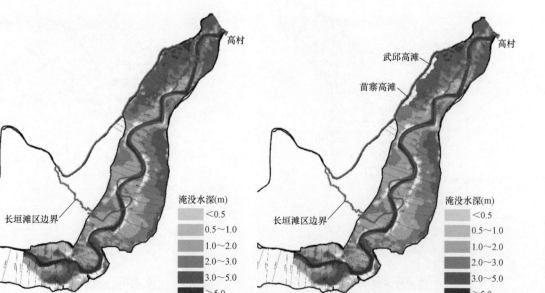

图 11　工程河段最大淹没水深图（工况 3）　　图 12　工程河段最大淹没水深图（工况 4）

4 结语

本文采用河道平面二维数学模型对长垣滩区生态治理工程前后进行了数值模拟和计算。从计算结果可以看出，不考虑贯孟堤改扩建工程时，生态治理工程前后工程河段最高水位降幅为 0.09～0.14m，淹没范围变化不大，局部淹没水深减小 0.3～0.8m，河道主槽流速略有减小，流向变化不大，滩地流速也略有减小，局部水流流向受高滩工程影响变化较大；考虑贯孟堤改扩建工程时，生态治理工程前后工程河段最高水位降幅为 0.10～0.15m，淹没范围变化不大，局部淹没水深减小 0.4～1.1m，河道主槽流速略有减小，流向变化不大，滩地流速也略有减小，局部水流流向受高滩工程影响变化较大。

参考文献

[1] 张金良. 黄河下游滩区再造与生态治理 [J]. 人民黄河，2017，39（6）：24-33.

[2] 张金良，仝亮，王卿，等. 黄河下游治理方略演变及综合治理前沿技术 [J]. 水利水电科技进展，2022，42（2）：41-49.

[3] 张金良，刘继祥，万占伟，等. 黄河下游河道形态变化及应对策略——"黄河下游滩区生态再造与治理研究"之一 [J]. 人民黄河，2018，40（7）：1-6，37.

[4] 张金良，刘继祥，罗秋实，等. 不同治理模式下黄河下游水沙运行机制研究——"黄河下游滩区生态再造与治理研究"之二 [J]. 人民黄河，2018，40（8）：1-7.

[5] 张金良. 基于悬河特性的黄河下游生态水量探讨——"黄河下游滩区生态再造与治理研究"之三 [J]. 人民黄河，2018，40（9）：1-4.

[6] 张金良，刘继祥，李超群，等. 黄河下游滩区治理与生态再造模式发展——"黄河下游滩区生态再造与治理研究"之四 [J]. 人民黄河，2018，40（10）：1-5，24.

[7] 张金良，刘生云，暴入超，等. 黄河下游滩区生态治理模式与效果评价——"黄河下游滩区生态再造与治理研究"之五 [J]. 人民黄河，2018，40（11）：1-4，33.

作者简介

谢亚光（1987—），男，工程师，主要从河道与水库泥沙研究工作。E-mail：xiaguang.1234@163.com

梁艳洁（1984—），女，高级工程师，主要从事河道与水库泥沙数值模拟。E-mail：173116184@qq.com

高　兴（1990—），男，工程师，主要从事水沙调控与泥沙设计。E-mail：2408177451@qq.com

朱呈浩（1995—），男，助理工程师，主要从事水库调度运用与水沙调控研究工作。E-mail：zch950826@163.com

基于 3DEXPERIENCE 圆形水池设计工具按钮创建方法研究

王　蕊　冉丽利　马玉岩

（中国电建集团成都勘测设计研究院有限公司，四川省成都市　610072）

［摘　要］3DEXPERIENCE（以下简称"3DE"）是主流 BIM 软件 CATIA 的一次重要迭代，但目前 3DE 在市政工程行业的应用极少。本文以市政工程中常见的圆形水池为例，基于 3DE，通过知识工程模块，运用 EKL 语言编写了可带桩基础的圆形水池 Action，可以一键生成圆形水池模型，并在 KAC 模块对 Action 实施封装，创建具有用户交互界面的"圆形水池"工具按钮，通过不同工程实例的测试，本文研究创建的设计工具按钮具有普适、高效、快速的特点，本文的建模及工具按钮的创建方法对 3DE 在市政行业的推广和普及具有借鉴意义。

［关键词］3DEXPERIENCE; UDF; KAC; 知识工程; 封装; 工具按钮

0　引言

CATIA 是法国达索系统（Dassault Systeme）旗下的一款软件，包含了基础结构、机械设计、形状设计等诸多模块，是目前主流的 BIM 软件之一。2014 年达索系统推出了 3DE，3DE 是 CATIA 软件的一次迭代，是达索对旗下产品的一次整合。

目前基于 CATIA 软件，众多学者开展了大量研究。王艳真等[1]基于 CATIA V6 版本，运用参数化设计和知识工程模块工具，实现阀门模型的参数化驱动。张航等[2]利用 CATIA 知识工程技术，在飞机结构设计中，通过参数表、用户特征、知识工程阵列等方式，实现了大量具有类似特征模型的批量生成和快速修改，为多个型号结构快速建模和布置提供了新的解决思路。崔小建等[3]通过 3DE，采用装配式思路，借助知识工程模块结合二次开发，建立了桥梁下部结构模板管理系统，实现桥梁下部结构的快速建模。申振华等[4]通过 CATIA 知识工程模块，采用参数化建模，快捷生成车辆设计中应用广泛的多状态、各型号高精度板簧模型。

近年来我国学者关于提高建模效率和模型质量的研究主要依托 CATIA 软件的知识工程模块，且集中在船舶、航空、机械领域。基于 3DE 在市政工程行业的应用极少，本文以市政工程中常见的圆形水池为例，通过知识工程模块对圆形水池快速建模方法和专业工具按钮创建展开研究。

1　技术路线

1.1　传统技术路线

圆形水池是市政工程中一种常见的水池形式，应用广泛。传统三维建模思路如图 1 所示，用户需要建立空间点、二维平面，绘制草图轮廓，设置结构尺寸如图 2 所示，拉伸实体形成模型如图 3 所示。水池基桩布置过程，元素环环相扣，步骤繁复，难以满足尺寸或布置修改、快速协同更新的应用需求。另外，传统三维建模过程中，调整模型位置的元素、修改结构尺寸的参数都未外显，隐藏在草图和建模过程中，因命名或建模思路不同，这些元素的位置也各异，查找非常麻烦，因此传统三维建模方法复用率低，模型位置和尺寸调整困难。

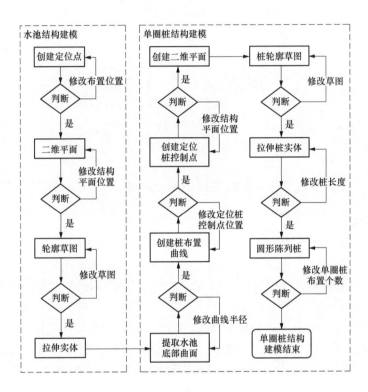

图 1　传统建模思路

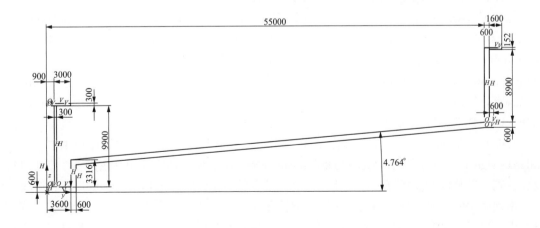

图 2　结构草图及尺寸约束

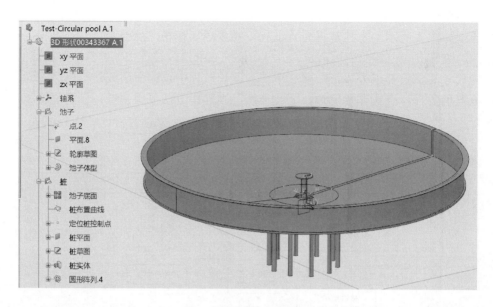

图 3　拉伸实体形成模型

1.2　本文技术路线

本文的技术路线是基于 3DE，通过知识工程模块，运用 EKL 语言编写可带桩基础的圆形水池 Action，在 KAC 模块对 Action 实施封装，创建具有用户交互界面的"圆形水池"工具按钮，实现圆形水池模型快速生成，结构参数修改便捷，"知识"的隐形管理显性表达。

知识工程（Knowledge Based Engineering，KBE）最早由美国斯坦福大学的 Feigenbaum 教授提出，旨在利用经验、知识和人工智能，解决实际问题。核心是将学科知识、设计规范、标准、设计参数和经验融入软件，通过判断和推理实现产品的智能设计。CATIA 是最早引入知识工程设计的软件之一[5]。

CATIA 软件提供了知识工程设计工作台，包含知识工程顾问（Knowledge Adcisor）、知识工程专家（Knowledge Expert）、产品知识模板（Business Process Knowledge Template）、产品工程优化设计（Product Engineering Optimization）、产品功能定义（Product Function Definition）、产品功能优化（Product Function Optimization）模块。用户通过以下工具，如参数（parameters）、关系（relations）、公式（formulas）、规则（rules）、检查（checks）、反应（Action）等来编辑、创建知识，通过模板文件来表达和应用知识，常用的模板文件包括用户特征模板 UDF（User Defined Feature）、超级拷贝（Power Copy）等[7]。

3DE 在 CATIA 知识工程的基础上优化、拓展了新的模块，如最佳实践设计（KHC-Quality Rules Designer）和应用设计（KAC-Design Apps Developer）。其中用户可利用 KAC 模块对模板、规则，以及设计步骤等进行封装，该模块提供了创建自定义工具按钮和交互界面功能。

本次模型的创建，基于 3DE，采用骨架设计的思路，运用参数和 EKL（企业知识工程语言）语言编写"知识"，通过 Action 结合 UDF（User Defined Feature）对"知识"进行表达和应用，生成模型，最终在 KAC 模块对生成模型的 Action 进行封装，建立基于 3DE 的圆形水池工具按钮。

创建工具按钮的技术路线如图 4 所示。

2 工具按钮创建方法

2.1 骨架设计

骨架设计是一种自顶而下的设计方法，通过骨架元素驱动实体与零件之间的关联关系，当设计变更后，通过修改骨架元素即可实现模型快速更新。骨架设计具有驱动设计、协同设计、避免更新循环的特点，是设计人员进行设计参考和定位参考的重要基准，常用的骨架元素包括点、线、面、轴等。

骨架设计理念是让结构只与骨架元素发生关联，这样能让整个建模逻辑关系扁平，适用于模板模型建立，能提高模板的适应性。

比较复杂的圆形水池结构构成常包括池底、池壁、走道板、集渣井、配水井、基桩等部分。结构的定位均以池底中心点为基准，骨架元素即为水池定位点。骨架设计架构图如图 5 所示。

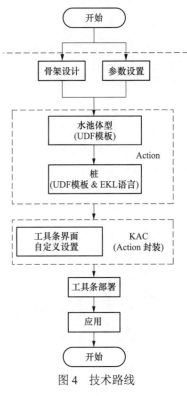

图 4　技术路线

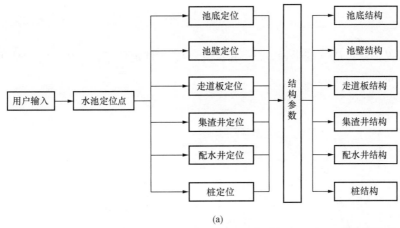

(a)

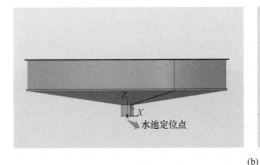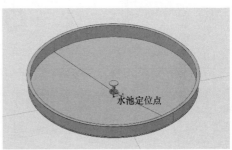

(b)

图 5　骨架设计架构图

（a）骨架元素；（b）水池定位点

177

2.2 参数设置

确定了圆形水池模型骨架元素，通过设置结构参数，控制池底、池壁、走道板、集渣井、配水井及基桩的轮廓。参数的设置方便后期对模型结构尺寸快速修改。经过梳理，结构参数包括以下内容。

（1）水池体型参数：R_1—水池内径、R_2—配水井内径、R_3—集渣井内径、H_1—池壁高度、H_2—配水井高度、H_3—集渣井高度、W_1—走道板宽度、W_2—底板外挑宽度、W_3—配水井顶板宽度、t_1—底板厚度、t_{1-a}—集渣井底板厚度、t_2—池壁厚度、t_{2-a}—集渣井池壁厚度、t_{2-b}—配水井壁厚、t_3—走道板厚度、t_{3-a}—配水井顶板厚度、θ—底板坡度。如图 6 所示。

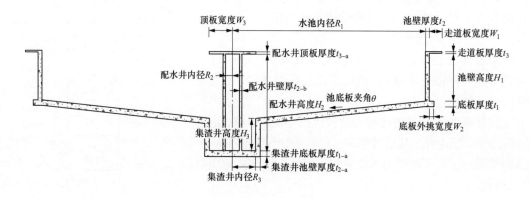

图 6 水池体型参数

（2）基桩布置参数：R_z—桩半径、L—桩长度、PR—桩定位半径、θ_z—定位桩角度，n—每一圈桩个数。如图 7 所示。

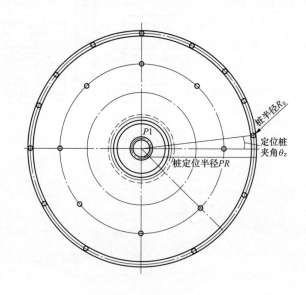

图 7 基桩布置参数

2.3 模型建立

模型创建采用知识工程模块 Action 方式，如图 8 所示，根据结构特点，结合运用 UDF 和 EKL 语言。

EKL 是达索官方编写的一种解释性企业知识工程语言，其特点是语法面向对象，可调用对象、规则具有可拓展性。

UDF 是 3DE 建模过程封装为一个（组）特征的知识工程组件，将复杂的建模过程模块化的主要实现途径。使用 UDF 时，仅需若干几何元素和参数输入即可得到建模结果[1]。

图 8 Action（规则）编辑界面

（1）水池体型建模：水池体型的结构参数具有确定性和值唯一的特点，参数之间无关联关系，适合采用 UDF 方法建立。模板输入为水池定位点，输出包括水池体型和水池底部曲面，后者将作为基桩模型布置的基准面，是生成桩模型的输入元素。如图 9 所示。

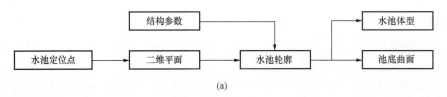

(a)

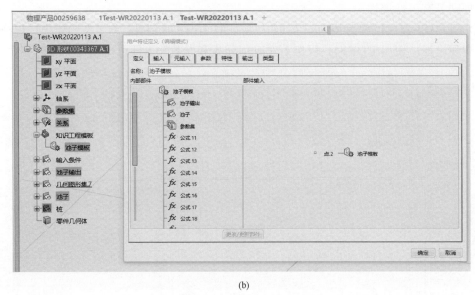

(b)

图9　水池结构建模

（a）水池结构建模思路；（b）UDF 模板制作界面

（2）基桩布置建模：桩布置在水池底部曲面，定位桩位置的参数具有不确定性，且参数之间存在逻辑关系。使用 EKL 编辑循环语句，输入 N 个定位桩夹角 θ_z 和定位桩半径 PR；另外定义每一圈桩个数 n。由以上参数共同生成水池底部所有桩的定位点，结合桩参数调用 UDF 模板生成桩模型。建模技术路线如图 10 所示。

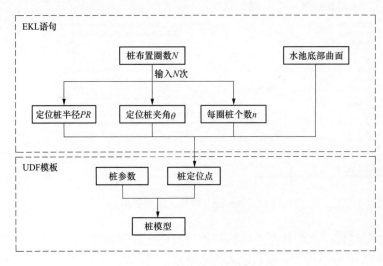

图 10　基桩建模技术路线

水池体型和桩模型生成存在先后顺序，需先通过 EKL 语言调用水池模板，生成包括水池体型和水池底部曲面，后者是桩模型布置基准面，是生成桩定位点的输入元素。因此需通过 EKL 语言来组织逻辑关系，实现整个模型的生成。

整个模型生成的技术路线如图 11 所示。

2.4 工具按钮创建

通过 Action 实现了模型的生成，但在使用时，Action 命令会暴露 EKL 语句，不利于"知识"的保护。如图 12 所示。另外，结构参数无图例补充说明，参数指向不明确，用户体验感差，不利于建模方法的推广和普及。

为解决以上问题，基于 CATIA 软件，可以通过二次开发，实现"知识"封装，生成工具按钮。CATIA 主要提供了两种二次开发接口：自动化对象编程（V5 Automation）和开放的基于构件的应用编程接口（Component Application Architecture，CAA）。

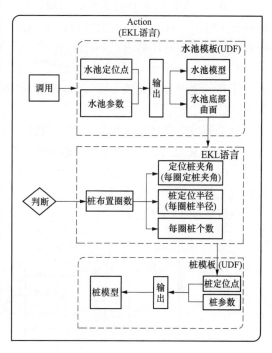

图 11　建模技术路线

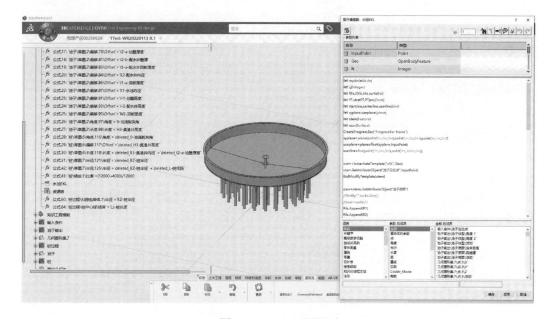

图 12　Action 运用界面

组件应用架构（CAA）是产品扩展和定制开发平台，能实现深层次的二次开发需求，需要用户掌握 Visual C++语言，了解软件连接端口等方面知识，应用门槛较高[6]。

自动化对象编程（V5 Automation），采用 Visual Basic6.0（以下简称"VB"）对 CATIA 进

行二次开发，VB 语言具有简单、易用、可视化的特点。Automation 是通过 VB 调用 CATIA 提供的丰富类、库、二次开发函数，实现交互方法的定制开发。Automation 简单易学，能满足大部分的工程应用需求[7]。

基于 Automation 在 CATIA 平台能实现圆形水池 Action 的封装，并生成工具按钮，但无法设计和创建工具按钮的交互界面，用户若要对结构参数进行修改，只能修改 VB 相关语句，使用便捷性差。

为了解决工具按钮交互界面创建问题，为用户提供更友好、便捷的参数填写、修改界面，3DE 提供了 KAC 模块，对知识工程中的关系（Relations）、公式（Formulas）、规则（Rules）、检查（Checks）、反应（Action）等"知识"语句进行封装，创建工具按钮，根据用户需求，自定义工具按钮的交互界面。

流程如图 13 所示。

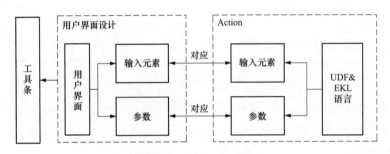

图 13　Action 封装流程

（1）用户交互界面设计：在 KAC 模块使用"布局设计"对工具交互界面进行设计和预览。如图 14、图 15 所示。

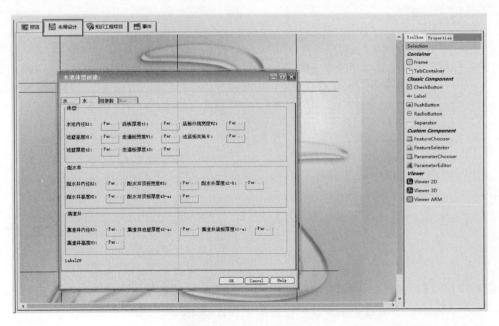

图 14　用户交互界面设计

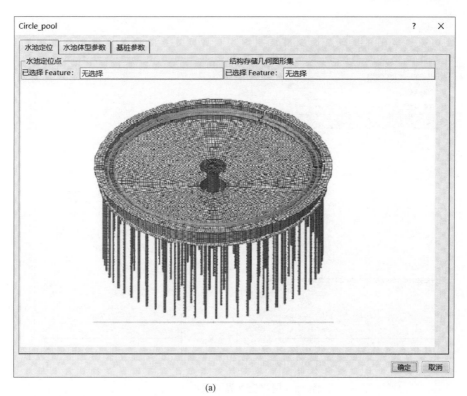

(a)

(b)

图15 用户交互界面预览（一）

（a）输入元素界面；（b）水池参数界面

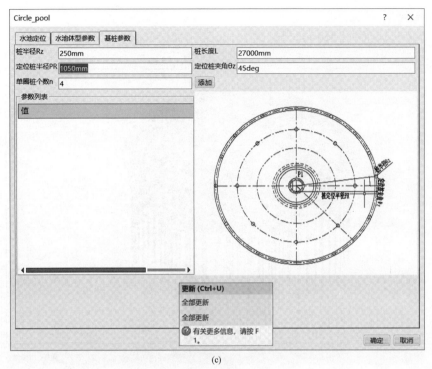

(c)

图 15　用户交互界面预览（二）

（c）水池基桩参数界面

（2）按钮驱动设置：KAC 模块使用"知识工程项目"将用户交互界面按钮与 UDF 模板和参数关联。如图 16 所示。

图 16　"知识工程项目"设计界面

（3）工具按钮创建：完成界面设计和按钮驱动设置后存储至"应用程序包"，通过"应用程序和命令"创建工具按钮，工具按钮的图例、放置的模块位置都可自定义。如图17、图18所示。

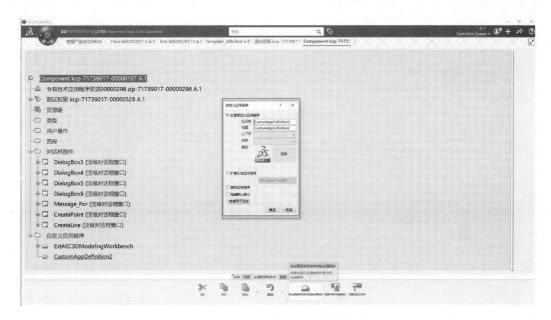

图 17　工具按钮自定义模块

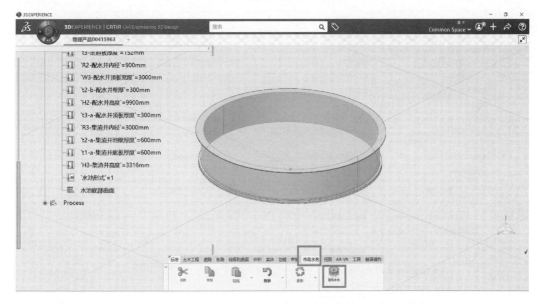

图 18　设置工具按钮显示模块位置

3　工程应用实例

为测试工具按钮的实际效果，选取污水处理厂中常用的初沉池和二沉池，分别作为复杂圆形水池与简单圆形水池样例进行测试。

（1）复杂水池：某初沉池直径 50m，高 10.8m，底板斜率为 1/12，水池中部设有配水井，水池底部有集渣井，水池采用桩基础形式，共布置有桩基 9 圈，水池结构较为复杂。水池剖面如图 19 所示。

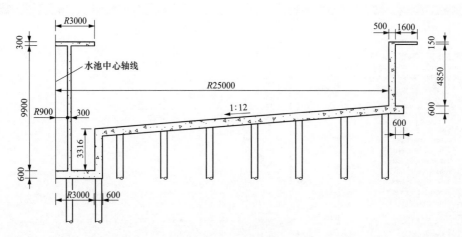

图 19　水池剖面图

采用本文建立的工具按钮进行模型创建，在用户使用界面下，分别输入各项结构参数，如图 20 所示，形成模型如图 21 所示。

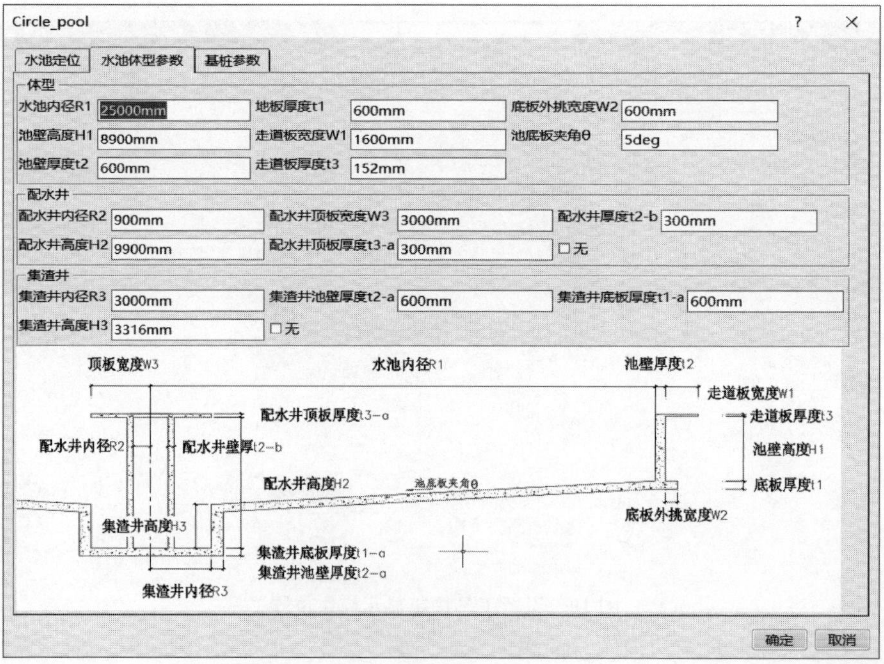

（a）

图 20　复杂圆形水池参数（一）

（a）复杂圆形水池体型参数

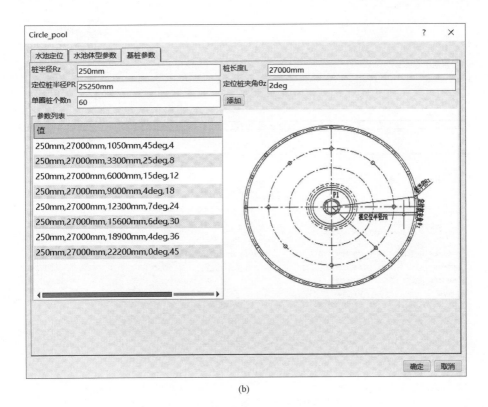

(b)

图 20　复杂圆形水池参数（二）

（b）复杂圆形水池基桩参数

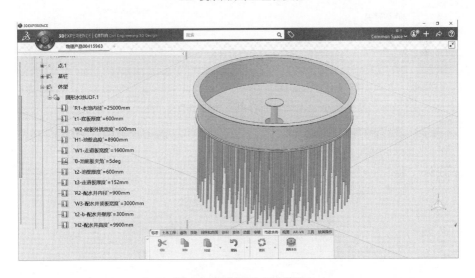

图 21　复杂圆形水池模型

（2）简单圆形水池：某二沉池直径 50m，高 6.265m，内部无配水井，底部无集渣井，底板水平，水池下部为天然地基，水池结构相对简单。水池剖面如图 22 所示。

采用本文建立的工具按钮进行模型创建，在用户使用界面下，分别输入各项结构参数，如图 23 所示，形成模型如图 24 所示。

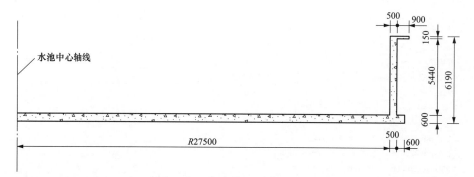

图 22　水池剖面图

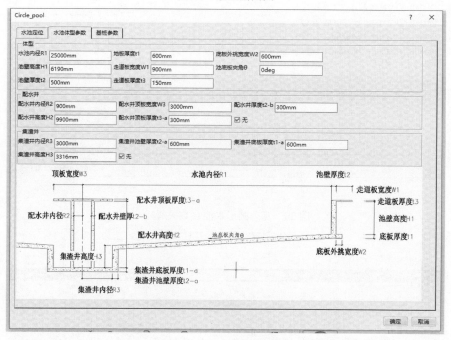

图 23　简单圆形水池参数

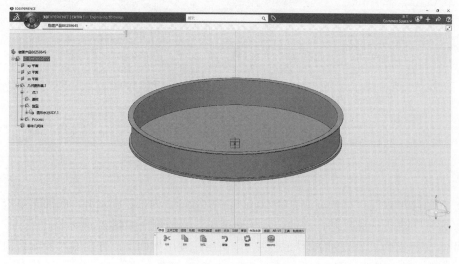

图 24　简单圆形水池模型

以上测试成果表明，不论复杂圆形水池还是简单圆形水池，本文研究创建的设计工具按钮均能够适应，可以高效、快速地形成高质量模型，友好的工具按钮交互界面，极大地提高尺寸修改效率，对工程前期方案比选、辅助科学决策具有重要价值。

4　结语

基于 3DE 的传统建模方法，过程烦琐，重要参数不外显示，修改麻烦，模型复用率低。本文基于 3DE，使用了知识工程和 KAC 两个模块，采用骨架设计思路，结合 Action、UDF、EKL 语言创建，应用"知识"，在 KAC 模块对"知识"进行封装，新建具有用户交互界面的专业设计工具按钮。基于本文模型和工具按钮创建、应用研究，总结如下：

（1）利用知识工程模块，采用 EKL 语言编写"知识"，通过 Action 和 UDF 表达"知识"的模型创建方法。满足了不同结构形式、参数逻辑较为复杂的建模需求，极大地提高了模型创建效率，提升了模型质量。

（2）KAC 模块对"知识"封装，可将设计规范、企业标准和用户经验融入设计的过程，对"知识"进行隐形管理、显性表达，实现知识的保护、重用和共享。

（3）KAC 模块创建工具按钮交互界面的功能，大大降低了二次开发成本，为不具备二次开发能力的工程设计人员提供了新建自定义工具按钮的途径，让用户使用更加便捷，有利于专业三维设计工具的推广和普及。

本文建模和工具按钮的创建方法可扩展至其他市政结构设计场景中，企业可打造基于 3DE 具有自主知识产权的专业设计工具集，提升专业三维设计的智能化水平，对 3DE 在市政行业的推广和普及具有借鉴意义。

参考文献

[1] 王艳真，徐思豪，陈勇，等. 基于 CATIA V6 知识工程的智能化阀件设计 [J]. 船舶与海洋工程，2021，37（4）：66-70.

[2] 张航，陈涛，王玖. CATIA 知识工程技术在飞机结构设计中的应用 [J]. 制造业自动化，2020，42（9）：1-4，16.

[3] 崔小建，曹炳勇，陈莎莎，等. 基于 3DE 的下部结构 BIM 模型快速创建系统 [J]. 中国市政工程，2021，219（6）：22-25.

[4] 申振华，王开明，庞向东，等. CATIA 工程模块在悬架系统多片簧设计中的应用 [J]. 现代车用动力，2020，180（4）：54-58.

[5] 徐新明，石端伟. CATIA V5 知识工程在产品设计中的应用 [J]. 机械设计与制造，2006（7）：16-17.

[6] 高建. 基于 Catia 知识工程及二次开发的快速建模技术 [J]. 工程与试验，2019，59（3）：8-10.

作者简介

王　蕊（1987—），女，工程师，主要从事 BIM 设计与智慧工程研究工作。E-mail：372522370@qq.com

洪门渡大桥深水抗震设计研究

朱克兆　史召锋　尹邦武

（长江勘测规划设计研究有限责任公司，湖北省武汉市　430010）

[摘　要] 本文以乌东德水电站库区洪门渡大桥为例，按照 JTG/T 2231-01—2020《公路桥梁抗震设计规范》中动水压力的计算方法，将水体考虑为附加质量，采用有限元方法进行深水高墩大跨连续刚构桥的地震响应研究。研究结果表明，考虑动水压力作用后结构自振频率减小，桥墩内力和位移值均明显增大，但并非所有的响应值均呈现出随着主墩淹没深度加大逐步变大的趋势。鉴于库区深水桥梁常规抗震设计分析多针对死水位、正常蓄水位等特征水位工况进行，基于本文研究结论，应重视其他可能出现的主墩淹没水位并进行同等深度抗震分析研究，以期能够找出主墩地震响应最大值，确保结构受力安全。

[关键词] 深水高墩；动水压力；地震响应

0　引言

近年来，随着我国水电清洁能源的逐步开发，为恢复水电站库区内交通出行，一大批深水桥梁也随之完成配套建设。高学奎[1]、谢凌志[2]、黄信[3]、杨万理[4] 等学者的研究成果表明，此类深水大跨桥梁在地震作用下，桥墩与水体的相对运动将使得水体对桥墩产生动水压力，不但会改变结构动力特性，同时也会使结构动力响应增大。通常桥墩墩底为地震震害多发位置，考虑到深水桥墩震害水下检测困难、修复施工困难且修复费用较高等特殊性，有必要在设计阶段对桥梁结构进行深水抗震专项研究，以确保结构的受力安全及运营维护的便利。

目前已有的相关研究成果多集中于某些特定水位下动水压力对结构的地震响应分析，但对水位连续变化情况下的结构地震响应分析研究相对较少。因此，本文以乌东德水电站库区洪门渡大桥为依托，根据 JTG/T 2231-01—2020《公路桥梁抗震设计规范》[5] 规定的动水压力计算方法，对于水位连续变化情况下动水压力对库区深水高墩大跨连续刚构桥抗震响应的影响进行分析研究。

1　动水压力计算方法

目前，地震动水压力的计算理论主要分为 Morison 方程和辐射波浪理论两种[6]。前者适用于当结构横向尺寸较小时，假定结构存在对波浪运动无显著影响，动水压力可根据半经验半解析的 Morison 方程得到；后者则适用于当结构横向尺寸较大，因而需要考虑结构对水运动状态的影响，即以流体速度势作为基本变量，结合相关边界条件建立动水压力的解析解，求解较为复杂。

《公路桥梁抗震设计规范》中动水压力计算方法参考欧洲桥梁抗震设计规范 2005 版相关规定，采用了简化的 Morison 方程，忽略了结构运动对水体的影响以及动水阻力引起的桥墩结构动力响应[7]，主要计算规定为：对浸入水中的桥墩，在常水位以下部分，当水深大于 5m 时，不考虑地震动水压力对桥梁竖向的作用，对桥梁水平方向的作用应按附加质量法考虑，即浸入水中的桥墩水平方向总有效质量应按桥墩实际质量（不考虑浮力）、空心桥墩内部可能包围的水的质量、浸入水中桥墩的附加质量之和取值。矩形截面桥墩附加质量按公式（1）计算

$$m_a = k \cdot \rho \cdot \pi \cdot a_y^2 \tag{1}$$

式中，k 为矩形截面桥墩附加质量系数，与矩形截面形状参数 a_y / a_x 有关，可查表按照线性插值得到；a_x 和 a_y 分别为矩形截面沿水平向地震动输入方向和垂直方向的边长。上述方法按附加质量模拟动水压力，附加质量的计算仅与桥墩截面尺寸和截面形状有关，而和水深无关。

2 洪门渡大桥地震响应分析

2.1 工程概况及计算模型

洪门渡大桥位于云南省禄劝县和四川省会东县交界、乌东德水电站大坝上游约 6km 处，横跨金沙江，大桥立面布置图如图 1 所示。大桥设计总长为 522m，设计桥型为（135+240+135）m 三跨预应力混凝土变截面连续钢构桥，桥面总宽 12m，设计汽车荷载为公路-Ⅰ级，验算荷载为挂-300。主桥箱梁横断面采用单箱单室截面，桥墩采用变截面双肢薄壁空心墩，主墩墩高均为 85m，枯水期淹没水深为 44m，丰水期淹没水深达到 74m。单肢薄壁墩采用纵桥向顶宽为 3.5m，沿墩高按 1:80 比例双向放大，横向尺寸为 7m，纵桥向壁厚为 0.8m，横桥向壁厚为 1.0m。桥墩基础采用直径 2.5m 的群桩基础。

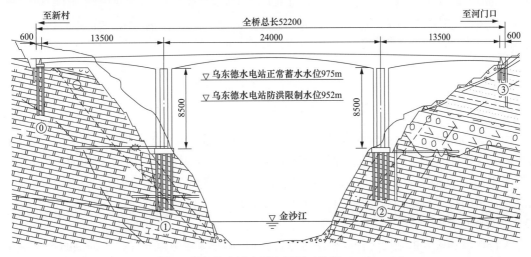

图 1　洪门渡大桥立面布置图（单位：cm）

本文运用 Midas/Civil 有限元软件建立洪门渡大桥抗震计算有限元模型，分别进行线弹性 E1 和 E2 水准下地震响应分析。主梁、桥墩、桩基均采用空间梁单元进行模拟，桥墩与主梁

之间采用刚性连接进行连接，边跨支座采用弹性连接模拟，桩基础模拟考虑桩—土相互作用，土弹簧的刚度根据场地土地勘资料和各墩底桩布置由 m 法确定。洪门渡大桥有限元计算模型如图 2 所示。

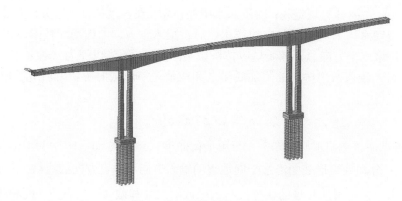

图 2　洪门渡大桥有限元模型

2.2　动力特性分析

洪门渡大桥动力特性分析同时考虑桥墩域内水+域外水作用，主墩淹没深度分别取 0（无水体）～85m，大桥动力特性计算结果如图 3 所示。

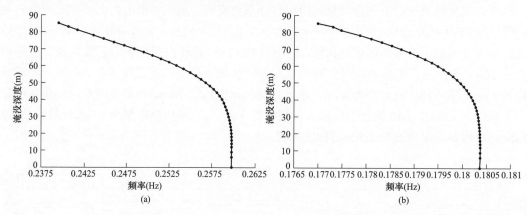

图 3　0～85m 淹没深度结构动力特性曲线

（a）纵向；（b）横向

由图 3 分析可知，在计算中考虑主墩附加质量作用后，大桥自振频率总体呈降低趋势。其中，纵向基频降低幅度较大，主墩淹没深度 85m 较无水体时降低了 8.5%；相应的横向基频降低了 1.9%，变幅十分有限。上述结论说明大桥结构本身体量较大，即使在墩身全部淹没的情况下，水的存在对结构动力特性有一定的影响，但影响并不那么显著。

2.3　地震响应分析

大桥地震响应分析采用时程分析法进行，加速度时程采用地震安评报告提供的 50 年超越概率 10%基岩水平峰值加速度为 0.129g、50 年超越 2%基岩水平峰值加速度为 0.234g 的地震波数据，地震荷载工况分别考虑了纵桥向+竖向和横桥向+竖向的地震作用效应。限于篇幅，本文仅给出 E2 水准纵桥向+竖向和横桥向+竖向地震作用下、淹没深度为 0～85m 时墩顶位移、墩底弯矩和剪力曲线（如图4～图6所示）。

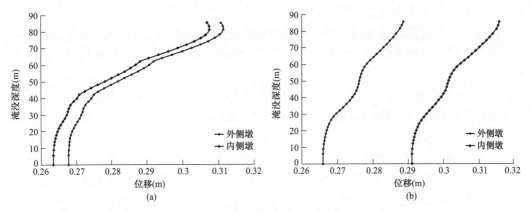

图4　0～85m淹没深度墩顶位移曲线

（a）纵向；（b）横向

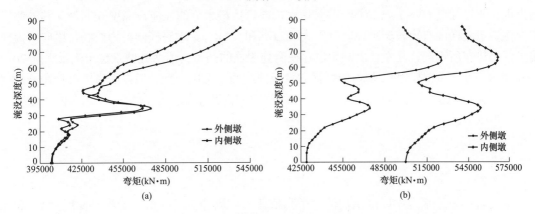

图5　0～85m淹没深度墩底弯矩曲线

（a）纵向；（b）横向

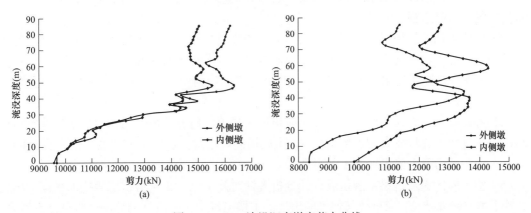

图6　0～85m淹没深度墩底剪力曲线

（a）纵向；（b）横向

对图4计算结果分析可知，E2水准地震作用下墩顶纵向和横向位移随淹没深度的增加总体呈逐步放大趋势。以内侧墩为例，主墩淹没深度85m较无水体时横向位移增大了8.6%，对应的纵向位移增大了 16.5%。不过纵向位移最大值却不是在淹没深度 85m 时，而是在淹没深度 81m 时，但二者差异微小，仅为 0.2%。

对图 5～图 8 计算结果分析可知，主墩墩底纵向和横向弯矩、剪力响应值总体仍是随淹没深度的增加呈逐步放大趋势，但两个方向上的墩底内力随淹没深度变化曲线则呈现出不同的形状。

E2 水准纵向地震作用下，墩底纵向弯矩曲线最大响应值发生在淹没深度 85m 时，外侧墩和内侧墩墩底纵向弯矩较无水体时分别大 33.5%和 26.2%；淹没深度在 28～42m 范围出现了一处明显的凸点，该范围内淹没深度 34m 处弯矩值与淹没深度 62m 处弯矩值数值相当，较最大值仅小了 11%～13.5%。墩底纵向剪力曲线发展趋势基本与弯矩曲线相同，也存在一处较明显的凸点，但其外侧墩和内侧墩墩底剪力最大值分别位于淹没深度 48m 和 42m 处，二者较无水体时分别大 69.6%和 55.7%。

E2 水准横向地震作用下，墩底横向弯矩曲线存在两处明显的凸点，第一处凸点与纵向地震作用下纵向弯矩凸点分布范围基本一致，大致位于淹没深度在 28～42m 范围；第二处凸点则出现在淹没深度 60～70m 范围，并且墩底横向弯矩最大值约在淹没深度 65m 处，其外侧墩和内侧墩墩底横向弯矩较无水体时分别大 22.6%和 13.4%。墩底横向剪力曲线与横向弯矩曲线发展趋势有所不同，其中，内侧墩也存在两处明显的凸点，但两处凸点位于淹没深度 20～46m 和 50～68m 范围，大致与内侧墩横向弯矩曲线凸点范围一致，但内侧墩则仅存在一处明显凸点，大致范围为淹没深度 20～72m，外侧墩和内侧墩墩底横向剪力较无水体时分别大 61.5%和 45.5%。

3 结语

本文以乌东德水电站库区洪门渡大桥为依托，对比分析了大桥主墩淹没深度为 0～85m 时结构抗震响应的变化情况，得到主要结论如下：

（1）在考虑深水高墩动水压力影响后，桥墩关键截面地震响应增大显著，因此设计库区深水桥梁时应引起重视。

（2）按照附加质量模拟动水压力将会对大桥的质量分布产生一定的影响，使得结构的自振频率减小。其中，纵向基频较无水体时降低显著，但横向基频降低幅度十分有限。

（3）考虑深水高墩动水压力影响后，主墩各地震响应值中，剪力变化率最大，弯矩次之，位移最小。

（4）考虑动水压力作用后桥墩地震响应虽增大显著，但并非所有的响应值都呈现出随着主墩淹没深度加大逐步变大的趋势。其中，墩底横向弯矩最大值约出现在主墩被淹没 3/4 时，墩底纵、横向剪力最大值出现在 1/2～3/4 时。

（5）鉴于库区深水桥梁常规抗震设计分析多针对死水位、正常蓄水位等特征水位工况进行，基于本文研究结论，应重视其他可能出现的主墩淹没水位并进行同等深度抗震分析研究，以期能够找出主墩地震响应最大值，确保结构受力安全。

参考文献

[1] 高学奎，朱晞. 地震动水压力对深水桥墩的影响 [J]. 北京交通大学学报，2006，30（1）：55～58.

［2］谢凌志，赖伟，蒋劲松，等．潆街渡深水桥梁抗震分析［J］.四川大学学报（工程科学版），2006，41
（5）：47～53.

［3］黄信，李忠献．动水压力作用对深水桥墩地震响应的影响［J］.土木工程学报，2011，44（1）：65～73.

［4］杨万理．深水桥梁动水压力分析方法研究［D］.成都：西南交通大学，2012.

［5］招商局重庆交通科研设计院有限公司．JTG/T 2231-01—2020 公路桥梁抗震设计规范［S］.北京：人民
交通出版社，2020.

［6］赵秋红，李晨曦，董硕．深水桥墩地震响应研究现状与展望［J］.交通运输工程学报，2019，19（2）：
1～13.

［7］李彤．地震作用下土—群桩—结构—水相互作用体系的动力反应分析［D］.上海：同济大学，1999.

作者简介

朱克兆（1983—），男，高级工程师，主要从事桥梁抗震设计研究。E-mail：9283219@qq.com

史召锋（1978—），男，高级工程师，主要从事市政与桥梁工程设计工作。E-mail：67153791@qq.com

尹邦武（1988—），男，工程师，主要从事桥梁结构设计和BIM设计的研究。E-mail：576915831@qq.com

某超高砾石土心墙堆石坝施工关键技术研究及实践

韩建东　杜　臣　龙晓娟

（中国水利水电建设工程咨询西北有限公司，陕西省西安市　710100）

[摘　要]依托某大型水电站心墙堆石坝工程，探索适用于高海拔寒冷地区的超高心墙堆石坝施工技术及质量控制措施，解决或减少环境等不利因素对工程建设的影响。本研究根据项目施工内容和施工特点，主要对大坝堆石料开采、反滤料生产、砾石土开采及制备、坝面各类坝料填筑碾压等方面制约施工的关键环节和质量控制工序进行研究，以保证大坝填筑质量、工期和投资受控。

[关键词]超高堆石坝；高海拔寒冷；施工技术；质量控制

1　项目概况

某水电站位于四川省甘孜州雅江县境内的雅砻江干流上，为雅砻江中、下游的"龙头"水库。电站坝址控制流域面积约 6.57 万 km², 占全流域的 48.3%左右。坝址处多年平均流量为 666m³/s，水库正常蓄水位为 2865m，相应库容为 101.54 亿 m³，死水位为 2785m，相应库容为 35.94 亿 m³，调节库容为 65.6 亿 m³，具有多年调节能力。电站装机容量为 300 万 kW，多年平均发电量为 110 亿 kWh。

电站挡水建筑物为砾石土心墙堆石坝，坝顶高程为 2875.00m，坝基底高程为 2580.00m。最大坝高为 295m，坝顶长为 668.00m，上游坝坡为 1:2，在高程 2790.00m 处布置 5m 宽马道，下游布置"之"形字路，综合坡比为 1:1.9，坝顶宽度为 16m。挡水大坝坝体共分为防渗体、反滤层、过渡层和坝壳四大区。

2　项目特点及重难点

电站挡水大坝为 300m 级心墙砾石土堆石坝。大坝位于高海拔地区（3000m 左右），受高原气候条件影响，坝址区气象条件复杂，空气含氧量低（仅为低海拔地区的 70%左右），昼夜温差大（可达 20℃左右），属浅季节冻土～短时冻土区，人员、机械降效严重。该电站挡水大坝是目前国内唯一位于高原高海拔地区，高地震设防烈度（地震动峰值加速度为 287.8gal），受冬雨季影响严重的超大型心墙砾石土堆石坝工程。

大坝总填筑方量约 4432.86 万 m³，其中砾石土心墙料需用量约为 441.93 万 m³，接触黏土料需用量为 18.17 万 m³；反滤料 1 需用量 101.36 万 m³，反滤料 2 需用量 98.67 万 m³；过渡料、堆石料及护坡块石用量为 3772.73 万 m³。

其中砾石土心墙防渗土料由各土料场开采原状土至掺和场，经掺配、加水改性后形成；

反滤料、心墙掺砾料均采用洞挖料，石料场爆破开采料由反滤料及掺砾料加工系统人工破碎加工而成；过渡料、堆石料主要采用石料场爆破开采料得来，同时考虑主体工程洞挖料在堆石区部分应用。

大坝填筑施工过程中的重难点如下：

（1）填筑坝料开采共涉及 4 个土料场和 2 个石料场。其中土料场位置分散，运距较大，下游西地土料场到大坝约 5km，上游亚中、瓜里、普巴绒土料场到大坝为 22～38km。各土料场土料含水、级配等平面分布差异化、空间相变差异化、质量差异化较大。因此不同料场以及同一料场不同分区的土料开采、加工工艺不同，大部分需要通过按不同比例掺砾改性后上坝。

（2）大坝反滤料具有填筑方量大、质量要求严、受冬雨季影响填筑需求不均衡、高峰强度高、生产转运易分离、砂板岩料源生产的各级物料内部级配较差、粉料较多、级配控制难度大、含有悬浮碳颗粒、对脱水速度影响较大等特点。

（3）堆石料，大坝堆石料及过渡料填筑施工具有"填量大、强度高、料性杂、分布散、高差大"的特性。

3 研究主要成果及创新点

3.1 堆石料、过渡料料源及填筑碾压施工质量控制技术

堆石料及过渡料填筑施工具有"填量大、强度高、料性杂、分布散、高差大"的特性，因此如何组织科学有序的施工，提高施工质量，是确保坝坡稳定、协调坝体变形、满足抗震设计要求的关键。

（1）堆石料及过渡料开采爆破质量控制技术。通过采用"一五一"工法（即"一炮一设计、五步校钻、一炮一总结"）+智能爆破设计（通过 BIM 模型轻量化显示、BIM 数据存储标准和统一编码管理、数据库并结合 Web 技术、数据库技术，搭建智能爆破协同平台）技术，精心组织，动态调整钻爆参数和装药结构，提高了钻孔的采爆率；过渡料及堆石料级配检测合格率达 100%，爆破后级配料直接上坝填筑，降低了施工成本，提高了施工效率。有效地解决了电站石料砂板岩条件下岩性复杂的料场堆石料及过渡料开采问题。

（2）多料种同时上坝填筑质量控制技术。电站坝体填筑施工过程中，通过采用"及时签订、分界标识、分区开采、一车一牌、实时监控"技术，较好地解决了单一料场多料种同时开采所产生的施工混乱、质量难以保证的问题，并在施工过程中合理安排，统一调配，保证了大坝填筑的质量及进度。

（3）堆石料及过渡料加水技术。自制移动加水点，并采用电磁感应装置精准控制加水量，使坝料加水量更为精确，水量损失更小，既减少了水的流失和浪费，又确保了堆石料填筑质量，减少路面湿滑，便于安全文明施工，同时操作简单，便于移动，易于质量管控。

（4）堆石料及过渡料精细化填筑过程控制技术。电站大坝堆石料及过渡料精细化填筑过程控制技术中采取料场混装立采、岸坡随填随清、岸坡及台地顺坡处理、"堆饼"层厚控制、进占铺料、"台阶"搭接等施工措施，实践证明该质量控制方法简单可行，较好地控制了大坝堆石区填筑质量。

（5）堆石料及过渡料碾压质量控制技术。采用数字大坝技术，"分区建仓、机群联动、数

字监控"施工方式联合运用，较好地解决了坝体堆石料施工过程中局部平整度差、易出现漏碾、施工效率低等问题。

（6）堆石料及过渡料填筑质量快速检测技术。采用"检测快速、覆盖全面、数据准确"的附加质量法快速检测技术，可以实时测定堆石体碾压质量，确保大坝填筑的质量与进度，取得了较好的效果。

3.2 心墙防渗土料开采、掺拌及填筑碾压施工质量控制技术

结合电站砾石土心墙料施工特点，采取了一系列适应性的施工及质量控制措施，形成了在高寒高海拔条件下超高堆石坝心墙料施工关键技术和质量控制方法。

（1）土料采取分区精细开采、动态调砾调水、平铺立采、倒掺掺拌、折线分仓、精控料界、仓面刨毛、智能监控，快速检测等措施，确保了心墙料施工质量和进度。

（2）高原高寒地区心墙堆石坝心墙料施工受冬季影响较大，冬季施工进度和质量是控制的重点和难点。大坝心墙冬季填筑施工按照"冻土不上坝、冻土不碾压、碾后土不冻"的原则，采取正温、保温、松铺土+盖被子过夜，以及冻土融化快速检测等措施，填补了季节性短时冻土施工技术空白，保证了大坝冬季施工质量，提高了施工效率。

（3）心墙防渗土料黏粒含量高对降雨量较为敏感，当降雨量大于 2mm 时（规范 5mm），心墙土料即无法施工，雨季施工进度和质量是控制的重点和难点。土料随剥随用，运输覆盖，备料先石后土、顶面压光、四周拍实，填筑遵循"龟背仓面、精准预报、及时传递、接报光面、2mm 停工、雨后复检、合格复工"的施工总原则，确保了雨季心墙料施工质量和进度。

（4）大坝心墙砾石土、接触黏土及反滤料 1 首次应用了核子密度仪快速检测技术，实现了大规模填筑情况下砾石土、接触黏土的快速质量检测（含复工），检测结果与传统坑测法检测结果趋于一致，且具有"快、准、全"的特点，是对传统坑测法检测数量偏少的有效补充，提高了施工效率。

3.3 反滤料施工质量控制技术

大坝反滤料采用砂板岩分级生产后掺拌而成，分级生产采用湿法生产工艺。结合工程实际情况，反滤料掺拌用粗骨料分为 5～20mm、20～60mm 两级，细骨料分为 0～3mm、3～5mm 两级生产。

反滤料掺配则引用了皮带秤及一体化掺配控制系统，皮带秤称量精度为 0.5%，称重能力为 180t/h，带速为 2m/s，实现了反滤料快速精准掺配，保证了反滤料级配稳定。

反滤料采用汽车受仓装车运输上坝，过程中采用"两挡（皮带机头挡、下料仓口挡）、半仓、运动装车"的装车方式，卸料时采用小堆卸料的方式进行卸料等一系列措施防止反滤料分离。

以上措施，满足了大规模反滤料掺配需求，保证了填筑反滤料级配稳定，对大坝安全、稳定运行起到了积极作用。

3.4 大坝监测新技术应用

大坝监测仪器受坝体沉降变形、蓄水等影响，成活率一般不高，特别是沉降监测设备，且库区蓄水后，上游堆石区无法监测，无法掌握蓄水后堆石区的变形情况。针对上述情况，在大坝安全监测中首次应用了柔性测斜仪、超宽带雷达沉降监测系统及管道机器人新型监测设备。新型监测手段应用，与传统沉降监测仪器互为印证，形成多元化大坝沉降监测系统，为全面、全过程掌握大坝变形提供有力保障，填补了蓄水后上游堆石区监测空白。

3.5 智能大坝

结合超高堆石坝平台，与相关单位配合，研究应用全过程、全施工参数监控的智能化数字大坝系统，以实现对施工质量（料源开采运输、心墙料掺和、料源上坝、坝面施工等）全过程的在线实时监测和反馈控制。同时研究智能碾压系统，以解决高原高海拔地区人员机械降效问题。

智能大坝系统通过对大坝填筑主要环节的全天候、实时、自动、在线监测和反馈控制（包括碾压遍数、铺料厚度、碾压机械行走速度、激振力、料源卸料匹配、上坝强度、行车密度等监控），以及工程综合信息的集成化管理，实现了施工参数的量化、精确化控制，保证了施工质量，使大坝施工质量始终处于受控状态，因而提高了施工过程的质量监控水平和效率。

同时智能碾压系统的运用极大地减少了高原高海拔带来的人员机械降效问题，根据碾压数据统计，碾压遍数合格率提升了 4%～6%，碾压用时较少了 11%～21%，碾压路径长度减小了 9%～14%，也推动了我国水电行业由数字化向智能化迈进的步伐。工程首次真正意义上应用机群智能碾压技术，有效解决了高原降效及碾压过程中人为因素对质量影响的问题，解放了人力，保证了作业人员的职业健康。该技术已获中国大坝工程协会科技进步特等奖。

4 取得的效果

4.1 质量

电站大坝自 2016 年填筑以来，共验收单元工程 17368 个，合格 17368 个，优良 16766 个，合格率达 100%，优良率为 96.5%。

同时大坝填筑质量获得了 17 次质量监督及以院士、设计大师组成的特咨团的高度评价。

4.2 工期

大坝堆石区自 2016 年 6 月 1 日开始填筑，心墙区自 2016 年 10 月 20 日开始填筑，上下游护坡工程自 2017 年 6 月 30 日开始砌筑。至 2021 年 12 月 8 日，大坝全断面填筑到顶，相对于合同 2022 年 12 月 31 日大坝填筑到顶节约工期 1 年 23 天。

4.3 渗漏量

截止到目前，坝前已蓄水至 EL.2785m 死水位高程，蓄水高度为 205m，蓄水量为 35.94 亿 m³。监测数据显示，基础廊道量水堰总渗流量为 0.90L/s，低于同类工程。

4.4 变形及应力

电磁沉降环监测成果显示，大坝坝体沉降变形沿坝体轴向中心部位最大，向两侧坝肩方向逐渐减小，沉降表现为中高程大、低高程和高高程小的规律，最大沉降部位约在 1/2 填筑高度附近。最大累积沉降量心墙为 3101mm（占相应部位坝体填筑高度的 1.12%）、上游堆石区为 2506mm（占相应部位坝体填筑高度的 1.30%）、下游堆石区为 2655mm（占相应部位坝体填筑高度的 1.37%）。符合沉降变形一般规律。

土压应力最大值为 5.32MPa，应力分布为沿坝轴线心墙中部应力在同高程中相对较低，心墙中部应力小于两岸盖板处，同监测断面内下部高程应力大于上部高程，目前坝体各高程土压力计测值随着填筑高程增加呈缓慢增加趋势，测值符合一般规律。

基于现场检测参数，结合大坝填筑过程中实测资料进行了计算与原观的对比分析，并对设计方案进行了应力变形计算复核，相关结论如下：

（1）已填堆石区和心墙区测点沉降计算沉降变形规律与实测一致，计算值稍大于实测值；土压力典型测点计算值与实测值吻合整体效果较好。计算结果能较好地反映坝体已填区域的应力变形特性，已填区域应力变形状态符合设计预期。

（2）采用试验检测参数进行复核，设计方案坝料分区整体协调性相对较好，坝体基本未出现剪切破坏且心墙发生水力劈裂的风险较小。

5　应用前景

未来，我国水电开发的重点主要集中在金沙江雅砻江、大渡河、澜沧江、怒江和雅鲁藏布江上游地区，大多数水电工程处于青藏高原的深山峡谷区之中，自然条件更加恶劣（高海拔、高寒、高地震烈度、高陡边坡），生态环境更加脆弱（水土失衡、生态脆弱、植被恢复困难），工程移民更加困难（地方经济基础薄弱、少数民族聚集），工程技术将面临更大挑战。正因如此，对建设环境高适应性的优势，决定了未来土石坝（当地材料坝）仍是应用最广泛的坝型之一。而本超高心墙堆石坝正是在上述条件下成功建设的第一座高坝大库，将为后续复杂条件下的土石坝工程建设提供积极的借鉴意义。

6　存在的问题和建议

（1）高寒高海拔地区心墙土料冬季施工工艺及质量控制对砾石土低温季节施工具有广泛的指导意义。但其适用范围较窄，仅适用于短时冻土，即日间冻融循环土料。

（2）智能碾压设备在两河口使用初期为现有设备改装而成，在实际使用中，受高频震动影响，加装的设备易损坏，影响设备使用率。虽后期与碾压设备厂家完成了无人碾压设备的原厂集成化生产，但仍为小规模生产，存在集成化设备维护维修难度较大，需厂家人员安排专人进行维护，且智能控制方面的零配件通用化程度较低，导致维修时长较长等问题。

（3）受水电站单一工程的特殊性及投资规模、工程复杂程度、技术难度、地域气候等因素的影响，施工组织、施工技术及质量控制等不具备可复制性，需根据工程各自情况针对性进行施工组织设计和施工方案的编制，如土石料场性状不同、工程所处气候条件不同、设计技术指标不同等。以本心墙堆石坝形成的关键施工技术和质量控制措施对其他类似工程仅具有借鉴、指导意义。

作者简介

杜　臣（1985—），男，高级工程师，主要从事水利水电工程监理工作。E-mail：174509157@qq.com

大石峡水电站右岸古河床堆积体
基础利用的研究与设计

李松林

（中国葛洲坝集团股份有限公司，湖北省宜昌市　443002）

[摘　要] 新疆大石峡水利枢纽工程混凝土面板砂砾石坝最大坝高为 247m，坝顶宽度为 15m，坝顶长度为 576.5m，为目前国内外已建、在建最高的面板坝。本文从古河床堆积体基础处理的设计、协调性、稳定性方面分析，简述古河床堆积体基础利用设计方案，通过试验和计算分析，堆积体浅层开挖方案安全性好，减少了堆积体开挖及大坝填筑工程量，缩短了工期，节省了投资。

[关键词] 古河床；堆积体；基础处理；协调性；稳定性；设计方案

0　引言

大石峡面板砂砾石坝坝高为 247m，是以天然砂砾石料为主要筑坝材料的 250m 级特高混凝土面板坝，为目前国内外已建、在建最高的面板坝。坝址区右岸 1540～1660m 高程发育长约 1200m、最深约 80m、最宽约 260m 的古河床，该古河床沿坝址右岸古河道长条形展布，厚度一般为 30～80m。古河床堆积体的力学及变形特性影响面板坝应力变形，进而对趾板布置、堆积体基础开挖利用方案有较大影响。

在可研和初步设计阶段设计开展了大量现场和室内试验，对坝轴线上游滑塌堆积体成因、堆积物的物理力学特性，以及作为堆石坝坝体基础的工程适宜性进行了分析和评价；通过有限元计算和分析了多种滑塌堆积体利用方案对坝体应力变形、混凝土面板应力应变、周边缝变位的影响。最终经方案论证和讨论，初步设计阶段将坝轴线上游坝基范围古河床滑塌堆积体全部挖除至基岩。

工程主体工程正式开工建设后，右岸中线大坝填筑道路 12 号路开挖将道路沿线的古河床上部崩坡积堆积体、滑塌堆积体大范围揭露，观察发现崩坡积块碎石土和滑塌 堆积体块碎石土均具有轻微胶结，原状结构强度较高，开挖边坡较高陡且自稳性好。本阶段开展大坝及基础应力变形三维有限元静动力分析和坝坡稳定分析，对古河床堆积体坝基综合利用方案进行优化，在保障工程安全的前提下节省工程投资，具有极高的经济效益和社会效益。

1　工程概述

1.1　工程简介

大石峡水利枢纽工程位于阿克苏地区温宿县和乌什县交界的阿克苏河干流库玛拉克河大

石峡峡谷出口处,是一座在保证向塔里木河干流生态供水目标的前提下承担灌溉、防洪和发电等综合利用任务的水利枢纽工程。水库总库容为 11.7 亿 m³,总灌溉面积为 680.7 万亩,工程承担着下游沿岸村镇、农田及阿克苏市的防洪任务。枢纽工程由拦河坝、排沙放空洞、泄洪排沙洞、发电引水压力管道和开敞式岸边溢洪道、岸边地面厂房、生态放水设施、过鱼设施等主要建筑物组成,正常蓄水位为 1700.00m,最大坝高为 247.0m,电站总装机容量为 750MW。工程等别为 Ⅰ 等大(1)型。工程总工期为 102 个月,至首批 2 台机组发电工期为 101 个月,工程总投资为 89.97 亿元。

1.2 坝址区地形地质条件

大石峡坝址河谷呈不对称的"V"形河谷地形,左岸地形坡高陡峻,右岸在 1/2 坝高附近发育规模较大的古河床Ⅲ级、Ⅳ级阶地,阶地基座上堆积较厚的滑塌堆积体和崩坡积堆积体,地形相对左岸边坡较缓。

右岸古河床堆积体以坝轴线附近的冲沟为界,冲沟上游为Ⅳ级阶地基座和上覆滑塌堆积体,堆积体分布高程为 1625~1660m,顺河向长度为 480m 左右,宽度为 260m 左右,堆积体厚度一般为 30~50m,最大厚度为 65m 左右;冲沟下游为Ⅲ级阶地基座和上覆崩坡积堆积体,堆积体分布高程为 1540~1650m,顺河向长度为 670m,宽度为 80~125m,堆积体厚度一般为 20~45m,最大厚度为 83.5m,最小厚度为 5m。

右岸古河床基座顶部的冲积砂卵砾石沉积年代在 Q3 早期。坝轴线上游的滑塌堆积体形成年代晚于古河床冲积砂卵砾石层,堆积年代在 Q3 中期;坝轴线下游的崩坡积体形成年代又晚于上游滑塌堆积体形成年代,其形成年代贯穿于 Q4 整个时代。

2 大坝设计

2.1 坝体分区设计

大石峡混凝土面板砂砾石坝坝料分区设计也是依据规范规定、参考国内已建砂砾石坝工程的成功经验,结合坝体变形控制、渗流控制、坝料料源、开挖料利用、运用要求等具体情况进行综合分析确定,充分利用砂砾料的压缩模量高、抗变形能力强,对变形控制有利的突出优点,以及灰岩堆石料抗剪强度高、抗震动力指标高、渗透抗渗稳定性好的有利条件,将砂砾料布置在坝体中央和上游死水位以下坝壳,死水位以上坝壳、坝顶和下游坝坡全部采用灰岩堆石料的分区布置方案。

2.2 渗控设计

(1)帷幕布置。拦河大坝为混凝土面板砂砾石坝,坝体主要通过混凝土趾板、混凝土面板和面板接缝止水防渗,在面板下游侧设置了垫层区。坝基通过趾板下灌浆帷幕防渗,两岸设置了灌浆帷幕防渗。下游坝面两侧岸坡上设置截水沟,将雨水排到下游河道。

防渗帷幕轴线平面布置:坝基范围防渗帷幕轴线与趾板控制线平行布置,位于趾板中部,右岸垂直岸坡向岸里布置灌浆平洞,左岸防渗帷幕轴线通过布置于溢洪道堰体底部的灌浆廊道跨越溢洪道,然后沿山脊方向布置灌浆线。

(2)大坝渗控措施。混凝土面板砂砾石坝防渗系统包括面板、垫层区和过渡区。排水系统为上游面死水位 1590.00m 以上的强透水堆石料和死水位以下的专门设置水平宽度为 5m 的竖向排水体，底部与厚度 8m 的水平排水体连接。

死水位以上水位变幅区，库水位变幅较大，坝体渗水如不能及时消散对面板稳定不利，所以采取透水性能强的堆石料作为排水体，水平宽度为 12～35m，过水能力大，能够随库水降落同步快速降低坝体上游面的内水压力，保持死水位以上近百米大坝主体砂砾料干燥。死水位以下专门设置竖向排水体，底部与水平排水体连接，竖向碎石排水体的上游侧及底部水平排水体的上下布置反滤料，防止砂砾料中的细料迁移堵塞排水体，确保能够将上游以及死水位以上堆石体的正常渗水或者极端情况的大量渗水排至坝外，保持死水位以下大坝被保护主体砂砾料干燥或者处于非饱和状态。

3 古河床堆积体基础处理设计依据

右岸古河床分布高程为 1625～1660m，长度为 480m 左右，厚度为 60m 左右，宽度为 260m 左右。根据枢纽布置和古河床地层情况，坝基范围的右岸古河床可分为上、下游两部分。

坝轴线上游侧古河床堆积物从表部至底部主要包括三部分：崩坡积块碎石土、古滑塌堆积块碎石土和冲积砂卵砾石。底部有 5～10m 厚的河床冲积砂卵砾石层，具弱钙质胶结；中上部古滑塌块碎石厚度一般为 30～50m，最大厚度为 65m 左右。古滑塌堆积物平面主要分布在坝轴线上游侧，沿古河道呈长条形展布。

坝轴线下游为Ⅲ级阶地，古河床堆积物主要由崩坡积块碎石和冲积砂卵砾石层两层组成，间夹有砂层透镜体。古河床处趾板仍建在基岩上，保持初步设计方案不变，其建基面高程为 1564m，古河床大坝填筑高度为 143m（坝轴线处）。

趾板下游侧 0.3H 范围内的古滑塌堆积体开挖至基岩，以 1:1.6 坡比向上衔接，浅层开挖深度为 10m，保留趾板下游侧 0.3H 范围外至坝轴线之间所有古滑塌堆积体。坝轴线下游侧堆积体开挖深度为 10m。

古河床上部崩坡积堆积体、滑塌堆积体大范围揭露，观察发现崩坡积块碎石土和滑塌堆积体块碎石土具有轻微胶结，原状结构强度较高，开挖边坡较高陡且自稳性好，由于室内力学试验采用扰动试样，无法考虑现场堆积体的原位结构性，室内三轴试验得出的模量系数较低、渗透系数偏大，尤其饱和条件下模量系数仅为砂砾石料的 1/3。古河床堆积体及底部冲洪积砂砾石料的原位结构对其工程力学特性有着重要的影响，很难单纯依靠取样进行室内试验的方法来准确把握堆积体和砂卵砾石的工程力学特性。因此，拟通过现场原位测试方法来研究古河床堆积体天然状态下的原位结构性，进而考虑塌滑堆积体湿化后的力学特性，为研究右岸古河床崩坡积和塌滑堆积体的开挖利用方案提供技术参数支撑。

4 坝体变形协调性分析

大石峡面板坝宽高比为 2.36，河谷系数（$A/H2$，A 为面板面积，H 为坝高）为 2.18，属于狭窄河谷的高面板坝。图 1 所示为垫层区纵断面的变形倾度分布图，从图中可以看出，坝肩部位尤其是左岸坝肩的变形倾度较大，最大值达到 0.9%，但小于临界变形倾度 1%，不会引起垫层区产生裂缝，也即坝肩堆石体与河谷中央堆石体的变形是协调的。

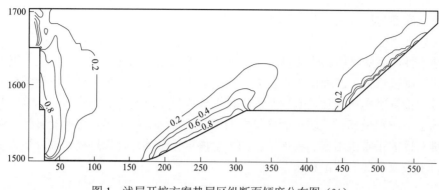

图 1 浅层开挖方案垫层区纵断面倾度分布图（%）

5 坝坡稳定性分析

大坝坝坡稳定分析根据 SL 228—2013《混凝土面板堆石坝设计规范》的规定采用简化 Bishop 法进行。计算断面为浅层开挖方案的 0+417.5m 断面，覆盖层参数采用室内试验参数（最不利工况）。计算结果见表 1。

计算结果表明，各种工况下上、下游坝坡安全系数均满足规范要求，不会发生失稳破坏。

表 1   坝坡稳定计算方案及计算成果

计算工况		坝坡断面		规范允许值
		上游坡	下游坡	
正常运行工况	正常蓄水位 1700m	1.855	1.919	1.50
	死水位 1590m	1.797	1.919	
	正常蓄水位骤降至死水位	1.797	1.919	
非常运行工况 I	竣工期无水	1.762	1.919	1.30
	校核洪水位 1701.3m	1.864	1.919	
非常运行工况 II	正常蓄水位+设计地震 365gal	1.233	1.416	1.20
	正常蓄水位+校核地震 436gal	1.080	1.305	1.00

6 古河床堆积体基础利用设计方案

通过坝体及面板应力变形计算和分析对比，建议采用浅层开挖方案，保留右岸古河床堆积体作为大坝基础。趾板下游侧 $0.3H$ 范围内的古滑塌堆积体开挖至基岩，以 1:1.6 坡比向上衔接，堆积体浅层开挖至可利用基础，保留趾板下游侧 $0.3H$ 范围外至坝轴线之间古滑塌堆积体。坝轴线下游侧堆积体清除表部孤石、砂层至可利用基础。

可利用基础检测干密度及承载力，坝轴线上游按 20m×20m、下游侧按 40m×40m 网格布置基础检测点数；基础开挖检测后，如有局部干密度及承载力不满足设计要求，应对基础进行局部开挖换填处理。根据试验成果，可利用基础的初拟干密度不小于 2.10t/m³，坝基检测后承载力按变形模量不小于 80MPa 控制。

古河床堆积体开挖清基至可利用基础后，其表部采用厚 1.6m 垫层料兼反滤防护，在下游堆石填筑区域内还需在垫层料上增加厚 1.0m 的过渡料保护。

考虑古河床堆积体呈弱胶结状态，开挖后基础采用不大于 26t 机具静碾 2 遍，垫层料兼反滤前 2 个碾压层（80cm 厚）采用的碾压机具不大于 26t。

7 结语

通过试验和计算分析认为，堆积体浅层开挖方案的安全性最好，且减少了堆积体开挖及大坝填筑工程量，利于缩短工期，节省投资，因此浅层开挖方案为技术施工阶段右岸堆积体开挖方案。

古河床堆积体开挖清基至可利用基础后，其表部采用厚 1.6m 垫层料兼反滤防护，在下游堆石填筑区域内还需在垫层料上增加厚 1.0m 的过渡料保护。

右岸古河床堆积体浅层开挖和利用方案的安全性是有保证的，但在开挖过程中应根据基础干密度、变形模量检测结果，采取相应处理措施或调整堆积体开挖建基面。

参考文献

[1] 丁秀美. 西南地区深切河谷大型堆积物工程地质研究 [D]. 成都：成都理工大学，2015.
[2] 刘衡秋，胡瑞林. 大型复杂松散堆积物形成机制的内外动力耦合作用初探 [J]. 工程地质学报，2008，16（3）：291-297.

作者简介

李松林（1979—），男，高级工程师，主要从事水利水电工程设计与施工工作。E-mail：2237918330@qq.com

结构坍塌场景模拟的消防救援培训设施设计
——以国家西北区域应急救援中心建设项目为例

姜羿璠　　侯悦豪

（中国电建集团西北勘测设计研究院有限公司，陕西省西安市　710065）

[摘　要] 我国是地震灾害高发地区，震后建筑物结构坍塌会对人员的生命财产安全造成严重威胁。应用结构坍塌建筑消防救援模拟培训设施，对救援队伍开展有针对性的高效实战训练，提升救援人员的快速搜救能力，可有效地减少伤亡及财产损失。本文在国家西北区域应急救援中心建设项目的基础上，基于不同建筑坍塌场景的破坏形态和倒塌模式，对结构坍塌救援训练综合建筑物的设计进行分析研究，形成了一整套结构坍塌场景模拟训练设施的设计方案。

[关键词] 结构坍塌；场景模拟；消防救援；设计

0　引言

近年来，我国各类地震灾害频发，造成了大量财产损失和人员伤亡。不同强度的地震可对建筑物的表皮装饰、内部环境及主体结构产生影响，使其出现裂缝、脱落、倾斜甚至坍塌等情况。震后建筑物倒塌是造成人员埋压的主要原因，建筑物破坏面积与人员伤亡也存在一定关系[1]。由于救援部队缺乏此类灾害事故处置的专业实战模拟训练，导致搜救效率不高，救援有效性较差。搜救水平的提升不能仅靠战时的经验积累，还应依靠系统科学的针对性训练。

本文对模拟消防救援培训设施设计要点进行总结，基于不同建筑坍塌场景的破坏形态和倒塌模式，对国家西北区域应急救援中心建设项目中结构坍塌救援训练综合建筑物的功能设计进行分析研究。

1　我国地震模拟消防救援训练发展现状

1.1　我国建设现状

我国的地震模拟消防救援训练尚处于初步阶段，专业化的地震灾害模拟救援训练基地及接受过针对性训练的专业救援人员较少。由于缺少科学全面的救援训练设施，以往消防救援行动中搜救效率较低，甚至造成救援人员受到不必要的二次伤害。综合来看，我国救援队伍的整体实力与国外先进救援队伍相比还有一定差距。

我国非常重视地震灾害救助工作，政府和相关部门先后颁布了《破坏性地震应急条例》

（1995 年）和《中华人民共和国防震减灾法》（1997 年），并从总体出发，从专业训练着手，于 2001 年 4 月 27 日组建了国家第一支专业化的"地震灾害紧急救援队"[2]。与此同时，国内多个应急救援中心建设基地的建设工作也在紧张推进中，各类灾害救援训练基地的建成将对我国消防救援队伍救援能力的提升有极大的帮助。

1.2 存在问题

（1）模拟救援场景训练设施较少。我国现有模拟地震后结构坍塌场景的专业训练设施数量较少，与我国现阶段的受训救援部队数量及地震灾害频发现象无法匹配，有较大的训练应用需求无法得到满足，对于专业的救援模拟训练设施需求量较大。

（2）现有设施缺乏先进性、灵活性。国内外现有的训练基地中，虽包含搭建的永久可控废墟建筑物及临时废墟训练场等，可基本涵盖可能存在的建筑倒塌类型，但是在模拟培训设施中，难以实现在一个场景中完成不同难度级别的训练科目设置，坍塌楼楼板角度及定位无法灵活更改，对训练人员来说容易形成熟悉的救援方案，无法达到综合多样的训练目的。

（3）建设过程缺乏科学性、直观性。对于复杂异形训练设施建设，当前存在设计手段传统。由于未采用工程数字化技术手段对设计内容进行可视化表达，导致设计效率低、施工技术交底能力薄弱等问题。

2 模拟消防救援培训设施设计要点

2.1 总体目标

以训练救援人员在模拟现实环境下对于各项应急搜救能力进行提升性训练为目标，总结地震后建筑的不同结构坍塌类型及特点，采用数字化技术设计结构坍塌训练场景，科学高效地模拟地震灾害救援现场环境，训练受灾过程中寻找生存空间及在倒塌废墟中开展救援工作。

2.2 设计原则

（1）科学性。消防救援模拟培训设施建设应确保倒塌场景的真实合理、训练科目的科学系统。设计出切合实际、符合训练需求的模拟培训设施，达到从难、从严和科学施救的综合训练目的。在设计中还应考虑培训设施的灵活可变性，并能够根据不同级别的训练人员需求和训练科目等级，调整结构坍塌模拟场景的训练难度。

（2）先进性。建设过程中应采用先进技术手段应对复杂异形结构的设计及交底。采用BIM 技术对于土建等各专业的模型进行精细化建模，采用工程数字化技术应用，可视化反映设计思路，不断优化设计，做到数字化成果指导工程建设科学高效推进。

（3）适用性。训练设施的建设需符合我国现实国情，应结合我国建筑特点、人员特性等因素进行设计。设计过程中应充分考虑我国人民生活习惯，建设适用性强的结构坍塌救援设施。

（4）安全性。消防救援模拟培训设施建设应确保建筑结构的安全稳定。应考虑救援设施的可重复使用性及易维护性，做到可以在建筑结构不受影响的情况下，将训练用的破拆楼板、门窗构件、钢筋混凝土构件等主要易受损部件进行更换。

（5）多样性。设施应包括多种坍塌形式及搜救技能训练科目。可在设施内进行真实环境下的单项技能训练，或设计不同的组合科目训练。综合设计不同组合的训练搜救线路，模拟真实搜救任务中可能遇到的多种情况。

3 常见结构坍塌场景分类汇总

3.1 建筑坍塌类型

本文将常见的震后建筑坍塌类型分为倾斜坍塌、局部坍塌、完全坍塌。具体成因及人员生存空间分析详见表 1[3]。

表 1   常 见 建 筑 坍 塌 类 型

建筑坍塌类型	形成原因	可能生存空间
倾斜坍塌	建筑的纵墙、横墙或支撑柱由于地震作用破坏，造成建筑向前后或左右倾斜的情况	结构相对较稳定，由于门窗、楼梯及家具等移位变形导致人员被困，且人员处于倾斜楼面难以保持平衡，可能生存空间较大，人员的存活率较高
局部坍塌	建筑因地基、某层楼板、墙、柱或局部支撑受地震作用破坏后发生局部塌落，包括 V 形、A 形、平降式、悬臂式、夹层式坍塌等	局部结构被破坏，其他区域相对完整，在坍塌范围内楼板或家具与墙柱搭接而成的三角区域可能存在生存空间，人员有一定的存活率
完全坍塌	建筑因地基、楼板及墙柱之间的支撑受地震作用破坏，并由此引发连锁反应后发生完全坍塌，包括 V 形、A 形、层叠式、震陷式坍塌等	结构已被严重破坏，在局部由楼板与墙柱搭接而成的狭小区域可能存在生存空间，人员的存活率较低

3.2 墙板坍塌类型

本文将常见的震后墙板坍塌类型分为单斜面、V 形、A 形、T 形、平降形、悬挂形、层叠形。具体成因及可能生存空间分析详见表 2[4]。

表 2   常 见 墙 板 坍 塌 类 型

墙板坍塌类型	形成原因	示意图	可能生存空间
单斜面	楼板一侧或多侧的支撑墙倒塌造成楼板的一端跌落至下层楼面		生存空间 ▲
V 形	上部荷载过重导致楼板接近中间部位断裂后跌落至下层楼面		生存空间 ▲ ▲
A 形	上层楼板因坍塌与两侧承重墙脱离，中间分别搭接于内墙上，两端垂落于下层楼面		生存空间 ▲ ▲

续表

墙板坍塌类型	形成原因	示意图	可能生存空间
T形	上层楼板因坍塌与两侧的承重墙脱离，中间相互搭接，两端垂落于下层楼面	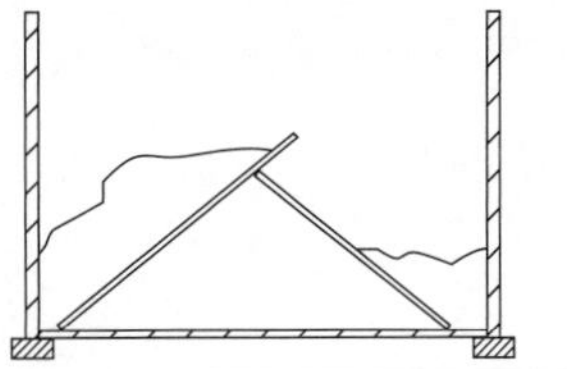	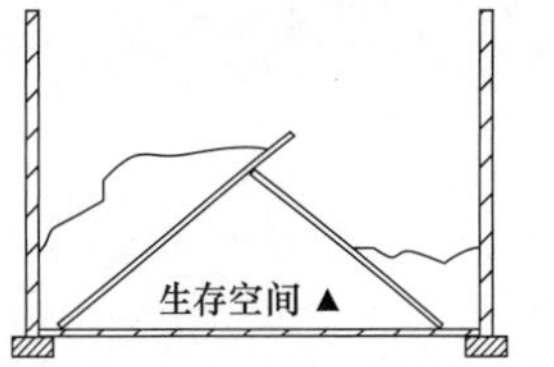 生存空间▲
平降形	上层楼板完全平降跌落至下层楼面	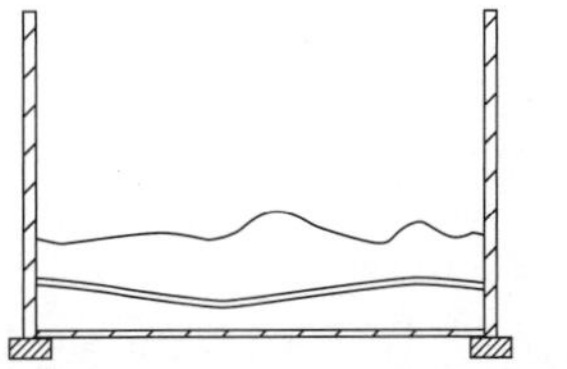	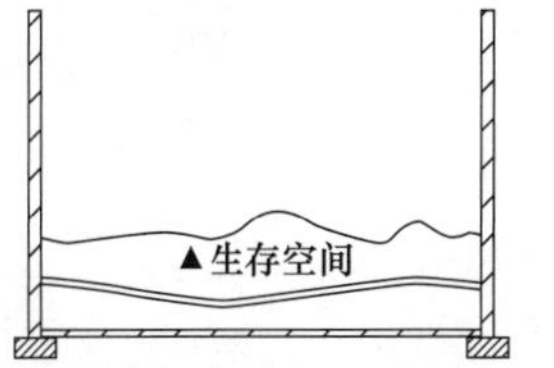 ▲生存空间
悬挂形	楼板一侧或多侧支撑墙倒塌，造成楼板一端脱落但并未完全跌落而形成的暂时平衡的悬臂结构	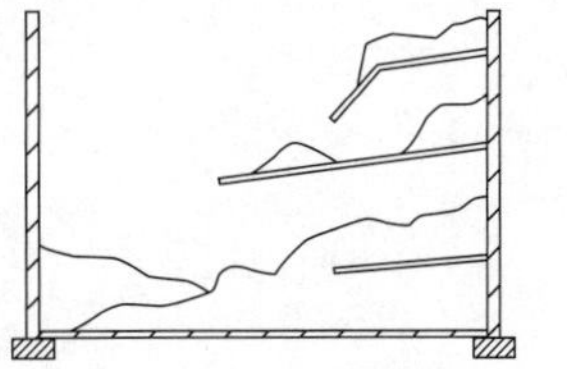	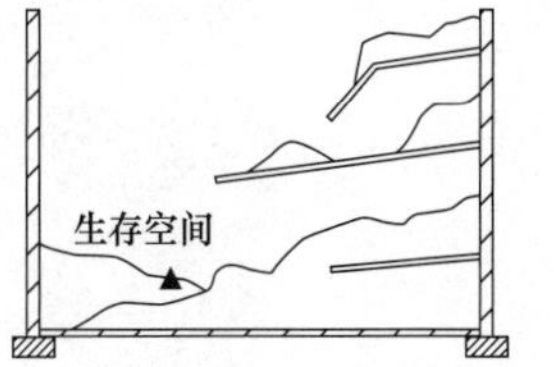 生存空间▲
层叠形	承重墙或柱完全失效，上层楼板跌落至下层楼面，并造成连锁反应的坍塌情况	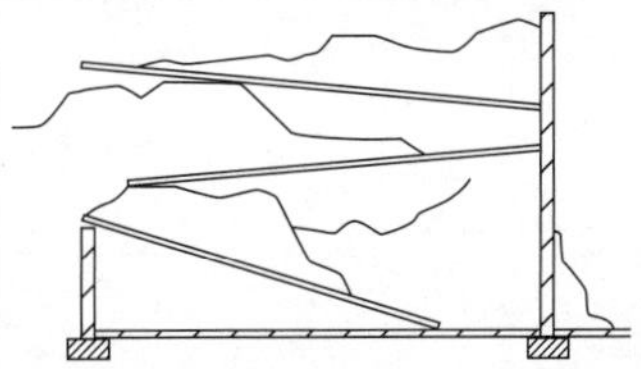	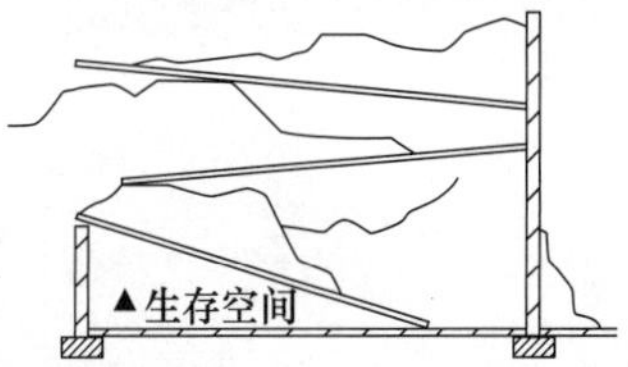 ▲生存空间

4 某结构坍塌救援训练综合建筑物功能设计

4.1 项目背景

国家西北区域应急救援中心重点担负地震、地质灾害和冰雪灾害等救援任务，救援范围辐射甘肃、陕西、青海、宁夏、新疆以及内蒙古西部。该中心建设按照"一个机构、四个基地"的功能要求规划设计，兼具区域应急指挥中心、综合救援基地、培训演练基地、装备储备基地、航空保障基地等功能特点。

项目位于甘肃省兰州新区，用地面积约 730 亩。其中，培训演练基地占地面积约 7000m²，分布于 3 个区域，分别为位于场地西侧的室外模拟灾害训练场地、北侧的特种车辆驾驶训练场地及南侧的体能训练场地。主要承担对区域内应急救援指挥员和骨干队伍进行专业培训（轮训）等任务，满足集中管理和快速拉动训练的需求。结构坍塌救援训练综合建筑物如图 1 所示。

4.2 模拟培训设施构成概况

结构坍塌救援训练综合建筑物位于国家西北区域应急救援中心建设项目用地的西侧室外模拟灾害训练场地，用于模拟钢筋混凝土结构建筑倒塌、房梁断裂、墙体开裂和因建筑倒塌造成的人员被困、埋压等现场，开展侦检、破拆、起重、撑顶、救生等技术训练和实战演练。结构坍塌救援训练综合建筑物建有钢筋混凝土梁、架、楼板、砖石等建筑倒塌废墟、多层建筑残垣、监控设施以及辅助设施。设施占地范围约 65m×48m，主体高度为 15m。设施主体为钢筋混凝土框架结构，分为坍塌训练区和普通训练区。

(a)

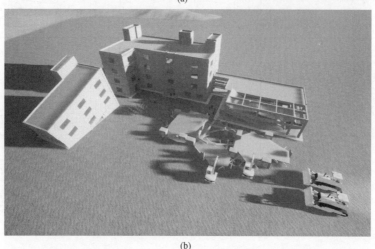

(b)

图 1　结构坍塌救援训练综合建筑物（来源：笔者自绘）

（a）透视图；（b）鸟瞰图

4.3　训练功能设计

4.3.1　数字化设计

设计采用三维数字化技术进行正向设计。应用 Revit、Sketch up 等数字化软件对训练单元的建筑形式进行反复优化推敲，保证其能够模拟多种复杂坍塌情况，并且保证其灵活适用，能够在训练中便捷高效地进行调节。

应用 PKPM 数字化软件对于结构内容进行结构分析实验，确保其安全性、稳定性，确保训练设施耐久适用，保障受训人员在训练过程中的人身安全。

应用 Fuzor、Enscape 实时渲染漫游软件，对于设计成果进行精细化表达，使得参建各方能够直观、高效地理解设计思路。应用 UE4 虚拟现实引擎，对设计成果的各个要素进行功能化表达，对设计资料进行集成化应用，配合 VR、AR 等交互技术，为项目建设提质增效。

4.3.2　场景模拟设计

（1）专项训练设计。

1）破拆训练。对创建营救通道过程中遇到的不能移动的建筑废墟构建，或压在幸存者身上的构建进行安全有效的切割、钻凿、扩张、剪断等。可在此开展垂直、水平和狭小空间破拆训练，破拆板可以是任意材料构件（可重复更换活动构件），破拆工具、方法多样化，对破拆技术进行全方位训练[1]。

2）障碍物移除训练。训练救援人员清除障碍物、清除废墟瓦砾，创建营救通道的技术能力，可进行人工移除训练及机械起重移除训练。

3）顶升训练。对创建营救通道过程中遇到的可移动（或部分移动）强度高且大的废墟构建，需对其采取垂直、水平或其他方向的顶升与扩张的技术手段。

4）伤员转运训练。在废墟表面进行伤员搬运训练，在综合坍塌楼中进行高空竖向搬运训练，在倾斜倒塌建筑物中进行斜向伤员搬运训练。

（2）综合模拟训练设计。

1）楼板模拟类功能设计。

A形坍塌。上层楼板因坍塌与两侧承重墙脱离，中间搭接于内墙上呈A字形剖面，两端垂落于下层地面上。混凝土楼板坍塌倾斜角度设计为30°。坍塌板平面在结构梁以外区域设计残缺轮廓线并在图纸中标注定位尺寸。板边缘与墙体之间区域为教学观演区，楼板下方三角区域存在生存可能。

T形坍塌。上层楼板因坍塌与两侧的承重墙脱离，中间相互搭接呈T字形剖面，两端垂落于下层楼面上。混凝土楼板坍塌倾斜角度可通过地面导轨及顶部电葫芦进行调节。电葫芦下吊钢索设置六个固定点，连接并固定两侧坍塌板，地面导轨与楼板梁的位置一致，导轨上分别对应钢索的六个固定点设置六处卡槽。采取顶部与底部共同固定坍塌板的方式，确保坍塌板在训练过程中不发生滑落。T形坍塌训练单元如图2所示。

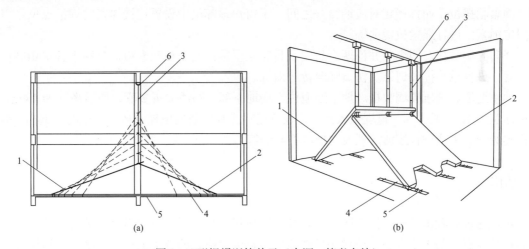

图2　T形坍塌训练单元（来源：笔者自绘）

（a）剖面图；（b）透视图

1—楼板1；2—楼板2；3—吊索；4—卡槽；5—导轨；6—电动葫芦

V形坍塌。上层楼板因在接近中间的部位断裂后形成V字形坍塌，垂落在下层楼面上。混凝土楼板坍塌倾斜角度可通过地面导轨及墙面金属固定件进行调节。

平降坍塌。上层楼板完全平降跌落至下层楼面，折板可通过卷扬机及顶部金属固定滑轮绳索调节角度。

可调角度悬挂楼板。悬挂楼板一侧板底边缘与下层楼面通过铰接装置相连，另一侧板边缘通过底部液压装置、卷扬机及顶部金属固定滑轮绳索进行角度调节。采取顶部与底部共同固定悬挂板的方式，确保其在训练过程中不发生滑落。

震陷楼区。二层楼板及一层地面因坍塌形成形状不规则的多点局部塌陷。塌陷轮廓内的楼板部分掉落于一层地面，部分悬挂于原楼板边缘处。塌陷深度不同，训练级别不同。坑底存在生存可能。

层叠式坍塌。训练区内部共设置三层层叠坍塌楼板，层叠现浇楼板各层高都很小，混凝土柱多为短柱，梁板等结构构件通过折梁折板的形式合理调整各层间高度，充分利用混凝土短柱有限的抗剪能力完成小层高的空间设计，净高范围控制在 0.6~2.1m 不等，倾斜角度多变，可以更好地模拟各种被困环境的营救过程，满足不同训练需求。

2）墙体模拟类功能设计。

建筑装饰构件拆除。训练项目包括幕墙竖挺及碎片玻璃拆除、装饰铝板及百叶窗拆除、保温一体板拆除区。

墙体脱落区。墙体因地震等造成轮廓不规则，可进行整面墙体破拆、小规模爆破拆除等训练。墙体考虑可重新砌筑，整面拆除方向向外。

3）特殊环境模拟类功能设计。

倾斜楼体（倾斜房间+楼梯）。因底层一侧框架柱被破坏而失稳，地面以上楼体结构发生倾斜但整体刚度较好。对救援者在倾斜环境中的生理不适感及实施救援操作进行训练；倾斜楼梯用于进行初步楼层攀登、逐步负重及最终的伤员转运训练。

高空营救及绳索救援。于屋顶设置 4 个搭建临时滑轮组所需的预埋点位以供高空营救训练。绳索救援位于两栋楼相对应的窗户之间，于窗户顶部梁中设置连接绳索的焊板点位，用于固定绳索，进行绳索救援训练。

竖向孔洞救援。四个竖井，两个封闭，贯穿至屋顶；两个设观察口，分别于各层相同位置设置。进行重物提升训练及伤员竖向转运训练。

地下通道、埋压废墟救援。地下通道位于场地下部，路线曲折多变，通道净高为 2.4m。通道净宽为 1m，通往各个掩埋藏人点，并设置运输重物的竖向电梯及风井，出地面钢梯。地面搭建废墟，主要进行废墟清理及浅埋区搜救训练。

5 结语

本文通过对我国地震模拟消防救援训练发展现状进行分析，总结出模拟消防救援培训设施的设计要点，基于不同建筑坍塌场景破坏形态和倒塌模式的分类汇总，对某结构坍塌综合训练楼案例的设计及不同场景训练功能进行分析，为救援人员提供科学、高效、全面、系统的模拟训练设施，并为其他模拟训练设施的建设提供设计思路和技术支撑，助力我国应急救援工作顺利开展。

参考文献

[1] 黄金印，刘宣材. 建筑倒塌模拟搜救训练设施功能设计［C］.//2012 中国消防协会科学技术年会论文集. 2012：114-121.

[2] 刘晶波，杜义欣，杨建国，等. 国家地震紧急救援训练基地可控地震废墟设计（Ⅱ）——功能设计［J］. 自

然灾害学报，2006，15（4）：138-144．

［3］刘晶晶，宁宝坤，吕瑞瑞，等．震后典型建筑物倒塌分类及救援特点分析［J］．震灾防御技术，2017，12（1）：220-229．

［4］黄锦运，曲同磊，贾群林．建筑（倒塌/坍塌）综合模拟训练设施设计研究［J］．中国应急救援，2021（6）：16-21．

作者简介

姜羿璠（1996—），女，助理工程师，主要从事建筑设计与施工工作。E-mail：543039557@qq.com

侯悦豪（1996—），男，助理工程师，主要从事建筑设计及工程三维数字化研究工作。E-mail：455851899@qq.com

澜沧江西藏段水电开发工程地质问题研究

李鹏飞[1]　吴述彧[1]　周红喜[1]　陈鸿杰[2]　胡大儒[1]　陈　兵[1]

（1. 中国电建集团贵阳勘测设计研究院有限公司，贵州省贵阳市　550081
2. 华能澜沧江水电股份有限公司，云南省昆明市　650214）

[摘　要] 澜沧江西藏河段水电开发效益显著，具备建设龙头水库的地形、地质条件。本河段水电开发涉及的重大工程地质问题包括区域构造稳定性问题、水库库岸稳定问题、超高超强卸荷岩质高边坡稳定问题和深埋洞室群围岩稳定问题等，本文自区域地质条件出发，系统地对这些问题进行了分析评价，研究这些重大工程地质问题对本河段水电开发具有较鲜明的指导意义。

[关键词] 工程地质；边坡；地下工程

0　引言

澜沧江发源于青藏高原唐古拉山北麓查加日玛西侧的青海省杂多县，于越南胡志明市附近注入南海，干流全长约 4500km，总落差约 5060m，流域面积约 74.4 万 km^2，多年平均流量约 18300m^3/s。其中我国境内干流长 2179km，天然落差为 4583m，流域面积为 16.4 万 km^2。澜沧江上游西藏段（昌都—滇藏下游界）全长 379km，落差为 1080m，平均比降为 0.285%。该段澜沧江东邻金沙江，西靠怒江，地处有名的"三江并流"区。澜沧江上游西藏段自上游至下游共规划有八级水电工程，坝型有混凝土闸坝、碾压混凝土重力坝、混凝土拱坝、砾石土心墙堆石坝等，坝高 61~315m 不等，装机容量为 130~2600MW，总装机容量约 8000MW，是西电东送的重要后备能源基地之一，对西部大开发及中国西南地区经济增长均具重要意义。

本河段因地处青藏高原腹地，工程地质问题较为突出[1]。主要存在区域构造稳定问题、水库库岸稳定问题、超高超强卸荷岩质高边坡稳定问题、深埋洞室群围岩稳定问题。本文结合上述主要工程地质问题进行研究，以为后续河段水电工程建设提供参考。

1　区域地质条件研究

（1）构造背景复杂，地震活动性强烈。该区地处青藏高原东部，位于南北大陆之阿尔卑斯—喜马拉雅巨型山系的东段，是著名特提斯构造域的重要组成部分[2, 3]。各梯级水电站距区域大地构造单元—澜沧江结合带、班公—怒江结合带及区域性断裂—澜沧江断裂（竹卡）带等区域性断裂（带）仅数千米至数十千米。区域内共记到 M≥4.7 级破坏性地震 142 次，最早记载到的破坏性地震是公元 1128 年西藏芒康一带≥5 级地震，记载到的最大地震是 1950 年

8 月 16 日西藏察隅、墨脱 8.6 级地震。综上所述，该区域大地构造、地震构造背景复杂，新构造、活动构造明显，地震活动性强烈。

（2）河谷狭窄、地形高差大。澜沧江上游地貌区划为藏东川西滇西高原南部的横断山系，区域上呈现出"地质构造地貌"山体特征，山势走向基本与构造线一致，上游（芒康以上）呈 NW 向展布，至芒康以下转为近 SN 向[2]。其中一级山脊为受大区域分区构造、藏东川西高原抬升作用的控制，二级山脊受掀斜作用、区域褶皱构造以及区域大节理的控制。喜马拉雅构造时期以来，澜沧江流域河流下切侵蚀作用总体十分强烈，河流上游河段及外围区域河段形成大起伏—极大起伏的侵蚀高差[2]。最高峰白日嘎海拔 6882m，最低海拔在澜沧江河谷的盐井附近，仅为 2300m，最大高差达 4582m。

（3）地层复杂、岩性多样。河段主要由石炭系板岩、页岩，三叠系砂岩、泥岩、英安岩、流纹岩，侏罗系砂岩、泥岩构成，软岩、硬岩均有分布，昌都—登许河段、古学以下河段以软岩为主；登许—古学河段主要为坚硬岩体构成的深切峡谷，除金多河段、加卡河段为石炭系、二叠系变质砂岩、板岩、千枚岩夹玄武岩、灰岩等复杂岩石相对较软外，其余河段主要由岩性坚硬的三叠系中统英安岩、英安质流纹岩及燕山期花岗闪长岩构成。总体而言河段地层关系较为复杂，岩性较为多样。

（4）地质灾害多发，崩塌、滑坡、泥石流发育。本区生态环境虽然良好，但由于河段总体山高坡陡，岩体卸荷强烈，两岸地质灾害较为发育，主要有泥石流、崩塌、滑坡等。

2 重大工程地质问题研讨

2.1 区域构造稳定性

众所周知，青藏高原构造运动强烈，各区域断裂组成、排列、交切关系较为复杂。澜沧江断裂带作为本区重要的控制性断裂，理清其几何关系十分重要。地震和工程部门称澜沧江断裂带由东支、西支组成，东支大致为竹卡火山弧与昌都—思茅盆地界线的某些部分，西支则很模糊。结合青藏高原地质调查最新成果及多年来勘察论证，笔者等研究认为澜沧江断裂带内部组成复杂，包含了澜沧江结合带边界断裂及竹卡火山弧与昌都—思茅盆地分界断裂，前者东、西边界断裂分别称加卡断裂和察浪卡断裂，后者曾有不同称谓，由于它对竹卡火山岩具有控制作用，且通过芒康县竹卡村，地质部门将其命名为竹卡断裂。因此，可以认为澜沧江断裂带由东支、中支、西支断裂组成，此为广义的澜沧江断裂带。作为新构造、活动构造研究，通常将最东边的断裂称为澜沧江断裂。西边界察浪卡断裂研究区控制长度为 340km，东边界加卡断裂控制长度为 190km，澜沧江断裂北起昌都若巴乡、吉塘镇、察雅县主松洼、巴日乡，向南经如美绒曲河口、扎西央丁村、曲孜卡及盐井加达村，研究区控制长度约 400km。根据地貌调查、地质调查和测年等综合分析，察浪卡断裂和加卡断裂晚更新世以来无活动性，研究区澜沧江断裂具有分段性，以郭庆—谢坝断裂为界，卡贡主松洼以北段—昌都段，左行走滑兼逆冲一带，总体为晚更新世活动断裂，吉塘等局部段存在全新世活动迹象；卡贡主松洼以南段—芒康段，逆冲兼右行走滑为主，未发现整体活动的证据，总体为早—中更新世断裂，但在曲孜卡等 NE 向转折部位以及与 NE 向断裂交汇部位存在晚更新世以来的活动迹象。

各水电站站址选择应避免挡水建筑物坐落于活动断裂之上，避免因断裂活动造成建筑物错断等问题，同时应高度重视建筑物防震抗震设计工作。

2.2 水库库岸稳定

研究区主要分布碎屑岩和火成岩两类，其中碎屑岩地区因岩体风化强烈，浅表部的强风化岩体在早期地震等动力地质作用下，多堆积于谷底一带，形成了滑坡堆积体，而在硬质岩地区，岩体卸荷作用强烈，完整性较差，在遭受早期地震等作用下，产生过大规模的崩塌失稳，在坡脚一带形成了崩塌堆积体。根据研究，河段干流主要分布有一定工程影响的滑坡体3个，滑坡堆积体7个，崩塌堆积体有16个。代表性滑坡如图1所示，3处滑坡均为基岩顺层滑坡，岩性为砂泥岩或变质板岩，滑坡体积为20万～750万 m^3。滑坡堆积体体积主要为870万～4400万 m^3，最大者达12000万 m^3，其主要集中在巴中—金多河段，该段河流基本沿金多背斜核部发育，两岸多为逆向或斜向坡，局部为顺向坡，地层为石炭系下统卡贡群（C1kg），主要岩性为变质千枚岩、炭质页岩、板岩等，多属软岩类。河段岩质软弱，且受到金多背斜影响，因此在河谷下切过程中形成了诸多的滑坡堆积体，各滑坡堆积体现状基本稳定。崩塌堆积体体积主要为1000万～4700万 m^3，代表性崩塌堆积体如图1所示，其主要集中在英安岩等坚硬岩河段，坡体内无软弱面，均为块碎石土，现状基本稳定。

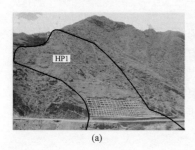 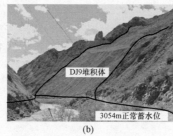 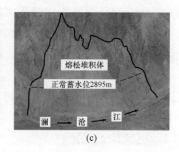

(a)   (b)   (c)

图1 河段代表性不良地质体照片

（a）河段1号滑坡体；（b）巴中—金多库段DJ9滑坡堆积体；（c）容松崩塌堆积体

由于本区域地处干热河谷，干旱少雨，蓄水后这些滑坡体、滑坡堆积体和崩塌堆积体无疑将会产生复杂的变形调整，严重者可能堵塞河道，形成堰塞湖，威胁居民点等重要建筑物和水库安全。在库岸勘察过程中，应加强堆积体的勘察及稳定分析，挡水建筑物坝前宜远离大型滑坡、滑坡堆积体和崩塌堆积体，水库区复建工程也应避开水库库岸再造范围。

2.3 超高超强卸荷岩质高边坡

（1）自然边坡。由于澜沧江西藏段河谷狭窄、深切，岸坡陡峻，高差大，且昼夜温差大，受冻融、卸荷、地应力释放、河谷下切等多种作用，两岸坡自然边坡稳定性较差，以英安岩为主的硬岩河段自然边坡稳定问题较为突出，对工程施工和运行安全有着显著的影响。结合河段地质勘察研究，笔者将该区自然边坡危险源划分为冲沟碎屑流、碎裂松动岩体、危岩体等三大类，其典型的照片如图2所示。

1）冲沟碎屑流。冲沟碎屑流是边坡岩体崩塌坠落形成的松散大块石、块碎石土堆积于冲沟内所形成，厚度基本为2～30m，无胶结，通常自然地形坡度不超过40°，基本呈临界稳定状态。

澜沧江流域西藏段属于典型的高山峡谷地貌，两岸沟壑纵横，为冲沟碎屑流的孕育提供了良好的地形条件，而河谷两岸卸荷强烈，岸坡崩塌、小规模塌滑时有发生，为冲沟碎屑流的形成提供了良好的物源条件。对于工程而言，冲沟碎屑流在暴雨、地震、开挖等作用下常产生流动破坏，对施工安全和建筑物安全有较大影响，建议可研阶段加强冲沟碎屑流勘察工作，施工期对有工程影响的冲沟碎屑流采用分级支挡+定期清理进行处理。

(a)   (b)   (c)

图 2   自然边坡危险源照片

（a）冲沟碎屑流；（b）碎裂松动岩体；（c）危岩体

2）碎裂松动岩体。碎裂松动岩体为澜沧江西藏段水电工程前期勘察期间首次提出，其发育于"V"形河谷上梁部位、临空条件良好的高陡岩质边坡浅表部，岩性为硬性的英安岩等火成岩；这类岩体中结构面较发育，裂隙胶结嵌合程度极差或差，以碎裂、散体状不完整岩体结构为主；从卸荷和风化程度方面讲，此类岩体主要发育于浅表的卸荷岩体外部，呈现弱风化状态。其发育水平深度多为 5~30m，方量总体以 50 万 m³ 内为主，部分可达 300 万 m³，稳定性上整体基本稳定，但局部稳定性差或不稳定，发育或潜在存在崩塌、倾倒、滑移等变形破坏现象[4, 5]。结合河段区域地质条件，分析其是卸荷、风化、冻融、倾倒变形等的长时间综合耦合作用下，形成的具有"碎裂"的岩体结构特征（碎裂~散体二重结构特征）和"松动"的变形破坏现象的一类岩体。

调查发现，碎裂松动岩体部位未见大范围的变形失稳现象，其对工程影响主要体现在两方面，一是工程开挖诱发产生塌滑，需采取系统处理措施；二是高位分布碎裂松动岩体，下部存在危害对象的，应采取一定的主动和被动防护措施，防止其崩塌、掉块。

3）危岩体。研究区地处藏东高原深切峡谷区，特殊的地理位置和高海拔气候环境，形成了区内复杂的地质条件和脆弱的地表环境。两岸山体陡峻，河谷深切，大部分河段自然边坡最大高度将近 2000m，岸坡经历了漫长的地质演化，在长期卸荷、冻融、倾倒变形的综合作用之下，存在规模不等、数量较为巨大的危岩、危岩体，对施工安全和运行期建筑物安全造成较大的影响。

结合前期河段勘察成果，危岩体主要分布在火成岩区段，规模多在 100m³ 以下，局部成群分布，潜在的破坏模式以滑塌式、倾倒式、坠落、滚动等为主。为查明危岩体的发育特征、破坏模式、稳定性等，在工程可研阶段宜开展以"空（无人机倾斜摄影、三维激光扫描）、地（地质调查、三维数码照相）"为主的勘察工作，规模及危害性较大的危岩体宜进行专项勘察，并在勘察的基础上，结合危害对象进行分区分类，以制定清除、加固、防护、监测预警等系统性的防治方案，同时考虑到河段山体高陡，前期勘察阶段也难以完全查明危岩体的分布，宜结合施工期道路、边坡开挖等，因地制宜进行危岩体防治工作。

总体而言，澜沧江西藏段尤其是硬岩深切"V"形河谷地带，冲沟碎屑流、山梁碎裂松动岩体、高位危岩体较为发育，对工程有着巨大的影响，需高度重视自然边坡危险源勘察工作，并在工程主体施工之前，对这些危险源进行系统的治理。

（2）工程边坡。本河段地处典型的高山峡谷地区，修建水电工程将在坝肩开挖、泄洪消能系统进出口开挖、引水发电洞室进出口开挖等中进行，将形成诸多的工程边坡。

河段岩性主要有砂泥岩、变质砂岩、板岩、千枚岩、英安岩和花岗岩等地层，规划水电工程主要位于砂泥岩地层和英安岩、花岗岩地层，比较而言，砂泥岩地区工程规模较小，边坡开挖扰动较小，稳定问题不突出，开挖以后宜迅速封闭，避免风化。而英安岩和花岗岩地区均为高坝大库，边坡问题较为突出，如 RM 工程右岸泄洪系统进口边坡永久边坡高约 405m，加坝基临时边坡高 315m，开挖高度近 720m。根据 RM 等工程勘察，研究区地形自然坡度一般为 40°，结构面总体以陡倾小断层、卸荷裂隙与节理裂隙为主，产状以顺河陡倾和横河陡倾最为发育，局部花岗岩河段发育缓倾，研究区卸荷水平深度总体为 20～200m，局部为 300m，较小湾、拉西瓦和两河口等水电工程更深、更强，同时坡体内发育有沿陡倾结构面的拉张破裂、沿中缓倾结构面的剪张破裂、陡倾结构面的宽大张裂与中缓倾剪切破裂面的组合等多种卸荷形式[5, 6]，如图 3 所示。

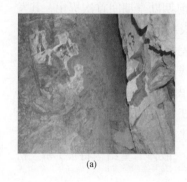 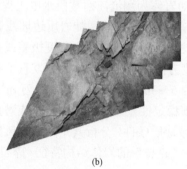 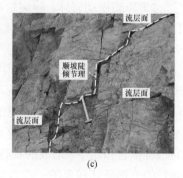

（a） （b） （c）

图 3 卸荷形式

（a）沿陡倾结构面的拉张破裂；（b）沿中缓倾结构面的剪张破裂；

（c）陡倾结构面的宽大张裂与中缓倾剪切破裂面的组合

地质调查表明，该区域自然边坡破坏模式也较为多样，存在如陡、缓结构面组合的滑移拉裂和阶梯式滑移、陡倾结构面控制的卸荷松弛变形和倾倒变形等多种破坏模式，如图 4 所示。此外在澜沧江绒曲支流一带发育一种较为特殊的倾倒变形现象，即压缩倾倒变形，其受软弱基座的控制，且发育于近河床部位，岸坡底部有反倾山内的断层带和断层影响带分布，断层带蚀变及风化宽达数十米，构造岩胶结较差，岩性软弱，如图 5 所示，上部火成岩受软弱基座影响，产生了较强烈的倾倒变形现象，如图 6 所示。

强烈的岸坡卸荷及复杂多样的边坡破坏模式，在大规模的人工开挖下，必将产生较为复杂的边坡稳定问题，且由于边坡岩体卸荷强烈，不可避免地在边坡支护施工中存在成孔精度不易控制、塌孔、埋钻等现象，这些对锚固工程的可靠性和快速施工影响较大，需进一步研发卸荷岩体成孔工艺、宽大裂隙的灌浆技术，及边坡全坡段安全监测预警技术、精细施工信息化管理方法等，以便在大规模开挖下，能够全生命周期地确保边坡安全稳定。

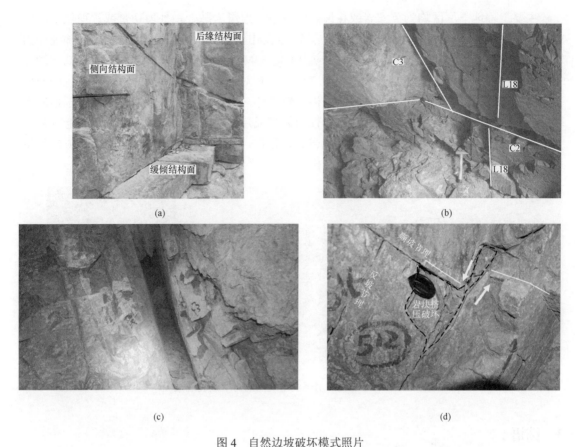

图 4　自然边坡破坏模式照片

（a）陡缓结构面组合的滑移拉裂；（b）平硐内阶梯式滑移；（c）卸荷松弛变形；（d）平硐内硬岩倾倒变形

图 5　近河床的断层性状

图 6　压缩倾倒变形岩体

2.4　深埋洞室群围岩稳定

　　本河段各规划坝址主要布置在砂泥岩段和岩浆岩段，砂泥岩段均以坝后河道厂房为主，无大规模地下洞室群开挖，岩浆岩段导流、引水发电系统均为地下布置，最大埋深达 800 余米，洞径一般 10 余米，地下厂房尺寸可能长达 200 余米、宽达 20 余米，高达 60m 以上，围岩稳定问题是最为突出的。

主要工程地下厂区均为英安岩或花岗岩，少量为煌斑岩脉、韧性剪切带或片理化带，结构面以倾倾节理裂隙为主，属弱—微透水岩体，隧洞围岩总体以Ⅱ-Ⅲ类为主。但深部地应力较高，最大主应力方向以 NE 向为主，主应力值达 34MPa（垂直埋深 600m 测试），局部勘探平洞存在片帮和岩体剥离等现象[8]，如图 7 所示。相对而言，隧洞围岩无可溶岩和大的断层带，不存在突水、突泥的问题，且岩质坚硬、较完整，围岩稳定性较好，但区域深部地应力较高，局部发育有较软弱的煌斑岩脉、韧性剪切带或片理化带，主要洞室群宜尽量避开或大角度穿过煌斑岩脉、韧性剪切带或片理化带等软弱带，且洞室走向宜与最大主应力方向尽量平行，同时施工还应加强围岩岩爆预报工作。

图 7　RM 工程厂房平洞出现的应力型破裂现象

3　结语

澜沧江西藏河段水电开发涉及的重大工程地质问题主要包括区域构造稳定性问题、水库库岸稳定问题、超高超强卸荷岩质高边坡稳定问题和深埋洞室群围岩稳定问题，主要结论及建议如下：

（1）澜沧江断裂带由加卡断裂、察浪卡断裂和澜沧江断裂（竹卡断裂）组成，其中加卡断裂、察浪卡断裂晚更新世以来无活动迹象，而澜沧江断裂活动具有分段性，各水电站址选择应避免挡水建筑物坐落于活动断裂之上，避免因断裂活动造成建筑物错断等问题，同时应高度重视建筑物防震抗震设计工作。

（2）河段滑坡堆积体、崩塌堆积体发育众多，近坝大型堆积体若失稳对工程危害严重，勘察设计阶段需对枢纽工程和居民点等重大基础设施有影响的堆积体进行详细勘察，评价其稳定性及危害性。

（3）河段河谷深切狭窄，谷坡陡峻，高寒高海拔，风化卸荷强烈，物理地质现象发育，天然岸坡浅表稳定性较差。需重视自然边坡危险源勘察和防治工作。同时由于岩浆岩河段岩体卸荷形式多样，存在滑移拉裂、卸荷松弛、倾倒变形等多种破坏模式，边坡稳定问题较为突出，需加强勘察论证，并采用锚固、排水等多种方式进行边坡治理。

（4）河段主要地下工程均位于硬岩河段，隧洞围岩总体稳定，但深埋区域地应力较高，局部发育煌斑岩，主要地下洞室群宜避开或大角度穿过煌斑岩、韧性剪切带或片理化带，同时洞室纵轴线宜与最大主应力方向近平行。此外施工期宜加强深埋隧洞段预报工作，避免岩爆对施工人员安全的影响。

参考文献

[1] 张佳佳，田尤，陈龙，等．澜沧江昌都段滑坡发育特征及形成机制［J］．地质通报，2021，40（12）：2025～2033．

[2] 罗俊超．藏东芒康竹卡断裂变形特征及活动性研究［D］．成都：成都理工大学．2016．

[3] 钟康惠，刘肇昌，舒良树，等．澜沧江断裂带的新生代走滑运动学特点［J］．地质论评，2004，50（1）：1-8．

[4] 吴述彧，李鹏飞，陈占恒．高寒峡谷地区碎裂松动岩体工程特性研究［J］．地下空间与工程学报，2018，14（5）：1250-1257．

[5] 朱小申．如美水电站高边坡碎裂松动岩体形成机理研究［D］．成都：成都理工大学，2019．

[6] 陈本龙．如美水电站强风化，强卸荷高边坡稳定性研究［D］．北京：清华大学，2013．

[7] 王俊，赵建军，瞿生军，等．卸荷条件下高边坡大规模开挖的"地质—力学"响应研究——以西藏如美水电站右坝肩为例［J］．水文地质工程地质，2018，45（4）：37-44．

[8] 李鹏飞，吴述彧，周红喜，等．澜沧江某地下洞室高地应力特征及围岩稳定预测研究［J］．水利与建筑工程学报，2020，18（3）：195-201．

作者简介

李鹏飞（1985—），男，高级工程师，主要从事水利水电工程勘察工作。E-mail：312169218@qq.com

用地条件受限下的新型风机基础结构研究与数值分析

张嘉琦 杨海霞 董 雷 周 颖

（中国电建集团北京勘测设计研究院有限公司，北京市 100024）

[摘 要] 目前在风电产业的飞速发展过程中，风电场建设面临着由土地资源的稀缺性造成的建设用地受限问题，这已成为陆上风电开发建设的第一制约因素。适合大规模建设陆上风电场的用地正日益减少，尤其在平原风电场建设中，常规的风力发电机圆形或对称多边形基础的设计因为占地形式固定，受到的限制越来越多。本文为解决在用地条件受限下使用大功率风力发电机机组的问题，因地制宜地提出一种新型风机基础形式，提高土地资源利用率。以某滨海风电场吹填风机安装平台作为数值模拟原型，建立安装平台吹填模型，分析工程中吹填的影响深度和范围，其成果对今后其他同类工程具有一定的参考价值。

[关键词] 风机基础；用地条件受限；大功率风力发电机组；桩基础

0 引言

随着风力资源的大力发展，可利用的地质条件优质的风场资源越发有限；另外，为得到更大的发电量，使用更大单机容量、更高轮毂高度的风力发电机组的需求越来越多。这便迫使风电行业需更多地在地质相对较弱、面积受限的区块进行单台容量 4.5MW 以上的风力发电机组布置，给风机基础结构带来了较大挑战[1, 2]。

传统风机基础大都采用圆形或对称多边形基础的设计，此种设计具有设计便捷、使用情况广泛的优势，相较非对称基础形式，圆形或多边形基础在应对不同方向荷载时具有设计便捷、基础利用率高的设计优势，这也是在工程项目中频繁使用对称结构的原因之一。然而伴随着地质条件的持续受限，工程用地往往难以实现对称结构的风机基础设计，从而对非对称结构风机基础承台设计的需求也日渐增多。

1 工程概况

1.1 地理位置

本文设计风机位于天津市天津港。天津港地处渤海湾西端，位于海河下游及其入海口处，地理坐标为东经 117°42'05″、北纬 38°59'08″。风场位于天津港 C 段智能化集装箱码头北侧绿化带区域，天津港 C 段码头陆域使用面积约 75 万 m²，海域使用面积约 30 万 m²，主要建设码头、堆场、场内道路等面积 82.4 万 m²，生产及辅助建筑物总建筑面积约 19265m²。

1.2 岩土层分布

工程场地在大地构造上属于 II 级构造单元华北断坳区的东北部，分布于太行山隆起以东，燕山褶皱带以南，向东延伸于渤海，是中新生界形成的断陷盆地，由于新生代以来断陷活动强烈，沉积了巨厚的新生界地层。进一步划分，本工程场地二级构造单元属于冀渤断块坳陷。冀渤断块坳陷北界为宝坻断裂、蓟运河断裂和昌黎—宁河断裂，西界为太行山山前断裂，东界为郯庐断裂。区内构造线主要呈 NNE 和 NWW 向。在坳陷边缘和内部各次级构造单元边界，差异性升降构造活动明显，现代强震活动十分活跃，曾发生多次 7 级以上地震。具体地层钻孔图如图 1 所示。

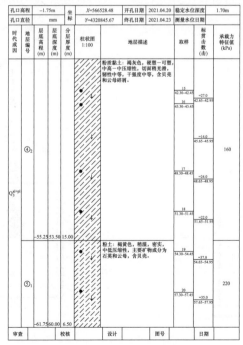

图 1　风场钻孔柱状图

根据 GB 18306—2015《中国地震动参数区划图》，场址区 50 年超越概率 10%的地震动峰值加速度为 0.20g，相应地震基本烈度为Ⅷ度，地震动反应谱特征周期为 0.75s，依据 GB 50011—2010《建筑抗震设计规范》附录 A "我国主要城镇抗震设防烈度、设计基本地震加速度和设计地震分组"，该场区地震分组属于第二组。

1.3　水文地质条件

本工程场区为滨海平原地貌，属于华北平原陆架的向海延伸，覆盖层较厚，临近工程场区附近的陆域水网密集，地表水系发育。

本次勘察期间（2021 年 4 月），钻孔揭露稳定地下水位埋深约为 1.70～2.00m，相应的稳定水位高程为−4.22～−3.45m。地下水属于潜水，地下水与地表水关系密切，大部分地段地下水与地表水已经贯通，同时场区紧邻渤海，补给水源丰富，需考虑地下水对基础施工的影响，采取必要的降水措施。

1.4　地基基础情况

本场地上部地层主要以杂填土①层和淤泥质黏土②层为主，下部地层主要以物理力学性质较好的粉质黏土、粉砂和粉土层为主。本次风电机组基础开挖后，基底主要为①杂填土和淤泥质黏土②层，土的性质较差，无法满足风电机的荷载要求。下部的③1 粉质黏土、③2 粉土和④2 粉质黏土层，土的性质一般，无法满足风电机的荷载要求，且埋藏较深。④1 粉砂、⑤1 粉土、⑤2 粉砂和⑥粉质黏土层，土的性质较好，虽可满足持力层的荷载要求，但埋藏都较深。

1.5　地形受限情况

此项目风机机位布置于绿化带区域内，周遭布置有围墙、厂房、路灯监控设备，并埋有地下电缆。由于天津港每日货流量巨大，运输任务繁重，现场不具备电缆改线的施工条件。可供布置范围为长条形，对布置长度并无特殊要求但宽度最大不可超过 12m。风机具体布置如图 2 所示。

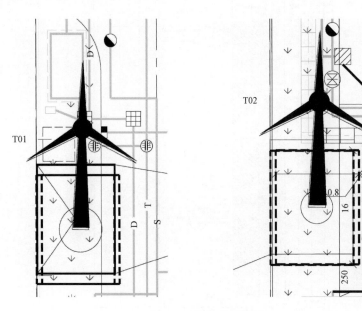

图 2　风机基础布置图

1.6 风机载荷

本项目风机采用 2 台型号为 GW155-4.5-110 的风电机组，风机传递到基础锚栓笼顶面的荷载由风机厂家提供。其中弯矩合力最大的正常工况荷载和极端工况荷载标准值见表 1（不包括安全系数）。

表 1　　　　　　　　弯矩合力最大的正常工况荷载和极端工况荷载标准值

荷载类型	水平合力（kN）	竖向力（kN）	弯矩合力（kN·m）	扭矩（kN·m）
正常工况荷载	764.8	5050.76	74905.7	885.68
极端工况荷载	1365.77	4911.12	129260	569.8

2　风力发电机基础灌注桩基础设计

2.1　风机基础设计比选

考虑到机位地质条件较差、基础宽度最多不得超过 12m 的情况，风机基础不具备使用天然扩展基础的条件，故采用混凝土灌注桩基础进行设计。本项目先后考虑过 12m 直径圆形承台灌注桩基础与正八边形灌注桩基础，由于承台直径过小，考虑到群桩效应，可布下的桩数有限，这导致单桩承载力要求过大，不具备相应的设计条件。经过综合考虑，最终选定矩形承台灌注桩基础的基础形式进行设计。

2.2　风机基础尺寸

风机基础与上部塔筒采用锚栓连接。风电机组基础选用 C45 混凝土，基础底部混凝土保护层厚度为 100mm，基础顶面、侧面混凝土保护层厚度为 50mm，基础下设 200mm 厚 C20素混凝土垫层。如图 3 所示，基础承台设计尺寸为 16m×12m，高 4m；灌注桩设计强度 C40，7m×4m 布置共计 28 根。四角及检测桩径为 1200mm 其余桩径为 1000mm，其中 1 号机位桩长 53m，2 号机位桩长 55m。承台下 800mm 的范围需要进行换填处理。

四角桩基的轴向抗压承载力特征值为 4500kN，轴向抗拔承载力特征值为 2500kN，水平力特征值为 120kN。除四角的其余桩基，桩基的轴向抗压承载力特征值为 3000kN，轴向抗拔承载力特征值为 1700kN，水平力特征值为 100kN。

3　数值分析

3.1　有限元分析

3.1.1　结构模型

利用 Abaqus 有限元程序对基础模型进行分析，模型包括锚栓、混凝土承台和桩基础。选取整体结构建立锚栓基础的实体模型，如图 4 所示。耦合筒壁上端面全部自由度并施加风机极限荷载，桩基的下端面部分固结。

混凝土结构采用 C3D20R 实体单元模拟混凝土。该单元是一个高阶三维 20 节点固体结构单元，具有二次位移模式，单元每个节点有 3 个沿着 x、y、z 方向平移的自由度，具有任意的空间各向异性，单元支持塑性、超弹性、蠕变、应力刚化、大变形和大应变能力。锚栓选用杆单元 T3D2，桩基础选用 C3D8R。

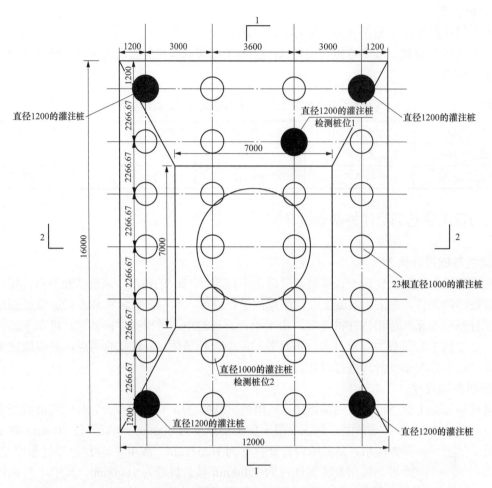

图 3 基础设计图（单位：mm）

图 4 扩展基础整体图

3.1.2 相互作用设置

锚栓组件嵌入承台实体模型中，桩基础与承台基础绑定在一起。相互作用设置如图5所示。

图5 相互作用设置

3.1.3 网格划分

模型网格划分的整体与局部如图6所示，锚板区域采用二次单元solid65划分网格。模型总单元数共计约10万个。

图6 承台整体模型网格

3.1.4 锚栓荷载的施加

锚栓组件受力状态分为两个阶段，阶段一为锚栓预紧，全部锚栓预紧后进入阶段二承受上部荷载作用，其中锚栓预紧作用起控制作用。分析中，第一个分析步在锚栓上缓慢施加预紧力（此处采用温度场作用）；第二个分析步将施加风机极限荷载。锚栓笼模型网格如图 7 所示。

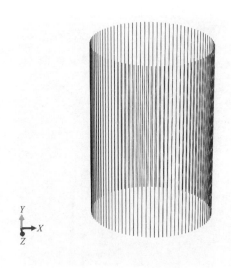

图 7　锚栓笼模型网格

3.1.5　计算结果

风力机基础顶部压应力分布云图如图 8 所示。由图 8 可知，在锚栓施加预紧力后，在基础表面施加极限载荷，基础顶部最大压应力发生在上部圆柱体与四面台的接触处，采用 C45 混凝土能够满足要求。顺弯矩方向，一边受压一边受拉。风力机基础顶部拉应力分布云图如图 9 所示。基础顶部最大拉应力发生在与最大压应力相对的上部圆柱体与四面台接触处。

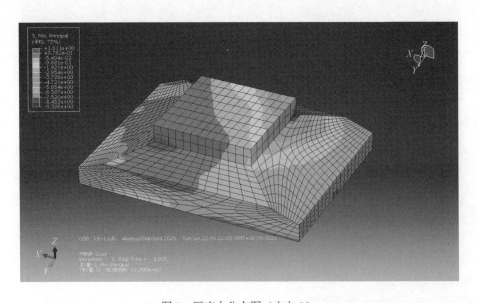

图 8　压应力分布图（方向 2）

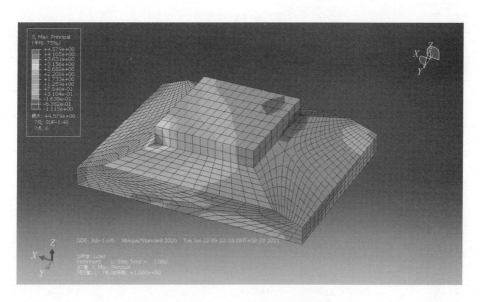

图 9　拉应力分布图（方向 2 的反方向）

3.2　桩基基础计算过程

3.2.1　桩中心点布置

按照体型和桩基布置建立群桩模型，桩基布置如图 10 所示。

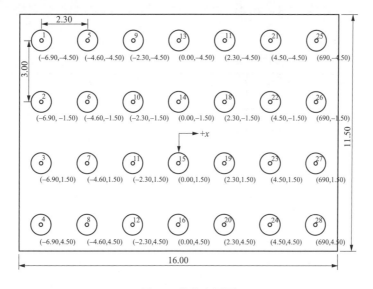

图 10　桩基布置图

3.2.2　荷载情况

该模型属于非完全对称形式，荷载方向不同，计算结果不同，需要分析以下 3 种荷载情况（实际共 8 种，共 3 种代表荷载），分别为短边受力、长边受和对角线受力，见表 2、表 3。

表 2　　　　　　　　　　　　　　标准组合下的荷载表

编号	荷载		名称	类型	N（kN）	M_x（kN·m）	M_y（kN·m）	H_x（kN）	H_y（kN）	M_z（kN·m）
	新建	修改								
1	是		0	标准值	4911.12	0	−129260.00	1365.77	0	569.80
2	是		对角线	标准值	4911.12	77556.00	−103408	1092.62	819.46	569.80
3	是		90°	标准值	4911.12	129260.00	0	0	1365.77	569.80

表 3　　　　　　　基本组合下的荷载表（不计自重，已转换成竖向力）

编号	荷载		名称	类型	N（kN）	M_x（kN·m）	M_y（kN·m）	H_x（kN）	H_y（kN）	M_z（kN·m）
	新建	修改								
1	是		0	标准值	22090	0	−180964	1912.08	0	797.72
2	是		对角线	标准值	22090.00	113700.00	−151600.00	1529.66	1147.25	797.72
3	是		90°	标准值	220902	180964	0	0	1912.08	797.72

3.2.3　内力最大值（适用于所有荷载工况）

最大轴向压力发生在四个角，桩基的轴向抗压承载力特征值为 4500kN，轴向抗拔承载力特征值为 2500kN，水平特征值为 120kN。除四角的其余桩基，桩基的轴向抗压承载力特征值为 3000kN，轴向抗拔承载力特征值为 1700kN，水平力特征值为 100kN。标准组合下 1、2号机位桩基计算结果分别见表 4、表 5；基本组合下 1、2 号机位桩基计算结果分别见表 6、表 7。

表 4　　　　　　　　　标准组合下 1 号机位桩基计算结果

桩	N_{max}（kN）	N_{min}（kN）	M_{max}（kN·m）	Q_{max}（kN）
按桩计算 1	1528.44	202.37	212.65	86.09
按桩计算 2	629.34	83.87	140.82	50.06
按桩计算 3	111.94	14.92	136.53	48.54
按桩计算 4	−610.22	−243.08	196.36	79.50
按桩计算 5	753.27	100.38	145.93	51.88
按桩计算 6	71.08	9.57	104.47	30.14
按桩计算 7	−35.57	−4.79	101.37	29.25
按桩计算 8	−939.80	−451.62	135.02	48.00
按桩计算 9	468.40	62.42	147.67	52.50
按桩计算 10	12.38	1.67	105.77	30.52
按桩计算 11	−400.83	−321.83	102.71	29.63
按桩计算 12	−1400.49	−672.89	136.90	48.67
按桩计算 13	183.70	24.48	149.45	53.13
按桩计算 14	−46.28	−6.23	107.11	30.90

续表

桩	N_{max} （kN）	N_{min} （kN）	M_{max} （kN·m）	Q_{max} （kN）
按桩计算 15	−650.40	−522.17	104.09	30.03
按桩计算 16	−1861.31	−894.18	138.82	49.35
按桩计算 17	−100.76	−13.43	151.28	53.78
按桩计算 18	−446.41	−358.42	108.48	31.30
按桩计算 19	−899.99	−722.51	105.49	30.44
按桩计算 20	−2322.28	−1115.47	140.79	50.05
按桩计算 21	−384.99	−51.32	153.15	54.45
按桩计算 22	−695.97	−558.76	109.88	31.70
按桩计算 23	−1149.62	−922.86	106.93	30.85
按桩计算 24	−2783.33	−1336.78	142.79	50.76
按桩计算 25	−1380.02	−549.65	228.60	92.55
按桩计算 26	−1744.98	−838.37	151.88	53.99
按桩计算 27	−2582.76	−1240.55	147.91	52.59
按桩计算 28	−4131.25	−1644.15	213.53	86.45

表 5　　　　　　　　　　标准组合下 2 号机位桩基计算结果

桩	N_{max} （kN）	N_{min} （kN）	M_{max} （kN·m）	Q_{max} （kN）
按桩计算 1	1576.92	173.24	201.93	86.03
按桩计算 2	644.64	71.45	135.17	50.06
按桩计算 3	91.86	10.18	131.08	48.54
按桩计算 4	−657.84	−226.81	186.54	79.48
按桩计算 5	777.16	86.13	140.05	51.87
按桩计算 6	71.42	8.03	97.10	30.18
按桩计算 7	−44.42	−4.99	94.24	29.29
按桩计算 8	−963.98	−408.76	129.63	48.01
按桩计算 9	472.99	52.43	141.71	52.48
按桩计算 10	7.69	0.86	98.31	30.56
按桩计算 11	−391.77	−299.53	95.48	29.68
按桩计算 12	−1416.17	−600.40	131.43	48.67
按桩计算 13	168.99	18.73	143.41	53.11
按桩计算 14	−55.99	−6.29	99.55	30.94
按桩计算 15	−622.60	−475.98	96.75	30.07
按桩计算 16	−1868.56	−792.05	133.26	49.35
按桩计算 17	−134.77	−14.94	145.16	53.76

桩	N_{max} （kN）	N_{min} （kN）	M_{max} （kN·m）	Q_{max} （kN）
按桩计算 18	−433.71	−331.59	100.81	31.33
按桩计算 19	−853.47	−652.43	98.05	30.48
按桩计算 20	−2321.03	−983.70	135.14	50.05
按桩计算 21	−438.29	−48.60	146.94	54.42
按桩计算 22	−664.54	−508.04	102.11	31.74
按桩计算 23	−1084.38	−828.88	99.38	30.89
按桩计算 24	−2773.64	−1175.34	137.05	50.75
按桩计算 25	−1419.05	−489.18	216.99	92.45
按桩计算 26	−1753.58	−743.40	145.73	53.97
按桩计算 27	−2576.47	−1091.87	141.94	52.57
按桩计算 28	−4146.13	−1428.01	202.75	86.39

表 6　　　　　　　　　基本组合下 1 号机位桩基计算结果

桩	N_{max} （kN）	N_{min} （kN）	M_{max} （kN·m）	Q_{max} （kN）
按桩计算 1	2905.50	384.73	297.72	120.53
按桩计算 2	1311.64	174.80	197.14	70.09
按桩计算 3	474.40	63.23	191.14	67.95
按桩计算 4	−382.32	−152.25	274.91	111.30
按桩计算 5	1521.83	202.80	204.31	72.63
按桩计算 6	177.48	23.90	146.26	42.20
按桩计算 7	21.12	16.95	141.91	40.94
按桩计算 8	−1029.92	−494.76	189.03	67.20
按桩计算 9	1070.28	142.65	206.74	73.50
按桩计算 10	84.47	11.38	148.08	42.72
按桩计算 11	−374.15	−300.37	143.80	41.49
按桩计算 12	−1759.87	−845.26	191.66	68.14
按桩计算 13	619.18	82.53	209.24	74.39
按桩计算 14	−35.86	−28.79	149.95	43.26
按桩计算 15	−769.49	−617.70	145.72	42.04
按桩计算 16	−2490.15	−1195.79	194.35	69.09
按桩计算 17	272.99	131.20	211.79	75.30
按桩计算 18	−431.13	−346.12	151.87	43.82
按桩计算 19	−1164.90	−935.03	147.69	42.61
按桩计算 20	−3119.13	−1440.52	197.10	70.07

桩	N_{max} （kN）	N_{min} （kN）	M_{max} （kN·m）	Q_{max} （kN）
按桩计算 21	−456.27	−219.24	214.41	76.23
按桩计算 22	−826.48	−663.45	153.83	44.38
按桩计算 23	−1560.36	−1252.37	149.71	43.19
按桩计算 24	−3597.02	−1527.46	199.91	71.07
按桩计算 25	−1509.92	−601.18	320.04	129.57
按桩计算 26	−2255.56	−1083.26	212.63	75.59
按桩计算 27	−3402.94	−1516.52	207.08	73.62
按桩计算 28	−5383.41	−1755.21	298.94	121.03

表 7 基本组合下 2 号机位桩基计算结果

桩	N_{max} （kN）	N_{min} （kN）	M_{max} （kN·m）	Q_{max} （kN）
按桩计算 1	2914.05	320.13	282.69	120.44
按桩计算 2	1315.40	145.80	189.23	70.08
按桩计算 3	451.38	50.05	183.50	67.96
按桩计算 4	−439.25	−151.40	261.15	111.27
按桩计算 5	1532.14	169.81	196.07	72.61
按桩计算 6	178.15	20.03	135.95	42.25
按桩计算 7	−10.33	−7.90	131.93	41.01
按桩计算 8	−1034.29	−438.40	181.49	67.21
按桩计算 9	1066.01	118.17	198.40	73.47
按桩计算 10	80.54	9.06	137.63	42.78
按桩计算 11	−363.79	−278.10	133.67	41.55
按桩计算 12	−1727.05	−731.87	184.00	68.14
按桩计算 13	600.29	66.55	200.78	74.36
按桩计算 14	−61.49	−47.01	139.37	43.32
按桩计算 15	−717.34	−548.31	135.45	42.10
按桩计算 16	−2420.10	−1025.35	186.57	69.09
按桩计算 17	201.12	85.29	203.22	75.26
按桩计算 18	−414.96	−317.22	141.14	43.87
按桩计算 19	−1070.95	−818.51	137.27	42.67
按桩计算 20	−3113.39	−1318.84	189.19	70.06
按桩计算 21	−490.94	−208.16	205.72	76.19

续表

桩	N_{max} （kN）	N_{min} （kN）	M_{max} （kN·m）	Q_{max} （kN）
按桩计算 22	−768.52	−587.42	142.95	44.43
按桩计算 23	−1424.62	−1088.72	139.14	43.25
按桩计算 24	−3687.00	−1484.40	191.87	71.06
按桩计算 25	−1520.65	−524.01	303.79	129.43
按桩计算 26	−2198.24	−931.47	204.02	75.56
按桩计算 27	−3484.56	−1475.98	198.72	73.59
按桩计算 28	−5392.59	−1657.89	283.86	120.94

3.3　计算结果

风机基础承台计算表见表 8。

表 8　　　　　　　　　　　　　风机基础承台计算表

序号	设计内容	荷载工况			备注
		正常运行荷载工况	极端荷载工况	结论	
1	单桩承载力抗压验算（kN）	3032	4385	满足	单桩承载力特征值 4500
2	单桩承载力抗拔验算（kN）	704	2075	满足	抗拔承载力特征值 3000
3	单桩承载力水平受力验算（kN）	79	112	满足	
4	下锚板冲切验算	—	满足		
5	台柱边冲切验算	—	满足		
6	抗弯承载力验算（mm²）	满足	满足	满足	配筋面积
7	斜截面受剪验算	满足	满足	满足	
8	台柱配筋验算	—	—	满足	

4　结语

由于风力资源的深度利用，国内风场越来越多地关注于在工程条件有限的区域布置单台装机容量为 4.5MW 及以上的风力发电机组进行设计，其对有限地形的利用要求越来越高。

本文针对天津某风电场需求，在限制最大宽度 12m 的有限基础范围内，在地质情况一般的条件下，对单台风机装机容量为 4.5MW 的风力发电机组进行应用，提出矩形混凝土承台桩基基础的设计思路，基础承台尺寸为 16m×12m，布置有 7m×4m 共计 28 根钢筋混凝土灌注桩。从受力结果分析，在此种基础设计的情况下，当风机塔筒及弯矩方向沿矩形承台对角线方向时为风机基础受力最大的情况，此时桩基承载力在四角为最大并沿四周有较大程度的减小。

参考文献

[1] 张永生，巢清尘，陈迎，等. 中国"碳中和"：引领全球气候治理和绿色转型 [J]. 国际经济评论，2021（3）.

[2] 任建明."碳中和"背景下的风电发展 [J]. 农村电气化，2021（7）.

作者简介

张嘉琦（1994—），男，硕士研究生，主要从事风电光伏土建结构设计工作。E-mail：zhangjiaqi@bjy.powerchina.cn

杨海霞（1993—），女，工程师，主要从事风电光伏土建结构设计工作。E-mail：yanghx@bjy.powerchina.cn

董　雷（1983—），男，高级工程师，主要从事风电光伏土建结构设计工作。E-mail：dongl@bjy.powerchina.cn

周　颖（1984—），女，高级工程师，主要从事风电光伏土建结构设计工作。E-mail：zhouying@bjy.powerchina.cn

混凝土缺陷水下修复技术在西霞院反调节水库排沙洞消力池底板磨蚀破坏修复中的应用

韦仕龙　许清远

（黄河水利水电开发集团有限公司，河南省济源市　454650）

[摘　要] 在大中型水利枢纽中，泄水建筑物长历时高含沙过流运用后，过流面水下混凝土因为长时间的磨蚀将不可避免地存在冲刷、掏空、空蚀、开裂等缺陷，由于多处于水下，且创造干地施工条件困难、成本高，因此水下修复施工将成为一种必备技术方法。本文主要以西霞院反调节水库现场应用实际为例，介绍了一种混凝土缺陷水下修复技术，并针对其中的重点难点进行了阐述，为类似工程缺陷处理提供参考。

[关键词] 磨蚀；混凝土缺陷；水下修复；西霞院反调节水库；工艺控制

0　引言

西霞院反调节水库是小浪底水利枢纽的配套工程，位于小浪底坝址下游 16km 处的黄河干流上，距离洛阳市 25km，距离郑州市 116km。水库的任务是以反调节为主，结合发电，兼顾灌溉、供水等综合利用，工程规模为大（Ⅱ）型工程。

西霞院反调节水库布置有挡水坝、泄洪闸、排沙洞、排沙底孔等主要建筑物，担负着水库泄洪、排沙、排污的任务[1]，2018—2020 年，小浪底水利枢纽和西霞院反调节水库联合调度运用，长期经历"低水位、大流量、高含沙、长历时"的汛期泄洪排沙运用[2]，泄洪排沙建筑物经历了长时间的高速水流冲刷磨蚀，尤其是消力池承担着高速水流和排沙的消能工作，长时间运用后，对水下水工建筑物进行检查发现，建筑物受到了不同程度的水毁破坏，需要采取专项的措施开展修复工作。

1　水下缺陷检查

1.1　结构布置

西霞院反调节水库左岸的引水发电和泄洪排沙主要建筑物布置示意如图 1 所示。该部分包含 6 条排沙洞（1～3 号位于左排沙位置处，4～6 号位于右排沙位置处）、3 条排沙底孔和 4 条发电洞，其中 3 条排沙底孔保护分别位于 4 条机组的中间位置，保护机组不被淤堵。其布置考虑了黄河多泥沙特性，利用含沙量沿垂线分布上稀下浓、粒径上细下粗的特点，将发电洞进口布置在较高位置；排沙洞和排沙底孔进口布置在较低位置，即排沙洞、排沙底孔是主要排沙的泄洪流道，连续多年在长历时、高泥沙条件下运用，需要重点关注其水下建筑物的状态，尤其是出口消力池水下建筑物的水毁情况。

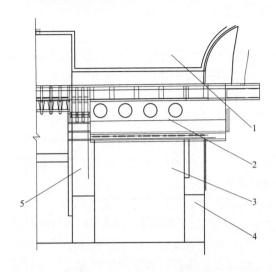

图 1　西霞院左岸泄洪排沙段建筑物示意图

1—上游侧；2—引水发电和泄洪流道；3—引水发电消力池；4—左排沙出口；5—右排沙出口

1.2　结构检查

本次检查针对左、右排沙洞的出口消力池，鉴于该部位不具备干地检查的条件，采取通过潜水员进行水下检查及录像[3]。作为泄洪排沙运用的主要建筑物，其在高含沙期间投运较多，泥沙常规会聚集在出口消力池段，因此为保证检查效果，优先采取过流冲淤的方式对消力池进行全面的清理，清除淤泥、砂石等杂物，水下检查时重点关注混凝土剥落、掏空、磨损、冲坑、钢筋裸露、裂缝、蜂窝麻面等缺陷。

1.3　检查结果

通过检查，发现左、右排沙洞的消力池底板均出现了不同程度的磨蚀坑现象，最严重出现在右排沙段，主要集中在上下游方向上，Ⅰ级底板长 24m，Ⅱ级底板长 7m，宽度左侧最宽为 6m，右侧最宽为 11m，裸露钢筋，深度约 0.25m，较为严重的地方出现了钢筋裸露、钢筋锈蚀磨蚀的现象。其缺陷结构示意如图 2 所示。若继续投入过流运用，在高含沙和长历时的水流条件下，会加速结构上的破坏，威胁水工设施的安全，因此急需对其进行处理。

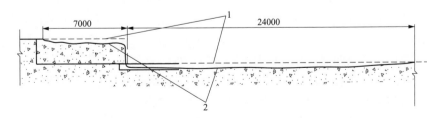

图 2　水下缺陷示意图（单位：mm）

1—原结构边缘线；2—冲刷线

2 缺陷修复

2.1 修复思路

针对水下检查发现的问题，采用水下修复的方式对水毁缺陷进行处理，重新浇筑混凝土，其具体施工流程为：水下切割凿毛→水下清理→钻锚孔、植锚筋→安装钢筋网→安装模板→浇筑混凝土→拆除模板→细节修复。

针对水毁的程度，其修复方法也要针对性开展，若破坏深度大于 100mm，需要在表面布设钢筋网，布设后与锚筋牢固焊接，表层浇筑混凝土。对裸露的钢筋应检查，结构无损伤进行水下除锈，达到无锈痕、无锈斑；若原钢筋变形缺失，则重新修复，再浇筑混凝土。

2.2 消力池平面和立面缺陷修复

（1）水下切割、凿毛。以保证修复部位基体强度为原则，采用液压锯等工具沿破损边线外 6cm 为切割边线，切割出全封闭补强边缘线，深度不少于 60mm，之后采用液压镐凿除待清理的混凝土，凿出坚固、新鲜的混凝土面，凿毛厚度不小于 20mm，以增加浇筑面的糙度和新老混凝土的结合强度，同时保证所有待修复部位的深度均不低于 50mm。

（2）钻锚孔、植筋。采用 ϕ20mm 锚筋，保证孔距 300mm、深度 300mm 布置，锚孔为 ϕ22mm，立面采用模板进行支撑，钢筋布置和锚筋安装示意如图 3 所示。具体施工时，新钻锚孔采用高压水枪把屑渣冲除干净，然后在内部充填足够的高强锚固剂，插入锚筋，转动几次，使锚固剂充分与锚杆和孔壁粘紧，增加锚固力。

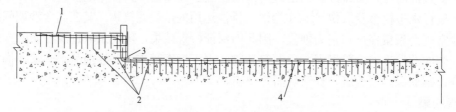

图 3　钢筋布置安装示意图（单位：mm）

1—表层钢筋网；2—锚筋；3—立面模板；4—冲刷线

（3）架立钢筋网。锚固剂硬化 12h 后，水下焊接钢筋网，规格为 ϕ12@150。钢筋网与锚筋之间、新老钢筋网之间搭接长度为 10d，单面焊。

（4）尾坎立面模板安装。模板采用 2.25m×2.4m、厚度 3mm 钢板和∠50×5 角钢，浇筑模板由内部粘贴塑料膜以方便后期拆模。采用吊车吊运至水下位置处，并由潜水员安装，模板之间通过膨胀螺栓和锚筋固定。预留混凝土进料口和溢出口。进料口设在模板顶部，溢出口设在模板四角，溢出口设活页盖板，并可封牢。模板立设完成后，潜水员用高压水枪再次把渣屑冲除干净并检查模板四周的密封情况，对缝隙部位进行封堵，防止跑模。

（5）导管法浇筑。修补回填混凝土采用玄武岩纤维混凝土，玄武岩纤维混凝土应具备水下不分散、自密实等性能，混凝土强度等级不宜低于 C35。

（6）水下混凝土浇筑。鉴于此处缺陷较大，需浇筑混凝土方量大，综合施工质量、效率等因素，采取泵送商品混凝土配合布料机、导管的方法进行浇筑。配置 1 个水上浇筑平台、1 个布料机平台和 50m 浇筑导管平台，使用地泵将混凝土输送至布料机内，然后通过导管进行入仓浇筑,其示意图如图 4 所示。待模板四角溢出口溢出混凝土后,封堵溢出口,直至最后一个溢出口溢出混凝土并全部封堵。水下混凝土应具备水下不分散、自密实等性能,此处优选了环氧混凝土或者玄武岩纤维混凝土。

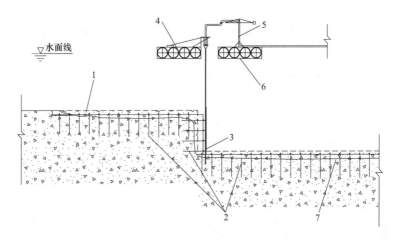

图 4　浇筑作业平台示意图(单位:mm)

1—表层钢筋网;2—锚筋;3—立面模板;4—浇筑平台;5—布料机;6—布料机平台;7—冲刷线

(7)拆模。待浇筑混凝土达到设计强度的 10%后,将模板拆除,拆除过程不破坏新浇筑结构。

(8)细节修复。保证整体平整度,对新浇混凝土面的平整度进行测量,超过 3mm 的部分进行打磨处理,使之满足规范要求。

3　修复效果

　　1~3 号排沙洞段底板消力池也采用这个方式进行处理,并确保施工过程质量。经过 2021 年高含沙、长历时的汛期泄洪的考验后,2021 年汛后对该部分进行了全面地检查,发现 1~6 号排沙洞消力池在 2021 年汛前修复的部位除部分出现轻微的磨蚀现象外,整体性完好,可以说明水下修复技术在西霞院反调节水库是成功的。

4　结语

　　水利枢纽的水工建筑物至关重要,尤其是泄洪排沙系统的水下部分,需要具备较强的抗冲刷能力,但若出现破坏,在不具备干地修复的条件下,采取水下修复是非常必要的,本文所采用的水下修复技术在实际工程中得到了成功的应用,可以为类似水工建筑物水下缺陷处理提供借鉴。同时为了保证枢纽的长期本质安全,应该周期性地开展水下设施设备的检查,发现问题及时维护保养,消除缺陷。

参考文献

[1] 秦云香,周莉,程翠林.西霞院反调节水库工程布置特点及主要问题 [J]. 人民黄河,2022(5):22.

［2］李冠州，谷源泉，吴祥，等．专利环氧砂浆在西霞院水库泄洪洞中的应用［J］．人民黄河，2020（S2）：42.

［3］张捷．混凝土缺陷水下修复技术［J］．大坝与安全，2004（5）：8-12.

作者简介

韦仕龙（1990—），男，工程师，主要从事小浪底水利枢纽和西霞院反调节水库运行管理。E-mail：972295381@qq.com

许清远（1971—），男，工程师，主要从事小浪底水利枢纽和西霞院反调节水库运行管理。E-mail：515585530@qq.com

基于水生态文明城市建设的排水小区
雨污分流改造工程技术探讨与实践
——以深圳市坪山区正本清源工程为例

彭 攀[1] 罗 涛[2] 景晓春[1] 陈 亮[1]

（1. 中国电建集团西北勘测设计研究院有限公司，陕西省西安市 710065；
2. 中国电建市政建设集团有限公司，天津市 300384）

[摘 要]针对我国城市迅速发展中暴露出的水质污染事件，水利行业提出了水生态文明城市建设的顶层设计理念，修复城市发展过程中受损的人、社会和水之间的关系。城市水环境治理是水生态文明城市建设的一项重要内容，排水小区雨污分流改造又是城市水环境治理的核心。本文对城市排水小区雨污分流改造工程技术进行总结分析，以深圳市坪山区正本清源工程为例，提出了城市排水小区正本清源工程设计和施工过程中需要注意的问题和建议。

[关键词]水生态文明；水环境治理；雨污分流改造

0 引言

水是生命之源、生产之要、生态之基，是生态系统的控制性要素，是人类和一切生物赖以生存的基本条件。随着城市的蓬勃发展，人类对水的利用和水的污染程度都在加剧，蓝藻、水体黑臭等水质污染事件逐渐爆发，表明人、社会和水的平衡和谐被打破，这对人类生产生活造成了严重影响。国家启动了水生态文明城市建设试点工作，力求在城市发展过程中做好对水资源的保护、水生态的治理、水文化的建设等，达到城市与水的良性互动，达到人、社会和水的平衡和谐。本文从水生态文明城市建设的大视角出发，探讨了城市水环境治理中采用的排水小区雨污分流改造技术，结合深圳市坪山区正本清源工程实践提出了一些体会和建议。

1 国外城市排水管网改造启示

日本的水环境治理一般分为污染控制、生态修复和人与自然关系修复等三个阶段。在污染排放突出的阶段，主要问题是水中有机物等物质的问题，这些物质来自生活生产点源和面源污染，因此需要首先进行生活生产点源污染的防治；污染源基本得到控制后，就具备进行生态修复的基本条件了，进一步控制面源污染的排放和关注生物的多样性、栖息地等；第三阶段目标似乎抽象，修复人与自然的关系问题，环境、生态问题的本源是人在对自然开发利用过程中造成的，人类对待自然的方式决定了环境生态问题。日本琵琶湖治理第一阶段历时

12 年（1999—2010 年），主要建设内容包括排水管网和污水处理设施，虽然控制了点源和工业污染，但是水质仍然达不到城市发展之前的水平；第二阶段历时 10 年（2011—2020 年），采取生态修复措施对面源污染进行控制；第三阶段计划用 30 年（2021—2050 年）的时间，进一步控制面源污染，达到人与自然的和谐。[1-2]

欧洲等国的水环境治理策略也是先进行污染物排放控制，然后进行生态修复[3]。英国伦敦泰晤士河从 1858 年开始，严格立法、严控污染物排放至管网及污水处理厂建设，随后重点进行生态修复，使泰晤士河恢复到工业革命前的状态。欧洲的第二长河多瑙河，首先实施的也是污水收集和处理工程，并严格控制和监管沿岸工业企业，严禁污废水直排，随后也是采用"自然型护岸"技术，充分考虑生态效果，恢复河岸植物群落和储水带，取得了良好的效果。

美国是较早系统性开展合流制溢流污染控制的国家，总体上在溢流污染物的削减及受损水体恢复等方面取得了良好的成效。针对实施过程中产生的成本高昂、施工困难的问题，结合溢流污水中 90% 以上都是雨水径流的分析结果，政府部门提出了以绿色基础设施等成本低、综合效益高的雨水管理方法为目标的"净水规划"。比如美国费城的"净水规划"，规划没有采用建设费用高昂的雨污彻底分流方案，采纳了加强绿色基础设施建设，使 34% 的合流制区域变成绿色基础设施覆盖区域的方案，将对公众的宣传和后期的管养维护放在重要位置。[4]

水生态主要是指江、河、湖泊、湿地、地下水等以水为基本载体的生态系统，也涉及重要产水区等与水循环关系密切的陆地生态系统。水生态文明是指人类遵循人、水、自然、社会和谐发展这一客观规律而取得的物质与精神成果的综合。贯穿于经济社会发展和"自然—人工"水循环的全过程和各方面，反映社会、人、水和谐程度和文明进步状态。水生态文明城市建设是指遵循水生态文明理念，因地制宜采取各项保护与建设措施，建设水生态文明城市的过程。[5]参考日本、欧洲各国以及美国的水环境治理理念和成功经验，我国水生态文明城市建设将污染物的控制作为一项重要工作内容，采取各种手段减少排入河道的污染物，通过进行水污染治理和水环境改善来解决河流水质问题。只有水体不黑臭和水质达标实现了，生态修复才具备了基本前提，最后才能够达到人与自然关系的平衡。

2 水生态文明城市建设与正本清源

我国提出建设生态文明的理念之后，水生态文明城市建设工作得到快速推进。2013 年 3 月，水利部印发了《水利部关于开展全国水生态文明建设试点工作的通知》。各试点城市相继制定了水生态文明建设实施方案或规划并组织实施，随后通过验收。[6]第一批水生态文明建设试点工作成果表明，我国水生态环境质量持续改善，水生态文明建设发展模式已见雏形。全国第二批水生态文明建设试点工作也已经启动。为更好地进行水利领域的水生态文明建设，水利行业技术主管部门编制完成了《生态文明建设（水利领域）规划编制导则》，目前开始征询社会意见，为行业进行水生态文明建设提供了技术支撑。2018 年，水利部要求全面推行河长制，实现"河畅、水清、岸绿、景美"的目标，这也是水生态文明建设在管理措施上的体现。

我国城市建设初期由于污水污染程度很低，同时也受到资金限制，全国很少有城市对污水进行处理，污水和雨水一般合流后排入水体，河流和湖泊也没有发生蓝藻爆发、水体黑臭等水污染事件。随着城市的发展和人民生活水平提高，污水的污染程度逐渐变高，产生的污水量也成倍增长，为保障人民群众生命安全，国家开始重视对排水体系的建设，城市新建了不少污水厂，但是排水管网的建设速度仍然滞后，污水处理厂收集不到生活污水，大量污水排入水体，引发了一系列的河流湖泊水污染事件。近年来市政排水系统逐步完善，但是城市的快速发展导致污水管网覆盖范围仍然不够，也存在排水管网混接错接现象，大量生活和生产等点源污水通过排口进入河流，导致河流水体黑臭和水质不达标。

如果大量错接乱接的生活污水排入河道，城市的水体黑臭了，其他方面城市建设带来的社会和经济效益就会大打折扣。水生态文明城市建设是一项综合性和系统性的工作，政府部门积极响应把水污染防治理和水环境改善当作一项重要工作内容。中央环保督察组也将河流黑臭情况作为一项重要工作来抓。经过一系列工程实践，"污染在水里，根源在岸上，关键是排口，核心是管网"的社会共识已经达成。要实现水体不黑臭和水质达标，核心是进行污染控制，将城市点源污染（居民生活和生产污水）和面源污染（初期雨水）全部收集处理，通过一系列的工程或非工程措施，确保国家监测河流湖泊断面水质达标，河流、湖泊、湿地等水体不黑臭。"正本清源"就是以雨污分流的排水体制为工程目标，以"河畅、水清、岸绿、景美"为社会目标，是水生态文明城市建设的重要组成部分，主要内容包括对错接乱排的源头排水小区进行改造，尽可能实现雨水接入雨水管道、污水接入污水管道，不断完善建筑与小区的雨污分流排水系统。

3 城市排水小区管网改造工程技术及实践

城市排水小区管网改造往往涉及整个城市行政范围，确保能够发挥效果的前提是对现状情况摸查清楚，包括测量、物探、地勘、污染源、建筑排水立管调查等各个方面，然后才能确保设计方案实施，并且达到工程目标。

3.1 城市排水小区管网现状

我国大城市相继进行了排水管网改造工程的建设，深圳市也不例外。为了彻底解决城市发展过程中的水污染问题，深圳市政府开展了"正本清源"行动，提出了加强污水管网建设与管理，形成用户（建筑房屋和排水小区）—支管（市政排水系统）—干管（市政排水系统）—污水厂（污水处理系统）的路径完整、接驳顺畅、运转高效的污水收集处理体系。[7]深圳市坪山区正本清源工程以用户（建筑房屋和排水小区）为单位，从源头对建筑房屋和排水小区进行雨污分离，确保排水小区雨水管道接驳市政雨水大系统，排水小区污水管道接驳市政污水大系统，而且雨污管道不发生错接。[8]

根据深圳市坪山区正本清源工程现场调查排水小区管网情况，梳理"用户—支管—干管—污水厂"排水体系中的源头"用户"存在的问题，用户所在的排水小区管网现状如下：

（1）建筑物只有一套建筑合流排水立管，排水小区只有一条合流管道，且无条件新建一套建筑雨水立管或排水小区雨水（污水）管道；

（2）建筑物只有一套建筑合流排水立管，排水小区只有一条合流管道，且有条件新建一套排水小区雨水（污水）管道；

（3）建筑物只有一套建筑合流排水立管，排水小区分别有一套排水小区雨水和污水管道；

（4）建筑物分别有一套建筑雨水和污水立管，排水小区也分别有一套雨水和污水管道，但是存在雨污混接错接的现象。

3.2 城市排水小区管网改造技术[9]

城市市政排水大系统基本上达到了雨污分流的条件，因此，进行城市排水管网改造的核心是正本清源，也就是用户所在排水小区及建筑的排水管网改造。

改造技术Ⅰ：结合物探、测量和周边水体调查成果进行处理，一般处理方式以排水小区为单位按照截流合流制进行处理，即将现状合流制排水管道定义为污水，接驳市政污水大系统，并在接驳井之前设置截流井，确保旱季污水全部进入市政污水系统，雨季合流污水部分截流进入市政污水系统，部分溢流通过雨水管道排入附近水体。

改造技术Ⅱ：根据物探和测量资料对排水小区排水管网进行梳理后，将现状合流制排水管道作为污水管道，新建一套建筑雨水立管和小区雨水排水管道。

改造技术Ⅲ：保留现状建筑合流制排水立管，在其底端进行截流，确保旱季污水全部进入排水小区污水管道，雨季合流污水部分截流进入小区污水管道，部分溢流进入小区雨水管道。

改造技术Ⅳ：梳理建筑雨水和污水立管与小区雨水和污水管道接驳情况，进行拨乱反正确保连接正确。

排水小区管网现状及改造示意如图1所示。

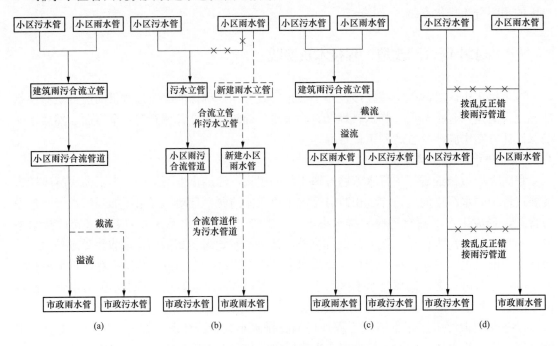

图1　排水小区改造技术示意图

（a）改造技术Ⅰ；（b）改造技术Ⅱ；（c）改造技术Ⅲ；（d）改造技术Ⅳ

3.3 排水小区管网改造工程实践的体会

笔者有幸参与了深圳市坪山区正本清源工程的施工图设计和施工，针对城市排水小区雨污分流工程实施过程中存在的问题提出一些体会。

3.3.1 工程设计方案

（1）居民（学校）、工业园区排水小区。居民（学校）、工业园区存在的问题主要是建筑合流排水立管进入小区污水管道或雨水管道。该类型的排水小区一般采用改造技术Ⅱ、Ⅲ和技术Ⅳ的组合。

对于具备新建一套雨水排水立管的建筑，考虑将原有合流制排水立管作为污水立管，采用改造技术Ⅱ，新建建筑雨水立管将天台水和阳台水散排或接驳排水小区新建雨水管道；对于不具备新建雨水排水立管的建筑，采用改造技术Ⅲ，考虑在合流管底部进行截流后旱季污水全部进入排水小区污水管道，雨季污水部分截流进入排水小区污水管道，其余部分溢流进入排水小区雨水管道。最后，采用改造技术Ⅳ，对排水小区内雨污错接的所有管道进行拨乱反正，确保连接正确顺畅。[9]

（2）拆迁区。该类型的排水小区一般采用改造技术Ⅰ。结合城市更新计划对拆迁区实行总口截流，待城市更新实行雨污分流后进行封堵。

3.3.2　工程实施遇到问题及解决方案

正本清源工程点多面广，设计和施工过程中遇到很多意想不到的问题，在确保雨污分流这个原则下，通过建设各方加强协商和合作来解决问题。

（1）由于排水小区的管道埋深较浅，导致新建管道与现状的给水、排水、电力、燃气等管线存在高程冲突问题，最终通过在管道交汇处新建汇流井来解决。

（2）由于排水小区施工必须破除现状路面，然后原功能恢复。施工时部分小区正在实施道路"白加黑"工程，即对现状混凝路面凿毛后铺着沥青层，最终通过增加道路路面结构层恢复类型来解决，同时业主协调建设时序，减少资源浪费。

（3）本项目均涉及交通占用，需要交通部门批准。同时，地铁施工对道路占用时间更长，市民投诉交通占用影响正常生活。施工过程中需要尽可能优化交通疏解方案，减少对道路的占用宽度和占用时间。

（4）由于当地地下水埋深较浅，管道开挖后基础不可避免地受到扰动，监理和第三方检测单位检测后发现承载力达不到设计要求，导致增加管道基础处理的工程量。

（5）由于当地降雨量较大而且发生频率较高，对于具备回填要求的管槽开挖原土一般直接外运，回填外购的石粉渣等材料，造成管槽回填费用较大。

3.3.3　工作体会

（1）统筹考虑城市基础设施的建设时序，减少资源浪费。针对项目实施过程中遇到的修地铁开挖、正本清源开挖、优质饮用水入户开挖、燃气管道开挖等问题，导致道路路面反复被开挖，引起媒体争相报道和市民投诉。建议政府统筹各部门开展城市基础设施建设，降低对市民生活的影响，减少资源浪费。

（2）建立排水小区在线监测系统，确保河流水质一直达标。城市排水系统与市民的生活息息相关，需要建立排水小区在线监测系统并将数据共享，及时定位管道中水质超标区域，便于排查整改，从而确保河流水质一直达标，能够让市民经常亲水玩水，共享水生态文明建设的成果。

4　结语

雨污分流改造项目针对河流水体黑臭现象，从修复人、社会和水关系的视角出发，对排水小区进行雨污分流改造，形成一套路径完整、接驳顺畅的雨污分流管网系统。工程实施后以排入河流的排口为监测点对项目实施效果进行检查，确保达到雨污分流的工程效果，确保达到城市与水能够良性互动的社会效果。工程实践表明，采用的雨污分流改造技术是有效的，实施后的效果是明显的，达到了让城市的河流远离黑臭，满足水生态文明城市建设中城市与水良性互动，人、社会和水达到平衡和谐关系的要求。水生态文明城市建设与每个市民的生活息息相关，仅仅依靠政府部门的力量是不够的，需要整个社会的积极参与，养生环保生态的生活方式，减少污染物排放，从而共享水生态文明城市建设的优质成果。

参考文献

[1] 吴雅玲，宋国君. 中国太湖和日本琵琶湖流域水环境保护规划比较 [J]. 中国环境科学学会环境规划专业委员会 2008 年学术年会论文集，2008：274-280.

[2] 白音包力皋，许凤冉，高士林，等. 日本琵琶湖水环境保护与修复进展 [J]. 中国防汛抗旱. 2018，28（12）：42-46.

[3] 王寒涛，李庶波. 城镇水环境治理国内外实践对比研究 [J]. 人民珠江. 2018，39（11）：146-156.

[4] 王召森，林蔚然. 美国费城海绵城市建设借鉴——合流制溢流污染长期控制规划 [J]. 建设科技，2016（15）：49-52.

[5] 中华人民共和国水利部. SL/Z 738—2016 水生态文明城市建设评价导则 [Z]. 北京：中国水利水电出版社，2016.

[6] 中华人民共和国水利部. 水利部关于公布第一批通过全国水生态文明建设试点验收城市名单的通知 [Z]. 2018-03-13.

[7] 深圳市规划和国土资源委员会，深圳市水务局. 深圳市正本清源工作技术指南（试行）[Z]. 2017-11.

[8] 李婷婷，王国建. 深圳市坪山区正本清源工程初步设计 [R]. 深圳：深圳市水务规划设计院有限公司，2018.

[9] 彭攀，景晓春，刘渊博，等. 深圳市坪山区正本清源工程（一标段）坪山社区排水小区施工图设计 [R]. 西安：中国电建集团西北勘测设计研究院有限公司，2018.

作者简介

彭　攀（1986—），男，高级工程师，主要从事城乡规划和设计工作。E-mail：124178347@qq.com

乏资料地区抽水蓄能电站水库泥沙淤积计算方法研究

向 波 刘书宝

（中国电建集团北京勘测设计研究院有限公司，北京市 100024）

[摘 要]乏资料地区尚无成熟的抽水蓄能电站水库泥沙淤积及过机含沙量计算方法。本文基于邢台抽水蓄能电站下水库泥沙特性分析，研究下水库排沙比，结合水库运行方式采用形态法计算水库泥沙淤积，通过修正的水库含沙量估算法和张瑞瑾挟沙力公式法计算过机含沙量，并给出了计算结果选择准则。

[关键词]排沙比；泥沙淤积；过机含沙量；邢台抽水蓄能电站

0 引言

为了打开"十四五"新局面，实现"碳达峰"和"碳中和"目的，就要彻底改变我国的能源结构，为确保电网安全运行，需要通过发展电力储能等措施来提高电力系统的灵活性，目前的储能方式中，抽水储能是比较成熟靠谱的，我国使用的就是抽水储能方式。在抽水蓄能电站的设计过程中，一般根据设计引用流量、天然河道丰平枯典型年的逐日流量、逐日含沙量、地形等资料，采用数学模型的方法计算水库泥沙淤积[1-4]及过机含沙量。但因地形条件限制，抽水蓄能电站站址所在地水文资料缺乏，因此在设计的过程中，怎样合理地分析计算水库泥沙淤积及过机含沙量[5, 6]是设计者重点考虑的。以邢台抽水蓄能电站为例，通过研究来水来沙特性，综合分析各种影响因素，分析水库排沙比；结合水库运行方式，采用形态法计算水库泥沙淤积；提出修正的水库含沙量估算法，并对比张瑞瑾挟沙力公式法，给出乏资料地区抽水蓄能电站过机含沙量的计算结果选择准则。

1 工程概况

邢台抽水蓄能电站装机容量为 1200MW（4×300MW），满发利用小时为 6h。电站建成后，在河北电网系统中承担调峰、填谷、调频、调相和紧急事故备用等任务。电站上水库正常蓄水位为 650m，死水位为 622m，调节库容为 1034 万 m³；下水库正常蓄水位为 334m，死水位为 312m，调节库容为 1284 万 m³。为解决工程泥沙问题，下水库设置拦沙坝，拦沙坝上游左岸设置泄洪排沙洞泄，洪排沙洞采用 30 年一遇洪水不入蓄能专用库的设计原则。

2 电站下水库泥沙特征

2.1 流域水沙特性

邢台抽水蓄能电站位于海河流域子牙河水系滏阳河支流沙河上，流域内山峦层叠，河道断面呈"V"字形和"U"字形，土壤以沙壤土居多。电站上水库位于沙河支流浆水川左岸后补透村北侧山间凹地，沟谷附近山峰高程为 650～714m，库区范围地形相对开阔，库盆地形条较好；下坝址位于沙河干流将军墓镇横岭村转弯处，库区岩体裂隙发育，覆盖层厚为 10m 左右。

邢台抽水蓄能电站下水库上游有野沟门水库，野沟门水库于 1966 年 11 月动工兴建，1976 年开始蓄水运用。根据《河北省野沟门水库除险加固工程初步设计报告》，1999 年对野沟门水库进行淤积地形测量工作，经分析计算，1976—1999 年 23 年间泥沙淤积总量为 620 万 m^3，结合实测泥沙资料，水库排沙比约为 30%。

邢台抽水蓄能电站下水库无泥沙监测资料，根据收集到的野沟门水库实测出库悬移质含沙量、输沙率资料，并结合野沟门水库实测泥沙淤积情况，分析得出野沟门水库以上流域多年平均悬移质泥沙侵蚀模数为 732.3t/(km^2·a)，多年平均悬移质沙量为 37.9 万 t。野沟门水库至下水库拦河坝区间流域与野沟门水库上游流域同属沙河上游流域，且为相邻的上下游关系，两者多年平均泥沙侵蚀模数相同，经计算区间流域多年平均悬移质输沙量为 2.64 万 t，推悬比取 25%，则多年平均推移质输沙量为 0.66 万 t，多年平均输沙总量为 3.3 万 t。

2.2 下水库泥沙特性

下水库为河道型水库，库区河道平均比降 5.9‰，土壤以沙壤土居多，流域内天然植被较好。根据野沟门水库水文站 1973—2019 年水沙资料统计，多年平均流量过程与输沙量过程对应关系良好，水沙过程基本同步，具有水大则沙大、水小则沙小的特点；水沙年内分配不均，水沙均主要集中在汛期。

邢台抽水蓄能电站下水库流域多年平均悬移质泥沙侵蚀模数与野沟门水库上游流域相同，推悬比取 25%，则下水库流域天然多年平均悬移质来沙量为 40.6 万 t，多年平均推移质来沙量为 10.2 万 t，多年平均来沙总量为 50.8 万 t。电站设计阶段，在邢台抽水蓄能电站下水库区内取床沙沙样进行颗粒级配分析，床沙颗粒级配成果见表 1。

表 1　　　　　　　　　邢台抽水蓄能电站下水库床沙颗粒级配成果表

粒径（mm）	293	102	52.2	31.5	19	9.5	4.75	2.36	1	0.5	0.25	0.106
小于某粒径的沙重百分数（%）	100	60.5	44.7	34.3	28.1	20.5	16.9	14	8.9	4.3	1.3	0.5

3 专用库、拦沙库泥沙淤积计算

3.1 入库沙量分析

3.1.1 拦沙库入库泥沙

下水库拦沙坝控制流域面积为 549km^2，拦沙库入库泥沙来源主要有以下两部分：

（1）野沟门水库出库沙量。根据收集到的野沟门水库水文站实测输沙率资料分析可知，1996、2000、2016 年三场洪水的出库悬移质输沙量分别为 284.6 万 t、32.4 万 t、107.6 万 t。本流域 1963 年发生全流域大洪水，假设 1963 年野沟门水库已存在，野沟门水库悬移质排沙比按 30%考虑，则 1963 年野沟门水库出库悬移质输沙量为 347.2 万 t。

（2）野沟门水库—拦沙坝区间沙量。野沟门水库—拦沙坝区间悬移质沙量采用野沟门水库水文站以上流域悬移质侵蚀模数乘以区间面积推求，区间悬移质沙量为 2.27 万 t，推悬比取 25%，野沟门水库—拦沙坝区间推移质量为 0.568 万 t。

3.1.2 专用库入库沙量

拦沙坝—拦河坝区间流域面积为 5km^2，区间入库沙量主要有以下三方面：

（1）专用库库周支沟入库沙量。根据沙河流域多年平均悬移质输沙模数计算区间多年平均悬移质输沙量为 0.366 万 t，推悬比取 25%，专用库区间推移质沙量为 0.092 万 t。

（2）专用库补水时，通过补水口进入专用库沙量。根据野沟门水库调度运行方式，补水时期为 10 月，从野沟门水库出库的水量中含沙量很少，正常运行期可认为通过补水口泥沙进入专用库的沙量较少，可忽略不计。

（3）超过下水库泄水建筑物泄流能力的洪水，翻越拦沙坝进入专用库的沙量。拦沙库泄流能力为 30 年一遇，当发生超过 30 年一遇洪水时洪水翻过拦沙坝进入专用库，翻坝入库洪水携带泥沙是专用库产生泥沙淤积的主要来源。

通过收集的水文站洪水资料可知，本流域 1963、1996、2000、2016 年四场实测大洪水级别均超过 30 年一遇。经计算，当电站建成后下水库流域发生以上四场大洪水时，洪水翻越拦沙库的水量分别为 4900 万 m^3、4964 万 m^3、1416 万 m^3、3136 万 m^3。采用朱庄水文站实测最大日平均含沙量为 31.4kg/m^3（1963 年），计算得四场超标准洪水进入专用库后入库悬移质沙量分别为 153.9 万 t、155.9 万 t、44.5 万 t、98.5 万 t。

3.2 排沙比分析计算

根据野沟门水库运行资料，结合陕西水科所—清华大学排沙比经验关系曲线图推求邢台抽水蓄能电站专用库、拦沙库的排沙比。计算过程见表 2。

表 2   **排 沙 比 计 算 成 果 表**

位置	年份	入库平均流量 $Q_入$（m^3/s）	平均库水位（m）	对应库容 V（万 m^3）	出库平均流量 $Q_出$（m^3/s）	$V_{Q_入}/Q_出^2$	取值
专用库	1996	1060	334	1559	1060	3.12	80%
	2000	983	334	1559	983	3.75	72%
	2016	1231	334	1559	1231	3.3	78%
拦沙库	1996	3036	334	1480	3036	0.51	109%
	2000	1604	334	1480	1604	0.98	101%
	2016	2201	334	1480	2201	0.80	105%

参考类比其他工程，运行期间多次进行滞洪排沙、空库排沙的水库，排沙比范围为 40%～120%。《水库泥沙》中列举的一些我国西北地区中小型水库的资料，排沙比也在 30%～150% 范围内。分析表 2，并结合区域特点，邢台抽水蓄能电站专用库排沙比取 70%，拦沙库排沙比取 100%。

3.3 拦沙库泥沙淤积计算

根据沙河流域泥沙资料情况，参考其他类似工程，拦沙库泥沙淤积采用锥体淤积。电站正常运行期本流域发生大洪水时，拦沙库入库沙量为野沟门水库出库沙量加上电站运行期间野沟门水库—拦沙坝区间流域来沙量，拦沙库排沙比按 100%计算（悬移质沙量全部出库，推移质沙量淤积在库内）。为工程安全起见，在计算坝前淤积高程时，采用平铺法计算。经计算，电站连续运行 50 年后，拦沙库泥沙淤积量为 17.2 万 m³，拦沙坝前淤积高程为 315m；拦沙坝上游左岸设置泄洪排沙洞，泄洪排沙洞底板高程为 314m，实际排沙过程中该处易形成漏斗。

3.4 专用库泥沙淤积计算

电站正常运行期本流域发生超标洪水时，专用库排沙比按 70%计算。不同淤积方案下专用库淤积沙量见表 3。采用锥体淤积形态，根据实测断面资料，计算不同淤积方案下专用库进出水口和坝前的淤积高程，成果见表 3。

表 3 专用库泥沙淤积成果表

专用库泥沙淤积方案	入库沙量（万 m³）	淤积沙量（万 m³）	进出水口淤积高程（m）	坝前淤积高程（m）	剩余库容（m³）
区间 50 年+1996 年（与 300 年一遇洪水相当）	136.77	42.97	306.04	303.34	1516.03
区间 50 年+1963 年（与 200 年一遇洪水相当）	135.21	42.51	306.03	303.31	1516.49
区间 50 年+ 2016 年（与 100 年一遇洪水相当）	92.61	29.72	305.60	302.31	1529.28
区间 50 年+2000 年（与 50 年一遇洪水相当）	51.05	17.26	305.10	300.96	1541.74
区间 50 年+2 场 2000 年	85.24	27.51	305.52	302.14	1531.49
区间 50 年+4 场实测洪水	365.07	111.46	308.33	307.12	1447.54

4 电站过机泥沙估算

鉴于工程所在地区没有逐日水沙资料，无法开展数学模型推算过机含沙量，且工程与宝泉抽水蓄能电站工况相差较大，无法采用经验公式推求过机含沙量，因此，在进行专用库过机泥沙估算时，采用如下两种方法进行估算：①修正水库含沙量法[7]；②张瑞瑾挟沙力公式[8]。

4.1 修正的水库含沙量法

进入下水库的总沙量（$W_总$，万 kg）除以正常蓄水位以下库容（$V_正$，万 m³）得到水库平均含沙量，具体公式为

$$S_{曲水} = \mu \times \frac{W_总}{V_正} \qquad (1)$$

式中，μ 为修正系数，悬浮指标小于 5 对应的百分数。由泥沙扩散理论可知悬浮指标 Z，$Z=\omega/kU_*$，其中，ω 为单颗粒泥沙在静水中的沉速，m/s；k 为卡门常数，取 $k=0.4$；U_* 为摩阻流速，m/s。当 $Z<5.0$ 时，某粒径的泥沙颗粒能够在相应的河流里起悬；当 $Z\geqslant5.0$ 时，某粒径的泥沙颗粒不能够在相应的河流里起悬。经过计算，邢台抽水蓄能电站进出水口处，粒径 $d=0.1mm$ 对应的悬浮指标约为 5.0；结合实测悬移质泥沙级配成果可知，粒径小于 0.1mm 的沙重百分数为 83%，即有约 83%的悬移质泥沙在进出水口处可以起悬。基于以上分析，电站运行后不发生超标准洪水，则每年入库沙量为 0.293 万 t，正常蓄水位以下库容为 1559 万 m³，采用水库含沙量法计算过机含沙量为 0.195kg/m³。

4.2 张瑞瑾挟沙力公式法

根据张瑞瑾挟沙力公式计算进出水口处过机含沙量。具体公式为

$$S^* = k = \left(\frac{U^3}{gR\omega} \right)^m \qquad (2)$$

式中，U 为平均流速，m/s；R 为水力半径，m；g 为重力加速度，m/s^2；ω 为床沙质平均沉速，m/s；S^* 为水流挟沙力，kg/m^3；k 为包含量纲的系数；m 为指数。根据分析计算，下水库进出水口处平均流速为 0.98m/s，水力半径为 12m，床沙平均沉速为 0.07m/s，根据韩其为院士总结的多沙河流 k、m 的取值分别为 0.33、0.92，则采用张瑞瑾挟沙力公式计算进出水口处过机含沙量为 0.045kg/m^3。

4.3 过机含沙量成果分析

邢台抽水蓄能电站运行期，如不发生超过 30 年一遇的洪水，当水库含沙量大于挟沙力公式计算的含沙量时，采用挟沙力公式计算的过机含沙量；当水库含沙量小于挟沙力公式计算的含沙量时，则过机含沙量采用水库含沙量。通过分析对比，专用库的水库含沙量大于挟沙力公式计算的含沙量，本阶段采用张瑞瑾挟沙力公式计算进出水口处过机含沙量。

当发生超过 30 年一遇标准洪水时，翻坝入库洪水携带大量悬移质泥沙进入专用库，建议电站处理好发电与排沙的关系。

5 结语

本文分析了邢台抽水蓄能电站下水库泥沙特性，开展了下水库排沙比、泥沙淤积及过机含沙量计算。在资料缺乏的地区，建议按以下方法开展下水库泥沙淤积分析计算：

（1）根据流域水沙特性、工程布置等，分析下水库入库泥沙来源及组成；

（2）在工程类比的基础上，结合排沙比经验关系曲线，分析下水库泥沙的排沙比；

（3）分析水库运行调度方式，判断库区泥沙淤积形态，开展泥沙淤积计算；

（4）利用改进的水库含沙量公式和张瑞瑾挟沙力公式估算过机含沙量，并按照准则进行成果采用。

参考文献

[1] 赵轶. 抽水蓄能电站泥沙影响及处理措施［C］//抽水蓄能电站工程建设文集，2015. 北京：中国电力出版社，2015：178-182.

[2] 李正原，麦达铭. 抽水蓄能电站泥沙分析与防治［C］//水电 2006 国际研讨会论文集. 北京：中国水利水电出版社，2006：1178-1182.

[3] 刘书宝. 丰宁抽水蓄能电站泥沙淤积及防沙措施研究［J］. 东北水利水电，2010，12.

[4] 刘娜，武金慧，杜志水. 陕西镇安抽水蓄能电站泥沙淤积及防排沙措施研究［J］. 西北水电，2015（5）：6-9.

[5] 孙东坡，陈浩，胡祥伟，等. 某抽水蓄能电站下库进出水口水沙运动特性试验研究［J］. 泥沙研究，2017，42（2）：28-34.

[6] 吴腾，韦直林，詹义正. 抽水蓄能电站过机泥沙的预测方法［J］. 红水河，2004，23（3）：78-81.

［7］韩其为. 水库淤积［M］. 北京：科学出版社，2003.

［8］张瑞瑾. 河流泥沙动力学（2版）［M］. 北京：中国水利电力出版社，1998.

作者简介

向　波（1979—），女，正高级工程师，主要从事水文泥沙分析计算工作。E-mail: xiangb@bjy.powerchina.cn

基于欧美规范的大型闸室排架分析与研究

陈晓年　何　楠　李　艳

（黄河勘测规划设计研究院有限公司，河南省郑州市　450003）

[摘　要] 本文依托于厄瓜多尔辛克雷水电站，电站总装机容量为1500MW，包括首部枢纽、输水隧洞、调蓄水库、压力管道和地下厂房等主要建筑物，根据工程运行调度，在输水隧洞出口需设置事故闸门，出口闸室顶部设有大型排架结构，排架结构顶部布置启闭机房、避雷针等构筑物，该排架承受荷载大、布置紧凑、结构复杂，对工程的安全运行影响较大，本文基于欧美、厄瓜多尔等国外规范，对排架结构进行了合理设计，并采用大型有限元分析软件 LUSAS 对排架结构进行分析计算，保证了结构的安全与稳定，该研究的相关设计及计算方法和结果对国内、外的类似工程有一定的借鉴及指导意义。

[关键词] 排架结构；欧美规范；结构设计

0　引言

在共建"一带一路"大背景之下，中国水电逐渐走出国门，一些规模巨大的工程不断出现，目前国外的水电工程主要分布在亚洲、非洲以及拉丁美洲等国家，这些国家由于政治、历史等种种原因与西方发达国家有着难以割舍的联系，水电工程的设计标准也多以欧美规范为主，这就要求工程师发扬新时代水利"科学、求实、创新"的精神，采用"新技术、新方法、新理论"，适应新形势，开拓新眼界，为世界的水电发展做出自己应有的贡献。

本研究以厄瓜多尔辛克雷水电站工程输水隧洞出口闸室顶部大型排架结构的设计与分析为例，基于欧美、厄瓜多尔等国外规范，对排架结构进行了合理设计，并采用大型有限元分析软件 LUSAS 对排架结构进行分析计算，保证了结构的安全与稳定，该研究的相关设计及计算方法和结果对国内、外的类似工程有一定的借鉴及指导意义。

1　工程概况

厄瓜多尔辛克雷水电站工程位于厄瓜多尔共和国纳波省和苏昆毕奥斯省，总装机容量为1500MW，主要包括首部枢纽、输水隧洞、调蓄水库、压力管道、厂房发电系统等建筑物，在输水隧洞出口布置出口闸，后接护坦及消力池，最后与调蓄水库连接[1]。

出口闸室由底板、边墙、胸墙、工作桥、回填混凝土等构成，上游与输水隧洞出口渐变段连接，下游与消力池连接。出口闸室布置有 8.2m×8.2m 的检修平板闸门，其底板高程为1224.00m，顶高程为1237.50m，总长20.0m，前10.0m过流断面宽8.2m，10.0m后以10°的扩散角与消力池连接，闸墩总厚2.0m，高13.5m，在上游胸墙1234.20高程布置宽2.5m的检修平台，在下游胸墙 1233.50 高程布置宽 2.0m 的检修平台，工作桥宽 1.4m。

出口闸室顶部排架顶高程为 1243.50m，顶部布置启闭机房、避雷针等构筑物，该排架承受荷载大、布置紧凑、结构复杂，对工程的安全运行影响较大，另外考虑闸门将来的检修需要，排架顶部启闭机房需要做成可拆卸的装配式结构，满足拆卸的要求。

闸室顶部排架结构如图 1 所示。

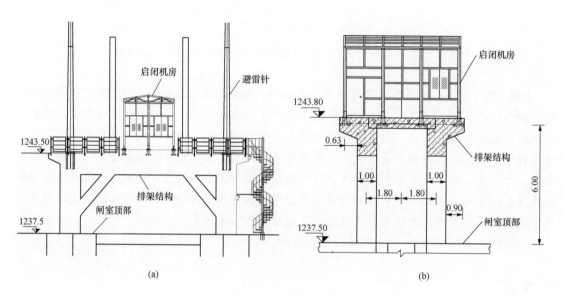

图 1　闸室顶部排架结构图

（a）排架平剖面图；（b）排架纵剖面图

2　基于欧美规范的排架结构设计与分析

2.1　LUSAS 软件简介

大型有限元软件 LUSAS（London University Stress Analysis System，以下简称 LUSAS）的是英国伦敦大学的教授、专家及英国工程师开发出的一种可以解决压力学，动力学和热学以及混合式材料学问题的有限元分析软件。该软件在欧美国家应用较多[2]，已经赢得了广大工程设计人员的深深信赖，其精确的分析度在英国已达到了引领国家工程规范制定的水平，在全世界咨询的工程项目不计其数，被世界工程师所认可。我国是最近几年开始引进 LUSAS 软件，并且开发了很多应用模块，在结构分析中有着广阔的应用前景[4]。

2.2　有限元计算模型

通过 LUSAS 软件对排架结构进行仿真分析，采用三维 BTS3 梁单元，通过施加各种荷载，得到结构的轴力、剪力和弯矩，然后根据美国规范进行结构配筋设计。

如图 2 所示，BTS3 单元是承受剪切变形的三维梁单元，具有 3 个节点，每个节点具有 6 个自由度：U、V、W、θ_x、θ_y、θ_z。

如图 3 所示，排架结构水平梁结构尺寸为 1.0m×1.6m（宽×高），斜梁结构尺寸为 0.8m×0.8m，立柱结构尺寸为 1.0m×1.6m，建立三维有限元模型，共有 260 个单元和 256 个节点，单元长度为 0.3m。

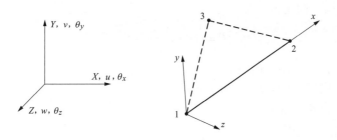

图 2　BTS3 梁单元示意图

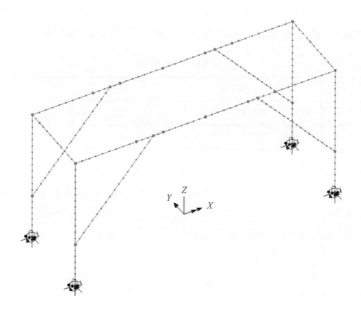

图 3　排架结构三维有限元模型

2.3　计算荷载

排架结构主要受启闭力、风荷载、自重、避雷针等荷载作用，按照美国规范 EM1110-2—2104《Srength Design for Reinforced Concrete Hydraulic》[5]、Structures EM1110-2—2901《Tunnels and Shafts in Rock》[6]、ACI 318-11《Building Code Requirements for Structural Concrete》[7]、厄瓜多尔建筑规范 NEC-11、SL 191—2008《水工混凝土结构设计规范》[8]，取值如下：

（1）自重。排架结构混凝土的密度为 25kN/m³。

（2）启闭力。启闭机载荷（包括启闭机自重和启闭力）平均分布在排架结构顶部 1243.50m 高程的 8 个节点上，在正常条件下，当闸门处于关闭进行提升时，竖直向下的启闭荷载为 407kN；而当闸门向下关闭时，竖直向上的启闭荷载为 180kN；在输水隧洞正常引水时，闸门固定在排架上，竖直向下的启闭机等设备的荷载为 106kN。

（3）启闭机房自重。排架结构顶部启闭机房为可拆卸的钢制结构，其结构尺寸为 6.0m×4.0m（长×宽），总重量为 2877kg。

（4）风荷载。风荷载采用厄瓜多尔建筑规范（NEC-11）进行计算，利用公式（1）将风载荷计算为排架结构上的压力。

$$P = \frac{1}{2}\rho \cdot v_b^2 \cdot c_e \cdot c_f \tag{1}$$

式中　P ——风压，Pa 或 N/m^2；

　　　ρ ——空气密度，可以取 1.25kg/m^3；

　　　v_b ——基本风速，m/s；

　　　c_e ——环境/高度因子；

　　　c_f ——形状系数。

（5）避雷针荷载。排架柱顶部有两个避雷针，布置在排架结构下游侧的两个柱子上，避雷针为圆柱形钢结构，高度为 19m，总重量为 875kg，避雷针的标准荷载见表 1。

表 1　　　　　　　　　　　避 雷 针 标 准 荷 载

工作状态	弯矩 M_k（kN·m）	轴力 N_k（kN）	剪力 Q_k（kN）
正常运行	39.94	8.75	6.03
地震工况	22.80	5.12	3.33

（6）施工荷载。施工荷载主要考虑施工期人群荷载，取值为 3.6×10^{-3}MPa。

（7）地震荷载。场地为多发地震区，地震活动性较强，设计基本地震动加速度为 0.3g。

2.4　计算荷载组合

根据事故闸门的运行条件，制定以下三种工况[3, 9]（见表 2）：

（1）隧洞正常运行，开启闸门；

（2）机组甩负荷，关闭闸门；

（3）地震工况，闸门开启。

表 2　　　　　　　　　　　计 算 荷 载 组 合

工况		自重	启闭机房荷载	风荷载	启闭力	人群荷载	地震荷载	避雷针荷载
正常工况	开启闸门	√	√	√	√（−407kN）	√		√
	关闭闸门	√	√	√	√（180kN）	√		√
非常工况	地震工况	√	√	√	√（−106kN）		√	√

根据美国规范 EM1110-2—2901《Tunnels and Shafts in Rock》、ACI 318-11《Building Code Requirements for Structural Concrete》，不同工况下的荷载系数见表 3。

表 3　　　　　　　　　　　荷 载 分 项 系 数

工况		自重	启闭机房荷载	风荷载	启闭力	人群荷载	地震荷载	避雷针荷载
正常工况	开启闸门	1.4	1.4	1.7	1.7	1.7		1.7
	关闭闸门	1.4	1.4	1.7	1.7	1.7		1.7
非常工况	地震工况	1.0×0.75	1.0×0.75	1.0×0.75	1.0×0.75		1.25×0.75	1.0×0.75

2.5 计算结果分析

通过计算可知，排架结构在启闭力、风荷载、自重、避雷针等荷载作用组合下，排架受力情况较复杂，如图 4～图 6 所示，其中排架水平梁中弯矩较大、斜梁和排架柱主要以受压为主，设计时应予以重点考虑。

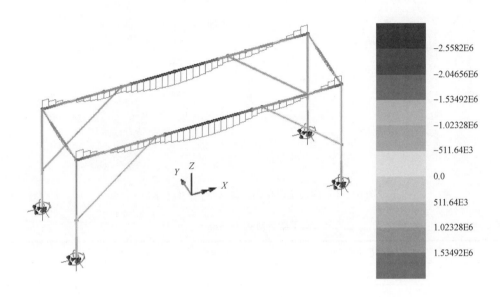

图 4　开启闸门工况弯矩云图（单位：N·m）

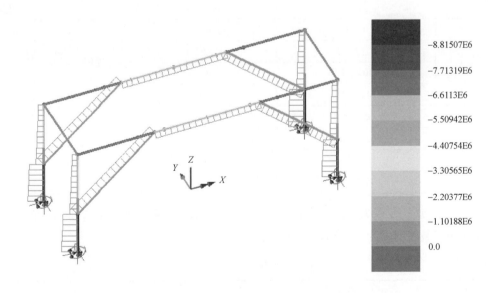

图 5　开启闸门工况轴力云图（单位：N·m）

排架水平梁的中部出现了较大的弯矩和轴力，最大的弯矩为 3512.40kN·m，最大弯矩位置所对应的轴力为-265.83kN，最大剪力为 851.83kN，见表 4。

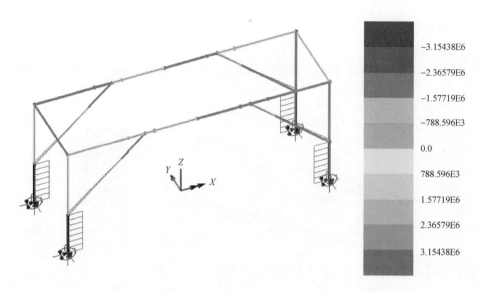

图6　开启闸门工况剪力云图（单位：N·m）

表4　　　　　　　　　　　水平梁计算内力结果

计算工况	弯矩 M（kN·m）	轴力（kN）	剪力（kN）	备注
开启闸门	1851.71	47.08	12.64	M_{max}
	−2753.05	−3553.43		M_{min}
	1851.71	47.08		N_{max}
	−2753.05	−3553.43		N_{min}
关闭闸门	1042.17	27.46	12.64	M_{max}
	−1958.77	−2156.89		M_{min}
	1042.17	27.46		N_{max}
	−1958.77	−2156.89		N_{min}
地震工况	3512.40	−265.83	851.83	M_{max}
	−3387.68	207.14		M_{min}
	647.78	848.30		N_{max}
	−1272.94	−2629.51		N_{min}

　　排架斜梁主要以受压为主，最大的轴力为−5259.26kN，最大轴力位置所对应的弯矩为−12.27kN·m，最大剪力为545.58kN，见表5。

表5　　　　　　　　　　　斜梁计算内力结果

计算工况	弯矩 M（kN·m）	轴力（kN）	剪力（kN）	备注
开启闸门	16.75	−4597.14	545.58	M_{max}
	−12.27	−5259.26		M_{min}
	16.75	−4597.14		N_{max}
	−12.27	−5259.26		N_{min}

计算工况	弯矩 M（kN·m）	轴力（kN）	剪力（kN）	备注
关闭闸门	16.75	−2646.36	471.44	M_{max}
	−12.27	−3308.48		M_{min}
	16.75	−2646.36		N_{max}
	−12.27	−3308.48		N_{min}
地震工况	337.09	−2255.42	360.14	M_{max}
	−413.07	−2864.09		M_{min}
	337.09	−2255.42		N_{max}
	−413.07	−2864.09		N_{min}

排架水平梁主要以受压为主，最大的轴力为−9869.88kN，最大轴力位置所对应的弯矩为−167.22kN·m。最大剪力为3548.68kN，详见表6。

表6　　　　　　　　　　　　柱 计 算 内 力 结 果

计算工况	弯矩 M（kN·m）	轴力（kN）	剪力（kN）	备注
开启闸门	210.52	−3185.36	3548.68	M_{max}
	−167.22	−9869.88		M_{min}
	210.52	−3185.36		N_{max}
	−167.22	−9869.88		N_{min}
关闭闸门	210.52	−2533.25	2152.14	M_{max}
	−167.22	−7874.08		M_{min}
	210.52	−2533.25		N_{max}
	−167.22	−7874.08		N_{min}
地震工况	3382.35	133.90	1904.87	M_{max}
	−4948.03	−8037.68		M_{min}
	3382.35	133.90		N_{max}
	−4948.03	−8037.68		N_{min}

根据有限元内力结果，按照美国规范 EM1110-2—2104《Strength Design for Reinforced-Concrete Hydraulic Structures》[5] 和 ACI318-11《Building Code Requirements for Structural Concrete》[6] 偏心受压进行配筋计算[10]，配筋计算结果详见表7。

表7　　　　　　　　　　　　排 架 配 筋 计 算 结 果

位置	M_{max}		N_{max}		V_{max}	配筋结果
	弯矩 M（kN·m）	轴力 N（kN）	弯矩 M（kN·m）	轴力 N（kN）	剪力 Q（kN）	
横梁	3512.40	−265.83	−2753.05	−3553.43	851.83	6831mm²/10ϕ32（双排）
斜梁	337.09	−2255.42	−12.27	−5259.26	545.58	1972mm²/4ϕ28（单排）
立柱	−4948.03	−8037.68	−167.22	−9869.88	3548.68	11950mm²/16ϕ32（双排）

3 结语

　　水利水电工程中的排架结构一般布置复杂，受力较大，特别在闸室承受闸门较大启闭力的情况下，排架水平梁的中部出现了较大的弯矩和剪力，为进一步降低主梁的弯矩，增加排架结构的整体刚度，在辛克雷水电站的排架结构设计中，通过研究与分析，设计创造性采用主梁+斜梁的排架结构，计算结果表明：主梁+斜梁结构设计合理，梁、柱的尺寸合适，根据内力结构，按照美国规范偏心受压进行配筋后，构筑物安全度高，辛克雷水电站自2016年竣工以来运行良好，本文的相关设计思路、计算方法为复杂条件下大型排架的设计、施工提供了可借鉴的经验。

参考文献

[1] 谢遵党，陈晓年. CCS水电站输水隧洞设计关键技术问题研究［J］. 人民黄河，2019，41（6）：85-88.

[2] 杨利. 基于美标的水工隧洞衬砌内力计算方法［J］. 水利规划与设计，2021，4（2）：123-126.

[3] 李参，刘宗柏，李娟，等. 基于ANSYS的不同工况对闸室结构应力影响分析［J］. 水利技术监督，2021，4（1）：101-104+126.

[4] 陈晓年，王美斋，肖豫. 基于LUSAS的水工隧洞衬砌计算分析［J］. 人民黄河，2013，35（4）：118-119.

[5] US. Army Corps of Engineers. EM1110-2-2104 Srength Design for Reinforced Concrete Hydraulic Structures ［S］. Washington, 1992.

[6] US. Army Corps of Engineers. EM1110-2-2901 Tunnels and Shafts in Rock［S］. Washington，1997.

[7] ACI Committee 318. ACI 318-11 Building Code Requirements for Structural Concrete and Commentary ［S］. Detroit ：American Concrete Institute，2011.

[8] 中华人民共和国水利部. SL 191—2008 水工混凝土结构设计规范［S］. 北京：中国水利水电出版社，2008.

[9] 刘冬梅. 闸室结构静动力分析及上部框架优化设计［D］. 南京：河海大学，2006.

[10] CHEVRY Walter. 中、欧、美钢结构设计规范中关于构件抗剪承载力对比分析［C］//天津大学、天津市钢结构学会. 第十八届全国现代结构工程学术研讨会论文集　四：钢结构，2018.

作者简介

陈晓年（1983—），男，高级工程师，硕士，主要从事水工设计等工作。E-mail：chenxn@yrec.cn

何　楠（1982—），男，水工结构专业高级工程师。

李　艳（1980—），女，水工结构专业高级工程师。

山西中部引黄工程斜板式沉沙池设计

陆冬生　宋蕊香　赵纯琦

（中国电建集团北京勘测设计研究院有限公司，北京市　100024）

[摘　要]山西中部引黄工程位于山西省忻州市吕梁山区，从天桥电站库区取水，结合汛期入库泥沙含量及泵站机组运行要求，在无压引水隧洞首部布置了斜板式复合型定期冲洗式沉沙池。本文简述了斜板式沉沙池设计标准的确定及总体布置情况，重点介绍了本工程对斜板式沉沙池的一些设计创新和研究总结，为行业在后续斜板式沉沙池的设计方面提供参考，尤其是对处理中值粒径较小的悬移质泥沙问题提供良好的设计思路。

[关键词]沉沙池；斜板式；优化设计

1　工程概况

山西中部引黄工程是山西省"十二五"规划大水网建设"两纵十横"中的第四横（连通黄河与汾河），也是国家 172 项重大水利工程之一。工程自天桥水电站库区取水，供水范围包括四市十六个县（市/区）。规划年供水 6.02 亿 m^3（生活 0.11 亿 m^3、工业 2.59 亿 m^3、农业 3.32m^3）。

该引黄工程包括水源工程和输水工程两部分，输水工程包括总干线、东干线、西干线以及各供水支线；水源工程，即取水口至出水池段，沿线长约 2.5km。水源工程起点取水口位于黄河干流上的天桥水电站枢纽上游 380m 处库区左岸，由天桥电站库区内取水；终点泵站出水池位于黄崖沟上游、义门镇崔家棱村南的山顶上，出水池后接输水工程总干线。水源工程线路总体上沿黄崖沟由西北向东南布置，全长 2.5km。主要建筑物包括取水口、1 号无压引水隧洞、地面沉沙池、2 号无压引水隧洞、进水池、引水压力管道、地下厂房、出水压力管道、出水竖井和出水池等。设计取水流量为 23.55m^3/s，设计扬程为 199.3m，地下泵站安装 2 台立式单吸单级离心泵和 5 台立式单吸三级离心泵，泵站总装机容量为 9.9 万 kW。

工程等别为 II 等。根据水利水电枢纽工程等级划分及设计标准，沉沙池建筑物级别为 2 级。沉沙池顺水流方向右侧为黄崖沟。沉沙池设计洪水标准为 50 年一遇，设计洪峰流量为 475m^3/s，校核洪水标准为 200 年一遇，设计洪峰流量为 671m^3/s。黄崖沟在此段的纵坡较陡，在沉沙池末端的校核洪水水位为 836.99m，在沉沙池首部的校核洪水水位为 830.51m。地震烈度按 7 度设防。工程所在地多年平均气温为 9.8℃，最冷月平均气温为–8.1°。

结合工程实际，经过多方面比较，本工程采用平流加斜板的复合型沉沙池。斜板式沉沙池在我国应用案例较少，缺乏较系统、完整的设计方法。本工程对斜板式沉沙池的布置、结构型式、运行方式、设计理论等方面进行了一系列有益的探索和研究总结，为行业在斜板式沉沙池方面的设计提供参考。

2 沉沙池设计标准的确定

依托工程的水文泥沙特性、供水要求及工程特点，综述如下：

（1）天桥水库的黄河来水来沙时空分布不均，多年平均输沙量为 3.51 亿 t，其中汛期沙量为 3.01 亿 t，占年输沙量的 85.9%，最大年输沙量为 8.67 亿 t，最小沙年输沙量为 1.15 亿 t，最大沙年输沙量是最小沙年输沙量的 7.54 倍。来沙成分以质地坚硬的石英、长石为主。

（2）泥沙在汛期的多年平均粒径为 0.051mm，非汛期的多年平均粒径为 0.071mm，均大于规范 SL/T 269—2019《水利水电工程沉沙池设计规范》建议的设计最小沉降粒径 0.05mm。

（3）工程年利用小时数较高。工农业需水保证率较高，一年内仅含沙量较高的 68 天不引水，年利用小时数为 7128h。

（4）供水影响地区范围较广，涉及 16 个县，输水线路近 400km。

（5）此外，本工程二期安装 5 台单吸三级立式离心泵，水泵机组设计扬程 199.3m，额定转速为 428.6r/min，引用流量为 4.71m³/s。泵站具有扬程高、转速高、流量大、运行时间长等特点；工程位于山区，沉沙池可布置区域狭小。

综上，该水源工程应设置连续运行时间长、对中小粒径沙沉降效果好的沉沙池。参照已建工程经验，确定沉沙池的设计规定与标准如下：①设计入池含沙量取 5kg/m³。②进池含沙量≤5kg/m³ 时，要求粒径≥0.05mm 的泥沙沉降率不低于 80%～85%。③沉沙池设计沉沙流量为 23.55m³/s，设计冲沙流量为 7.5m³/s。

3 沉沙池总体布置

沉沙池布置在 1 号引水隧洞末端，黄崖沟右岸岸坡内，距离黄崖沟入黄河沟口上游约 500m 处，为定期冲洗式复合型地面沉沙池。为了与 1 号引水隧洞衔接，沉沙池主体结构位于地面以下，沉沙池屋顶与外部交通高程平齐。沉沙池末端设横向总集水槽与左后侧山体内的 2 号引水隧洞相接，将沉沙处理后的清水输往下游地下泵站。

沉沙池采用三室六厢布置，两室同时沉沙，一室冲沙，交替运行。顺水流向长 179.5m，主要包括进水系统、工作段、集水输水系统和放空洞系统。

进水系统包括分水闸、水平扩散段、清沙闸和底坡扩散段，总长 45m，净宽由 5m 逐渐扩到 37m。分水闸布设在扩散段首部，其作用是使水流均匀分配到每个池厢，并起到调节控制流量的作用，采用螺杆启闭机起吊。清沙闸用于调节沉沙池各池厢进水，兼池厢和沉沙池出口放空闸的检修。

沉沙池工作段，即沉沙池主体，全长 120m，顺水流方向分为平流段和斜板段，长度分别为 49.4m 和 70.6m，池底工作纵坡为 1/100。池内沉沙溢流水位为 829.62m，首端水深 6.5m，末端水深 7.7m。垂直水流方向分为三个室，每室净宽 10m，每个池室通过中隔墙分为两个池厢，为三室六厢式。每厢净宽为 5m。平流段主要起到沉淀较粗颗粒泥沙和稳定水流的作用。斜板段为迫使水流从水平方向转向向上经过斜板出流，在斜板段进口处设一道阻流墙。

水流经沉沙池沉淀处理后由集水区表层取水，依次进入横向集水槽、纵向集水槽和总横向集水渠，经由 2 号引水隧洞输送至取水泵站。在斜板段沿纵向布置 102 个横向集水槽，槽身为钢结构，由 1cm 厚钢板焊接而成，每个横向集水槽流量为 0.10m³/s，水深为 20cm，水由中间向两边分流。纵向集水槽布设在边墙及隔墙上部，共 12 条。出水渠（即总集水槽）位于沉沙池末端，与 2 号引水隧洞连接，其轴线与沉沙池轴线垂直。

放空洞系统主要由泄水槽、放空闸、放空洞及防洪闸等结构组成。泄水槽位于集水渠下游侧，轴线与集水渠平行，泄水槽与放空洞连接，将多余水量通过放空洞排走。放空闸位于池厢末端的泄水槽下游侧，后接 6 条泄水道汇入放空洞。放空洞为无压城门洞型式，出口设防洪闸一座。

沉沙池右侧边墙高度及强度应满足黄崖沟的防洪要求，在中后段边墙顶高程为 837.5m，首部边墙顶高程取 833.8m，满足防洪要求的同时也满足了交通要求。沉沙池左侧为开挖形成的高边坡，高边坡坡脚设 4.5m 宽的道路，满足沉沙池各部位的通行。坡脚道路通过位于沉沙池首部的交通桥与黄崖沟对岸的 010 乡道连接。

4 设计优化

4.1 多通道过水方式下，优化调度运行，提高过水保证率

该引黄工程年利用小时数较高，达 7128h；考虑到取水口水沙在时间上的分布不均匀性，考虑采用一种多通道取水兼集排沙系统，通过合理得调度运行，以提高供水保证率。1 号输水隧洞在桩号 380.414m 处分岔，后接清水旁通隧洞，清水旁通隧洞末端与 2 号输水隧洞92.9m 桩号处相交。沉沙池采用多室多厢布置，采用四厢沉沙、其余一厢冲沙的交替运行模式。清水旁通隧洞内设置有控制闸门 1 道，沉沙池池室段设置有 3 道分水闸门，池厢段设有 6 道清沙闸门和 6 道冲沙闸门，沉沙池和清水旁通隧洞的各种运行工况通过各闸门的启闭控制。

水源泥沙含量不满足取水水质对含沙量的要求时，经由沉沙池过水；水源泥沙含量较低且满足取水水质对含沙量的要求时，经由清水旁通隧洞过水。沉沙池采用多室多厢交替运行模式。沉沙池经水沙分离后，下部淤积泥沙经由集排沙系统的排沙隧洞冲排至指定集沙地，也可人工机械清除。该多通道取水兼集排沙系统，大大提高了取水工程的供水保证率，减少了运行期间人工和机械清除沉沙的工作量，且可实现水中泥沙的高效利用。

4.2 系统的保温设计，提高冬季运行安全性

沉沙池的原理一般是通过低流速实现水沙分离，在寒冷和严寒地区，低流速所带来的建筑物和构筑物的抗冻问题比较突出，而且沉沙池建筑物的规模一般都较大，所以沉沙池的保温和抗冻问题往往限制了其应用。

本工程地处吕梁山脉，冬季气候严寒，为防止运行期间沉沙池表层水面结冰影响本工程正常运转，考虑将沉沙池整个结构做成封闭结构以达到保温效果，提高冬季运行安全性，保证供水需求。本工程沉沙池全长 179.5m，包括进水分流系统、沉沙池工作段、集水泄流段和冲排沙系统，沉沙池整体上采用半地下式布置，主体结构位于地面以下，沉沙池顶部布设有固定或活动式的封闭屋顶，沉沙池顶部与外部交通通道衔接，高程均为 833.8m。

进水分流系统顺水流方向长 45m，宽度由 8.2m 渐扩到 39m，采用现浇式钢筋混凝土梁板结构封闭，同时兼做该区域的检修平台。沉沙池工作段长 120m，宽 39m。顶部高程为 833.8m，与外部交通齐平。沉沙池工作段由平流区和斜板沉沙区组成。斜板沉沙区布置有纵横向表面

集水系统。在平流区末端的 833.8m 高程布置有 9.4m 长的运行检修平台，采用固定式钢筋混凝土梁板结构。集水泄流段位于工作段下游，长 10.5m，顶部高程为 833.8m。沉沙池工作段和集水泄流段顶部，除运行检修平台外，其余部分均采用可重复拆装型轻型保温屋顶封闭，满足运行期间沉沙池工作段和集水泄流段的检修、人工机械清淤等需要。沉沙池在斜板沉沙区共采用了 6550 块高耐寒斜板，厚度为 1cm，倾角为 60°，净距为 10cm，抗冻性可达 102 次以上冻融循环，超过目前建材行业规范规定的 25 次冻融循环。冲排沙系统的放空闸段紧挨集水泄流段下游侧，顶部高程为 833.8m，与外部道路齐平。放空闸段顶部与集水泄流段轻型屋顶衔接。该种结构布置进行了经济实用的耐寒保温设计，有利于寒冷地区斜板式复合型沉沙池的进一步推广应用。

4.3 体型结构优化设计，提高过流量和结构安全性，方便运行维护

沉沙池进水分流系统设置有 3 道分水闸门和 6 道清沙闸门，用来控制各池室和池厢的进流。水沙分离工作段总长 120m，由平流区和表面集水区组成，其中表面集水区长 70.6m。水沙分离工作段设置有 3 个池室和 6 个池厢，在各池厢两侧隔墙上悬挑设置纵向人行走廊，共 12 道纵向人行走廊，高程为 831.00m，宽度为 1.2m。在纵向人行走廊上每隔 5m 左右设置横向联系梁。分别在平流段末端和表面集水区末端的横向结构缝处双横梁上设置横向人行走廊，宽度为 1m，通过纵、横向人行走廊，运行人员可方便地穿行于 6 个池室，方便了人员和小型设备的通行，便于运行期间得巡视、检修、清理和二次冲洗。

水沙分离工作段各池室之间设纵向结构缝，共 2 道纵向结构缝，各池室为一单独的双箱型承载整体。池体横向分缝每 10m 设一道，共设 11 道分缝，内均设 W 型紫铜片止水，分缝内填充聚乙烯泡沫板，提高了定期冲洗式沉沙池对地基条件的适应性及结构的整体安全性。

表面集水区的各池厢在两侧隔墙分别设置纵向集水槽，共 12 道纵向集水槽，纵向集水槽沿程过流宽度采用等宽设计，底坡为顺向陡坡设计。净宽 0.95m，深度从 1.48m 渐变至 2.67m。提高斜板式沉沙池的有效过流能力。

集水溢流系统位于水沙分离工作段末端，包括总集水槽、下游溢流堰、泄水槽、消力池和泄水洞。溢流堰、泄水槽、消力池等位于总集水渠下游侧，轴线与总集水渠平行。总集水槽净宽为 5m，纵坡 1/3000，设计水位为 829.196m；下游溢流堰堰顶高程为 829.320m；泄水槽净宽为 2.5m，纵坡 1/200，末端高程为 824.50m；泄水槽末端衔接实用型溢流堰，堰末端设消力池，长 18m，池底高程为 819.75m；消力池后接泄水洞。沉沙池的上游来水和下游需水量常存在差异，在工程操作不当时，甚至会对上下游建筑物和沉沙池周围环境造成重大安全隐患。集水溢流系统的设置减小了沉沙池上下游流量不匹配引起的安全隐患，提高了沉沙池及上下游水工建筑物的运行安全性。

5 结语

该引黄工程沉沙池于 2008 年已施工完成，并进行了通水试运行。本文对斜板式沉沙池进行了一些有益的探索和研究总结，主要包括多通道过水方式下，优化调度运行，提高过水保证率；系统的保温设计，提高冬季运行安全性；体型结构优化设计，提高过流量和结构安全性，方便运行维护；也可为行业在斜板式沉沙池方面的设计提供参考。

作者简介

陆冬生（1983—），男，高级工程师，主要从事水利水电工程输水系统设计工作。E-mail：luds@bjy.powerchina.cn

宋蕊香（1986—），女，高级工程师，主要从事水利水电工程输水系统设计工作。E-mail：songrx@bjy.powerchina.cn

赵纯琦（1992—），男，助理工程师，主要从事水利水电工程输水系统设计工作。E-mail：zhaocq@bjy.powerchina.cn

关于如何打好黄河上游大型梯级电站群存量牌的思考

赵贤文

（黄河公司积石峡发电分公司，青海省民和县 810801）

[摘 要]青海黄河上游流域目前现有百万千瓦级水电站共5座，总装机容量为890万kW，作为西北电网主要的调峰调频电源，由国网西北调控分中心统一调度。为在新能源大规模开发背景下找准存量梯级水电站群定位，更好发挥梯级水电站群调节能力，提升整体生产效益，本文从黄河上游大型梯级电站开展大集控，实现资源共享、智慧调度、优化流域机组运行策略，参与能源互补方式的探索等方面出发，基于发电机组运行特性及NHQ特性进行分析，通过西北区域电网负荷需求与黄河上游5大水力发电厂负荷的合理匹配、各场站机组优化运行策略、多种能源联合互补供给来提高流域机组整体发电效率，增加存量资产生产效益，从而推动黄河上游大型梯级电站的存量资产高质量发展。

[关键词]协调联动；智慧调度；策略优化；多能互补

1 黄河上游大型梯级电站发展形势分析

1.1 黄河上游大型梯级电站推动高质量发展的意义

推动黄河上游大型梯级电站高质量发展是当前以及今后的发展思路，国家电力投资集团有限公司（以下简称"国家电投"）董事长钱智民也指出，要进一步深入研究，提高管理效率、提升管理水平，重点打好"三副牌"。其中打好"存量牌"，是集团公司改革发展的根本。要着力抓好存量资产挖潜增效，提倡通过技术创新、商业模式创新等手段，增发电量、保控电价、压降成本，提高运营效率与效益。黄河公司水电板块作为黄河公司重要的存量资产，尤其是隶属于黄河公司的黄河上游5座大型梯级电站无论是电力装机容量、资产总额还是对公司利润的贡献等方面都有举足轻重的作用。通过5大梯级电站大集控，实现资源共享、智慧调度、优化流域机组运行策略，提高水资源利用率，最大限度地提升发电效率，增发电量，同时实现黄河上游大型梯级电站与附近新能源电站的能源互补，提高新能源电量的消纳，在一定程度上提升新能源发电存量资产的效益，从而不仅推动黄河上游大型梯级电站的存量资产高质量发展，而且间接推动部分隶属于黄河公司新能源资产的高质量发展，助力集团公司实现"2035"一流战略。

1.2 青海省新能源电力装机及黄河公司在青电力发展形势

截至2020年年中，青海累计并网清洁能源2801万kW，装机占比达88%，其中新能源装机容量为1608万kW，占比达50.5%。黄河公司作为青海新能源电力的领头羊，在青电力装机容量为1951万kW，其中清洁能源装机容量高达1763万kW，占青海省总装机容量的63%。黄河公司始终坚持发展清洁能源，按照"流域、梯级、滚动、综合"的开发原则，科学开发水电，目前在青海省内拥有黄河班多、龙羊峡、拉西瓦、李家峡、公伯峡、苏只、积石峡和大通河流域水电站共16座，水电装机容量为1084.25万kW。经过十多年的不懈努力，已经形成了黄河上游水电基地。黄河公司在青海省境内的格尔木、乌兰、河南、共和、德令哈、茶卡、大格勒等地的新能源装机总容量为679万kW，占青海省新能源总装机容量的42%。2020年上半年，青海省以水力、风力、太阳能发电为主的清洁能源发电量371.8亿kWh，同比增长6.7%，占全省发电量的85.7%。

2 黄河上游大型梯级电站面临的困难

黄河公司水电装机超千万千瓦，是中国北方最大的水力发电企业。在青海境内拥有龙羊峡、拉西瓦、李家峡、公伯峡、积石峡五座水电站，总装机容量为890万kW，目前李家峡与拉西瓦水电站正在实施扩机，扩机完成后，总装机容量将超千万千瓦。随着全国能源行业的磅礴发展、能源形势的转型及发展变革，传统的水电能源就如何继续保持在能源结构中的优势地位，如何继续发挥水电在整个电力能源板块中优质调频电源的作用，如何提升水电产业的发展效益以助力公司高质量发展等方面都面临一系列的困扰。下面就黄河上游流域5大梯级水电站面临的新形势进行简要分析。

2.1 管控权分散，整体资源利用率有待提高

龙羊峡、拉西瓦、李家峡、公伯峡、积石峡五座大型梯级电站作为西北电网主要的调峰调频电源，由国网西北调控分中心统一调度。五大厂站在各自分公司均设置了各自的调度台与调度沟通。各分公司调度台负责各自机组的开停机、设备信息监控及机组负荷争取调配等工作。在日常调度工作中各站调度员仅面向本站设备，着眼点较窄，尤其与调度沟通、发电负荷争取方面均从各自利益方面考虑，继而不免会出现同阵营兄弟单位之间的竞争，形成流域整体的无效竞争，各厂站由于调度分散，过机流量的差异较大，造成周调节及日调节水库的上游水位波动较大，尤其当日调节水库电站争取负荷较高、过机流量较大时，水位变化更加明显，间接造成机组发电水头受损，发电效率降低。除此之外，机组水头的大范围波动对无法实现水头实时跟踪调速器的机组也有较大的影响，从而轻微地扰乱调速器的调节性能，既不利于机组负荷控制，又对电能质量产生影响，一定程度上会增加一次调频、AGC调节速率等参数的不合格率，增加两个细则的考核。

内机组负荷率经常相差较大，加之青海省新能源具有电源点集中且容量大的特点，为保证新能源电量的消纳，水电机组需长期承担很大的备用负荷容量，出现个别机组长期低效率运行，整体而言流域机组运行方式的不合理及负荷分配的不均等，造成无效水能部分的增大，整体发电效率降低。

2.2 清洁能源的快速发展挤压水电板块发电空间

青海累计并网新能源装机容量为1608万kW。随着青海电力事业的快速发展，新能源装机容量占比仍以较高的增长速度发展。新能源电力的快速发展以及国家对新能源消纳比例的严格控制在很大程度上影响了水电产业发电量的空间。黄河自2018年开始连续3年来水颇丰，黄河上游断面连续3年共泄水127.69亿 m^3。大量水资源无法利用的原因除了保证安全度汛之外，水电让位于新能源发电也是重要的原因之一。水电汛期泄水期间，白天发电空间经常让位于新能源，水电机组只能作为备用容量机组运行在较低的发电负荷以维持电网平衡。

2.3 频繁调频，增加机组安全运行风险

受光照或风速变化的影响，风电及光伏发电都是随机的，存在不稳定、不同步的现象。为了缓解新能源电量给电网运行造成的不稳定影响，水电机组由于自身的快速响应，调峰调频能力较强，经常作为电网调峰调频电源。由于水电频繁调频，机组负荷也经常大范围调节，继而增加机组穿越固有振动区的频次，增加机组磨损，给机组的安全运行也带来了较大的挑战，同时流域电站的调频也间接增加了机组在"两个细则"方面考核的概率。

3 提升黄河上游大型梯级电站生产效益的建议措施

3.1 实现黄河上游大型梯级电站的集中管控

积极推进黄河上游大型梯级电站协调联动，实现大集控管理，显著发挥大集控统一管理、统一协调、统一发展的优势，逐步实现各大梯级电站相互促进、优势互补、共同发展的新格局。集团公司内部各二级单位都有在新能源场站跟中小型水电站的管理中实行建立集控中心、远程管控的案例，目前在增强区域协同发展、降低区域管理成本等方面也有显著的成效。五凌电力也有较大电站的集中远程管控的案例，五强溪、三板溪等百万机组电厂自 2012 年开始接入集中管控系统，与其他同属五凌公司中小水电一起受五凌集控中心调度管控。黄河公司 2018 年建立集控中心，实现中小水电与新能源场站的集中管控，在提高资源利用率、提升组织运作效率、降低管理成本等方面都有显著的效益。

实现黄河上游大型梯级电站的集中管控在技术方面已无任何障碍，5 大梯级电站同属一个流域且上下游相距较小，实现集中管控的难度较小。在管控模式方面依托黄河公司现有体制机制及各专业化公司水平，可以在黄河公司对中小水电管控模式的基础上加以完善。即建立以资产管理中心作为资产代表，运营公司负责集控运行，各发电分公司负责电站现场消缺维护，电力检修公司承担大中型检修项目，电力技术公司负责技术监督，电力营销中心负责营销，公司本部负责考核监督的发电运营管控体制。实现资产所有权与管理权分离，运行维护专业化管理，构建内部市场化经营管理模式。

黄河上游大型梯级电站集中管控后优点如下：

（1）黄河上游大型梯级电站实现集中管控后，各电站生产调度计划管理、调度业务联系由运营中心统一负责。设立专门的调度公关组，统一对接电网调度部门，增加在与调度部门沟通协调方面的话语权，更多的争取有利的发电运行条件。

（2）黄河上游大型梯级电站实现集中管控后，各电站生产调度计划管理、调度业务联系由运营中心统一负责。有利于统筹考虑流域内所有大型机组的运行状况、优化机组运行策略，提升流域内整体的水能利用率。

（3）黄河上游大型梯级电站实现集中管控后，有利于统筹考虑流域内所有大型梯级电站水库调度运用情况，合理调度水库，最大限度保持流域发电水量的平稳及协调，尽可能减小日调节水库水位波动，降低水头降低带来的效率及减少"两个细则"考核机率的问题。

（4）黄河上游大型梯级电站实现集中管控后，通过推动各电站远程集中控制、现场无人值班少人值守的集控运行管理模式以及区域化、专业化、集约化委托管理模式，可以减少人力资源投入，降低运营成本。

（5）流域统一管理后可共享内部物资，统一根据各站实际消耗比例确定采购数量集中采

购，进一步降低采购价格。统一管理物资存储，强化内部物资的高效利用率，同时降低库存率，避免资金积压。

3.2　实现智慧调度，提升流域机组整体效率

水轮机在能量转换时会出现部分能量损失，导致不能完全将水能转换为机械能，故存在一个转换效率的问题。根据机组型式的不同、安装方式的不同、水头等因素的不同，各台机组效率均存在很大的差别。为了简化分析，我们暂定在机组额定水头下进行各厂站机组效率的研究，且不考虑由于负荷变动引起的机组水头变动。对于水电机组，由于水力因素、电力因素、机械因素或其他不平衡因素等的综合作用，一般存在不稳定工况区，机组在不稳定工况区运行时，大轴摆度较大，机械磨损较大，机组受损情况严重，这个不稳定工况区即称为机组的振动区。机组的振动区与水头、出力密切相关，对于高水头电厂，在不同的水头下，机组的振动区存在差异，一般来说，低水头下机组的不稳定工况区大，高水头下机组不稳定工况区小。由于水电机组存在振动区，为了保障机组的安全，在对机组进行有功负荷调节时，应尽量避免机组运行在当前水头下的振动区。为此在研究各站有效的高效率负荷区时必须刨除振动区。除此之外还需考虑流域电站间发电用水量的平衡问题。各站机组额定水头下的振动区见表1。

表 1 各站机组额定水头下的振动区

电站名称	机组编号					
龙羊峡	1 号	2 号	3 号	4 号	—	—
次振区	30～90	30～90	30～90	30～90	—	—
主振区	100～240	100～240	100～240	100～240	—	—
拉西瓦	1 号	2 号	3 号	4 号	5 号	6 号
次振区	0～110	0～80	0～160	—	0～100	1～170
主振区	270～470	280～450	300～450	—	310～450	280～455
李家峡	1 号	2 号	3 号	4 号	—	—
次振区	0～40	0～139	0～80	0～140	—	—
主振区	40～240	139～250	80～220	140～200	—	—
公伯峡	1 号	2 号	3 号	4 号	5 号	—
次振区	160～180	160～180	160～180	160～180	160～180	—
主振区	50～160	50～160	50～160	50～160	50～160	—
积石峡	1 号	2 号	3 号	—	—	—
次振区	0～50	0～50	0～50	—	—	—
主振区	50～220	50～220	50～220	—	—	—

3.2.1　龙羊峡发电分公司

龙羊峡发电分公司安装有单机容量 32 万 kW 的 4 台水轮机组，总装机容量为 128 万 kW，是西北电网主要调峰调频电源点之一。结合龙羊峡发电分公司机组运转特性曲线及机组振动区可得出：在机组额定水头下，有效的机组高效运行区间为 24 万～32 万 kW，即单台机组可调高效 8 万 kW，全厂可调高效运行容量为 32 万 kW。

龙羊峡发电分公司水轮机组运行特性曲线图如图 1 所示。

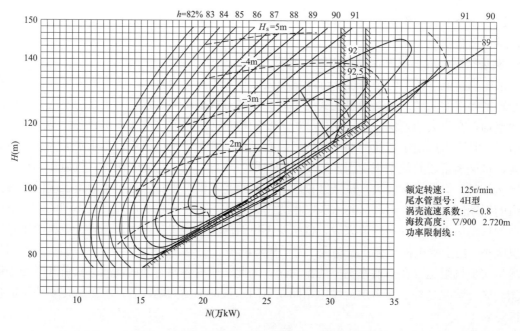

图 1　龙羊峡发电分公司水轮机组运行特性曲线图

3.2.2　拉西瓦发电分公司

拉西瓦发电分公司安装有 4 台单机容量为 700MW 的水轮机组,总装机容量为 3500MW,是西北电网的主要调峰调频电源点之一,也是西北电网 750kV 网架的重要支撑电源。结合拉西瓦发电分公司机组运转特性曲线(如图 2 所示)及机组振动区可得出:在机组额定水头下,

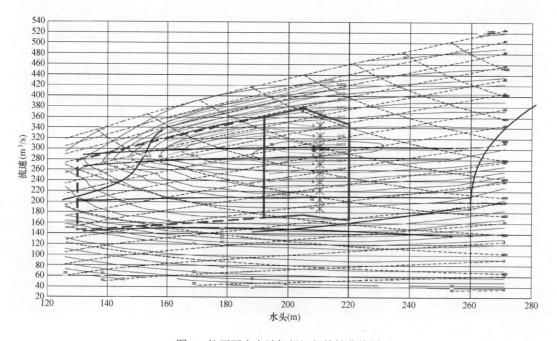

图 2　拉西瓦水电站机组运行特性曲线图

有效的机组高效运行区间为 470～700MW，即单台机组可调高效区 230MW，全厂可调高效运行容量为 1150MW。

3.2.3 李家峡发电分公司

李家峡发电分公司安装有 5 台单机容量为 400MW 的水轮机组，总装机容量为 2000MW，是西北电网主要调峰调频电源点之一。结合李家峡发电分公司机组运转特性曲线（如图 3 所示）及机组振动区可得出：在机组额定水头下，有效的机组高效运行区间为 240～400MW，即单台机组可调高效区 160MW，全厂可调高效运行容量为 640MW。

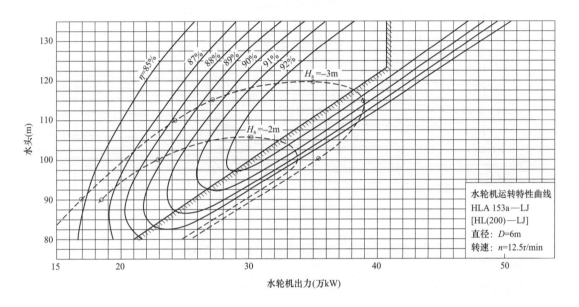

图 3　李家峡发电分公司机组运行特性曲线

3.2.4 公伯峡发电分公司

公伯峡发电分公司安装有 5 台单机容量为 300MW 的水轮机组，总装机容量为 1500MW，是西北电网主要调峰调频电源点之一。结合公伯峡发电分公司机组运转特性曲线（如图 4 所示）及机组振动区可得出：在机组额定水头下，有效的机组高效运行区间为 180～300MW，即单台机组可调高效区 120MW，全厂可调高效运行容量为 600MW。

3.2.5 积石峡发电分公司

积石峡发电分公司安装有 3 台单机容量为 340MW 的水轮机组，总装机容量为 1020MW，是西北电网主要调峰调频电源点。结合积石峡发电分公司机组运转特性曲线（如图 5 所示）及机组振动区可得出：在机组额定水头下有效的机组高效运行区间为 220～340MW，即单台机组可调高效区 120MW，全厂可调高效运行容量为 360MW。

根据黄河上游 5 大梯级电站各机组 NHQ 曲线图及各机组高效率运行区间分析，可得高效率运行区内运行时机组发电用水量、流域高效率运行区间内的相应负荷、可调高效负荷及可调流域断面流量区间，见表 2。

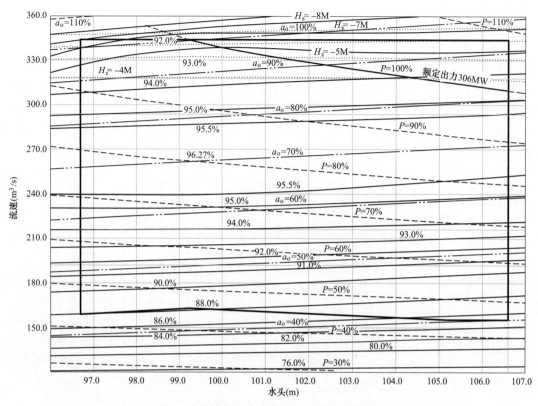

图4 公伯峡发电分公司机组运行特性曲线图

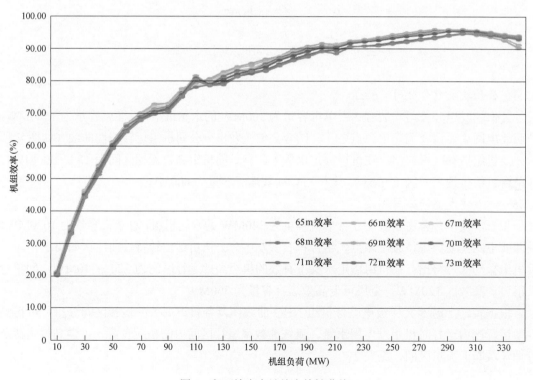

图5 积石峡水电站综合特性曲线

表2   黄河上游5大梯级电站高效率运行区发电水量统计

电站	单机可调负荷区间（MW）	全厂高效率运行区间（MW）	单机可调负荷容量（MW）	全厂可调容量（MW）	单机可调发电水量（m³/s）	全场可调发电水量（m³/s）
龙羊峡	240～320	720～1280	80	320	220～305	880～1220
拉西瓦	470～700	2350～3500	230	1150	240～360	1200～1800
李家峡	240～400	960～1600	160	640	230～360	920～1440
公伯峡	180～300	900～1500	120	600	200～320	1000～1600
积石峡	220～340	660～1020	120	360	370～570	1110～1710
合计	1350～2060	5590～8900	710	3070	1260～1915	—

通过以上分析可得整个流域5大梯级电站高效运行负荷区间可以达到180～8900MW，高效发电水量区间为200～1800m³/s。流域机组全开且运行在高效率区时可调高效区负荷为3070MW，即流域机组全开且全部运行在高效率区时仍有3070MW的容量可作为备用容量或调峰调频容量以备电网之需。黄河上游5大水力发电站同属一个流域，各站相距较短且并入同一个网架结构，所属区域网架结构中没有断面负荷潮流约束点，实现流域机组负荷智慧调配不存在制约因素。统一区域化管理，集中管控后在机组运行及机组负荷分配方面及发电用水方面智慧调度，机组发电负荷与电网负荷需求进行匹配时尽最大可能让各机组运行在高效率区，同时保证河道用水的平稳性及各站发电水量的平衡。通过对5大发电站机组高效率区、各机组NHQ曲线特性综合考虑匹配，得到流域内最优的发电策略，提高机组的运行效率，实现区域电站整体经济运行，从而消除各大电站各自为营、相互竞争电网负荷、流域机组整体发电效率不佳、机组频繁穿越振动区等的不良局面。

3.3   实现黄河上游大型梯级电站与新能源电站的多能互补

3.3.1   多能互补的雏形——水光互补情况简介

2013年开始，黄河公司在龙羊峡开展了水光互补项目，在后期应用中得到了良好的实践。龙羊峡水光互补项目规划光伏总装机容为850MW，以330kV电压等级输电线路送至龙羊峡水电站，通过水电调节后送入电网。850MW光伏电站视为"虚拟水电机组"，接入龙羊峡水电站，通过水轮机组的快速调节，将原本间歇、波动、随机的功率不稳定的锯齿型光伏电源，调整为均衡、优质、安全、更加友好的平滑稳定电源，两个电源组合的电量，利用龙羊峡水电站的送出通道送入电网。龙羊峡水电站送出线路年利用小时由原来的4621h提高到5019h，同时，较好地利用水力发电快速补偿的功能，提高了光伏发电电能质量。

3.3.2   多能互补开发

光伏和风力发电具有随机性、间歇性和周期性的特点，目前在我国还不能精确预测新能源发电出力。当新能源电站发电时，电网中其他电源需调整出力，让出负荷由新能源机组发电供电；而当云层飘过时，光伏电站出力迅速下降，其他电源的出力必须迅速增加，补充光伏发电减少造成的电力缺额。这一天然特性决定了新能源电站并网运行时，必须由其他常规电源为其有功出力提供补偿调节。新能源发电功率的波动，完全依据天气状况的随即变化，比电网正常的负荷变化快得多，因此，电网调节容量不能依赖临时性的启停机组实现，必须依赖处于旋转备用状态的热备用。青海电力结构中，水力发电与新能源发电的占比较大，水电机组在电网中的备用作用也较重，而水电机组又具有快速响应的能力，是最好的"削峰填谷"机组，具备补偿新能源机组出力不可控、不稳定的特点。从黄河上游 5 大梯级水电站与周边新能源电站分布情况可以看出，两者的地理位置大多集中在青海东部的海南地区和海东地区，地理位置相近，入网区域集中，不管从地理优势上还是在网架结构上都有利于开展多能互补，维持电网潮流的稳定流向。多能互补的方式可以借鉴目前开展后效果较好的水光互补模式进行开发。

水光互补是将光伏电力直接送入龙羊峡电站与水电电力进行融合后送出。由于流域各场站与流域附近的新能源场站分散分布，将新能源场站电量通过送入各大型梯级电站进行融合的方式显然不可取。目前水电机组的响应时间几乎不大于 10s，调节速率也较快，完全可以在短时间内向电网供给因新能源电力不足引起的电力负荷缺口。只要水电负荷与新能源负荷平滑地进行补偿，电网负荷的波动完全可以限制在合理的范围内，潮流也不会发生大规模的变化。

为了能实时感知电力供需，系统地进行预测，系统地进行负荷分配，保证电网安全稳定运行，可在集控中心设置一套智慧调度管控系统，以实现电力负荷的快速、高效、合理分配及调用。高效分配流域机组负荷、精确计算平衡流域发电流量、合理优化流域机组运行策略也离不开一套流域发电智慧调度系统。利用各电站水库运用数据、闸门调度数据、机组运行、新能源电量的预测、气象信息等大量数据，对整个流域发电策略及水量调度计划进行建模，对新能源发电及水力发电的补偿策略提前进行设置，一站对一厂、一子阵对一机地精确化匹配，通过电网需求、发电策略模型、流域水量调度模型三方综合计算匹配，最终实现流域负荷的动态调整，区域多能源转换供给、流域水量及各水库水位自动跟踪及计算功能，辅助决策流域整体发电策略，助力高效分配流域机组负荷，精确计算平衡流域发电流，合理优化流域机组运行策略，快速调整区域多型式能源之间的转换，从而实现公司发电板块存量资产的高质量发展。

3.3.3 实现多能互补后的影响

利用水力跟新能源互补发电，最大限度地利用能源，做到水能发电与新能源发电无缝对接与补充，满足电网对电能质量的要求，在保证下游用水的前提下，最大限度地保证新能源发电的送出，同时要能对抗恶劣天气的影响，安全性好。利用水能、新能源的互补性，弥补独立新能源电站发电的不足，获得稳定和可靠的电源。利用水轮发电机组的快速调节能力调节新能源电站的有功出力，达到获得平滑的发电曲线、提高新能源发电电能质量的目的。同时提高新能源电量的消纳比，促进新能源电力的良性发展。

4 结语

黄河公司水电装机容量占集团公司水电容量的 40%，水电站是优质的存量资产，发挥好优质资产的存量效益，对集团打好整体的"存量牌"意义巨大。通过上述几方面的举措将提升黄河上游流域 5 大梯级水电站的生产效益，可简要概括为以下几点：

一是通过推动黄河上游各大型梯级电站远程集中控制、现场无人值班、少人值守的集控运行管理模式，实现资源共享、智慧调度，合理安排流域所属大型梯级电站机组运行方式，高效调度水库运用，提升流域内水资源的整体利用率。

二是在实现集中监控、大数据分析、远程诊断的基础上优化机组运行状态，保持流域内机组的整体高效运行，合理控制流域内电站间发电水量的分配，保持发电水头的稳定，确保机组调节性能，既保证电网安全又提升两个细则的奖励。另外河道内水流的平稳也有利于生态的稳定。

三是通过多能互补的方式，提升流域内新能源电量的质量，增加新能源电量在市场上的青睐度，切实践行从生产型企业向服务型企业转变的思路。从电网需求侧出发，提升产品质量，从而提升新能源电量的消纳比，提升清洁能源的送出率。

四是通过流域内各机组的运行策略优化及高效率负荷区的匹配，让水电机组减少因长期频繁调频调峰造成机组频繁穿越振动区的现象，降低机组磨损。

五是通过流域电站统一管控，优化人力资源，减少人力资源成本；通过统一生产维护物资的采购、存储、调配，压降部分资源的投入，使资金及物资的周转率得到进一步的提升。

水电行业历经数十年发展，技术方面已经很成熟。水电板块存量资产效益得到更充分发挥，可以借助于流域化管理，实现技术、信息、物资等资源共享，发挥流域整体优势；实现发电、水库运用的智慧调度，提升流域内水电机组的整体发电效率，提高水资源利用率；利用水电机组灵活的优势与新能源电力互补实现清洁能源电力在电力市场中的占比，为高质量可持续发展贡献力量。

作者简介

赵贤文（1992—），男，工程师，主要从事水电站技术管理工作。

长距离压力输水管道水力过渡过程研究

陈嘉敏

（南水北调中线干线建管局河南分局宝丰管理处，河南省平顶山市　467411）

[摘　要]本文针对南水北调中线典型长距离输水管道的水锤压力开展研究，采用水管道水击压力数值模型的建立，计算输水管道能否产生水锤压力、水锤条件及最大水锤压力的管道优化设计，以保证输水管道的安全，为运行管理提供指导。

[关键词]长距离；输水管线；水锤措施

0　引言

南水北调中线北京段、南水北调供水配套工程，管道直径均在 DN800 以上，最大北京段为 DN4000，有压输水管道、隧洞在运行过程中的分流、开阀（闸）、关阀等变化都将影响管道、隧洞流量，导致管道内出现非恒定流现象，且管道承受的水压力随着流速的改变而明显改变，从而出现水击现象。在工程中，计算长距离输水水击值，有利于工程的安全与正常运行、优化管道，对节省工程投资、科学调度运行等都有重要意义。

1　水锤介绍

水锤也称水击，或称流体（力学）瞬变（暂态）过程，它是流通的一种非恒定流动，即液体运动中所有空间点处的一切运动（流速、加速度等）不仅随空间位置而变，而且随时间而变。水锤现象的时间短暂，短期或瞬间会造成严重的工程事故。

根据室外给水设计规范相关条款要求，对泵房部分、输配水部分进行明确规定。当停泵水锤压力值超过管道允许压力值时，需采取消除水锤的措施。应进行必要的水锤分析计算，根据管道纵断面、管径以及设计流量，采取水锤综合防护设计，例如布置空气阀或其他消减水锤的措施。在输水管（渠）道隆起点上应增设通气设备，平直段每间隔 1000m 左右设一处通气设施。

目前，国内对水锤理论、计算方法和防护措施等方面，均需进行普及提高和深入的探索。随着我国城市建设的发展。长距离输水规划和建设工程日渐增多，水锤防护措施也不断发展，具体防护措施要根据实际情况加以确定。因水锤问题导致管线输水运行过程中出现的问题不少，笔者参加的部分工程建设过程中，在充水试验当中，就反复出现管线漏水问题，出现问题的部位主要集中在管线中后段，也是水锤压力最大的区间段。水锤压力过大，导致该部位混凝土出现裂缝等质量缺陷，说明水锤的危害实实在在地影响着工程，给工程安全运行带来很大风险。因此，建议新建的大型输水工程应当高度重视水力过渡计算，运行管理单位也要严格按计算设计允许时间和工况运行，特别是以混凝土管道、钢管为材质的管线，做到科学设计，科学运行，确保工程运行安全。

2 计算原理

水锤基本方程的理论基础是水流的力学规律和连续原理。数学表达式如下。

运动方程：
$$g\frac{\partial H}{\partial x} + V\frac{\partial V}{\partial x} + \frac{\partial V}{\partial t} + \frac{f|V|V}{2D} = 0$$

连续方程：
$$\frac{\partial H}{\partial t} + V\frac{\partial H}{\partial x} + \frac{a^2}{g}\frac{\partial V}{\partial x} = 0$$

式中　H ——测压管水头，m；

　f、D ——管路的摩阻系数和管直径，m；

　V ——管内液体的流速，m^3/s；

　x、t ——水锤波沿管轴线传播的距离和时间；

　a ——水锤波速，m/s。

通过牛顿第二定律和质量守恒定律，求得水锤基本方程，根据特征线计算法，求得两个常微分方程组，再由原来的水锤微分方程转换成常微分方程，对原方程的数值求解。

3 工程实例

3.1 工程介绍

某输水工程是从分水口门输水到水厂，分口门设计年分水量 3780 多万立方米，口门位于总干渠桩号 II83+591 附近，渠道底板高程 119.3m，设计水位 126.3m，加大水位 126.9m。分水口门设计流量 2.0m³/s，设计水位 126.3m，最低控制水位高程 125.7m，分水口闸底板的高程 121.6m，输水线路总长 19.2km，属于典型的长距离多支管压力输水管道。

3.2 方案分析比选

受地形限制，无法满足重力流输水要求，必须通过泵站加压提水。本次不仅复核了原方案中压力输水方案（单级提水方案），同时结合地形条件，利用沿线地形起伏变化的特点，布置了压力流输水与重力流输水结合方案（二级提水方案），通过方案比选，选择出经济合理的输水方案。

方案一（采用泵站加压输水）：在总干渠分水口门附近修建提水泵站，采用一级泵站直接提水入水厂，管线全长 16.6km，采用钢管结构，钢管直径 DN800，水泵扬程 151.8m。

方案二（采用泵站加压输水与重力输水相结合）：根据沿线地形起伏的特点，在管道上坡段采用泵站加压输水，在管道下坡段改为重力流输水，形成加压、重力、压力交替的多级输水系统。压力输水与重力输水结合方案比选示意图如图 1 所示。

两种方案的水力过渡过程计算成果和工程投资分别见表 1、表 2。

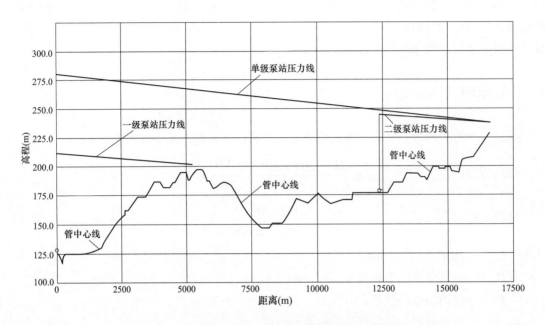

图 1   压力输水与重力流输水结合方案比选示意图

表 1   一级泵站提水方案和二级泵站提水方案成果表

方案	工况	关阀规律	最低转速（r/min）	最大正压（m）			最大负压负压值（m）
				正压值	正常压力	倍数	
一级泵站方案	管线仅布置空气阀	15-80-180-100	−1107.4	184.22		1.34	−4.8
二级泵站方案	第一级泵站	8-80-70-100	−1116.6	111.89	84.5	1.32	−5
	第二级张圪塔泵站	6-70-75-100	−1375	92.87	70.13	1.32	−3.5
	重力流到供水	60-80-200-100		58.65	53.64	1.09	无

表 2   一级泵站与二级泵站整体投资表

序号	名称	泵站投资（万元）	线路投资（万元）	合计（万元）
1	一级泵站方案	793.69	4675.01	5468.7
2	二级泵站方案	1584.46	4548.59	6133

关阀时管线水头包络线、末端阀前压力流量曲线分别如图 2、图 3 所示，开阀水头包络线如图 4 所示。

由图 2～图 4 可以看出，阀门按该关阀和开阀规律关阀和开阀，管线中的压力升高也不是很大，虽然超过了静水头的 1.5 倍，但是小于管道的设计压力，同时管道中也不会出现负压，满足规范的要求。

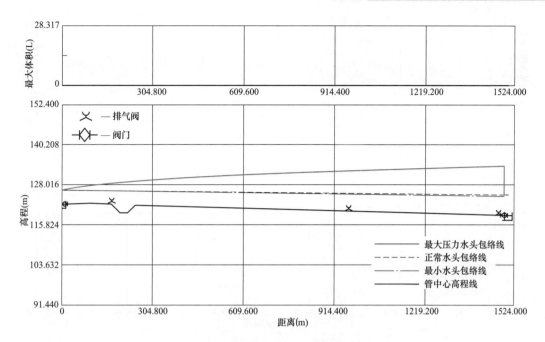

图 2　关阀时管线水头包络线

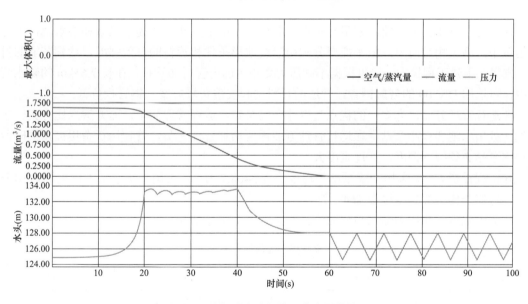

图 3　关阀时末端阀前压力流量曲线

通过对以上两个方案进行分析，发现：在水力过渡计算方面，根据水力过渡过程计算结果，当空气阀布置相同情况下，方案一最大压力比方案二高，两种方案最大正压值和正常压力的比值分别为 1.34、1.32，基本接近并满足规范要求。在水泵由于突然断电甩负荷工况下，二级提水方案下的一级泵站管道中的最大负压为 −5m，而一级提水方案在该工况下管道中最大负压为 −4.8m，虽然也满足规范要求，但从中可以看出方案二在减小管道中的负压方面并不比方案一优越，反而负压更大，因此，在水力过渡过程计算方面，方案一的压力输水方案要优于方案二压力输水与重力流输水结合方案。

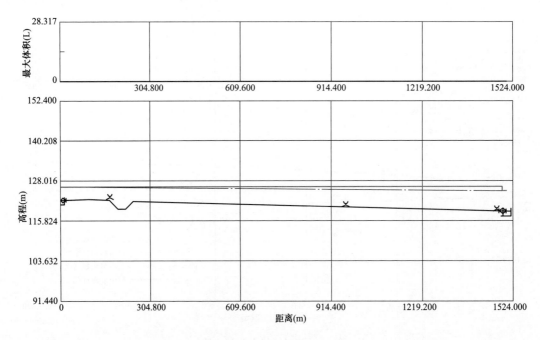

图 4　开阀水头包络线

在工程布置和施工方面，方案一工程布置单一，由于少建一座提水泵站和蓄水池，土建工程量小，施工相对简单，但不能充分利用沿线地形条件和管材的有效强度，达到节能的目的。方案二土建工程量大，但可根据不同压力大小，选用管材和管径，在长 7.65km 的输水管道中，可选用 DN800 的玻璃钢管，管道的材料费和安装费较方案一钢管投资低。

在运行管理方面，方案一的优点是少建一级泵站，运行管理简单，而方案二比方案一多增加一处出水池和一座泵站，在运行管理方面需要增加管理人员，管理运行费用高，同时两处提水泵站必须统一调度，管理难度大。

在工程投资方面，采用一级泵站工程投资为 5468.7 万元，采用二级泵站工程投资为 6133 万元，方案一比方案二少投资 664.3 万元。

压力输水方案和压力输水与重力流输水结合方案比选见表 3。

表 3　　　　　　　　　　　　　　泵站提水级数比较表

方案	基本情况	优点	缺点
方案一	一级泵站提水。 　　直接由 0+000 提水至 16+617.865，全段采用钢管，钢管直径为 DN800，水泵扬程为 143m	①水力过渡计算满足规范要求； ②运行管理方便； ③土建程量小； ④工程投资少	①水锤压力大； ②不能充分利用管材的有效强度
方案二	两级泵站提水。 ①首先由 0+000 提水至 5+404.545，一级泵站提水扬程为 86m，钢管直径为 DN800； ②然后通过自流到 12+108（张圪塔村），穿越 DN800 玻璃钢管，长 7.65km； ③最后通过二次加压提水至水厂，采用 DN800 钢管，长为 3.57km，二级泵站提水扬程为 61m	①水锤压力小； ②可根据不同压力大小，选用管材和管径，可节省管材投资； ③桩号 5+404.545～13+050，全长为 7645.455m，选用 DN800 的玻璃钢管，安装费和材料费比方案一投资小	①增加泵站 1 座、出水池 1 座，工程投资大； ②施工难度相对较大； ③需要管理人员多，管理费、运行费和维护费用高

综合以上分析，方案一无论在工程布置、施工、维修管理和投资等方面均优于方案二，因此推荐方案一压力输水方案，即修建一级提水泵站方案作为向水厂供水方案。

3.3 建议运行规程

（1）对于一级泵站来说，当需要停止供水时，水泵要关阀停泵，同时该工况是最常用工况，但是阀门的具体关闭规律直接影响管道中压力升高和降低，根据多次阀门关闭规律计算，确定阀门关阀时间为120s，即先用20s时间快速关闭到阀门整个开度的80%，然后再用剩余的100s关闭全部阀门（简称20-80-120-100关闭）。

（2）对于一级提水方案，最不利工况为两台泵同时事故停泵，作为水力过渡过程计算的控制工况，通过不同工况的多次优化计算，确定阀门的关闭时间为180s，关闭规律为第一阶段用10s将阀门关闭到整个开度的80%，第二阶段全部关闭，简称10-80-180-100关闭，整个管道中的压力升高得到有效的控制，其中最大压力是正常压力的1.348倍；水泵最大倒转速度为–1093.8r/min，小于水泵的额定转速1450r/min；同时管道中的最大负压为–4.8m，满足给排水工程管道结构设计规范规定的管道运行中可能出现真空气压缩力的允许值，不会对管道产生破坏，该工况复核规范要求。

（3）对于二级方案泵站来说，第一级泵站经过多次计算，确定其事故停泵时阀门关闭规律为第一阶段用8s关闭阀门的80%，第二阶段关闭全部阀门（简称8-80-70-100关闭）；第二级泵站由于存在三个比选方案，针对不同的方案则有不同关阀规律，具体为：当泵站位于鸿肠村附近时，即方案一时，关阀规律为第一阶段用8s关闭到整个阀门开度的75%，然后到80s时将整个阀门全部关闭（简称8-75-80-100关闭）；当泵站位于张圪塔村时，即方案二时，关阀规律为第一阶段用6s关闭到整个阀门开度的70%，然后到75s时将整个阀门全部关闭（简称6-70-75-100关闭）；当泵站位于朱东村时，即方案三时，关阀规律为第一阶段用10s关闭到整个阀门开度的75%，然后到60s时将整个阀门全部关闭（简称10-75-60-100关闭）。

（4）对于二级方案重力有压流段来说，由于第二级泵站位置存在三个比选方案，针对不同的方案则有不同关阀规律，具体为：当重力流自流到鸿肠村附近出水池时，即方案一时，关阀规律为第一阶段用40s关闭到整个阀门开度的80%，然后到200s时将整个阀门全部关闭（简称40-80-200-100关闭）；当重力流自流到张圪塔村出水池时，即方案二时，关阀规律为第一阶段用60s关闭到整个阀门开度的80%，然后到200s时将整个阀门全部关闭（简称60-80-200-100关闭）；当重力流自流到朱东村出水池时，即方案三时，关阀规律为第一阶段用80s关闭到整个阀门开度的85%，然后到200s时将整个阀门全部关闭（简称80-85-200-100关闭）。

（5）对于重力有压流，通过计算确定其关阀规律为第一阶段用20s关闭整个阀门开度的80%，然后到60s将阀门全部关闭（简称20-80-60-100关闭），开阀规律为20s开到整个开度的60%，然后到60s全部打开（简称20-60-60-0打开）。

具体阀门动作规律见表4。

表4　　　　　　　　　　　　二级方案关阀规律统计表

提水方案	具体方案	阀门启闭状态	阀门规律
一级方案		正常关阀	20-80-120-100
		事故关阀	10-80-180-100

续表

提水方案	具体方案	阀门启闭状态	阀门规律
二级方案	第一级泵站段	事故关阀	8-80-70-100
	第二级泵站段	方案一事故关阀	8-75-80-100
		方案二事故关阀	6-70-75-100
		方案三事故关阀	10-75-60-100
	重力流段	方案一正常关阀	40-80-200-100
		方案二正常关阀	60-80-200-100
		方案三正常关阀	80-85-200-100

（6）当启泵充水时，先采用一台泵启动充水，等整个管道充水全部完成后，再启动第二台水泵，这样可以防止管道中排气不畅造成管道振动或爆管现象，达到安全充水的目的。

4 结语

通过本次研究，主要得到以下结论：

（1）当管路中未采取防护措施时，管道中压力最大水锤升压为 263.6m，近正常水头 132.2m 的 2 倍，其中负压多处达到水的饱和蒸汽压，多处形成断流弥合，对管道造成的危害极大，所以需要在管道中添加相应的防护措施。

（2）由于该管道较长，总长为 16.6km，同时扬程较高，水泵的额定扬程为 152m，地理高差为 106.5m，地形非常复杂，其中管道中段的山包和中段的低谷高差为 49.5m，因此需通过添加空气阀，来消除管道中的负压。

（3）由于该泵系统管道长、扬程大，而水泵及电机机组的转动惯量只有 16.17kg·m²，所以管道中比较容易产生负压，在计算中对于同样的布置及参数设置，当动惯量为 16.17kg·m² 时管道中的最大负压为 -5m，而转动惯量为 40kg/m² 时，管道中的负压则降到 -2.8m。所以，转动惯量对负压的控制作用比较有效，建议适当增加泵机组的转动惯量，可以有效地减少负压。

（4）在一级提水和二级提水管道空气阀布置相同的情况下，两种提水方案经过多次优化阀门关闭规律计算，都可以满足正压和负压的要求；但是对于二级提水方案下的一级泵站，在水泵由于突然断电甩负荷工况下，其管道中的最大负压为 -5m，而一级提水方案在该工况下管道中最大负压为 -4.8m，可以看出二级提水方案并不能很好地减小管道中的负压问题，负压反而更大。就水力过渡过程计算而言，一级提水方案更优越一些，所以推荐使用一级方案。

（5）本次仅对长距离多支管压力输水管道水力过渡过程研究做以初步探讨，但水锤计算结果影响因素很多，例如波速、管道摩阻系数、阀门布置、闸门开度运行工况等，在具体的计算过程中，应当进一步研究相关参数，以期符合实际情况。

参考文献

［1］金锥，姜乃昌，汪兴华，等. 停泵水锤及其防护［M］. 北京：中国建筑工业出版社，2004.

［2］中国工程建设标准化协会. CECS193—2005 城镇供水长距离输水管（渠）道工程技术规程［S］. 北京：中国计划出版社，2006.

［3］中国工程建设标准化协会标准. CECS140：2002 给水排水工程埋地管芯缠丝预应力混凝土管和预应力钢筒混凝土管管道结构设计规程［S］. 北京：中国电力出版社，2002.

小半径钢管桁架人行景观桥的设计

赵中岩

（中国电建集团成都勘测设计研究院有限公司桥梁工程所，四川省成都市　610072）

[摘　要]基于具备轻盈、通透、简洁明快的景观要求，以及跨径较大、梁高较小、平曲线半径较小、处于高地震区以及地质条件较差等诸多限制条件，景观人行桥的设计采用钢管桁架结构。本文通过对某公园内一座管桁式人行桥的参数进行计算，给出了合理的结论，并进行了部分参数的敏感性分析，希望为今后同类型桥梁的设计提供参考。

[关键词]景观要求；人行桥；钢管桁架结构；参数敏感性；设计

1　工程概况

本人行桥是某公园内景观轴项目中的桥梁工程，自地下广场开始，横跨两条市政河流、一条沿河市政道路，成为公园东西区地下广场、景观塔、河边栈桥、地下车库等节点的连接纽带。由于作用较为特殊，作为公园内区域标志物的重点景观工程之一，按照景观专业的要求，桥梁需具备轻盈、通透、简洁明快的视觉效果。由于本桥跨越市政道路，同时又要和地下工程协调，桥梁最大跨径为 36m，多数桥跨小于等于 15m，这就要求梁高尽可能小、全桥的梁高变化尽可能平顺。由于本桥平面线形呈发散的螺旋状，在线路起始段平曲线半径不足30m。地勘资料显示，桥位处于河道冲积扇区域，附近及其外围地区发生过多次中、强破坏性地震，这些地震对工程场地均造成了不同程度的影响，桩基应考虑土层液化效应折减。基于以上诸多限制条件，该人行桥的设计摒弃了通常所用的钢箱梁，采用了上部结构更轻的钢管桁架结构。

由于钢管桁架结构用于小半径平曲线上、跨径较大、梁高较小、地质较差等极端情况，本文通过对管桁式人行桥的参数进行计算，给出了合理的结论，并进行了部分参数的敏感性分析，希望为今后同类型桥梁的设计提供参考。

2　设计标准

该桥梁属城市公园内专用人行桥梁。

（1）桥梁结构设计安全等级：一级。桥面宽度：变宽为 2.0～6.67m。

（2）设计洪水频率：1/100 年。

（3）设计荷载：

1）人群荷载：按《城市桥梁设计规范》取值；

2）抗震设防标准：抗震基本烈度为 9 度，地震动峰值加速度为 0.40g，特征周期为 0.45s，抗震设防类别为丁类。

3 总体布置

该桥分为五联，采用（14+3×12）m+（30+36+30）m+（4×15）m+（3×15）m+（3×14+12）m=305m 的布置。桁架通高 0.9m，桥面布置为 0.4m 钢栏杆+3.2～5.9m 人行道+0.4m 钢栏杆。

第二联成为全桥的控制联，其曲线半径较小，仅为 30m，但跨径最大，为 36m。本文仅对第二联（30+36+30）m 进行研究。

第二联由上弦杆、下弦杆、腹杆、横梁、纵梁等组成，桁架高度为 0.9m，宽度为 3.6m，纵向节间距平均值为 3.6m，桥面布置为 0.4m 钢栏杆+3.2m 人行道+0.4m 钢栏杆。钢管均采用 Q345C 材质，填充混凝土 C40，构件规格详见表 1。

表 1   第二联钢桁架构件规格表

序号	构件名称	规格（mm）	说明
1	上弦杆	245×16 钢管	
2	下弦杆	325×16 钢管	钢管混凝土
3	腹杆	203×16 钢管	
4	拉压杆	168×10 钢管	上平联横联杆（横杆、斜杆）
5	横梁	I10 工字钢	纵桥向间距 1.5m
6	桥面	空心塑木桥面板	定制

桁架横断面呈倒三角形，如图 1 所示。该结构是在常规上承式钢桁架的基础上将两片主桁的下弦杆退化成一根，取消了下平纵联，并将上弦杆间距适当拉开，在增强了桁架横向刚度的同时使桁架高度满足设计要求，并满足景观轻型化的要求。该结构在纵向及横向均采用稳定的"三角形"构造，造型简洁，力学概念清晰，自重较轻而结构刚度较大。

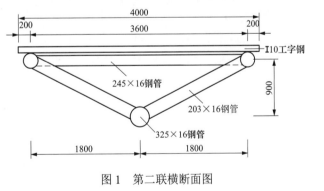

图 1 第二联横断面图

桥墩采用钢管混凝土结构，中墩采用双 Y 形墩，上端采用顺桥向分叉；边墩采用树形墩（即将单 Y 形墩直柱延伸到顶）。其中直柱采用 600×16 钢管混凝土结构，斜肢采用 450×16 钢管混凝土结构。

4 结构分析

4.1 建模及假定

采用 MIDAS CIVIL2021 有限元程序建模。所有构件按照桁架单元进行建模计算，节点采用刚性节点。桁架和桥墩采用固结，墩底固结。桥梁模型三维图如图 2 所示。

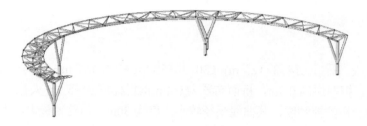

图 2　第二联模型三维图

4.2　应力分析

静力计算考虑的荷载主要包括结构自重、二期恒载 1.57kN/m²、人群荷载 4.232kN/m²、整体升温 30°，整体降温 30°。上弦杆单侧单独升温 15°，下弦杆单独升温 15°。第二联钢桁架应力验算表见表 2。

表 2　　　　　　　　　　　　　　　第二联钢桁架应力验算表

序号	构件名称	最大应力（N/mm²）	设计值（N/mm²）	利用率	结论
1	上弦杆	131	310	42.3%	满足
2	下弦杆（空心段）	163	310	52.6%	满足
3	腹杆	−144	310	46.5%	满足
4	拉压杆	−149	310	48.1%	满足
5	下弦杆（钢混段）	−172	310	55.5%	满足

由上述结果可知，各杆件的应力均能满足规范[1]要求。

4.3　挠度分析

人群荷载产生的挠度（如图 3 所示）为 44.0mm＜$L/800$=45mm，满足规范[2]的要求。桁架标准组合下最大挠度（如图 4 所示）为 98mm＞$L/1600$=19.4mm，应设置预拱度。

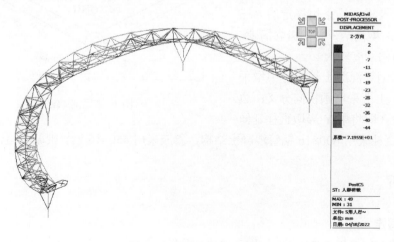

图 3　人群荷载产生的挠度

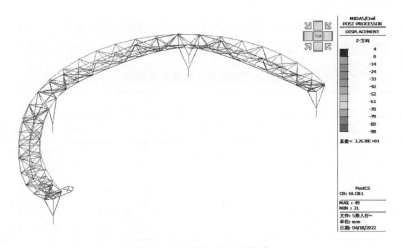

图 4　标准组合产生的挠度

4.4　杆件长细比分析

杆件应进行长细比分析，避免局部失稳。第二联钢桁架构件长细比验算表见表 3，图示如图 5 所示。

表 3　　　　　　　　　　　　　　第二联钢桁架构件长细比验算表

序号	构件名称	回转半径 i（mm）	计算长度 l_0（mm）	长细比	限值	结论
1	上弦杆	66	4186	63.4	150	满足
2	下弦杆（空心段）	109	3924	36.0	150	满足
3	腹杆	66	2990	45.3	150	满足
4	平联压杆	56	4009	71.6	150	满足
5	平联拉杆	56	5604	100.1	250	满足
6	下弦杆（钢混段）	81.25	3924	48.3	—	无判别

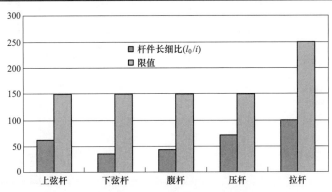

图 5　杆件长细比图示

由上述结果可知，各杆件的长细比均能满足规范[1]要求。

4.5　动力分析

桁架结构自重较小，活载与恒载的比值相对较大，因此动力特性分析尤其重要。根据规范[2]第 2.5.4 条规定：为避免共振，减少行人不安全感，竖向自振频率不应小于 3.0Hz。第二联钢桁架前 5 阶振型及频率见表 4，1 阶对称横弯如图 6 所示，1 阶竖弯如图 7 所示。

表 4　　　　　　　　　　　　　　　第二联钢桁架前 5 阶振型及频率

振型序号	频率（Hz）	振型名称	振型描述
1	1.86	1 阶对称横弯	桁架整体横向对称弯曲
2	2.10	1 阶反对称横弯	桁架整体横向反对称弯曲
3	2.51	2 阶反对称横弯	桁架整体横向反对称弯曲
4	2.73	2 阶对称横弯	桁架整体竖向对称弯曲
5	3.32	1 阶竖弯	桁架整体竖向对称弯曲

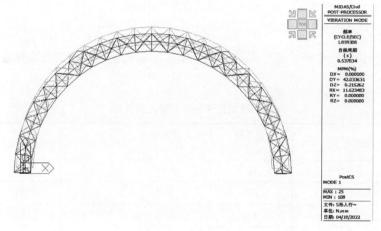

图 6　1 阶对称横弯

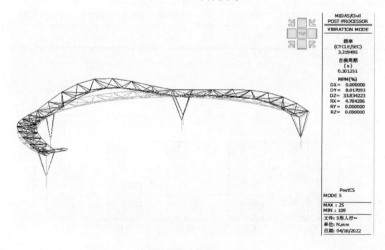

图 7　1 阶竖弯

由上述结果可知，前 4 阶阶振型主要表现为横向振动，其频率为 1.86~2.73Hz，均在横向敏感频率 0.5~1.2Hz 范围[5]之外；第 5 阶振型主要表现为竖向振动，其频率为 3.32Hz，不仅在竖向敏感频率 1.6~2.4Hz 范围[5]之外，还满足规范[2]的规定。

4.6 稳定性分析

桁架结构轻盈，杆件细长，除了长细比控制的杆件局部稳定要求外，应进行整体稳定性验算。根据分析结果，第一阶屈曲模态表现为桥墩失稳，恒载基础上相对于人群荷载的稳定性系数为 90.8，满足稳定性使用要求[6]（第一类稳定，安全系数≥4）。1 阶屈曲模态如图 8 所示。

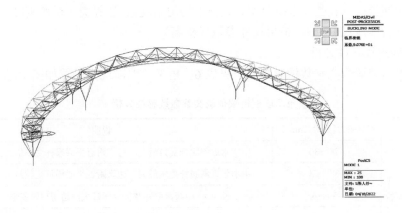

图 8　1 阶屈曲模态

5　用钢量比较

第二联钢桁架同比用钢量比较见表 5，如图 9 所示。

表 5　　　　　　　　　　　　　第二联钢桁架同比用钢量比较

上部结构	用钢量 Q345C（kg）	比较结果
钢箱梁（比较方案）	202491.6	作为基准 100%
钢桁架	79820	占比 39.4%

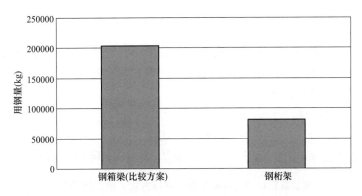

图 9　用钢量比较

由上述结果可知，同样宽度、跨度桥型相比，钢管桁架结构用钢量占钢箱梁用钢量的 39.4%，上部结构质量明显减少，更适合高震区及不良地质条件，且节省造价。

6 参数敏感性分析

为了更好地研究本桥的力学特性，现对本联桁架桥部分参数进行调整，研究不同参数对桁架结构的影响。

参数分为四类：荷载类（系统温度、弦杆不均匀温度）、边界类（桥墩刚度、桥墩形式）、弦杆类型（是否灌注混凝土）、桁架尺寸参数（桁高）。

6.1 荷载类参数敏感性分析

第二联钢桁架荷载类参数敏感性分析见表6，桁架桥温度应力验算如图10所示。

表6 第二联钢桁架荷载类参数敏感性分析

荷载类型	桁架应力值（N/mm²）	说明
系统升温 30°	−78～30	中墩附近斜腹杆受拉最大，边墩附近平联横杆受压最大，对称扭转
系统降温 30°	−30～78	中墩附近斜腹杆受压最大，边墩附近平联横杆受拉最大，对称扭转
外弦单独升温 15°	−34～4	中跨跨中外弦杆受压最大，边跨扭转变形
内弦单独升温 15°	−34～3	中跨跨中内弦杆受压最大，边跨扭转变形
下弦单独升温 15°	−33～18	边跨中墩附近下弦杆受压最大，中墩附近斜腹杆受拉最大，中跨扭转变形

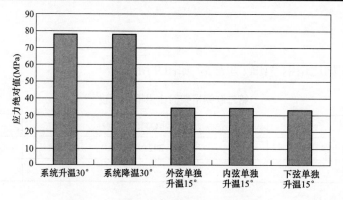

图10 桁架桥温度应力验算（绝对值）

由上述结果可知，温度变化对曲线桁架结构的应力有较大影响，系统升降温引起的应力最大可占允许应力的25%。曲线桁架结构通过空间变形进行适应，本桥所采用的曲线桁架结构对温度的适应主要是通过扭转变形。

6.2 边界类参数敏感性分析

边界类参数分成两种，一种是桥墩与桁架的连接方式，一种是桥墩的构件形式。第二联钢桁架边界类参数（连接方式）敏感性分析见表7，如图11所示。

表7 第二联钢桁架边界类参数（连接方式）敏感性分析

序号	边界类型	桁架应力值（N/mm²）	桁架1阶竖向基频（Hz）
1	全部水平向无约束	−177～165	3.29
2	全部固结	−209～163	4.35

续表

序号	边界类型	桁架应力值（N/mm²）	桁架 1 阶竖向基频（Hz）
3	边墩处水平向无约束中墩处固结	−184～164	3.42
4	中墩处水平向无约束边墩处固结	−202～151	4.29

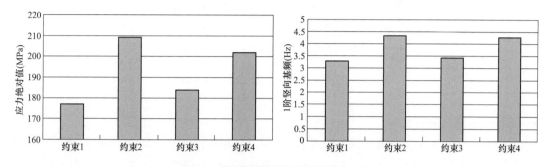

图 11　桁架结构连接方式敏感性分析

由上述结果可知，桥墩对桁架约束越强，桁架应力、基频越大；约束越弱，应力、基频越小。提高桁架桥桥墩的线刚度，对提高桁架桥整体的竖向基频是明显的，但同时增大了结构应力，降低了安全度。因此桥墩的线刚度应该结合应力和基频两个因素综合确定。很多人行桥基频较低，可以通过增大桥墩线刚度增加整体桥梁的自振频率（在上部结构可以利用桥墩刚度的情况下）。第二联钢桁架边界类参数（桥墩形式）敏感性分析见表 8，如图 12 所示。

表 8　　　　　　　　　第二联钢桁架边界类参数（桥墩形式）敏感性分析

序号	桥墩类型	桁架应力值（N/mm²）	桁架 1 阶竖向基频（Hz）	桁架挠度（mm）
1	钢管混凝土结构	−172～163	3.36	44.0
2	空钢管（450×16）	−169～163	3.39	48.8
3	空钢管（400×16）	−167～163	3.37	49.5

由上述结果可知，本联桁架结构桥墩刚度空钢管 $\phi400 \times 16$ 即可满足应力和挠度的要求（此时钢管桥墩最大应力 159N/mm²），桥墩在不考虑桁架挠度的情况下使用空钢管 $\phi400 \times 16$ 即可，即节省材料，又可以节省混凝土灌注等施工费用。规范[3]对桁架桥挠度的限值是 1/500（72mm），远大于规范[2]对挠度的规定。笔者认为，在满足其他指标且应力比不太高（<0.60）的情况下，后者要求过于严格。

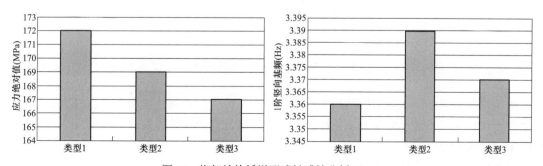

图 12　桁架结构桥墩形式敏感性分析（一）

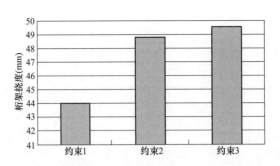

图 12　桁架结构桥墩形式敏感性分析（二）

6.3　弦杆是否灌注混凝土

第二联钢桁架弦杆类型敏感性分析见表 9，如图 13 所示。

表 9　　　　　　　　　　第二联钢桁架弦杆类型敏感性分析

序号	下弦杆类型	桁架应力值（N/mm²）	桁架 1 阶竖向基频（Hz）	桁架挠度（mm）
1	下弦杆中墩处两个节间灌注混凝土	−172～163	3.36	44.7
2	下弦杆（空钢管）	−268～169	3.12	49.6

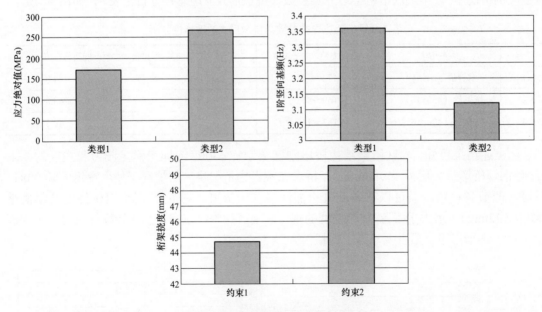

图 13　桁架结构弦杆类型敏感性分析

由上述结果可知，本联桁架结构中间桥墩附近下弦杆是否灌注混凝土，将极大影响下弦杆钢管受压程度，不灌注混凝土下弦杆的压应力过高，安全系数过低。

6.4　桁高变化分析

第二联钢桁架桁高敏感性分析见表 10，如图 14 所示。

表10   第二联钢桁架桁高敏感性分析

桁高	桁架应力值（N/mm²）	桁架1阶竖向基频（Hz）	桁架挠度（mm）
0.9m	−172～163	3.36	44.7
0.8m	−190～180	3.02	56

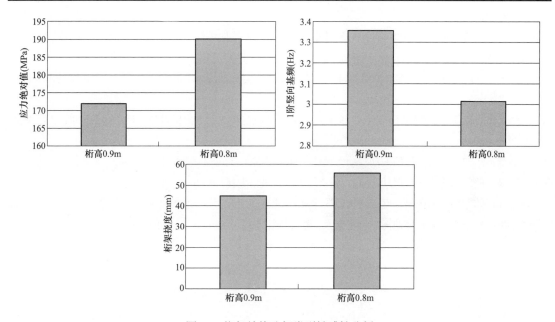

图14　桁架结构弦杆类型敏感性分析

由上述结果可知，本联桁架结构桁高对桁架应力、基频、挠度影响较大，随着桁高减少，桁架应力有显著增加，基频减少较为剧烈，挠度影响最大。

7　结语

（1）钢管桁架结构具备轻盈、通透、简洁明快的视觉效果，应对建筑高度受限时有很大的优势，可以充分发挥材料的力学性能，相较于钢箱梁可以大幅节省用钢量，更适合高震区及不良地质条件，且节省造价。

（2）温度变化对曲线桁架结构的应力有较大影响，曲线桁架结构通过空间变形进行适应。本桥所采用的曲线桁架结构对温度的适应主要是通过扭转变形。

（3）桥墩线刚度变化对曲线桁架结构的影响明显，提高桥墩线刚度可以增大桁架的竖向基频，但同时增大了结构应力，因此桥墩的线刚度应该结合应力和基频两个因素综合确定。桥墩是否采用钢管混凝土结构对桁架应力和基频影响不大，对桁架结构的挠度有影响，在使用空钢管桥墩的情况下挠度超限不多，但造价节省明显。

（4）小半径连续桁架结构中墩附近下弦杆受压程度与是否灌注混凝土使之形成整体钢管混凝土截面密切相关，适当长度范围使用钢管混凝土构件显著降低下弦杆钢管的压应力，并且不增加过多投资。

（5）桁架结构桁高对桁架应力、基频、挠度影响较大，随着桁高减少，桁架应力有显著增加，基频显著减少，挠度影响最大。

参考文献

[1] 中华人民共和国住房和城乡建设部. GB 50017—2017 钢结构设计标准 [S]. 北京：中国建筑工业出版社，2018.

[2] 中华人民共和国建设部. CJJ 69—1995 城市人行天桥与人行地道技术规范 [S]. 北京：中国建筑工业出版社，1996.

[3] 中华人民共和国交通运输部. JTG D64—2015 公路钢结构桥梁设计规范 [S]. 北京：人民交通出版社，2015.

[4] 中华人民共和国交通运输部. JTG/T D65-06—2015 公路钢管混凝土拱桥设计规范 [S]. 北京：人民交通出版社，2015.

[5] 陈政清，华旭刚. 人行桥的振动与动力设计 [M]. 北京：人民交通出版社，2009.

[6] 李国豪. 桥梁结构稳定与振动 [M]. 北京：中国铁道出版社，1996.

[7] 赵熙元，陈东伟，谢国昂. 钢管结构设计 [M]. 北京：中国建筑工业出版社，2011.

[8] 朱高波，童金虎. 三角形截面钢管桁架人行桥设计化 [J]. 路桥科技，2014（3）：246.

气候回暖变化对黄河上中游水文分析与计算影响浅析

盖永岗 [1, 2]　王冰洁 [1, 2]　徐东坡 [1, 2]

[1. 黄河勘测规划设计研究院有限公司，河南省郑州市　450003，
2. 水利部黄河流域水治理与水安全重点实验室（筹），河南省郑州市　450003]

[摘　要] 参照近些年来有关科研部门关于气候变化对河流水资源影响的研究，并利用黄河历史与实测水情信息资料条件，面对 20 世纪温室效应造成的气温回暖变化及未来 100 年高温背景，在气候变化对黄河径流、暴雨洪水及凌汛洪水规律影响分析的一些成果的基础上，就温室效应导致气候回暖变化对现有及未来流域规划与大型水利水电工程水文计算方法及成果可能产生的影响进行探讨分析，并给出了建议。

[关键词] 气候回暖；室效应；水文情势；水文分析与计算

0　引言

20 世纪黄河流域规划、治理与管理所采用的水文分析与计算中，将近几百年来晚全新世气候环境作为黄河水文情势具有一致性和随机性波动变化规律的背景看待，尽量选择较多的天然实测水文情势系列资料（包括调查和历史考证资料）用于频率计算，如有水利水保工程等人类活动影响的因素，均需要进行还原计算至天然资料，以此来提高水文计算成果的可靠性、安全性和代表性。关于 20 世纪初期开始的因工业化发展导致的温室气体效应造成的气候迅速回暖变化对黄河水文情势系列一致性规律影响问题，未予考虑。近些年来，参照有关部门研究成果，了解到 20 世纪初开始，全国年平均气温已基本达到近 1000 年来气温最高水平；20 世纪末，年平均气温达到汉、唐时期气温水平。这主要是温室气体不断积累影响的结果。未来 50～100 年温室气体还会继续累积影响，年气温还将持续回升 3～5℃，达到中全新世高温水平。随着气温回升，年降水时空分布也带来一定趋势性变化。另外，随气候回暖变化，旱涝极值事件频率增加，极值水平加大。这些均应考虑主要是作为人为影响的结果。显然，这样将可能直接影响由自然系列所确定的水文情势演变规律。为此，我们应对气候回暖变化对黄河水文情势演变规律影响问题加以研究。近些年来，结合业务工作需要，我们利用有关科研部门就气候变化对我国江河水文情势影响研究的一些成果 [1-6]，并利用有关黄河实测与历史水文情势资料与相关研究成果，初步开展了一些有关气候变化对黄河水文情势影响研究 [7]。本文利用这些研究，主要从黄河上中游干流控制站水文分析计算问题出发，从两个方面予以概要分析：一是 20 世纪以来气候回暖变化对现有水文计算系列一致性及成果可能影响程度；二是未来 50～100 年高温背景下，对过去与未来水文分析计算方法与成果的可能影响

基金项目：中国保护黄河"高标准新型淤地坝理论技术研究"（2021YF013）。

进行概要分析、归纳。另外，对是否需要就气候回暖影响予以加强应对做些粗浅讨论，以提供参考。

1 气候回暖变化对黄河水文情势影响研究的意义、思路与方法

（1）研究意义。对于参与流域规划与大型水利工程水文分析计算的工作者而言，20世纪以来的持续、明显气候回暖变化与工业化发展以来的温室气体释放量的累积影响有直接联系，且未来100年内可导致年气温增加水平到达或超过中全新世高温水平。显然，导致这样的气候变化，不单是太阳活动的影响，主要是增加了人类活动影响。过去，我们就人类活动对气候变化的影响，及其与水文情势影响的关系并未关注。这种影响在黄河水文情势变化规律上有何表现及影响程度如何，是否需要应对及如何应对，应是我们现在需要关切的问题。这主要涉及四个方面问题：一是20世纪开始的气温回暖变化对已有水文系列的代表性、一致性是否已有所影响；二是未来百年高温期，又可能影响到什么程度；三是近100年来与未来100年温室效应导致的气温回暖变化，造成的旱涝极值事件特点如何估计，这涉及已建和待建水利工程的安全性问题；四是有关水文计算思路与方法方面如何应对气候回暖变化影响的问题。

可见，研究现今与未来气候回暖变化对黄河水文情势的影响，既是对黄河流域已建工程的水文计算成果实用性、安全性及是否需要改进进行必要的检查，也是对待建工程水文计算中考虑应对未来高温期对水文情势影响提供一些参照依据，为改进未来工程水文计算的思路与方法提供参考。

（2）分析思路。在分析思路上注重两个方面：一是现今与未来气候回暖程度不同，应分别对待；二是我们受分析水平所限，采用历史与现今水文情势对比分析，主要从定性方面估计近100年来气候回暖影响程度；对于未来情况是在利用国家评估报告成果基础上，结合历史高温期黄河水文情势变化特点进行参照，进行综合评估。

（3）分析方法。近年来，先后参照第二、第三次国家气候变化评估报告[6-8]，并参照有关科研部门就气候变化对水资源影响研究，利用了过去收集与整理的明清时期黄河水尺志桩资料、雨情、历史洪水调查和古洪水考证资料及近100年来黄河实测水文、雨量等丰富的水文资料，通过分析归纳，研究了18、19世纪与20世纪黄河上中游径流、暴雨洪水特征量变化关系。这些成果中不仅初步讨论了近几百年来气候变化与黄河水文情势演变规律影响一些看法，还提供了未来50~100年高温期年段对黄河水文情势影响的一些初步定性、定量预估成果。

本文利用这些资料与成果，进一步按18、19世纪与20世纪黄河上中游径流、暴雨洪水一些特征量指标进行联系与对比分析，探索20世纪气候回暖变化对黄河上中游水文情势可能影响情况；初步归纳了21世纪中后期黄河上中游径流可能增加情况以及洪水极值程度可能出现情况；对现行与未来为应对气候变化对水文分析计算方法与成果的影响进行粗浅讨论。

2 气候回暖变化对黄河水文情势影响研究主要看法

2.1 20世纪气候回暖变化对黄河上中游水文情势变化规律影响

（1）20—21世纪初气候回暖变化虽然明显，但该年段与18—19世纪黄河上中游年径流

量演变规律仍基本保持一致性和稳定性。

利用谱分析方法分析了黄河上游兰州 274 年径流量系列[7]。结果表明，满足显著性检验标准（α=0.05）的周期有 135 年、22.5 年、9 年、4.5 年、3.6 年、3.1 年周期。根据黄河上游兰州站 1732—2003 年年径流系列及四次拟合曲线，表明其存在 2 个明显波动。从 20 世纪 90 年代看，黄河上游处于第二个波动的开始下降段。根据这个分析就不难理解，从 90 年代初开始的黄河上游持续偏枯情况，是黄河上游径流长周期变化的结果。如再按这个长周期外延，从 21 世纪开始的 20～30 年间黄河上游水量还可能处于偏少的阶段。三门峡站 274 年系列变化规律与其基本一致。

从 1990 年以来径流持续偏枯情况，虽然与黄河径流主要形成区域的唐乃亥以上的黄河上游区域受气候变化引起冻土退化、草场退化、沼泽与湖泊干旱化、以及人类活动影响等原因有关外，需要看到是 90 年代以来黄河径流长期演变中，刚好处于近 300 年来的一个 135 年长周期持续偏枯年段的低谷阶段，故目前还不能过分夸大气候回暖对径流减少的影响。因此，目前就 300 年来黄河上中游年径流量演变规律仍具有一定的稳定性和一致性。

（2）18—19 世纪与 20 世纪比较，河口镇—三门峡区间暴雨～洪水演变规律也存在基本相同规律。

利用 1770 年以来陕县万锦滩（潼关附近）水尺报涨资料，以及流域内大量的雨情、灾情资料，加以综合，建立 1770—1989 年区域性暴雨年次数多少的特征指标系列。由此进一步分析区域性暴雨等级指标的长期演变趋势，将等级指标的原始系列进行五点三次平滑，进行谱分析。经统计分析，近两个世纪中期都是区域性暴雨偏多时期，而目前情况正处于一个偏少时期（指 20 世纪 90 年代初期）。按这一趋势外延，则未来 20～30 年间，河三间区域性暴雨仍然偏少。即 21 世纪初期河三间区域性暴雨仍然是偏少的。经过近 20 年来实践，在一定程度上验证了当时的分析预测结果。

从河三区间近 200 多年来区域性暴雨、洪水演变规律来看，在 20 世纪前后各 100 年其演变规律仍具有相对持续性与重复性。这也同样表明，近 100 年来气候回暖带来的气候变化影响也尚未明显改变原气候变化对黄河中游暴雨洪水的演变规律。

（3）两个年段上中游年径流极值事件出现情况，虽具有一些差别，但仍具有一定可比性。

1）黄河上中游控制站两个年段最大、最小年径流量出现极大、极小情况并不一致，并未有一致性变化规律。两个年段相比：前年段黄河上游青铜峡站最大、最小年径流量分别出现在 1844 年 465 亿 m^3、1804 年 165 亿 m^3；后年段分别出现在 1967 年 555 亿 m^3、1928 年 158 亿 m^3；后年段年径流量极大与极小值水平均超过前年段情况。中游三门峡站前年段最大、最小年径流量分别出现在 1843 年 913 亿 m^3、1804 年 273 亿 m^3；后年段分别出现在 1967 年 803 亿 m^3、1928 年 241 亿 m^3；显然，后年段年径流量极大与极小值水平均不及前年段情况。这反映近 100 年温室效应造成的气候回暖年段中黄河上中游年径流量极值变化水平并不完全相同，但最枯水年均出现在 20 世纪。

2）在两个年段中，黄河上中游持续枯水年段出现情况具有相对一致性，但两个年段相比，均存在差别。在前年段中，黄河上中游均出现 1762—1770 年持续 9 年偏枯水年，而后年段黄河上中游均出现 1922—1932 持续 11 年枯水年及 1994—2002 年持续 9 年的枯水年段。可见，在后年段中，黄河上中游出现持续枯水年段情况，比前一年段要严重些。

（4）两个年段黄河中游三门峡暴雨洪水极值事件出现况看，后年段洪水极值水平不及前年段。

前年段出现在 1843 年，洪峰流量为 36000m³/s，而后年段出现在 1933 年，洪峰流量为 22000m³/s。可见，前年段较严重，但后年段出现径向型区域性特大暴雨洪水情况较前年段多，达 2 次，而前年段仅 1 次。

2.2 21 世纪中后期气候回暖对黄河流域水文情势影响

受温室效应影响，21 世纪中后期气候回暖程度可能达到中全新世气温水平，故届时黄河流域水文情势将出现较显著变化。

我们参照国家第三次气候变化评估报告和一些科研单位有关气候变化对河流水资源影响方面研究，对未来气候回暖较高时期对黄河水文情势将出现较显著变化情况进行了粗浅估计，主要认识有以下几点。

（1）流域多年平均年径流量将有所增加。

估计未来 50 年间，黄河流域年平均气温在波动变化中持续回暖，后期年平均气温可在 2015 年基础上再升高 1℃以上，较 1950 年水平升高 2.5～3.0℃，降水也存在波动增加趋势，在未来 50 年前后，花园口以上 20 年年平均降水量可达 470mm 左右。至 21 世纪后期，随气候回暖程度继续增加，降水可能还会继续增加。

未来随降水逐步增加，促使径流增加，但因气温也同时升高，冻土退化、植被增加、蒸发损失增加等影响，估计上中游降雨径流关系仍与现状情况变化不大。故 2040—2059 年段花园口站年平均径流总量估计可达 520 亿 m³ 左右，21 世纪末还可能有所增加，但估计也不至于变化太大。

（2）年径流量极值事件水平可能变化不大，但不确定性较突出。

与 20 世纪情况相比，在未来 50 年期间，花园口特丰年水量还可能在 1964 年 945.7 亿 m³ 水平上下，最枯年可能仍维持在 2002 年 300.3 亿 m³ 上下。流域年径流量极大值与极小值差值水平与 20 世纪情况相比，估计差别不大。

在未来 50 年期间，仍可出现持续 5～7 年以上的连续偏枯水年段。出现持续 11 年偏枯水年段情况也有可能出现。

（3）黄河中游洪水极值事件水平可能有所提升。

未来 50 年间，上中游区域性暴雨基本类型应与近 65 年来情况基本一致。黄河中游河三区间仍可较频繁出现日暴雨、大暴雨面积可达数万平方千米以上的较稀遇的极值暴雨事件，如河三区间类似 1964 年 8 月 12 日、1966 年 7 月 26 日、1977 年 7 月 5 日、2001 年 8 月 18 日纬向与斜向型等特大暴雨，三花间类似 1958 年 7 月、1982 年 8 月径向型特大暴雨水平的暴雨过程均可能再较频繁出现。

未来 50 年间，仍不易出现千年一遇以上水平的区域性特大暴雨，但也不能完全排除其可能性。虽然气候继续回暖影响，加上大型水利工程和水土保持工程影响，估计较稀有大暴雨，其形成的洪峰、洪量受水利水保工程影响，削减比较明显。花园口站洪水不易超过近 300 年来稀遇洪水水平。但一些支沟特大洪水灾害还是难以避免的。到 21 世纪后期，气温进一步回升期间，出现年纪气温较低极具波动情况时，暴雨天气系统特点与过程发生规律性变化，中游可能出现超千年一遇以上极值水平特大洪水。

未来气候继续回暖至较高情况下，大气环流演变规律可能出现多大变化，这涉及降水规律究竟可能发生多大变化问题，加上黄河上中游产流环境可能发生的变化，对径流、洪水变化规律带来多大影响等问题，不确定性因素较多，均需加强研究。

3 气候回暖变化对黄河上中游干流大型水利工程水文计算的可能影响

综合上述分析，粗浅提供以下几点看法。

（1）近100年气候回暖变化对现有黄河上中游干流大型水利水电工程水文计算方法与成果影响不大。

近100年来虽受气候回暖影响，且黄河上游近30年来受气温回暖影响较高，年降雨径流关系已与前30年有所变化。但概括看，近100年黄河上中游年径流演变规律与18、19世纪年径流量基本保持一定波动规律，尚未出现明显趋势性变化。年径流量丰、枯变化情况尚具有一定可比性，洪水极值水平也并无明显变化。故可以认为，利用20世纪近80年来年实测径流与洪水系列，并利用近几百年来调查的历史洪水资料，后又利用晚全新世古洪水考证资料进行的大型水利工程水文计算成果是可行的。另外，采用的实测系列计算成果毕竟已包含温室效应造成的气候回暖影响，这有利于未来20~30年影响下的适应性应用。

（2）未来50~100年高温背景下对黄河流域规划与上中游干流大型水利水电工程水文计算方法与成果可能影响比较明显，应认真考虑如何应对的问题。

未来50~100年气温持续回暖到较高水平下，黄河干流水文情势将发生一定的趋势性变化，对黄河现有流域规划与大型水利水电工程水文计算成果将形成一定的影响。主要有两个方面问题需要予以考虑解决：一是黄河上中游年径流量将形成一定趋势性的增加；二是径流系列丰、枯极值水平可能有所增加，丰枯年段变化可能较为频繁；洪水极大值事件频率可能有所增加，但能否出现超千年、万年一遇以上水平的极值洪水，尚难确定，但应加强预防研究。

（3）对今后参与的未建大型水利工程水文计算中，在应用以往水文系列时，需要加强系列的代表性、一致性研究，对径流、洪水极值事件水平与出现频率，需加强研究，以有效应对今后气候回暖对水文分析计算方法与成果的影响。

4 结语

现今一般参与流域规划与水利水电工程水文分析计算中，受专业特点和信息来源条件限制，对气候回暖变化影响及如何应对问题，缺乏比较深入的了解。建议今后工作中，在进行流域规划与水利水电工程水文计算中，应考虑同气象及有关科研部门合作，加强应对气候回暖变化影响问题的研究。

参考文献

[1] 张家诚，等. 气候变迁及其原因 [M]. 北京：科学出版社，1978.

[2] 叶笃正，陈泮勤. 中国的全球变化预研究 [M]. 北京：地震出版社，1992.

[3] 李克让，张丕远，龚高法. 中国气候变化及其影响 [M]. 北京：海洋出版社，1992.

[4] 施雅风，孔昭宸. 中国全新世大暖期气候与环境 [M]. 北京：海洋出版社，1992.

［5］葛全胜，等．中国历朝气候变化［M］．北京：科学出版社，2011．

［6］《第二次气候变化国家评估报告》编写委员会．第二次气候变化国家评估报告［M］．北京：科学出版社，2011．

［7］李伟珮，李保国，高治定．黄河流域近 300 年来水文情势及其变化［J］．人民黄河，2009，31（11）．

［8］《第三次气候变化国家评估报告》编写委员会．第三次气候变化国家评估报告［M］．北京：科学出版社，2015．

作者简介

盖永岗（1982—），男，高级工程师，主要从事水利规划、水文分析计算和水情自动测报方面研究工作。E-mail：395870347@qq.com

基于 3DE 平台的常规桥梁建模方法

李 浩 高立宝

（中国电建集团成都勘测设计研究院有限公司，四川省成都市 610072）

[摘 要] 本研究以某公路工程项目中某桥梁为依托，采用能进行精细化设计的 3DE 平台，探索在 3DE 平台上实现常规桥梁工程建模的关键技术，为研发全面的 3DE 桥梁工程设计系统拓展思路。

[关键词] 3DE 平台；桥梁工程；BIM 设计

0 引言

BIM（Building Information Modeling）技术是 Autodesk 公司在 2002 年率先提出的，已经在全球范围内得到业界的广泛认可。BIM 三维技术可以整合交通工程设计中的有关信息，例如桥梁信息、隧道信息、道路及周边景观信息等，然后根据这些信息建立起 3D 信息模型，这个模型可以避免传统 CAD 图纸无法表达复杂三维形态的问题，从而使其变成可视化的状态。

目前，我国交通运输部已经颁布 JTG/T 2421—2021《公路工程设计信息模型应用标准》、JTG/T 2422—2021《公路工程施工信息模型应用标准》、JTG/T 2420—2021《公路工程信息模型应用统一标准》等一系列标准规范以推动 BIM 技术在公路工程行业的规范化、快速化落实与发展。

根据桥梁专业的专业特性，在现有的几个通用平台中，选择了更为适合精细化建模的 Dassault System 公司旗下的 3DExperience 平台（以下简称"3DE"平台）。该平台立足于汽车飞机船舶等行业，近些年开始涉足交通领域。该平台具有足够的精细度，能够很好地满足桥梁设计的要求。

3DE 软件的优势在于"模板+骨架"的建模方式，通过骨架的创建，建立相关参考平面、基准线等辅助建模设施。桥梁上部结构建模的中心线可以根据定义的道路中心线骨架元素，桥台桥墩模型的建立可以通过定义的桥梁桩号及标高等骨架元素来确定。各部件以骨架模型为基础，通过各个基准参数完善各零部件信息，最终组合在一起，完成全桥模型的建立[1]。因此，本研究基于 3DE 平台，梳理出一套较为成熟的常规桥梁建模方法。

1 依托工程概况

本研究依托于某条公路工程，工程区位于雅砻江中游，全长约 3.6km，路基宽度为 8.5m。该项目涉及道路、桥梁、隧道等多个专业。其中桥梁工程的某一座桥由连续板与简支 T 梁组成，是桥梁工程中常见的结构形式。

2 技术路线

常规桥梁的三维设计可以根据部件的功能定位将桥梁分成四个板块，即桥梁骨架、上部结构、下部结构、附属结构（如图 1 所示）。按照这种分类，3DE 平台以结构树形式储存数据，通过 EKL 语言进行简单的二次开发，就可以使结构树和 Excel 电子表格交互，方便调用。

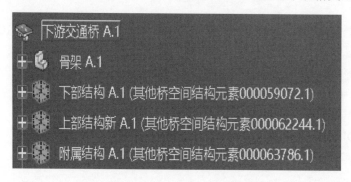

图 1　某交通工程桥梁三维模型节点

2.1　骨架搭设

根据桥梁二维结构设计流程制订三维设计技术路线。首先，创建桥梁的骨架，桥梁的线形设计需要结合路线专业及隧道专业的布置要求，选择合适的桥位。然后根据桥位处的地形地质情况合理布置孔跨及桥墩台的定位轴系，轴系设计的时候充分考虑了后续的上下部结构及附属结构的相对位置关系，为后续的模板实例化奠定基础（如图 2 所示）。各个模板创建好之后，采用 UDF 或者 CBD 的方式，均可以将模板放置到正确的位置。

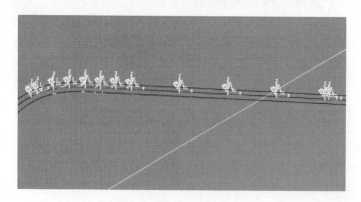

图 2　骨架定位轴系

2.2　下部结构创建

根据路线中线与地形面之间的距离，确定桥墩采用的型式及高度（如图 3 所示），本工程中，墩高基本小于 24m，故均采用盖梁柱式墩加桩基础的结构型式。

桥墩模板设计难度在于需要根据墩柱的不同类型设计通用型的模板，避免一个桥墩设计一个模板导致工作量大大增加的问题。所以设计 UDF 模板之前就要考虑好模板的整体设置方式及参数的类型。将墩高、桩长、垫石厚度、挡块位置等参数设置为可以根据实际情况进行调节，方便后续的调用修改（如图 4 所示）。

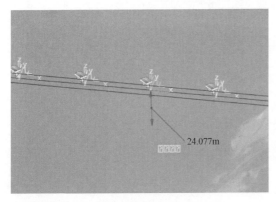

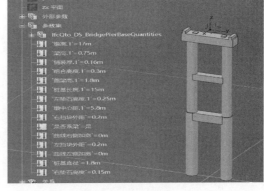

图 3　墩高测量　　　　　　　　　　　图 4　桥墩模板

桥台根据起终点轴系与地面的高差，起点桥台采用 U 台接桩基的型式，终点桥台采用轻型桥台（如图 5 所示），起点桥台需根据加宽值设置不同的桥台参数，使桥台整体及挡块能根据上部梁体的实际情况进行调整。

2.3　上部结构创建

本项目上部结构在前六跨位于曲线上，存在超高加宽的问题，故前六跨设计采用了连续板。该模板设计时按照桥梁边线自动调整模型的宽度值，故桥梁宽度是程序根据读取桥边线的宽度后自动调整。在模型的起终点可以根据参数设置其平面角度（如图 6 所示）。

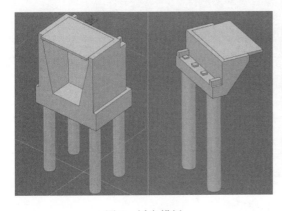

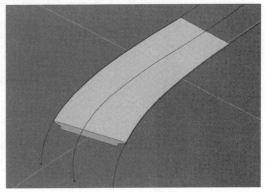

图 5　桥台模板　　　　　　　　　　　图 6　连续板模板

本项目后四跨设计采用 40m T 梁，T 梁均位于直线上，与路线正交，故按照等宽 T 梁设计模板。设计模板时，考虑到桥梁存在横坡及纵坡，故加入横坡、湿接缝等参数，采用多截面实体、凸台以及其他软件自带的工具，可以做到 100% 复原 T 梁的结构，包括横隔板，湿接缝等（如图 7 所示）。

2.4　附属结构创建

常规桥梁的附属结构包括桥面铺装、护栏、支座等。本项目中铺装护栏模板设置时，思路与连续板一致。护栏根据左右路边线移动，同时桥面铺装也跟着调整。难点是在曲线处桥面铺装厚度与超高加宽有关，要准确建立模型，需要将模板起终点的铺装厚度与路中线及左右边线建立联系，使其能自动根据路线进行调整（如图 8 所示）。

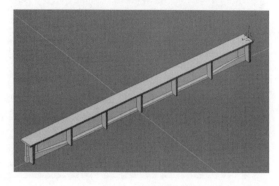 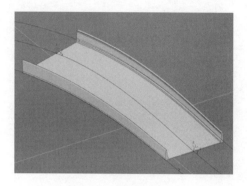

图 7　T 梁模板　　　　　　　　　　　　　图 8　铺装护栏模板

桥梁的支座可以根据其与路线的关系，编写对应的 Excel 表格，然后在 3DE 程序里写 EKL 语言，能极大地提升支座实例化的速度，简化手动实例化的工作量，方便后期的修改工作。

2.5　全桥模型整合

各个部位模板建立好之后，根据桥梁骨架里的定位轴系，将各个构件分别实例化到相应位置，完成全桥模型的建立，最后将模型与整体地形结合（如图 9 所示），对地形进行开挖及填方处理，就能完成一个常规桥梁的建模。

图 9　全桥模型

3　结语

（1）3DE 软件通过"骨架+模板"的建模方法，按照骨架、上部结构、下部结构、附属结构的分类，分别将模板建立出来实例化，对于常规类型桥梁建模来说，是一个高效率的设计方法。

（2）对于某些具有较多重复性的工作，诸如具有多个相同类型的桥墩、支座等问题，可以通过编写 EKL 语言来实现。

（3）按照 3DE 软件现有的功能，"骨架+模板"的建模方法基本能够满足设计师的建模需求，但如果想要达到二维软件如方案设计师或桥梁大师在常规桥梁领域的便捷性程度，还需要桥梁工程师与软件工程师合作，在现有的基础上开发出更加专业化的桥梁建模软件。

参考文献

[1] 王哲. 基于 CATIA 的常规桥梁三维建模设计 [J]. 交通世界（中旬刊），2020（6）.

[2] 刘肖群，邓小军. 基于 CATIA 的 BIM 在简支 T 型桥梁中的应用 [J]. 太原城市职业技术学院学报，2018（5）.

[3] 邵文文. BIM 主流平台对传统公路行业改革的技术探讨 [J]. 黑龙江交通科技，2020，314（4）：154-155.

作者简介

李　浩（1988—），男，工程师，主要从事桥梁工程设计工作。E-mail：812157093@qq.com

高立宝，男，高级工程师，主要从事桥梁工程设计工作。

TB 水电站大坝右岸边坡锚索超灌问题对策研究

吕　　垒

（中国水利水电建设工程咨询西北有限公司 TB 监理中心，云南省迪庆藏族自治州　674400）

[摘　要]锚索是通过外端固定于坡面，另一端锚固在滑动面以内的稳定岩体中，穿过边坡滑动面的预应力钢绞线，通过张拉钢绞线使结构面处于压紧状态，以提高边坡岩体的整体性，达到整治顺层、滑坡及危岩、危石的目的。本文对 TB 水电站大坝右岸边坡锚索施工工艺、锚索超灌问题及处理措施进行介绍，为其他工程锚索施工提供参考。

[关键词]边坡；锚索；超灌；对策

0　引言

TB 水电站大坝右岸边坡上游紧邻 BT1 堆积体，高程 1740m 以上边坡覆盖层较厚，锚索施工时，由于自由段存在较大裂隙或块石架空的情况，灌浆过程中存在自由段浆液渗漏量大，或灌浆过程无法结束的情况。结合现场实际及采取的措施，有效解决覆盖层锚索注浆量大的问题。

1　工程概况

TB 水电站位于云南省迪庆州维西县中路乡境内，属一等大（1）型工程，枢纽主要建筑物由挡水建筑物、泄洪消能建筑物、右岸地下输水发电系统等组成，总装机容量为 1400MW。

TB 水电站大坝右岸边坡地形上缓下陡，高程 1715m 以下为基岩陡崖；陡崖以上地形相对较缓，地形坡度为 25°～45°，地表均为崩坡积物覆盖，铅直厚度一般为 5～26m。大坝右岸边坡岩体为辉长岩，呈块状、次块状、弱风化状。边坡分布的较大断层主要有 F21，顺河向、倾坡外，与边坡大致平行。右岸边坡主要采用挂网喷混凝土及系统锚杆支护，高程 1775m 以上土质边坡和缆机平台边坡等采用预应力锚索进行锚固处理。

2　锚索设计参数

TB 水电站大坝右岸边坡主要采用 1500kN 无黏结预应力锚索，锚固段长度不小于 7m，锚索自由段深入稳定岩层不小于 1.5m，锚索钻孔孔径为 150mm，倾角为 10°～25°、长度为 30～50m。锚墩混凝土 C40，锚索灌浆材料采用 M40 水泥浆。

每束锚索钢绞线数量为 10 束，钢绞线采用符合 GB/T 5224—2014 要求的 ϕ15.24mm、1860MPa 高强度低松弛无黏结钢绞线。锚索最大张拉应力控制在设计值的 1.05～1.1 倍，锁定张拉力不小于设计值。

3 锚索施工技术

3.1 施工工艺

锚索施工工艺流程如图 1 所示。

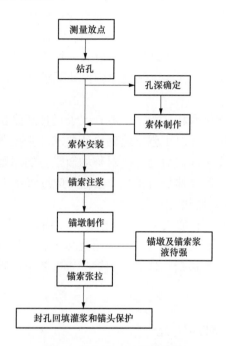

图 1 锚索施工工艺流程图

3.2 锚索钻孔

TB 水电站大坝右岸边坡地表为崩坡积物覆盖，钻孔过程中采取套管跟进保护钻孔。锚索钻孔采用哈迈 YXZ-70A 轻型锚固钻机，钻头选用硬质合金钻头。

根据 TB 水电站前期地质勘探成果，不能完全准确地判断边坡覆盖层厚度分布规律。因此，锚索孔钻孔过程中，施工单位按照钻孔进尺记录钻进速度、回风、返渣等情况，并按照进尺对返渣进行收集、整理，初步判断锚固段岩体质量满足设计要求后，及时通知设计地质人员对收集整理的渣样进行鉴定，分析确定每束锚索的最终孔深，确保锚固段岩体质量满足要求。右岸边坡原设计锚索孔深为 30～50m，根据收集的渣样及设计确认，实际锚索孔深为 30～75m，较原设计孔深变化较大。

3.3 锚索制作、安装

钢绞线开盘后进行选料、去污、除锈，严禁使用已产生锈蚀坑、槽的钢绞线，钢绞线采用砂轮切割机切割下料。下料长度考虑到孔深、锚墩厚度、千斤顶长度、工具锚、工作锚、监测仪器的厚度要求，并适当留有余度。编索在锚索编制工作平台上进行，全束钢绞线顺直排列，不得交叉扭曲。锚索制作完毕后妥善存放，并登记，挂牌标明锚索编号、长度等。存放点要求防潮、防水、防锈、防腐蚀、防污染。

安装前对钻孔进行通孔检查，且不得欠深。对锚索止浆包、排气管的位置及畅通性，索体是否存在扭曲、交叉等情况进行检查，并核对锚索编号与孔号，对损坏的配件进行修复和更换。锚索一次下索到位，避免在安装过程中反复拖动索体。锚索入孔后必须及时进行注浆，张拉作业应控制在 15 天内进行，以避免钢绞线锈蚀。

3.4 锚索灌浆

对于无黏结锚索，在下索后、外锚墩混凝土浇筑之前在孔口封闭进行全孔一次注浆，锚索张拉检查合格后再进行封孔回填注浆。黏结式锚索分内锚段和张拉段两次灌浆。采用纯水泥浆进行灌注，灌浆自下而上一次施灌完成。锚固段的灌浆连续进行，原则上控制在 4h 以内灌完，不允许中途停灌。灌浆过程中出现注入量过大、达不到设计压力、管路堵塞等异常情况时，应及时进行处理。灌浆后，在浆体强度达到设计要求之前，锚索不得受扰动。

3.5 锚索张拉与保护

千斤顶的选用必须与锚索级别相匹配，一般宜大于设计超张拉力 500～1000kN。张拉须具备的条件：锚固段浆液、锚墩混凝土强度达到设计要求，张拉器具在率定有效期内，方可进行张拉施工。预紧时按照先中间、后周边、对称均衡张拉的原则。锚索张拉采用整体张拉方式。张拉控制以拉力为主，辅以伸长值校验。张拉力应逐级增大。锁定后的 48h 内，若锚索应力下降到设计值以下 10% 时进行补偿张拉。

锚索满足要求后，可进行封孔灌浆，封孔灌浆材料与锚索灌浆相同，灌浆前应冲洗孔道，排干孔中积水，灌浆压力须符合设计要求。灌浆结束 24h 后，如发现孔道浆体不饱满，采取必要措施进行补充灌浆。灌浆完成后，锚具外的钢绞索按要求切除。外锚具或钢绞线端头用混凝土封闭保护。

4 TB 水电站超灌问题及对策研究

4.1 超灌问题预判及试验

TB 水电站大坝右岸边坡上游紧邻 BT1 堆积体，高程 1740m 以上边坡覆盖层较厚，根据前期地勘成果，不能完全准确地判断覆盖层厚度分部规律。同时，因覆盖层较厚，自由段可能存在较大裂隙或块石架空的情况，锚索灌浆过程中可能出现自由段浆液渗漏量大，或存在灌浆过程无法结束的情况。因此，对 TB 水电站大坝右岸边坡锚索开展了灌浆生产性试验。

4.2 超灌问题

灌浆生产性试验锚索 MSI-31 孔深 40m，采用孔口未封闭的方式进行灌浆试验，孔口返浆时注入量为 49.4t；试验锚索 MS2-29 孔深 50m，采用孔口未封闭的方式进行灌浆试验，注入量为 83.4t 时孔口仍未返浆，超灌问题较为突出。

灌浆生产性试验过程中，安排施工人员对周边区域进行检查，均未发现串浆、漏浆情况，但在试验锚索附近的 13 号、15 号、17 号抗滑桩桩身内发现异常渗水。

结合锚固段岩粉及孔内电视情况，判断锚固段较为完整，不存在较大裂隙，浆液注入量大是由于自由段存在裂隙或块石架空等地质因素造成的。

4.3 对策研究

根据灌浆生产性试验结果，锚索超灌问题突出，且存在灌浆过程无法结束的情况，与预判结果基本一致。若后续仍采用该灌浆方式时，锚索灌浆质量及浆液耗量控制难度大，给后续锚索张拉等带来较大的质量隐患，可能造成锚索失效，边坡安全风险较大，超灌也造成锚索施工经济性较差。因此，参建各方积极开展了多次试验研究应对措施。

4.3.1 调整锚索结构及灌浆浆液

根据灌浆生产性试验结果，经参建各方讨论研究，确定了第二次灌浆试验，即调整锚索结构及灌浆浆液。

第二次灌浆试验选取 MS2-7、MS2-15、MS1-15、MS1-18 共计 4 束进行灌浆试验。MS1-18 灌注纯水泥浆至孔口返浆，MS1-15 灌注水泥砂浆至孔口返浆，MS2-7 增加止浆包后灌注纯水泥浆，MS2-15 增加止浆包并在自由段包裹土工布及细帆布后灌注纯水泥浆。灌浆试验结束标准为孔口返浆，且返浆浆液浓度与灌浆浆液浓度相同。

4.3.2 增加待凝措施

第二次试验结果表明，MS1-18 采用纯水泥浆注入量达 68.8t，注入量大；MS1-15 灌注水泥砂浆时频繁出现堵管、爆管情况，施工难度大，灌浆质量难以保证；MS2-7、MS2-15 增加止浆包后灌注纯水泥浆，锚固段浆液注入量分别为 4.1t、4.5t，实际注入量仍大于理论注入量。

根据第二次灌浆试验成果，确定了：①采取直接灌注水泥净浆及水泥砂浆的方案经济性、适用性较差，两种应对措施均不可取。②后续锚索采用止浆包并在自由段包裹土工布及细帆布的结构，锚固段、自由段分 2 次灌浆的方式。③针对锚固段灌浆量仍超过理论注浆量的问题，明确了当锚固段注入量达到 3.6t 仍未注满时，采取待凝后复灌，待凝时须确保注浆管畅通。

为确定水泥浆液初凝时间，及时开展了第三次灌浆试验，即调整外加剂，采用早强型减水剂，并增加膨胀剂。

4.3.3 调整外加剂

第三次灌浆试验是在原浆液配合比的基础上，增加 3%～5%速凝剂。结果表明，加入速凝剂后，浆液凝结时间为 6～16min，凝结时间过短，不利于现场施工。原配合比中含 0.9%的缓凝高效减水剂致使凝结时间过长（200min），不利于灌浆量控制。

为有效控制水泥浆液凝结时间，制定了调整为早强型减水剂，并在锚索浆液中增加膨胀剂进行对比试验的措施，即 MS1-1、MS1-3、MS1-5、MS1-7、MS1-9 中加入 10%膨胀剂，MS1-2、MS1-4、MS1-6、MS1-8 不加膨胀剂。同时，启动锚索自由段灌浆施工。

4.3.4 打气加压

本次试验表明，更换早强型减水剂后，水泥浆液凝结时间为 80min。同时，浆液中加入膨胀剂与不加入膨胀剂灌浆量无明显差异。本次试验锚索全孔注入量为 9～11t，较前期开展的试验结果有大幅度降低。

根据第三次灌浆试验成果，确定了锚索灌浆浆液中外加剂调整为早强型减水剂，且不加膨胀剂。

为进一步减少灌浆量，开展了第四次试验。即锚固段灌浆异常时，采用打气加压试验判断灌浆质量。

4.3.5 精细化管控

锚固段灌浆异常时，为确保锚固段灌浆质量，采用打气加压试验进行判断，即当锚固段灌浆量大于 3.6t 时，立即不断从回浆管打气加压进行判断，当压力大于 0.3MPa 时，则判断锚固段已灌满。当回浆管不起压时，则进行待凝处理，待凝时间不小于 120min 时，须确保灌浆管路畅通。待凝后进行锚固段复灌，复灌量达 1t 时，再次进行打气判断锚固段是否灌满，判断未灌满则进行间歇。复灌灌浆量达到 1t/m 时进行待凝。

通过以上措施，锚索张拉均能满足设计要求，锚索灌浆质量受控。同时，对锚索施工全过程进行精细化管控，重点针对止浆包、锚索自由段土工布及细帆布施工质量进行严格管控，确保质量满足要求。

4.4 最终成果

经多次灌浆试验，并制定了应对措施，后续锚索施工过程中，严格执行各项措施，锚索超灌问题得到有效控制。同时，通过锚索张拉结果，也反映出灌浆质量满足要求，超灌问题得到解决。

最终确定了大坝右岸边坡锚索施工要求如下：

（1）每束锚索最终孔深由设计人员查看钻孔岩粉后确定。

（2）锚索采用止浆包，并在自由段包裹土工布及细帆布的结构。

（3）锚索灌浆采用锚固段、自由段分 2 次灌浆的方式。

（4）水泥浆液中的减水剂调整为早强型减水剂。

（5）锚固段灌浆异常时，采用待凝、间歇以及打气加压试验判断锚固段灌浆质量。

（6）自由段灌浆原则上灌至孔口回浓浆时停止，但当自由段达到 300kg/m 时孔口仍未返浆时结束灌浆。

（7）锚索施工全过程精细化管控，锚索下索、灌浆、张拉等关键工序由监理、质检人员全程旁站。

5 结语

在工程建设中，锚索是边坡深层支护的一种主要措施，将锚索施工各个环节控制到位，是确保边坡治理成败的关键。本文结合 TB 水电站大坝右岸边坡锚索施工实例，对锚索施工中遇到的特殊地质条件、超灌问题的处理措施进行介绍，在确保了锚索施工质量的同时，节约了工程成本。

作者简介

吕　垒（1985—），男，高级工程师，主要从事水利水电工程施工监理工作。E-mail：258164415@qq.com

西北某电厂黄土高边坡的可靠度分析

包 健 张 盼

（中国电建集团西北勘测设计研究院有限公司，陕西省西安市 710056）

[摘 要] 厂区黄土高边坡的稳定性对电厂施工和运行的安全至关重要。分别运用了 Monte-Carlo 法、可靠指标法（验算点法）和统计矩法三种可靠度分析方法，并且以 Morgenstern-Price 法和 Bishop 法两种极限平衡法为基础，计算了自然工况、降雨工况和地震工况下 1:2.25、1:2.5 两种削坡方案形成的人工高边坡的可靠度。结果表明：1:2.5 的削坡方案在各种工况下都能满足安全系数和失效概率要求，建议采用 1:2.5 的削坡方案进行工程建设。

[关键词] 高边坡；可靠度；Monte-Carlo 法；验算点法；统计矩法

0 引言

在传统的边坡工程防治中，往往使用安全系数法作为评价边坡是否稳定的主要依据。然而该方法忽略了参数的不确定性与变异性，并不能准确地表达边坡安全程度，在如何确保边坡的安全上还存在一定的缺陷。经过长期的工程实践，安全系数法不断发展，并积累了大量丰富的经验。客观地说，以这一理论进行的绝大多数边坡工程设计与防治是成功的，但由于对稳定系数认识上的局限，只能通过增加工程投入来保证安全度和可靠度，因此，这种理论指导的防治工程所造成的浪费也是巨大的[1]。

考虑到安全系数法的固有缺陷，岩土工程设计与分析中的不确定因素应该得到重视。可靠度计算方法就是在此种背景下发展起来的一门理论方法。该方法是在考虑了参数的随机变异性前提下，并以概率论与数理统计为基础发展起来的理论体系，能够更加客观地评价边坡稳定性。Duncan 认为安全系数法和可靠度法共同使用，比单独任何一种方法更能帮助工程师做出正确的判断[3]。

本文应用 Monte-Carlo 法、可靠指标法（验算点法）和统计矩法三种方法[1, 2]，并且以 Morgenstern-Price 法和 Bishop 法两种极限平衡法为建立极限状态方程的方法，对原始斜坡和 1:2.25、1:2.5 两种削坡方案形成的人工高边坡进行了可靠度计算。通过对计算结果的详细分析，全面系统地分析了该边坡的可靠性以及确定最终的削坡方案，为该工程的设计提供了科学的依据。

1 边坡区地质条件

厂区位于刘园子煤矿东北侧，距离县城公路里程约 50km，交通便利。厂区地形起伏较大，由南东至北西地势逐渐升高。厂区范围内分布三条冲沟，冲沟近北西走向，中间冲沟规模略小，沟头部位或冲沟两侧陡峭处滑坡、崩塌发育，见有落水洞、黄土桥等。根据场地岩土工程勘察报告，在勘察深度范围内，未发现稳定的地下水位。而部分钻孔已深入基岩，基岩表层风化带岩芯为较湿状态，说明黄土底部和白垩统基岩表层风化带内存在裂隙水。

根据场址区的勘察结果[4]，场地地层为二元结构，整个场地上部为第四系覆盖层，以厚层黄土为主，局部可见粉砂、圆砾等，第四系覆盖层厚度为 23.8～144.6m；下伏地层为白垩系（K_1）泥岩、砂岩，基岩面有微小起伏。

整个场地地层顺序由新到老可表示为：全新世填土（Q_4^{ml}）、黄土状粉土（Q_4^{al+pl}）；晚更新世到早更新世黄土和古土壤序列；黄土下伏冲洪积相的粉砂（Q_1^{al+pl}）、圆砾（Q_1^{al+pl}），底部可见白垩系（K_1）泥岩和砂岩。

2 电厂黄土高边坡可靠度分析

2.1 模型建立

按照岩组的划分，并结合勘察资料和室内试验，对地质原型进行了必要的简化。应用Geo-Studio 中的 slope 模块对原始斜坡和 1:2.25、1:2.5 两种削坡方案形成的边坡进行建模，如图1～图3 所示。其中在基岩面上 1m 范围内为 Q_1 黄土饱和带，因层厚较薄，模型较大，图中未能显示。

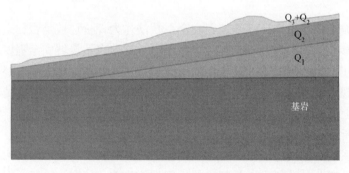

图 1　原始地形计算模型

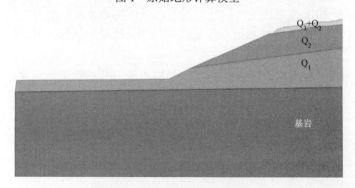

图 2　1:2.25 削坡方案计算模型

在计算分析中，为了确保边坡在最不利条件下的可靠性，又针对边坡的不同工况进行了计算分析，其中降雨和地震是影响边坡稳定性的最不利因素，因此在边坡可靠度计算中，对自然状况、降雨、地震以及降雨加地震四种不同工况进行了区分。对降雨影响下的边坡，认为因降雨影响，地表以下 2m 范围内岩土体均呈饱和状态，其物理力学参数均按饱和土计算；地震作用，即在建模时，对边坡加一个水平地震荷载，然后进行可靠度计算。

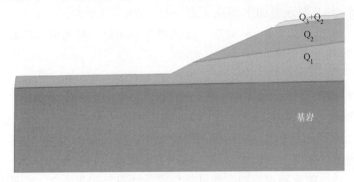

图 3　1:2.5 削坡方案计算模型

2.2　参数的选取

参数的选取是可靠度计算中最关键的环节，能否选取合理的参数直接影响着计算结果的可信度。由于所采用的可靠度计算方法之间存在固有的差异，其参数的选取也存在明显的不同。

Monte-Carlo 法对参数的要求较为严格，必须明确各个参数的分布概率模型，在此基础上估计其参数统计值（即平均值和标准差），并且按一定规律抽样才能够完成可靠度的计算；可靠指标法（验算点法）无需知道参数的分布类型，仅需均值和标准差的两个统计参数便可求解；统计矩法中的参数选取较为简单，无需考虑参数的分布形态，只要在某一区间（X_{min}，X_{max}）内对称地选择 2 个取值点，一般对每个参数采取平均值加减正负标准差即可。由此可见，每种可靠度计算方法中都需要知道参数的平均值和标准差。根据试验结果，在可靠度计算中采取的参数值见表 1。

表 1　　　　　　　　　　　　　　计算过程采取的参数值

岩组	力学指标	平均值	标准差	变异系数
Q_3+Q_2 黄土饱和带	C（kPa）	5.0	1.8	0.365
	φ（°）	26.37	2.75	0.104
Q_3+Q_2 黄土	C（kPa）	17.2	14.7	0.854
	φ（°）	28.56	2.45	0.086
Q_2 黄土	C（kPa）	56.0	26.4	0.472
	φ（°）	24.8	3.2	0.127
Q_2 黄土饱和带	C（kPa）	8.09	6.13	0.757
	φ（°）	28.05	2.02	0.072
Q_1 黄土	C（kPa）	32.6		
	φ（°）	30.6		
Q_1 黄土饱和带	C（kPa）	17.7		
	φ（°）	31.2		

王江荣对黄土高原典型地段的黄土土性参数做了详细统计分析[5]，结果表明黄土的物理力学指标分布服从正态分布。李萍将甘肃、陕西、山西的4597组黄土 c、ϕ 值分为10个亚区按年代进行了统计，结果显示有80%服从正态分布，50%服从对数正态分布，40%服从 Weibull 分布[6]。由于试验数据有限，c、ϕ 概率分布类型并不明显，参考前人的研究成果[7]，文中选取的 c、ϕ 值均服从正态分布。

2.3 可靠度计算

在边坡可靠度计算中，Monte-Carlo 法通过 Geo-slope 软件进行计算；统计矩法计算中，对每个变量取两个值，分别为平均值加上正负标准差，然后通过 Geo-slope 软件对每一种组合下的稳定系数进行计算，通过对计算结果的统计分析，便可得到可靠度指标和失效概率；验算点法中的求导问题，采用了数值求导法，避开了直接求导的难题。

计算过程中，通过搜索确定滑动面的具体位置。计算结果见表2，如图4所示。

表 2 可 靠 度 计 算 结 果 表

工况		可靠度方法	Monte-Carlo 法		统计矩法		验算点法	
		极限平衡方法	M-P	Bishop	M-P	Bishop	M-P	Bishop
原始地形		F_s	1.746	1.719	1.733	1.899	1.664	1.714
		β	2.279	1.859	1.067	1.072	1.268	1.293
		P_f（%）	0.124	2.912	14.329	14.214	10.266	9.808
1:2.25 削坡方案	自然工况	F_s	1.498	1.627	1.429	1.448	1.483	1.531
		β	2.143	2.436	1.899	1.955	2.101	2.148
		P_f（%）	1.439	0.750	2.877	2.546	1.786	1.598
	降雨工况	F_s	1.481	1.612	1.456	1.478	1.473	1.505
		β	2.078	2.415	2.663	2.745	2.088	2.131
		P_f（%）	1.746	0.760	4.304	0.310	1.848	1.667
	地震工况	F_s	1.346	1.471	1.316	1.331	1.334	1.356
		β	1.667	2.052	1.755	1.810	1.635	1.669
		P_f（%）	4.497	1.920	3.981	3.518	10.870	10.247
1:2.5 削坡方案	自然工况	F_s	1.608	1.754	1.551	1.576	1.592	1.614
		β	2.540	2.807	2.871	2.927	2.486	2.521
		P_f（%）	0.485	0.290	0.210	0.174	0.648	0.589
	降雨工况	F_s	1.592	1.742	1.556	1.570	1.585	1.604
		β	2.477	2.797	2.767	2.896	2.458	2.515
		P_f（%）	0.598	0.300	0.290	0.192	0.704	0.597
	地震工况	F_s	1.434	1.570	1.387	1.401	1.420	1.437
		β	2.026	2.367	2.193	2.293	2.001	2.056
		P_f（%）	1.877	0.890	1.418	1.092	2.275	2.006

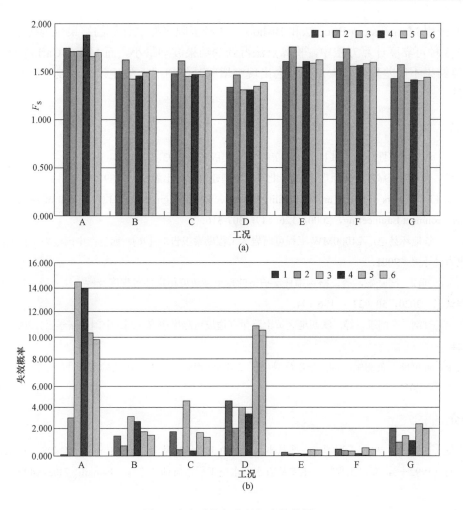

图 4　安全系数与失效概率柱状图

（a）不同工况不同计算方法下稳定系数柱状图；（b）不同工况不同计算方法下失效概率柱状图

1—Monte-Carlo 法+M-P 法；2—Monte-Carlo 法+Bishop 法；3—统计矩法+M-P 法；4—统计矩法+Bishop 法；

5—验算点法+M-P 法；6—验算点法+Bishop 法；A—原始地形工况；B—1:2.25 削坡+自然工况；

C—1:2.25 削坡+降雨工况；D—1:2.25 削坡+地震工况；E—1:2.5 削坡+自然工况；

F—1:2.5 削坡+降雨工况；G—1:2.5 削坡+地震工况

3　结语

（1）原始地形中计算出来的稳定系数最大为 1.90，最小为 1.65，均能满足规范要求，但是统计矩法计算出的失效概率达 14%，所以该边坡不能满足设计要求。

（2）1:2.25 削坡方案中稳定系数满足要求，但当遇到地震时，失效概率较大，最大的达到 10% 以上，难以满足设计要求。

（3）1:2.5 削坡方案中稳定系数和失效概率均能满足设计要求，建议该工程采用 1:2.5 的削坡方案。

（4）采用 Morgenstern-Price 法和 Bishop 法 2 种极限平衡法计算的结果较为接近。

（5）3 种可靠度计算方法中，验算点法得到的结果波动最小，而 Monte-Carlo 法和统计矩法的计算结果不但差异性较大，而且会出现突增突减的情况，故建议在边坡可靠设计中首选验算点法。

参考文献

[1] 祝玉学. 边坡可靠性分析 [M]. 北京：冶金工业出版社，1993.

[2] 高大钊. 土力学可靠性分析原理 [M]. 北京：中国建筑工业出版社，1989.

[3] Duncan J M. Factors of Safety and Reliability in Geotechnical Engineering [J]. Journal of Geotechnical and Geoenvironment Engineering，2000，126（4）：307-316.

[4] 鄢治华. 华能环县电厂 21000MW 工程可研岩土工程勘察报告书 [R]. 西安：中国电力工程顾问集团西北电力设计院，2001.

[5] 王江荣，刘硕，蒲晓妮，等. 格构锚杆支护下的黄土高边坡稳定性可靠度及敏感性分析 [J]. 数学的实践与认识，2020，50（22）：186-194.

[6] 李萍，王秉纲，李同录，等. 陕西地区黄土路堑高边坡可靠度研究 [J]. 中国公路学报，2009，22（6）：18-24.

[7] 李同录，邢鲜丽，黄丽娟，等. 华能环县电厂 2×1000MW 工程人工边坡稳定性评价报告 [R]. 西安：长安大学，2011.

作者简介

包　健（1992—），男，工程师，主要从事水利水电工程地质勘测工作。E-mail：414082104@qq.com

张　盼（1992—），女，工程师，主要从事水利水电工程地质勘测工作。E-mail：740348490@qq.com

某 220kV 输电线路跨越南水北调安全影响分析

朱志伟[1] 李 宁[1]

（南水北调中线信息科技有限公司，河北省石家庄市 050000）

[摘 要] 为了分析某 220kV 输电线路跨越南水北调项目对南水北调工程的影响，本文从工程布置、杆塔基础稳定以及工程建设对水质影响三个方面展开分析，论证了本跨越工程的可行性，对后续跨越南水北调工程项目具有十分重要的参考价值。

[关键词] 南水北调；土重法；跨越工程；下压稳定计算；线路杆塔

0 引言

电力设施是电力系统的主要负荷中心，电力设施建设作为城市的重要基础设施建设之一，与城市的经济社会发展密不可分[1]。目前，电力工程建设管理已经不仅仅是国家电力供应的保证，也是衡量一个国家综合国力的重要指标，如何以安全稳定为基础、以发展高质量的电力设施建设为动力，严格按照城市规划基础规范，在满足周边居住环境规范间距的前提下，提高服务于城市的电力设施水平显得尤为重要[2]。

南水北调工程是改善国家资源配置的重大基础性工程，运行至今，不仅有效缓解了北方水资源短缺的问题，也有效改善了工程周边的生态环境[3]。南水北调的平稳运行，关系着工程沿线 1.4 亿人口的用水安全[4]。因此，本 220kV 输电线路跨越南水北调工程对南水北调工程的影响性分析尤为重要，本文拟从工程布置、杆塔基础、工程建设对水质影响等方面展开分析。

1 工程背景

跨越工程跨越南水北调中线总干渠段采用"耐—直—直—耐"独立耐张段的跨越方式，杆塔编号分别为 N48、N49、N50 和 N51。该段中 N48 和 N51 为耐张塔，N49 和 N50 为直线塔，N49 和 N50 两基杆塔跨越总干渠，跨越档距为 314m。总干渠左侧为 N49 号杆塔，总干渠右侧为 N50 号杆塔，N49 号铁塔基础外缘距南水北调北侧管理范围的最小垂直距离为 58m，N50 号铁塔基础外缘距南水北调南侧管理范围的最小垂直距离为 123m。

2017 年 8 月 17 日，河北省南水北调工程建设委员会办公室、河北省环境保护厅以冀调水设〔2017〕40 号文对《南水北调中线一期工程总干渠河北段饮用水水源保护区划定和完善方案》进行了批复[5]，方案中明确了总干渠两侧一级水源保护区和二级水源保护区范围。本渠段一级水源保护区范围为管理范围外 50m，二级水源保护区范围为一级水源保护区以外50m[6]，根据南水北调水源保护范围及供电线路走向，杆塔 N48～N51 跨越南水北调总干渠，其中 N49 杆塔位于一级水源保护区外侧二级水源保护区范围内，其余杆塔均位于水源保护区范围外侧，如图 1 所示。

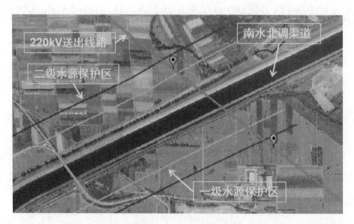

图 1　项目与跨越位置南水北调水源保护区范围示意图

2　安全影响评价

2.1　工程布置对南水北调干渠影响

2.1.1　钢塔位置对工程的安全影响

本 220kV 送出线路 N49 和 N50 两基杆塔跨越总干渠，跨越段档距为 314m，总干渠左侧为 N49 号杆塔，总干渠右侧为 N50 号杆塔，两基杆塔均为直线塔，N49 号杆塔型号为 2A5-ZM3-42，N50 号杆塔型号为 2A5-ZM3-45，N49 号铁塔基础外缘距南水北调北侧管理范围的最小垂直距离为约 58m，N50 号铁塔基础外缘距南水北调南侧管理范围的最小垂直距离为约 123m，上述距离均大于杆塔全高，故施工、维护、检修过程中建设不会对南水北调总干渠工程设施安全造成影响。

跨越工程输电线路与南水北调中线总干渠交叉角度为 75°，基本满足跨越项目与中线干线工程宜采用正交方式布置，交角不宜小于 60°的要求。南水北调中线总干渠左侧跨越塔 N49 塔位外缘距干渠北侧围栏最小水平距离为 58m，南水北调中线总干渠右侧跨越塔 N50 塔位外缘距干渠南侧围栏最小水平距离为 123m。

经分析，左侧跨越塔 N49 布置在南水北调中线工程饮用水源一级保护区范围（防护围栏外延 50m 范围内）之外，在饮用水源二级保护区范围之内，满足一级饮用水水源保护区的相关要求，同时塔杆虽然位于南水北调工程饮用水源二级保护区范围（一级水源保护区外 50m）内，但不会排放污染物，满足二级饮用水水源保护区的相关要求。

2.1.2　工程型式选择

本跨越工程输电线路跨越南水北调中线总干渠处采用"耐—直—直—耐"独立耐张段跨越，通过导线对南水北调跨越点的架空距离计算弧垂，导线运行环境温度按 40℃、导线运行温度按 80℃，求得导线距渠道北岸运维道路净空高度为 30.13m，导线距渠道南岸运维道路净空高度为 29.1m，跨越线路不影响中线干线工程的管理维护交通车辆通行，在跨越项目运行期南水工程运行维护道路以上净空远大于安全距离 4.5m[7]。根据跨越电力线路国家现行规程、规范要求的安全距离 3.9m，留有足够的安全距离供 35kV 永久供电线路的维护、检修及管理。

2.2 杆塔基础稳定性对工程的影响

杆塔基础是本跨越工程输电线路的根本，属于地下工程。杆塔基础的稳定是输电线路安全、可靠运行的前提，也关系着被跨越的南水北调的工程安全。

2.2.1 上拔稳定计算

N49 杆塔采用大开挖基础，上拔稳定计算采用土重法计算[8]，计算公式为

$$\gamma_f T_E \leqslant \gamma_E \gamma_s \gamma_{\theta 1}(V_t - \Delta V_t - V_0) + G_f \tag{1}$$

式中：γ_f ——基础附加分项系数，直线杆塔取 1.1；

T_E ——基础的上拔力设计值，kN；

γ_E ——水平力影响系数；

γ_s ——基础底面以上土的加权平均重度，kN/m^3；

$\gamma_{\theta 1}$ ——基础底板上平面坡角影响系数；

V_t —— h_t 深度内土和基础的体积，m^3；

ΔV_t ——相邻基础影响的微体积，m^3；

V_0 —— h_t 深度内的基础体积，m^3；

G_f ——基础自重力，kN。

N50 杆塔采用掏挖基础，上拔稳定计算采用剪切法计算[9]，计算公式为

$$\gamma_f T_E \leqslant \gamma_E \gamma_\theta R_T \tag{2}$$

式中 γ_θ ——基底展开角影响系数；

R_T ——基础单向抗拔承载力设计值，kN。

$$R_T = \frac{A_1 c h_t^2 + A_2 \gamma_s h_t^3 + \gamma_s(A_3 h_t^3 - V_0)}{2.0} + G_f \tag{3}$$

式中 A_1、A_2、A_3 ——无因次计算系数，由抗拔土体滑动面形态、内摩擦角和基础深径比确定；

c ——按饱和不排水剪或相当于饱和不排水剪方法确定的土体黏聚力，kPa。

2.2.2 下压稳定计算

轴心荷载作用时基础下压稳定计算

$$\gamma_{rf} P \leqslant f_a \tag{4}$$

$$P = \frac{F + \gamma_G G}{A} \tag{5}$$

$$f_a = f_{ak} + \eta_b \gamma(b - 3) + \eta_d \gamma_m(d - 0.5) \tag{6}$$

式中：γ_{rf} ——地基承载力调整系数，取 0.75；

P ——基础地面处的平均压力设计值，kPa；

f_a ——修正后的地基承载力特征值，kPa；

F ——上部结构传至基础底面的竖向压力设计值，kN；

γ_G ——永久荷载分项系数；

G ——基础自重和基础上的土重，kN；

A ——基础底面面积，m^2；

f_{ak} ——地基承载力特征值，kPa；

η_b、η_d ——基础宽度、埋深的地基承载力修正系数；

γ ——基础底面以下土的重度，kN/m^3，地下水位以下取浮重度；

b ——基础底面宽度，m，基宽小于3m取3m，大于6m取6m；

γ_m ——基础底面以上土的加权平均重度，kN/m^3；

d ——基础埋置深度，m。

偏心荷载作用时基础下压稳定计算

$$\gamma_{rf}P_{max} \leqslant 1.2f_a \tag{7}$$

$$P_{max} = \frac{F+\gamma_G G}{A} + \frac{M_x}{W_y} + \frac{M_y}{W_x} \tag{8}$$

$$P_{min} = \frac{F+\gamma_G G}{A} + \frac{M_x}{W_y} + \frac{M_y}{W_x} \tag{9}$$

式中 P_{max} ——基础底面边缘最大压力设计值，kPa；

P_{min} ——基础底面边缘最小压力设计值，kPa；

M_x、M_y ——分别为作用于基础底面的 x 和 y 方向的力矩设计值，$kN·m$；

W_x、W_y ——分别为基础底面绕 x 和 y 轴的抵抗矩，m^3。

根据设计文件，N49、N50 杆塔主要参数见表 1，代入公式可求得 N49、N50 杆塔上拔稳定数和下压稳定相关数据，详见表 2、表 3。

表 1　　　　　　　　　杆 塔 参 数 表

杆塔	T_E（kN）	V_T（m^3）	G（kN）	G_F（kN）	d（m）	F（kN）	A（m^2）
N49	330	28.98	353.724	117.744	3.1	440	6.760
N50	330	—	259.833	—	3.1	440	4.524

表 2　　　　　　　　　杆塔上压稳定数据表

杆塔	γ_f	T_E	［T］	是否满足
N49	1.10	330	487	满足
N49	1.10	330	602	满足

表 3　　　　　　　　　杆塔下压稳定数据表

杆塔	γ_{rf}	P	P_{max}	P_{min}	f_a	是否满足
N49	0.75	128.09	235.11	21.07	168.50	满足
N49	0.75	168.28	283.83	52.72	178.50	满足

分析表 2、表 3 可得，基础上拔、基础下压均满足规范要求。跨越工程对南水北调中线干线建筑物安全基本无影响。

2.3　工程建设对水质影响

工程施工中，采用商混搅拌车将混凝土直接运至塔位处浇筑，并在现场设置垃圾筒并集中外运妥善处置，避免了现场用水、砂石、水泥、固体废弃物对水质造成的影响；现场钢筋、塔材堆放时，下覆枕木，及时对产生的锈蚀进行清运，避免了钢筋、钢材的堆放和加工过程中锈蚀对水质造成的影响；进场前对机械设备进行检查，发现泄油故障，及时将设备开出作业区域[10]；现场存放油料，必须对库房地面进行防渗处理，禁止将有毒有害废弃物作土方回填等措施，避免了现场油料对水质造成的影响。

总之，在做好环境保护措施的前提下，施工产生的生产生活废水、扬尘与尾气、噪声、固体废弃物等对水质的影响是很小的，项目的实施符合环境质量底线要求。

3　结语

通过以上分析，本跨越工程输电线路布置、设计、施工均满足相关的规定和要求，对南水北调总干渠工程安全、运行安全、水质安全基本无影响，故该跨越工程可行。

参考文献

[1] 张清平，朱婵. 浅谈电力企业中输配电及用电工程的自动化运行 [J]. 中国高新技术企业，2016（34）：162-163.

[2] 王依军. 大力发展电力事业，支撑内蒙古现代能源经济建设 [J]. 北方经济，2019（10）：51-54.

[3] 李振军，菅宇翔，殷庆元，等. 南水北调东线一期工程生态环境保护方案及实施效果分析 [J]. 中国水利，2021（20）：78-81.

[4] 杨孩，王小军，张俊，等. 南水北调中线工程渠首增调水对水质影响分析 [J]. 环境生态学，2021，3（5）：19-24.

[5] 祝亚平，杨育红. 南水北调穿黄隧洞水质安全保障措施及应用 [J]. 人民黄河，2019，41（9）：87-91.

[6] 刘小二，张春生，杨鲁玉，等. 南水北调中线渠首库区矿山弃渣问题分析及治理方案 [J]. 中国非金属矿工业导刊，2019（3）：60-62.

[7] 何嘉. 输配电线路带电作业技术的研究与发展 [J]. 中国高新区，2017（22）：120-168.

[8] 王高益. 架空送电线路基础上拔稳定计算公式的修正 [J]. 四川电力技术，2011，34（1）：56-57.

[9] 佟年. 基于线路设计软件计算的掏挖基础上拔稳定的讨论 [J]. 西北水电，2016（2）：70-72.

[10] 槐先锋，陈晓璐，高森，等. 南水北调中线干线工程安全运行探索 [J]. 中国水利，2021（18）：48-49.

作者简介

朱志伟（1981—），男，高级工程师，主要从事金结机电工程设计与管理工作。E-mail：1421021909@qq.com

李　宁（1994—），男，助理工程师，主要从事企业安全生产管理和信息机电设备运行维护工作。E-mail：ln1604137976@163.com

塔里木河阿拉尔市城区段水沙特性及河势分析研究

许明一[1, 2]　钱　胜[1, 2]

[1. 黄河勘测规划设计研究院有限公司, 河南省郑州市　450003;
2. 水利部黄河流域水治理与水安全重点实验室(筹), 河南省郑州市　450003]

[摘　要]以塔里木河干流控制站阿拉尔水文站作为代表站, 重点研究阿拉尔市城区段塔河干流河道情况。通过水沙特性分析、同流量水位变化、水文站横断面变化、由卫星影像分析河势变化, 并对河道冲淤进行预测, 对河势进行预估。研究表明塔河近期综合治理工程完成后, 进入塔河干流水量增加, 泥沙则进一步减少, 河势得到一定的控制。预测未来该河段仍将维持相对冲淤平衡的状态; 考虑到该河段的河型以及河床质特性, 不排除未来河势产生进一步变化的可能。

[关键词]水沙特性; 河道冲淤; 河势分析; 冲淤预测

0　引言

塔里木河(以下简称"塔河")是我国最大的内陆河, 塔河流域面积及多年平均水资源量约占我国西北干旱区面积及水资源总量的1/3[1], 塔河对于我国干旱内陆区经济发展和生态文明建设起着重要作用。

由于干旱少雨、水资源匮乏, 且塔河干流自身不产流, 季节性较强, 受源流来水影响较大。塔河流域生态环境极为脆弱, 易发生退化, 遭到破坏后恢复难度大且过程缓慢[2]。为遏制塔河生态环境恶化趋势, 塔河自2000年开始实施应急输水和塔河干流输水工程建设。2011年, 塔河干流开展防洪规划工作, 随后《塔里木河第一师阿拉尔市段(25+000～108+000 段)河道治理工程》实施, 塔河阿拉尔市段的节点整治护岸工程已初步建成, 对减轻该河段防塌岸洪灾和稳定河势起到了重要作用。

为研究塔河河道整治, 前人已做了大量的研究, 包括泥沙冲淤及河势分析等。本文旨在分析塔河上游控制站阿拉尔水文站的水沙变化, 并研究阿拉尔市城区段塔河干流河势变化, 来反映近些年来塔河治理的效果与今后治理的展望。

1　流域概况

塔河流域属我国最大的内陆河流域, 塔河发源于塔里木盆地周边的喀喇昆仑山、昆仑山、阿尔金山、帕米尔及天山南坡, 具有独立水系。以冰雪融水补给为主, 并有降雨径流加入的河流共有144条, 分别属于九大水系。塔河流域主要河流包括阿克苏河、叶尔羌河、和田河、克孜河、盖孜河、克里雅河小河水系、渭干河、开都河以及塔河干流等[3]。塔河干流起始于阿克苏河、叶尔羌河及和田河的交汇处肖夹克，归宿于台特马湖。阿克苏河是塔河的主要支流，长年有水流入塔河，水量占塔河年总径流量的 70%～80%。和田河属季节性河流，来水量约占塔河年径流量的 15%～20%。叶尔羌河水量占塔河年径流量的 4%左右[4-5]。

新疆建设兵团第一师阿拉尔市，阿拉尔市地处天山南麓，塔克拉玛干沙漠北缘，阿克苏河与和田河、叶尔羌河三河交汇之处的塔河上游。阿拉尔市主城区沿塔河两岸布置，距离塔河源头 50km。阿拉尔市冬季寒冷，夏季炎热，降水量少，蒸发强烈，气候干燥，无霜期和日照时间长，温差大，四季气候悬殊，属暖温带极端大陆性干旱荒漠气候。灾害性天气大风、干热风、冰雹、暴雨、春旱等频繁交替出现。

2 测站情况

塔里木河干流自 1956 年开始设立阿拉尔和新其满两水文站，目前主要控制性水文站有阿拉尔水文站、新其满水文站、英巴扎水文站、乌斯满水文站、恰拉水文站等。其中阿拉尔水文站和新其满水文站为国家基本水文站，测验项目较全，资料系列较长；其他站均为专用站，测验项目少，且系列较短。塔里木河流域水文测站情况如图 1 所示。

阿拉尔水文站位于塔里木河上游，是阿克苏河、叶尔羌河、和田河三源流汇入干流水量、水质的控制站[7]，位于三河汇流处的肖夹克以下 48km 处，也是塔里木河干流上游的主要控制站。阿拉尔水文站位于阿拉尔市，测流断面位于塔河阿拉尔大桥处。

3 水沙特性分析

3.1 径流特性分析

塔里木河干流自身不产流，干流水量主要由阿克苏河、叶尔羌河、和田河三源流补给，为纯耗散型内陆河。

阿拉尔水文站为干流径流量的控制站，1957—2019 年多年平均流量为 145.5m³/s，从不同时段的年平均流量分析（见表 1），1999 年前随着时间的推移，时段年平均流量呈递减的趋势。2010 年以来，随着塔里木河流域的治理和水资源管理的逐步深入，加之近期全球气温变暖、雪融水增加等原因，进入塔河干流 2010—2019 年的年平均流量为 167m³/s。

表 1　　　　　　　　　塔里木河阿拉尔站径流年际变化统计表　　　　　　　　流量单位：m³/s

站名	丰枯比	1957—1959 年	1960—1969 年	1970—1979 年	1980—1989 年	1990—1999 年	2000—2009 年	2010—2019 年	1957—2019 年
阿拉尔	1.39	157	163	138	142	133	127	167	146

3.2 实测水沙特性

根据实测资料统计，1956 年 7 月—2019 年 6 月进入塔里木河干流阿拉尔站的年平均水量为 46.3 亿 m³（见表 2）。其中汛期（7—9 月，下同）、非汛期（10 月—次年 6 月，下同）的来水量分别为 33.1 亿 m³ 和 13.2 亿 m³，占全年来水量的 71.5%和 28.5%。进入塔河干流阿拉尔站的沙量多年平均为 2045 万 t，其中汛期、非汛期的来沙量分别为 1830 万 t 和 215 万 t，占全年来沙量的 89.5%和 10.5%，沙量主要集中在汛期，更集中在汛期的几场大洪水。从各时段来沙量分析，20 世纪 70 年代、90 年代和 2000—2019 年来沙偏少，20 世纪 50、60 年代和 80 年代来沙偏丰[8-9]。从来沙量的年内分配看，多年汛期、非汛期占年沙量的比例变化不大。

表 2　　　　　　　　　　　塔里木河干流阿拉尔水沙特征值

时段	水量（亿 m³）			输沙量（万 t）			含沙量（kg/m³）		
	汛期	非汛期	全年	汛期	非汛期	全年	汛期	非汛期	全年
1956 年 7 日—1960 年 6 日	37.6	18.0	55.6	2638	296	2934	7.0	1.6	5.3
1960 年 7 日—1970 年 6 日	34.4	16.7	51.1	2053	297	2350	6.0	1.8	4.6
1970 年 7 日—1980 年 6 日	31.3	12.7	44.0	1820	156	1976	5.8	1.2	4.5
1980 年 7 日—1990 年 6 日	32.3	12.5	44.8	2315	230	2545	7.2	1.8	5.7
1990 年 7 日—2000 年 6 日	29.9	11.7	41.6	1815	187	2002	6.1	1.6	4.8
2000 年 7 日—2019 年 6 日	34.7	11.9	46.5	1302	192	1494	3.8	1.6	3.2
1956 年 7 日—2019 年 6 日	33.1	13.2	46.3	1830	215	2045	5.5	1.6	4.4

3.3　场次水沙特性

统计阿拉尔水文站 1980 年以来历时大于 10 天的场次洪水特征值情况见表 3，可以看出，洪水基本发生在汛期 7—8 月，洪水平均流量为 1000～1500m³/s，平均含沙量在 10kg/m³ 以内，历时 15 天以上洪水水量占汛期比例为 40%～60%，沙量占汛期比例为 50%～70%，且近几年发生洪水概率有所提高。

表 3　　　　　阿拉尔水文站 1980 年以来历时 10 天以上场次洪水特征值统计表

洪水编号	起始时间	历时（天）	水量（亿 t）	沙量（亿 t）	平均含沙量（kg/m³）	平均流量（m³/s）	最大流量（m³/s）	最大含沙量（kg/m³）	水量占汛期比例（%）	沙量占汛期比例（%）
1	1984 年 8 月 9 日	24	23.0	0.13	5.7	1111	1620	8.8	0.60	0.73
2	1986 年 7 月 18 日	21	22.4	0.14	6.5	1234	1700	15.6	0.61	0.47
3	1994 年 7 月 18 日	10	11.8	0.07	5.7	1361	1840	6.6	0.24	0.27
4	1999 年 7 月 31 日	16	20.6	0.17	8.3	1491	2120	8.3	0.52	0.69
5	2000 年 7 月 25 日	11	10.8	0.08	7.5	1139	1300	11.6	0.40	0.58
6	2006 年 7 月 28 日	20	21.2	0.11	5.1	1228	1810	15.4	0.47	0.62
7	2010 年 7 月 27 日	20	23.9	0.18	7.5	1386	1870	10.5	0.45	0.68
8	2015 年 7 月 27 日	17	18.8	0.11	4.5	1283	1600	27.1	0.42	0.62
9	2016 年 8 月 02 日	12	11.4	0.02	2.1	1095	1530	6.1	0.23	0.30
10	2017 年 7 月 19 日	23	23.0	0.09	4.0	1157	1440	5.3	0.46	0.47

4　天然河道冲淤及河势分析

4.1　同流量水位变化

分析 1958—2019 年阿拉尔水文站断面 1000m³/s 流量水位变化情况如图 1 所示，可以看出，1960—1986 年同流量水位呈现下降趋势，1986 年汛后 1000m³/s 同流量水位较 1959 年下降了 0.52m，表明河道逐步冲刷；1986—2001 年同流量水位抬升，河床逐渐回淤。2000 年后又呈现下降趋势，至 2018 年汛后达到历史最低值 1009.08m。2019 年汛后则大幅抬高。经估算，2018 年平滩流量为 1600m³/s。1986 年以前大多数年份为汛期冲刷、非汛期淤积；1986 年以后年内冲淤变化幅度较小。该河段近期处于冲刷的态势，总体来看阿拉尔站断面河床多年表现为动态冲淤平衡。

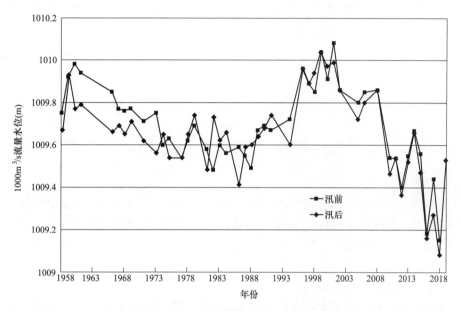

图 1   阿拉尔站断面历年 1000m³/s 流量水位变化图

4.2   河势变化分析

4.2.1   横断面变化分析

套绘典型年份阿拉尔水文站汛前和汛后大断面变化情况图如图 2、图 3 所示。可以看出主槽无固定流路，摆动较为频繁，滩槽转换时有发生。从多年汛后河势变化来看，主槽有冲刷下切趋势，汛期洪水淤滩刷槽效果比较明显[10，11]。

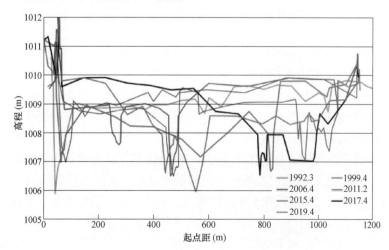

图 2   典型年份汛前阿拉尔站大断面套绘图

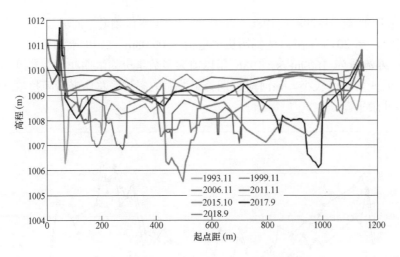

图 3 典型年份汛后阿拉尔站大断面套绘图

4.2.2 近期河势变化分析

塔里木河阿拉尔段为弯曲型向游荡型河道过渡的河段，具有明显的游荡性特征，主要表现为：河槽较宽，宽度为 1～3km，河道宽浅散乱，主汊互换，流路变化不定，主流左右摆幅较大[11, 12]。其中有堤防河段主流在大堤以内游荡摆动，滩槽转换较为频繁，局部控导对稳定河势起到一定作用，岸线较为稳定；无堤防河段横向上存在着输沙不平衡，不断引起凹岸坍塌和凸岸淤涨，造成两岸高滩坍塌。

阿拉尔城市段起点为塔里木河大桥上游 11km 处，终点为塔里木河大桥下游 7km 处，河段全长 18km。在阿拉尔水文站附近，河宽由 20 世纪 60 年代的 760m，扩大至 20 世纪 90 年代的 1000m 左右，目前两岸护岸工程已建成[12, 13]，河宽约 1200m，主流摆动频繁，时而分汊，汛前汛后河势变化较为明显。该河段河道宽浅散乱，主汊互换，流路变化不定，主流左右摆幅较大。近年来陆续开工建设一批城市段河道整治工程，重要河弯凹岸的防护工程逐步修建完善，河道的摆幅得以遏制，凹岸的坍塌速率有所减弱，河势得到一定的控制，但城市区内仍然存在 6.7km 自然河坎未防护属于城市防洪工程的薄弱环节。

根据该河段近期不同年份卫星影像图（如图 4～图 7 所示）分析，近期河势变化特征如下：

1984 年，河道流向为由南向北，流路沿左岸直冲伊兰勒克所处的河湾，并在此处形成河弯。河出二桥桥址后摆至河道南岸，在一桥上游河段附近再次形成由南而北的横河，之后河面展宽，平稳滑过一桥。一桥下游河段流路沿右岸直冲 12 团 23 连所处的河湾，并在此处形成河弯。受河道冲淤变化的影响，1994 年河槽流路更为紊乱，由于河道缺少护岸工程，河湾不断淘刷，两岸河弯弯曲率进一步加大。

北岸的防洪应急工程于 2011 年 10 月完工，从 2014 年卫星影像可以看出，此处河湾的发展得到控制，一桥和二桥之间的南北横河及河湾趋于顺直，部分河段流路得以理顺。阿拉尔市段河道治理护岸工程于 2012—2015 年陆续建成；河道护岸工程有效限制了该河段的流路向南岸（右岸）发展，缩短了河道流路长度。从 2019 年汛前主槽流路来看，由于河道两岸的整治工程上下游布置相互衔接，对局部河段有一定的控导作用，逐步形成了有利河槽行洪的"微弯"型流路形态。

图 4　1984 年河段卫星影像

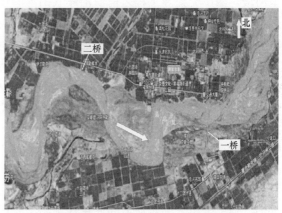

图 5　1994 年河段卫星影像

图 6　2014 年河势流路

图 7　2019 年河势流路

5　河道冲淤预测及河势预估

5.1　天然河道冲淤预测

阿拉尔城区河段属于冲积平原型地貌，比降较缓，河床质较细，泥沙启动流速小，河床冲淤变化较为明显。水流挟带的泥沙在流经由松散的粉细物质组成的平原河道时，冲淤变化大，洪水时冲淤变化更为剧烈。由于各河段形态不同，在局部地段洪水时出现深淘、侧蚀。河心滩的淤积、延伸，汊道与沙洲的换位、主槽的摆动，又可使原来的滩地变成主槽。该河段整体表现为大水冲刷小水落淤，尤其洪水前后河床形态变化较为剧烈[13, 14]。实测资料表明，20 世纪 90 年代以来，阿拉尔站断面年内冲淤与 90 年代以前相比趋于稳定，同流量水位变幅明显减小。年际方面，阿拉尔站断面表现为多年动态冲淤平衡。2010 年以后河床整体表现为微冲，冲淤变化幅度不大。随着上游工程及水保措施的拦沙作用，进入阿拉尔站断面的泥沙会进一步减少，预测未来该河段仍将维持相对冲淤平衡的状态。

5.2　天然河势变化预估

阿拉尔城区河段河床宽浅，心滩遍布，汊道众多，主流摆动频繁，属于典型的平原游荡型河段。两岸无控导工程之前，沿岸农田灌溉渗漏使两岸处在浸润饱和状态，汛期洪水导致局部塌岸严重，滩槽极易发生转换，无固定岸线及主槽。城区段河道整治工程[15-16]修建后，对局部河段有一定的控导河势的能力，岸线趋于稳定，冲淤程度有所减小，但主槽仍摇摆不定，无固定流路。以阿拉尔水文站断面为例，从近期河势变化来看，阿拉尔站断面主槽摆动频率及幅度有所减小，但考虑到该河段的河型以及河床质特性，以及河势变化的复杂性和不确定性，不排除未来河势产生进一步变化的可能。

6 结语

本文重点分析了以阿拉尔为代表的塔河干流站的水沙特性及所在阿拉尔市城区段的河道冲淤、河势分析，并对河道冲淤进行预测，并对河势变化进行预估。

阿拉尔断面 1957—2019 年多年平均流量为 145.5 m^3/s，进入塔河干流 2010—2019 年的年平均流量为 167 m^3/s。2000—2019 年来沙偏少。总体来说，阿拉尔站断面河床多年表现为动态冲淤平衡。阿拉尔塔河干流城区段堤防、护岸工程修建以来，河道的摆幅得以遏制，凹岸的坍塌速率有所减弱，河势得到一定的控制，部分河段流路得以理顺。预测未来该河段仍将维持相对冲淤平衡的状态；不排除未来河势产生进一步变化的可能。

塔里木河干流治理工程实施后，对塔里木河干流生态恢复和稳定河势、防洪减灾起到了积极的作用。以习近平新时代中国特色社会主义思想为指导，会将塔河生态修复推向新高度，对水资源进行更合理的分配；通过城镇和主要乡村河段防洪工程的建设，巩固提升治理成果，进一步理顺河道，实现流域防洪安全。

参考文献

[1] 祁泓锟，焦菊英，严晰芹，等. 近 40 年塔里木河流域水沙演变及其空间分异特征 [J]. 水土保持研究，2022，29（5）：1-5.

[2] 胡春宏，王延贵，郭庆超，等. 塔里木河干流河道演变及整治 [M]. 北京：科学出版社，2005.

[3] 周森，王亚春. 塔里木河干流治理综述 [J]. 人民黄河，2005，27（2）：47-48.

[4] 王顺德，王彦国，王进，等. 塔里木河流域 40 年来气候、水文变化及其影响 [J]. 冰川冻土，2003，25（3）：315-320.

[5] 段建军，王彦国，王晓风，等. 1957—2006 年塔里木河流域气候变化和人类活动对水资源和生态环境的影响 [J]. 冰川冻土，2009，31（5）：781-791.

[6] 王进，龚伟华，等. 塔里木河干流上游中、下段河床淤积和耗水对生态环境的影响 [J]. 冰川冻土，2009，31（6）：1086-1093.

[7] 胡春宏，王延贵. 塔里木河干流河道综合治理措施的研究（Ⅰ）——干流河道演变规律 [J]. 泥沙研究，2006，8：21-29.

[8] 冯忠垒. 塔里木河河道泥沙淤积与水利工程运行关系研究（D）. 乌鲁木齐：新疆农业大学，2004.

[9] 夏德康. 塔里木干流泥沙运动及河道变迁 [J]. 水文，1998，6：42-47.

[10] 张江玉，郭庆超，祁伟，等. 塔里木河干流堤防建设对输水输沙影响研究 [J]. 泥沙研究，2015，4：52-58.

[11] 金庆日. 塔里木河干流河段河道整治工程冲刷数值模拟 [J]. 东北水利水电，2021，8：39-42.

[12] 吾斯曼卡热·依马木. 塔里木河河床稳定性分析及护岸工程设计施工 [J]. 陕西水利, 2021, 2: 161-163.

[13] 梁建飞. 塔里木河干流治理工程实施后泥沙冲淤演变分析 [J]. 陕西水利, 2018, 6: 13-15.

[14] 冯起, 陈广庭, 李振山. 塔里木河现代河道冲淤变化的探讨 [J]. 中国沙漠, 1997, 17 (1): 38-43.

[15] 李玉建, 侍克斌, 严新峻. 塔里木河干流泥沙治理途径初探 [J]. 人民黄河, 2005, 27 (1): 26-27.

[16] 陈瑞. 塔里木河干流河道治理规划浅析 [J]. 能源与节能, 2021, 7: 109-110.

作者简介

许明一 (1981—), 女, 高级工程师, 主要从事水利规划、水文分析计算和水情自动测报系统设计等相关工作。E-mail: 53026426@qq.com

钱　胜 (1982—), 男, 高级工程师, 主要从事水利水电工程规划, 治河及泥沙分析相关工作。E-mail: sh_214@163.com

基于机器学习算法的无人机高光谱
陆生植被分类算法研究

周湘山 [1,2] 朴虹奕 [1] 刘 亮 [2] 张 磊 [1] 周 杰 [1] 施月红 [2] 唐晓鹿 [2]

（1. 中国电建集团成都勘测设计研究院有限公司，四川省成都市 610072
2. 成都理工大学，四川省成都市 610059）

[摘 要]陆生植被调查作为生态环境监测的重要组成部分，现阶段主要依靠现场样地调查为主，人力成本高、覆盖范围小，易受地形和交通等环境因素限制，难以应用到大面积的取样。本研究利用无人机获取成都市植物园全域的高光谱影像，采用高精度实时差分定位测量仪（RTK）对园区内 140 种植被的 1246 个样本进行信息采集，筛选出样本量大于 20 棵的 11 种陆生植被分类组。通过包络线去除和一阶导数提取敏感波段，通过特征变量提取构建了 32 种植被指数，联合 176 个原始波段组成变量组。运用随机森林和支持向量机两种机器学习算法开展 11 种陆生植被分类组的分类计算，支持向量机算法表现出较好的成果精度，其分类整体精度为 0.6，Kappa 系数为 0.5，与传统卫星高光谱影像结合传统分类方法的植被种类分类成果精度相比有较大提高，后续将继续从算法、样本和指标等三个角度深化研究，为改善和提高生态环境监测工作中的陆生植被调查和分类研究奠定坚实的基础。

[关键词]高光谱；机器算法；陆生植被

0 引言

陆生植被调查作为生态环境监测的重要组成部分，包括了对植被类型及分布、群落组成、生物量、生产力、优势种及其演变趋势、植物物候、功能属性等内容的调查。现有调查方法包括资料收集法、现场勘查法、专家和公众咨询法、生态监测法和遥感调查法。其中植被类型及分布作为重要的调查指标，主要采用传统的样地调查（固定大样地、固定样线、固定样方）和卫星遥感监测两种手段，其中样地调查人力成本高、覆盖范围小，易受地形和交通等环境因素限制，难以应用到大面积的取样（陈振亮，2018）。卫星遥感虽然能补充大尺度范围的植被数据，但因成像设备分辨率、重放周期和气象条件（云雾）的限制，无法满足植被种类识别及分类的高精度要求和不同频次的实时性监测。

1 研究背景及现状

1.1 研究背景

近年来，随着无人机机载高光谱等设备及相关影像处理及分析技术的成熟，能获取高频次、高光谱分辨率和高空间分辨的影像。无人机低空多源遥感技术正在推动遥感信息"二维向三维"的转变，为传统的样地调查与卫星遥感监测之间搭建了尺度推绎桥梁（郭庆华等，2020），弥补了传统地面调查方法空间观测尺度有限和卫星遥感精度、频次不够等缺点。本文主要采用无人机机载高光谱设备采集研究区的高光谱影像，开展典型陆生植被的分类研究。

1.2 研究进展

传统的卫星多光谱遥感由于光谱波段信息较少，地面分辨率较大，无法获取地物精细的关键空间和光谱信息，仅能完成植被型组的分类，无法确定植被群系的分类。而高光谱遥感是空间图像与光谱曲线相结合的一种遥感图像，不仅具有空间、结构信息，还包含丰富的地物光谱信息，同时光谱分辨率高、波段窄，使其能对地物植被进行更加精确的分类（王庆岩，2014）。吴见等基于 Hyperion 高光谱影像采用了一种空间与光谱信息相结合的高光谱影像植被分类法，能有效地削弱噪声，在一定程度上提高了分类精度（吴见等，2012）。Tanumi Kumar 等利用 Earth Observing-1 Hyperion 图像对印度奥迪沙比塔卡尼卡国家公园红树林区开展分类研究，结果表明红边指数显著相关，支持向量机在训练像素精度方面的效果最好，高光谱冠层反射率库在分类应用方面十分有效（Tanumi Kumar, et al, 2013）。柴颖等利用高光谱和高空间分辨率遥感影像 HyMap 数据，在光谱特征分析和实测数据的基础上，构造特征指数，建立决策树分类模型对湿地植被进行分类，结果表明湿地植被在近红外波段上有明显的光谱特征差异，根据这些差异，可以构造合适的特征指数，实现湿地植被在物种水平上的识别（柴颖等，2015）。

高光谱当前的相关研究主要是利用高光谱数据获得红边和植被指数等信息，对植被长势、植被生物量进行定向定量的评价、估算和分类（李月等，2019）。传统的高光谱分类研究基于影像在光谱维度上的优势，采用不同的方法实现分类，包括最小距离法、光谱角制图法、最大似然法、神经网络法以及支持向量机法等。这些方法在理论研究中均能取得不错的分类效果，但是由于植被同物异谱、同谱异物的光谱属性以及地面植被混生现象等的影响，在实际应用时仍存在诸多限制。

近年来，随着无人机硬件设备和成像光谱仪技术的不断发展，其可适用平台也不局限于航空和航天领域，无人机高光谱遥感成为新的补充方式（王庆岩，2014）。一方面无人机高光谱遥感具有平台快速灵活的机动性，另一方面又能发挥高光谱遥感的精细光谱探测能力，使得高光谱遥感在植被识别、森林制图、森林资源调查等诸多领域都展现出了比传统遥感更加显著的优势（余旭初等，2013），由此可以得出无人机高光谱遥感对于此次植物园树种的分类适用性很高。除此之外，根据兰玉彬等基于无人机低空柑橘果园的高光谱影像分别提取并计算健康和感染 HLB 植株冠层的感兴趣区域的平均光谱，获得原始光谱、一阶导数光谱和反对数光谱 3 种光谱，分别采用 k 近邻（kNN）和支持向量机（SVM）进行建模和分类。结果表明，以二次核 SVM 判别模型对全波段一阶导数光谱的分类准确率最高，能大大提高果园管理效率和政府防控病情力度（兰玉彬等，2019）。以及徐苗苗以黑河中游核心观测区为研究区域，结合高光谱和机载 Lidar 数据的特点，计算高光谱影像的归一化植被指数和灰度共生矩阵，获取其空间光谱、几何纹理特征，利用 SVM、卷积神经网络和残差网络算法对降维后的影像进行分类，提高了高光谱与机载 Lidar 融合影像的分类精度（徐苗苗，2020）。

1.3 目的和意义

无人机高光谱遥感技术是未来生态环境监测的核心技术，其优势在于影像同时具有较高的空间分辨率和光谱分辨率，可以针对不同植被类型开展定量反演算法设计和数据库建立，从而开展植被型组的识别、分类和特性监测。另外，不同的植被群落会表现其独特的光谱特性，它们的光谱信息为基础进行光谱特征分析，找到它们的光谱特征差异，了解并掌握不同植被群落的光谱特征及其变化规律，将有助于建立地面光谱数据与高光谱遥感图像空间光谱数据之间的桥梁，对研究植被精细分类、植被生化性能等具有十分重要的作用。

本研究结合已有高光谱遥感技术，充分分析研究区典型陆生植被的光谱特征，运用无人机高光谱设备进行植被光谱信息采集，利用不同机器算法对研究区植被进行分类，充分挖掘高光谱遥感数据结合机器学习算法在植被群系分类方面的潜力，进一步拓展高光谱遥感数据及机器学习算法在陆生植物生态监测方面的应用。

2 研究区概况和技术路线

2.1 研究区概况

成都市植物园占地面积 42hm^2，位于四川省成都市北郊天回镇（104.1266E，30.7668N），紧靠川陕公路，距市区 10km。园内现保存植物 2000 余种，其中有国家一、二、三级保护植物银杉、珙桐、金钱松等 130 多种，同时建有多个植物专类园：芙蓉园、樱花园、茶花园、腊梅园、木兰园、海棠园、梨花园、桂花园、梅园，以及大草坪等。

2.2 技术路线

基于机器学习算法的无人机高光谱植被分类算法研究技术路线如图 1 所示。

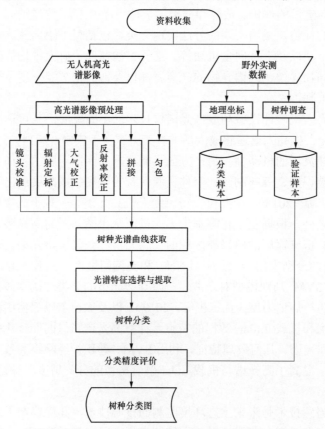

图 1 基于机器学习算法的无人机高光谱植被分类算法研究技术路线

3 数据采集及处理

3.1 地面数据采集

2019 年 4 月和 2020 年 11 月，先后两次对研究区植被开展野外调查工作，利用高精度实时差分定位测量仪（RTK）测量每棵树的坐标并记录其植被类别。野外调查共获取 140 种植被、1246 个样本。其中，典型陆生植被（样本大于 20 棵）包括 11 种，分别为桉树、梨树、栾树、楠木、天竺桂、樟树、含笑、栎树、木芙蓉、朴树、松树。研究区地面样本数据采集如图 2 所示。

图 2 研究区地面样本数据采集

3.2 高光谱影像处理

3.2.1 影像采集

2019 年 4 月 26 日利用大疆无人机搭载 Gaiasky-mini 2-VN 高光谱仪器，获取成都植物园高光谱影像数据。Gaiasky-mini 2-VN 高光谱仪器的光谱范围为 400～1000nm，共 176 个波段，其光谱分辨率为 3.5nm。无人机的航拍高程为 280m，所获取影像的空间分辨率约为 0.12m。研究区无人机机载高光谱数据采集如图 3 所示。

图 3 研究区无人机机载高光谱数据采集

3.2.2 影像预处理

在 ENVI 5.3 软件中进行数据预处理，主要流程如下：

（1）辐射定标。辐射定标是将高光谱图像的数字量化值（DN 值）转换为辐射亮度值或表观反射率或表面温度的处理过程，这里选择定标辐射亮度值。采用式（1）进行辐射定标

$$L = Gain \times DN + Offest \tag{1}$$

影像的辐射定标参数 *Gain* 和 *Offest* 存储在原始文件的元文件.MTL 中，ENVI 软件在导入数据后可自动识别，定标单位为 W/（$m^2 \cdot sr \cdot \mu m$）。

（2）大气校正。由于大气中含有氧气、二氧化碳、水蒸气和臭氧等气体成分，同时受光照辐射，会影响地物的反射率、辐射率、地变温度等特征参数的获取，因此需要消除大气分子和气溶胶散射等因素的影响，这一处理过程称为大气校正。利用 ENVI 软件中的 FLASH 大气校正工具进行处理，该工具支持多种遥感传感器且算法精度较高，可以同时有效去除水蒸气和气溶胶散射效应，采用式（2）计算像元光谱辐射亮度

$$L = \left(\frac{A \times \rho}{1 - \rho_e \times S}\right) + \left(\frac{B \times \rho}{1 - \rho_e \times S}\right) + L_a \tag{2}$$

式中：L 为传感器中像元接收到的总辐射亮度；ρ 为像素表面反射率；ρ_e 为像素周围平均表观反射率；S 为大气球面反照率；L_a 为大气球面反射；A、B 取决于大气条件和几何条件。参变量 A、B、S、L_a 的值通过辐射传输模型 Modtran 计算获取。

3.3 光谱特征提取

3.3.1 原始光谱

植被的原始光谱可以反映其光谱特性，虽然有"同物异谱"和"同谱异物"现象的存在，但仍可以根据其原始光谱选择特征波段，以提高分类精度。此外，这些特征波段还可以组合成新的植被指数以放大不同类别的差异，进而更有效的分类。11 种植被原始光谱如图 4 所示。

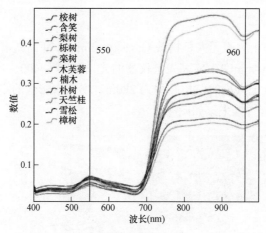

图 4　11 种植被原始光谱

通过对樟树、桉树、松树、栾树、栎树、楠木、梨树、天竺桂、含笑、木芙蓉及朴树 11 种植被（样本大于 20 棵）的原始光谱分析，发现在 550nm（B49）附近存在小的反射峰，而在 960nm（B166）附近存在小的吸收谷。因此，将 B49 和 B166 作为 11 种植被的两个特征波段。

3.3.2 包络线去除

在光谱曲线相似的情况下，直接从中提取光谱特征不便于计算，因此需要对光谱曲线做

进一步处理，以突出光谱特征。包络线消除法可以有效突出光谱曲线的吸收、反射和发射特征，并将其归一到一个一致的光谱背景上，有利于和其他光谱曲线进行特征数值的比较。从直观上看，包络线相当于光谱曲线的外壳。因为实际的光谱曲线由离散的样点组成，故可用连续的折线段来近似光谱曲线的包络线。11 种植被原始光谱包络线去除如图 5 所示。

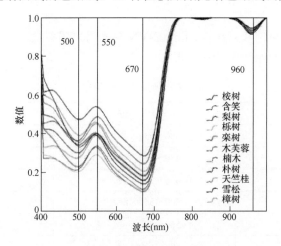

图 5   11 种植被原始光谱包络线去除

通过用包络线去除法分别对 11 种植被的光谱进行分析发现：在 500nm（B34）、550nm（B49）、670nm（B84）、960nm（B166）附近变化较大。因此，选择 B34、B49、B84、B166 作为 11 种植被的特征波段。

3.3.3　一阶导数

在进行数据采集过程中，无法将由背景颜色或其他因素引起的误差减少到零，但是通过导数算法可以消除由基线漂移或平缓背景引起的干扰，分辨重叠峰，提高分辨率和灵敏度。常用的高光谱预处理导数算法包括一阶导数、二阶导数等。11 种植被原始光谱一阶导数如图 6 所示。

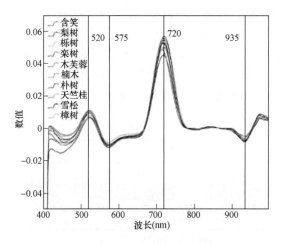

图 6   11 种植被原始光谱一阶导数

对光谱曲线进行一阶导数表明：11 种植被在 520nm（B40）、575nm（B56）、720nm（B99）、

935nm（B159）附近差异较大。因此，选择 B40、B56、B99、B159 作为 11 种植被的特征波段。

综上所述，最终 11 种植被的敏感波段为 B34、B40、B49、B56、B84、B99、B159、B166。

3.4 特征变量提取

3.4.1 原始波段

本文结合植被光谱特性和 Gaiasky-mini 2-VN 高光谱仪器参数，保留原始 176 个波段作为分类指标。高光谱影像原始波段信息见表 1。

表 1   高光谱影像原始波段信息

波段	波段范围（nm）	空间分辨率（m）
B1-B12	380～430（紫）	0.12
B13-B24	430～470（蓝）	0.12
B25-B33	470～500（青）	0.12
B34-B51	500～560（绿）	0.12
B52-B60	560～590（黄）	0.12
B61-B69	590～620（橙）	0.12
B70-B110	620～760（红）	0.12
B111-B176	760～1000（近红外）	0.12

3.4.2 植被指数

由于波段范围不同，植被信息在不同光谱通道下呈现出多种光谱特性，而通常植被信息很复杂，只选用一个或多个单一波段数据，提取的植被信息是有限的。所以要采用多个单一波段数据的线性或者非线性计算组合，得出某些对植被生长情况、植被生物量等有一定指示意义的数值，即植被指数。同时，通过对以往的植被指数反演成果的研究发现，可见光区域（460～690nm），主要与色素相关；红边间隔区域（690～760nm），对叶绿素变化较为敏感；近红外区域（760～1300nm），表示冠层成分对辐射的散射，并在波长为 980～1200nm 处对叶片水分具有吸收带；短波红外（1500～2330nm），由于木质素、纤维素和氮而具有吸收带（Catherine Torres de Almeida, et al, 2019）。因此本次研究为突出不同植被的特征，提高分类精度，除原始波段外还根据光谱特征提取所得到的敏感波段结合的各典型植被指数原来所用的波段，构建了 32 个不同的植被指数作为遥感特征因子。高光谱影像植被指数计算表见表 2。

表 2   高光谱影像植被指数计算表

序号	名称	计算公式	参考文献
1	ARI1	$(1/B49) - (1/B93)$	Gitelson, et al, 2006
2	ARI2	$((1/B49) - (1/B93)) \times B121$	Gitelson, et al, 2006
3	CRI1	$(1/B38) - (1/B49)$	Gitelson, et al, 2006
4	CRI2	$(1/B38) - (1/B93)$	Gitelson, et al, 2006
5	DWSI4	$B49/B87$	Apan, et al, 2004
6	EVI	$2.5 \times (B121-B85) / (B121+6 \times B85-7.5 \times B26+1)$	Huete, et al, 2002

序号	名称	计算公式	参考文献
7	GNDVI	（B121–B49）/（B121+B49）	Gitelson，et al，1996
8	ND$_{chl}$	（B157–B95）/（B157+B95）	le Maire，et al，2008
9	NDVI	（B121–B87）/（B121+B87）	Rouse，et al，1973
10	PRI	（B42–B55）/（B42+B55）	Gamon，et al，1992
11	PSRI	（B87–B34）/B107	Merzlyak，et al，1999
12	PWI	B149/B168	Peñuelas，et al，1997
13	REP	700+40×{［(B85+B117)/2–B93］/（B105–B93）}	Guyot and Baret，1988
14	RVSI	［(B97+B107)/2］–B103	Merton，1998
15	SR	B121/B87	Jordan，1969
16	VIgreen	（B49–B87）/（B49+B87）	Gitelson，et al，2002
17	VOG1	B105/B99	Vogelmann，et al，1993
18	VOG2	（B103–B107）/（B97+B101）	Vogelmann，et al，1993
19	MNDVI	（B109–B105）/（B109+B105）	Sims D A，et al，2002
20	ARVI	（B121–2×B84+B20）/（B121+2×B84–B20）	Kanfman，1992
21	SAVI	（1+0.5）×（B121–B84）/（B121+B84+0.5）	Mcdaniel K C，et al，1982
22	OSAVI	（1+0.16）×（B121–B84）/（B121+B84+0.16）	Rondeaux，et al，1996
23	MSAVI	0.5×{B121+1–sqrt［(2×B121+1)^2–8×（B121–B87）］}	Allbed A，et al，2014
24	VIgreen_1	（B49–B84）/（B49+B84）	Gitelson，et al，2002
25	SR_1	B99/B84	Jordan，1969
26	SR_2	B141/B84	Jordan，1969
27	SR_3	B164/B98	Jordan，1969
28	PWI_1	B159/B166	Peñuelas，et al，1997
29	PSRI_1	（B84–B34）/B99	Merzlyak，et al，1999
30	CRI1_1	（1/B34）–（1/B49）	Apan，et al，2004
31	CRI2_1	（1/B40）–（1/B99）	Apan，et al，2004
32	GNDVI_1	（B141-B49）/（B141+B49）	Gitelson，et al，1996

3.5 特征选择

本文利用特征选择（Feature Selection）进行指标变量的挖掘，从获取的相关性高的自变量中选择若干最重要的变量来建模。特征选择主要通过递归特征消除算法（Recursive feature elimination）来评估输入特征数对模型性能的影响，选出最好的变量指标。通过均方根误差（参考 RMSErfe），在 10 倍交叉验证方案中量化。RFE 过程从每个数据集的所有指标开始，根据每种回归方法的重要性标准对预测变量指标进行排序。在建模之前，不太重要的变量指标被依次删除，直到最重要的变量保留下来；在过程的最后，选择最优的特征子集大小，定义为在最小 RMSErfe 的 95% 置信区间内的最小预测数，该方法选择最简洁但信息量最大的模型。

4 模型算法

4.1 随机森林

随机森林算法是通过集成学习的思想将多棵决策树集成的一种算法，它的基础组成单元是决策树，而随机森林可以看作若干棵决策树的集成（Breiman 2001）。基本组成单元采用CART 算法，而它的本质属于机器学习的一大分支——集成学习（Ensemble Learning）方法（Reference）。集成学习通过建立几个模型组合来解决单一预测问题。它的工作原理是生成多个分类器或者模型，各自独立地学习和做出预测（Gounaridis et al. 2016）。这些预测最后结合成单预测，因此优于任何一个单决策树的做出预测。针对分类问题随机森林的输出采用多数投票法，而针对回归问题是单棵树输出的结果进行平均值计算。特征选择采用随机的方法去分裂每一个节点，然后比较不同情况下产生的误差，能够监测到内在估计误差、分类能力和相关性决定选择特征的数目（Chan et al. 2008）。

4.2 支持向量机

在机器学习中，支持向量机是在分类与回归分析中分析数据的监督式学习模型与相关的学习算法，是一种二类分类模型。它的基本模型是定义在特征空间上的间隔最大的线性分类器，间隔最大使它有别于感知机。给定一组训练实例，每个训练实例被标记为属于两个类别中的一个或另一个，支持向量机训练算法创建一个将新的实例分配给两个类别之一的模型，使其成为非概率二元线性分类器（Cherkassy et al. 2004）。支持向量机模型是将实例表示为空间中的点，这样映射就使得单独类别的实例被尽可能宽的明显的间隔分开。然后，将新的实例映射到同一空间，并基于它们落在间隔的哪一侧来预测所属类别。除了进行线性分类之外，支持向量机还可以使用所谓的核技巧有效地进行非线性分类，将其输入隐式映射到高维特征空间中。当样本容量小时，支持向量机通常表现较好（Zhang et al. 2006）。

5 分类结果及精度评价

利用随机森林和支持向量机算法，结合方差膨胀因子特征选择，分别对样本数大于 20 的11 种植被进行分类，见表 3。

基于原始波段，随机森林和支持向量机都选择 B1、B2、B42、B85、B97、B176 共 6 个波段作为特征变量，随机森林的整体精度为 0.49，Kappa 系数为 0.34，而支持向量机的整体精度为 0.51，Kappa 系数为 0.34。

基于植被指数，随机森林选择 ARI1、PSRI、REP、RVSI、PWI_1、CRI1_1 共 6 个指数进行分类，其整体精度为 0.52，Kappa 系数为 0.39；而支持向量机 ARI1 等 17 个指数进行分类，其整体精度为 0.56，Kappa 系数为 0.43。

表 3   研究区 11 种植被分类结果

分类方法	变量类型	特征变量	整体精度	Kappa
随机森林	原始波段	B1，B2，B42，B85，B97，B176	0.49	0.34
	植被指数	ARI1，PSRI，REP，RVSI，PWI_1，CRI1_1	0.52	0.39

分类方法	变量类型	特征变量	整体精度	Kappa
随机森林	原始波段+植被指数	B1，B2，B175，ARI1，DWSI4，PRI，PSRI，REP，PWI_1，GNDVI_1	0.53	0.41
支持向量机	原始波段	B1，B2，B42，B85，B97，B176	0.51	0.34
	植被指数	ARI1，ARI2，CRI2，DWSI4，PRI，PSRI，PWI，REP，RVSI，MNDVI，ARVI，PWI_1，CRI1_1，CRI2_1，SR_2，SR_3，GNDVI_1	0.56	0.43
	原始波段+植被指数	B1，B2，B36，B176，ARI1，ARI2，CRI2，DWSI4，PRI，PSRI，PWI，REP，ARVI，PWI_1，CRI1_1，GNDVI_1	0.6	0.5

而从所有变量中，随机森林选择 B1 等 3 个波段及 ARI1 等 7 个指数共 10 个特征变量参与分类，得到分类结果的整体精度为 0.53，Kappa 系数为 0.41。支持向量机从所有变量中选取了 4 个波段和 12 个指数参与分类，其分类结果最好，整体精度为 0.6，Kappa 系数为 0.5。将该支持向量机分类模型对研究区 11 种植被分类，其分类结果如图 7 所示。

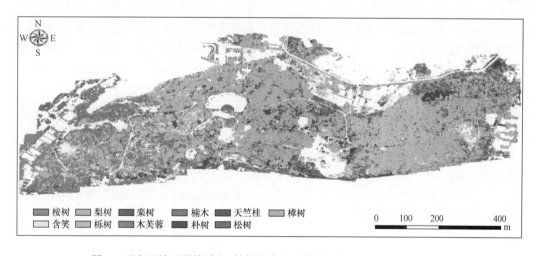

图 7   研究区基于原始波段+植被指数和支持向量机的 11 植被分类结果

6   讨论

为分析研究区典型陆生植被的光谱特征，挖掘无人机高光谱遥感数据+机器学习算法在植被群落分类方面的潜力，本研究利用无人机获取的高分辨率遥感影像数据和野外调查数据，通过光谱特征提取与特征变量选择，采用随机森林和支持向量机两种机器算法对研究区植被进行分类与精度评价。

（1）本研究基于无人机高光谱遥感数据，光谱信息主要来自典型陆生植被的冠层光谱反射，因此主要的分类植被为高大乔木和未遮挡的乔灌木等。

（2）通过比较基于原始波段组、基于植被指数组、联合原始波段和植被指数组的不同变量组的分类，发现联合变量信息能有效提高分类精度，主要因为利用光谱特征提取的由选取敏感波段建立的植被指数能增强不同目标地物的光谱信息差异，易于识别目标植被。

（3）根据选取的高光谱特征波段及其构建的植被指数，采用机器学习算法在本研究区内的典型陆生植被分类方面表现较好。随机森林和支持向量机算法在 11 种植被分类中精度较高、误差较小，同时支持向量机的表现最优。

（4）由于无人机高光谱数据的光谱分辨率很高，数据处理量和处理时间剧增，对软硬件的要求更高，给数据分析带来了较大的难度。考虑通过建立不同植被的高光谱库，利用光谱特征提取方法，有效识别敏感波段，进而提高准确性和处理效率。

7 结语

本研究通过无人机高光谱设备获取成都市植物园全域的光谱信息，其光谱分辨率为 3.5nm，空间分辨率约为 0.12m。同时，利用高精度实时差分定位测量仪（RTK）对园区内 140 种植被等 1246 个样本进行了采集，为了满足分类要求，筛选出样本量大于 20 棵的 11 种陆生植被分类组。采用包络线去除和一阶导数提取敏感波段，通过特征变量提取构建了 32 种植被指数，再联合 176 个原始波段组成变量组。在 R 语言中运用随机森林和支持向量机两种机器学习算法开展 11 种陆生植被分类组的分类计算，支持向量机算法表选出较好的成果精度，其分类整体精度为 0.6，Kappa 系数为 0.5，已经大大提高了采用传统卫星高光谱影像结合传统分类方法的植被种类分类成果精度。由此看出基于机器学习算法的无人机高光谱陆生植被种类分类是可行的，对大面积的陆生植被调查能提供较高精度的分类成果支持。

针对上述研究成果，对于典型陆生植被的分类目前只用了随机森林和支持向量机两种方法，缺乏对其他机器算法和深度学习算法的研究。第一，野外观测数据中，不同植被的样本个数差异较大，其对分类精度的影响有待进一步深入分析。第二，引入激光雷达数据，丰富分类的变量参数，从光谱信息和结构信息等多方面开展分类研究。因此，未来的工作还需要从算法、样本和指标三个角度深入剖析其对分类精度的影响，为改善和提高生态环境监测工作中的陆生植被调查和分类研究奠定坚实的基础。

参考文献

[1] 柴颖，阮仁宗，傅巧妮，等. 面向对象的高光谱影像湿地植被信息提取 [J]. 地理空间信息，2015，13（4）：83-85.

[2] 陈振亮. 新型遥感技术在陆生生态调查中的应用研究 [J]. 西安文理学院学报（自然科学版），2018（1）：111-113.

[3] 郭庆华，胡天宇，马勤，等. 新一代遥感技术助力生态系统生态学研究 [J]. 植物生态学报，2020，44（4）：418-435.

[4] 兰玉彬，朱梓豪，邓小玲，等. 基于无人机高光谱遥感的柑橘黄龙病植株的监测与分类 [J]. 农业工程学报，2019，35（3）：92-100.

[5] 李月，杨灿坤，周春平，等. 无人机载高光谱成像设备研究及应用进展 [J]. 测绘通报，2019，9：1-6.

[6] 王庆岩. 面向植被遥感监测的高光谱图像分类技术研究 [D]. 哈尔滨：哈尔滨工业大学，2018.

[7] 吴见，彭道黎. 基于空间信息的高光谱遥感植被分类技术 [J]. 农业工程学报，2012，28（5）：150-153.

[8] 徐苗苗. 基于高光谱与机载 LiDAR 融合的地物分类方法研究 [D]. 哈尔滨：东北林业大学，2020.

［9］余旭初，冯伍法，杨国鹏，等. 高光谱影像分析与应用［M］. 北京：科学出版社，2013.

［10］ALLBED A，KUMAR L，ALDAKHEEL Y Y.Assessing soil salinity using soil salinity and vegetation indices derIVed from IKONOS high-spatial resolution imageries: Applications in a date palm dominated region［J］. Geoderma，2014，230：1-8.

［11］APAN A，HELD A，PHINN S，et al. Detecting sugarcane "orange rust" disease using EO-1 Hyperion hyperspectral imagery ［J］. International Journal of Remote Sensing，2004，25：489-498.

［12］ALMEIDA C T，GALVAO L S，ARAGAO L E O C，et al. Combining LiDAR and hyperspectral data for aboveground biomass modeling in the Brazilian Amazon using different regression algorithms ［J］. Remote Sensing of Environment，2019，232.

［13］BREIMAN L. Random forests. Machine learning，2001，45（1）：5-32.

［14］CHAN JCW，PAELINCKX D. Evaluation of Random Forest and Adaboost tree-based ensemble classification and spectral band selection for ecotope mapping using airborne hyperspectral imagery. Remote Sensing of Environment，2008，112（6）：2999-3011.

［15］CHERKASSKY V，MA Y. Practical selection of SVM parameters and noise estimation for SVM regression ［J］. Neural Networks，2004，17（1）：113-126.

［16］GAMON J A，PENUELAS J，FIELD C B. A narrow-waveband spectral index that tracks diurnal changes in photosynthetic efficiency ［J］. Remote Sensing of Environment，1992，41：35-44.

［17］GITELSON A A，KAUFMAN Y J，MERZLYAK M N. Use of a green channel in remote sensing of global vegetation from EOS-MODIS ［J］. Remote Sensing of Environment，1996，58：289-298.

［18］GITELSON A A，KAUFMAN Y J，STARK R，et al. Novel algorithms for remote estimation of vegetation fraction ［J］. Remote Sensing of Environment，2002，80：76-87.

［19］GITELSON A A，KEYDAN G P，MERZLYAK M N. Three-band model for noninvasive estimation of chlorophyll，carotenoids，and anthocyanin contents in higher plant leaves［J］. Geophysical Research Letters，2006，33：2-6.

［20］GOUNARIDIS D，KOULOULAS S. Urban land cover thematic disaggregation，employing datasets from multiple sources and RandomForests modeling. International Journal of Applied Earth Observation and Geoinformation，2016，51：1-10.

［21］GUYOT G，BARET F. Utilisation de la haute resolution spectrale pour suivre l'etatdes couverts vegetaux ［J］. Spectral Signatures of Objects in Remote Sensing，1988，287：279-286.

［22］HUETE A，DIDAN K，MIURA T，et al. Overview of the radiometric and biophysical performance of the MODIS vegetation indices ［J］. Remote Sensing of Environment，2002，83：195-213.

［23］JORDAN C F. Derivation of leaf-area index from quality of light on the forest floor［J］. Ecology，1969，50：663-666.

［24］KANFMAN Y J. Atmospherically resistant vegetation index（ARVI）for EOS-MODIS［J］. IEEE Transactions on Geoscience and Remote Sensing，1992，30（2）：261-270.

［25］KUMAR T，PATNAIK C. Discrimination of mangrove forests and characterization of adjoining land cover classes using temporal C-band Synthetic Aperture Radar data：A case study of Sundarbans ［J］. International Journal of Applied Earth Observation & Geoinformation，2013. 23：119-131.

［26］LE MAIRE G，FRANCOIS C，SOUDANI K，et al. Calibration and validation of hyperspectral indices for the estimation of broadleaved forest leaf chlorophyll content，leaf mass per area，leaf area index and leaf canopy biomass［J］. Remote Sensing of Environment，2008，112：3846-3864.

[27] MERZLYAK M N，GITELSON A A，CHIVKUNOVA O B，et al. Non-destructive optical detection of pigment changes during leaf senescence and fruit ripening［J］. Physiologia Plantarum，1999，106：135-141.

[28] MERTON R N. Monitoring community hysteresis using spectral shift analysis and the red-edge vegetation stress index［C］//NASA，jet Propulsion Laboratory. Proceedings of the Seventh Annual JPL Airborne Earth Science Workshop，1998，Pasadena，California，USA.

[29] MCDANIEL K C，HAAS R H. Assessing mesquite-grass vegetation condition from landsat［J］. Photogrammetric Engineering and Remote Sensing，1982，48（3）：441-450.

[30] PEÑUELAS J，PINOL J，OGAYA R，et al. Estimation of plant water concentration by the reflectance Water Index WI（R900/R970）［J］. International Journal of Remote Sensing，1997，18：2869-2875.

[31] RONDEAUX G，STEVEN M，BARET F. Optimization of soil-adjusted vegetation indices［J］. Remote Sensing of Environment，1996，55：95-107.

[32] ROUSE J W，HAAS R H，SCHELL J A，et al. Monitoring vegetation systems in the great plains with ERTS ［C］//ERTS-1 SYMPOSIUM，n. 3，Washington，DC，1973，NASA，Washington.

[33] SIMS D A，GAMON J A. Relationships between leaf pigment content and spectral reflectance across a wide range of species，leaf structures and developmental stages［J］. Remote Sensing of Environment，2002，81（2）：337-354.

[34] VOGELMANN J E，Rock B N，Moss D M. Red edge spectral measurements from sugar maple leaves ［J］. International Journal of Remote Sensing，1993，14：1563-1575.

[35] ZHANG H，BERG A C，MAIRE M，et al.，2006. SVM-KNN：Discriminative Nearest Neighbor Classification for Visual Category Recognition［C］//Proc of IEEE Computer Society Conference on Computer Vision and Pattern Recognition，2006，New York.

作者简介

周湘山，男，高级工程师，主要从事水土保持监测及信息化监管、无人机航测及实景三维建模、环境保护信息化系统建设及资源与环境遥感应用等技术和科研工作。

朴虹奕，女，工程师，主要从事水土保持监测及信息化监管、环境遥感应用等技术和科研工作。E-mail：958043583@qq.com

高性能混凝土在道路桥梁中的应用

望辰俊

（中国电建集团成都勘测设计研究院有限公司，四川省成都市　610000）

[摘　要]根据我国工程领域快速发展的需求，在工程施工中使用越来越多的新材料，传统的材料已逐渐不能满足现代道路桥梁工程的高质量要求，高性能混凝土就是其中之一，它的性能远远高于普通混凝土，其特点主要体现在强度高、耐久性强、抗腐蚀性强、经济合理等方面。目前也许正处于从普通混凝土到高性能混凝土过渡的时代，本文将根据高性能混凝土的特性及其在道路桥梁方面的应用展开分析，过程中也会根据混凝土配合比设计、浇筑、养护过程中可能出现的问题以及目前重点关注的领域进行研究与讨论。

[关键词]高性能混凝土；道路桥梁；工程质量

0　引言

自从阿斯普丁发明硅酸盐水泥以来，混凝土至今已有约 200 年的发展历史。高性能混凝土在普通混凝土的基础上对各项指标进行了显著的提升，如今已然成为应用在建筑、公路、桥梁、水利水电等行业建设中的重要材料。目前我国生产的混凝土已经达到世界混凝土总产量的 50%，而根据我国工程建筑行业的高速发展，混凝土使用量还在继续增加。

然而，由于普通混凝土结构的材料劣化，混凝土的过早破坏现象已经成为比较普遍的问题，且有增加的趋势。在正常使用情况下，混凝土大约只有 50 年的使用寿命，而在极端条件下有时只需 10 年左右的时间就可能损坏，需要进行修补后才能使用。经统计混凝土提前被破坏的原因往往不是混凝土的强度不足，而是混凝土使用耐久性不符合使用要求。随着科学技术的快速发展，为了克服普通混凝土耐久性不良的缺点，进一步提高混凝土使用寿命，目前在普通混凝土的基础上研究出一种新型混凝土，它具有高工作性、高强度、高耐久性，这种混凝土便是本文研究与讨论的核心"高性能混凝土"。

与普通混凝土相比，高性能混凝土具有高强度、高稳定性、振捣时不离析、使用年限长等优点。这些优点使高性能混凝土能够充分适应目前高速发展的建筑行业需求，高性能混凝土的基本组成材料中最明显的变化是添加利用了高效减水剂和超细矿粉。超细矿粉主要帮助混凝土提高自身的密实度、耐久性和强度，而高效减水剂可以使混凝土的密度得到有效提升。由此看来，超细矿粉与高效减水剂是高性能混凝土的关键所在，它们使得混凝土的发展达到全新的高度，也是整个混凝土行业向高性能发展的过程中重要的一次革新。目前，高性能混凝土被广泛认为是综合性能最强的混凝土，虽然在很多国家还没有普及，但是在高层建筑、路桥、港口等有更高需求的领域已经开始被普遍使用，这也更加凸显了高性能混凝土的优越性。不仅如此，其还具有一定的经济性，由于其在安全、环境等方面产生了显著的效益，也得到各国研究人员的认可，被认为是现代混凝土领域乃至整个工程建设领域发展的风向。

高性能混凝土在实际应用过程中还是会不可避免地发生一些质量问题，虽然可能是受外界环境与温度的影响，但目前来看，主要还是在添加剂选择和使用方面缺乏深入的研究。另外，由于粗、细骨料质量控制不严格，也会导致混凝土配合比中含泥量过大、骨料级配差等问题出现；水泥也是一大影响因素，由于国内水泥市场没有严格控制导致出产的水泥质量比较不稳定，这也会导致分散性较大等问题出现。虽然是高性能混凝土能否成功的重要因素在于其基本材料的组成，但在施工过程中也应该加强控制，好的材料需要好的工艺才能物尽其用，实际施工过程中浇筑、振捣、养护方法等都是非常重要的，后续也会根据这几点进行分析，从源头到过程进行全方位控制才能产出优质的工程，发挥出其最好的性能。

本文将对高性能混凝土技术方面展开讨论，以提高公众对高性能混凝土的认识和重视程度为出发点，为如何选用高性能混凝土的基本材料、配合比设计的优化提出意见与建议。而后，对工程实际施工过程中须重点关注的地方提出个人见解与分析，最终以提高高性能混凝土综合性能与工程施工质量为目的，充分发挥高性能混凝土在工程实际应用中产生的环境、经济效益，进一步推动工程结构领域不断发展的前进脚步。

高性能混凝土在世界各地的定义不尽相同，根据我国研究人员对其的定义："通过使用更加优质的原材料，在水、水泥、粗细集料的基础上按比例添加足量的外加剂与活性细掺料，这样通过调整材料组成从而制作出一种综合性能明显优于普通混凝土的新型混凝土。"根据这个定义就可以推测出，不同的外加剂、配料比例，所形成混凝土的特点也大不一样，目前主要三个发展方向为超高性能混凝土、绿色高性能混凝土、智能混凝土，根据国内工程建设领域的发展，主要推广使用的是绿色高性能混凝土，既能满足工程对高性能的需求也能兼顾环境保护。现如今国内如此庞大的基础设施建设规模对混凝土的消耗量是十分惊人的，为了满足可持续发展维持这种高速发展的状态，国家正在不断加大资源的开发以及提升生产技术。

目前高性能混凝土研究在国内经过十几年的发展，也总结出一些比较重要的研究成果，主要体现在了以下几个方面：

（1）纳米级的二氧化硅能有效优化高性能混凝土的孔隙结构，掺入纳米级二氧化硅后高性能混凝土的孔隙率与平均孔径明显减小。这一研究成果直接改善了高性能混凝土的结构的密实度，掺入硅粉的高性能混凝土可以有效地防止有害气体、腐蚀性溶液和水的渗入。

（2）利用高性能混凝土较好的抗开裂能力，使采用高性能混凝土的梁段初裂弯曲强度和极限弯曲强度均有显著提升。

（3）冻融循环条件下，高性能混凝土的质量损失与动弹性模量的损失均很小。这样看来高性能混凝土不仅可以适应更加极端的天气环境，还可以有效降低钢筋的锈蚀率，从而显著提高结构的使用寿命。

高性能混凝土在少部分的发达国家可以进行普遍供应，C90-C100 已经作为商品混凝土开始生产，生产过程中采取常规的工艺，其主要的技术措施总结如下：

（1）美国生产的 C80-C100 混凝土会尽量降低水胶比，具体控制在 0.32～0.25，而 C100 以上的混凝土水胶比控制在 0.25～0.22。

（2）规定必须加入活性矿物掺和料，具体分为硅粉、磨细高炉矿渣、细磨和分选粉煤灰，掺入以上两种时就能取得比较理想的效果。

（3）因为加入了活性矿物掺和料，超塑化剂的掺入比例需要增加。美国波特兰水泥协会也提出了实际应用中高强度混凝土配合比和强度，他们对高强度混凝土的物理力学性能以及耐久性方面进行了详细的研究，根据 ASTmC512 的试验龄期 70 天，在荷载应力为 0.39R 的条件下经 30 天，强度为 88.5～118MPa 的混凝土徐变度值为（4.6～3.6）×10^{-5}（1/MPa），这一标准符合美国混凝土协会的规定，同时也和我国研究的成果基本一致。

1 相关技术介绍

1.1 高性能混凝土介绍

混凝土是一种按设计配方进行搅拌后在呈流体时，将其注入模板用来制作建筑零件或部件，晾干后具有石材材质特性的常用的建筑材料，在工程领域发展至今约有 120 年的发展历史。而随着行业快速发展，混凝土技术不断改进与革新，高性能混凝土应运而生。

高性能混凝土的改进主要体现在基本材质升级以及材料比例的优化，通过不断的实验研究以实现在满足性能的前提下最经济最合理的配合比设计，本文将着重从配合比设计方面展开进行分析。

与普通混凝土相比，高性能混凝土拥有更好的耐久性和强度，所以不仅能够适应更加多变的天气，也具有更加优秀的受力性能。根据其结构的特点，在施工中还可以适当压缩工程建设周期，提升工程整体进度。

1.2 高性能混凝土特性

1.2.1 高耐久性

高性能混凝土的高耐久性主要表现在抗自然老化和人工开裂能力强。自然老化是指混凝土长期暴露在空气中，受到极端自然环境的影响，混凝土内部结构出现破坏、裂缝和松动；人为开裂是指公路桥在使用过程中由于车辆长期动载或者超载等人为因素，从而造成道路面层以及桥梁面层的损害或开裂。从安全与经济的角度出发，道路桥梁工程的使用年限与结构安全得到了有效的提升，而高性能混凝土的高耐久性正好可以很好地满足这种需求。

1.2.2 高强度

高强度通常包括抗拉、抗压、抗剪强度，工程结构上很多关键部位特别是主要受到拉力与剪力的结构往往强度要求特别高，但混凝土作为一种人为材料出料时质量并不是特别稳定，而且难免会有骨料分布不均的现象。为了进一步提高混凝土强度，首先是掺入减水剂来降低水灰比，其次掺入超细矿粉，这样一来混凝土材质的强度能够得到显著提升。实际应用在大跨度结构桥梁中，可以采用高强度混凝土来减小结构断面，能显著提高桥梁的承载能力并且结构外观的设计也能更加美观、实用，高性能混凝土便能充分发挥其高强特性，延长大跨度桥梁的使用寿命。

1.2.3 高稳定性

高稳定性是道路桥梁高性能混凝土选择的重要指标。高稳定性主要表现在无收缩、变形、裂缝和弹性等方面。影响路桥稳定性的因素有很多，例如风雪、日晒、雨淋、腐蚀等。而高性能混凝土正是从这里出发提升了水泥的标号或者水泥用量，优化了配合比减少用水量，这样便可显著提升其稳定性。

2 高性能混凝土的应用

2.1 高性能混凝土在桥梁中的应用

高性能混凝土的特性致使其能快速发展应用到桥梁建设领域，因其综合性能的全面提升也实质性地推动了桥梁工程的发展，建筑师在规划桥梁设计时，显然能够拥有更多更好的选择以及更加先进、优越的设计；使用高性能混凝土不仅使桥梁多样化且更加美观，而且使其具有更好的性能与更长的使用寿命，直接带来了更高的经济效益。由于其具有高强度、高流动性、高韧性的优良特性，可以显著延长桥梁的使用寿命，减少维修工作难度的同时也能延长维修周期。桥梁建设完成进入使用期的过程中可能会不可避免地出现超载、违规使用或者极端情况的出现，而高性能混凝土在桥梁中的应用恰好能很好地提升桥梁的整体性能，从而很大程度上提高桥梁的安全系数，这也是现代桥梁领域关注的重点之一。

在道路和桥梁的建设中，桥梁的建设要求往往更为严苛，因为桥梁的意义本身就是跨越地形障碍架设在江河湖海上的构筑物，各个种类的桥梁的结构特点也有很多不同，而它的受力特点的复杂性也远高于道路工程。桥墩是桥梁最为重要的受力结构，上方会承受来自桥面的动荷载以及上部结构的静荷载，下方有时还会受到水流的影响，特殊情况下水中还会存在一定酸性物质对桥墩进行腐蚀，所以除了高强度，桥墩还应具有耐腐蚀性来抵御外界极端环境造成的影响。从以上这些因素看来，高性能混凝土具有的高强度、耐寒、耐高温、高稳定性、耐腐蚀性等诸多优点能够很全面地适应桥梁的实际需求，也是建造混凝土桥墩的最佳选择之一。

高性能混凝土在桥梁中的应用主要反映了以下优点：①桥跨可以设计的更长；②主梁间距在施工环节中可以增大；③桥梁构件的厚度更薄；④耐用性更强，并增加桥的使用寿命；⑤桥梁的强度、刚度、弹性强度较高，进一步提高了桥梁的安全系数，增加了人们出行的安全性。

2.2 高性能混凝土在道路中的应用

道路工程作为基础设施建设的核心领域，提升道路的质量从各个方面来讲都至关重要。考虑到道路路面在恶劣的环境下，可能会遭受冲刷、冻结和腐蚀，这也是影响道路使用寿命的几个重要因素，高性能混凝土具备高耐久性、耐腐蚀性等特点，这也直接使其在道路建设中也得到了大量广泛的应用。

在道路建设中使用高性能混凝土显著提高了道路的耐久性。这一特点大大提高了路基工程的质量，即使重型车辆通过，也不会出现塌陷或裂缝。在施工中使用高性能混凝土不仅节约了水泥用量，还提高了工程质量；不仅具有良好的经济效益，而且达到事半功倍的效果。道路施工要求路面材料具有抗磨性、抗腐蚀、抗渗水、抗冰冻和抗腐蚀等特性，而高性能混凝土由于其优异的特性非常适合于道路施工的高强度和高耐久性。该方法在道路施工中的应用，不仅有效地减少了路基的沉降，保证了路基的质量，而且有效地解决了道路普通混凝土强度低引起的一系列问题。根据施工环境和施工工艺的不同，高性能混凝土在道路施工中的应用可以起到更好的作用。

高性能混凝土能否发挥出应有的性能主要还需要做好施工过程的控制，将高性能混凝土组成材料的各种特点结合到每个工程的具体差异与需求对其配合比进行适当的调整也是关键之一，混凝土在浇筑过程中的振捣工艺看起来虽然不困难，但按照要求对浇筑振捣过程的控制却是十分重要的，道路工程中混凝土材质振捣不均可能会导致沉降裂缝等一系列问题出现，下文也会着重针对施工过程的控制进行分析。

3 高性能混凝土施工工艺

3.1 高性能混凝土制备环节

3.1.1 制备原则

根据工程设计和施工的要求，高强度混凝土的制备应遵循低水化热、高和易性、低渗透性、大体积稳定性的基本配置原则。

①低水化热。大体积混凝土的水化热反应在结构内部产生大量热量，这样会造成混凝土内外温差大。由此看来，应选用水化热低的水泥或者减少水泥用量并且添加矿渣、粉煤灰等措施有效降低水化热，从而更好地控制内外温差。

②高和易性。高性能混凝土与普通混凝土一样具有流动性、黏结性和保水性。通过优化骨料级配、砂率和减水剂的配比，提高混凝土的和易性。

③低渗透性。降低混凝土的水胶比，以达到降低孔隙率的目的，提高混凝土的密度，达到低渗透性。

④大体积稳定性。高性能混凝土在凝结硬化过程中的收缩变形会产生额外的拉应力，严重时会导致开裂。通过优化混凝土配合比，改进养护方法，加强早期养护，降低混凝土开裂风险。

3.1.2 原料与材料的选取

（1）水泥。水泥作为制备混凝土的主要胶凝材料，1977年关于其的国家标准推行以来，先后进行了三次修订，详见表1。

表1　　　　　　　　　国家水泥标准修订记录表

内容	GB 175—1977	GB 175—1992	GB 175—1999	GB 175—2007
检验强度的水灰比	0.36	0.44、0.46	0.50	0.50
同熟料的水泥强度	500	42.5	32.5	32.5
C_3A	5%~7%	≤10%	≤8%	≤8%
细度	80μm 筛余≤15%	80μm 筛余≤15%	80μm 筛余≤10%	80μm 筛余≤10%
其他	—	增加 R 型水泥	取消 3 天强度检测，加强早强意识	取消 7 天强度检测，加强早强意识

根据表中的修订内容来看，随着我国工程领域的快速发展，其对材料的要求也日益增高，高性能混凝土对水泥性能的要求也不仅限于强度，更要有足够的耐久性、工作性以及经济、环保；而水泥耐久性提高的原因是减小了过细颗粒的数量从而降低早期水化热，而且可能会减少 C_3A 的用量，这样便能有效地控制温度收缩使水泥形成强度的过程更加稳定、耐久。

（2）矿物掺和料。矿物掺和料的作用主要是能降低水泥的掺量，从而有效控制水化热造成的混凝土内外温差，改善混凝土后期强度的增长，提升其抗渗性与抗腐蚀性。目前用到的矿物掺合料主要有硅灰、粉煤灰和矿渣粉。

硅灰的主要作用是填充水泥之间的孔隙，在水化反应过程中形成一种胶凝材料，这样可以显著提高混凝土的抗压性、抗冲击和耐磨性能，在高强度混凝土中由于其粒径较小、活性较大，作为辅助材料配合高效减水剂使用可以很好地提升混凝土的和易性。

粉煤灰的掺入可以直接降低水泥、水的用量，提升强度、耐久性的同时还能节约成本。粉煤灰的品质通常要求其颗粒均匀、够细，这样可以保证其参与水化反应更加充分，发挥出更大的作用。粉煤灰的质量控制根据我国现行规范 GB/T 1596—2005《用于水泥和混凝土中的粉煤灰技术要求》，详见表2。

表2 用于水泥和混凝土中的粉煤灰技术要求

项目		粉煤灰等级		
		I	II	III
细度（0.045mm 方孔筛筛余，%）	≤	12.0	25.0	45.0
烧失量（%）	≤	5.0	8.0	15.0
需水量比（%）	≤	95.0	105.0	115.0
三氧化硫（%）	≤	3	3	3
含水量（%）	≤	1	1	1
游离氧化钙（%）	≤	F 类粉煤灰≤1.0；C 类粉煤灰≤4.0		
安定性	≤	C 类粉煤灰≤5.0		

粒化高炉矿渣粉简称矿渣粉，它的作用主要体现在水化反应的前期，通过减缓水化物的搭接从而改善混凝土的工作性；同时，矿渣粉能与水化产物二氧化钙产生二次水化反应，能够有效增加水泥水化反应的程度，从而明显提高混凝土的耐久性与强度。

（3）骨料。骨料是一种本身就具有高强度的材质，混凝土体积的 70%都是骨料，但它并不参与水化反应，所以骨料更多考虑其粒径、级配、形状；理想中的粗骨料形状应该是越圆越好，实际选用中应避免出现细长、薄片的骨料；我国现行规范也对粗骨料的颗粒级配范围有明确要求，详见表3。

表3 碎石或卵石的颗粒级配范围（GB/T 14685—2001）

级配情况	公称粒径（mm）	累计筛余按质量计（%）筛孔尺寸（圆孔筛）（mm）											
		2.5	5.0	10.0	16.0	20.0	25.0	31.5	40.0	50.0	63.0	80.0	100
连续粒级	5～10	90～100	80～100	0～15	0	—							
	5～16	95～100	90～100	30～60	0～10	0							
	5～20	95～100	90～100	40～70	—	0～10	0						
	5～25	95～100	90～100	—	30～70	—	0～5	0					
	5～31.5	95～100	90～100	70～90	—	15～45	—	0～5	0				
	5～40	—	95～100	75～90	—	30～65	—	—	0～5	0			

续表

级配情况	公称粒径（mm）	累计筛余按质量计（%）筛孔尺寸（圆孔筛）(mm)											
		2.5	5.0	10.0	16.0	20.0	25.0	31.5	40.0	50.0	63.0	80.0	100
单粒级	10～20	—	95～100	85～100	—	0～15	0						
	16～31.5	—	95～100	—	85～100	—		0～10	0				
	20～40	—	—	95～100	—	80～100			0～10	0			
	31.5～63	—	—	—	95～100	—		75～100	45～75		0～10	0	
	40～80	—	—	—	—	95～100			70～100		30～60	0～10	0

3.1.3 配合比设计

（1）采用矿物掺和料。高性能混凝土的配合比设计合理地采用活性矿物掺和料是非常重要的，它能对骨料及水泥的界面进行优化，目前高性能混凝土主要使用上文已经提及的硅灰、粉煤灰和矿渣粉。硅灰可以使二氧化硅实现二次水化反应，从而形成凝胶体覆盖、渗透到混凝土界面的孔隙中以提高混凝土的强度以及抗渗性。不仅如此，它能降低水泥用量，有效地控制水化热反应，对混凝土内外温差的控制有很大帮助，从而在根源上避免混凝土出现开裂，因此使用矿物掺料是考虑混凝土配合比过程中不可忽视的一环。

（2）使用高效减水剂。混凝土强度主要来源于胶凝材料也就是水泥的水化产物，通常情况下每立方米混凝土的水泥用量在 550kg 以内，降低水泥的用量可以直接减少水化热反应，目前控制水泥用量的最好办法是采用高效减水剂。高性能混凝土在配合比设计中使用高效减水剂与矿物掺料可以有效控制其流动性、水胶比，同时提升混凝土的骨料强度、水泥石硬化密实度。

（3）配合比参数设计。高性能混凝土配合比设计的重点需要考虑参数的控制，而关键参数主要有水胶比、砂率、浆骨比、高效减水剂。

根据高性能混凝土的性能要求，水胶比应尽量控制在较低的范围，通常情况下水胶比都低于 0.40。随着混凝土强度的提升，水胶比也会有所降低，各强度混凝土水胶比、胶凝材料用量详见表 4。

表 4　　　　　　　　　　各强度混凝土水胶比、胶凝材料用量

最低强度等级	最大水胶比	水泥最小用量（kg/m³）	水泥最大用量（kg/m³）
C30	0.55	280	400
C40	0.45	320	450
C50	0.36	360	480
C80	0.27	380	500
C100	0.22		

根据混凝土强度等级对应的最大水胶比基本可以确定根据矿物掺料的类型与数量针对其强度进行调整。其中浆骨比（水泥用量/骨料）在采用 35:65 的比例时可以达到综合性能最优的表现，包括混凝土的工作性、体积稳定性、强度等，高性能混凝土能够达到最佳状态；砂率的控制也能直接反应到混凝土的性能上，通常情况下混凝土的强度与砂率成反比，砂率越高混凝土强度越低，因此可以根据混凝土胶凝材料用量、骨料级配、运输等选择较为合适的砂率。

混凝土的配合比受到很多环境因素的限制、影响，所以对配合比的要求不能一概而论，而是要根据矿物掺和料、高效减水剂、骨料级配等问题合理进行搭配、调整，最终才能设计出符合实际需求、适应各种不同类型工程的高性能混凝土。

3.2 高性能混凝土浇筑

混凝土运输、浇筑过程在道路桥梁建设中非常重要，它直接决定了混凝土的工程质量，因此必须做好过程控制。混凝土运输时需考虑运输设备的运送能力，确保满足混凝土凝结速度和浇筑速度的需要，装料设备宜采用内壁平整光滑、不吸水、不渗漏的运输设备进行运输，长距离时应采用搅拌车运输以避免混凝土提前凝结形成强度。

在浇筑混凝土之前，按照要求请监理工程师检查模板的规格、尺寸和强度，模板质量必须符合模板质量验收规范。在浇筑之前，必须清理模板表面的泥土和砾石，以确保模板和混凝土接触面光滑清洁，确保混凝土成型质量。为了使混凝土骨料均匀分布，浇筑过程中的振动也非常关键，振动器应按照浇筑的顺序振动。所有零件中的混凝土必须按照规定的时间振动，而不会产生过多的振动或泄漏振动。遵循"快速绘制和缓慢插入"的原则，应保护振动边缘，以免损坏模板，导致浆液泄漏。

涉及大体积混凝土浇筑时应提前安排好浇筑计划，分层分批次浇筑，浇筑过程尽量避免留置施工缝。其中分层厚度（振捣后厚度）应根据搅拌机的能力、运输条件、振捣能力和结构要求等因素确定。

3.3 高性能混凝土养护

3.3.1 高性能混凝土养护的重要性

混凝土的养护在混凝土强度不断快速增长的期间进行，而混凝土强度增长需要消耗水分，否则混凝土强度会停止增长，所以混凝土的养护期就显得十分重要。混凝土养护的原理主要是人为纠正混凝土水化反应的温度和湿度，使混凝土在受控的情况下成型，从而达到混凝土的各项性能指标。高性能混凝土与普通混凝土强度相比组成的基本材料有较大的差异，从而凝结成型的过程也有区别，所以高性能混凝土的养护方式与普通混凝土也有着完全不同的方式。例如水胶比低的高性能混凝土的强度增长期主要偏后期，所以在养护过程中需着重提高后期的养护质量，避免因养护不到位形成裂缝。

由于高性能混凝土改进后较为多样、复杂，所以施工过程中各方面因素的影响都会放大，本文就养护过程和方法对高性能混凝土的影响展开了研究分析，也为以后的施工提供一些参考和借鉴。

3.3.2 高性能混凝土养护要求

（1）湿度。高性能混凝土最终成型的质量与水化反应程度是成正比的，说明水化反应得越彻底性能就会越好，所以高性能混凝土在养护过程中一项重要的环境因素就是湿度。高性能混凝土的配合比比普通混凝土的水胶比更低，如果在水化过程中水分流失过多将直接导致性能下降。经研究表明，高性能混凝土水化反应主要集中在浇筑完成的 24h 之内，而混凝土内部湿度在小于 80%时将会停止水化反应，所以养护时必须保证混凝土在水化过程中的湿度。

（2）养护时间。高性能混凝土的养护在浇筑完成就可以进行，一般养护时间必须保证大于等于 14 天，早期的保湿养护能使水分渗入混凝土内部，如果早期养护不到位，便会严重影响到混凝土成型强度与耐久性，最终导致对混凝土结构产生巨大的危害。

（3）温度。温度也是水化过程中需要重点控制的指标，随着水化反应的进行温度会逐渐升高，从而形成强度；随着温度的降低水化反应也会逐渐变缓，而低于一定温度时水化反应将会完全停止，最终混凝土也会冻结对结构产生破坏。同时，温度过高时水化反应的速率也会上升，但温度过高也可能会造成水化物包裹胶凝材料的颗粒表面，从而阻止胶凝材料的水化反应，这样便会导致混凝土后期强度上不去。

总结来说，混凝土养护期的温度不管是过高还是过低都会对混凝土的成型强度造成很大的影响，只有拥有适宜的温度才能使水化产物均匀分布到混凝土的内部结构，并最终达到预期的强度与耐久性。

4 结语

本文经过对高性能混凝土可能的影响因素进行了分析和试验，针对高性能混凝土的基本材料、配合比、养护等方面可以得出以下几条结论：

（1）为了控制水化反应时高性能混凝土内部温度过高，应选用中、低水化热的水泥。

（2）骨料级配应选用高强度、级配好的粗骨料，可以适量加大大粒径骨料的含量，并控制吸水率在 2%以内，特别是高性能混凝土的粗骨料最大粒径控制在 26.5mm 以内，且应当根据混凝土强度适当减小。

（3）高性能混凝土应选用高效减水剂，对工作性要求比较高时宜选用聚羧酸系减水剂。

（4）经过试验研究，配合比按水胶比 0.29、粉煤灰 20%、硅灰 9%、砂率 40%可配制出 C100 高性能混凝土。

（5）高性能混凝土的养护应采用复合型养护方法，浇筑完成的早期应采用保湿养护，后期应采用潮湿养护或防护剂养护。通过建立事前、事中、事后三个阶段进行质量体系控制，并且高性能混凝土的养护应着重事前与事中的养护控制。

参考文献

[1] 洪定海. 混凝土的钢筋的腐蚀与防护 [M]. 北京：中国铁道出版社，1998.

[2] 卢木. 混凝土耐久性研究现状和研究方向 [J]. 北京：工业建筑，1997.

[3] 中华人民共和国建设部. JGJ 63—2006 混凝土用水标准 [S]. 北京：中国建筑工业出版社，2006.

[4] 冯乃谦. 高性能混凝土 [M]. 北京：中国建筑工业出版社，1996.

[5] 吴中伟. 绿色高性能混凝土—混凝土的发展方向 [J]. 混凝土与水泥制品，1998.

[6] 中华人民共和国建设部. JGJ 52—2006 普通混凝土用砂、石质量及检验方法 [S]. 北京：中国建筑工业出版社，2007.

[7] 姜自新. 浅谈外加剂在混凝土中的应用 [J]. 中国石油和化工标准与质量，2012.

[8] 杨波. 谈高性能混凝土在桥梁中的应用 [J]. 山西建筑（建筑材料及应用），2017.

[9] 桑炜烨. 浅谈道路桥梁中高性能混凝土的应用 [J]. 工程科技，2018.

[10] 秦建华. 高性能混凝土在现代工程中的应用 [J]. 吉林广播电视大学学报，2007（5）：123.

[11] 陈晓晴. 高性能混凝土技术在道路桥梁工程施工中的应用 [J]. 江西建材，2008（1）：115-117.

[12] 王琳. 关于高性能混凝土在道路桥梁中的应用 [J]. 工程科技，2014（19）：208.

[13] 谢尧. 刘开之. 高性能混凝土研析 [J]. 华东公路，2010（5）：35.

[14] 戴兰芳. 高性能混凝土技术分析 [J]. 河北大学学报，2004.

[15] 胡萍. 高性能混凝土耐久性分析和评定方法 [D]. 合肥：合肥工业大学，2009.

[16] 王德辉，史才军，吴林妹. 超高性能混凝土在中国的研究与应用 [D]. 长沙：湖南大学土木工程学院，2016.

[17] 王晓飞. 高强高性能混凝土配合比优化设计 [D]. 西安：西安建筑科技大学，2012.

作者简介

望辰俊（1993—），男，助理工程师，主要从事道路桥梁工程设计与施工工作。E-mail：p2018226@chidi.com.cn

南法水电站区域地质及构造稳定性分析评价

钟　辉　刘敏刚　张　燚

（中国电建集团昆明勘测设计研究院有限公司，云南省昆明市　650051）

[摘　要]本文通过对南法水电站的区域地质及构造稳定性进行分析评价，介绍了工程区区域地形地貌、地层岩性、地质构造等基本情况，并对工程区和近场区断裂活动性、新构造运动、历史地震活动进行了研究分析，评价了工程场址区地震安全性和地震地质灾害，对该项目的勘察设计施工具有指导意义。工程区区域地质构造背景较为复杂，属于地震较活跃地区，场址区区域构造稳定性分级为稳定性较差。

[关键词]区域地质；构造稳定性；断裂；地震

0　引言

南法水电站位于老挝北部湄公河左岸一级支流南法河下游，地处波乔与琅南塔省界上。推荐坝型为混凝土面板堆石坝，最大坝高约为142m，坝顶长度约为710m，水库正常蓄水位为535m，相应库容约为$21.6×10^8m^3$，水库规模较大，装机容量为180MW[1]。

由于工程规模较大，且工程相关地区区域、近场地质、地震等基础资料缺乏，需对本工程区域地质及构造稳定性进行复核、分析和评价。主要通过对工程所在区域地形地貌、地层岩性、活动断裂等开展野外地质调查，结合搜集到的部分资料，对区域地质和地震活动性、地震危险性等进行了研究、分析和评价，以指导南法水电站的勘察设计施工工作。

1　地形地貌

老挝境内地势总体北高南低，区内地形地貌受地层岩性及地质构造控制，山脉和主要河谷总体上呈 NE-SW 向延伸，与区域构造线方向基本一致[2]。湄公河为区内最低侵蚀基准面。

工程区地处横断山系南端，琅勃拉邦山脉西侧，区域地貌特征表现为中山峡谷侵蚀、剥蚀地貌，多见有山间盆地堆积。区内地势总体北高南低、东高西低，两岸沟谷发育，山高坡陡，地形坡度一般为25°～40°，山峰高程一般为1000～1600m，相对高差300～600m，属中等切割的构造剥蚀、侵蚀型的中山地貌区。区内主要山脉走向受地质构造控制，以近 SN 及 NE 向为主，河流相间分布其中。

南法河流域植被茂密，自然山坡多稳定，不良物理地质作用总体不发育，局部地带发育规模较小的滑坡、泥石流及崩塌堆积体。滑坡主要在断层沿线或覆盖层深厚、地形较陡处发育，多为浅表层滑坡；泥石流仅在局部沟口发育；崩塌堆积体主要分布在高陡边坡的坡脚一带，范围及规模一般较小。

2 地层岩性

老挝境内地层总体发育较齐全，自元古界至第四系均有出露。大致以普雷山断裂、南巴坦—长山断裂为界，可将老挝划分为东部、中部、西部三个地层区。南法河流域地处西部地区，该区域分布的地层见表1。

表1 老挝西部（会晒—琅勃拉邦区）地层岩性简表

地层时代		主要岩性
新生界	$N_2\sim Q$	河流相，玄武岩及次火山岩
	N	陆相，含褐煤
中生界	$K_2\sim E?$	上部盐岩；下部陆相砂岩
	$T_3\sim K_1$	陆相红层为主，T_3 夹薄层煤、火山岩
	$T_2\sim T_1$	海相碎屑岩夹灰岩、中酸性火山岩
上古生界	$C_2\sim P$	海相碎屑岩夹灰岩，P_2 夹陆相煤系；含安山岩、英安岩
	$D_2\sim C_1$	杂砂岩、硅质岩，含量基性复火山岩
	D_1	缺失
下古生界	$O_{2\text{-}3}\sim S?$	页岩等
	$\in_3\sim O_1$	缺失
	$\in_{1\text{-}2}?$	不明
元古界	P_t	混合岩、片麻岩、片岩

老挝地区岩浆侵入与火山活动期次多、分布广，工程区分布有古生界侵入类的花岗岩、花岗闪长岩与少量辉长岩、闪长岩等；喷出类的安山岩。区域内缺乏大规模、程度较深的区域变质作用，总体变质作用较浅，浅变质岩主要集中分布于北部地区，工程区分布少量变安山岩。东部外围地区主要沉积了中生界泥岩、碎屑砂岩、砾岩等。南法河流域及周边地区主要分布火山岩与浅变质岩系，如安山岩、变安山岩、闪长岩、花岗岩等。

3 地质构造

3.1 大地构造单元划分

区域地处青藏高原东南缘的印支板块，位于中、缅、泰、老四国交界带，是古今板块强烈活动带，大洋岩石圈的俯冲、碰撞、大陆岩石圈的拉伸、裂离、缝合，形成了构造形迹十分复杂的大地构造格局[3]。

根据缝合线、区域构造和地质发育历史，大致以奠边府—琅勃拉邦缝合带（断裂带）为界可分为东印支褶皱系（Ⅰ）和西印支褶皱系（Ⅱ）2 个一级大地构造单元。工程区位于西印支褶皱系（Ⅱ）之二级上湄公河褶皱带（Ⅱ₂）内三级景洪—南邦断褶束内（Ⅱ₂₋₁）（见表2）。

表 2 工程所在区域大地单元构造划分

一级大地构造单元	二级大地构造单元	三级大地构造单元
Ⅰ 东印支褶皱系	Ⅰ₁ 琅勃拉邦—黎府褶皱带	
Ⅱ 西印支褶皱系	Ⅱ₁ 掸—泰褶皱带	
	Ⅱ₂ 上湄公河褶皱带	Ⅱ₂-₁ 景洪—南邦断褶束
		Ⅱ₂-₂ 勐腊—南塔褶皱束

3.2 断裂

工程区外围发育的主要区域性大断裂包括湄公河断裂、班更谷断裂、会晒—琅南塔断裂、孟帕亚断裂、勐赛断裂、奠边府—琅勃拉邦—程逸断裂（中段）等（见表 3）。共分布 6 条区域性断裂，除湄公河断裂活动性稍弱外，其余断裂晚新生代以来活动强烈，具有发生强震的构造条件，对工程区影响明显。

表 3 区域性断裂主要特征表

断裂名称	距场地距离（km）	产状	性质	长度（km）	历史地震
湄公河断裂	2	NNW, NW ∠60°～80°	逆冲	1200	微弱
班更谷断裂	9	N20°～40°E, NW∠70°	挤压，右旋走滑；晚第四纪活动断裂	130	1996 年 7 月 14 日班更谷 5.2 级、4.9 级；1989 年 4 月 8 日醒道 5.1 级；1975 年 10 月 27 日勐腊 5.5 级
会晒—琅南塔断裂	40	N45°E～SN, NW（SE）∠50°～75°	正断层兼右旋走滑；晚更新世活动断裂	130	2007 年 5 月 16 日班南坎 6.6 级；1978 年 9 月 1 日班旁 5.3；1925 年 12 月 22 日琅南塔 6.3/4 级
孟帕亚断裂（万达包断裂）	60	N55°E, NW（SE）∠60°～80°	挤压，左旋走滑；全新世活动断裂	310	1969 年 2 月 9 日勐仑 5.1 级；1989 年 9 月 29 日孟东 6.4 级；1989 年 10 月 1 日孟东 6.2 级；1990 年 1 月 24 日孟帕亚 5.3 级；1997 年 1 月 25 日孟仑 5.1 级；2011 年 3 月 24 日孟帕亚 7.2 级
勐赛断裂	100	N10°～45°E, NW（SE）∠60°～80°	水平右旋走滑；晚更新世活动断裂	200	1934 年孟混 6.1/2 级；1937 年勐赛 6 级及多次 5 级
奠边府—琅勃拉邦—程逸断裂（中段）	175	走向 NE	正断层，左旋水平滑动；晚更新世活动断裂	280	1989 年 6 月 17 日孟威 6.1 级、5 级

工程近场区断裂构造不发育，主要发育南马断裂，其走向 N60°E，长约 200km，距工程区约 7km，具有左旋水平走滑迹象，第四纪以来断裂新活动迹象明显。

3.3 褶皱

工程区属于上湄公河褶皱带（Ⅱ₂）景洪—南邦断褶束（Ⅱ₂-₁）。本区构造形变为一系列大体平行湄公河断裂带展布的弧形褶皱与断裂，且在弧形转折处常发育有北东向走滑断裂，其构造形变主要发生在早喜马拉雅阶段。此外，尚发育有北东向的强烈线性褶皱。

工程区附近区域地质构造主要为断裂,较大规模的褶皱欠发育;但较小规模的褶皱、褶曲仍较常见,主要分布于断裂带的两侧附近岩层中,一般呈倾角较陡的紧密褶皱。

4 新构造运动

工程区新构造单元属于"普洱—寮北断块差异掀斜隆起区"中的"南塔—勐赛差异隆起区",具有以下三方面的特征:一是大面积整体掀斜抬升运动;二是断块间的差异升降运动;三是断裂活动的继承性和新生性[3]。

南塔—勐赛差异隆起区为整体抬升背景下的差异运动较强烈地区。中生代时期为大型的内陆湖盆,早第三纪后区域总体隆起抬升。地貌上则表现为山谷相间的高原地貌,高原面一般海拔在1400m左右,具有北东高、南西低的掀斜特征。山脉、河流总体呈北东走向,受构造控制明显。区内发育有北东向的琅南塔断裂、勐赛断裂,沿断裂发育有多个新生代盆地,盆地面海拔500~700m,与周围山地高差700m左右,差异运动明显。

5 区域构造稳定性分析与地震基本烈度

5.1 历史地震活动分析

工程区位于老挝北部,邻近中国、缅甸,区域地震地质背景较为复杂,属于地震较活跃地区。区内 M≥4.7 级地震主要分布于区域北部,大致沿北东及北西构造方向展布。

根据资料记载,区域200km范围内共发生4次7级以上地震:①1941年澜沧7级,震中距场区150km,对场区影响烈度为Ⅳ~Ⅴ度;②1950年勐海7级,震中距场区约110km,对场区影响烈度约为Ⅵ度;③1995年缅甸邦桑7.3级,震中距场区约200km,影响甚小;④2011年孟帕亚7.2级,震中距场区87km,对场区影响烈度约为Ⅶ度。近场区查询到4.7级及以上地震4次,小于4.7级地震27次,距离场地最近的为1989年4月8日会晒北东的5.1级地震,距场地仅12km。根据资料分析,老挝北部地震活动较强烈,南部地震活动微弱,工程区地震活动相对强烈。

5.2 枢纽区地震基本参数

根据《老挝地震灾害危险性区划图》,枢纽区处于Ⅶ度区。根据中国国家地震局地质研究所徐煜坚、汪良谋主编的《世界活动构造、核电站、高坝和地震烈度分布图》,枢纽区处于Ⅵ度与Ⅶ度接壤地区。由于工程区邻近中国边境的勐腊县,参照《中国地震动参数区划图》(GB 18306—2015),勐腊县50年10%超越概率的地震动峰值加速度为0.15g。

参照南法水电站周边工程资料(见表4),南法电站外围地区的50年10%超越概率的地震动峰值加速度在0.109g~0.154g,100年1%超越概率的地震动峰值加速度在0.211g~0.372g。

表4　　　　　　　　　　　　周边工程地震动峰值加速度

工程名称	与南法电站距离	50年10%	100年1%
景洪水电站	N130km	0.109g	0.211g
回龙山水电站	NE140km	0.148g	0.33g

工程名称	与南法电站距离	50 年 10%	100 年 1%
北本水电站	SE115km	0.154g	0.372g
南欧江 6 级水电站	E180km	0.12g	0.29g
南立水电站	S230km	0.15g	
南康 2 水电站	SE220km	0.15g	

根据云南省地震工程研究院编制的《老挝南法水电站场地地震安全性评价报告》，工程场址区 50 年超越概率 10% 为 0.19g，对应的地震基本烈度为Ⅷ度，100 年超越概率 2% 的基岩峰值加速度为 0.44g，100 年超越概率 1% 的基岩峰值加速度为 0.58g。

根据《水电工程区域构造稳定性勘察规程》（NB/T 35098—2017），距工程场地最近的第四纪以来断裂新活动迹象明显的南马断裂距枢纽区约 7km；近场区有 4 次≥4.7 级、<6 级历史地震活动，无大于 6 级地震；地震动峰值加速度 0.15g，地震基本烈度为Ⅷ度，综合评价工程场址区区域构造稳定性分级为稳定性较差。

5.3 场地地震地质灾害评价

地震导致的坡体滑坡、崩塌常发生在陡峻的斜坡地段，一般为坡度大于 50°，高度大于 30m 的斜坡，或有陡倾节理发育、岩体破碎的地段，以及突出的山嘴、山脊等突出的部位，同时常具备地震烈度常位于Ⅶ度以上高烈度条件[3]。

工程场址区地震基本烈度为Ⅷ度，具备发生滑坡和崩塌的烈度条件，但自然山坡地形坡度一般 25°~40°，山体多混圆，少有突出地形，基岩一般出露于河边及零星出露于冲沟中，不具备发生大规模地质灾害的地形地质地震条件，未来强震时，场地发生大型滑坡、崩塌的可能性小，但有产生小规模崩塌、滑坡的可能性。场址区岸坡无粉土、粉细砂存在，河床部位存在的粉细砂层在未来建设时将全部清行清理，可不考虑松散土层砂土液化问题。场址区也无活动断裂分布，可不考虑断层地表位错问题。

6 结语

（1）工程区地处横断山系南端，琅勃拉邦山脉西侧，为中低山峡谷侵蚀、剥蚀地貌，多见山间盆地堆积，大规模不良物理地质作用总体不发育。南法河流域及周边主要为火山岩与浅变质岩系。

（2）工程区位于西印支褶皱系（Ⅱ）之二级上湄公河褶皱带（Ⅱ₂）内三级景洪—南邦断褶束内（Ⅱ₂-₁）。区内断裂构造较发育，晚新生代以来活动强烈，具有发生强震的构造条件，对工程区影响明显。区内较大规模褶皱欠发育，小规模褶皱、褶曲较常见。

（3）区内新构造单元属于南塔—勐赛差异隆起区，新构造运动表现为由北东向西南的掀斜抬升运动，沿断裂发育多个新生代盆地，差异运动明显。

（4）工程区 150km 内 7 级及以上历史地震 3 次，对场区影响烈度约为Ⅳ度~Ⅶ度；近场区 4.7 级及以上地震 4 次，小于 4.7 级地震 27 次。区域地质构造背景较为复杂，属于地震较活跃地区。

（5）南法水电站场址区场地 50 年超越概率 10% 的地震动峰值加速度为 0.19g，对应的地震基本烈度为Ⅷ度；100 年超越概率 2%的地震动峰值加速度为 0.44g，100 年超越概率 1%的基岩峰值加速度为 0.58g。综合评价工程场址区区域构造稳定性分级为稳定性较差。

（6）场址区不具备发生大规模地质灾害的地形地质地震条件，未来强震时，场地发生大型滑坡、崩塌的可能性小；可不考虑松散土层砂土液化问题和断层地表位错问题。

参考文献

［1］刘敏刚，张来飞，钟辉. 南法水电站可行性研究补充报告（工程地质）［R］. 中国水电顾问集团昆明勘测设计研究院，2011.

［2］钟辉，张燚. 南法水电站可行性研究复核报告（工程地质）［R］. 中国电建集团昆明勘测设计研究院有限公司，2018.

［3］常祖峰，冉洪流，周庆，等. 老挝南法水电站工程场地地震安全评价报告［R］. 云南省地震工程研究院，2014.

作者简介

钟　辉（1983—），男，高级工程师，主要从事岩土工程及水利水电工程地质勘察工作。E-mail：huifriendship@qq.com

深厚覆盖层上沥青混凝土心墙坝精细化计算方法研究

罗天富[1, 2]　冯业林[1]　黄青富[1]　杨　旸[1]

（1. 中国电建集团昆明勘测设计研究院有限公司，云南省昆明市　650000；
2. 河海大学，江苏省南京市　210000）

[摘　要] 地盘关沥青混凝土心墙坝填筑在最大深度为 93m 的深厚覆盖层上，因此，有必要通过有限元计算对坝体的应力变形进行分析研究，并对堆石体及覆盖层地基采用不同的网格，以确定合适的计算网格尺寸。采用 ABAQUS 计算平台对地盘关沥青混凝土心墙坝进行有限元计算分析，堆石体及覆盖层地基采用三种不同网格，沥青混凝土心墙、基座、防渗墙等关键部位采用相同尺寸的精细化网格。计算结果表明，采用中尺寸的网格模型可以在计算得到较好的计算精度的同时，有效得缩短计算时间，减小计算成本。

[关键词] 深厚覆盖层；网格精细化；堆石体；有限元计算

1　工程概况

地盘关沥青混凝土心墙坝位于云南省腾冲市明光镇境内，坝顶高程为 2063.50m，最大坝高为 49.5m，坝顶长 494.00m，上游坝坡坡比为 1:2.0，下游坝坡坡比为 1:1.8，正常蓄水位为 2060.5m，死水位为 2026.5m。沥青心墙顶部高程为 2063.5m，顶部高程为 2063.5m，厚度为 0.6~0.9m，心墙底部设置混凝土基座，尺寸为 3m×3m 的梯形断面。坝体防渗采用全封闭式混凝土防渗墙，防渗墙下部设帷幕灌浆。河床部位的深厚覆盖层钻孔揭露最大厚度为 93.30m，为粉土质砂至黏土质砂。坝体分区从上游至下游分别为上游压重→上游护坡→上游砂砾石料→上游过渡料→沥青心墙（0.6~0.9m）→下游过渡料→下游砂砾石料→下游基础水平反滤料及过渡料→坝脚压重→下游护坡。

2　计算原理

2.1　邓肯-张 E-B 模型

堆石体和深厚覆盖层都属于非线性材料，在数值模拟时均采用邓肯-张 E-B 模型[1]。邓肯-张 E-B 模型[2] 的基本理论如下

切线弹性模量 E_t 为

$$E_t = E_i(1 - R_f \cdot S_1)^2 \tag{1}$$

初始切线弹性模量 E_i 为

$$E_i = KP_a(\sigma_3 / P_a)^n \tag{2}$$

式中：P_a 为大气压；K 为切线弹性模量系数；n 为切线弹性模量指数。

破坏比 R_f 为

$$R_f = (\sigma_1 - \sigma_3)_f / (\sigma_1 - \sigma_3)_{ult} \tag{3}$$

$$(\sigma_1 - \sigma_3)_f = (2c\cos\varphi + 2\sigma_3\sin\varphi)/(1-\sin\varphi) \tag{4}$$

$$\varphi = \varphi_0 - \Delta\varphi \lg(\sigma_3/P_a) \tag{5}$$

式中：$(\sigma_1-\sigma_3)_{ult}$ 为当应变为无限大时主应力差 $(\sigma_1-\sigma_3)_f$ 的极限值；$(\sigma_1-\sigma_3)_f$ 为土石料的强度，采用摩尔-库仑准则确定；c 为土石料的凝聚力；φ 为土石料的内摩擦角；φ_0 为 σ_3 等于一个大气压时的 φ 值；$\Delta\varphi$ 为当 σ_3 增大 10 倍时 φ 减小的数值，为了考虑 φ 随着围压力 σ_3 的变化，常采用 φ_0、$\Delta\varphi$ 模式。

材料的应力状态以应力水平 S_1 反应，采用下式

$$S_1 = (\sigma_1-\sigma_3)/(\sigma_1-\sigma_3)_f \tag{6}$$

卸荷弹性模量 E_{ur} 为

$$E_{ur} = K_{ur}P_a(\sigma_3/P_a)^{n_{ur}} \tag{7}$$

式中：K_{ur} 为卸荷弹性模量系数；n_{ur} 为卸荷弹性模量指数，通常取 $n_{ur}=n$。

切线体积模量 B_t 和泊松比 μ_t 为

$$B_t = K_bP_a(\sigma_3/P_a)^m \tag{8}$$

$$\mu_t = 1/2 - E_t/(6B_t) \tag{9}$$

式中：K_b 为体积模量系数；m 为体积模量指数。

在邓肯-张 E-B 模型中，参数都是由三轴试验确定。

2.2 GOODMAN 无厚度单元

该单元为无厚度一维单元，由 4 节点组成。由于该单元的物理意义较为明确且无厚度，可以较好地反映材料性质差异较大的两种结构接触面上的张裂和相对滑动，因此得到了广泛使用[3]。GOODMAN 无厚度单元[4]主要内容如下：

切向劲度模量 K_s 为

$$K_s = K_1\gamma_w\left(\frac{\sigma_n}{P_a}\right)^n\left(1-\frac{R_f\tau}{\sigma_z\tan\delta}\right)^2 \tag{10}$$

式中：K_1 为模量系数；γ_w 为水的容重；σ_n 为接触面间的正向压应力；τ 为沿接触面的剪切应力；δ 为两种材料间的内摩擦角。

推导至二维平面，则相应的 x 向、y 向的剪切劲度模量为

$$K_{zx} = K_1\gamma_w\left(\frac{\sigma_n}{P_a}\right)^n\left(1-\frac{R_f\tau_{zx}}{\sigma_z\tan\delta}\right)^2 \tag{11}$$

$$K_{zy} = K_1\gamma_w\left(\frac{\sigma_n}{P_a}\right)^n\left(1-\frac{R_f\tau_{zy}}{\sigma_z\tan\delta}\right)^2 \tag{12}$$

2.3 计算步骤

首先建立典型断面的二维有限元模型，并将坝体分为 9 层，每层的层高为 5～6m，然后通过生死单元功能来模拟土石坝的填筑过程。模拟的第一步为坝基的初始地应力求解，并平

衡地应力，该步骤将坝体单元完全"杀死"。第二步为模拟防渗墙的施工过程，并在防渗墙和覆盖层之间设置 GOODMAN 单元。第三步到第十一步为依次对坝体进行填筑模拟。第十二步为模拟蓄水过程，在上坝面施加水压力。

3 有限元模型及计算参数

3.1 有限元模型

根据工程资料进行适当简化，建立地盘关典型断面的有限元模型。为了考察网格尺寸对坝体应力变形的影响，本次计算的堆石体及地基以三种尺寸进行网格剖分，沥青心墙、防渗墙等关键部位沿顺水流方向划分为三层网格。三种不同尺寸的堆石体网格模型情况分别是：①小尺寸网格模型，堆石体、地基等部位的网格尺寸都较为精细，每层坝体模拟填筑层有四层单元；②大尺寸网格模型，堆石体、地基等部位的网格尺寸较大，每层坝体模拟填筑层有一层单元；③中尺寸网格，堆石体及地基的网格尺寸介于小尺寸网格和大尺寸网格之间，每层坝体模拟填筑层有两层单元，详细网格情况见表1和图1。边界条件为：模型底部采用三个方向全约束，X 方向和 Y 方向采用法向约束。

表1　　　　　　　　　　　三 种 网 格 尺 寸 情 况

项目	网格模型		
	小尺寸网格模型	中尺寸网格模型	大尺寸网格模型
网格总数量	88581	41280	15690
节点总数量	120440	57520	22776
心墙、基座、防渗墙网格尺寸（m）	0.25×0.60	0.25×0.60	0.25×0.60
心墙、基座、防渗墙网格数量	2199	2199	2199
堆石体网格尺寸（m）	1.5×1.3	3.06×2.67	6.87×5.33
堆石体网格数量	11211	3555	1458
覆盖层、地基网格数量	75171	35526	12033

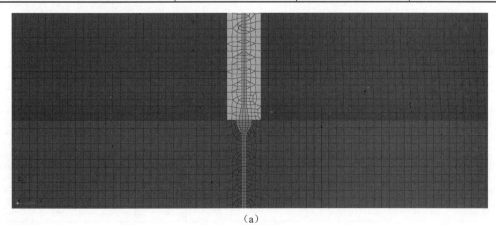

（a）

图1　三种网格尺寸（一）

（a）小尺寸网格

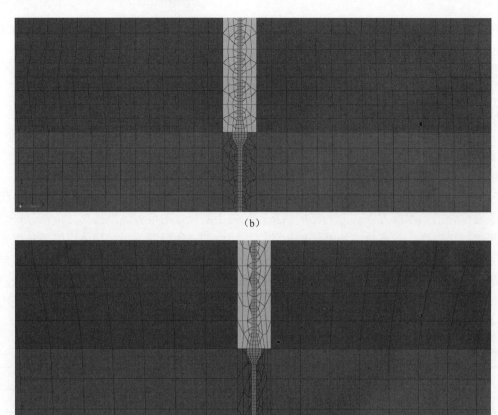

（b）

（c）

图 1　三种网格尺寸（二）

（b）中尺寸网格；（c）大尺寸网格

3.2　计算工况及计算参数

本次计算主要针对施工期和蓄水期两种工况。堆石体、过渡层、心墙覆盖层均采用邓肯-张 E-B 模型，混凝土防渗墙、混凝土基座、不透水基地采用线弹性材料模拟。计算参数见表 2 和表 3。

表 2　　　　　　　　　　　　　　坝 料 计 算 参 数

名称	容重（kN/m³）	模型参数							
		K	n	R_f	K_{ur}	c（kPa）	φ	K_b	m
沥青心墙	23.0	360	0.30	0.71	720	200	25	150	0.15
过渡料	21.0	1000	0.45	0.75	2000	78	41.6	350	0.2
砂砾石料	22.0	1100	0.50	0.77	2200	74	43.2	400	0.29
坝脚压重	19.0	650	0.4	0.7	1300	80	40	200	0.17
砂卵砾石层	20.0	1032	0.12	0.69	2064	63.4	38.2	549	−0.39
冲积层	19.5	400	0.45	0.75	800	100	33	240	0.1
有机质土	17.0	100	0.58	0.70	200	12	9	60	0.1

表 3   线弹性材料计算参数

名称	容重（kN/m³）	弹模（MPa）	泊松比
不透水地基	26.85	12700	0.24
防渗墙、基座	24.00	28000	0.2

4　计算结果及分析

通过三种模型的有限元计算分析，将小尺寸网格模型作为参考解，对比大尺寸网格模型和中尺寸网格模型的计算结果。

4.1　坝体水平向变形

三种计算网格模型在竣工期和蓄水期的水平向最大位移发生位置均相同。竣工期，上游坝体及坝基覆盖层向上游方向变形，下游坝体及坝基覆盖层向下游变形，且发生位置均在坝基覆盖层中部。蓄水后坝体下游变形增大，向上游变形减小，上游坝面位移也增大。水平位移分布及大小符合一般规律，位移云图见图 2 和图 3。具体数值对比见表 4。

表 4   三种网格模型坝体水平向变形结果

项目	网格模型		
	小尺寸网格模型	中尺寸网格模型	大尺寸网格模型
竣工期坝体水平向位移（m）	上游坝体：0.219 下游坝体：0.197	上游坝体：0.219 下游坝体：0.197	上游坝体：0.221 下游坝体：0.200
蓄水期坝体水平向位移（m）	上游坝体：0.069 下游坝体：0.260 上游坝面：0.370	上游坝体：0.069 下游坝体：0.273 上游坝面：0.363	上游坝体：0.070 下游坝体：0.284 上游坝面：0.355

注　表中的上游坝体是指上游坝体及上游坝体下的覆盖层，下游坝体是指下游坝体及下游坝体下的覆盖层。

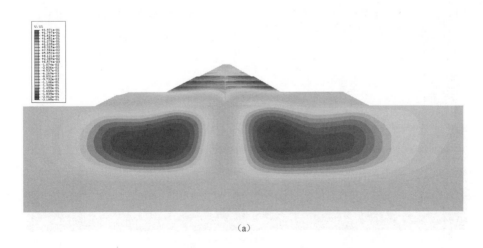

（a）

图 2　三种尺寸网格模型在竣工期坝体水平位移云图（一）

（a）小尺寸网格模型在竣工期坝体水平位移云图

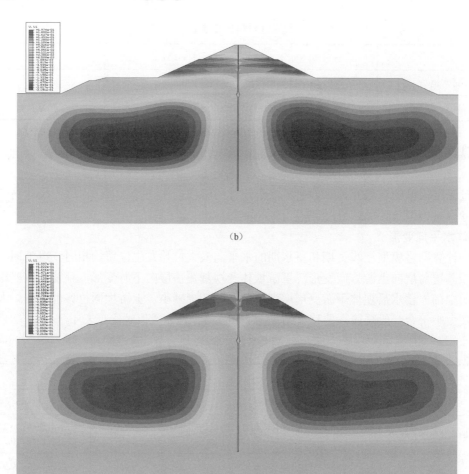

图 2 三种尺寸网格模型在竣工期坝体水平位移云图（二）

（b）中尺寸网格模型在竣工期坝体水平位移云图；（c）大尺寸网格模型在竣工期坝体水平位移云图

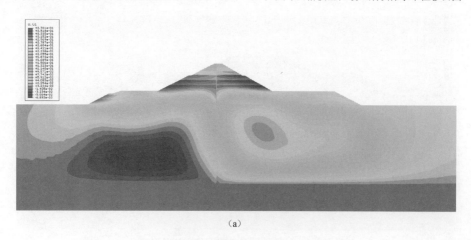

图 3 三种尺寸网格模型在蓄水期坝体水平位移云图（一）

（a）小尺寸网格模型在蓄水期坝体水平位移云图

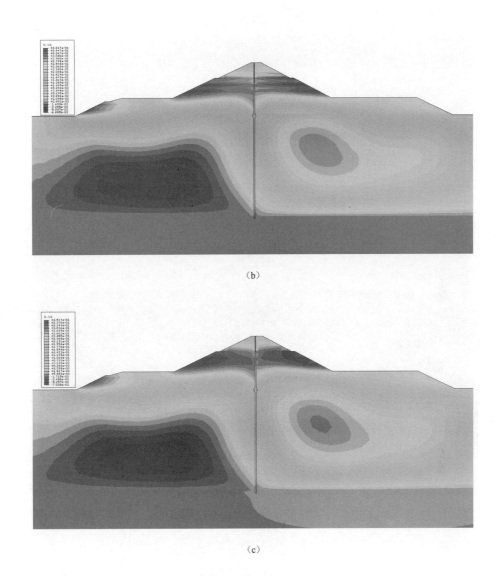

（b）

（c）

图 3　三种尺寸网格模型在蓄水期坝体水平位移云图（二）

（b）中尺寸网格模型在蓄水期坝体水平位移云图；（c）大尺寸网格模型在蓄水期坝体水平位移云图

　　从施工期和蓄水期的坝体水平位移计算结果可知，施工期的计算结果相差不大，但是蓄水期的坝体水平位移随着网格尺寸变大，位移偏差也逐渐增大，且最大位移发生的范围也有所差异，小尺寸网格的最大位移发生位移最小，中尺寸网格次之。

4.2　坝体竖向沉降

　　三种计算网格模型在竣工期和蓄水期的最大沉降均发生在上、下游砂砾石料底部与覆盖层交界处，竣工期的沉降以心墙轴线为中轴线呈对称分布。三种网格模型的竖向位移云图见图 4 和图 5。具体数值对比见表 5。

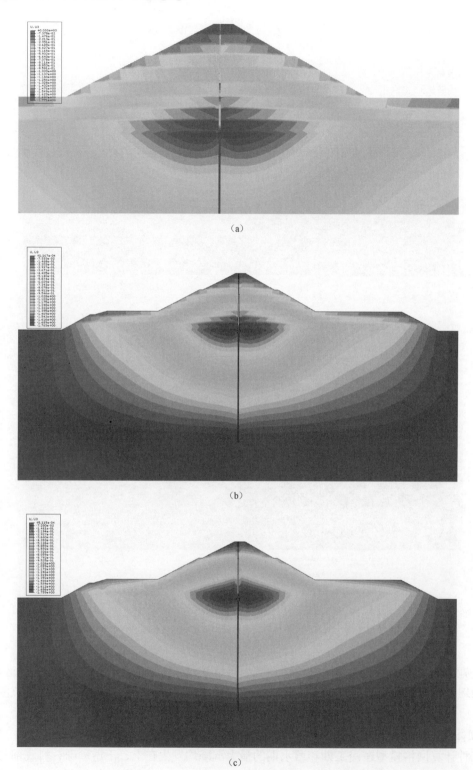

图 4 三种尺寸网格模型在施工期坝体竖向沉降云图

（a）小尺寸网格模型在施工期坝体竖向沉降云图；（b）中尺寸网格模型在施工期坝体竖向沉降云图；

（c）大尺寸网格模型在施工期坝体竖向沉降云图

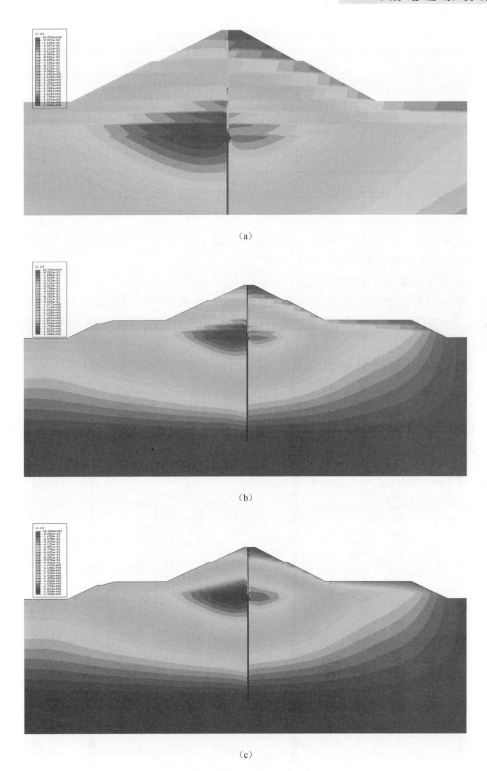

图5　三种尺寸网格模型在蓄水期坝体竖向沉降云图

（a）小尺寸网格模型在蓄水期坝体竖向沉降云图；（b）中尺寸网格模型在蓄水期坝体竖向沉降云图；

（c）大尺寸网格模型在蓄水期坝体竖向沉降云图

项目	网格模型		
	小尺寸网格模型	中尺寸网格模型	大尺寸网格模型
竣工期坝体竖向最大沉降（m）	1.771	1.763	1.759
位移偏差（%）	—	0.45	0.68
蓄水期坝体竖向最大沉降（m）	1.998	1.988	1.980
位移偏差（%）	—	0.5	0.9

表 5　　　　　　　　　　　三种网格计算模型坝体竖向沉降结果

　　从三种不同网格模型施工期和蓄水期的计算结果可知，小尺寸网格模型在施工期和蓄水期的竖向沉降最大，中尺寸网格次之，大尺寸网格最小，且小尺寸网格和中尺寸网格云图在描述竖向沉降发生位置更加精确。

4.3　沥青混凝土心墙及防渗墙竖向应力

　　竣工期，沥青心墙最大竖向应力为 0.834MPa，为压应力，蓄水期的最大竖向应力为 0.901MPa，为压应力，施工期和蓄水期的最大竖向应力均发生在心墙底部，应力云图见图 6。

　　竣工期，防渗墙最大竖向应力为 17.1MPa，为压应力，发生在防渗墙的底部；蓄水期，防渗墙最大竖向应力为 25.98MPa，为压应力，发生在防渗墙底部的下游侧，应力云图见图 7。

4.4　沥青混凝土心墙及防渗墙水平位移

　　施工期，最大水平位移发生在沥青心墙与心墙底座连接处，上游面向下游位移 4.07cm，下游面向上游位移 2.52cm；蓄水期，心墙的最大水平位移均为向下游移动，其中心墙顶部向下游移动 0.115m，底部向下游移动 0.195m，位移云图见图 8。

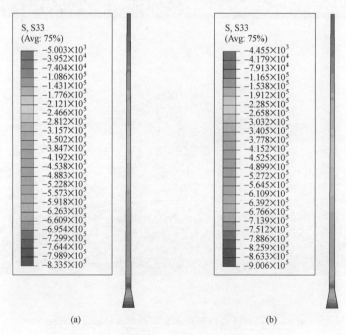

图 6　沥青心墙竣工期及施工期竖向应力云图

（a）竣工期心墙竖向应力；（b）蓄水期心墙竖向应力

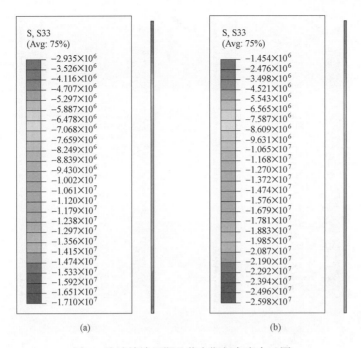

图 7　防渗墙竣工期及蓄水期竖向应力云图

（a）竣工期防渗墙竖向应力；（b）蓄水期防渗墙竖向应力

防渗墙在施工期的水平位移均较小，最大水平位移发生在防渗墙顶部，为 7mm；蓄水期，防渗墙最大位移发生在防渗墙顶部，最大值为 0.156m，且向防渗墙底部逐渐减小，位移云图见图 9。

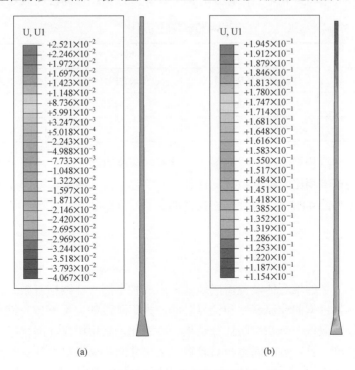

图 8　心墙施工期及蓄水期水平位移云图

（a）竣工期心墙水平位移云图；（b）蓄水期心墙水平位移云图

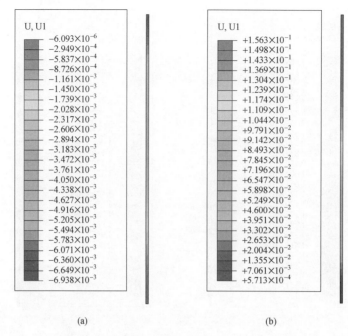

(a)   (b)

图9　防渗墙施工期及蓄水期水平位移云图

（a）竣工期防渗墙水平位移云图；（b）蓄水期防渗墙水平位移云图

4.5　计算时间对比

三种不同尺寸的堆石体和地基网格在相同的计算硬件下，计算时间见表6。

表6　　　　　　　　　　　　不同网格计算时间对比

项目	网格模型		
	小尺寸网格模型	中尺寸网格模型	大尺寸网格模型
计算时间	312min	134min	91min
计算结果文件大小	25G	11G	7G

其中，小尺寸网格模型的计算时间最长，计算结果文件也最大；中尺寸网格模型的计算时间与小尺寸网格模型相比大幅度缩减，计算时间仅为小尺寸网格模型的43%，结果文件大小为小尺寸网格模型的44%；大尺寸网格模型的计算时间最短。

5　结论

本文对地盘关大坝的堆石体及覆盖层地基采用三种不同尺寸网格有限元模型进行有限元计算，对比不同网格模型的计算精度和计算时间，为下阶段的大坝整体三维有限元计算选取合适的网格模型以及取得一个初步的计算结果。经对比，采用中尺寸网格模型可以取得一个较为合理的计算精度，且计算时间也相对较短。大尺寸网格模型虽然计算时间最短，但是其网格尺寸比心墙尺寸约大25倍，这样导致了过渡区网格长宽比较大，质量较低。综上所述，采用中等尺寸的网格模型可以取得较好结果的同时，大幅缩短计算时间，减小计算成本，在下阶段的大坝整体三维有限元计算中可以采用与中尺寸网格模型相近的网格尺寸。

参考文献

［1］郦能惠，米占宽，李国英，沈珠江. 冶勒水电站超深覆盖层防渗墙应力变形性状的数值分析［J］. 水利水运工程学报，2004（1）：18-23.

［2］殷宗泽. 土工原理［M］. 北京：中国水利水电出版社，2007.

［3］程玲，董景刚. 基于不同接触单元的面板堆石坝动力响应分析［J］. 人民黄河，2018，40（1）：82-84，91.

［4］龙伦刚. 紫坪铺面板堆石坝库水动力作用效应研究［D］. 成都：成都理工大学，2020.

［5］周敉，王君杰，袁万城，章小檀. 基于精细有限元分析的猎德大桥抗震性能评价［J］. 上海同济大学学报（自然科学版），2008（2）：143-148.

［6］屈永倩. 面板堆石坝地震损伤演化-破坏分析方法与应用研究［D］. 大连：大连理工大学，2020.

作者简介

罗天富（1999—），男，硕士研究生，研究方向：面板堆石坝数值模拟计算。E-mail：luotianfu0126@163.com

冯业林（1970—），男，教授级高级工程师，主要从事水利水电土石坝工程设计研究工作。

黄青富（1985—），男，高级工程师，主要从事水利水电工程设计工作。

杨　旸（1988—），男，工程师，主要从事水利水电工程设计工作。

深埋软岩隧洞 TBM 施工及控制措施体系三维有限元分析

刘晓芬　黄青富　王　政

（中国电建集团昆明勘测设计研究院有限公司，云南省昆明市　650051）

[摘　要]为获得深埋软岩隧洞 TBM 施工过程中围岩变形控制与管片结构受力的关系，为深埋软岩隧洞 TBM 施工及控制措施体系提出切实可行的控制手段与对策，文章利用 MIDAS GTS NX 岩土有限元分析软件，开展了 TBM 施工过程模拟研究，计算了深埋软岩洞段 TBM 施工过程中围岩及控制措施体系应力及应变。结果表明：高埋深软岩洞段在初拟控制措施体系下开挖时变形量将大于单护盾 TBM 扩挖间隙，意味着实际开挖过程中卡机风险较大，应增强超前支护体系。计算结果为滇中引水二期骑马山隧洞 TBM 施工控制及管片设计提供了力学依据。

[关键词]深埋隧洞；TBM；高地应力隧洞；预留变形量；管片衬砌

0　引言

随着水利工程隧洞逐渐向深埋、长程方向发展，TBM 输水隧洞得到了越来越广泛的应用。由于高埋深隧洞施工往往面临高地应力、高地温等更复杂的[1, 2]，因此，分析 TBM 施工过程中围岩变形及控制措施体系的稳定性是十分必要的[1]。目前国内外对 TBM 隧洞结构的计算方法主要有荷载—结构法、地层—结构法等，前者将围岩对管片的作用简化为荷载施加在管片上，仅考虑管片自身的应力应变情况；后者将地层和衬砌结构视为共同受力的统一体，可以分别计算衬砌和地层的内力，并据此验算地层的稳定性和进行结构断面设计[3]。

常规的 TBM 隧洞计算研究往往以开敞式为主，单护盾拼装管片的研究相对较少，对其计算方法和模型选取可参考的实例和理论也很少[4]。本文依托滇中引水二期工程，对 TBM 隧洞开挖过程进行计算分析，研究成果可供后续相关的 TBM 隧洞工程施工及控制措施体系、管片设计等提供参考借鉴。

1　项目背景

滇中引水工程是解决滇中高原经济区水资源短缺的根本途径和战略性水利基础设施，是国务院要求加快推进建设的 172 项节水供水重大水利工程标志性工程。滇中引水二期工程是在滇中引水工程（一期）的基础上，向受水区进行水资源配置的供水干线工程，涉及 6 个州市，线路全长 1769.052km。布置调蓄水库 1 座，588 个输水建筑物，提水泵站 50 座。

骑马山隧洞属于滇中二期大理段巍山干线，洞长 10.42km，最大埋深约为 938m。隧洞进出口采用钻爆法、洞身段采用单护盾 TBM 法施工，是大理段干线的控制性工程。通过三维有限元模拟骑马山隧洞深埋软岩洞段开挖过程，对于优化超前支护措施体系、有利于工程施工安全、有效控制工期等意义重大。

2 数值模型

2.1 位移计算结果

本项目采用单护盾 TBM 施工，选取骑马山隧洞 WS34+187（890m）附近 V 类软岩断面进行应力及位移分析，根据地质测试结果，侧压力系数 K_0 取为 1.4。一般洞段开挖直径 4.6m，衬砌外径为 4.3m；软岩及地质不良洞段开挖直径 4.8m。模型计算域横向及竖向均取 80m，考虑到本项目 TBM 护盾长约 8m，纵向长度选取 30 m（20 段管片）的区段进行模拟。

高埋深段 V 类软岩断面由于地应力大，围岩开挖后不能自稳，需采取超前支护措施，并及时施加衬砌以维持围岩稳定。根据地质条件及施工经验，本工程采取的超前支护措施具体包括：①掌子面采用玻璃纤维锚杆注浆加固，L=4.5m@1.1×1.1m，搭接 1.5m；②拱顶 120°做大管棚，环间距 0.5m，ϕ108@0.5，L=30m，纵向排距 27m，超前小导管 ϕ38@0.5m，L=4.5m，纵向排距 3m。图 1 为 TBM 隧道开挖模型。

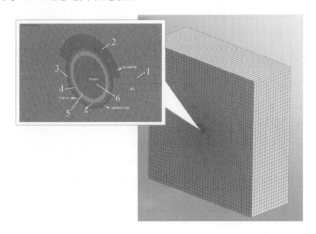

图 1　TBM 隧道开挖模型

1—围岩；2—超前注浆；3—扩挖间隙；4—豆粒石灌浆；5—衬砌管片；6—开挖部分

在数值模型中地层的土体本构模型采用摩尔—库伦模型，支护结构和管片衬砌（含螺杆）采用弹性模型。研究对象围岩 V 类软岩，岩性以泥质粉砂岩、粉砂质泥岩、泥岩为主，物理力学参数根据本工程地质勘测资料选用，围岩力学参数见表 1，支护措施力学参数见表 2。

表 1　　　　　　　　　　　围岩物理力学参数表

岩性	岩石饱和单轴抗压强度 R_c（MPa）	弹性模量 E（GPa）	泊松比 v	容重 γ（kN·m^{-3}）	凝聚力 c（MPa）	内摩擦角 φ（°）
V 类软岩	1～3	0.25	0.38	21	0.08	20

表 2   支护措施力学参数表

材料	弹性模量 E（GPa）	泊松比 v	容重 γ（kN·m⁻³）
管片衬砌 C50	34.5	0.167	25
螺杆 M24	210	0.3	78.5
豆砾石（灌浆后）	3	0.27	18.5
注浆管棚	93	0.3	25
注浆小导管	93	0.3	25
注浆加固范围	将预加固区围岩参数提高近一个级别考虑		

2.2 模拟方法

按 TBM 隧洞施工顺序进行模拟，通过掌子面平衡力模拟实际 TBM 推进，保证计算过程收敛。模拟过程描述如下：

（1）初始地应力计算及位移清零；

（2）依次超前支护并开挖第 1 环～第 6 环（考虑 9m 范围内为护盾段），本段距离围岩变形及荷载由围岩+超前支护体系+护盾承担；

（3）第 7 环开挖的同时，施加第 1 环（盾尾）衬砌管片、回填扩挖间隙等，围岩变形及荷载由围岩+超前支护+护盾/管片承担；

（4）按此逻辑依次推进施工程序。

3 模拟结果

3.1 位移计算结果

图 2～图 6 为Ⅴ类软岩隧洞埋深 890m 洞段施工过程位移图。研究段长 30m，初拟采用超前支护措施为：掌子面采用玻璃纤维锚杆注浆加固；拱顶 120°做大管棚[7]。

本段由于围岩软弱，且存在高地应力问题，开挖过程中围岩变形较大。开挖第一环时，水平位移极值为 181.9mm，位于隧洞左侧，竖向位移极值为 161.7mm，位于隧洞底部。隧洞拱顶 120°因为采取大管棚超前支护，位移相对较小，向下塌落约 80mm。此时位移极值均小于扩挖间隙 250mm，见图 2。

开挖至第 6 环时，开挖段位移分布规律见图 3。此时第 1 环位于盾尾位置，第 6 环位于掌子面位置，从第 1～第 6 环，变形从大到小分布。由于第 1 环经历的变形时间相对最长，水平位移极值达到 256.62mm，位于隧洞左侧，竖向位移极值为 281.9mm，位于隧洞底部。此时位移极值大于扩挖间隙 250mm，第 1 环衬砌管片尚未施加，意味着在盾尾附近已经造成对盾壳的挤压，卡机风险较大。

开挖至第 7 环时，开挖段位移分布规律见图 4。此时第 1 环已施加衬砌，第 2 环位于盾尾位置，第 7 环位于掌子面位置，从第 1～第 7 环，变形从大到小分布。由于衬砌管片支护作用，第 1 环位移不再发展，且有减小趋势。

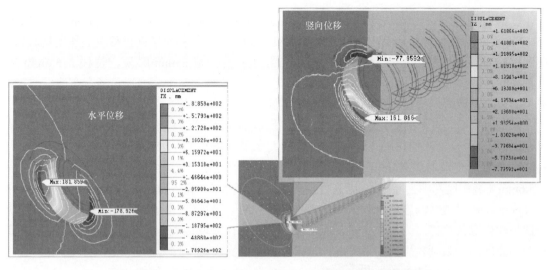

图 2　开挖第 1 环时位移云图（X_{max}=181.9mm，Z_{max}=161.7mm）

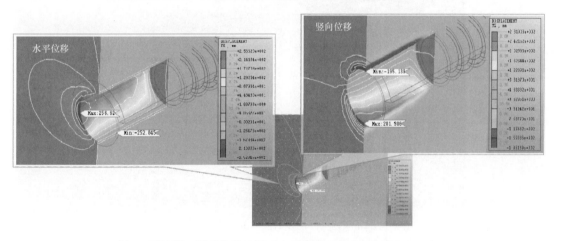

图 3　开挖第 6 环时位移云图（X_{max}=256.6mm，Z_{max}=281.9mm）

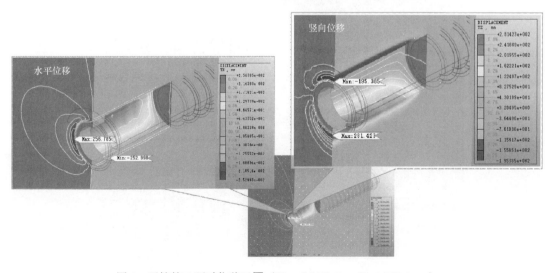

图 4　开挖第 7 环时位移云图（X_{max}=256.7mm，Z_{max}=281.4mm）

以第 1 环为例，围岩从开挖～施加衬砌这段时间，水平最大位移从 181.9mm 增加至 256.7mm；竖向最大位移从 161.9mm 增加至 281.9mm。水平位移及竖向位移发展速度均较快，在开挖第 4 环时（进尺 6m）水平位移 249mm 接近扩挖间隙 250mm，竖向位移 275.6mm 超过扩挖间隙 250mm。此时围岩处于护盾支护范围，意味着此时围岩变形已经存在造成 TBM 卡机的风险，因此，应进一步加强超前支护措施。

从全段来看，随着衬砌的施加，位移发展受到限制，从第 7 开挖也即第 1 环施加衬砌（进尺 9m）开始至全段开挖完成（进尺 30m），最大水平位移变化为 256.8～257.4mm（隧洞左侧向洞内变形），变形增加 0.6mm，判断水平向变形基本趋于稳定；最大竖向位移变化由 281.4～275.6mm（隧洞底部朝上隆起），因为衬砌的施加底部变形回落 5.8mm。对实际工程中的指导意义在于，在深埋软弱岩体中开挖隧洞，衬砌时机应"尽早"。考虑到 TBM 施工的特殊性，在深埋软岩洞段施工时为避免卡机，应加强超前支护，采取最大扩挖间隙施工，及时跟进管片及间隙回填，限制软岩大变形发展。全段开挖衬砌完成时位移云图详见图 5 和图 6。

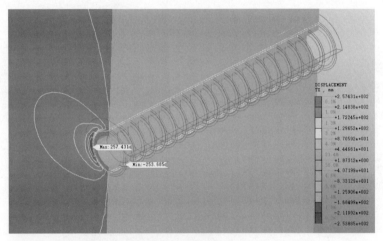

图 5 全段开挖衬砌完成时水平位移云图（max=257.4mm，第 1 环左侧）

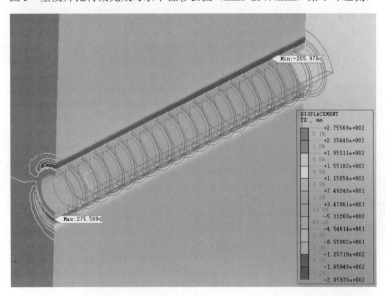

图 6 全段开挖衬砌完成时竖向位移云图（max=275.6mm，第 1 环底部）

3.2 应力计算结果

图7～图10为Ⅴ类软岩隧洞埋深890m洞段施工过程应力图。本段由于围岩软弱，且存在高地应力问题，开挖～衬砌过程中"围岩+支护+衬砌"系统的变化规律如下：

开挖第1～第6环（进尺9m）时，此时衬砌尚未施加，围岩变形压力应主要由围岩+超前支护承担，当变形超过扩挖间隙时，将有部分应力施于护盾造成挤压，存在TBM卡机风险，这类洞段需在加强超前支护的基础上，考虑TBM脱困措施。该段水平应力极值由97.1MPa增至138.03MPa（出现在第1环），竖向应力极值由72.9 MPa增至111.31MPa（出现在第1环），详见图7和图8。

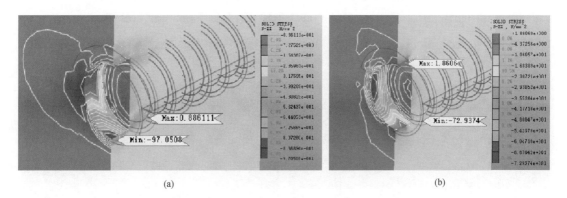

图7　开挖第1环时应力云图（X_{max}=−97.1MPa，Z_{max}=−72.9MPa，单位：MPa）

（a）水平向应力；（b）竖向应力

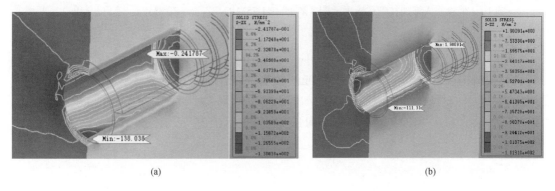

图8　开挖第6环时应力云图（X_{max}=−138.0MPa，Z_{max}=−111.3MPa，单位：MPa）

（a）水平向应力；（b）竖向应力

开挖第7环（进尺10.5m）时，此时施加第1环衬砌及豆砾石回填灌浆，围岩压力出现重新分配，由围岩+超前支护+衬砌承担，水平应力极值由138.03MPa减小为120.93MPa，竖向应力极值由111.31MPa减小为100.85MPa。第7环以后开挖盾尾依次施加衬砌，由于衬砌对围岩压力的分担作用，衬砌段围岩承担应力减小，围岩应力极值出现在开挖掌子面，详见图9。

至全段完成施加衬砌后，围岩压力将由围岩+超前支护+衬砌承担，围岩水平应力极值减小为81.8MPa，竖向应力极值减小为70.8MPa，见图10。

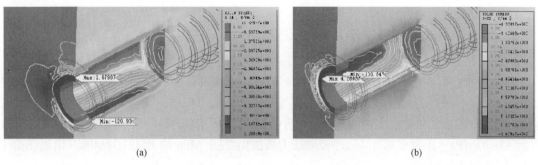

图 9　开挖第 7 环时应力云图（X_{max}=-120.9MPa，Z_{max}=-100.8MPa，单位：MPa）

（a）水平向应力；（b）竖向应力

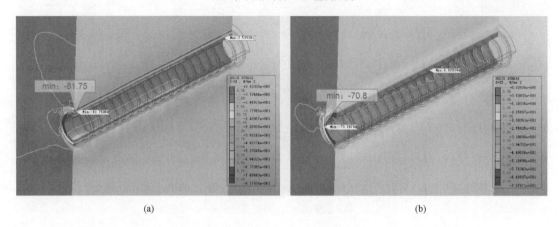

图 10　全段完成施加衬砌后应力云图（X_{max}=-81.75MPa，Z_{max}=-70.8MPa，单位：MPa）

（a）水平向应力；（b）竖向应力

提取衬砌顶部水平向应力及右侧竖向应力图如图 11 和图 12 所示。

由衬砌结构应力图可知，计算段（30m）全部完成施加衬砌后，衬砌顶部外表面主要承受拉应力，水平向拉应力极值为 4.23MPa，出现在第 13 环；衬砌右侧外表面主要承受压应力，竖向压应力极值为 9.9MPa，均在衬砌结构强度允许值范围内。

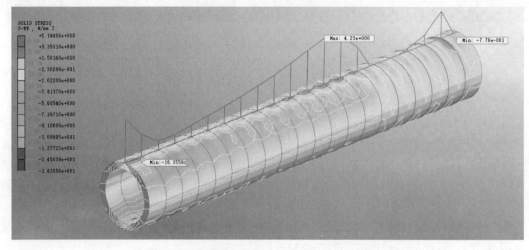

图 11　衬砌顶部水平向应力分布（单位：MPa）

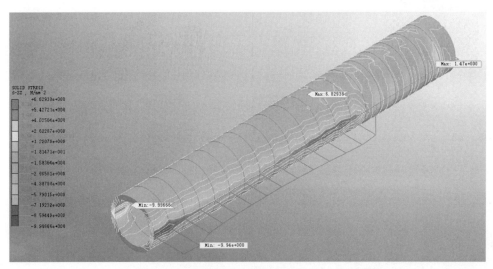

图 12 衬砌右侧竖向应力分布（单位：MPa）

4 结语

本文运用三维弹塑性有限元法，根据 TBM 施工工序，利用 MIDAS GTS NX 的激活与钝化单元功能，模拟了 TBM 隧洞在深埋软岩中超前支护—开挖—衬砌全过程。与常规研究方法相比，本文根据单护盾 TBM 施工规律综合考虑了开挖至衬砌工序、超前支护措施、时空效应等因素影响下，围岩、支护体系应力应变的发展规律。计算结果为实际工程中施工控制及管片设计提供了力学依据，也为类似工程施工及控制措施体系设计提供了参考经验。

参考文献

[1] 钟登华，佟大威，王帅，等. 深埋 TBM 施工输水隧洞结构的三维仿真分析 [J]. 岩土力学，2008（3）：609-613，618.

[2] 孙博. 深埋隧洞围岩稳定及管片衬砌计算的初步探讨 [C] //水工隧洞技术应用与发展，2018：380-386.

[3] 潘建阁. 深圳复合地层对盾构隧道衬砌管片结构受力和变形的影响分析 [D]. 北京交通大学，2015.

[4] 邹晋华. 基于有限元分析的 TBM 隧道管片计算模型 [J]. 江西理工大学学报，2021，42（4）：29-34.

[5] 招商局重庆交通科研设计院有限公司. JTG 3370.1—2018 公路隧道设计规范 第一册 土建工程 [S]. 北京：人民交通出版社，2019.

[6] 马时强. 软岩大变形条件下围岩变形与围岩压力的关系研究 [J]. 现代隧道技术，2020，57（1）：44-50.

[7] 汪波，郭新新，何川，等. 当前我国高地应力隧道支护技术特点及发展趋势浅析 [J]. 现代隧道技术，2018，55（5）：1-10.

[8] 张亮. 东山供水工程 TBM 隧洞管片内力及位移的计算比较 [J]. 山西水利科技，2017（2）：14-16.

作者简介

刘晓芬（1991—），女，工程师，主要从事水利水电工程设计与施工工作。E-mail：85414704@qq.com

黄青富（1988—），男，高级工程师，主要从事水利水电工程设计与施工工作。

王 政（1982—），男，高级工程师，主要从事水利水电工程设计与施工工作。

二、

机组装备试验与制造

常规混流式水轮发电机组变速运行技术研究

李 娜李娜[1,2] 侯 锐[1,2]

（1. 中国水利水电科学研究院，北京市　100038;
2. 北京中水科水电科技开发有限公司，北京市　100038）

[摘　要]本文主要研究常规混流式水轮发电机组的两种变速运行技术，即全功率变频器技术和双馈感应电机技术，前者可实现机组全运行范围内变速，但其技术经济性不高；后者变速运行范围较窄，但经济性更好。采用全功率变频器技术时，变频器应具备旁路功能，以便水轮机在最佳效率点附近运行时，其转速可以保持同步，从而得到最优效率。另外，本文还对常规混流式水轮发电机组变速运行方式下的两种发电模式进行了研究。

[关键词]常规混流式水轮发电机组；变速运行；最优效率；发电模式

0　引言

自 20 世纪 60 年代起，东芝、阿尔斯通等行业巨头开始研究将变速运行技术运用于抽水蓄能机组，其主要目的是更好地控制机组水泵功率。迄今为止，应用变速蓄能机组最早和最多的国家是日本，其次是德国，两国均已投运了数十个变速恒频抽水蓄能电站[1]。近年来，日本、挪威等国围绕常规水电机组变速运行技术开展了一些研究，但对我国实行了技术封锁。在我国国内，虽然一些单位也在变速恒频发电技术方面做了一些研究，但主要还是用于抽水蓄能机组[2]，在常规机组中尚无工程实际应用。本文主要以常规混流式水轮发电机组为研究对象，对两种不同的变速运行实现方式、设计转速的选取以及两种不同发电模式的控制流程进行研究。

1　常规混流式水轮发电机组变速运行技术研究

1.1　变速运行技术的特点

常规混流式水轮发电机组目前均为同步转速型，即机组转速与电网频率同步且不可调节，从而限制其只能在设计工况附近运行，否则效率将大大降低，机组不能正常运行。采用变速运行技术不但可以使机组发电高效率区域大大扩展，还可以增加机组出力，使机组运行更加灵活，同时还能避免机组在较低负荷运行时振动，进而使电网更加稳定。另外，由于水电机组承担着调节和跟踪负荷的任务，需要频繁启停，容易引起水轮机磨损过度从而造成机组正常运行寿命明显变短，这是由于水轮机需要通过迅速加速来实现快速启停，从而使转轮内产生较大的动应力和应变。如果机组启动时不将转速设为同步转速，而是设为一个较低的转速值，则不仅可以延长机组寿命，还可以使机组启动更为平稳。除此之外，由于机组在变速运行时无需与电网物理同步，可以避开空载转速运行，从而减少空化和空蚀的影响，同时较慢的开机加速度还可以减小转轮受到的轴向水推力[3]。

1.2 变速运行技术的两种实现方式

常规混流式水轮发电机组实现连续变速运行的方式主要有两种：一是全功率变频器方式（以下简称 FSFC）；二是双馈感应电机方式（以下简称 DFIM）[4]。

1.2.1 全功率变频器方式

在该方式下，发电机采用结构简单的同步发电机，定子经一个与发电机功率相同的变频器（即全功率变频器）与电网相连，其所输出的任意电压、任意频率的交流电经变频器整流、逆变后转换为工频交流电输送给电网。由于全功率变频器的容量与机组容量相同，因此使用该方式机组可以实现全功率范围内的变速，是一种理想的变速方式[5]。但其有一个致命的缺点就是全功率变频器价格昂贵，因此其发展受到了很大的限制。随着变频器技术的不断进步和制造成本的逐年下降，该变速方式在未来将具有十分广阔的应用前景。

1.2.2 双馈感应电机方式

在该方式下，发电机采用异步发电机，也称双馈感应电机。发电机转子通过变频器与电网相连接，由发电机定子向电网输出与电网频率、电压均相同的工频交流电，同时通过改变转子励磁绕组所通过励磁电流的频率来调节发电机的转速。

该方式采用的变频器功率通常在发电机额定功率的 20% 以下，因此其容量和体积比全功率变频器小得多，故而成本得以有效降低，更适合应用于大型机组，但其变速范围受制于变频器的规格和功率，因此仅能局部变速[6]。

2 常规混流式水轮发电机组变速运行方式下设计转速的选取

水轮发电机组转速的选取主要取决于水头和水轮机的最优运行工况。与同步转速运行方式相比，混流式水轮发电机组变速运行方式下设计转速的选取具有更大的不确定性。由于变速运行允许转速自由调节，因此一般认为水轮机的设计转速可以在两个同步转速值之间自由选取。然而，变速运行所特有的由电气设备产生的附加损耗会降低发电机组的综合效率。例如，采用 FSFC 技术在电力线路中配置一台全功率变频器将导致水轮机的整体效率曲线下降约 2%。图 1（a）中实线代表某一常规水轮机典型无量纲同步转速效率曲线，虚线代表同一机组变速运行时的效率曲线，显然，变速技术可以拓宽非设计运行区域［如图 1（a）中花括号标示的范围］，使运行时的效率曲线更为平缓，但会使最佳效率点 BEP 附近的效率下降，这是由全功率变频器带来的附加损耗引起的。为了消除这一影响，采用 FSFC 技术时，其变频器应具备旁路功能，以便水轮机在最佳效率点 BEP 附近运行时，其转速可以保持在同步转速，即变频器不起作用，以便达到最大效率。显然，这是对前文假设变速运行方式下设计转速可以自由选取的一种限制。为了充分利用变频器的旁路功能，水轮机的设计转速要么等于同步转速，要么无限接近同步转速，如图 1（b）所示。换言之，如果转轮在设计水头下，其转速为非同步转速，变频器未被旁路，则机组效率并不会增加，这是因为在设计水头下，水轮机运行在非同步转速时达不到最佳效率点 BEP，如图 1（c）所示。

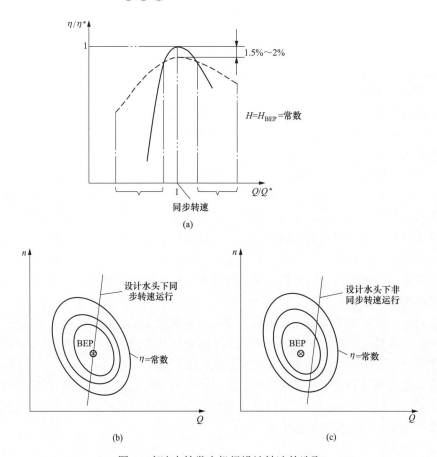

图 1 变速水轮发电机组设计转速的选取

（a）运用 FSFC 技术实现效率最大化的变频器旁路策略；（b）选取同步转速作为设计转速的示例；

（c）选取非同步转速作为设计转速的示例

由于变速运行工况的水轮发电机组的结构极其复杂，不确定的运行参数极多，导致设计参数的选取在很大程度上依赖于经验。鉴于此，在初始设计阶段，可以参考常规恒速水轮发电机组的经验，到最终设计阶段时再根据变速运行的情况进行微调。在此过程中，可使用自动寻优技术来对设计参数之间的灵敏度和相关性进行分析，从而找到可以提升水轮发电机组整体性能的最佳配置。对于变速运行而言，拓宽最佳效率区是对其优化的首要目标，而改善压力脉动和空化性能则是次要的。

3　常规混流式水轮发电机组变速运行方式下发电模式探讨

在机组运行过程中，当常规混流式水轮发电机组频率稳定于目标频率附近，现地控制单元（以下简称 LCU）在接收到调速器"发电允许"状态信号后，将闭合发电机出口断路器和主变压器高压侧断路器，机组进入发电状态。常规混流式水轮发电机组在变速运行方式下具有以下 2 种发电模式。

3.1　变转速变导叶开度发电模式

为了充分发挥变速运行方式，尤其是采用 FSFC 技术的变速运行方式其变速范围不受限制的特点，使水轮机尽可能处于最佳运行工况，可以采用变转速变导叶开度发电模式（以下简称模式1），其控制流程如图2所示。

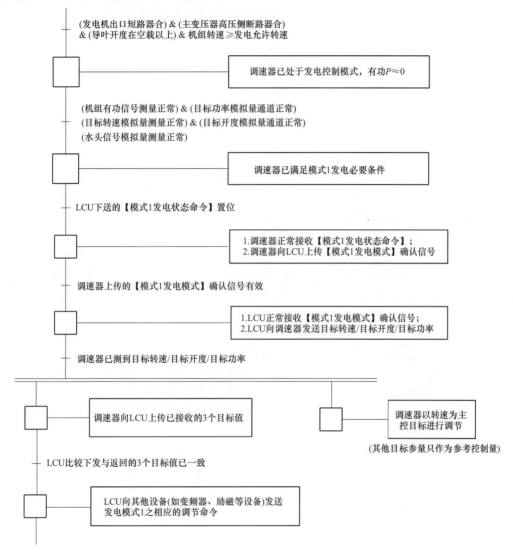

图2 变转速变导叶开度发电模式控制流程图

3.2 变转速定导叶开度发电模式

为确保功率快速响应过程中机组的安全稳定可靠，在实际运行中可以采取更为稳妥的变转速定导叶开度快速功率调节发电模式（以下简称模式2）。

模式2的实现路径主要有两种方式：①由模式1通过控制导叶目标开度和机组功率直接调整至模式2目标工况；②按常规启动路径启动，再通过控制导叶目标开度和机组功率达到模式2的目标工况，其控制流程如图3和图4所示。

在此种发电模式下，由于机组为固定开度运行，因此目标转速和目标功率对调速器均不起作用；但如果机组转速超出上限或下限值较多（如±3%），调速器将主动改变导叶开度进行干预，以抑制转速越限。

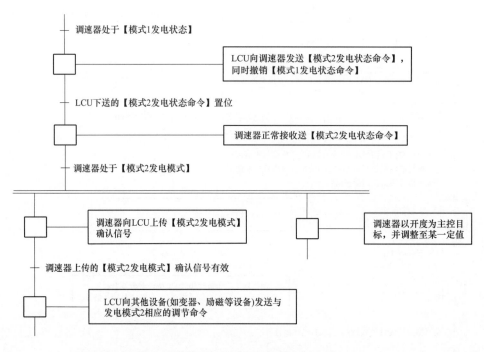

图3 变转速定导叶开度发电模式控制流程图一

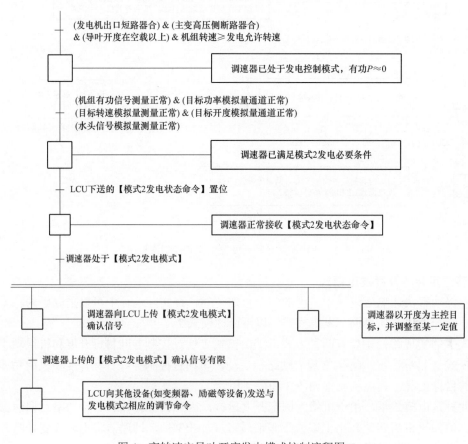

图4 变转速定导叶开度发电模式控制流程图二

4 结语

（1）常规混流式水轮发电机组持续变转速可以通过两种不同的方式实现：一是通过将定子从电网解耦的全功率变流器；二是通过转子磁场从转子本身解耦的双馈感应电机。两种方式各有利弊，全功率变流器技术虽然可以近乎无限地拓宽变速区域，但由于能量转换环节的限制，其整体效率较低；而双馈感应电机技术的效率虽然相对较高，但是其变速范围有限，大约仅为额定转速的±10%。目前受技术和成本的双重制约，功率变流器只能用于100MW以下机组，但其发展前景不容小觑。

（2）采用FSFC技术时，其变频器应具备旁路功能，以便水轮机在最佳效率点BEP附近运行时，机组转速可以保持同步，进而达到最大效率，在此过程中变频器不起作用。为了充分利用变频器的旁路功能，水轮机的设计转速宜无限接近同步转速。

（3）为充分发挥变速技术，尤其是采用FSFC技术的机组其变速范围不受限制的优点，使机组尽可能处于最佳运行工况，可以采用变转速变导叶开度发电模式；为确保功率快速响应过程中机组运行安全稳定可靠，可以采用变转速定导叶开度快速功率调节发电模式。在机组实际运行过程中，可以根据需要来选择不同的发电模式。

（4）本文仅从技术层面对常规混流式水轮发电机组变速运行的几个关键问题进行了研究，未从经济层面考量其投资性价比，未来有必要对其技术经济性做进一步研究。

参考文献

[1] 戴理韬，高剑，黄守道，等. 变速恒频水力发电技术及其发展 [J]. 电力系统自动化，2020，44（24）：169-177.

[2] 蔡卫江，许栋，徐宋成，等. 可变速抽水蓄能机组调速器的控制策略 [J]. 水电与抽水蓄能，2017，3（2）：81-85.

[3] Valavi M，Nysveen A . Variable-Speed Operation of Hydropower Plants：A Look at the Past，Present，and Future [J]. IEEE Industry Applications Magazine，2018，24（5）：18-27.

[4] Hossein Iman-Eini ，David Frey，Seddik Bacha，Cedric Boudinet，Jean-Luc Schanen. Evaluation of loss effect on optimum operation of variable speed micro-hydropower energy conversion systems [J]. Renewable energy，2019，131（Feb.）：1022-1034.

[5] 郑玉坤. 负荷波动下小型变速水力发电机组功率响应调节研究 [D]. 西安：西安理工大学，2019.

[6] 余向阳，朱咏，高春阳. 双馈水轮发电机快速功率响应的控制策略研究 [J]. 水力发电学报，2019，38（5）：89-96.

作者简介

李　娜（1986—），女，工程师，主要从事水电站水轮机调速器设计与推广工作。E-mail: 331551220@qq.com

侯　锐（1979—），男，工程师，主要从事水电站水轮机调速器调试与推广工作。E-mail: 5491271@qq.com

以降本增效为导向的弧形板模具设计

王小平　黄海鹏

（兰州电力修造有限公司，甘肃省兰州市　730050）

[摘　要]降本增效是企业自始至终追求的经营目标，在生产制造企业，生产主要依赖工艺改进得以发展。弧形板在当代工业快速改革和发展状况下，逐渐积累和暴露出较多的工艺问题，在车间生产中，其加工任务占比较大，工艺改进对于车间生产任务的缓解具有重要的意义。本文主要阐述通过弧形板模具设计的工艺改进方式实现降本增效、保质增产能，同时实现降低劳动强度和提升设备利用率的目的。

[关键词]降本增效；弧形板；工艺改进；创新创效；模具设计

0　引言

工业领域推行模具设计，一是为了顺应社会发展和国民经济快速增长的需要，要使得我国制造技术实现突飞猛进的发展，离不开创新创效的模具设计；二是对于公司而言，创新创效的模具设计是公司发展与转型的重要体现，可有效地提升公司影响力，包括市场签约能力和产品承接的自信心，对于公司的长期发展具有重要的意义；三是对于车间而言，创新创效的模具设计可有效地缓解车间加工困难、生产工期紧等矛盾问题，是车间加工水平提升的里程碑。

1　弧形板模具设计概要和技术难点

1.1　弧形板模具设计概要

图 1 所示为弧形板尺寸要求。现阶段，项目对象圆弧板工艺（板料→剪板机剪条料→剪板机剪矩形片→冲床压圆弧成型）主要存在以下问题：

（1）效率极低。以一台 600MW 静电除尘器机组为例，一个机组约有 10000 件圆弧板产品，圆弧板的加工效率约为 300 件/天，需要加工约 33 天左右，直接影响工程的整体进度。

（2）对工人而言，增大了劳动强度，并存在很大的操作安全隐患。薄、短料在剪板机上反复地操作，造成工人劳动强度增大的同时，存在伤手的安全隐患。还有冲床上矩形片的上料→冲压→取料均为徒手操作，工人易疲劳，人身安全威胁也时时存在。

（3）对设备而言，降低了设备的利用率。剪板机主要用于较大面积、厚度 $\delta=12mm$ 以内板料的剪切操作，应用于薄短料的剪切对设备而言是严重占用，使后续工序拖延，而且冲床仅用于圆弧成型，也是严重的占用。

1.2 弧形板模具设计技术难点

针对弧形板工艺存在的种种问题，实施模具设计主要存在以下技术难点：

（1）实现复合设计。与单工序模具工作方式不同，复合模具可以实现多道工序的加工任务，有效地节约人力成本，保证加工质量。但其设计要考虑动作的连贯性和可行性，一旦出现设计盲点，将无法继续进行。

（2）尺寸定位与调整。该模具要做到条料的限宽和限长定位，且使得成型圆弧均匀可靠，切断面平齐，避免出现废品、次品。

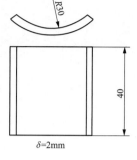

图 1 弧形板尺寸要求

（3）防止在切断过程中，条料后部因切断力上翘。这就要求在模具设计时，考虑压紧装置，作为复合模具，最可行的方式是利用圆弧压制约束的作用力来避免条料上翘。

（4）柔性和刚性技术合理应用。作为复合模具，以本次活动的设计思路，需要用刚性技术作为圆弧切断工序，柔性技术作为圆弧成型工序，既要保证圆弧压制，也要实现条料的压制约束。

为了实现降本增效、提升劳动生产率和改善作业环境，我们需针对性地进行模具设计，且必须逐一排解难点，实现创新创效的工艺改进。

2 圆弧板模具设计方案与实施

2.1 设定目标

（1）根据设计手册和模具设计标准等，计算圆弧成型压力和切断的剪切力，结合冲床属性，构思模具动作过程，设计与制作圆弧板压弧、冲断复合模。

（2）提升生产效率、降低劳动强度、降低安全隐患。根据生产的实际需求，改进后的工艺需要将产量至少提升 4 倍，才认定该设计达标。经工序合并计算，改进前的生产效率约为 38 件/h，改进后的圆弧板生产效率需要提升至 152 件/h 以上。

2.2 确定设计理念

利用冲床的高效性和多功能性，将剪板机剪矩形片的工序和冲床压弧的工序合并（即板料→剪板机剪条料→冲床圆弧成型与切断），使冲床实现圆弧成型和切断一次成活。此操作工艺不仅可以使效率得到大幅提升，降低生产成本，而且加工质量和工艺误差也能得到有效保证。对工人而言，减少了剪板机的操作作业，一台 600MW 静电除尘器机组可减少 10000 次的操作频次，有效改善工人的作业环境，减轻工人的劳动强度并增大操作安全系数。

2.3 设计二维图

圆弧板模具二维图如图 2 所示。

2.4 设计三维图

如图 3 所示，剖面图引出部分为聚氨酯弹力胶，具有较高的弹力和强度，其作用力可以使 5mm 以内的 Q235 板材实现变形，主要作用是依靠弹力作用和压缩性能，使得圆弧压制凸模与凹模镶条形成作用力和反作用力，从而实现圆弧压制成型动作。

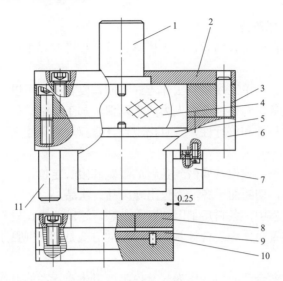

图 2　设计二维图

1—模柄；2—上模顶板；3—上模中间板；4—聚氨酯弹力胶；5—圆弧压制凸模；

6—上模底板；7—切断刀；8—下模压板；9—凹模镶条；10—下模底板；11—导柱

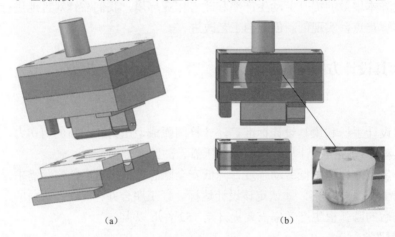

（a）　　　　　　　　　　　（b）

图 3　设计三维图

（a）装配图；（b）剖面图

2.5　实物制作

　　根据以上二维图和三维图的设计，将该设计报送车间主管，经车间主管审核同意签字盖章后，报送公司生产项目管控部，由生产项目管控部安排协调模具制造厂家，并要求严格执行设计材料、零部件的加工工艺和热处理标准，从而完成了模具制作，如图 4 所示。

2.6　工作原理

　　（1）在 JB21-100T 冲床上安装如图 4 所示模具，具体步骤如下：

　　1）将冲床调节至安全行程高度装模；

图 4　实物图

2）利用冲床自带 U 型螺栓紧固模柄，使模具处于如图 3 所示从左至右的方向，并处于方便操作的状态，使得模具顶板与冲床滑鞍下表面紧贴；

3）用压板紧固下模。

（2）启动冲床，将行程调节至可实现圆弧成型和切断位置即可，然后开始圆弧压制和切断作业。

1）将剪板机剪好的条料塞入模具设定的限位槽，并使得端面不超出下模整体右端面；

2）上模整体随着冲床快速下移，至圆弧压制凸模与条料平面接触后继续下压形成圆弧，直至圆弧压制凸模与凹模镶条形成作用力和反作用力，内部的聚氨酯弹力胶即开始压缩，从而初步达到圆弧成型；

3）上模回程后继续重复 2）动作，但此次需要将条料推进至 40mm 定位板处（定位板固定在如图 3 所示切断刀上，且用螺钉固定），此动作之后，切断刀将执行圆弧板的切断动作。执行过程中，条料的后部被圆弧压制凸模与凹模镶条紧压，从而也不会有上翘现象，操作者可轻松完成圆弧压制和冲断工作；

4）反复执行 3）动作，可得到目标产品（如图 5 所示）。

3 效果分析

通过以降本增效为导向的弧形板模具设计的实施，达到了预期效果。

图 5　目标产品

3.1 生产效率分析

改进前圆弧板加工的平均生产效率为 38 件/h，改进后圆弧板加工的平均生产效率为 456 件/h，超过既定任务目标 152 件/h，生产次序提升近 12 倍，达到目标要求。

3.2 成本分析（以人工费、电费计算）

（1）计算过程。

1）工作时间：

改进前：10000÷（38×8）≈33（天）；

改进后：10000÷（456×8）≈3（天）。

2）人工费（按 300 元/天计算）：

改进前：33×300=9900（元）；

改进后：3×300=900（元）。

3）一台电机功率为 7.5kW 的普通机床每天用电电费：

8h×7.5kW×1.025 元/kWh=61.5 元。

则电费改进前后为：

改进前：61.5×33=2029.5（元）；

改进后：61.5×3=184（元）。

（2）结果汇总。

1）一个机组累计节约成本：

（9900+2029.5）–（900+184）=10845.5（元）。

2）按每年 4 个机组合同计算，每年可节约：

10845.5×4=43382（元）。

3）4 个机组工人全年节约有效工作时间：

（33–3）×4=120（天）。

4 结语

通过对弧形板模具设计的成功实践，有效实现了降本增效的目的，提升了对降本增效的认知。同时，作为企业发展而言，模具设计是企业转型的重要体现之一，是生产能力提升的重要标杆。

今后，我们将继续努力，加大创新创效的模具设计实施力度，以降本增效为目的，为公司发展贡献自己的绵薄之力。

参考文献

[1] 彭文生，李志明. 机械设计（第二版）[M]. 北京：高等教育出版社，2008.

[2] 徐新成. 冲压工艺及模具设计 [M]. 武汉：机械工业出版社，2004.

[3] 徐灏. 机械设计手册（第五卷）[M]. 北京：机械工业出版社，1992.

[4] 浦学西. 模具装配基本技能 [M]. 北京：中国劳动社会保障出版社，2010.

水轮发电机组冷却水系统流量采集及控制策略探析

谭 帅 汪 林 王登贤 田源泉 周智敏

（中国长江电力股份有限公司有限公司，云南省昭通市 657300）

[摘 要]水轮发电机组冷却水系统供水对象包括发电机空冷器冷却器、推力轴承和导轴承、水轮机导轴承冷却和润滑等，主要作用是对运行设备进行冷却，以保证运行设备温度不超过规定允许值，防止温度升高影响发电机的出力、效率和寿命，甚至发生事故；防止机组运行时轴承机械摩擦产生大量热量，油温升高而加速油的劣化，影响轴承寿命，可能致使轴承烧毁，甚至导致事故停机等。本文通过介绍对某水轮发电机组水泵供水方式冷却水系统中，由于开机流程流量不满足开机条件导致开机失败进行分析，并提出改进策略。通过对流量采集方式、程序逻辑、流程方面进行改进，从而提高设备可靠性及开机成功率，有效保障水轮发电机组安全可靠运行。

[关键词]冷却水系统；流量采集；自动控制

0 引言

对于水轮发电机组冷却水系统而言，其主要作用是对机组设备进行冷却降温。在机电设备安装调试过程中，由于设计、选型的不合理导致对冷却水总流量的测量存在测值不准、测值波动、开机流程检测不到流量等现象时有发生，在这种情况下一般会选择通过调整定值、更换设备或调整管路来解决。调整定值虽然可以提高开机成功率，但如果由于测值不准导致供水不足则会降低冷却效果，进而引发导轴承油温升高、油质加速裂化，甚至烧瓦等严重事故。本文对某水轮发电机组冷却水系统运行过程中存在的类似问题进行分析，在不改变定值和原有设计管路的前提下，通过优化现有逻辑和改变流量采集计算方式来确保设备的安全稳定运行。

1 某水轮发电机组冷却水系统现状

1.1 某水轮发电机组冷却水系统概述

某水轮发电机组冷却水系统，其流量采集主要通过安装在总管和支管上的电磁流量计完成，总管流量计安装于冷却水系统主管道上（电动四通换向阀前）；各支管流量计安装于基坑外围（由上导轴承冷却水电磁流量计、空冷器冷却水电磁流量计、推导/下导轴承冷却水电磁流量计、水导轴承冷却水电磁流量计组成）。

1.2 冷却水系统供水对象及控制逻辑简介

（1）表1为主机厂提供的水轮发电机组冷却水系统主要供水对象用水量资料，据此确定该冷却水系统供水泵所需的最大扬程为 26m，流量为 2000m³/h，额定扬程为 36m。

表1 水轮发电机组冷却水系统主要供水对象用水量

供水部位	单位	典型数据
空气冷却器	水压（MPa）	0.3～1.0
	水量（m³/h）	1320
推力/下导轴承冷却器	水压（MPa）	0.3～1.0
	水量（m³/h）	400
上导轴承冷却器	水压（MPa）	0.3～1.0
	水量（m³/h）	50
水导轴承冷却器	水压（MPa）	0.5
	水量（m³/h）	36

水轮发电机组冷却水总用水量为

$$Q = Q_k + Q_{T/X} + Q_{sd} + + Q_s = 1230 + 400 + 50 + 36 = 1806 \tag{1}$$

式中 Q ——水轮发电机组冷却水总用水量，m³/h；

Q_k ——空冷器冷却水用水量，m³/h；

$Q_{T/X}$ ——推导/下导轴承冷却水用水量，m³/h；

Q_s ——上导轴承冷却水用水量，m³/h；

Q_{sd} ——水导轴承冷却水用水量，m³/h。

（2）水轮发电机组冷却水系统启动基本逻辑：发出开机指令，监控系统 LUC 发出启动冷却水系统命令，现地冷却水控制系统接收到启动命令后按现地控制柜内 PLC 控制逻辑启动相应的控制流程，以满足开机条件（水轮发电机组冷却水流量 OK），如图1、图2所示。

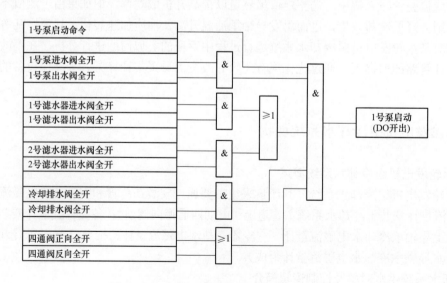

图1 加压泵自动控制逻辑（以1号泵为例）

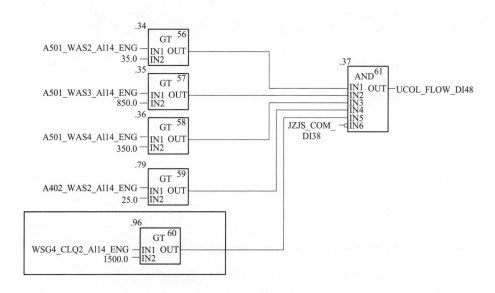

图 2　冷却水流量 OK 判断逻辑

图中变量定义：A501_WAS2_AI14——上导轴承冷却水流量采集；

A501_WAS3_AI14——空冷器总冷却水流量采集；

A501_WAS4_AI14——推导/下导外循环总冷却水流量采集；

A402_WAS2_AI14——水导外循环总冷却水流量采集；

WSG4_CLQ2_AI14——水轮发电机组冷却水总流量采集；

UCOL_FLOW_DI48——水轮发电机组冷却水流量 OK；

JZJS_COM_DI38——PLC 与冷却水控制系统通信故障。

1.3　冷却水系统运行过程中流量采集存在的问题

自动控制系统设计时普遍采用电磁流量计对冷却水流量进行采集，冷却水系统总管电磁流量计（DN500）安装于四通换向阀和蝶阀之间，受现场安装条件所限，无法满足电磁流量计前后距离弯管或者阀门间距的要求。根据产品技术条件，电磁流量计需安装在直管段上且流量计进口直管段长度（或者距阀门距离）大于 5 倍管径（即 2500mm），流量计出口直管段长度（或者距阀门距离）大于 2 倍管径（即 1000mm）。实际应用中由于流量计安装位置受限和产品性能不稳定等因素，导致流量采集过程中经常出现较大跳变（如图 3 所示）或检测不到流量，影响机组正常开机（开机过程中冷却水流量不满足）和开机流程加压泵多次双泵运行，甚至导致机组不安全稳定运行。

由图 4 可以看出，加压泵启动后总管流量采集信号发生两次显著波动（分别为图中 A 点和 B 点），如果波动范围小于设定值将会启动备用加压泵流程，如图 4 所示。

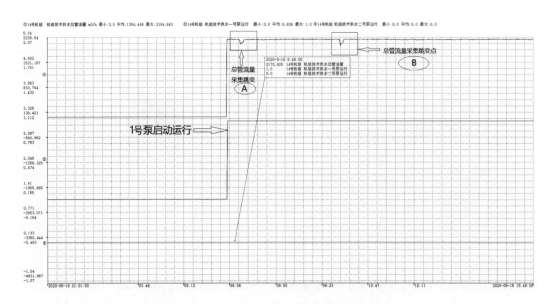

图 3　加压泵启动过程流量跳变趋势图

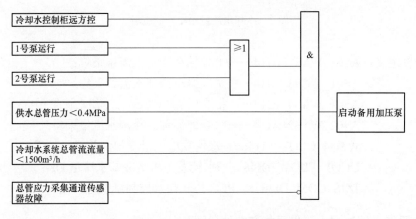

图 4　冷却水系统备用加压泵启动流程图

2　某水轮发电机组冷却水系统流量采集及逻辑优化

在水轮发电机组冷却水系统长时间运行过程中通过分析发现，冷却水总管流量计易发生测值跳变、检测不到流量或测量值与各支管流量相加值差值偏差过大等情况，影响机组正常开机流程以及冷却水系统流程的控制。相反，各支管流量计在运行过程中流量测量值均较稳定（见图 5），并且测量值较为准确，仅在冷却水系统四通换向电动阀正/反向倒换过程中测量值发生较短时间的波动。

2.1　水轮发电机组冷却水系统备泵启动逻辑优化

考虑水轮发电机组冷却水系统电动四通换向阀正/反向倒换过程中各支管流量变化，可能会造成冷却水系统备用泵启动，建议将备用泵启动时增加 30s 的延时，以规避由于倒换正反向供水而引起流量变化导致备用泵频繁启动。图 6 所示为优化后冷却水系统备泵启动流程。

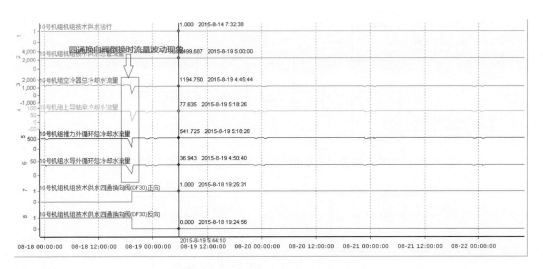

图 5　冷却水系统支管流量采集趋势图

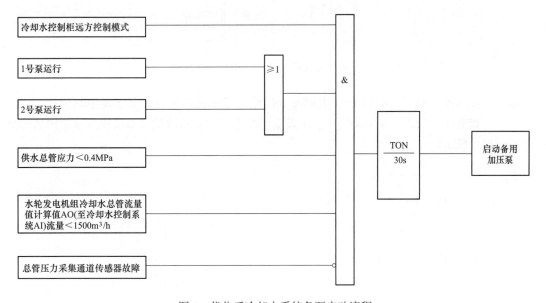

图 6　优化后冷却水系统备泵启动流程

2.2　水轮发电机组冷却水系统流量采集优化

水轮发电机组冷却水系统供水总管流量优化为采用各支管流量采样值进行叠加计算后，由监控 LCU 通过模拟量输出 AO 通道硬接线传送至冷却水控制系统模拟量输入 AI 通道（原总管流量采集通道）作为现地冷却水控制系统中流程控制判断。该总流量计算值由上导轴承冷却水流量、空冷器总冷却水流量、推导/下导外循环总冷却水流量、水导外循环总冷却水流量叠加组成。如图 7、图 8 所示。

2.3　水轮发电机组开机流程优化

删除监控系统 LCU 程序中"水轮发电机组冷却水流量 OK"条件之一的"水轮发电机组冷却水总流量采集"（图 3 中红圈部分），优化后冷却水流量 OK 判断逻辑如图 9 所示。

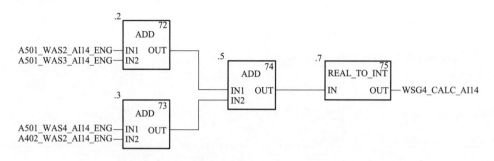

图 7　LCU 程序增加水轮发电机组冷却水总管流量计算下发中间值

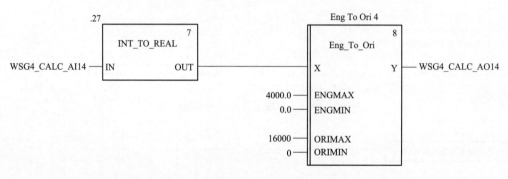

图 8　水轮发电机组冷却水总管流量计算值 AO（至冷却水控制系统 AI）

图中：WSG4_CALC__AI14——水轮发电机组冷却水总管流量计算下发中间值；

WSG4_CALC__AO14——水轮发电机组冷却水总管流量计算值模拟量输出 A0（至冷却水控制系统 AI）

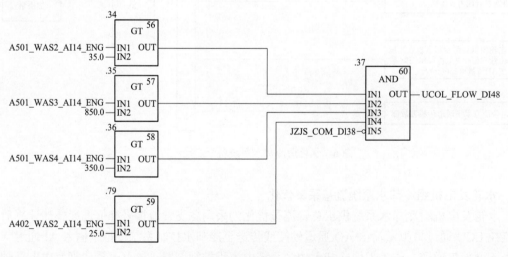

图 9　优化后冷却水流量 OK 判断逻辑

3　结语

本文通过对某水轮发电机组冷却水控制系统实际运行过程中存在的流量采集传感器安装

位置不合理、流量采集测量值不稳定导致的一系列问题进行分析，在安装位置受限导致技改难度大及成本高的情况下，通过分析冷却水系统的支管流量计稳定性进而以较低的成本来提高设备可靠性及开机成功率，有效地保障水轮发电机组安全可靠运行。

参考文献

郑德龙. 水轮发电机组辅助设备 [M]. 北京：中国电力出版社，2009.

作者简介

谭　帅（1985—），男，工程师，主要从事水电站二次设备运行维护工作。E-mail：tan_shuai@ctg.com.cn

汪　林（1986—），男，高级工程师，主要从事水电站二次设备运行维护工作。E-mail：wag_lin6@ctg.com.cn

安徽绩溪抽水蓄能电站机组发电方向甩负荷试验浅谈

赵英军

（中国水利水电建设工程咨询西北有限公司，陕西省西安市　710100）

[摘　要] 甩负荷试验是大型抽水蓄能机组调试的重要内容之一，本文以安徽绩溪抽水蓄能机组的甩负荷试验为基础，介绍了一种机组甩负荷的调试方法，主要论述了试验的项目内容和调试步骤，通过数据分析和结论判断来阐述和探究抽水蓄能机组甩负荷试验的方法，为今后抽蓄电站甩负荷试验提供重要参考。

[关键词] 抽水蓄能；电站；甩负荷；试验

0　引言

安徽绩溪抽水蓄能电站承担电力系统调峰、填谷、调频、调相及紧急事故备用等任务，电站装机容量为 6×300MW，蓄能平均年发电量为 30.15 亿 kWh，蓄能平均年抽水耗电量为 40.2 亿 kWh，上水库为混凝土面板堆石坝，最大坝高 117.7m，有效库容约 867 万 m^3；下水库为混凝土面板堆石坝，最大坝高 59.1m，有效库容约 903 万 m^3。

1　抽水蓄能电站机组甩负荷试验目的

抽水蓄能机组甩负荷试验的目的在于检验抽水蓄能机组在故障甩负荷情况下的安全性能。机组甩负荷后，由于巨大的剩余能量使机组转速在短时间内快速上升，抽水蓄能电站机组甩负荷试验的主要作用是检验机组在此突发状况下，机组振动、主轴摆度和压力脉动等是否满足合同和标准要求，以检验机组的设计制造及安装质量，并为分析机组的稳定性状况及合理划分机组的安全稳定运行区域提供依据。

2　抽水蓄能电站机组甩负荷试验标准

抽水蓄能电站机组甩负荷主要试验标准如下：
（1）检查机组转速上升和水击压力上升是否满足合同和设计要求；
（2）检查调压井、尾水闸门井涌浪水位等数据是否满足要求；
（3）校核导叶关闭规律；
（4）测试接力器不动时间；
（5）检查调速器的调节品质是否满足规范要求；
（6）检验机械过速装置是否正确动作；

（7）检查甩负荷过程是否有异常振动现象。

3 抽水蓄能电站机组甩负荷试验考核指标

抽水蓄能机组甩负荷主要包括以下考核指标：

（1）发电电动机及其辅助设备；

（2）水泵水轮机及其附属设备；

（3）发电机出口设备；

（4）励磁系统、监控系统、调速系统、状态监测系统、机组技术供水系统、继电保护系统、振摆保护系统及球阀系统等设备。

4 抽水蓄能电站机组甩负荷试验条件及隔离措施

进行机组甩负荷试验的前置条件包括：

（1）机组过速试验已完成，调速器空载试验完成，空载特性满足标准与合同的要求，机组同期并网试验已完成；

（2）试验前导叶关闭规律已复核且满足调节保证计算要求；球阀与调速器系统事故停机、紧急事故停机回路正常；

（3）甩负荷前稳态工况下机组振动、主轴摆度符合试验要求，现场工作照明事故照明无异常，紧急疏散各逃生通道畅通，数据采集系统工作正常等。

抽水蓄能机组在进行机组甩负荷前应进行安全隔离措施检查，保证调试机组与其他相邻机组已经可靠隔离；电站上、下库水位满足试验要求，上库事故闸门全开、下库检修闸门全开、尾水事故闸门全开、水车室无人工作、风洞内无人工作、主轴检修密封退出，工作密封投入、机组机械保护、电气保护投入、发电电动机各轴承油位正常。

5 抽水蓄能电站机组甩负荷试验内容及步骤

安徽绩溪抽水蓄能电站单机容量为 300MW，分别进行了 25%、50%、75%及 100%甩负荷试验。甩负荷试验内容及步骤可总结如下：

（1）机组在进行甩负荷前需要向调度申请并网带相应的负荷。

（2）调度同意后，机组监控系统自动执行空载—发电流程，机组并网带负荷，观察记录该负荷下定子电流、定子电压及机组振动摆度情况，检查监控、调速、励磁、保护各系统功率信号正常，通知各层试验人员、监护人员就位，检查后返回安全区域。

（3）检查试验录波系统工作正常，监控系统强制分 GCB 执行甩负荷试验；观察发电机辅助设备是否工作正常，机组是否达到空载稳态；测录甩负荷过程，机组转速、压力脉动、机组振动与主轴摆度等参数；检查导叶关闭规律是否正常，检查机组转速上升率和压力上升率；测录接力器不动时间常数。

（4）在机组完成每个阶段的甩负荷试验后应对机组进行全面检查，确认无误后方可进行下一阶段甩负荷试验。

6 绩溪电站抽水蓄能电站机组甩负荷试验数据

抽水蓄能电站在进行甩负荷试验时，必须做好对试验压力测点、振摆测点及电气量测点等相关数据采集工作，以便试验完成后对相关数据进行分析对比；以下为安徽绩溪抽水蓄能电站 3 号机组甩负荷试验数据。

（1）甩 25%负荷试验。2020 年 7 月 9 日，上库水位为 955.1m，下库水位为 331.8m，在监控系统 LCU3A2 柜同期装置旋动 SA4 分 GCB 进行了甩 25%负荷试验，如图 1、图 2 所示。

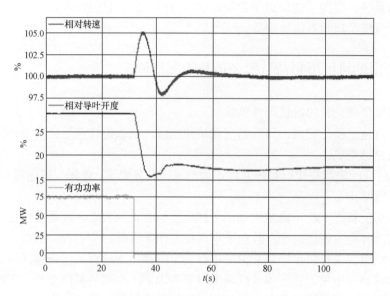

图 1　甩 25%负荷时机组转速、导叶开度和有功功率曲线

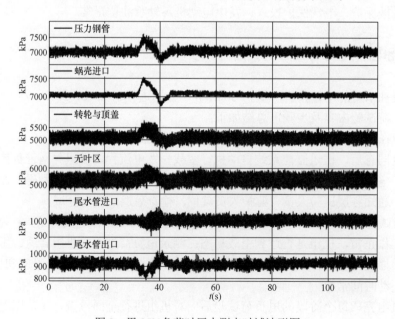

图 2　甩 25%负荷时压力测点时域波形图

（2）甩50%负荷试验。2020年7月9日，上库水位为955.1m，下库水位为331.8m，在监控系统LCU3A1柜按下SB3电气事故停机按钮进行了甩50%负荷试验，如图3、图4所示。

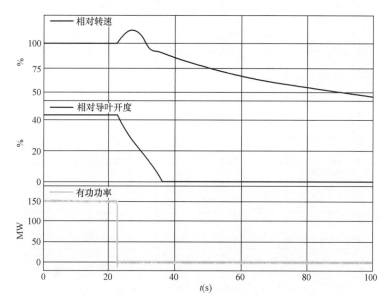

图3　甩50%负荷时机组转速、导叶开度和有功功率曲线

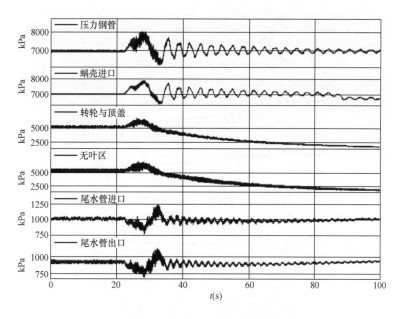

图4　甩50%负荷时压力测点时域波形图

（3）甩75%负荷试验。2020年7月10日，上库水位为955.2m，下库水位为331.4m，在监控系统LCU3A1柜按下SB3电气事故停机按钮进行了甩75%负荷试验，如图5、图6所示。

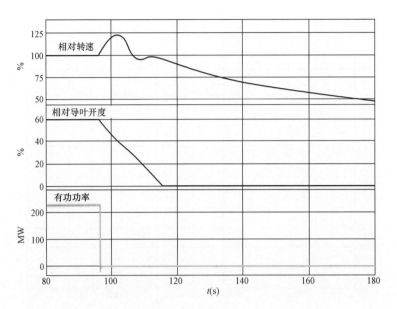

图 5　甩 75%负荷时机组转速、导叶开度和有功功率曲线

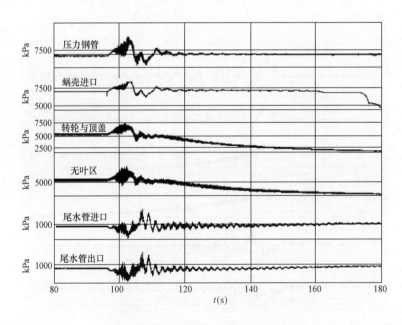

图 6　甩 75%负荷时压力测点时域波形图

（4）甩 100%负荷试验。2020 年 7 月 10 日，上库水位为 956.4m，下库水位为 331.3m，在监控系统 LCU3A1 柜按下 SB3 电气事故停机按钮进行了甩 100%负荷试验，如图 7、图 8 所示。

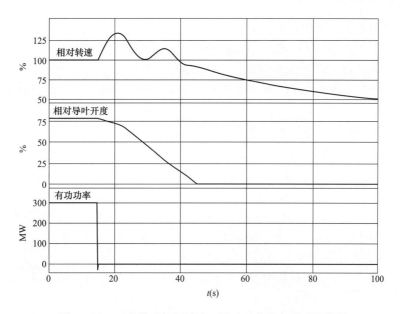

图 7　甩 75%负荷时机组转速、导叶开度和有功功率曲线

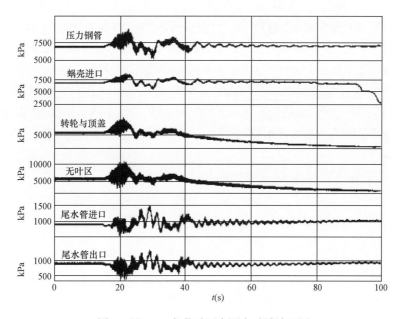

图 8　甩 100%负荷时压力测点时域波形图

7　结语

安徽绩溪抽水蓄能电站发电电动机的 GD^2 不小于 3600t·m²。水泵水轮机调节保证设计参数技术要求如下：

（1）任何工况下蜗壳进口压力不大于 1000m（考虑压力脉动和误差后）；

（2）尾水管进口最小表压力计算值不低于 0mH₂O（考虑压力脉动和计算误差后）；

（3）机组最大转速上升率不大于 45%；

（4）引水调压井最高浪涌不超过 968mH₂O，最低浪涌不低于 897mH₂O；尾水调压井最高浪涌不超过 353.5mH₂O，最低浪涌不低于 297mH₂O。

由安徽绩溪抽水蓄能电站机组发生甩 25%、50%、75%、100%负荷时导叶关闭规律曲线可以看出：

（1）导叶关闭规律与设计基本一致。

（2）蜗壳进口压力最大值为 8.849MPa，约 903.882mH₂O，小于合同保证值 1000mH₂O。

（3）机组转速上升速率在进行甩低负荷试验时，转速上升并不明显；在进行 100%甩负荷时由于剩余能量巨大，转速上升很快；各部位压力波动时间及压力波动值与剩余能量大小存在一定的相互关联，转速上升和压力上升满足合同和设计要求；组甩 100%负荷时，尾水管进口压力最小值为 0.563MPa，约 57.508mH₂O，大于合同保证值 0mH₂O；机组最大转速为 134.44%，小于合同保证值 145%，满足合同要求。

（4）甩后机组振动摆度能够恢复至空载振动摆度值；事故停机流程正确，经检查均未见异常振动现象。

参考文献

[1] 中华人民共和国国家质量监督检验检疫总局，中国国家标准化管理委员会. GB/T 17189—2017 水力机械（水轮机、蓄能泵和水泵水轮机）振动和脉动现场测试规程［S］. 北京：中国标准出版社，2018.

[2] 中华人民共和国国家质量监督检验检疫总局，中国国家标准化管理委员会. GB/T 18482—2010 可逆式抽水蓄能机组启动试验规程［S］. 北京：中国标准出版社，2011.

[3] 国家能源局. DL 5278—2012 水电水利工程达标投产验收规程［S］. 北京：中国电力出版社，2012.

[4] 国家能源局. NB/T 10072—2018 抽水蓄能电站设计规范［S］. 北京：中国水利水电出版社，2019.

拉西瓦水电站水轮机剪断销剪断原因分析及专用拆卸工具设计

王 超

（黄河水电公司拉西瓦发电分公司，青海省海南藏族自治州 811700）

[摘 要]剪断销作为水轮机导水机构的安全保护装置，在水轮机的安全、稳定运行中起关键作用。本文针对拉西瓦水电站近年来剪断销频繁剪断原因进行归纳分析，并通过Solidworks 建模，设计出专用剪断销拆卸工具，解决剪断销拆卸困难的问题。该设计在实际应用中取得了良好的效果，对水电站今后类似问题的处理具有一定的参考价值。

[关键词]剪断销；剪断原因分析；Solidworks 建模；专用拆卸工具

0 引言

剪断销又称破断销，是导水机构中的一项安全保护装置。剪断销连接导叶传动机构的连杆和导叶臂，在控制环的带动下，连杆对剪断销产生剪切力，当剪切力超过剪断销的剪切强度时，剪断销剪断并通过监控报警系统发出信号，起到保护其他导叶的作用，从而避免事故进一步扩大。通常剪断销是由于导叶被异物卡住不能转动而被剪断，但在实际生产过程中此类情况出现较少。本文将结合拉西瓦水电站近几年剪断销剪断处理记录，归纳分析出剪断销频繁剪断的原因，为今后解决类似问题积累经验。

当剪断销剪断后，需将连板和拐臂销孔中的断销取出才能更换新的剪断销，但由于锈蚀和配合间隙较小等往往造成剪断销卡在销孔中难以拔出，因此设计专用的剪断销拆卸工具不仅使作业时间大大缩短，而且能让机组及时恢复正常运行，提高更换效率与经济效益。[1]

1 概述

1.1 工程概况

拉西瓦水电站是黄河上游第二座大型梯级电站，单机容量为 700MW，设计总装机容量为4200MW，坝体设计为双曲薄拱坝，最大坝高 250m，采用右岸引水式地下厂房，厂内安装 5+1台混流式水轮发电机组。电站于 2009 年 4 月首批两台机组投产发电，其中 6 号机组是中国电力装机容量 8 亿 kW 的标志，2010 年 8 月拉西瓦水电站一期 5 台机组全部正式并网发电。2021 年 12 月 28 日 4 号机组顺利发电，拉西瓦水电站实现全容量投产。

1.2 水轮机基本参数

水轮机的参数详见表 1。

表1　　　　　　　　　　　　水 轮 机 基 本 参 数

参数名称	参数值	单位
额定转速	142.9	r/min
额定流量	377.063	m³/s
额定水头	205	m
额定出力	711	MW
最大出力	220	MW
最大水头	210.5	m
飞逸转速	205	r/min

2　剪断销剪断原因分析

2.1　剪断销剪断情况

导水机构主要由顶盖、底环、控制环、26 个活动导叶、导叶轴承及密封、导叶操作机构以及接力器组成。导叶传动机构一般有耳柄式、叉头式和连板式三种[2]，具体结构如图 1 所示。由于拉西瓦水电站机构布置空间充足，故采用受力情况较好的连板式传动机构。

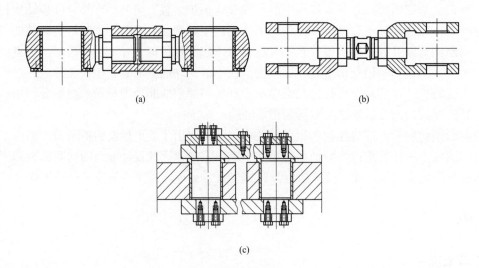

(a)　　　　　　　　　　　　　(b)

(c)

图 1　导叶传动机构

（a）耳柄式传动机构；（b）叉头式传动机构；（c）连板式传动机构

剪断销连接导叶操动机构的连杆和导叶臂，在控制环的带动下，连杆对剪断销产生剪切力，当剪切力超过剪断销的剪切强度时，剪断销剪断并通过监控报警系统发出信号。拉西瓦水电站剪断销选用材质为 42CrMo（Q+T）高强度合金钢。2019 年 3 月至 2021 年 3 月期间，拉西瓦水电站共发生 16 次剪断销剪断事故，表 2 是通过拉西瓦水电站 ERP 系统归纳出的剪断销剪断情况。

表2　　　　　　　　　　　　　　　剪断销剪断情况

剪断位置	剪断时间	剪断销更换用时（h）
5F 水轮机 26 号拐臂剪断销	2019/03/29	4
5F 水轮机 03 号拐臂剪断销	2019/06/21	3.5
5F 水轮机 26 号拐臂剪断销	2019/09/04	5
5F 水轮机 26 号拐臂剪断销	2019/09/26	4
5F 水轮机 26 号拐臂剪断销	2019/10/20	1.5
5F 水轮机 26 号拐臂剪断销	2019/12/05	5.5
5F 水轮机 06 号拐臂剪断销	2019/12/08	5
5F 水轮机 26 号拐臂剪断销	2019/12/17	4
5F 水轮机 26 号拐臂剪断销	2020/01/02	3
5F 水轮机 26 号拐臂剪断销	2020/02/07	4.5
6F 水轮机 04 号拐臂剪断销	2020/06/20	1.5
6F 水轮机 20 号拐臂剪断销	2020/09/27	1
6F 水轮机 17 号拐臂剪断销	2020/11/03	0.75
6F 水轮机 20 号拐臂剪断销	2020/12/01	0.5
5F 水轮机 23 号拐臂剪断销	2021/02/21	0.8
5F 水轮机 03 号拐臂剪断销	2021/02/22	1

通过表2记录可以看出，剪断销剪断集中发生在5F和6F机组上，且5F水轮机26号拐臂的剪断次数最多，剪断销剪断事故月发生率约为66.7%，剪断销更换用时最长为5.5h，最短为0.5h。剪断销剪断后，由于各活动导叶之间的开度不一致，被剪断的导叶可能脱离导水机构的控制，水轮机叶片也会由于水流紊乱受到不平衡力，加剧空蚀作用。水轮机摆度、振动及压力脉动严重超标，水轮发电机组导轴承及承重轴承将受到很大影响，造成轴承严重摩擦，损伤瓦面，轴承温度可能短时间内迅速上升，甚至造成烧瓦。

2.2　剪断销剪断原因

2.2.1　金属疲劳断裂

金属零件在受到循环应力或应变的情况下，往往会造成一处或几处局部累积性不可逆损伤，虽然应力值没有超过材料的强度极限，但是在交变载荷多次作用下会发生材料和结构的破坏，这种现象被称为金属的疲劳破坏。

观察被剪断的剪断销断口发现，非异物卡住导叶而被剪断的剪断销，基本都有大面积的裂纹旧痕，最后一次受到剪切力的面积占整个断口的20%左右，这表明剪断销是受到金属疲劳后剪断，如图2所示。

图2　剪断销断口形状

409

剪断销作为导水机构中的一个传动部件，其受力的大小和方向随机组工况而变化，尤其在并网发电时，电网频率引起调速器的微量调节作用，使剪断销受到低频、非对称循环应力，这个力的频率取决于调速系统的灵敏程度，大小则取决于整个导水机构的结构和尺寸。正是这个低频、非对称循环的力造成剪断销金属疲劳断裂。

2.2.2 主副拐抱紧螺栓过松

机组在长期运行过程中，由于受到各种非平衡力作用产生的震动，使主副拐臂抱紧螺栓预紧力降低，拐臂双连板间作用力增大，从而使剪断销受力骤增，超过其承受力使其剪断。抱紧螺栓装配如图 3 所示。

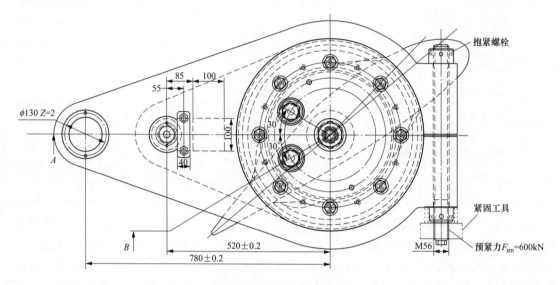

图 3　抱紧螺栓装配示意图

为防止主副拐抱紧螺栓过松，在机组低谷时期常根据机组运行工况使用 M56 液压拉伸器预紧抱紧螺杆，拧紧力为 560kN，并测量记录 26 个螺杆的伸长量（规定值为 1.07mm±10%）。

2.2.3 压紧行程超标

压紧行程是指在手动操作调速器时，为使导叶全关，在两个接力器的导管上用标尺读出一定点的读数，然后关闭压油槽总阀，同时将两个接力器关闭侧排油阀打开。由于导水机构各部件的弹性作用使接力器活塞向开侧恢复，这时再次读出标尺的读数。两次读数的差值就是导水机构的压紧行程。

导叶在关闭状态下，由于受到蜗壳压力水和导叶内弹性密封的作用、连臂变形及各销轴间存在间隙等原因，导叶有向开侧恢复的趋势。为避免漏水量过大，当接力器关闭导叶之后还要继续压紧几毫米的压紧量。压紧行程过小会使导叶漏水量加大，造成机组蠕动；压紧行程过大则导水机构各部件受到压力会造成设备变形、破损、移位等，剪断销也会因长期受力而频繁剪断。

2019 年 1 月在 5FB C 级检修中，测量发现接力器压紧行程为 11mm，远大于设计值 6mm，因此对压紧行程进行了调整。在调整压紧行程时，首先根据压紧行程应调整的数值及连接螺母的螺距，计算出连接螺母应调整的圈数，然后使用液压拉伸器调整连接方头上的调整螺栓，调整后再进行压紧行程测定直至合格。在调整结束后，为防止机组开度频繁调节过程中造成调节螺栓松动，采用焊接挡块的方式进行限位，保证了压紧行程的稳定。

2.2.4 双联臂轴套及接力器连板孔磨损严重

双联臂轴孔联接销及控制环联接销的配合间隙超标也是造成剪断销剪断的重要原因。由于双联臂轴套磨损严重造成的配合间隙超标，会使机组调整负荷时导叶动作不灵活、受力不均匀，双联臂传递力矩时产生非水平分量，造成剪断销剪断。

接力器推拉杆通过联接销将力传递到双联臂上，通过联接销再将力传递到控制环中，如图 4 所示。联接销处设置有轴套，由于双联臂与控制环联接销轴转动，造成轴套和接力器连板孔磨损，导致轴套与销子的配合间隙超标，如图 5 所示。

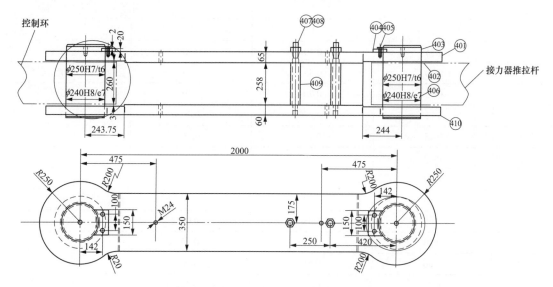

图 4 双联臂轴套装配图

图 5 连板孔磨损现场图

2019 年 11 月开工的 6FB A 级检修过程中，对双联臂轴套进行了更换，并对连板孔按照图纸尺寸进行补焊、车削、打磨处理。在机组重新投运时，开关导叶时接力器推拉杆未发生异常摆动，有效降低了剪断销剪断的风险。

2.2.5 导叶端面间隙过小

导叶的端面间隙值，无论是在厂内预装和工地安装时，都是一项重要工作，如果端面间隙调整得好，导叶容易打开、关闭，并且漏水量少；反之，如果导叶端面间隙过小，导叶端面容易在与顶盖、底环过流面处产生摩擦、拉伤，致使机组运行中导叶出现卡阻和摩阻，从而加大剪断销所受的剪切力，导致剪断销剪断。

拉西瓦水电站检修维护标准中规定：导叶间隙的测定标准为导叶上、下部端面间隙为0.5±0.2mm，总间隙设计值为1.0mm。在 2019 年 11 月 6FB A 级检修中，在对端面间隙的测量报告中发现 24 号导叶发生了一定的沉降，上端面间隙变大，下端面间隙变小，均超过了设计值，见表 3。

表 3   导 叶 端 面 记 录 表

导叶编号	头部		尾部	
	上	下	上	下
1	0.55	0.40	0.30	0.70
2	0.70	0.45	0.35	0.30
3	0.45	0.70	0.40	0.40
4	0.75	0.55	0.40	0.50
5	0.45	0.70	0.45	0.65
6	0.70	0.30	0.70	0.35
7	0.70	0.40	0.45	0.40
8	0.80	0.35	0.65	0.40
9	0.60	0.55	0.60	0.55
10	0.70	0.35	0.70	0.40
11	0.60	0.55	0.40	0.45
12	0.45	0.75	0.40	0.50
13	0.85	0.50	0.60	0.55
14	0.75	0.60	0.40	0.85
15	0.65	0.60	0.40	0.70
16	0.70	0.50	0.35	0.65
17	0.70	0.50	0.45	0.60
18	0.75	0.55	0.45	0.40
19	0.75	0.60	0.55	0.60
20	0.70	0.60	0.55	0.40
21	0.70	0.65	0.40	0.55
22	0.70	0.50	0.50	0.45
23	0.60	0.50	0.40	0.60
24	0.85	0.15	0.90	0.20
25	0.30	0.85	0.55	0.35
26	0.65	0.60	0.30	0.40

由于导叶下端面间隙过小，使得机组运行中导叶摩阻增大，底环工作面上有明显的摩擦、拉伤痕迹，从而加大了剪断销所受的剪切力，如图 6 所示。

电站安装时要对导叶端面间隙严格控制，包括导叶臂与抗磨垫的间隙、导叶止推装置、导叶调整螺栓松紧等。在机组检修期间，对 24 号导叶调整螺栓松动致使导叶下沉的现象，根据检修维护标准中的规定进行了预紧拉伸，在复测中上下端面的间隙均合格。

图 6 底环工作面划痕图

3 剪断销专用拆卸工具设计

3.1 Solidworks 建模

在上述原因导致的剪断销剪断情况下，更换断裂的剪断销成为经常性工作。更换剪断销需要将其从销孔内取出，但是现有的剪断销在使用过程中通常会被锈蚀、磨损甚至会产生轻微形变，导致其难以取出。水电站维护工作迫切需要一种方便快捷的剪断销拆卸工具，因此专用拆卸剪断销的工具亟待出现。

在目前市场上所见到的三维 CAD 解决方案中，SolidWorks 是设计过程比较简单且方便的软件之一。使用 SolidWorks，整个产品设计是百分之百可编辑的，零件设计、装配设计和工程图之间的是全相关的[3]。使用 SolidWorks 软件建立模型，生成的三维模型可以更加直观地修改和完善结构设计，有助于实现剪断销专用拆卸工具的功能。

3.2 整体结构设计

本设计的目的是解决剪断销剪断后拆卸困难的问题，在建立模型时要考虑到实用性以及安全性，不能因为使用专用拆卸工具对设备造成二次损坏，且各个零件装配要互无干涉。针对以上要求，对各部分零件进行统筹建模，并根据实际现场情况，设计了两套拆卸工具模型。

第一套拆卸专用工具利用剪断销柱体的两个内螺纹孔，在拔取时将螺杆旋接在剪断销柱体的内螺纹上，然后利用螺杆的外螺纹与内孔孔壁上的内螺纹之间的预紧力使得螺杆与剪断销固定连接为一体，操作者旋动螺母，在支撑凳的反作用力下螺杆慢慢抬升，便能将剪断销拔出，模型如图 7 所示。采用该结构设计，使得被卡主的剪断销能够很方便快捷地被拔出，操作便利，结构简单，实用性很强。

在拔剪断销的过程中不难发现，当剪断销变形较大时，通过人力旋转螺母很难将剪断销拔出，于是根据现场作业条件设计了第二套拆卸工具，以应对形变较大难以拔出的剪断销。

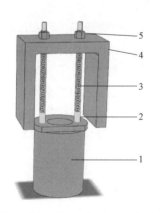

图 7 剪断销拆卸专用工具模型一

1—剪断销柱体；2—内螺纹孔；

3—螺杆；4—支撑凳；5—螺母

第二套拆卸专用工具利用剪断销柱体的中心孔，将直径与中心孔相近的螺杆插入到剪断销中心孔中，螺杆两端带有外螺纹，将螺杆下方螺母拧紧，使剪断销下部受到向上的轴向力，在螺杆上方安装带有螺纹孔的受力钢板，并旋紧钢板上方的螺母，然后用两台小型液压千斤顶顶住钢板，千斤顶底座置于主拐臂上，如图 8 所示。在拔剪断销时，操作人员同时给两台千斤顶打压，压力传递到受力钢板上，从而让受力钢板带动中心螺杆上移，将剪断销柱体从销孔中拔出，这种方法适用于剪断销受力较大且难以拔出的情况，有效降低了人力的浪费的和物力的损失。

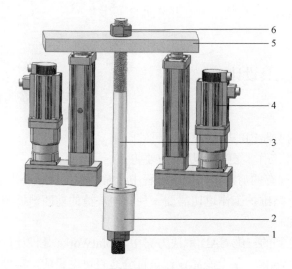

图 8　剪断销拆卸专用工具模型二

1—下紧螺母；2—剪断销柱体；3—中心孔螺杆；4—千斤顶；5—受力钢板；6—上紧螺母

4　实际应用

通过前期对剪断销剪断原因的分析和专用拆卸工具的模型设计，结合现场工况和作业环境后，实际加工出剪断销拆卸专用工具，如图 9 所示。通过使用专用工具，巧妙地利用螺杆与内螺纹之间的配合，解决现有生产工作中的剪断销不便于拔取的技术问题，不仅缩短了剪断销拆除时间，而且降低了人员作业风险，操作便利，结构简单。通过表 2 中剪断销更换用时可以看出，在 2020 年 6 月投入使用此拆卸工具后，作业用时由以往的几小时缩短到不到一小时之内，这证明了设计的工具有很强的实用性，并且安全可靠，结构的合理性和可行性也在实际的生产工作中得到了证实。

图 9　剪断销拆卸专用工具实物

5 结语

本文介绍了拉西瓦水电站机组运行的概况，以拉西瓦水电站实际生产工作为依托，根据多年运行状况和检修工作，通过设备运行数据分析、设备运行缺陷处理以及设备结构图纸的分析得出了剪断销剪断的主要原因，包括金属疲劳断裂、主副拐抱紧螺栓过松、压紧行程超标、双联臂轴套及接力器连板孔磨损严重、导叶端面间隙过小等。

为了方便剪断销的更换工作，本文利用 SolidWorks 软件设计了相应的剪断销更换专用工具，并实际加工投入使用，取得了良好的效果，这对水轮机导水机构的运行和检修具有一定的参考意义。

综上所述，水轮机在遇到剪断销剪断事故时，只要掌握剪断销剪断的原因，并且判断准确和操作得当，加之专用拆卸工具的帮助，应急处理就变得简单易行。虽然本文在理论分析和实际操作下得到了剪断销剪断之因，并且设计了专用拆卸工具，但水轮机组运行工况复杂多变，剪断销剪断的原因远不止上文所分析出的，并且设计的工具也还不够智能、简便和先进，没有完全解放维护人员的双手。下一步，将继续深入研究水轮机运行的各项数据、工况等，争取让水轮机的运行更加安全和稳定，也让维护人员的工作更加轻松和智能化。

参考文献

[1] 彭泽元.对水轮机导叶剪断销拆卸工具的改进 [J].水力发电，1986（8）：56.

[2] 邓凤舞，朱焕林，韩敏，等.导水机构剪断销频繁剪断原因分析及对策 [J].东方电气评论，2011，25（1）：32-34.

三、

施 工 实 践

西域砾岩洞挖掘进与台阶法钻爆施工功效对比

曹 伟 陈阳阳 付英杰

（黄河勘测规划设计研究院有限公司，河南省郑州市 450003）

[摘 要] 在某水利枢纽泄洪冲沙洞洞挖施工过程中，原采用 EBZ260 悬臂式掘进机掘进施工，对围岩的扰动小同时断面成型较好，但进度较慢，易损件更换频繁；基于该工程的工期要求提出了台阶法钻爆施工的解决方案，有效提升了施工进度，并取得了良好的效果。

[关键词] 西域砾岩；洞挖施工；掘进法；台阶法钻爆；进度

0 引言

泄洪冲沙洞是水利枢纽工程中尤为重要的一环，进度和质量都影响到后续水利枢纽的建设成果，因而提高水工隧洞的施工技术及管理水平对现场施工极为重要。隧洞施工方法应该根据工程的地质条件、施工环境、资源配置、技术力量等具体分析 [1-4]，进行合理的选择，以确保每种施工技术真正发挥作用。某水利枢纽泄洪冲沙洞挖施工过程中分别采用掘进法和台阶法钻爆施工，两种方法各有优劣，在工期紧任务重的情况下实践证明台阶钻爆法更适合本工程的施工要求，可有效提升施工进度，取得良好的效果，为圆满完成建设单位既定的工期目标打下了坚实的基础。

1 工程概况

某水利枢纽是一座具有防洪、灌溉和发电等综合利用任务的水利工程，由挡水坝、溢洪道、泄洪冲沙洞、发电引水系统及电站厂房等组成，地震设防烈度为Ⅷ度，为中型Ⅲ等工程。

泄洪冲沙洞布置在右岸，主要由进口引渠段、闸井段、洞身段及出口消能段组成，全长669.375m。泄洪洞洞身段长335m，呈圆拱直墙型，最大开挖断面尺寸为9.86m×10.03m（宽×高）。泄洪冲沙洞洞身段为西域组砾岩，围岩类别属Ⅳ类，弹性抗力系数 K_0=4～5MPa/cm，坚固系数 f_t=0.4～0.5。

该工程采用支洞进主洞的施工方法，施工支洞于 2020 年 11 月 27 日完成洞挖施工，共计10.5m。泄洪冲沙洞洞身开挖前期考虑到洞身左侧洞壁覆盖层较薄，采用 EBZ260 悬臂式掘进机掘进施工方式，施工过程中大大降低了对围岩的扰动，断面成型较好，超欠挖控制较好，节约喷射混凝土用量，但进度较慢，易损件更换频繁。因地质问题导致机械故障频发，为顺利完成 2021 年 9 月底截流目标，在工期紧任务重的情况下改变施工工艺势在必行。基于该工程的实际建设情况提出了台阶法钻爆施工的解决方案，有效提升了施工进度，并取得了良好的效果。

2 掘进法施工设计与实施

2.1 设计方案

在建设初期，为减少隧洞开挖时对围岩的扰动，尽可能保持围岩自稳性，结合悬臂式掘进机具有连续开挖、无爆破震动、有效控制超欠挖、节省岩石支护和衬砌的费用、施工准备时间短、安全可靠和再利用性高等显著特点，该工程施工主洞洞身开挖采用 EBZ260 悬臂式掘进机掘进方式进行，开挖分为上、下两台阶，先进行上台阶 1 区、2 区、3 区开挖，支护随开挖跟进，保留下台阶区域，待整个洞身段贯通后再进行下台阶开挖施工，支护随开挖跟进，具体开挖分区形式如图 1 所示。

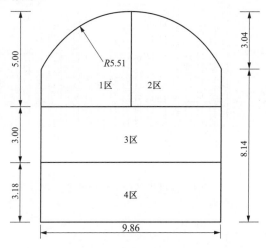

图 1 洞身开挖分区示意图

根据主洞开挖分区规划，结合设备配置参数，掘进机设备总长约 13.0m，开挖臂长约 5.0m，综合设备施工参数，考虑开挖与支护相互干扰安全距离，上半洞分区开挖按照半副开挖成型 3.0m，转换区域进行另半副开挖施工；支护方式即采用初喷封闭方式进行跟进，与掘进机设备错面进行施工，喷护施工面距开挖掌子面距离按照约 6.0m 进行控制，开挖及支护工序衔接如图 2 所示。

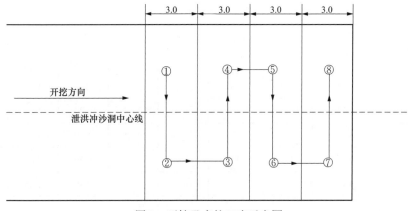

图 2 开挖及支护工序示意图

2.2 施工进展

根据现场施工情况调查，洞身开挖段采用悬臂式掘进机台阶法开挖，由 2020 年 11 月 28 日开始施工，截至 2021 年 1 月 2 日累计进尺 68.86m，日均进尺约为 1.75m。原计划 2021 年 5 月 10 日完成 335m 洞身开挖，在此施工进度下，剩余工期满负荷不停工情况下，仍旧不能如期完成节点目标。隧洞开挖是水利隧洞工程的第一步，是水利枢纽工程建设的开端，影响着整个工程的进度，重新拟定一种施工技术方案，完成进度目标势在必行。掘进机开挖进尺统计图如图 3 所示。

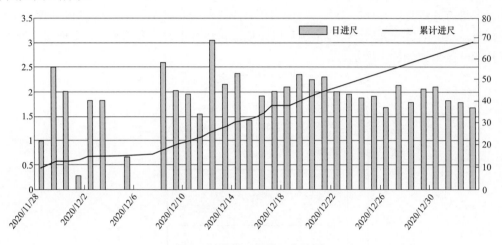

图 3　掘进机开挖进尺统计图

3 钻爆法施工设计与实施

3.1 设计方案

钻爆破台阶法开挖采用简易钻爆台车，人工 YT28 型手风钻钻孔，光面控制爆破，考虑洞内围岩为Ⅳ类，计划每循环进尺 1.2m，出渣采用反铲配合 3m³ 装载机装 15t 自卸车运至指定渣场。上台阶爆破布孔、爆破参数如图 4 所示，见表 1。下台阶爆破布孔、爆破参数如图 5 所示，见表 2。

表 1　　　　　　　　　　　　　　　上 台 阶 爆 破 参 数 表

序号	炮眼名称	炮孔直径（mm）	炮孔深（m）	炮孔数（个）	装药结构	装药量			起爆毫秒雷管段别
						药卷	每孔药量	小计	
1	掏槽孔	$\phi 42$	1.5	16	连续	$\phi 32$	1.2	19.2	MS1
2	崩落孔	$\phi 42$	1.3	22	连续	$\phi 32$	0.90	19.8	MS3
3	辅助孔	$\phi 42$	1.3	52	连续	$\phi 32$	0.90	46.8	MS5、7
4	周边孔	$\phi 42$	1.3	42	间断	$\phi 32$	0.60	23.2	MS9
5	底孔	$\phi 42$	1.3	15	连续	$\phi 32$	0.90	13.5	MS11
	合计			139				122.5	

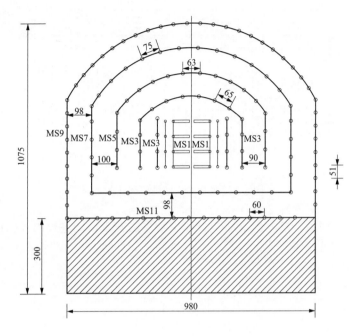

图 4　上台阶爆破布孔示意图

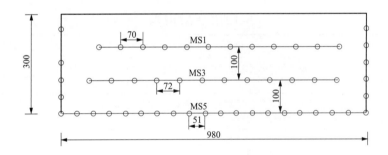

图 5　下台阶爆破布孔示意图

表 2　　　　　　　　　　　　下 台 阶 爆 破 参 数 表

序号	炮眼名称	炮孔直径（mm）	炮孔深（m）	炮孔数（个）	装药结构	装药量			起爆毫秒雷管段别
						药卷	每孔药量	小计	
1	爆破孔	ϕ42	3	24	连续	ϕ32	2.7	64.8	MS1、3
2	周边孔	ϕ42	3	30	间断	ϕ32	1.5	45	MS5
	合计			54				109.8	

3.2　施工进展

　　经过爆破试验、施工准备等一系列活动，施工现场于 2021 年 1 月 17 日开始采用钻爆法施工，大大提高了洞挖施工速度，具体洞挖日进尺数据统计如图 6 所示。

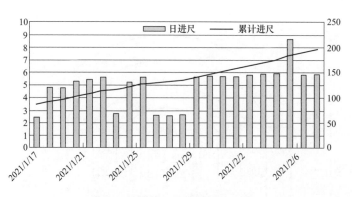

图6　钻爆施工开挖进尺统计图

从图 6 可看出，截至 2021 年 2 月 7 日使用钻爆法施工日均进尺约 5.01m，最高纪录达 8.63m，施工进尺已超前于原计划。

4　功效对比

4.1　两种工法特点分析

根据本工程现场施工情况，总结掘进和台阶法钻爆两种施工方法的特点见表 3。

表 3　　　　　　　　　　　　施工方法特点对比表

特点分析	掘进法		台阶法钻爆	
持续施工	可	掘进施工按照流水线作业方式进行施工，执行白、夜双班制施工，可按照人停机不停原则进行施工	可	钻爆施工可以持续进行
爆破震动	无	免爆施工大大降低了对围岩的扰动，无爆破震动能保证隧道掘进施工中右岸边坡的安全稳定	有	需加强监测围岩稳定性及右岸边坡安全稳定
遇特殊地质		（1）遇大孤石难处理。洞挖过程中数次遇见较大快孤石，掘进施工较为困难，严重影响进度。 （2）地质条件较差时，每循环开挖完成后，停止掘进，采用工字钢+挂网+喷护方式进行强支护处理，同时，地质人员加大现场勘查力度。 （3）若岩石情况持续较差，则采用超前管棚方式进行超前支护，保障施工安全		对围岩匀质性无要求，地质较差时可采取拱架进行支护
超欠挖		隧洞断面成型较好，超欠挖控制较好，节约喷射混凝土用量		相比掘进法，超欠挖情况比较严重，支护施工前需对超欠挖部位做出处理
施工受阻影响因素		本工程地质条件下对于钻头、底座等损耗较大，更换频繁，严重者导致机械故障，维修时间较长；长时间高强度运行对柴油等备品备件需求量大，在疫情期间很难及时满足备品需求，从而导致停工影响进度		须挖机配合工作

4.2　两种功效分析

（1）进度效果。采用台阶法钻爆施工效率远远大于掘进法。据现场累计数据统计，已超前于原定施工计划。

（2）经济效果。对比掘进机洞挖施工，计算每方洞挖施工的成本，发现台阶法钻爆施成本较低，掘进机洞挖 280 元/m^3＞钻爆洞挖 162 元/m^3。

（3）社会效果。泄洪冲沙洞洞身段为西域组砾岩，围岩类别属Ⅳ类，掘进法施工大大降低了对围岩的扰动，断面成型较好，超欠挖控制较好，节约喷射混凝土用量，受备品备件受疫情管控不能及时进场等因素影响，为满足工期要求及时改变施工工艺，提高了洞挖施工速度，对两种工法的研究探讨为水利行业隧洞洞挖速度的提升积累了宝贵经验。

5 结语

某水利枢纽泄洪冲沙洞的施工过程中，由原计划的掘进法开挖及时转变为钻爆法开挖，确保了进度计划的实施，为实现截流目标提供了保障，总结如下：

（1）不同的隧洞开挖方式各有优劣，掘进法对围岩的扰动小同时断面成型较好，但进度较慢，易损件更换频繁；台阶法钻爆施工的解决方案，有效提升了施工进度，日进尺可达 8.63m，取得了良好的效果。

（2）在西域砾岩洞室开挖过程中台阶法钻爆能够有效提高施工效率，在本工程的洞挖施工过程中，台阶法钻爆相比掘进法施工可大幅降低经济成本。

（3）在工程实践中，要具体分析项目特点选取最优方案，本工程将台阶钻爆法洞挖施工顺利地应用于该工程，总结出一套相对完整的技术数据，形成一套适合西域砾岩洞挖的施工工艺，得到建设单位的认可。期望有关掘进法和台阶法钻爆的施工工艺经验能对其他工程起到借鉴作用。

参考文献

[1] 王卫国. 水工隧洞施工工艺及质量管理 [J]. 低碳世界，2021，11（2）：84-85.

[2] 杨居源. 光面爆破在引水隧洞工程施工中的应用 [J]. 吉林水利，2021（1）：51-54.

[3] 李旗. 复杂环境条件下隧道机械施工技术研究 [J]. 科技经济导刊，2021，29（6）：85-86.

[4] 李有发，张三，付勇. 悬臂式掘进机在都江堰灌区毗河供水工程软岩隧洞施工中的应用 [J]. 四川水力发电，2017，36（5）：30-32.

作者简介

曹　伟（1974—），男，教授级高级工程师，主要从事水利水电工程设计与施工工作。E-mail：13683818867@163.com

陈阳阳（1987—），男，工程师，主要从事水利水电工程设计与施工工作。E-mail：13673390233@163.com

付英杰（1995—），女，助理工程师，主要从事水利水电工程设计与施工工作。E-mail：1694296060@qq.com

闸门底槛快速施工技术在 TB 工程中的应用

赵兴旺

（中国水利水电建设工程咨询西北有限公司 TB 监理中心，云南省迪庆藏族自治州 674400）

[摘　要] TB 水电工程导流洞进口闸门底槛结合闸室底板混凝土浇筑，采用了一次性快速安装技术，为后续闸门槽安装争取了宝贵的工期，在工程建设整体工期受疫情影响的情况下，有力地保证了导流洞工程分流目标的实现。本文对该施工技术进行介绍，可为其他工程建设提供参考。

[关键词] 闸门底槛；快速施工；技术；应用

1　TB 工程概述

TB 水电站位于云南省迪庆州维西县，属一等大（1）型工程，挡水建筑物采用碾压混凝土重力坝，坝顶高程 1740.00m，最大坝高 158.00m，地下厂房采用尾部式布置，总装机容量为 140 万 kW。

在左岸平行布置两条导流隧洞，两洞洞轴线中心距 50.00m，断面尺寸均为 11.50m×15.00m（宽×高），为中心角 120°的城门洞型，长度分别为 1359.674m 和 1484.486m。每条导流洞进口闸室段长 22.00m，布置有两个平板式闸孔，单个闸孔尺寸为 3.1m×5.75m×38.0m（长×宽×高），闸门门槽由底槛、主轨、反轨、门楣、锁定梁构成，导流洞分流前需完成所有门槽施工内容。

2　常规闸门底槛施工的方法及快速施工的必要性

在常规水电工程建设中，导流洞施工总体工期为两年左右，进口闸室为重点工期控制项目，为降低闸门金属结构设施安装同土建施工的干扰，主要采用在闸室底板混凝土浇筑时预留槽体及埋设加固构件，在闸室浇筑至胸墙以上一定高程后，将上部进行封闭，再开始进行底槛金属构件的安装、加固及二期混凝土浇筑，如此将金属构件安装与土建施工分期错开的施工方法，减少了相互之间的干扰，也更能够保证金属结构的安装精度。

TB 水电站导流洞工程 2020 年 1 月开工后，即受到了新冠肺炎疫情的影响，4 月才全面恢复施工，整体工期后延了 3 个月。而导流洞进口封堵闸门底槛及门槽施工是直接影响按期分流的关键项目，受疫情的影响，导流洞进口在 2020 年汛前未能按期完成开挖，需在汛后完成枯期土石围堰及全年混凝土围堰后才能启动进口段开挖施工，再进行闸室段混凝土施工，工期十分急迫。如若按照常规方法分两期施工封堵闸门底槛，整体闸门门槽安装工期将无法保证，经过各方研究，决定将底槛安装与闸室底板混凝土浇筑相结合，进行快速施工，当闸室混凝土浇筑至胸墙以上时，将闸孔上部封闭后，直接在底槛之上安装主轨，此方法满足规范[1]的相关要求，节省了底槛浇筑二期混凝土及二期混凝土相应的等强时间，大大地缩短了门槽安装的工期，有效地保证了导流洞分流的工期目标。

3　闸门底槛快速施工存在的困难

在设计之初，各方就已经意识到 TB 导流洞进口闸门底槛一次安装快速施工技术在实施过程将会遇到一些困难，主要有以下几个方面。

3.1　底槛变形问题

一次安装技术要求底槛构件比传统方法施工的构件更大，TB 导流洞进口闸门底槛构件尺寸为 3.1m×7.95m（长×宽），虽然构件面板为 26mm 厚 Q235B 钢板，在吊装及焊接过程中板面仍有可能发生变形，最终导致安装精度无法满足要求。

3.2　底槛加固及安装精度问题

由于底槛结合闸室底板混凝土进行施工，安装过程中无法进行有效的加固，安装精度难以保证，且混凝土浇筑过程中会对底槛本身及加固件产生扰动，如若控制不好，混凝土浇筑完成后底槛可能会发生偏移或变形，影响后续主轨的安装。

3.3　底槛浇筑及回填质量问题

闸室底板混凝土浇筑过程中，底槛底部肋板及锚固件较密集，如何保证混凝土浇筑密实是闸门底槛快速施工技术的关键，如底槛下部脱空较大，后续通过灌浆手段很难回填密实，将会影响后期闸门运行，严重时可能会造成质量事故，危及工程安全。

4　TB 工程中采取的措施

在方案论证研究阶段，监理单位多次组织专题会议，参建各方群策群力，研究确定了防止底槛变形、底槛加固及安装精度控制等措施。在项目实施阶段，监理单位组织召开设计交底会议，对设计技术要点进行了明确，督促施工单位进行施工技术交底，进行专门的仓面设计，专门针对底槛施工制定了"十不开仓"和"十不准"制度，浇筑过程中监理工程师全程旁站，及时发现和协调解决出现的问题。

4.1　底槛防变形措施

为防止底槛板面变形，在制作过程中，采用了 20mm×270mm×430mm（厚×高×长）的密肋板，有效地保证了底槛板面的总体刚度，防止其在吊装过程中发生变形。在底槛与下部型钢托架的焊接过程中，初步测量校核满足精度要求后，先使用点焊进行临时固定，待整体安装调整完毕，并使用搭接筋加固完成后，再进行焊缝的焊接，焊接时禁止从一端至另一端进行连续施焊，每块底板间的焊接均使用跳焊法进行，每段焊缝长度控制在 200～400mm，有效地保证了底槛在焊接过程中不发生变形。

4.2　底槛加固及安装精度控制

传统闸门底槛安装方法中，一期混凝土浇筑时在底槛部位埋设锚固插筋，并预留槽体，底槛安装时先将支撑骨架与预埋锚固件进行连接，调平后底槛构件吊装至设计位置后即可进行粗调及粗焊，在 TB 水电站导流洞进口闸门底槛安装中，采用了在闸室底板底层仓预埋型钢支腿（共计 4 组 8 支），在底板面层仓内安装托架，再在托架上加固底槛面板的方法进行施工。TB 导流洞进口闸室底板厚度为 4.5m，分底层 2.5m 和顶层 2.0m 进行浇筑施工，在底层浇筑之前，在建基面上通过测量定位确定底槛托架支腿的位置，在支腿周边设置 2 根锚杆（$\phi28$，$L=2.5m$，外露 0.5m），用于固定支腿型钢，在底层混凝土浇筑过程中，加强对支腿型钢进行保护，在闸室底层混凝土浇筑完成后，开始进行底槛托架横梁的安装，托架横梁安装精度的控制尤为重要，直接影响上部底槛安装质量，需进行测量精确调平，在托架横梁整体调平至设计高程及精度要求后，首先利用测量仪器在底槛及托架横梁上放出对应点位，底槛到位后，使用测量仪器放出底槛中心线位置，并设一线架，参照测量基准线，调整底槛使其各部位尺寸满足要求，使用搭接筋加固，加固时采用搭接焊，防止焊接变形，加固完成，复测合格后方可浇筑混凝土。通过对预埋型钢支腿、托架及底槛安装精度的控制，经过最终测量，1、2 号导流洞进口闸门底槛安装质量合格，具体指标见表 1，均满足规范[2]及技术要求的规定。

表 1　　　　　　　　　1、2 号导流洞进口闸门底槛安装质量情况统计表

检测项目	孔号	设计值（mm）	允许偏差（mm）	实测偏差（mm）	结论
底槛与门槽中心距	1	50	±5	−1～−4	合格
	2			−3～−5	合格
底槛面高程	1	∇1615.0m	±5	0～4	合格
	2			1～4	合格
底槛与闸孔中心距	1	0	±5	0～−5	合格
	2			−4～−5	合格
底槛两端高程差	1		≤2	0～1	合格
	2			0～1	合格
底槛工作面平面度	1		≤2	0～2	合格
	2			0～1	合格
底槛表面扭曲度	1	$B>200$	≤2	−1～1	合格
	2			−1～1	合格

导流洞闸门底槛安装总体效果图和埋件效果图分别如图 1、图 2 所示。

图 1　导流洞闸门底槛安装总体效果图　　　　图 2　导流洞闸门底槛安装埋件效果图

4.3 底槛浇筑质量控制

为了保证闸门底槛仓混凝土浇筑质量及底槛底部浇筑密实，施工前编制了专项仓面设计，并对施工人员及仓内各级管理人员进行了详细的技术交底，仓面设计中不仅明确了从外向内、垂直于底槛的卸料方向，还对每个卸料点的具体位置进行了固定。底槛仓使用泵送混凝土，采用平铺法进行浇筑，为了保证后续底槛底部混凝土浇筑密实及增加底槛锚固力，加工时在板面上沿宽度方向均匀布置了 2 排 8 个卸料孔及 9 排 306 根锚钩。顶层混凝土的卸料及振捣十分关键，卸料至底槛外侧时，沿外侧进行充分振捣，使混凝土料最大限度地流动、填充至底槛之下，待料物无法继续扩散时，再开始在底槛面板上的第一排卸料孔卸料，振捣，然后是第二排卸料孔，最后再在底槛内侧进行卸料、振捣，直至浇筑完成。在底槛周边及底槛卸料孔混凝土振捣过程中，采用了 $\phi50mm$ 的软轴振捣棒，有效地减弱了对底槛埋件及底槛本身的扰动。在整个底槛仓混凝土的浇筑过程中，使用测量仪器实时对底槛板面的变形情况进行监测，未发现底槛板面受到扰动或变形的情况，混凝土浇筑完成后采用敲击法进行检查，未发现底槛下方明显的脱空，混凝土填充密实。达到一定龄期后，使用底槛板面预留灌浆孔，按规范[3]要求进行了接触灌浆，确保了底槛与混凝土接触面的有效填充。导流洞闸门底槛仓浇筑形象图如图 3 所示。

图 3 导流洞闸门底槛仓浇筑形象图

5 闸门底槛快速施工取得的效果

TB 水电工程导流洞进口闸门底槛采用一次性快速安装技术，针对可能出现的大型底槛安装精度控制、一次性浇筑混凝土密实等问题，采取问题导向，通过研究、论证，确定了有效地防止底槛变形、底槛加固及安装精度控制等措施，在施工过程中严格执行质量控制措施，确保了底槛施工质量。经测量和检测，底槛安装精度和混凝土密实度均满足规范要求，经现场试门槽试验，底槛水封效果良好。闸门底槛采用一次性快速安装技术较传统方式可节约工期约 20 天，TB 水电工程已于 2021 年 10 月 19 日实现导流洞分流。

参考文献

[1] 国家能源局. NB 35055—2015 水电工程钢闸门设计规范 [S]. 北京：中国电力出版社，2015.

[2] 国家能源局. NB/T 35045—2014 水电工程钢闸门制造安装及验收规范 [S]. 北京：中国电力出版社，2015.

[3] 国家能源局. DL/T 5148—2012 水工建筑物水泥灌浆施工技术规范 [S]. 北京：中国电力出版社，2015.

斜井支洞提升绞车系统运输效率

郭　瑜　贾生栋

（中国水利水电建设工程咨询西北有限公司，陕西省西安市　710100）

[摘　要] 为满足斜井主洞下游为关键线路施工进度管理，尽最大可能节约工序衔接时间，减少物料运输及等待时间。结合斜井特性，对绞车提升系统、矿车、牵引钢丝绳等选型进行分析计算，结合专业生产厂家产品性能特点，提升斜井运输效率，该选型方案保证了施工进度和安全管理。

[关键词] 斜井；绞车系统；斜井运输

1　工程概况

楚雄段施工 6 标承担凤凰山隧洞 6 号施工，支洞全长 531.743m，起止里程为 FHS6#0+000～FHS6#0+496.887。凤凰山隧洞后段设计流量为 100m³/s，与施工交通洞交主洞桩号为 FHST18+839.89，断面形式为城门洞型，断面尺寸为 6.5m×5.5m（宽×高），衬砌厚度为 0.5m，隧洞底板纵坡为 22°，洞底高差 180.243m。凤凰山隧洞 6 号施工支洞特性表见表 1。

表 1　　　　　　　　　　凤凰山 6 号施工支洞（斜井）特性表

项目	单位	数量	备注
斜井断面（宽×高）	m	6.5×5.5	净宽×净高
斜井纵坡（α）	(°)	22	
斜井水平长度（$L_平$）	m	496.88	井底平洞段长度为43.86m
斜井斜长（$L_斜$）	m	487.88	$L_斜$=5.76+474.25+7.87
提升机提升距离（L）	m	514.72	$L=L_斜$+18.44m+8.4m（洞口卸渣设施段长度）

2　斜井提升系统设备布置

斜井洞内轨道为洞口布置→洞段中开挖施工布置→洞段底部施工布置。由绞车、提升机主轴装置、减速器、盘型制动器、液压站、深度指示器、齿轮联轴器、弹性棒销联轴器、电机制动器、天轮、电动机等组成。

运作期间总体施工流程：绞车提升系统运行→主洞掌子面渣料运输至渣体中转区→渣体中转区装运至斜井矿车→绞车提升机系统运行→洞口卸料区→自卸车转运至渣场。

整体系统主要由洞外提升机操作室统一协调，经由提升机工作流程：接到开车信号→开启辅助设施→确定开车方向→开始启动→匀速加速、等速运行→挡车栏减速→匀速加速、等速运行→减速区减速运行→抱闸停车，完成洞外至洞底再到洞外的一系列操作。

斜井提升机洞口布置如图 1 所示。

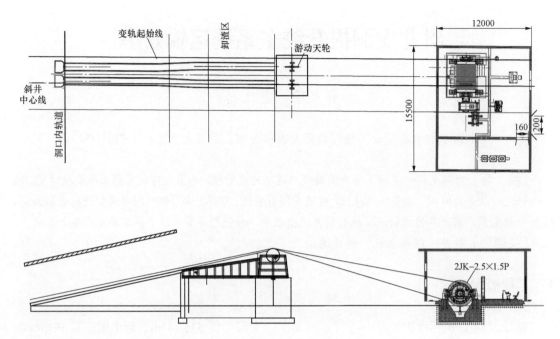

图 1　斜井提升机洞口布置（洞外爬升段、卸载区、游动天轮区、绞车房）

斜井开挖过程中设置单轨，位于斜井支洞中线右侧，在施工过程期间由提升机主控室操作指挥，由洞口爬升段匀速运行至洞口底部，达到底部后收到底部指挥人员信号，抱闸停车。斜井开挖过程中洞内轨道布置如图 2 所示。

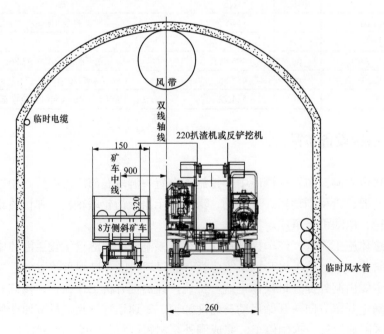

图 2　斜井开挖过程中洞内轨道布置

到达洞底后绞车在卸料区域停留，在中转区进行材料或弃渣转运工作，最终按流程返回：主洞掌子面渣料运输至渣体中转区→渣体中转区装运至斜井矿车→绞车提升机系统运行→洞口卸料区→自卸车转运至渣场，如图3所示。

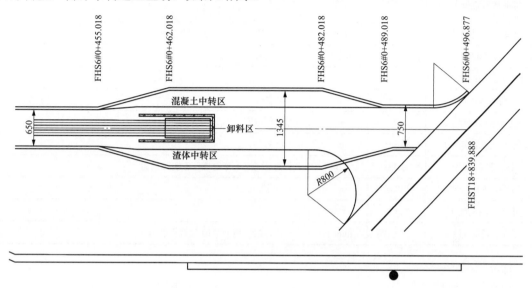

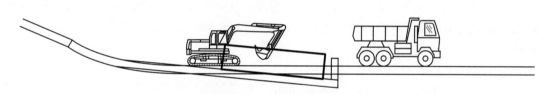

图3　到达洞底后绞车流程

3　矿车选型核算

计算工况参数见表2。

表2　　　　　　　　　　　　计 算 工 况 参 数 表

项目	数量	单位	备注
计算工况一：主洞上下游工作面同时开挖			
III类开挖断面面积	89.58	m²	6号斜井上下游主洞据不利工况（最大出渣量）计，以III类围岩开挖面积计
6号斜井主洞上下游日进尺峰值 L_{1max}	3.0	m/天	按照月进度计划，6号斜井上下游主洞III类围岩指标3.0m/天
日出渣量实方 $V_{实}$	537.48	m³/天	$V_{实}=3.0×89.58×2=537.48m^3$
洞渣松散系数	1.53	n	
日出渣量松方 $V_{松}$	822.34	m³/天	$V_{松}=V_{实}×n$

项目	数量	单位	备注
每小时出渣量 V_h	68.53	m³/天	斜井双卷筒提升机每天工作 12h，连续出渣，不影响主洞工作面掘进工序循环。$V_h=V_松/12$
矿车平均速度 V	2.66	m/s	按最大提升速度 3.8m/s 的 70%
矿车装渣时间 $t_装$	5	min/车	2.5m³ 装载机装渣
计算工况二：斜井开挖施工			
开挖最大断面面积	33.726	m²	Ⅲ类围岩开挖面积：S_{max}
开挖每循环进尺 L_{max}	2.5	m	每循环进度：L_{max}
每循环出渣量实方 $V_实$	84.315	m³	$V_实=S_{max}×L_{max}$
洞渣松散系数	1.53	n	水利水电清单计价规范比实际稍大
每循环出渣量松方 $V_松$	129.00	m³	$V_松=V_实×n$
矿车平均速度 V	2.66	m/s	
矿车装渣时间 $t_装$	7	min/车	斜井开挖采用 PC110 挖掘机装渣

计算工况一：

根据施工进度计划安排，凤凰山 6 号斜井支洞上下游主洞据不利工况（最大出渣量），以开挖Ⅲ类围岩工况计，采用四轨双车道。凤凰山 6 号斜井支洞上下游主洞Ⅲ类围岩指标 3.0m/天，洞渣松方量为 822.34m³/天，斜井双卷筒提升机每天工作 12h，连续出渣，不影响主洞工作面掘进工序循环，斜井出渣提升运力要求为 68.53m³/h，计算参数详见表 2 计算工况参数表。

矿车行驶时间 $t_0=L/V=514.72/（2.66×60）=3.2（min）$

矿车一次循环时间 $t=t_0+t_装=3.2+5=8.2（min）$（轨道系统为四轨双线，重车上行及空车下行在各自轨道同步运行，只计单边时间）

矿车计算斗容积 $V_计=V_h×\dfrac{t}{60}=68.53×(8.2/60)/2=4.68（m³）$

据此选用矿车 KZ8 侧卸式矿车型号，配备斗箱有效容积 8m³ 的矿斗。轨距为 900mm，外形尺寸为 6350mm×1500mm×1634mm。轨道采用 43kg/m 型钢轨与槽钢轨枕焊接，整体现浇式道床。KZ8 侧卸式矿车具有载重量大、自动卸渣、安全高效的优点。

则矿车提升系统运力富余系数 $k=V_c/V×k_N=8/4.68×0.8=1.37$

式中　k_N——矿车装载系数，取 0.8；

　　　V_c——矿车斗箱容积；

　　　k——提升系统运力富余系数。

并计算得：

每小时施组设计提升能力 $V_设计=60/8.2×8×0.8=46.83（m³/h）$

据以往经验，斜井提升系统运能安排需留有余地，以应对凤凰山 6 号斜井工作面主洞段地质条件复杂、地下工程不可预见因素多、设备故障导致洞渣积压、人车系统运行与物料运输干扰、主洞不良地质段进度滞后等因素影响。

KZ8 侧卸式矿车技术参数见表 3。

表3 **KZ8 侧卸式矿车技术参数**

设计载重（t）	矿车自重（t）	斗箱容积（m³）	轨距（mm）	箱体宽度（mm）	箱体高度（距轨面）（mm）	斗箱全长（mm）	卸渣角度（°）	轨道钢轨（kg/m）	最大提升速度（m/s）
20	5.42	8	900	1500	1660	6382	42	43	3.8

计算工况二：

根据施工进度计划安排，斜井工作面最大循环进尺为 2.5m/循环，洞渣松方量为 129.00m³/循环，每次开挖循环出渣工序时间限定为 6.5h，计算参数详见表 2 计算工况参数表。

实际出渣提升能力 $V_{max}=Tk_N V_c\dfrac{60}{2t_0+t_装}$ =6.5×0.8×8×60÷(2×3.2+7)=186.27(m³)

式中　T ——出渣工序时间，6.5h；

　　　k_N ——矿车装载系数，取 0.8。

$$K=V_{max}/V_松=186.27m³/129.00m³=1.44$$

经校核验算，斜井开挖时，有轨运输系统运能满足施工高峰进度要求，并有 1.44 富余系数。

4　牵引钢丝绳选型计算

一次提升量（$Q_{渣1}$）为

$$Q_{渣1}=k_N V_c\gamma=0.8×8×1.6=10.24(t)$$

式中　k_N ——矿车装载系数，取 0.8；

　　　γ ——洞渣松散容重，取 1.6t/m³。

钢丝绳的端荷重　$Q_d=Q_{渣1}+Q_{自重}=10.24+5.42=15.66(t)$

每米牵引钢丝绳的重量为

$$P=\dfrac{Q_d(\sin\alpha+f_1\cos\alpha)}{\dfrac{1.1\delta_B}{m}-L(\sin\alpha+f_2\cos\alpha)}$$

$$=\dfrac{15.66×1000×(\sin22°+0.015×\cos22°)}{\dfrac{1.1×16700}{8}-514.72×(\sin22°+0.2×\cos22°)}=3.03(kg/m)$$

式中　m ——安全系数，斜井提升物料，取 $m=8$；人车运行，取 $m=14$；

　　　δ_B ——钢丝绳公称抗拉强度，δ_B 取=16700N/mm²；

　　　f_1 ——提升容器在井筒轨道上的阻力系数，取 $f_1=0.015$；

　　　f_2 ——钢丝绳摩擦阻力系数，取 $f_2=0.2$；

　　　Q_d ——提升总重量，$Q_d=15.66t$。

查 GB 8918—2006 重要用途钢丝绳标准表 10，选取公称直径 $d=30mm$ 的 $6×19S+FC$ 型圆股钢丝绳。牵引钢丝绳相关参数为公称直径 $d=30mm$、绳重 $P=3.24kg/m$，公称抗拉强度 $\sigma_b=1670MPa$ 最小破断拉力 $Q_s=1.214×496=602.144kN$。

校核钢丝绳安全系数。

物料提升 $M = \dfrac{Q_s}{Q_d(\sin\alpha + f_1\cos\alpha) + L \cdot P(\sin\alpha + f_2\cos\alpha)} =$

$$\dfrac{602144}{15.66\times1000\times9.8\times(\sin22° + 0.015\times\cos22°) + 514.72\times3.24\times9.8\times(\sin22° + 0.2\times\cos22°)} =$$

8.76＞8。符合安全规程要求。

人车运行 $M = \dfrac{Q_s}{Q_d(\sin\alpha + f_1\cos\alpha) + L \times P(\sin\alpha + f_2\cos\alpha)} =$

$$\dfrac{602144}{4.845\times1000\times9.8\times(\sin22° + 0.015\times\cos22°) + 514.72\times3.24\times9.8\times(\sin22° + 0.2\times\cos22°)} =$$

22.96＞14。符合安全规程要求。

（注：人车型号为 XRB15-9/6，人车重量为 2445kg+1200kg+15 人×80kg/人=4.845t）

5 双卷筒矿用提升机选型计算

滚筒直径（D_g）的确定为

$D_g \geq 80d = 80\times30 = 2400$mm，选用 2.5m 双卷筒提升机。

型号：2JK–2.5×1.5P；

直径 D_g=2500mm；宽度 B=1500mm；钢丝绳缠绕 3 层；

允许最大静张力 F_{jmax}=83kN；允许最大静张力差 ΔF_{jmax}=65kN；

最大提升速度=3.8m/s。

提升距离（H_3）校核为

$$H_3 = \left(\dfrac{3B - 2.5d - b}{d + \varepsilon} - n_m - n_g\right)\pi D_p - l_s$$

$$= \left(\dfrac{3\times1.5 - 2.5\times0.03 - (0.03 + 0.005)}{0.03 + 0.003} - 3 - 4\right)\pi\times(2.5 + 3\times0.03) - 30$$

=995.47m＞514.72m（6 号斜井提升距离）满足提升要求。

式中　　B——卷筒宽度 1500mm；

　　　　d——钢丝绳公称直径，取 30mm；

　　　　b——穿绳孔直径 $b=d+5$mm；

　　　　ε——钢丝绳绳圈间的间隙，取 3mm；

　　　　n_m——钢丝绳摩擦圈数取 3 圈；

　　　　n_g——多层缠绕时供移动用绳圈取 4 圈；

　　　　D_p——钢丝绳在卷筒上缠绕平均直径，$D_p=D_g+K_{cd}$（K_c 为绳圈层数 3）；

　　　　l_s——试验钢丝绳长度，取 30m。

提升机最大实际静张力校核为

$F_{实jmax}=Q_d$（$\sin\alpha + f_1\cos\alpha$）+$L_P$（$\sin\alpha + f_2\cos\alpha$）

　　　　=15.66×1000×9.8×（$\sin22° + 0.015\cos22°$）+514.72×3.24×9.8×（$\sin22° + 0.2\cos22°$）

　　　　=68.78kN＜F_{jmax}=83kN　　符合要求。

提升机最大实际静张力差校核为

$$\Delta F_{实jmax}=Q_d(\sin\alpha+f_1\cos\alpha)+L_P(\sin\alpha+f_2\cos\alpha)-Q_{自重}(\sin\alpha-f_1\cos\alpha)$$

$$=15.66\times1000\times9.8(\sin22°+0.015\cos22°)+514.72\times3.24\times9.8\times(\sin22°+0.2\cos22°)$$

$$-5.42\times1000\times9.8\times(\sin22°-0.015\cos22°)=49.62kN<\Delta F_{jmax}=65kN \quad 符合要求。$$

提升机电动机功率（N）计算为

$$N=K\Delta F_{实jmax}V_{max}/(102\eta)$$

$$=1.2\times38.95\times1000\times5/（102\times0.9\times9.8）=259.77kW$$

式中　K——备用系数，取 K=1.2；

　　　η——传动效率，取 η=0.9。

据计算结果，选用提升机专用变频调速电动机 YTS400L1-10 电动机，其参数为：

额定功率 N=315kW；额定电压 U=380V；

额定效率 η=0.94；额定转速 n_d=592r/min。

减速器选型：根据所选电动机 315kW/380V、八极电机查表选取减速器型号为 ZZL800-20 减速器。其基本参数为：

高速轴公称输入功率为 499kW，公称输出转矩为 198.1kN·m，减速比 i=20。

校核提升机的最大提升速度为

$$V_{max}=\pi D_P\frac{n_d}{60i}=\frac{\pi\times2.59\times592}{60\times20}=4.01m/s，与矿车容积（提升能力）、电机功率计算假定吻合。$$

式中　D_P——钢丝绳在滚筒上缠绕平均直径，$D_P=D_g+K_{cd}=2.59m$；

　　　n_d——额定转速，取 740r/min；

　　　i——减速器减速比为 20。

6　斜井提升系统主要设备型号及参数表

根据上述主要参数计算结果，对斜井提升系统的主要设备进行初步选型配套。施工时应结合专业生产厂家产品性能特点，比选确定最优配置。凤凰山 6 号斜井提升系统初步设计参数见表 4。

表 4　　　　　　　　　凤凰山 6 号斜井提升系统初步设计参数表

序号	项目	型号规格	性能参数
1	6 号斜井	几何参数	断面尺寸为 6.5m×5.5m（净宽×净高），纵坡 22°，支洞长度 531.74m
2	提升能力		提升能力 68.53m³/h
3	提升机	2JK-2.5×1.5P	双卷筒矿用提升机，卷筒直径为 2.5m、宽度为 1.5m，允许最大静张力为 83kN、最大静张力差为 65kN，最大绳速为 3.8m/s
4	电动机	YTS400L1-10	提升机专用变频调速三相异步电动机，额定功率为 315kW/380V，额定转速为 592r/min
5	减速器	ZZL800-20	行星减速器，减速比为 20
6	矿车	KZ8	曲轨侧卸式矿车，斗箱有效容积为 8m³，轨距为 900mm
7	牵引钢丝绳	6×19S+FC	纤维芯钢丝绳，公称直径为 30mm，公称抗拉强度为 1670MPa，最小破断拉力为 621kN
8	钢轨轨道	43kg/m	四轨双线布置，轨距为 900mm，两线中心间距为 1750mm

7 提升效果

通过最优方案选型配套安装，凤凰山 6 号斜井施工支洞如期完成安装工序并投入使用，通过在施工过程中的实际产生的情况进行分析：

（1）结构简单、操作方便、维修快捷。

（2）采用分离式滚筒，每个滚筒采用单独电动机和独立的液压站及操作平台，两个滚筒运行互不干扰，增加绞车故障的容错率，加大电机功率，改用 $10m^3$ 矿斗，提高出渣效率，加快工程进度，安装实时的钢丝绳检测系统，增加绞车运行的安全系数。

（3）斜井施工，采用 3 条轨道运输，2 条轨道出渣，1 条轨道专门进行材料的运输。保证斜井出渣效率，不影响掌子面出渣，有利于文明施工。

8 结语

经作业实践，方案选型符合现场实际需求，同时符合设计、业主的技术要求，6 号洞斜井施工支洞绞车较好匹配现场施工需要，顺利完成滇中引水工程年度投资目标，确保安全质量下顺利进入主洞施工，并为滇中引水工程斜井施工提供较好的施工案例。

某水电站土料场压带式胶带机的应用研究

惠金涛　吴丽波

（中国水利水电建设工程咨询西北有限公司，陕西省西安市　710000）

[摘　要]为解决大倾角胶带机运输过程中土料下滑、飞溅的问题，土料场采用了新型压带式胶带机，本研究通过采用现场直接解决问题的方法对胶带机安装过程出现的问题进行解决，总结了实施过程中的改进意见。就目前应用现状来看，在高边坡胶带机选择方面，压带式胶带机运输土料的方法是较为成功的，为同类型土石坝建设的发展方向起到引领性作用。

[关键词]压带式；胶带机

0　引言

某水电站拦河大坝为砾石土心墙堆石坝，大坝填筑需砾石土心墙料 477.56 万 m^3，接触黏土料 14.84 万 m^3。根据合同文件及设计方案要求，土料供应单位应供应大坝填筑掺砾土料 1045.24 万 t，大坝填筑接触黏土 29.31 万 t，接触黏土及掺砾土料碾压试验 1660t，合计约 1074.72 万 t，折合土料设计需求量为 423.24 万 m^3（自然方）。若采用传统的挖掘机开采、自卸汽车运输上坝填筑的开采、运输方法，必然会增加损耗，且占地面积大，土建工程量大，投资高，运输过程中也存在巨大风险。为解决此问题，响应某建设智慧大坝的理念，由土料供应单位负责建设的大坝防渗土料供应系统应运而生，目前已建设完成。本文主要针对防渗土料供应系统中下运倾角＞30°的压带式胶带机进行研究，对其采用的设计方案、安装过程中的经验以及目前的运行状况进行分析论证，得出压带式胶带机的一些安装思路。

1　胶带输送机设计

因原方案胶带机布设沿线分布着大量国家二级保护植物岷江柏，为避开岷江柏，经业主决策，对胶带机布设路线进行优化调整，调整为 2 号–1（压带机）、2 号–2 胶带机。根据现场地形条件，现场布设的压带式胶带机下运角度达到了 30°～42°，远远大于物料本身的动堆积角，若采用一般胶带机运输则会造成土料下滑滚落，无法满足输送要求，需采用压带式输送机结构才能满足正常运行要求。陈伟杰[1]针对目前国内大倾角带式输送机存在的块状物料易下滑滚落发生事故的技术难题，通过理论研究分析，得出同步覆压带式输送机可从根本上解决大倾角带式输送机块状物料下滑滚落问题。

本次研究的压带式胶带机位于当卡山坡脚段山脊上，始于 T02 转运站，下运土料至根扎大桥上游 2 号公路外侧台地处，起点地面高程约为 2470.50m，终点地面高程约为 2261.40m。

结合设计及现场实际情况，目前已安装使用的胶带机全长 375m，提升高度–186m，输送带类型为 ST1000-B1200，带宽为 1400mm，功率为 2×315kW，带速为 3m/s，输送能力为 850t/h，胶带机线路最大倾角为 42°，驱动装置设置在尾部。具体如下：

（1）在 T02 转运站（为压带式胶带机上部储料装置）承接上游来料。承载胶带机和压带式胶带机的驱动装置和驱动滚筒设在 T02 转运站前后，并完成接料和将物料覆盖在两带之间的工作；

（2）抛料在输送机头部进行，头部设有转载站，并设有缓冲仓；

（3）张紧装置设在头部胶带低张力区，采用重锤张紧方式；

（4）承载胶带和回程胶带采用等功率驱动方式，部件通用性强，易于备件；

（5）在倾斜段，设有压带装置，压带装置设有足够的压力确保物料不洒漏；

（6）驱动装置选用变频电机，配置变频器。为避免飞车需将驱动装置设置于胶带机尾部，同时增加盘式制动器，可控液压盘式制动器设在尾部传动滚筒轴上。

压带式胶带机尾部、头部简图和布设现场线路分别如图 1～图 3 所示。

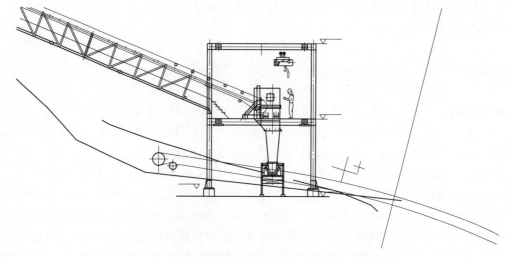

图 1 压带式胶带机尾部布置简图（T02 转运站）

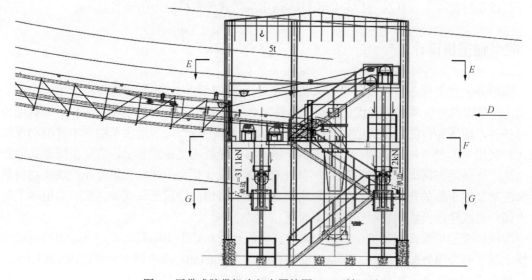

图 2 压带式胶带机头部布置简图（T02′转运站）

图 3   压带式胶带机布设现场线路

2   压带式胶带机适宜性分析

压带式胶带机的结构是将物料完全封闭在两条输送带之间。压力是由覆盖带重力或作用在覆盖带背面的外部压力提供的，用于稳定物料，以保证物料即使在垂直输送时也不会出现滑动、滚落或泄漏。其结构如图4所示，压带式胶带机现场图如图5所示。

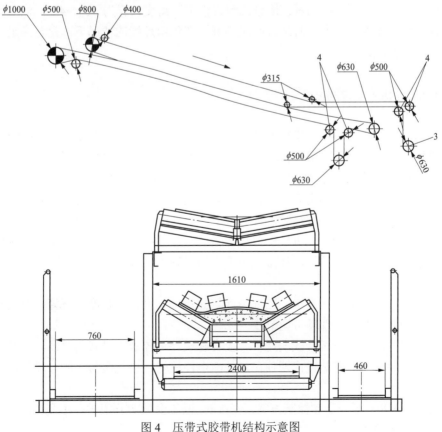

图 4   压带式胶带机结构示意图

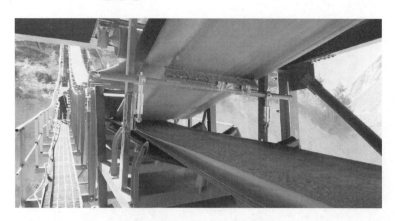

图5 压带式胶带机现场图

通过覆盖带重力或作用在覆盖带背面的外部压力，在覆盖带和承载带之间提供足够的摩擦力，以抵消输送带之间的物料重力，从而防止产生物料回落或滑动。

压带式胶带机的特点如下：

（1）输送倾角大，可达到90°；

（2）部件的通用性强，可以使用通用带式输送机的输送带和部件；

（3）与其他大倾角提升输送机相比，可以实现更大运量、更高的提升高度；

（4）与其他大倾角提升输送机相比，可以运送更大的块物料。

从目前现场实际使用情况来看：压带式胶带机下运角度设置为30°～42°，满负荷运行过程中未跑偏，无飞车现象出现，且运行状况良好，在供料连续的情况下，完全满足现场带料850t/h的设计需要。

3 压带式胶带机安装经验

截至目前，压带式胶带机已运行1月有余，根据运行状况，总结以下几点经验：

（1）设置均匀给料装置可保证落料对中。在加料点的导料槽采取与通用槽型带式输送机不同的特殊装置，可以保证物料的对中性，保证上下胶带有更大吻合面积，保证运行平稳性。

（2）压带装置的压辊宜采用高分子材料，其一是利于加工更大的圆弧，减小辊子边缘对胶带的挤压应力；其二是减小压辊对盖带的磨损，有效地保证胶带的寿命。

（3）合理选择输送机槽角，可确保散料运输的可靠性；输送带的横向刚性太大或横向刚性太小，在给料不均匀的条件下，均可能出现无法保证上下胶带可靠吻合的情况，所以选择合理的刚性值很重要。

（4）压带装置用于加压的弹簧，在理论计算的基础上设计其长度及直径，但为确保合理压力值，需设计成弹簧压力现场可调节。

（5）本次研究对象为下运带式输送机，应合理设计可控液压盘式制动器，使其具有制动时间可控功能，并配有蓄能装置；即使在意外断电停机时，仍能缓慢上闸，以保证整机停机平稳可靠。

（6）宜采用690V低压变频控制方案，变压器+低压变频器方案较高压变频控制方案更加成熟，同时可降低成本。

（7）承载带与覆盖带两输送带的驱动装置采用可控变频方式，并在启动与运行过程中实现带速的同步控制，用以确保承载带和覆盖带的同步运行，保证整机运行的平稳性。

4 结语

压带式胶带机的应用有效解决了大倾角胶带机运输过程中土料下滑、飞溅的问题，本次研究仅针对 40°山坡的夹带式胶带机运输机制以及安装过程中的改进方法。就目前应用现状来看，压带式胶带机的运用是较为成功的，为同类型土石坝建设的发展方向起到引领性作用。某水电站防渗土料供应系统全线长 8.7km，为同类土石坝中最长、类型最多，由大倾角下运胶带机、压带式下运胶带机、空间曲线胶带机、掺合系统、管带机、胶带机、含水率调整系统、堆存系统组成，且该系统供料方式为土石坝建设领域的首创。后续本研究小组将继续针对各类型胶带机进行应用研究，为土石坝建设提供好的建议。

参考文献

［1］陈伟杰．同步覆压带大倾角带式输送机的探索设计［J］.科技致富向导，2014（29）：1.

作者简介

惠金涛（1996—），男，助理工程师，主要从事水利水电建设工程监理工作。E-mail：728973266@qq.com

吴丽波（1996—），女，助理工程师，主要从事水利水电建设工程监理工作。E-mail：2313242553@qq.com

水利水电工程引水隧洞地质超挖研究

张 伟

（黄河勘测规划设计研究院有限公司，河南省郑州市　450000）

[摘　要]本文针对引水隧洞地质超挖原因展开分析，内容包括地质因素、爆破因素、施工因素等，通过研究加强不良地质处理、做好地质预报工作、加强现场安全管理、做好施工监测工作等，其目的在于合理控制引水隧洞地质超挖问题，提高水利工程作业环境的安全性。

[关键词]水利水电工程；地质预报；不良地质；引水隧洞

0　引言

开展水利工程引水隧洞作业时，经常面临的难题便是地质超挖问题，此类问题的出现，容易产生应力在棱角突变处集中，岩体的塑性区显著增大，洞身围岩变形较大，衬砌时因超挖大回填不密实，使结构受力处于不利状态，并且易积水，造成渗漏，造成质量安全隐患。基于此，需要针对地质超挖问题出现原因，拟定相应的预防和治理措施，从而将超挖量控制在合理范围内，以促进水利工程作业活动的有序展开。

1　引水隧洞地质超挖原因分析

1.1　地质因素

在引水隧洞地质超挖问题影响因素中，地质因素占有较大权重，该因素具体影响体现在以下几方面：第一，区域归类于不良地质，局部存在掉块、渗水量较大等问题，在地质开挖过程中，由于地质稳定性较差，应力卸载速度过快，引起掉块、坍塌、塌方等事故，造成超挖问题的出现。第二，开挖区域的围岩裂隙发育状态较高，存在节理面开裂、软弱断层、岩层过度风化等情况，这样在开挖时因为破坏结构自稳性，导致超挖问题的出现。第三，部分地区的地质活跃度较高，在挤压作用下，使得部分围岩结构变得松散，在破坏原有结构的平衡性之后，也会造成结构开挖问题，影响到作业环境的安全性。

1.2　爆破因素

为了加快工程作业进度，在引水隧洞施工过程中，会引入爆破作业，如光面爆破技术、微爆破技术等，而该因素也是影响地质超挖的重要因素。该因素在实际应用中具体体现在以下几方面：第一，钻孔成型质量较差，如定位偏差较大、钻孔深度/孔径不合理等，这样也使得爆破后断面无法按预期崩落，导致超挖问题的出现。第二，在装药过程中，没有对装药密度、装药量进行合理控制，而且在爆破孔连接处理环节中，其作业结果的合理性较差，如没有按照既定顺序进行连接处理，这样也会干扰到正常爆破活动的进行，从而影响到最终的爆破质量。

1.3 施工因素

除上述提到的影响因素外，施工因素也是导致隧道地质超挖问题的重要原因。基于以往地应用经验，常见的施工因素包括隧道内可见度较低、施工放样质量较差、人员操作水平较低、施工质量监督较差等。这些问题的出现也会直接影响到各环节作业合理性，使问题不断累积，最终导致超挖问题的出现。而且在地质开挖过程中，所使用机械设备在出现故障问题后，也容易导致超挖问题，从而干扰到最终作业结果的合理性。另外，一些参与作业人员安全操作意识和责任意识较弱，在施工活动中不能严格按要求来展开作业活动，这样也会使超挖问题发生概率不断提升。

2 水利工程引水隧洞地质超挖控制措施分析

2.1 加强不良地质处理

通过加强不良地质处理，可以稳定不良地质的作业环境，减少安全问题的发生概率。目前在不良地质处理活动中，经常使用到的处理方法包括超前支护作业、全断面法作业、注浆加固处理等，可结合不良地质发育状态进行合理选择。以超前支护作业为例，在该作业方法应用过程中，首先利用地质探测仪，对该地区基础地质情况进行探查，了解节理发育状态、裂隙发育情况，以此来确定钻孔深度、直径、泥浆水灰比等参数，确保超前支护作业的实用性。其次在作业过程中，对相关参数进行合理控制，对泥浆水灰比也需要做好质量检查，待其满足要求后再展开注浆、封底等工作，提高不良地质的处理效果。再次在不良地质处理活动中，也需要对各个环节的作业质量加强监督，在发现存在问题后，及时对其进行处理，在确定安全性之后再开展后续处理活动，从而提高隧道作业环境的安全性。

2.2 做好地质预报工作

通过做好地质预报工作，能够稳定水利工程隧道作业环境，为后续作业活动的有序推进奠定基础。目前在超前地质预报处理中，使用较多的方法包括超前地质钻孔、加深炮孔及综合地质分析三种方法。以超前地质钻孔为例，其应用原理在于，利用水平钻机作为媒介，对于目标区域进行水平钻探，从而获取到相应的地质信息，进而对不良地质所在区域进行判断。在方法具体应用中，所布设超前地质钻孔的深度、孔径、布设数量会根据施工图纸中的标记内容进行综合分析，随后利用对应功率的地质钻机进行钻孔作业，钻孔深度为 20～30m，以获取到价值数据，满足后续作业活动的施工所需[1]。

2.3 加强现场安全管理

通过加强现场安全管理，可以提升现场作业环境的安全性，减少不合规作业问题。在具体实践中，首先在水利工程引水隧洞正式开挖前，需要委派专业勘测人员对作业环境进行勘察，清理现场存在的安全隐患，待满足安全作业规范要求后可以正式进入到作业环节中。其次组建现场安全施工管理队伍，队伍由责任心较强的成员或领导组成，在隧洞开挖期间，需要管理队伍进行全过程监管，加强作业期间的协调工作，对于潜在隐患进行及时处理，以提高作业环境的安全性。再次拟定好轮班制度，以 4h 为一个周期，进行安全监督人员的替换，避免视觉疲劳引起的注意力分散问题，营造安全的隧洞开挖作业环境[2]。

2.4 做好施工监测工作

通过做好施工监测工作，能够采集有效地作业数据，提高潜在隐患问题发现的及时性。

在具体实践中，首先需要在隧洞内间隔 80～100m 来进行闭合导线点的布设，同时会制作混凝土方墩，起到保护和提升识别性的作用。完成的标记点也会利用红色油漆/喷漆对其进行编号和标记，便于后续查找。其次在监测活动开展工程中，初始状态下的数据汇总频率应控制在 2～4h，根据开挖情况、开挖状态、地质变化情况，对于汇总频率进行调整，以提高监测结果的实用价值[3]。再次随着施工活动的推进，监测活动的频率也可以进行适当调整，如调整到 6～8h，从而节约施工资源，提高隧道作业过程的合理性。

2.5 制定应急处理措施

通过制定应急处理措施，可以降低超挖问题出现后的负面影响，提升隧道作业环境的安全性。基于上述提到的内容可以了解到，超挖问题出现后，容易引起土层卸载失衡、应力平衡破坏、洞顶坍塌等，从而造成非常大的经济影响。基于此，需要结合以往经验建立故障树模型，对于作业期间超挖带来的进行梳理，并且也对其危害等级、发生概率等内容进行评估，随后围绕此内容制定应对措施，在确定措施可操作性之后，也需要做好日常培训工作，以使出现问题后可以及时作出反应，从而将负面影响控制在合理范围内。

3 结语

综上所述，加强不良地质处理，可以稳定不良地质的作业环境，做好地质预报工作；能够稳定水利工程隧道作业环境，加强现场安全管理；可以提升现场作业环境的安全性，做好施工监测工作；能够采集有效地作业数据，制定应急处理措施；可以降低超挖问题出现后带来的负面影响。基于引水隧洞地质超挖问题，拟定可靠的应对措施，不仅可以提高隧洞作业环境的安全性，而且对于加快工程作业进度也有着积极的意义。

参考文献

[1] 任兴隆，张斌. 浅谈黔中水利枢纽一期工程桂松干渠隧洞地质超挖问题 [J]. 陕西水利，2021（4）：142-143.

[2] 佟艳清，刘启，徐全基，等. 水利工程引水隧洞地质超挖研究与应用 [J]. 云南水力发电，2021，37（4）：176-180.

[3] 郑强，徐鹏飞. 乌弄龙水电站引水隧洞开挖施工技术 [J]. 人民长江，2017，48（S1）：196-198.

作者简介

张 伟（1987—），男，工程师，主要从事水利水电工程设计与施工工作。E-mail：523819655@qq.com

微风化至新鲜节理岩体成幕试验研究

刘超杨[1, 2]　张　毅[1, 2]　赵代尧[1, 2]　左周昌[1, 2]

（1. 中国水电顾问集团贵阳勘测设计研究院岩土工程有限公司，贵州省贵阳市　550081，
2. 中国电建集团贵阳勘测设计研究院有限公司，贵州省贵阳市　550081）

[摘　要]帷幕灌浆试验是帷幕布置和施工方案设计的重要参考依据。从成幕岩体结构出发，分析影响岩体可灌性的主要因素，即地层岩性、地质构造、水文地质条件、地应力、岩体质量、浆液材料配比以及施工工艺，将影响岩体可灌性因素与压水试验及灌浆试验成果结合进行分析，对试验段成幕可行性和帷幕质量进行评价。结果表明节理岩体可灌性受多项因素共同影响，决定性因素有节理张开和联通状态、节理密度、灌浆压力。不同间距试验段灌浆和压水结果表明，单排帷幕浆液有效扩散半径为 1.0～1.5m，成幕可信灌浆孔间距为 1.0m。为增加帷幕可靠性，建议帷幕设计方案中增加倾斜孔和增加灌浆孔排数。

[关键词]节理岩体；岩体可灌性；帷幕可靠性；浆液扩散半径；微风化至新鲜岩体

0　引言

防渗帷幕是在大坝地基进行灌浆形成的一道一定深度的、具有降低地下水渗透和降低大坝扬压力的止水幕，对保障工程蓄水和水工建筑物运行安全有着极其重要作用。

人类有记录的工程灌浆历史最早可追溯到 1802 年的英国，当时人们用活塞将黏性土注入冲积层，用以修复木质围堰和水闸。1802—1850 年工程灌浆开始广泛应用于船闸和砌体结构修复，1850—1890 年随着机械设备不断创新，灌浆技术也迎来大爆发，出现了利用空气压缩设备的高压注浆。20 世纪 30 年代随着美国胡佛大坝的竣工，现代系统性灌浆工艺技术基本形成[1]。20 世纪 60 年代开始，我国也不断兴修水利，1960 年北京密云水库竣工，并于 1963 年发布了第一本《水工建筑物砂砾石基础帷幕灌浆工程施工技术试行规范》，之后数十年对工艺进行不断更新，也逐渐掌握并形成了一套特有的灌浆施工工艺体系[2]。

灌浆工程为地下隐蔽工程，地质条件对现场施工材料、施工工艺及优化设计起着决定作用，为防止施工期间产生大的不确定性风险，需在大规模帷幕工程实施前通过灌浆试验，获得包括浆液材料、浆液配比、灌浆孔布置、浆液有效扩散半径、灌浆压力等施工信息，同时通过试验孔检验获得灌浆质量的指标，评价成幕有效性。

由于专业划分帷幕施工一般为施工专业的工作，国内外的相关研究多注重施工工艺方法的研究，目前可查找的相关资料仅为一些工程资料汇编[3]，鲜有文献对岩体条件与灌入耗灰的关系进行研究，也存在较大的分歧，如王东升（2021）、Kayabasi, Ali, and Candan Gokceoglu（2019）认为岩体单位注灰量与岩体透水率存在较好相关关系，而美标《*Engineering geology field manual second editional*》认为两者间无相关关系[4-6]，前后两者的差异究其根源在于前者

研究没有系统地将一些异常与工程地质、水文地质条件相结合分析，而后者是在考虑诸多因素后下的结论，比较模糊，导致以后的研究者无从着手，以至于可参考的文献资料十分稀缺。同时实践过程中，工程师们更多地关心成幕的最终结果，忽略了岩体成幕过程的一些现象应该从工程地质、水文地质方面系统地解释。本文以非洲 JN 水电工程项目帷幕灌浆试验为例，通过分析岩体质量、节理发育特征、水文地质特征以及灌浆工艺等因素对微风化至新鲜砂岩、砂质泥岩成幕影响，以及灌浆过程出现的一些现象进行系统解释，并对试验帷幕进行评估，为大坝帷幕设计和后期大规模帷幕实施提供参考。

1　工程概况

JN 水电站为以发电为主，总装机容量为 2115MW，年发电量为 6307GWh，水库正常运行水位为 184.0m，库容大于 300 亿 m^3 的水电工程[7]。拦河主坝为碾压混凝土重力坝，大体分为两岸翼坝及河谷（床）中高坝，河床建基面高程为 53.0～56.5m、坝顶高程为 190m、最大坝高为 131m，两岸台地翼坝最低建基面高程为 154m，最大坝高约 36m。

为防止库水大量渗漏，降低坝基扬压力，大坝防渗帷幕平面布置为沿轴线延伸，两岸翼坝按照 1 倍坝高控制，河床坝段采用新鲜泥岩（Lu＜3）作为相对隔水层，帷幕底界深入该层 5～10m，岸坡坝段及两岸翼坝由于相对稳定隔水层埋藏深，按照 0.5～1 倍坝高设计悬挂式帷幕。帷幕施工前进行灌浆试验，分别为河床坝段 A 区、岸坡坝段 B 区以及翼坝 C 区，如图 1 所示，本文研究区域为标识 A 区。

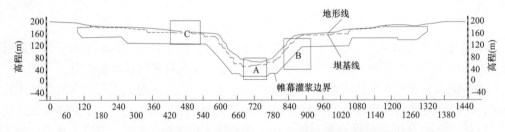

图 1　大坝轴线剖面帷幕底界及灌浆试验区位置展示

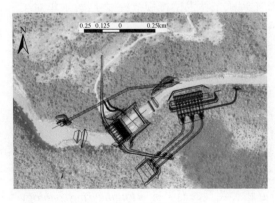

图 2　大坝区域地形地貌

2　研究区地质特征概述

2.1　地形地貌

坝址位于峡谷北东向谷段，谷底高程为 66.0m，两岸为侵蚀谷坡，谷坡高程为 60～160m，坡度为 40°～50°，谷坡之上为缓坡平台，整体坡度为 3°～5°，高程为 160～240m，整体表现为上部开阔，下部陡窄的"U"形河谷地貌，如图 2 所示。

2.2　地层岩性

研究区地层为 Karro 序列 Hatanbulo 组潘加

尼（pangani）段砂岩、砂质泥岩、泥岩地层[8]，处在东非大裂谷坦桑尼亚东西分支裂谷之间，沉积过程受控于断裂活动引起的梯度变化，常见不同岩相单元相互穿插[5]。基岩整体为砂岩、砂质泥岩及其互层。砂岩浅灰至灰色，粗粒至细粒结构，呈中厚层、厚层至巨厚层，最大厚度可达 10m 以上，质地坚硬，钻探取芯为柱状、短柱状、长柱状，局部碎块状，长柱状岩心长度可达 2.0m，现场新鲜基岩采用 N 型 Schmidit 锤测定回弹强度可达 60～70MPa。砂质泥岩为灰色、灰褐色，质地较坚硬，采用钢尺和小刀可划刻，钻探取芯岩心长为柱状、短柱状，少量长柱状，局部碎块状，现场新鲜基岩采用 N 型 Schmidit 锤测定回弹强度可达 35～40MPa，研究区展布如图 3 所示。

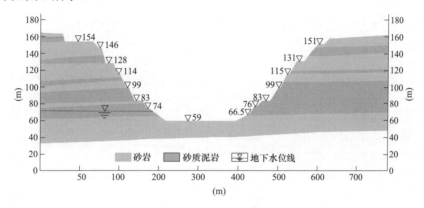

图 3　大坝区近河谷段地层岩性分布

2.3　地质构造

坝址河谷为走向谷，整体为单斜构造，岩层倾向左岸略偏上游，产状为 300～330°∠3～10°，透镜体和渐变夹层产状略有变化，同时受断层影响，局部产状也略变化。

（1）断层。坝址区主要发育 NW 向断层，自上游至下游，依次发育有 F1、F2、F3、F4、f1、f2、f3、f4、f5、f6、f7、f9 断层，NE 向断层只有 f8，其中 F1～F4 为规模较大的区域性断层，其特征为断层带宽度较大，错距明显，"f"编号的断层为坝址区局部规模较小断层，断层近地表出露明显，但是随着开挖深度加深，断层带变窄，破碎带已经不明显，新鲜岩体内通常表现为一条贯通性破裂面。

（2）节理。坝址区构造裂隙普遍发育，根据勘察测绘和现场开挖隧洞及坝基，以及勘察阶段揭示裂隙，对坝址区 1154 条裂隙进行统计，裂隙主要分三组，第一组代号"bd"为层面，产状为 300～330°∠3～10°，第二组代号"J1"，产状为 10～65°∠65～90°，第三组代号"J2"，产状为 95～170°∠65～90°。

bd：坝址区层面整体为倾 NW 的近水平单斜地层，产状为 300～330°∠3～5°，层面延伸长度几米到几十米，中等粗糙～粗糙，同岩性层面多为闭合状态，砂岩泥岩接触层面多呈现差异性风化，中风化及以上岩体岩性分界层面多为强风化至中风化状态。

J1：为横河向裂隙，该裂隙在坝址区发育明显，坝基及隧洞开挖过程中，显示裂隙整体延伸较长，间距 0.2～2.0m，延伸长度一般为 3～20m 甚至更长，张开宽度为 0.1～1mm，裂隙面稍粗糙，中等风化至新鲜，局部充填石英。

J2：为顺河向裂隙，裂隙间距为 10～60cm，裂隙多呈闭合状态，尤其在新鲜泥岩中，表观裂隙非常少，裂隙延伸长度一般为 1～3.0m。

J1 组裂隙在整个大坝区域为主导型裂隙，与 J2 构成的共轭裂隙组中该组裂隙常切断 J2 裂隙，而 J2 组裂隙多表现为阶梯状延伸，这一现象在细砂岩和泥质砂岩中表现尤其明显。

2.4 水文地质条件

除强风化岩层外，强风化及弱风化砂岩压水透水性较大，整体数据较为离散，多在 8Lu 以上，局部也有透水性较小岩段；微新岩体透水性相对较小，但整体数据较离散，40m 高程以上没有稳定的 <3Lu 岩段。泥岩透水性相对砂岩较小，除强风化、弱风化层及砂泥岩接触界面透水性较大外，微新岩层透水性整体较小。整体上大坝的相对隔水层即 <3Lu 岩层较深，基本在 40m 高程高程以下，以上部位没有稳定相对隔水层，如图 4 所示。

层序	ZK501	ZK502	ZKda1	ZK503	ZK504	ZK505	CD 64	ZK506	Zkda 3	ZK507	Zkda 5	ZK508	高程(m)
MS 7												1.8~2.9	
SS6										20.4~108	36.2~43.4		
MS 6		7.9	0.3	4.7						0.66~20.4	1.8~36.2		
SS 5	1.1~22.1	4.2~18.4	0.3~0.5	5.3~29.5						8	3.54~4.09	67.7	165~180
MS 5	1.2~1.5	2.0~2.2	4.3~12.5 C 4.7							5.0~5.4	3.54~3.8	0.9~1.5	160~165
	0.7~27.8	0.1~2.2	0.3~8.7	5.3~29.5			96.3~2153	3.7~123	3.8~14	21.3~45.6	0.2~65.5		145~160
MS 4	0.3~0.7	1.2	1.4	4.3~12.5				4.2~28.7	4.43~13.6	4.9	0.5~1.1		130~145
SS 3	1.8~28.5	0.3~1.9	2.1~7.8	2.8~8.7			B	2.5~28.7	3.8~45.85	0.2~23.6	0.3~15.8		113~130
MS 3	0.6~23	0.4~2.9	2.1~4.1	0.3~0.7				2.1~11.1		1.55	0.4~2.1		110~113
SS 2	19.9~23.7	2.0~2.9	0.9	7.8		2.5~6.3	2~4	7~31.7		0.4~0.7	0.2~0.3		100~110
MS2		0.6~2.0	2.2~12.6	15.4~44.1			2~8	1.3~14.4		0.1~0.3			60~100
SS 1				0.3~9.7	1.7~5.7	0.5~12.8	2~4	0.2~2.3		0.2~0.6			40~60
MS1					0.4~2.1	0.2~1.5		0.2					-20~40

图例：MS4/SS4砂岩/泥岩层序 ； 大坝帷幕底界 ； 地下水位 ； A 灌浆试验区及分区编号

图 4 研究区坝基岩体水文地质（岩体透水率）剖面

研究区地下水与河水属于季节性动态互补，左岸地下水位较稳定，整体水力坡降为 6.4‰，右岸由于受到断层阻断地下水影响，整体水力坡降为 4.61%。

3 试验前可灌性影响因素分析

就地层可灌性而言，其影响因素主要包括：地层岩性及展布形态、地质构造特征、水文地质特征、地应力特征、岩体质量特征、灌浆材料特征以及灌浆施工工艺特征等。

（1）地层岩性。现场勘察和施工地质调查显示研究区整体为近水平砂岩、砂质泥岩及少量纯泥岩地层，砂岩较为纯粹，砂岩中常见砂质泥岩、泥岩透镜体，为较硬岩～硬质岩。就整体岩性而言砂岩、砂质泥岩均为致密岩类，完整岩块不具备可灌条件。

（2）地质构造。研究区以正断层为主，除了平行于大坝轴线几条大断层外，其余断层规模较小，以至进入微新岩体时，常表现为一条规模性连续裂面。现场地质露头及开挖面显示，不连续结构为张性裂隙。J1 组横河向裂隙常显示主导性，裂面平直粗糙，裂隙间距为 0.6～2.0m，多将 J2 组顺河向裂隙截断，致使 J2 组裂隙多表现为阶梯状起伏粗糙，J1 组裂隙的延续性好，最长可达 20m 以上。节理裂隙整体为陡倾，倾角为 70°～85°，裂面闭合～稍张开，裂隙宽度，多无充填物，就构造裂隙结构发育情况而言，岩体具备较好的可灌条件。

（3）水文地质条件。如压水试验成果剖面显示，40m 高程以上岩体透水吕荣值较离散，无稳定小于 3 吕荣地质界面，两岸地下水位非常低，同时地下水位水力坡降非常小，表明岩体内部水力联系条件较好，这些水文地质特征，也预示基岩具备较好的可灌条件。

（4）地应力因素。现场在引水系统距地表埋深 60m 处地应力测试结果显示，地应力 $\sigma_H = 2.3MPa$， $\sigma_h = 2.2MPa$， $\sigma_v = 1.5MPa$，研究区为中等应力场地。灌浆压力大于地应力时，可能产生水力劈裂。

（5）岩体质量。节理裂隙是灌浆主要流体通道，以不连续面的特征如裂面风化、充填，岩体嵌锁状态等影响注浆量和浆液扩散范围，可形象地表征为岩体质量（RQD、GSI 等）与岩体可灌性的关联。

（6）浆液材料。水泥浆液是大坝防渗帷幕最主要的使用材料，但是在受地质条件、原料供给、施工设备及施工工艺等制约的情况下，通常也会相应地加入一定配比的添加材料，以改善浆液流动性、控制沉降稳定性、调控凝结时间以及保证结石强度等，常用添加材料有粉煤灰、火山灰、矿渣、膨润土、速凝剂、减水剂等。

（7）施工工艺。大坝防渗帷幕灌浆施工工艺繁多，可从灌浆方式、浆液变换、压力变换、特殊处置等方面进行区分，不同施工工艺将影响浆液灌入量、浆液扩散范围、裂隙充填质量等。

4 试验方案布置、浆液配比及工艺

4.1 试验布置

本文研究选区为 A 区，自桩号为 DC0-18.25～DC0+11.75，共 30m 段，待灌岩为微风化～新鲜砂岩、砂质泥岩，设计为单排，由 1 序～3 序三个序列灌浆孔，分 3.0、2.5m 及 2.0m 三个不同间距试验段，并在不同间距试验段设计一个检查孔，以检查灌浆质量，如图 5 所示。

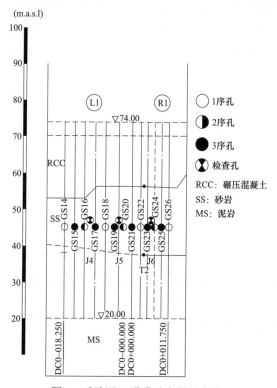

图 5 试验区 A 灌浆孔布置示意图

4.2　浆液配比

试验区采用 Type II 42.5 波特兰水泥搭配拉法基天然火山灰（Lafarge Raw Nature Pozzolana），水泥细度为通过 45μm 直径孔筛余 9.5%，火山灰细度为通过 45μm 直径孔筛余 19%。结合现场材料供给状况，实验室配比采用 40% 及 65% 两种火山灰掺量，按照 0.5~0.9 水灰比测定浆液密度、马氏黏度、以及析水率。

表 1 为火山灰 65% 掺量下不同水灰比浆液特性试验成果。

表 1　　　　　火山灰 65% 掺量下不同水灰比浆液特性试验成果

水：（水泥+火山灰）	0.9	0.8	0.75	0.7	0.65	0.6	0.55	0.5
测定温度（℃）	25	25.2	26.1	28.9	27.8	28.4	28.2	27.8
密度（g/mL）	1.44	1.475	1.48	1.51	1.525	1.522	1.587	1.65
马氏黏度（s）	33.4	36.54	39.03	40.73	46.92	60.07	125.05	—
析水率（%）	9.88	4.56	3.875	1.98	1.25	0.65	0.24	0.09

表 2 为火山灰 40% 掺量下不同水灰比浆液特性试验成果。

表 2　　　　　火山灰 40% 掺量下不同水灰比浆液特性试验成果

水：（水泥+火山灰）	0.8	0.75	0.7	0.6	0.55	0.5
测定温度（℃）	33.7	35.6	34.6	35.1	35.7	35.8
密度（g/mL）	1.51	1.55	1.57	1.64	1.65	1.72
马氏黏度（s）	30.4	32.1	31.9	38.7	38.4	74.1
析水率（%）	5.25	4.25	3.25	1.25	0.88	0

4.3　施工工艺及技术要求

试验为单排孔直线式，灌浆工艺采用"自上而下分段灌浆"法中压灌浆，除第一段 RCC 与基岩接触位为 2.0m，其余段长均为 5.0m。灌浆压力按深度 0~2.0m：1MPa、2.0~5.0m：1.5MPa，5~10m：2.0MPa、>10m：3.0MPa，浆液采用由稀至浓，逐级变浆。灌前采用单点法压水，以备后续帷幕质量检验参考。检查孔采用 5 点法（压力梯度分别为 0.3、0.6、1.0MPa）压水，以检验灌浆效果及帷幕质量。

5　试验成果分析

5.1　浆液配比试验结果分析

据表 1 及表 2 在不同火山灰掺量下进行反复配比试验结果，制作不同水灰比与浆液密度、马氏黏度及析水率关系曲线图，如图 6 所示。

由图 6（a）可看出火山灰掺量增加，会显著降低浆液密度；图 6（b）显示水灰比在 0.65 以下时火山灰掺量增加，浆液马氏黏度增大明显，说明在低水灰比情况下火山灰能显著降低浆液流动性。图 6（c）表现的 65% 掺量火山灰和 40% 掺量火山灰对浆液析水率影响不明显，但是随着水的比例增加，浆液析水率呈线性增加关系。由线性插值关系可知 40% 火山灰掺量情况下水灰比＞0.8，浆液析水率将大于5%，65%火山灰掺量下水灰比＞0.85，浆液析水率＞5%。由于拉法基天然火山灰细度略大于水泥，为保障帷幕具有良好抗渗及压力过滤能力，选用40%火山灰配比的稳定浆液进行试验。

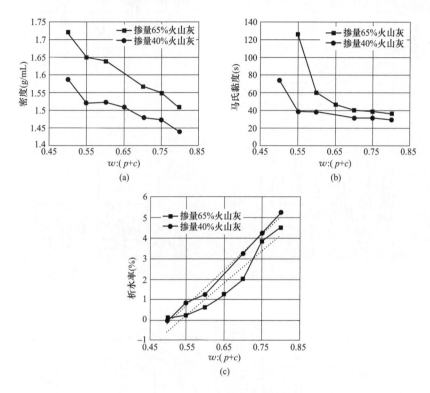

图6　不同火山灰配比下浆液特性

（a）密度；（b）马氏黏度；（c）析水率

5.2　岩体质量分析

研究区为河床坝段为微风化～新鲜砂岩、砂质泥岩，建基面以下砂岩厚度为13.5～19.2m，泥岩厚度为50m左右。试验孔为地质钻机钻进取芯，统计岩心获取率如图7（a）所示，获取率范围40%～100%，均值89%，现场钻探及取芯工艺一般。

岩体层面及陡倾节理发育，段发育裂隙0～8条，均段1.5条，获取岩心呈短柱状～长柱状居多，柱状岩心长度为0.06～2.0m，均长15.2cm，计算RQD值范围为15%～99%，砂岩均值73.6%，泥岩均值63.4%，如图7（b）所示，岩体RQD指标评价为中等。

结合岩体嵌锁、节理面风化特征及粗糙度特征，试验段岩体分段GSI指标范围为50～80，其中砂岩均值为68.6，泥岩均值为65.6，如图7（c）所示，试验区岩体为块状嵌锁良好未扰动岩体。

依据RMR$_{73}$计算无产状调整值，如图7（d）所示，试验段岩体分段RMR值为40～69，其中砂岩为50～69，泥岩为41～66，均值分别为61.5和56.6，岩体为一般～好。

图7（e）～（f）所示为RQD与RMR及GSI关系曲线显示，RQD与GSI及RMR两种岩体分类有较好的相关性。

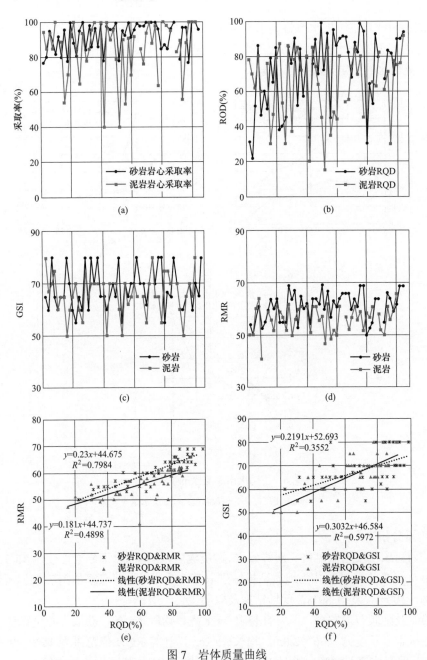

图 7 岩体质量曲线

（a）岩心获取率曲线；（b）岩心 RQD 曲线；（c）岩体分段 GSI 指标；（d）岩体分段 RMR 指标；
（e）岩体 RQD 与 RMR 关系曲线；（f）岩体 RQD 与 GSI 关系曲线

5.3 地质特性与单位耗灰相关讨论

分段压水数据显示如图 8（a）所示，研究区岩体透水率离散性较大，数据范围为 0.2～655Lu，均值为 17Lu，众数为 3.0，中位数为 5.2，变异系数为 0.3，众数为 3.0，说明成幕岩体整体透水性满足≤3.0Lu 的设计条件；中位数大于 3.0Lu 说明需对较大透水率段进行灌浆处理，同时某些岩段裂隙联通性较好，在进阶灌浆过程中可采用间歇式灌浆法，以起到帷幕设计厚度范围裂隙充分填充[2]。

同样岩体单位耗灰数据离散性大如图 8（b）所示，耗灰范围为 0～444kg/m，均值为 32.6kg/m，中位数为 12.2，众数为 0.0，变异系数为 0.5。众数 0.0 说明对于一些较小透水率岩段（<1Lu），浆液入渗受到限制。

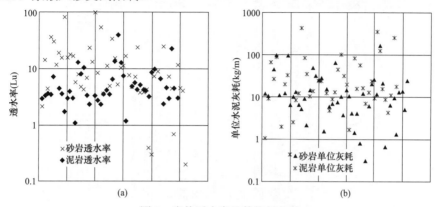

图 8　岩体透水率及单位耗灰量

（a）分段压水吕荣值；（b）单位耗灰量

图 9（a）～（c）所示为岩体质量指标 RQD、GSI、RMR 与单位耗灰关系均显示岩体质量相关指标与单位耗灰无显著关系，浆液入渗能力和扩散范围受节理张开宽度、充填物性状、裂隙面粗糙状态、裂隙联通情况等诸多因素控制。图 9（d）岩体透水率与单位耗灰也无明显的相关关系，图 10 试验孔单位耗灰与分段透水率对比图也显示了某些区域（GS20 第 2 段、GS24 第 1、2 段等），透水率较大而单位吸浆量较小，彼此无对应相关关系，说明浆液只有在具有一定张开宽度的裂隙（文献表明浆液固体颗粒在大于裂隙张开 1/3～1/5 倍时极难灌入，这里对应的最小可灌裂隙宽度为 0.14～0.23mm），且裂隙联通条件下才能较好地注入岩体，而具有一定压力的水体在裂隙岩体中渗透则受裂隙张开宽度影响小。

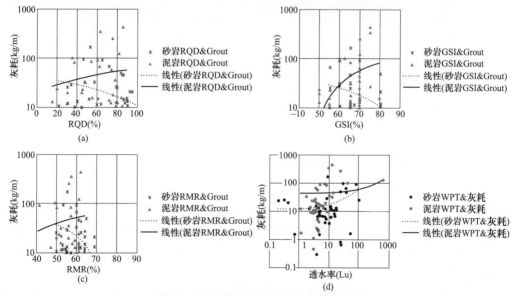

图 9　岩体质量指标与透水率与单位耗灰

（a）RQD 与单位耗灰关系；（b）GSI 与单位耗灰关系；（c）RMR 与单位耗灰关系；

（d）分段透水率与单位耗灰关系；纵轴坐标以 10 为基数的对数

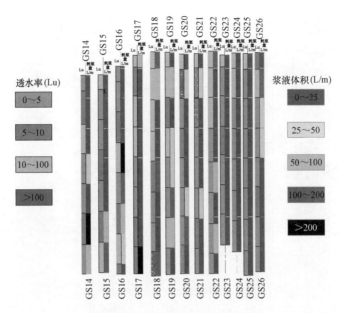

图 10　A 区灌浆试验孔分段透水率及单位吸浆量展示图

图 10 显示一些区域如（GS14 第 6 段、GS16 第 5 段、GS17 第 8 段、GS18 第 5 段、GS19 第 6 段、GS20 第 7 段）透水率小而单位吸浆量极大，这些异常区段均在第 5 段以下，灌浆压力均在 3.0MPa 以上，现场地应力测试结果显示最大应力 2.3MPa，3.0MPa 灌浆压力超过地应力最大值产生水力劈裂，高压浆体冲蚀裂隙中充填物，裂隙连通性进一步加强，总吸浆量明显增大。

J5 号检查孔 50～51m 段岩心展示灌浆典型水力劈裂如图 11 所示。

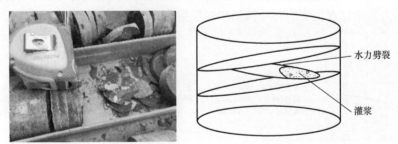

图 11　J5 号检查孔 50～51m 段岩心展示灌浆典型水力劈裂

5.4　灌浆效果及帷幕质量讨论

研究区采用由上至下分段、段口封闭、段内循环高压灌浆，每段灌前简易压水，每段灌后继续向下钻进。图 12 所示各序孔压水成果显示一序孔岩体透水率为 0.2～655Lu，均值为 54.8Lu，二序孔岩体透水率为 3.3～100Lu，均值为 14.7Lu，三序孔岩体透水率为 2.4～39.5Lu，均值为 8.4Lu。各序孔透水率曲线整体呈现递减趋势，说明随着前一序列灌浆活动的实施，岩体渗透通道得到一定充填。

耗灰对比图 13 显示，三序孔除个别灌浆段外整体单位耗灰小于一序、二序，其中第 8 段三序孔单位耗灰较大，其原因可能是顺河向裂隙发育，一序、二序孔浆液扩散范围无法有效覆盖。分序单位耗灰总平均图显示一序孔平均耗灰 41.7kg/m，二序孔单位耗灰总体平均

32.7kg/m，三序孔单位耗灰总体平均28.5kg/m，随着灌浆活动的实施，各序孔耗灰逐渐降低，这一现象，说明浆液沿钻孔布置轴线得到有效的扩散。

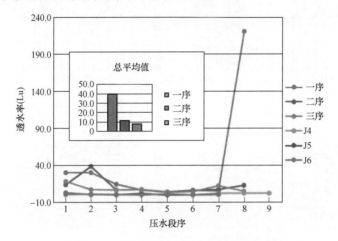

图 12　各序灌浆孔压水试验岩体吕荣值

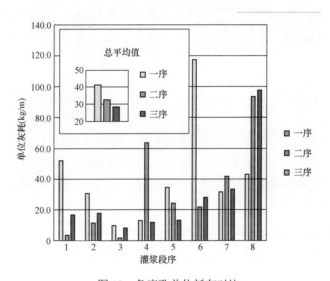

图 13　各序孔单位耗灰对比

孔间距为3.0m时各序孔单位耗灰［见图14（a）］无明显变化规律，压水成果［见图14（d）］显示岩体分段透水率也无明显按序降低特征。2.5m试验间距时，［见图14（b）］二序孔、三序孔较一序孔单位耗灰在吸浆量较大段显著降低，岩体透水率［见图14（e）］也呈现相同变化趋势。2.0m间距时［见图14（c）］除个别段外，二序号、三序孔单位耗灰逐序降低，压水试验［见图14（f）］也显示二序、三序孔在较大透水岩段较一序孔显著降低。检查孔［见图14（d）、（e）、（f）］压水成果显示岩段吕荣值均＜3.0Lu，满足设计需求。

不同间距分序分段试验成果说明，伴随灌浆工作的进行，岩体止水性能得到改善，3.0m间距试验段成果说明浆液扩散范围不能有效改善对应间距的岩体止水性能；2.5m试验间距成果说明灌浆活动能够影响对应间距范围岩体渗流环境；2.0m试验间距成果进一步说明灌浆活动显著改善了对应距离范围的岩体。

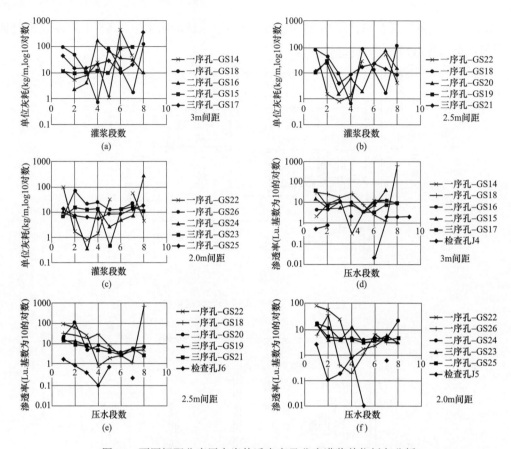

图 14　不同间距分序压水岩体透水率及分序灌浆单位耗灰分析

（a）间距 3.0m 试验段分序灌浆孔单位耗灰；（b）2.5m 间距试验段分序灌浆孔单位耗灰；

（c）2.0m 间距试验段分序灌浆孔单位耗灰；（d）3.0m 试验段分序孔岩体透水率；

（e）2.5m 试验段分序孔岩体透水率；（f）2.0m 试验段分序孔岩体透水率

　　现场各试验孔均未在岩心裂隙中观察到水泥结石，检查孔 J4、J5、J6 岩心裂隙中均观察到水泥结石，充填比例评估分别为 10%、20%、30%，检查孔压水试验成果均合格，表明在布孔轴线方向 J1 组裂隙中浆液有效扩散，其可信范围为 1.0～1.5m。

　　3.0、2.5m 及 2.0m 间距试验段均存在二序、三序孔单位耗灰和透水率显著高于一序孔的孔段，说明一序、二序孔未能有效改善 J2 组裂隙透水性状，影响单排帷幕可靠性。

6　结语

　　研究区为微风化～新鲜砂岩、砂质泥岩，发育 bd、J1、J2 三组裂隙，bd 组裂隙为层理和层面，多为闭合，J1 组裂隙张开宽度为 0.1～1.0mm，延伸长度为 3～20m，J2 组裂隙延伸长度较短，发育受 J1 组裂隙限制，J1 组裂隙主导岩体透水性能。区内地下水位水低，水力坡降小，岩体自然水力联系好。裂隙间距为 0.6～2.0m，裂隙闭合～稍张开，岩体可灌条件较好。

　　钻孔资料显示，研究区岩体 RQD 指标中等，GSI 指标为 50～80，RMR 指标为 41～66，岩体质量整体好，局部一般，岩体条件和质量差别较小，岩体质量指标和水文地质指标与灌浆浆液吸收量（灰耗）间无法形成典型规律，这也与美标[1][5]所提的观点相契合。某些岩体透水性与岩体吸浆量呈现相反关系，如压水试验透水率极大，但灌浆过程吸浆量很小，其原因是水体不受裂隙张开宽度限制，而浆液中悬浮颗粒在张开小于 3～5 倍直径的裂隙张开中几乎无法灌入[2]；透水率极小而吸浆量很大，可能原因为灌浆压力大于原始地应力时，产生水力劈裂，高压浆体冲蚀裂隙充填物。

不同间距及不同段序压水及灌浆试验结果显示，随着灌浆活动的实施，岩体透水率及浆液消耗显著降低，检查孔透水率均小于 3.0Lu，孔内裂隙充填结石状况随间距降低而增加，浆液沿布孔轴线扩散半径为 1.0～1.5m，单排帷幕成幕可靠孔间距为 1.0m。分序分析成果显示后序孔出现透水率和单位耗灰显著高于前序孔的试验段，说明与灌浆孔分布轴线垂直 J2 组裂隙在顺序灌浆过程中难以有效充填，单排帷幕可靠性需进一步论证，必要时需增加灌浆孔排数。建议在成幕过程中，增设倾斜钻孔，以有效穿越幕区陡倾裂隙，增加帷幕可靠性。

参考文献

［1］EM1110-2-3506-2017　Engineering and Design grouting technology［S］.

［2］中国能源局. DL 5148—2001 水工建筑物水泥灌浆施工技术规范［S］. 北京：中国电力出版社，2001.

［3］孙钊. 大坝基岩灌浆［M］. 北京：中国水利水电出版社，2004.

［4］Kayabasi，Ali，and Candan Gokceoglu. An Assessment on Permeability and Grout Take of Limestone：A Case Study at Mut Dam，Karaman，Turkey［J］. Water，2019，11（12）：2649.

［5］Engineering geology field manual second editional［M］. U.S. Department of the Interior Bureau of Reclamation. 1998.

［6］王东升. 滇东岩溶地区帷幕灌浆单位注灰量与单位透水率相关分析［J］. 水利水电快报，2021，42（8）：67-71.

［7］刘超杨，郭果，郭维祥. 广义 Hoek-Brown 准则在某非洲水电工程中的应用研究［J］. 贵州科学，2021，39（5）：80-88.

［8］H.Wopfner，Kaaya. Stratigraphy and morphotectonics of Karoo deposits of the northern Selous Basin，Tanzania［J］. Geological Magazine，1991，128（4）：319-334.

作者简介

刘超杨（1991—），男，硕士，工程师，主要从事水利水电工程勘察和市政岩土工程设计方面工作。E-mail：1016654802@qq.com

高寒高海拔地区边坡开挖支护冬季施工关键技术研究与实践

王 建

（中国水利水电建设工程咨询西北有限公司叶巴滩监理中心，陕西省西安市　710100）

[摘 要] 叶巴滩水电站施工区海拔为 2800～3600m，极端最低气温为–23.5℃。根据进度安排，全年施工无冬休期，低温季节（月平均气温低于 5℃）施工长达 4 个月，为此低温季节施工措施尤为重要。电站高边坡开挖过程中采取了设备防冻、管路保温、缩短浆液待凝时间及科学、先进的管理措施，确保左右岸边坡开挖支护正常推进。

[关键词] 高寒；高海拔；边坡开挖及支护；冬季施工

0　引言

叶巴滩水电站施工区海拔为 2800～3600m，极端最低气温为–23.5℃。根据进度安排，全年施工无冬休期，低温季节（月平均气温低于 5℃）施工长达 4 个月，为此低温季节施工措施尤为重要。本篇文章主要通过试验研究高寒高海拔低温季节边坡开挖及支护施工过程中保温措施，总结经验，供类似项目参考。

1　工程概述

叶巴滩水电站位于四川与西藏界河金沙江上游河段，具有长冬无夏短春秋的特点，主要由混凝土双曲拱坝、泄洪消能建筑物及引水发电三大系统组成。坝顶高程为 2894.0m，坝高 217m，电站装机容量为 224 万 kW，属一等大（1）型工程。电站位于川藏高原，施工区海拔为 2800～3600m，冬季时间长、气温低，极端最低气温为–23.5℃，11 月至次年 2 月多年平均气温均在 5℃以下。坝址附近盖玉气象站气象要素统计表见表 1。

表 1　　　　　　　　盖玉气象站气温统计表（海拔 2937.9m）

项目	特征值/月份	1	2	3	4	5	6	7	8	9	10	11	12	全年
气温（℃）	多年平均	0.4	4.2	6.5	9.2	13.7	16.6	17	16.1	13.6	8.9	4	0.1	9.2
	极端最高	18.1	22.1	26.1	31.5	36.5	36.5	37.1	32.5	33.5	30.5	28	29	37.1
	极端最低	–23.5	–20.5	–20	–13	–10.5	–1.5	–2.5	–5.5	–7.5	–12	–18.5	–23.5	–23.5

叶巴滩水电站整体建设规划"全年施工、无冬休"。DL/T 5144—2015《水工混凝土施工规范》明确："日平均气温连续 5 天在 5℃以下或最低气温连续 5 天在–3℃以下时，应按低温季节要求施工。"根据多年平均气温统计，叶巴滩水电站冬季施工时段为每年 11 月～翌年 2 月，低温施工期长达 4 个月，占全年的 1/3。

招标阶段边坡开挖工期：2018 年 10 月中旬开始大坝边坡开口线开挖，2018 年 11 月进入大规模开挖，2021 年 6 月底开挖至大坝建基面 2677m 高程，大坝边坡最大开挖高度为 445m，施工工期约 32.5 个月，平均下降速度达 13.69m/月，超国内同类工程平均速度，边坡开挖工期较紧。边坡开口线调整后，边坡最大开挖高度为 481m，受"10·11""11·03"两次白格堰塞湖、新冠肺炎疫情等影响，边坡开挖进度更显紧张。由于边坡开挖支护处于关键线路上，边坡开挖支护施工进度直接影响整个电站能否按期投产发电，因此，采取有效措施确保冬季边坡开挖及支护正常进行是边坡开挖的关键。

2　冬季边坡开挖及支护的施工项目

叶巴滩水电站左右岸边坡分别于 2019 年 4 月、2019 年 6 月开口下挖，截至 2021 年 12 月，已跨越 2.5 个冬季施工。根据 2019 年 10 月至 2021 年 3 月实测现场气温资料，施工区最低气温为–19℃。

电站边坡开挖支护冬季施工的主要项目包括边坡开挖、锚杆/锚筋桩、喷混凝土、锚索施工等。

3　边坡开挖支护冬季施工关键技术

3.1　高寒设备防冻措施

边坡开挖冬季施工设备包括开挖的液压反铲及钻孔的液压钻机。通过现场试验，如果不采取任何保温及防冻措施，设备基本在每日 10:00 左右（–10℃左右）、11:00 左右（–15℃左右）才能正常启动，每天影响有效工作时间为 4～5h，严重影响边坡开挖进度。

经过两年试验研究与现场实践，进入冬季后开挖设备采取以下措施，可确保设备正常开启，保证施工进度：

（1）进入冬季施工时，工程机械如液压反铲、液压钻孔设备等提前加好防冻液，不用或停滞的工程机械水箱内的水必须放掉。

（2）为防止油管受冻导致第二天上午机械设备无法正常工作，冬季施工期间使用–10 号柴油（气温为–10℃左右）和–20 号柴油（气温为–15℃左右）基本可满足设备正常启动。

（3）在现场有交通通道的前提下，夜班部分工程机械未进行作业的，可将工程机械移动至最近的洞内停放，防止机械设备油路管道在夜间低温受冻，影响次日工程机械的作业性能与作业效率。

3.2　高寒管路保温措施

高边坡开挖支护施工过程中的管路主要包括施工用水管路及支护施工的浆液输送管路。

（1）施工用水保温。左岸边坡施工用水主要来自交通洞内渗水集中收集至供水系统水箱；右岸边坡施工用水主要来自冲沟内长流水集中收集至供水系统水箱。系统水箱及输水管采用发热带+橡塑海绵（2cm 厚）包裹，同时在供水水箱内安设加热棒，使用前加热系统水至 20～40℃，输送至制浆站，搅拌站的拌和用水温度控制在 20℃左右。

（2）水泥浆灌浆管路。采用发热带+2cm 厚橡塑海绵对管道进行保温处理，确保注入孔内的水泥浆温度不低于 5℃，发热带外一定要包裹橡塑海绵，且发热带要在橡塑海绵内部，不能外露。图 1 所示为使用的发热带合格证及信息牌。

（3）砂浆注浆管。注浆机出露搅拌站管路采用发热带+2cm 厚橡塑海绵包裹保温，其他部分视离作业面暖棚架远近采取包裹橡塑海绵或不包，以确保砂浆入孔温度不低于 5℃为准。

图 1　叶巴滩水电站所使用发热带合格证及信息牌

浆液输送管路的橡塑海绵一定要包裹严实，否则效果很难达到，便会时常出现管路结冰堵管情况。图 2（a）所示为橡塑海绵包裹较严实；（b）所示为橡塑海绵包裹不严实。

（a）	（b）

图 2　锚索注浆输浆管路保温

（a）包裹严实；（b）包裹不严实

3.3　锚墩的保温

2019—2021 年，边坡冬季混凝土施工主要为锚墩混凝土浇筑，高寒高海拔高边坡冬季锚墩混凝土施工主要采取如下措施：

（1）锚墩混凝土浇筑选择在气温较高的时段（10:00～16:00）进行。

（2）采用热水拌制混凝土，左右岸边坡高程 3000m 以上锚墩主要采用现场拌制混凝土；左右岸边坡高程 3000m 以下及俄德西沟料场锚墩混凝土采用降曲河的 HZS90 拌和站拌制好之后设置有保温措施的混凝土罐车运输至现场浇筑。现场及 HZS90 拌和站堆存的骨料采用保温被覆盖，50℃热水拌和，基本可确保混凝土出机口温度不低于 10℃。

（3）在入仓位置，通过搭设简易工棚，布置电暖扇、暖风机等措施，提高混凝土浇筑部位仓面小气候，确保混凝土浇筑温度≥5℃。

（4）混凝土浇筑完成后及时覆盖保温被。

（5）延长拆模时间，在采取保温措施后，根据多次回弹仪检测，冬季锚墩混凝土拆模时间不得少于 7 天。

（6）混凝土拆模后，在其表面覆盖聚乙烯薄膜+2 层保温被+篷布压紧覆盖，采用 14 号铅丝绑扎牢固，面部采用架管压紧布置。其中薄膜可有效锁定水分，以免混凝土早期失水过快；保温被起到保温作用，避免混凝土早期受冻；篷布起到防水防雪作用，以免保温被打湿无法起到保温作用。当气温低于−15℃时，需要在 2 层保温被之间增加电热毯加热措施。冬季施工锚墩保温措施如图 3、图 4 所示。

图 3   冬季施工锚墩保温措施（−10℃以上）

图 4   冬季施工锚墩保温措施（−15℃左右）

采用上述保温措施后，根据现场实测数据，搭设简易工棚可将锚墩浇筑作业环境温度提高 3～5℃，覆盖保温被后锚墩表面温度（保温被与锚墩混凝土之间温度）可提高 10℃左右。

3.4 锚索钻孔护壁灌浆缩短待凝时间

叶巴滩左右岸边坡岩体卸荷强烈、局部强卸荷岩体松弛现象明显，局部坡残积块碎石发育，边坡岩体破碎，呈碎裂～散体结构，为此，锚索钻孔成孔困难。通过生产性试验，形成了护壁灌浆+跟管的钻孔施工措施。在低温季节锚索钻孔护壁灌浆待凝时间过长，每个孔均需护壁多次才能成孔，为此需缩短低温季节护壁灌浆时间，以加快锚索施工进度，才能确保边坡正常下挖。

（1）纯水泥浆液护壁灌浆。受施工场地限制，左岸集中制浆站布置在 504 号交通洞内，高程为 3000m；灌浆站布置开口线上侧平台，高程为 3158m。泵送垂直高度为 158m，添加 0.2% 的高效减水剂才能将水泥浆液泵送至灌浆站。锚索净浆配合比见表 2。

表 2　　　　　　　　　　　　叶巴滩水电站左右岸边坡锚索净浆配合比

强度等级	水胶比	减水剂掺量（%）	每方材料用量（kg）			密度（kg/m³）
			水	水泥	减水剂	
M730	0.42	0.2	577	1374	2.748	1950

经过多束锚索孔固壁灌浆待强时间验证，环境温度在 20℃ 以上时，锚索造孔直接使用纯水泥浆液护壁灌浆，待强时间为 15h 左右，可满足现场施工需求。

当环境温度在 15℃ 以下时，锚索造孔使用纯水泥浆液护壁，需待强 24～28h 才能进行扫孔，否则浆液易将钻杆抱死在孔内，导致发生孔故，而此类孔故处理时间为 2～3 天，致使工效降低，难以满足进度要求。

（2）添加 2 号外加剂水泥浆液护壁灌浆。为了解决冬季护壁灌浆浆液凝结时间长、浆液强度增长慢的问题，同时减小浆液扩散范围，结合锦屏水电站、斜卡水电站施工经验，引进成都理工大学研发黏度时变浆液，即 2 号外加剂，并开展了气温在 15℃ 以下时 2 号外加剂不同添加比例对比试验，试验结果见表 3、表 4。

表 3　　　　　　　　　　　　添加 2 号外加剂后浆液凝结时间

2 号外加剂添加比例（%）	0.5	1.0	1.5	2.0	备注
可泵性	可泵送	不可泵送	不可泵送	不可泵送	搅拌槽内以水溶液形式加入，需要灌浆泵送至孔内

表 4　　　　　　　　　　　添加 0.5% 的 2 号外加剂水泥浆液性能

浆液类型	马氏漏斗黏度（s）	室外浆液初凝时间	孔内浆液扫孔时间	备注
添加减水剂的水泥浆液	52	9h13min	24～28h	
添加减水剂、2 号外加剂的水泥浆液	85	6h37min	12～14h	

由试验结果得出：锚索钻孔护壁灌浆冬季施工时，在搅拌槽内以水溶液形式加入 2 号外加剂的浆液，在前 20～30min 流动性较好，利于泵送，孔内温度为 5～8℃ 时，注浆待凝时间由 24～28h 缩短到 12～14h，提高了钻孔效率。

（3）双液灌浆试验。同时，在边坡锚索造孔过程中开展了双液灌浆试验，即增加 2 号外加剂添加比例至 2.0%，由表 3 可知，添加比例增加后不可泵送，容易堵管，为此使用 2 台灌浆泵（1 台泵送普通的水泥浆液、1 台泵送 2 号速凝剂溶液），采用三通的方式使普通水泥浆液与 2 号外加剂溶液在孔口混合，解决了泵送困难的问题，护壁灌浆待凝时间缩短至 6h 左右，但该方法存在 2 号外加剂与普通水泥浆液不能完全混合的现象，现场未大规模使用。

3.5 喷混凝土的合理施工时段选择

叶巴滩水电站左右岸边坡喷混凝土使用干喷工艺，为有效控制喷混凝土施工质量，干喷料在 HZS90 拌和站拌制后采用自卸车运输，在运输过程中用保温被或者帆布对喷浆料进行覆盖，现场上料过程中采用热风机对喷浆料进行加热，保证喷浆料在上料过程中不会因低温环境造成喷浆料冻结结块，同时喷浆管路采用发热带加 2cm 厚橡塑海绵进行包裹保温，保障施工作业面的喷混凝土料温度不低于 5℃。喷混凝土用水通过加热棒进行加热，水管采用发热带＋2cm 厚橡塑海绵进行包裹保温。通过现场试验得出，受叶巴滩水电站冬季气温低及风速影响，上述保温效果并不明显，为此采取了冬季 11 月～翌年 2 月喷混凝土暂停，仅进行其他支护措施施工；仅仅在边坡岩体破碎的部位，利用白天 12 点至 16 点气温较高且为正温的时段进行喷混凝土封闭。

3.6 管理措施

（1）在进入冬季施工前，督促承建单位提前编制报送冬季施工保障措施，组织专题会讨论并批复。

（2）进入冬季施工前，督促承建单位提前备足各种保温物资。

（3）施工过程中严格按照批复方案落实冬季保障措施，并组织参建各方对冬季措施落实情况进行检查。11 月初组织对各部位冬季施工保障措施落实情况进行检查，后续结合监理质量月度检查每月检查一次。图 5 所示为监理中心冬季施工措施落实情况检查通报。

（4）冬季施工过程中安排专人搜集并整理气温实测资料，为后续冬季施工项目提供参考依据。

图 5　冬季施工措施落实情况检查通报

4　结语

叶巴滩水电站边坡开挖为关键线路上的关键工作，边坡开挖及支护冬季施工过程中挖装设备采取–10 号柴油（气温为–10℃左右）和–20 号柴油（气温为–15℃左右）代替常规柴油；施工用水管路及支护施工的浆液输送管路采取发热带包裹；锚墩混凝土浇筑选择气温较高的时段（10:00～16:00）进行及浇筑完成后及时保温；锚索钻孔护壁灌浆采用 2 号外加剂水泥浆液减少待凝时间；喷混凝土选择合理施工时段及各类先进的管理措施后，边坡开挖实现了全年全时段施工，确保了边坡正常下挖，截至 2021 年 12 月底，边坡开挖至 2745m，已下挖 413m，其中 2019 年 11 月至 2020 年 2 月（冬季）下挖 45m，2020 年 11 月至 2021 年 2 月（冬季）下挖 36m，为 2022 年大坝工程混凝土转序奠定了坚实的基础。其中 2020 年创造了边坡月平均下挖高度达 17.5m 的国内领先纪录。

作者简介

王　建（1985—），男，工程师，主要从事水利水电工程施工与监理工作。E-mail：357916869@qq.com

淤泥地质条件下浅层地热换热管沉管施工效果探究

陈　默　焦家海　王得水　陈　昕

（中能建城市投资发展有限公司，北京市　100102）

[摘　要] 长三角区域的土质为沿海地区典型的软弱土，其具有的淤泥土质强度低、含水量高等特点对地源打井十分不利，容易造成钻机定位不准、易塌孔等问题，所以探索更高效、合适的浅层地热换热管施工工艺势在必行。本文以杭州某项目为研究对象，创新采用沉管施工技术，并设计快速地源检测技术。检测结果表明：沉管施工工艺地源成井质量较好，换热能力能够满足设计要求。

[关键词] 地源打井；沉管施工；淤泥地质

0　引言

至 2019 年年底，我国应用地热供暖制冷的建筑面积达 8.4 亿 m²。地热能应用在环保、成本、能效方面均有优异的表现，随着人民生活水平的不断提高，供热（制冷）的需求越发旺盛，地热能应用将迎来快速增长期[1]。

长三角区域的土质为沿海地区典型的软弱土，土层从表层向下：厚度为 3～6m（平均）的淤泥质黏土和厚度为 8～10m（平均）的淤泥质粉质黏土。对于地源工程而言，淤泥土质强度低、含水量高等特点对地源打井十分不利，容易造成钻机定位不准，塌孔等问题[2][3]，沉管施工工艺理论上能有效地规避以上问题，但是最终成井效果有待验证。

1　背景

1.1　工程概况

杭州某项目位于杭州市西湖区，总建筑面积为 228374m²，地上建筑面积为 136212m²，地下建筑面积为 92161m²。本项目共 21 栋楼，其中 1、3、5、6、7、8、9、11、12、13 号楼为六层叠拼商品房，4、10、14～18 号楼为高层商品房，19～21 号楼为自持住房。

空调系统采用地源热泵系统，设计总共 1120 口地源井，换热器有效深度 100m，间距 4.5m，采用先打井后开挖土方的方式。换热器采用双 U 型管，型号为 SDR11ϕ25×2.3mm 的 HDPE100 给水管，每个换热器流量为 1.04m³/h。地下换热器分为 11 个区域，33 组分集水器，一般换热器 4～5 口井连接成一个回路，一区和二区 7～8 口井连接一个回路。

根据岩土热响应报告，岩土初始平均温度为 19.4℃，夏季设计工况（35/30℃）的双 U 排热量为 46.9W/m，冬季设计工况（5/10℃）取热量为 35.1W/m。

1.2 地质情况

以杭州项目为例，经钻孔勘探，地质分层详见表1。

表1 地 质 分 层 情 况

深度	地层名称	描述
0～1.5m	杂填土	杂色，以碎石、汞块、建筑垃圾等为主（下套管 2.0m）
1.5～8.7m	粉质黏土	灰黄色，软塑
8.7～29.1m	淤泥质粉质黏土	灰色，流塑，易缩孔
29.1～41.3m	粉质黏土	灰黄色，软塑—硬可塑
41.3～44.5m	砾石层	浅灰色，密实，圆砾砾径为2～7cm不等，磨圆度好，充填中有中粗砂
44.5～46.8m	全风化砂岩	紫红色，已风化成黏土土状，进尺较快
46.8～48m	强风化砂岩	紫红色，岩芯成柱状，裂隙较发育
48～60m	中（未）风化砂岩	紫红色，岩芯成长柱状，局部含砾，进尺稍快
60～131m	未风化砾岩或凝灰质安山岩	浅红色，岩芯成长柱状，进尺缓慢，钻杆跳动

1.3 施工工艺

在广泛收集行业技术规范，并结合案例经验的基础上[4-6]，杭州某项目探索新型地源打井施工工艺，创新采用"沉管式施工"技术。

将地源打井穿插于桩基施工阶段，将其对总工期的影响降至最低，有效减少基坑暴露时间，保证基坑安全。地源打井的泥浆排入桩基泥浆池一同外排，避免对原土造成污染，减少泥浆抽排量[7]。地源打井施工采用沉管工艺，钻井结束后直接将保压地源管下沉至土方开挖完成面，避免土方开挖拉拔管道破坏，并在竖管上端绑扎与挖土层等高的信号管作为定位标识，避免丢井，且节约管材使用量。

2 成井质量评估办法

2.1 施工质量检查
2.1.1 冲洗判断
对已编号管路进行注水冲洗，观察水质变化，判断管路清洗情况和管道是否畅通。
2.1.2 打压保压
对冲洗干净的管路进行打压试验，试验压力为0.6MPa，稳压0.5h左右，稳压后压力降大于3%，对管路的泄漏密封情况进行判断。对于测试满足要求的地源井，进行为期不少于12h的持续保压。
2.1.3 检测仪器
检测仪器详见表2。

表2 检 测 仪 器

序号	仪器名称	型号	精度
1	压力表	YB-150	0.4级

序号	仪器名称	型号	精度
2	温度自记仪	WZY-1	±0.3℃，±5%RH
3	流量计	FLCS1012	0.02m/s，1.0%测量值

2.2 成井热性能测试评估

成井换热能力热响应法：利用测试设备向地埋管换热器提供恒定热流，通过监测地埋管换热器的进出水温度和流量，分析计算地埋管实际换热量。通水后，持续2h，待周围回填物及土壤间的热量传递逐渐达到平衡，供回水温度、温差以及流量基本达到稳定状态，判断成井的初步换热能力是否达到设计要求[8, 9]。

2.2.1 检测仪器

采用地源热泵热性能检测仪（详见表3）进行检测，检测仪与每个回路相连接，通过安装的流量计及温度传感器进行测试，10min记录一组数据，包括每个回路进水温度和出水温度，每个回路循环水量，每个回路实际换热量，对地埋管系统每个回路的换热能力进行判断。

表3 地源热泵热性能检测仪

序号	设备名称	主要参数
1	控制柜	定制，8档手动控制
2	循环水泵	21m³/h，38m，5.5kW
3	电加热	6kW×8档
4	水箱	0.5m
5	温度传感器	4~95℃
6	流量传感器	1~50m³/h
7	热量表	DN65，公称压力1.6MPa

2.2.2 检测步骤

（1）管道冲洗：对整个回路进行注水冲洗，观察出水杂质、流量和水压变化，判断管道清洗和畅通情况。

（2）管道试压：对冲洗干净管路进行手动泵打压试验，试验压力为0.6MPa，稳压至少30min，稳压后压力降不应大于3%，对管路的严密性进行判断。

（3）片区保压：保压时间12h。

（4）多井换热能力检测：首先，开启循环水泵，对地埋管系统进行排气，直至水流稳定且无明显气泡。其次，热性能检测仪将水箱的水加热，打开阀门为地埋侧加热，直至进出水温度稳定，记录数据。再次，观察进出水温度变化、流量变化，每10min记录瞬时换热量，连续2h，计算实测平均换热量。

3 检测结果分析

3.1 成井质量验证结果

经过11个区的全面排查，原设计1120口井，总共丢失80口井，丢失井数占到全部地源井的 7.14%。经过管道冲洗和试压，发现了 10 个堵塞失压回路，堵塞失压井有 51 口。实测可用井 989 口，实测可用井率为 88.3%。

同时为检测实际效果，在水平管连接前随机抽测了 4%的地源井井深。根据设计要求，地源井有效深度≥75m 可视为有效井，抽测的地源井井深均符合要求。

3.2 热性能评测结果

通过多井换热能力检测，打井换热能力最大可达到 5.9kW，最小的为 2.9kW，平均单井换热能力为 4.96kW，比设计的单井换热量 4.69kW 高 5.8%。单井换热量测试结果如图 1 所示。

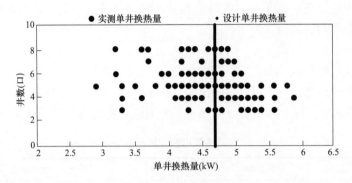

图 1　单井换热量测试结果

对全部地埋管进行测评，共 11 个片区，223 个回路，热性能汇总结果如下：

（1）单井换热量偏差>0.5，共 16 个回路，占比为 7.2%，换热能力偏小。

（2）单井换热量偏差–0.5≤偏差≤0.5，共 188 个回路，占比为 84.3%，换热能力正常。

（3）单井换热量偏差<–0.5，共 19 个回路，占比为 8.5%，换热能力偏大。

3.3 成井效果评估

项目实际需求换热量为 4333.56kW。经过实测，可用井 989 口，总换热量为 4907.7kW，地源井单井换热能力满足设计要求，总换热量可满足实际负荷需求。

4　结语

通过杭州项目的实践可知，在淤泥地质广泛分布的长江以南流域，地源钻井采用沉管式施工工艺能够有效保证地源井成品质量，减少丢井，便于施工，节约开发成本。通过地源快速换热检测技术能够第一时间了解地源换热效果，识别系统可能存在的风险，对于项目开发建设和后期运行起到参考作用。

参考文献

[1] 徐伟，刘志坚. 中国地源热泵技术发展与展望 [J]. 建筑科学，2013，29（10）：26-33.

[2] 高宏飙. 不均质软土地基中沉井施工技术 [J]. 电力建设，2005，26（2）：19-20.

[3] 陈昌富，吴晓寒，王陈栋. 地埋管地源热泵系统及存在问题分析 [J]. 探矿工程，2009，36（10）：42-48.

[4] 任永林，邹行，林华颖，等. 地源热泵系统钻孔施工遇岩溶问题的解决措施 [J]. 山西建筑，2021，47
（20）：78-80.

［5］何文君，向贤礼，李勇刚，等. 地埋管地源热泵技术在贵州岩溶地区的应用研究 ［J］. 2014，41（8）：62-65.

［6］尹畅昱. 不同分层地质结构下地源热泵竖直双 U 埋管换热影响研究 ［D］. 重庆：重庆大学，2014.

［7］周建平，王萌，刘常林. 淤泥质软土地基下的沉井施工技术 ［J］. 四川水力发电，2018，37（4）：143-144.

［8］周游. 南方地区浅层地源热泵利用研究 ［D］. 长沙：湖南大学，2008.

［9］马宁，魏巍，卜颖. 复杂地质条件下的地埋管换热孔成孔工艺措施 ［J］. 城市地质，2016，11（3）：49-53.

作者简介

陈　默（1986—），女，工程师，主要从事地产新技术研发及应用工作。E-mail：450556738@qq.com

溜槽装置在土石坝坝坡整修项目中的设计与应用

刘焕虎　程科林　王志刚

（黄河水利水电开发集团有限公司，河南省济源市　454681）

[摘　要]溜槽装置是土建、矿山等施工项目中常见的物料运输工具，技术人员针对小浪底主坝坝坡整修项目的特殊施工条件，设计制作了一套实用可行的溜槽装置系统，创新性地解决了坝坡面上石料运输的难题，具备较强的安全性、可靠性，并提高了施工效率。

[关键词]溜槽装置；坝坡整修；设计应用

0　引言

溜槽，通常在地面上的从高处向低处运东西的槽[1]，内面相对光滑，运输物质能自动溜下，材质有钢材以及合金材质等，在矿产工业、水电工程、港口工程的施工作业过程中经常应用[2]。小浪底水利枢纽主坝整修项目中，需要对所填石料进行运输、摊铺，因坝面没有交通设施及道路[3]，其他大型机械难以使用，拟针对该施工项目设计一套适合的溜槽装置系统，将块石运输到坝坡整修所需位置。

1　工程概况

小浪底水利枢纽主坝为壤土斜心墙堆石坝[4]，最大坝高为160m，坝顶设计高程为283m，坝顶宽15m，坝顶长1667m。由于自然沉降及自然风化等因素，大坝出现沉降变形等情况，影响大坝美观及安全，需对坝坡坡面进行整修[5]。上游坝坡设计坡度为1:2.6，下游坝坡设计坡度为1:1.75，上游坝坡坡度约22°～24°，下游坝坡坡度为29°～32°，坝坡整修的总工程量据测量估算以及现场施工实际情况，坝坡整修填石总量约10.9万 m^3，约合18.5万t。

2　溜槽装置的组成

2.1　溜槽设计

土石坝坝顶上固定设置有防浪墙，溜槽装置固定设置在所述土石坝坝坡上，溜槽装置包括依次连接的漏斗和多个溜槽，漏斗包括漏斗主板和两个固定设置在漏斗主板上的漏斗护板，两个漏斗护板之间形成锥形的石料引导空间，漏斗主板和所述防浪墙可拆卸连接，漏斗主板固定连接有用于防止漏斗变形的漏斗框架，相邻两个溜槽之间可拆卸连接，溜槽包括溜槽主板和两个固定设置在溜槽主板上的溜槽护板，溜槽主板固定连接有用于防止溜槽变形的溜槽框架。根据施工组织安排和现场实际，采用钢板、槽钢、工字钢制作三角桁架和组合式溜槽，溜槽为可拆装组合形式，采用 10、20mm 钢板制作溜槽，每节长 6m。吊车反铲配合安装溜槽，底部宽 1.51m，制作运输 9km 安装，M36×140 加强螺栓 516 套。两边有宽 0.5m 的 1:2 坡度立沿，立沿采用 20mm 钢板。为保证溜槽坚固不变形，底部焊接工字钢衬托，每 1.5m 加焊一道工字钢。溜槽连接为搭接卡扣式连接，保证连接牢固、拆装方便。每节溜槽设置 4 个吊耳，方便吊装。为保证石料倾倒顺利，在第一节溜槽上端设置开敞式漏斗，接料漏斗长 3m，上部宽 3m，下部宽 1.5m，钢板、工字钢组合制作漏斗钢板厚 20mm，漏斗和第一节溜槽采用焊接连接。漏斗下方设置 4 个支腿，支腿下方布置钢板和枕木以支撑漏斗悬空区域的受力。加工 4~6 套溜槽，施工开始后根据施工情况和需要调整。

溜槽与漏斗俯视图如图 1 所示，溜槽及倒车三角桁架剖面图如图 2 所示。

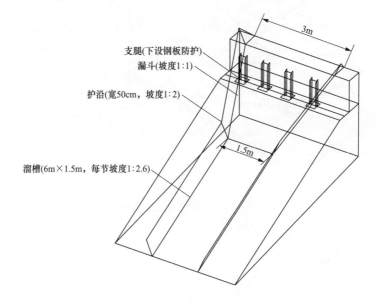

图 1　溜槽及漏斗俯视图

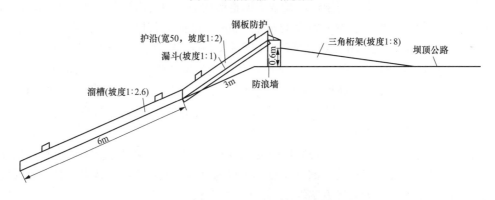

图 2　溜槽及倒车三角桁架剖面图

2.2　吊钩门式移动起重机设计

为提高溜槽安拆的效率，制作了两组溜槽安拆专用工具，主要组成部分为：吊钩门式移动起重机制作型钢 1.796t，吊钩门式起重机制作型钢 1.796t，安装 1t 永磁起重器 2 个，5t 手板葫芦 2 个，2t 电动卷扬机 2 个，5t 电动卷扬机 1 台，遥控配电箱 2 台，4t U 型卡两个，3t

电葫芦 1 个，承载 5t 橡胶轮 4 个。门机式溜槽安装车结构尺寸如图 3 所示。

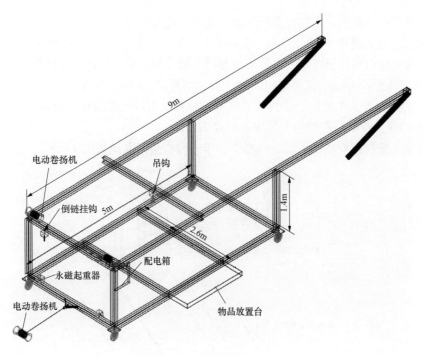

图 3   门机式溜槽安装车结构

3   溜槽施工组合设计

3.1   溜槽组合设计

为保证运输布料的效率和安全性，经多次调整形成最终的溜槽组合设计：在 260m 高程以上区域布置 2 组短溜槽，长度分别为 15m 和 20m，260m 高程以上区域的石料布置由 2 组短溜槽和反铲配合完成，260m 高程完成下料以后短溜槽拆除，由反铲完成坝坡整修工作，整修过程中可以自坝顶 281m 高程位置至 260m 高程马道位置挂线测量，保证坡面的坡度和平整度符合要求。完成坝面 260m 高程以上区域整修后，二次布置 2 套长溜槽，长度约 60m，布置到 260m 高程马道位置，反铲配合运输摊铺石料，摊铺的具体高程位置根据水位变化调整。溜槽组合设计示意图如图 4 所示。

此种溜槽布置设计，可以保证控制坝面的坡度和平整度，避免溜槽拆除后进行二次坝面整修，长短溜槽不需要同步移动，溜槽安装拆解较为灵活，反铲的施工效率较高。经现场施工对比，此溜槽布置设计为最优方案。

3.2   溜槽施工试验与应用

（1）溜槽运料试验：按照施工设计要求，制作三角桁架 1 个、漏斗 1 个、溜槽 2 节共 12m，运输到小浪底坝顶防浪墙处现场组装，15t 自卸车，装载符合参数要求的石料约 7m³，现场将石料倾倒，观察石料运行情况，看石块是否可以通过溜槽到达指定区域。进行 2 次运料试验，证实石块经过溜槽能够顺利达到指定地点，但发现漏斗底部有局部被大块石砸成的凹坑，两边立沿有少量块石溢出，现场提出了将溜槽的钢板厚度由 10mm 增加至 20mm，立沿宽度由 30cm 增加至 50cm 的改进方案，其余溜槽段立沿宽度增加至 40mm。

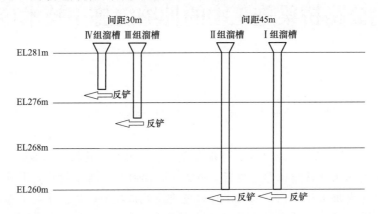

图 4 溜槽组合设计示意图

（2）溜槽安拆试验：制作完成门机式溜槽安装车后，将设备运输到现场，进行了安拆运输溜槽的试验，证实溜槽可以顺利安拆、运输。

（3）在坝坡整修施工过程中，使用溜槽完成了坝面石料运输布料的工作，累计完成运输石料 18.5 万 t，比原计划缩短一半工期。

4 结语

现场技术人员根据小浪底主坝坝坡整修项目的特殊施工条件，设计并制作了一套实用可行的溜槽装置系统，成功运用到小浪底主坝坝坡整修施工项目中，创新性解决了大体积、大方量的块石运输困难问题；极大提高了施工效率，具备较强的安全性、可靠性，在今后类似的坝坡整修施工项目中可以大力推广应用。

参考文献

[1] 胥振波，任巧玲. 大坝满管溜槽溜槽系统设计方案与研究 [J]. 工程与工业技术，2011，12（36）：104-106.

[2] 李新会，李建岗，等. 陆浑水库大坝迎水坡整修施工与管理 [J]. 河南水利与南水北调，2014，6：37-38.

[3] 黄楠. 密云水库南石骆驼副坝下游坝坡加固改造方案设计与施工 [C] //中国水利学会，2014 年中国水利学会学术论文集，北京，2014.

[4] 卢建勇，于跃，万永发. 小浪底电站水轮机过流部件碳化钨涂层修复 [J]. 人民黄河，2017（39）增刊 1：107-109.

[5] 张建生，詹奇峰，徐强. 小浪底水电站水轮机稳定运行技术措施 [J]. 水力发电，2006，2（32）：77-79.

作者简介

刘焕虎（1984—），男，高级工程师，主要从事水工建筑物维修养护工作。E-mail：lhhxfp@163.com

试论公路桥梁施工中的伸缩缝施工技术应用

王　川

（中国电建集团成都勘测设计研究院有限公司基础设施分公司，四川省成都市　610000）

[摘　要]在我国公路桥梁施工中，伸缩缝是一项极为关键的技术，不仅可以对车辆荷载以及桥梁材料引发的上部结构位移量进行有效调节，同时对于桥梁结构变形具有很好的抑制效果。本文以××大桥工程为例，阐述了伸缩缝重要施工技术，提出了施工期间具体质量保障措施，最后对伸缩缝施工技术的应用成果进行了分析，以期能够提高施工质量，并为相关工程提供参考借鉴。

[关键词]伸缩缝；公路桥梁；施工技术

0　引言

在新型城镇化建设提质增速的背景下，我国公路桥梁建设进入"快车道"，相关工程数量越来越多。作为我国主要的交通方式，公路桥梁工程投资大、建设周期长，如何在满足运输压力、保证施工进度的同时，确保施工质量，成为社会各界高度关注的重要问题。在施工时，为避免公路桥梁受荷载、温度、气候等因素的影响出现不均匀收缩，通常情况下会设置伸缩缝。对于公路桥梁而言，若是缺少伸缩缝或是伸缩缝损坏，极易造成路桥面下沉开裂，从而影响平整度，导致行驶车辆发生跳车现象，存在严重的安全隐患[1]。因此，提高伸缩缝施工质量具有非常重要的作用。

1　工程概况

××大桥改建工程位于 G202 线，桥梁全长 695.5m，跨径最大 180m，墩高 175m。该桥始建于 2000 年，荷载等级设计较低。近年来，随着交通量增加，桥面铺装出现破损，伸缩缝部分缺失，部分混凝土剥落，钢筋长期暴露在外出现锈蚀，且桥梁下部结构遭受严重冲刷，已经无法满足公路工程技术标准要求。因此，需要进行改建。

2　伸缩缝的重要施工技术

2.1　测量放线

在金阳河特大桥伸缩缝施工时，为保证工程根据规划审批要求顺利开展，必须落实测量放线，在此之前应检查和评估桥梁整体情况，如对标施工要求，核查钢筋质量与尺寸是否符合要求，桥梁面板尾部需预留出空间来对接伸缩装置。在确定各方面均符合施工要求后，根据桥梁结构特点选择相应的伸缩缝施工工艺。接下来进行测量放线，首先明确中心线位置，并用白漆做好标记。然后由施工人员对切缝进行处理，要求伸缩缝距离两侧要一致，且不得超过 0.3～0.5m[2]。最后进行放线，在放线时要将混凝土和油面压紧压实，确保其平整。

2.2 开槽

控制好伸缩缝槽体尺寸是伸缩缝施工开槽环节的关键点，通常开槽深度应不低于12cm。首先，使用风镐将两切缝间的沥青桥面进行凿除，清除槽口内的全部杂质，并使用高压水枪进行冲洗，以达到清除剩余杂物的目的。位于切缝线以外的混凝土桥面，在开缝前必须要做好保护工作，可覆盖彩条布或钢板，以防止切缝时产生石粉造成桥面污染。若是切缝时棱角出现磨损，则需要重新进行切缝；若防水层破损，则应立即使用密封膏修补。开槽作业完成后，技术人员需要检查槽内构造钢筋是否受到损坏，检查无误后方可进行型钢安装。具体开槽流程：首先测量划线。将塑料膜粘贴于划线两侧，以此来保证桥面整洁。其次，顺直开槽。伸缩缝开槽应向下切割，与桥面始终保持垂直关系，且槽边沥青铺装层不得悬空[3]。假设伸缩缝宽度超过16cm，则需要关注伸缩缝装置保护箱的安装位置。最后，检查现场气温。对比厂家提供的安装温度，若符合安装要求则需要计算出定位空隙值，为确保伸缩缝装置的稳定性，还应设置专用卡具。值得注意的是，车辆在施工时会碾压桥面，进而导致部分预埋钢筋变形、折断，一旦出现这种情况必须立即校正，并根据要求重新焊接。

2.3 安装调整

在安装伸缩缝装置前需要检查是否将槽内杂物清除干净，并使用高压水枪清理桥梁支座间杂质。采用自制门、短道木等搭建调平架，并沿着缝长2m进行等距离布设，在伸缩装置两侧环形钢筋上分别钩上挂钩，通过对螺母和螺杆高度进行调节，将临时支撑抽出，并确保伸缩装置顶面与桥面大致平行，同时装置中心线要与预留缝的中心线一致，两者误差应控制在3mm内[4]。接着对伸缩装置高程进行调整，并检查平直度。

2.4 型钢焊接

施工人员在检查核对伸缩缝位置与高度符合设计要求后，就可以进行伸缩缝锚固。在焊接时，需要完全锚固稳定一侧钢筋，使得装置保持直线后，再将锁定钢板割开；另一侧，则需要借助螺旋千斤顶对桥梁伸缩缝隙数值进行调整。伸缩装置中，型钢安装间隙不仅受桥梁实际伸缩量和设计伸缩量差值的影响，同时也受安装温度的影响[5]。所以，在调整桥梁伸缩缝隙数值后，必须要立即将预埋钢筋与环形钢筋进行焊接；焊接时应采用分段点焊加固法，为避免型钢因温度过高而变形，焊条必须要选择质量较好的，逐条进行焊接，焊接顺序为顶面→侧面→底面，确保焊接到位。

2.5 混凝土浇筑

在型钢焊接和桥面层钢筋铺设完成后，需要对槽内垃圾进行二次清理，并逐一检查模板刚度、拼接效果等，确保拼缝密实、支撑牢固，避免在进行混凝土浇筑时出现漏浆、跑模等情况，且需要进行验收，合格后方可进行下一步操作；在浇筑时，还应密切混凝土配合比，观察具体的坍落度，确保其满足施工要求，同时为提高混凝土抗裂、耐酸碱腐蚀等性能，在混凝土中可添加高强纤维。为防止混凝土掉落到凹槽内，可以使用胶带将型钢表面凹槽封死，在混凝土浇筑时必须要确保平整无蜂窝，并一次浇筑，从而保证混凝土整体性[6]。在振捣时，伸缩缝两侧应同步进行，振捣至泛浆且无气泡为止；尤其要关注死角，振捣密实，并用刮杆刮平混凝土表面。为避免出现跳车现象，必须要做好平整度控制，通常不得高于桥面高程。

2.6 养护

在混凝土初凝后，必须要加强养护。此时，混凝土尚未完全成型，外界极易导致其出现变形，因此必须要派专人进行交通管制，设置好警示牌，引导过往车辆绕行，养护时间至少为 15 天。此外，可将麻袋覆盖在混凝土表面，然后进行洒水养护；加强混凝土强度监测，当强度达到 50%～60% 时，可安装橡皮密封条（如图 1 所示）。最后，对桥梁伸缩缝进行试验，包括拉伸、压缩、纵向、竖向等。若有 1 个检验项目不合格，必须要抽取双倍数目复核不合格项目[7]。

图 1　桥梁伸缩缝混凝土施工养护

3　伸缩缝施工期间质量保障措施

3.1　加强原材料质量控制

伸缩缝作用显著，是保证桥梁稳定性的重要举措，可以在很大程度上确保桥梁不受恶劣环境的影响，如高温、低温等环境，不仅可以延长公路桥梁的使用寿命，还能让车辆在行驶过程中更加顺畅平稳，降低安全事故的发生率。同时，伸缩缝施工质量好坏对桥梁最终投入使用具有较大影响，必须要加强材料控制，并结合施工实际，合理选择伸缩装置，尽可能避免桥梁受损。

3.2　落实质量保障措施

伸缩缝施工难度较大，涉及方面较多，在施工过程中必须要制定完善的质量保障制度，加强施工质量控制。首先，在浇筑混凝土前需报请监理工程师验收，且监理需全程参与混凝土浇筑，检查预埋筋与主梁筋连接是否牢固、模板是否严密、槽内杂物是否清除干净等。其次，施工单位应组建监督小组，负责日常监管，一旦发现安全隐患和施工质量问题，需责令限期整改，并做好持续追踪。此外，由专人负责施工质量监管工作，翔实记录相关数据，便于今后溯源。该桥梁伸缩缝施工质量检查表见表 1。

表 1 公路（桥梁）伸缩缝施工质量检查表

序号	质量检查项目	允许偏差	检查方法	检查频率	权值
1	长度（mm）	符合设计要求	尺量	每道	2
2	与路桥面高差（mm）	2	尺量	每侧4～7处	3
3	纵坡（%）	一般±0.5	水准仪	测纵向锚固混凝土端部3处	2
		大型±0.2		纵向测伸缩缝两次3处	
4	缝宽（mm）	符合设计要求	尺量	每道3处	3
5	平整度（mm）	2	3m直尺	每道	1

3.3 加强业务培训

施工人员是公路桥梁伸缩缝施工的核心主体，其专业水平和职业素养将会对施工质量产生直接影响。因此，施工单位必须要重视培训，加强人才培养，定期组织开展培训，培训内容不仅包括公路桥梁结构特点、伸缩缝施工技术要点、混凝土施工质量保障等专业知识，同时也应涉及安全、管理、职业道德等方面的内容，通过培训来丰富施工人员的理论知识，增强其安全意识，提升专业素养。同时，企业应重视员工自我提升，积极为员工提供学习交流的机会，鼓励员工考取相关证书，以此来提高施工团队整体水平。

3.4 做好准备工作

在施工前，必须要对相关施工图纸进行熟悉，了解和掌握伸缩缝的具体安装规程，对相关要求做到心中有数；根据工程实际情况配备相应的机械设备、机具、材料等，尤其是帆布、塑料布、塑料薄膜等易耗品，以确保顺利施工。

4 伸缩缝施工技术在公路桥梁工程中的应用成果

在该项目施工时，严格按照施工图纸和设计要求进行，流程规范，不仅确保了如期竣工，工程质量亦得到保证。

4.1 保证工程质量

在施工过程中，验收是极为重要的环节，工程质量验收包括伸缩缝数据、混凝土配比等。经过验收，该桥梁伸缩缝工程符合施工要求，各项数据均在可允许误差内，中梁、支承横梁及其连接部件应力、应变值符合要求，橡胶密封带通过防水试验，该工程合格。

4.2 降低病害威胁

在桥梁伸缩缝施工过程中，极易受外界因素的影响进而出现破损、脱落、松动等情况，进而产生严重的安全隐患，威胁行车安全。对此，一方面要从自身质量入手，加强原材料和施工质量控制，另一方面要落实养护工作。该桥梁工程投入至今2年有余，就目前而言，伸缩缝装置运行良好，车辆在伸缩缝处不会出现跳车情况，且定期开展保养，未出现损坏情况。

4.3 保证路面平整

从后期投入使用情况来看，该桥梁工程质量过关，可以承受较强的撞击力，桥面未出现坍塌情况，车辆行驶平稳，行车舒适感较强。

5 结语

总而言之，在我国公路桥梁工程中，伸缩缝是非常关键的施工环节，其质量好坏不仅直接影响路桥的整体美感，同时还会影响路桥使用年限。针对该桥梁工程实际情况，在综合分析后选择了上述伸缩缝施工技术，从最终结果来看，各项指标和数据均处于允许误差范围内。而在今后的工作中，应持续探索更先进的施工技术，切实提高伸缩缝施工质量，让车辆安全舒适行驶；在确保公路正常运营的同时，切实发挥出公路桥梁的价值，带动地区经济高质量发展。

参考文献

[1] 刘国栋. 公路桥梁工程施工中的伸缩缝施工技术运用探析 [J]. 河南科技，2021，40（7）：63-65.

[2] 苏日高. 桥梁伸缩缝控制技术在公路桥梁施工中的应用 [J]. 高铁速递，2020（6）：145.

[3] 李万涛. 伸缩缝施工技术在公路桥梁中的应用 [J]. 卷宗，2020，10（26）：326.

[4] 曹佳敏. 公路桥梁工程施工中的伸缩缝施工技术分析 [J]. 商品与质量，2021（40）：411-412.

[5] 薛霏霏. 伸缩缝技术在公路桥梁施工中的重要性 [J]. 建筑工程技术与设计，2020（9）：1977.

[6] 黎秀. 伸缩缝施工技术在桥梁施工中的具体应用 [J]. 黑龙江交通科技，2020，43（1）：130-131.

[7] 戴俊杰. 桥梁伸缩缝施工工艺及关键工序的验收要点 [J]. 工程建设与设计，2021（4）：144.

作者简介

王　川（1995—），男，主要从事公路工程施工管理工作。E-mail：p2020418@chidi.com.cn

浅谈大坡度尾水支洞及岔管相交段开挖技术研究与应用

张明德 曹刘光

（中国水利水电建设工程咨询西北有限公司，陕西省西安市 710100）

[摘 要]乌东德水电站右岸地下电站尾水隧洞跨度大，洞室高且长，洞室间岩壁厚度薄，属于特大断面洞室开挖，岔管段岩体挖空率大，交叉洞室多，岔管段顶拱的岩体及交叉段洞室高边墙稳定问题突出。围岩地质条件复杂，为薄层、极薄层灰岩，尾水支洞处于低部位，整体渗水点较多，同时隧洞中大坡度开挖，施工难度极大。通过采取科学合理的施工程序安排和道路的布置，确定合理的施工方案，加强对特殊部位的支护措施（含临时支护），保证了开挖施工的正常进行，取得了在大坡度、高窄隧洞开挖的良好成绩。

[关键词]尾水支洞；大坡度开挖；地质条件复杂；乌东德右岸地下电站

1 工程概述

乌东德水电站位于四川省与云南省的交界处，电站的开发任务以发电为主，兼顾防洪，水库总库容为 74.08 亿 m³。主厂房开挖尺寸为 333.00m×30.50m（32.50m）×89.80m，开挖高度为世界之最。尾水调压室是目前世界最大的竖井群，单个尾调室由上部球冠状穹顶、中部半圆筒型井身和底部岔管段组成。每个球冠穹顶横向最大跨度为 53m。乌东德右岸尾水系统共包括 3 条尾水主洞（4、5、6 号）、3 个岔管段、6 条尾水支洞（7～12 号），每条尾水主洞上游与尾水岔管段相连，岔管段顶部与尾调室相通。岔管段上游侧为 7～12 号尾水支洞，尾水支洞共分两段，第一段靠厂房侧为尾水扩散段，第二段与岔管段相交，坡度较大（13.65%坡度），右岸尾水支洞开挖断面型式均为城门洞型，尾水支洞标准开挖断面为 15.3m×25.85m（宽×高），底板高程为 768～774.57m。右岸地下电站尾水系统施工支洞平面布置图如图 1 所示。

2 主要工程地质条件及控制难点

2.1 工程地质条件

右岸尾水支洞穿过 Pt2l3-2～Pt2l10 段地层，为薄层、极薄层灰岩，尾水支洞整体渗水点较多，洞壁潮湿，岩体微新，局部见顺层溶蚀风化色变现象，整体裂隙较发育，与层面切割形成多处不稳定块体，岩体破碎，完整性较差，部分洞段岩层层面走向与洞向夹角小于 20°，片帮现象严重；部分沿结构面夹黄泥质，A 类角砾岩发育。

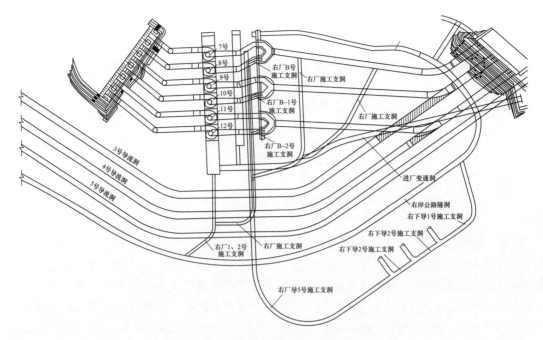

图 1　右岸地下电站尾水系统施工支洞平面布置图

2.2　施工特点及难点

（1）受厂房、尾水调压室等多个部位施工影响，空间立体关系复杂，开挖施工干扰大。

（2）尾水支洞跨度大，洞室较长较高，支洞岩壁厚度仅 22.4m，属于特大断面洞室开挖，岔管段岩体挖空率大，交叉洞室多，岔管段顶拱的岩体及交叉段洞室高边墙稳定问题突出。

（3）施工过程中受弯段、平段、渐变段等不同断面的转变以及大坡度开挖（尾水支洞第二段坡度为 13.65%）等因素的影响，开挖施工难度大，安全风险高，质量不易控制。

3　开挖采取的关键技术

科学合理布置施工通道和安排施工程序，减少了立体交叉作业的施工干扰，确保了尾水支洞的出渣及设备、机具的进出。

第一步：先从下游（利用右厂 6 号施工支洞作为通道、右厂 6 号施工支洞位置如图 1、图 2 所示）往岔管段方向进行尾水主洞的 I 层开挖，后进入岔管段，为尾水支洞上层开挖提供通道和工作面。此时，同步进行主厂房上部第 IV 层以上（即 EL.823m 以上）的开挖施工施工，尾调室第 V 层以上（即 EL852m 以上，如图 5 所示）的施工，立体开挖施工互不干扰。

第二步：然后进行尾水支洞第二段的第 I 层、第 II 层开挖及第一段的第 I 层开挖并将第一段挖至厂房基坑内 16m。在尾水支洞第一段 I 层开挖过程中，与右厂 5 号施工支洞交叉时，岩层厚度仅为 1.95m，在该段开挖时，将两洞开挖贯通，贯通后采用爆破石渣填平，待后期第 II 层开挖时再进行出渣。

第三步：通过右厂 5 号施工支洞段开口往尾水支洞上下游方向进行同步推进开挖，第一段（即上游段）继续开挖至厂房基坑 16m 并且必须在主厂房上层与基坑贯通前完成，解除厂房与尾水支洞开挖的干扰；下游开挖至岔管段并且必须保证尾水调压室底部高程与岔管段顶部高程相距 20m 以上，解除尾水调压室与尾水支洞开挖的干扰，岔管段预留 10m 高度不开挖，作为后期尾水调压室下挖之后的石渣堆积平台，便于满足后期支护施工的要求。

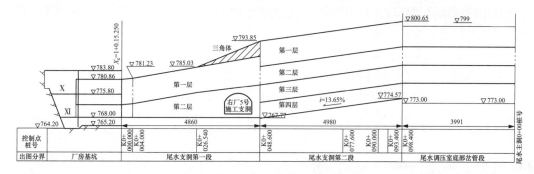

图 2　尾水支洞与岔管相交段关系图

第四步：尾水岔管段往下游约 50m 范围进行尾水主洞 I、II 层开挖，开挖完成之后待尾水调压室与尾水岔管段贯通并支护结束之后，再与岔管段一起下卧。

3.1　尾水支洞及岔管段所采用的开挖方法

3.1.1　尾水支洞开挖

尾水支洞共分两段，第一段底板为水平段、顶拱斜坡段，分 2 层开挖；第二段为斜坡段，坡度为 13.65%，开挖最大断面为 15.3m×25.85m，共分 4 层开挖，第 I 层分层高度为 9m，第 II～IV 层分层厚度为 5.5～5.85m。

（1）尾水支洞第二段第 I 层开挖方法。尾水支洞第二段第 I 层开挖高度为 9m，平行的 6 条尾水支洞按单双号洞分两序施工。当相邻 2 条尾水支洞开挖同一方向时，前后错开至少 50m 距离。第 I 层开挖采取全断面光面爆破的方式进行开挖，中导洞（中导洞断面为 8m×9m）先行，周边光面爆破，孔间距为 40～50cm，周边孔与紧邻辅助孔距离为 70～80cm。不良地质段开挖时按照"短进尺、多循环、弱爆破、强支护、勤监测"的原则进行开挖支护，以免岩体失稳、震裂、松动和塌方。

（2）尾水支洞第一段第 I 层、第二段 II 层开挖方法。尾水支洞第二段第 II 层开挖完成之后，考虑到尾水支洞第一段（K0+26.54～K0+48.6m）顶拱及尾水支洞第二段坡度较大，在施工过程中先以尾水支洞第二段的坡比进行第一段第 I 层开挖，完成之后进行尾水支洞一段 K0+26.54～K0+48.6m 段顶拱区域预留三角体（如图 3 所示）二次扩挖。第二段 II 层开挖采用钻爆台车人工持手风钻钻孔进行中间拉槽梯段爆破，然后两侧边墙预留保护层进行光面爆破的施工方法；第一段第 I 层采取钻爆台车人工持手风钻钻孔进行，中导洞先行，然

图 3　预留三角体二次扩挖

后进行周边孔光面爆破的施工方法。上述部位开挖、出渣均利用右厂 6 号施工支洞作为施工通道。

（3）尾水支洞第一段第Ⅱ层及第二段第Ⅲ层、Ⅳ层开挖方法。为提高开挖效率，将右厂5号施工支洞作为施工通道上下游同步进行开挖，二段Ⅲ层开挖采取钻爆台车人工持手风钻钻孔进行中间拉槽梯段爆破，然后两侧边墙预留保护层进行，二段第Ⅳ层开挖与一段第Ⅱ层均采用手风钻钻设水平孔，水平光面爆破。

3.1.2 尾水调压室底部岔管段开挖

（1）尾水调压室底部岔管段开挖与尾水主洞、尾水支洞二段分层相结合，分4层开挖施工，尾水主洞向尾水支洞开挖时，采取间隔跳洞开挖。底部岔管段第Ⅰ层开挖与尾水主洞开挖的顺序相对应，中导洞［断面为8m×（9～9.5）m］先贯通尾水主洞与尾水支洞，两侧扩挖施工待上部调压室竖井开挖完成后，再进行开挖。岔管段中下层开挖，与尾水主洞中下层开挖施工顺序相对应。尾水岔管段如图4所示。

图4 尾水岔管段

（2）尾水调压室底部岔管段第Ⅰ层开挖时，在导洞和扩挖进洞之前先对洞口部位进行锁口锚杆支护工作，以解决穿洞部位的围岩稳定问题，利于边墙稳定，然后再进行尾水调压室底部岔管段第Ⅰ层开挖。中导洞开挖采用手风钻钻孔，两侧扩挖，其中Ⅰ层的中导洞采取平行直孔掏槽，周边采取光面爆破。

（3）尾水调压室底部岔管段第Ⅰ层导洞开挖以及主洞与支洞交叉口处的两侧扩挖，采用"短进尺、多循环、弱爆破、强支护、勤监测"的施工方案。尾水调压室底部岔管段第Ⅰ层导洞顶拱保留时间较长，因此在该位置开挖完成后立即实施系统支护（系统支护$\phi28$，$L=6m$，间排距为1.5m×1.5m）。考虑施工方便和围岩稳定，并为减少隧洞弯段的超挖，两侧扩挖采取手风钻进行钻孔，两侧边块爆破经现场爆破试验后，及时调整爆破设计，进行下一循环施工。

（4）岔管段第Ⅱ、Ⅲ层开挖采取中间梯段爆破拉槽，两侧预留3.0m保护层，中间梯段孔采用D7液压钻钻孔，两侧保护层开挖采用手风钻钻设水平孔，光面爆破。第Ⅳ层为底板保护层开挖，采用手风钻水平造孔，光面爆破。

（5）尾水支洞出口岩柱隔墙开挖在尾水调压室第Ⅺ层（如图5所示）开挖时进行，该层开挖时，在隔墙顶部预留2.5m保护层，采用手风钻钻设水平孔进行开挖，周边光面爆破。岩柱隔墙两侧开挖时，采取预留3.0m保护层，采用手风钻钻水平孔进行开挖，周边光面爆破。开挖时严格控制钻孔方向及角度，保证岩壁开挖完整、稳定，相邻两炮孔间岩面不平整度控制在≤15cm。

（6）尾水支洞与主洞交汇处挖空率较大，施工中根据揭露的围岩情况，采用"短进尺、多循环、弱爆破、强支护、勤观测"的施工方案。考虑施工方便和围岩稳定，为减少隧洞弯段的超挖，两侧扩挖采取手风钻进行钻孔，每层开挖爆破经现场爆破试验后，及时调整爆破设计，进行下一循环施工。

3.2 临时面及隔墩支护加固技术处理措施

尾水支洞洞身及岔管段支护措施包括普通砂浆锚杆、挂钢筋网、喷射混凝土、安装钢支撑、安装钢筋拱肋及预应力锚索等。

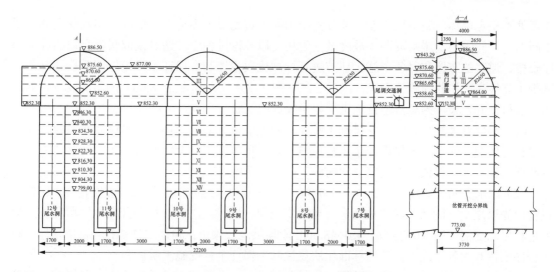

图 5　尾水调压室高程 799m 以上开挖分层图

洞室围岩支护与开挖面距离，对于Ⅱ、Ⅲ类围岩其间距可滞后于掌子面一定距离（Ⅱ类为 30m、Ⅲ类为 20m）跟进交叉作业；Ⅳ、Ⅴ类围岩的支护跟进开挖工作面，同时根据围岩变形监测情况，及时进行支护。断层或不良地质段的支护施工，根据出露部位的围岩情况，及时采取适宜的支护措施，如在岔管段安装钢筋拱肋，岔管段顶拱及边墙 φ28，L=6m 的随机砂浆锚杆（顶拱 1.5m×1.5m、边墙 2.0m×2.0m）并喷 10～15cm 钢纤维混凝土，且在尾水支洞出口 10m 及尾水主洞进口（进出口按水流方向界定）10m 范围内安装系统钢支撑进行加强支护，确保施工安全。各隧洞进口及各交叉洞口开挖前在洞周布置 2 排锁口砂浆锚杆（φ28，L=9，外露 10cm），以利洞口成型和稳定。在尾水支洞第Ⅱ层开挖完成之后增加预应力锚索（T=1500kN，L=20m，间排距为 5m×5m），以保证隔墩及高边墙岩体的稳定性。

尾水支洞开挖支护效果图如图 6 所示。

图 6　尾水支洞开挖支护效果图

4　结语

乌东德水电站右岸地下电站尾水隧洞处于低高程位置，整体渗水点较多，岩体破碎，存在多处不稳定块体，完整性较差，部分沿结构面夹黄泥质等不良地质情况。尾水隧洞群及尾水断面大，间隔小，尾水隧洞大坡度及岔管相交段开挖过程中，通过采取科学合理的施工程序安排、道路的布置和对各个施工环节进行标准化质量控制，保证了开挖施工质量、安全，减少了立体交叉作业的施工干扰，确保了高支洞（尾水支洞高度25.85m）的出渣及设备的进出，取得良好效果，为类似项目施工积累了宝贵的经验。

（1）科学合理规划、细致安排施工顺序，是完成任务的关键环节。右岸尾水系统开挖采用平行立体交叉作业，不仅保证了工程质量，也保证了施工安全；既解决了空间立体关系复杂的施工程序，又保证了在狭窄空间内施工的通道顺畅。

（2）尾水支洞第一段K0+26.54～K0+48.60m段顶拱及尾水支洞第二段坡度较大，在施工过程中先以尾水支洞第二段的坡比进行尾水支洞第一段第Ⅰ层的开挖并开挖至厂房基坑，然后进行尾水支洞一段K0+26.54～K0+48.60m段顶拱区域预留三角体二次扩挖。科学合理的施工程序安排和对各个施工环节的标准化质量控制，保证了开挖施工质量和安全。

（3）尾水隧洞跨度大，高窄隧洞洞室较长、较高，岔管段岩体挖空率大，隔墩较薄，岔管段顶拱的围岩及交叉段洞室高边墙稳定问题突出，通过优化临时面及隔墩支护加固技术，特殊部位增加钢支撑、钢筋拱肋及锚索，保证了隔墩及高边墙岩体的稳定性和工程安全。

作者简介

张明德（1986—），男，工程师，主要从事水利水电工程监理工作。E-mail：786425524@qq.com

曹刘光（1981—），男，高级工程师，主要从事水利水电工程监理工作。E-mail：37158943@qq.com

乌东德水电站机组金属结构埋件安装测量技术总结

张 鹏 黄 勇

（中国水利水电建设工程咨询西北有限公司，陕西省西安市 710100）

[摘 要]乌东德水电站右岸地下电站工程机组金属结构埋件安装环环相扣，安装精度对后续施工影响较大，容易造成质量事故。本文从开挖施工金属结构埋件安装测量角度进行分析，提高金属结构安装精度。

[关键词]右岸地下电站；机组金属结构埋件；测量

1 工程概况

乌东德水电站地下电站厂房布置于左右两岸山体中，各安装 6 台单机容量为 850MW 的混流式水轮发电机组，总装机容量为 10200MW。主要建筑物有进水口、引水隧洞、主厂房及安装场、主变洞、母线洞、电缆廊道、尾水调压室、尾水隧洞、尾水出口、出线竖井及平洞、地面出线场、交通洞、通风排风（烟）系统、集水井排水管道洞及厂外排水系统等。引水系统采用一机一洞、尾水系统采用二机一室一洞布置，左右岸各有 2 条尾水隧洞与导流洞结合。

2 研究背景

右岸地下电站工作面狭小、环境较差、受施工干扰大。机组金属结构、水轮机埋件是水电站最核心最重要的金属结构埋件，其特点是埋件种类多，平面及高程定位精度要求高，系统性强，安装范围广，上接引水系统，下接尾水系统，均有机组埋件，定位的施工方法复杂。

机组埋件主要包括压力钢管、蜗壳、肘管、锥管、基础环、座环、基坑里衬、接力器等，种类多，给测量工作开展带来极大考验，对此提前计划各项测量工作尤为重要。

3 测量实施程序

3.1 测量技术方案的审批

开工前，依据《金沙江乌东德水电站右岸地下发电引水系统工程施工招标文件》规定的主要工程项目，金属结构埋件安装主要施工测量任务，依据合同、规范标准及体系文件审批本标段测量规划和金属结构安装测量技术方案。

3.2 安装专用控制网及安装点放样的一般规定

①水电水利工程金属结构安装测量专用控制网起始点应由邻近等级控制点测设，相对于

邻近等级控制点的点位（平面和高程）限差为±10mm。②安装专用控制网需在能够引起安装部位局部位移或应变的施工完成后进行，可以一次测设完成或随着安装进度分层分部延伸形成。③每一独立安装系统或不同安装系统相互关联时应布设统一的安装专用控制网或采用相同的起始点分别布设。④安装专用控制网可布设成矩形网或正交轴线网或它们组成的混合图形。测设前应对起始点的稳定性进行检测，根据金属结构与机电设备的安装精度要求进行精度估算，确定布网方案。⑤安装专用控制网的相对点位误差应小于安装精度要求的 0.5 倍。高程基点间的高差测量互差应小于 0.5mm。⑥同一安装系统内每个独立结构单元的安装点（含专用控制网点和安装放样点）不宜少于 3 个，同一安装系统的高程基点不宜少于 3 个，每个独立结构单元的安装高程点（含高程基点和高程放样点）不宜少于 2 个。⑦量距（含竖直传高）时用的钢带尺必须是经过检定的，每次读数估读至 0.1mm。量距值必须进行尺长、温度、拉力、悬链和倾斜改正。⑧对于超过钢带尺整尺段长度不宜分段丈量或测点两端高差较大的水平距离，宜采用测距仪或全站仪用"差值法"进行测量。⑨安装点放样时后视距离必须大于前视距离，并用细、直、尖的测针作为照准目标，放样点的刻划误差应小于 0.3mm。⑩方向线测设宜采用经纬仪或全站仪正倒镜分中法。⑪高精度的水平度测量应使用在底部装配有球形接触点的铟瓦水准尺或钢板尺。钢板尺应镶嵌在木制或铝合金型材中，并装有安平水准器。⑫放样完成后应采用适当的测量方法对放样点进行复核，复核较差应不超过安装测量限差。同时对放样点之间的相对尺寸关系进行检查校核，测量值与理论值互差应不超过安装测量限差要求。

3.3 安装专用控制网的埋设和标记

金属结构安装加密控制点的埋设和标记有别于普通控制点的埋设，既要点位标记精度满足要求、能在较长时间内稳定可靠，同时也不能像制作混凝土强制归心墩那样成本高、不易埋设，多数情况下使用混凝土地标、钢钎标、光滑混凝土面的十字标记或铁板上钢锒点，加密点埋设或标记好后要采取适当的保护措施，如用盖板或其他材料进行封盖，十字叉用红油漆标识等手段，埋设中加强与施工人员沟通，树立点位保护意识。如图 1、图 2 所示。

图 1　十字叉用红油漆标识

图 2　铁板上钢锒点

4　机组埋件测量方法

4.1　机组埋件的安装顺序及方法

机组埋件的安装工序比较复杂，安装前有基础垫板和加固锚钩的埋设，安装后还有加固和焊接。由于施工干扰大、作业环境较差，各项测量工作在保证精度的前提下必须要有前瞻性，其中，控制网的分级布设、控制点的长期保护、测量方法的选择、金属构件图纸的全面理解和资料的编制是重中之重的工作。机组埋件的安装顺序如图3所示。

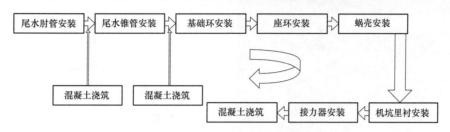

图3　机组埋件的安装顺序

4.2　机组埋件控制网的布设方法

图4所示为某一机组加密控制点示意图，"主-2"为主厂房EL789.m加密点，"A、B、C"均为加密于尾水洞EL768m的控制点。主厂房内各机组应保持正确绝对位置，由标墩点"主厂房""副厂房"和"主-2"号点组成三角形，三站分别设站且均边角同测。平差后取得"主-2"号点成果，由于肘管自初装节吊装到位后可能阻挡机窝上下的视线，因此，再由"主-2"分别正倒镜坐标测设得"A、B、C"，使上述各加密点在同一个严格的系统内，其相互间的坐标较差不大于2mm。为保证长期使用，其中"A""主-2"需标定在埋设于地面的钢筋头上，钢筋头上应埋设牢固，并在顶端刻划十字，"B、C"2点可在墙上进行标定。肘管上管口的放样验收可使用"主-2"，下管口的放样验收可使用"A、B、C"各点。同样，锥管的管口放样验收也需使用此点。

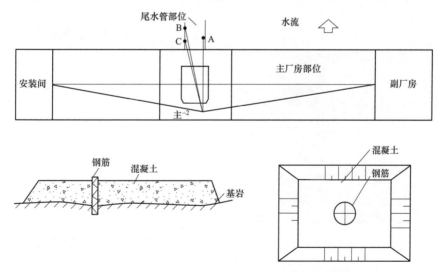

图4　加密控制网的埋设

4.2.1　机组埋件的放样验收方法

4.2.1.1　肘管安装测量验收

如图5所示，肘管初装节在与尾水交接处，测量放样前，在肘管下游面整桩号处事先由施工单位埋设铁板和样架，图6中的1、2、3、4号点位置，利用尾水加密的A、B、C点设站、后视、检查，有条件时与厂房点闭合限差满足要求后在样架上进行放点，施工人员根据此 4 点拉钢丝，进行调校。

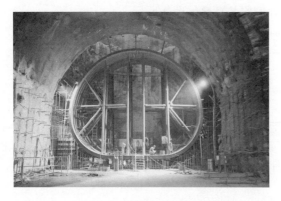

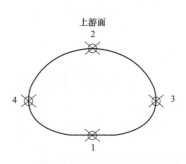

上游面

图 5　肘管施工形象　　　　　　　　　图 6　肘管验收特征点

　　验收时采用相同的方法，分别测量肘管首装节下游面图中各点，保证首装节肘管的空间位置满足要求，需要强调的是，首装节是其他管节的定位基准，必须精细操作，严格控制。其他管节则是用厂房内加密点，用相同的办法控制肘管的上游面。

4.2.1.2　锥管的安装测量验收

　　如图 7 所示，尾水锥管是在肘管的最后一节安装到位并浇筑混凝土后进行安装的，因此肘管的最后一节定位很重要，当肘管最后一节不能满足要求时还要打磨整修。锥管的测量放样也是使用主厂房内加密点在样架上放样出锥管顶面的 1、2、3、4 点方向线，验收方法一致，高程采用抄平的方法即可。锥管验收特征点如图 8 所示。

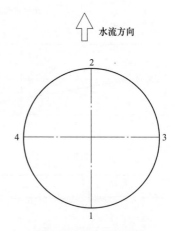

水流方向

图 7　锥管施工形象　　　　　　　　　图 8　锥管验收特征点

4.2.1.3　基础环的安装测量验收

　　基础环是机组埋件安装中非常重要的一环，基础环安装前先要进行基础墩混凝土及埋件的施工，基础墩埋件既有铁板又有插管，精度要求高、统一性高。因此，基础环和基础墩必须使用相同的加密控制点。如图 9 所示，放样前，预先在锥管内支撑上搭设测量平台，并利用加密控制点在测量平台上放样出机组中心（点位误差应小于±1mm），然后在机组中心点架设仪器放样出机组轴线。由于基础环法兰面水平度要求高（小于±1mm），还应在基础环附近埋设高精度水准点 2 个。验收时，则将仪器架设于中心点，对基础环的半径、圆度、轴线进行检查（通常检测点已标识 24 个点），对基础环法兰面进行水平度检查（使用电子水准仪加条码铟瓦尺）。

图 9　基础环施工形象

4.2.1.4　座环的安装测量验收

基础环安装到位后，就要在其上方安装座环（如图 10 所示），放样时还是利用测量平台上的机组中心点，放样出机组轴线以便座环各片拼装在一起，同时要在座环吊装前将机组外埋设的高程基准点引测到机组内（通常在锥管内壁焊接钢筋头磨平使用）。

验收时，座环的平面位置的测量方法和验收项目与基础环一致，但高程验收既要测量座环顶部法兰面的水平度，还要测量座环上导叶中心的高程（施工人员已标记）。

图 10　座环施工形象

4.2.1.5　蜗壳的安装测量验收

蜗壳安装是机组埋件安装中比较繁杂的一项内容，管节多、验收断面多、数据量大。通常情况下，蜗壳设 3 个以上的定位节，还要考虑与压力钢管的伸缩节相接，因此定位精度也相对较高。由于蜗壳几乎是绕机组中心 360°，各断面所对方向不一样，施工中材料多，视线干扰大，因此必须在蜗壳的多个方向设置加密测量点，同时各测量点间要有相对较高的精度；

施工过程中还至少要保证 2 点以上相互通视；施工前，测量人员要熟悉环境，合理地设置加密点，并组成闭合导线，闭合导线可以坐标测量为主，坐标闭合差小于±3mm 即可，每个点还应设置护桩。蜗壳加密控制点埋设如图 11 所示。

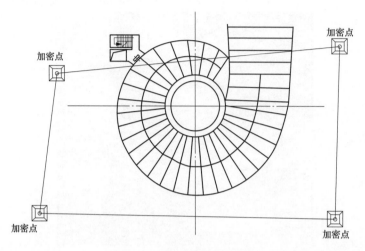

图 11　蜗壳加密控制点埋设

　　蜗壳安装前也一样要安装埋板、锚钩，均需要测量放样与验收，蜗壳放样时主要是放样出各定位节的管口中心三维坐标（机组中心相对坐标）在样架上供调校，其他管节则以定位节为基准靠装，基本无需放点：验收时则使用加密点对各管节断面进行测量，与设计提供的设计值进行比较，判断蜗壳定位是否合格。蜗壳施工形象如图 12 所示。

图 12　蜗壳施工形象

　　需要注意的是，设计提供的图纸一般是相对机组中心的尺寸，测量人员需要根据尺寸及机组中心坐标换算出各断面特征点坐标。

　　机组埋件安装测量限差见表 1。

表 1　　　　　　　　　　　　　机组埋件安装测量限差

项目	安装测量报差					
	平面	高程	同轴度	到机组 Y 轴线的距离	垂直度	水平度
肿管、锥管上管口	4～12	0～+20				

项目	安装测量报差					
	平面	高程	同轴度	到机组 Y 轴线的距离	垂直度	水平度
转轮室、基础环、座环	2～6	±3	1～3			
蜗壳直管段中心				0.003D		
蜗壳最远点		±15				
蜗壳定位节管口	±5				5	
机坑里衬	5～20					
机坑里衬上口		±3				6

注 1. 安装测量限差均相对于邻近安装专用控制网点和高程基点而言。

2. 当工程要求高于本表时应遵守有关技术文件的规定。

3. D—蜗壳进口直径。

4.2.1.6 基坑里衬及接力器的安装测量验收

基坑里衬及接力器的安装测量验收基准是已安装座环各特征点，方法是将座环的机组中心采用倒垂的方法引到基坑里衬高程面，结合测量仪器进行高程和轴线验收，如图 13 所示。

4.2.1.7 压力钢管的安装测量验收

4.2.1.7.1 压力钢管的控制网布设

压力钢管的初装节用卷扬机通过水平轨道安放到位，再分别向压力管道下弯段和主厂与蜗壳的凑合节分别安装。

针对钢管安装特点，控制网布设时以主厂房 2 个标墩点及各管道内的加密点组成闭合导线环，在确保点位绝对精度和点间相对精度的前提下，再使用加密点用极坐标的方法向上下游方向分别引点，目的是克服测站与钢管过近

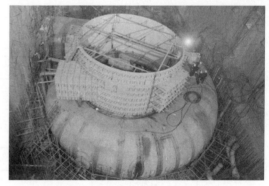

图 13 基坑里衬及接力器的安装

造成立角过大，不易观测且影响精度。加密点应用钢筋头锚固在地面，以利长期稳定使用。主厂房加密控制点如图 14 所示。

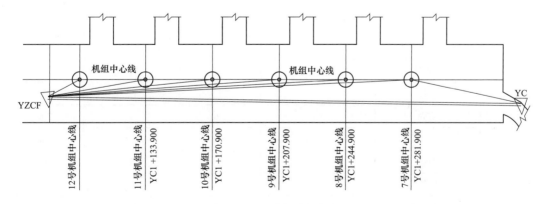

图 14 主厂房加密控制点

491

4.2.1.7.2 压力钢管的测量验收

在放样前，施工人员应在压力管道初装节的上下管口位置埋设铁板和样架，测量人员利用加密控制点分别在样架上放样出管口中心 4 个方向的三维点（钢管的定位坐标），验收时测量方法一致，分别测定已由施工人员在管口上标记点的三维坐标与设计坐标比对。需要注意的是，无论是放样还是验收均应注意在设站时检查至少 2 个以上的加密点。

4.3 验收成果数据的统计

机组金属结构埋件安装验收数据测量共检测 888 个点，其中最大偏差为 24.6mm，安装质量符合设计文件要求，见表 2。

表 2　　　　　　　　　　右岸地下电站机组金属结构埋件安装测量统计

工程部位		总点数	检测结果（mm）		
			最大偏差		
			Y_c	X_c	H
7 号机组	肘管	20	−2.3	5.7	2.8
	锥管	8	6.7	6.2	2.4
	引水压力钢管	12	6.3	−7.2	5.1
	基础环	53	−2.5	−1.3	4
	座环	64	1	−0.3	2
	蜗壳	16	−13.6	12.4	6.2
	接力器	8	1.5	−1.9	0.5
8 号机组	肘管	20	−5	−7.5	1.6
	锥管	4	−5.7	6.5	−3.2
	引水压力钢管	8	6.1	5.7	7
	基础环	36	0.4	1.8	3
	座环	48	−0.3	1.8	−2
	蜗壳	18	9.3	10.3	−3.5
	接力器	8	1.1	−1.3	−0.9
9 号机组	肘管	16	−5.2	−5.6	5.5
	锥管	4	−5.8	−7	5.2
	引水压力钢管	8	2.2	3.6	5.1
	基础环	36	1.2	0.7	0.9
	座环	44	1	1.2	2
	蜗壳	18	5.6	9	2.8
	接力器	8	−0.6	1.4	0.4
10 号机组	肘管	28	−5.5	−5.4	−5.5
	锥管	4	−6.1	−5.1	−7.1
	引水压力钢管	16	−7.9	4.7	−21.4

工程部位		总点数	检测结果（mm）		
			最大偏差		
			Y_c	X_c	H
10号机组	基础环	36	1.7	1.4	0.9
	座环	44	−1.1	1	2
	蜗壳	18	9.3	10.3	−2.5
	接力器	8	−0.8	−1.6	−0.6
11号机组	肘管	16	−3.4	−5.6	−2.1
	锥管	4	−6.4	6.6	−6.2
	引水压力钢管	16	24.6	2.9	−16.8
	基础环	36	1.7	1.4	0.7
	座环	44	0.7	1.2	2
	蜗壳	18	3.3	5.8	2.1
	接力器	8	1.4	0.7	0.5
12号机组	肘管	20	5.6	−6.7	2.1
	锥管	4	6.5	4.3	−4.0
	引水压力钢管	8	4.0	3.7	2.8
	基础环	36	−0.4	1.8	0.9
	座环	44	−1.8	1.2	0.7
	蜗壳	15	−11.6	9.5	3
	接力器	8	−1.2	−1	0.5

5 金属结构埋件测量过程中应注意的事项

5.1 关于测量限差和安装验收标准

规范中各类埋件的测量限差指的是测量精度，而不是安装定位标准，测量精度除了遵守规范外，应以合同文件中规定的技术标准为主，且至少要满足规范中的一般规定：安装专用控制网（包括放样点）的相对点位误差应小于安装精度要求的 0.5 倍，因此，必须要选择合理的测量方法，正确的估算测量精度。

5.2 金属结构安装测量工具的使用

金属结构安装由于精度要求较高，因此测量仪器的标称精度应满足要求，一组埋件安装过程中最好使用同一台专用仪器，且仪器的各项设置应准确无误。

同理，放样点的标识十分重要，既要点位清晰、满足精度（标识点直径不应超过 2mm），同时还应牢固，便于长期使用。主要工具包括钢尺、单面刀片、锯条、铅笔、钢锭等。

5.3 关于仪器架设和观测以及测站点的选择

第一，金属结构埋件测量一般从程序上分都有放样、混凝土前和混凝土后验收，相对精度要求较高，因此，在上述过程中尽量采用极坐标方法（精度及可靠性最高）进行测量，且每次尽量均架设同一个点。第二，当视线受阻无法避免要采用边角交会设立测站时，应选择测距边尽量短，交会角尽量大（或小）的可靠图形，并注意与形成结构进行检校，根据检校情况可适当对测站坐标进行调整（无经验人员尽量不要采用此法）。第三，金属结构测量有时难免在光滑的混凝土面或铁板上架设仪器，此时脚架叉开的角度应尽可能小一些，用手使劲按一按，试其是否向外滑动，如没有滑动，方可将仪器在脚架上安置。

5.4 关于金属结构埋件制作中"坡口"的问题

金属结构管状构件如肘管、锥管及压力钢管，为了保证焊接质量，均在管口位置加工成"坡口"的形式，测量点往往是坡口位置，而设计图纸中的半径、管长等标注部位均是管体内壁或外壁，坡口的设计有时是"五五"，有时是"七三"，因此验收放样时一定要注意搞清楚图 15 中坡口"A、B、C"值，并将设计值换算到坡口上，再与坡口设计值进行比对，避免发生错误。

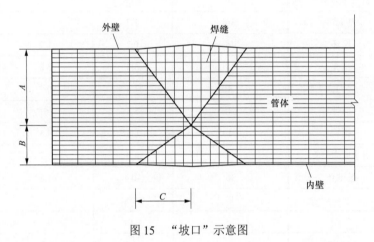

图 15 "坡口"示意图

5.5 精度估算

极坐标法精度估算

$$m_{P1} = \sqrt{\left(m_s^2 + \frac{S^2 m_\beta^2}{\rho^2}\right)} \qquad (1)$$

自由设站的精度估算

$$m_P = \sqrt{(1+\tan^2 B)m_s^2 + \left(1 + \frac{\tan B}{\tan \beta}\right)^2 \frac{S^2 m_\beta^2}{\rho^2}} \qquad (2)$$

自由设站位置关系图如图 16 所示，$S < S_0$ 时测站精度统计见表 3。

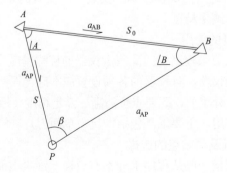

图 16 自由设站位置关系图

表 3 $S < S_0$ 时测站精度统计

S	300（m_{P1}=8.7mm）				
S_0	100	200	300	320	350
角度 m_P（mm）　S/S_0	3	1.5	1	0.938	0.857
0-00-30	33	20.8	16.7	16.2	15.6
19-28-16	7149.7		16.7		
30-00-00		24.8	16.8	16.1	15.3
41-48-37		8021.5			
60-00-00			17.4	15.6	14.2
80-00-00			23.4		
89-59-30			19938.9	11.7	10.0
120-00-00				5.2	5.2
150-00-00				3.3	3.5
179-59-30				2.9	3.1

6 结语

　　乌东德水电站机组金属结构埋件的测量数据显示，机组金属结构埋件验收数据完全满足设计要求，合格率为100%，机组金属结构埋件测量过程受控，整体反映出实施的金属结构测量方案在确保金属结构安装质量方面质量优良、效果良好。该工程多次受外部专家好评，安装位置受控。

作者简介

　　张　鹏（1984—），男，工程师，主要从事水利水电工程监理工作。E-mail：504845608@qq.com

　　黄　勇（1990—），男，工程师，主要从事水利水电工程监理工作。E-mail：331378067@qq.com

浅谈多机型混凝土拌和系统设计

肖青波

（中国电建集团西北勘测设计研究院有限公司，陕西省西安市 710065）

[摘 要] 随着市场竞争的日趋激烈，优秀的混凝土拌和系统方案设计已成为能否中标的关键因素，而混凝土系统选用"多机型"方案设计，具有生产效率高、节约投资、节约能耗的特点，且具备同时生产不同标号混凝土、同时生产常态混凝土和碾压混凝土、具备生产预冷预热混凝土的功能。本文结合多机型拌和系统近些年在商品混凝土系统和水电混凝土系统两方面的应用，总结了多机型拌和系统设计的优点，并提供了一些选型的建议。

[关键词] 多机型；拌和系统；选型

0 引言

混凝土拌和系统是由搅拌主机、物料贮存系统、物料输送系统、物料称量系统和控制系统及其他附属设施所组成的建筑材料制造设备[1]。我国混凝土搅拌站生产企业众多且产品已形成系列化，但技术水平良莠不齐。

在传统的工程建设中，往往会选用单套拌和系统进行混凝土生产，当遇到高峰月浇筑强度较大，或单套拌和系统主机出现故障或磨损时，则无法保证常态混凝土的连续产出，从而无法满足使用要求，甚至耽误工期造成高额索赔；另外，多标号混凝土同时生产、常态混凝土和碾压混凝土同时生产、预冷预热混凝土需要连续生产，对生产时效要求高。鉴于以上情况，工程需采用"多机型"设计，拌和系统、需配备多台搅拌机、配料系统、称量系统、上料系统等，共用一套结构形式。根据高峰月浇筑强度生产安排，可开启全套或部分拌和系统、有效地解决单套混凝土拌和系统生产时效低且故障率高等问题。本文从商品混凝土系统和水电混凝土系统两方面介绍多机型混凝土拌和系统的实现过程，并提供了一些选型的建议。

1 商品混凝土拌和系统

1.1 常规拌和系统组合设计

按照拌和系统所承担的生产任务，可选用 2 种型号的拌和系统进行组合设计，如 HZS90-1Q1500 和 HZS120-1Q2000、HZS120-1Q2000 和 HZS240-1Q4500、HZS180-1Q3000 和 HZS180-1Q3000 等 2 类型号进行组对，以实现 2 种标号混凝土同时生产、常态混凝土和碾压混凝土同时生产。与单套拌和系统相比，组合系统的特点为：生产能力高、共用操作间，方便生产时沟通交流、混凝土拌和连续生产更加可靠。如图 1 所示为混凝土拌和系统由单套模式发展为一站双机型（主站半封闭）示意。

图 1 混凝土拌和系统由单套模式发展为一站双机型（主站半封闭）示意图

1.2 顶置式拌和系统组合设计

按照拌和系统所承担的生产任务和土地可利用情况，可选用 2 种型号顶置式商品混凝土的拌和系统进行组合设计，如 DHZS90-1Q1500 和 DHZS120-1Q2000，可实现 2 种标号混凝土同时生产、常态混凝土和碾压混凝土同时生产。与常规拌和系统相比，组合系统的特点为：节约土地资源、美观大方。如图 2 所示为顶置式拌和系统由单套模式发展为一站双机型（外围半封闭）示意。

图 2 顶置式拌和系统由单套模式发展为一站双机型（外围半封闭）示意图

选用 4 种型号顶置式商品混凝土的拌和系统进行组合设计，DHZS240-1Q4500、DHZS180-1Q3000、DHZS180-1Q3000 和 HZS180-1Q3000 等 4 类型号进行组对，可实现 4 种标号混凝土同时生产、常态混凝土和碾压混凝土同时生产，粉料输送螺旋机调整为风槽输送设计，进一步地利用高差达到节约能耗的目的。组合系统的特点为：节约土地资源、美观大方，为选用 4 种型号以上顶置式商品混凝土组合提供了选型基础。如图 3 所示为顶置式拌和系统一站双机型发展为一站四机型（全封闭）示意。

图 3 顶置式拌和系统一站双机型发展为一站四机型（全封闭）示意图

2 水电混凝土拌和系统

2.1 项目需求

双江口位于金川县境内，5 号混凝土系统按照拌和系统所承担的生产任务，混凝土月浇筑最大强度的生产需求约 5 万 m^3，按小时生产能力为 150m^3，预冷及预热混凝土不低于 120m^3/h，选用 1 套 4×3m^3 自落式搅拌楼[1]，铭牌型号为 HL240-4F3000L，铭牌产量为 240m^3/h。

2.2 设计原则

投资型原则：鉴于生产的连续性及可靠性，本设计采用 4 台搅拌机共用一套结构形式、共用配料及上料系统，即通过多机生产，提高了拌和系统生产的可靠性，有效地保障生产的连续性，从而避免工期的延误；根据混凝土骨料粒径最大不超过 80mm、胶带机设计倾角为 18°，可使混凝土生产系统布置最紧凑，从而最大限度节约用地。

快速出料原则：设置 2 个出料斗（配置环保型电动推杆插板门出料装置），单个料斗容积满足 1～2 盘料的储存，搅拌机可以实现快速卸料，出料完毕后即可迅速进入下一盘混凝土的搅拌生产，提高了整机的生产效率。

便于出车原则：粉料罐采用门式钢结构支架，其上面设置粉料筒仓配料系统，下面采用门式框架结构，形成环形车道，提高混凝土搅拌罐车的进出车效率，混凝土拌和系统的运行效果好。

环保原则：为了避免生产过程中机械连接处粉尘的外溢，本方案采用全封闭设计加袋式除尘器。

袋式除尘器由灰尘清理系统、控制系统、检查维修系统组成，在其上面设置振动电机一处，通过间断工作，实现滤袋的机械振打清除搅拌机溢出的灰尘；另外，输送机头部滚筒和预存料斗底部之间落差较大，砂、石骨料由输送胶带机输送到骨料预存料斗的过程中会产生大量的粉尘，因此通过在预加料斗上部设置一台主动除尘器实现预存料斗的除尘，风机风量=收尘器风量×（1.05～1.15），一般取 1.15[2, 3]。

3 模块化设计

模块化设计是将产品的某些要素组合在一起，构成一个具有特定功能的子系统，将这个子系统作为通用性的模块与其他模块进行组合，构成新的系统。本方案分工艺和结构两部分进行模块化设计。

3.1 工艺优化

站内机械和电气部分分别要求组装成套作为一个发货单元。

3.2 结构优化

搅拌层、称量层、进料层和操作室支架等模块工艺设计搅拌机支撑梁系合理分片，以方便运输车的装卸和互换。

3.3 技术优势

整套拌和系统以若干预组装单元设计制造，最大限度降低现场安装工作量，缩短了拌和系统的制造和安装工期，同时为后续搅拌站的运行和搬迁提供大量可供选择的标准化配件；

模块化设计组装便于制造期间发现设计、制作的缺陷，及时予以处理，有效地保证产品的质量；模块化设计有利于拌和系统的标准化生产，为批量生产提供设计依据，提高了生产效率；模块化设计有利于结构的减重，节约设备造价成本。

4 搅拌站（楼）选型的建议

搅拌设备的选型按照水利水电工程的施工要求进行，根据浇筑强度选用一定数量的混凝土搅拌站（楼），一般根据业主提供的招标文件和技术资料，可以确定以下几个参数：

（1）根据常温常态混凝土月浇筑强度，确定小时最大施工强度（一个小时内最大浇筑能力），一般搅拌站（楼）按一个月正常工作 25 天，每天连续工作 20h 计；

（2）根据骨料的最大粒径，确定混凝土的级配；

（3）根据温控混凝土的月浇筑强度，确定小时最大施工强度（一个小时内最大浇筑能力），一般搅拌站（楼）按一个月正常工作 25 天，每天连续工作 20h 计；

（4）根据混凝土总量中常态混凝土和碾压混凝土的占有量，确定设备选型；

（5）根据经济性和环保性要求，确定设备选型。

混凝土搅拌站（楼）选型的建议如下：

（1）一个小时最大浇筑强度=所有搅拌站（楼）的混凝土理论生产率×折减系数 0.6（经验值）。

（2）根据混凝土的级配选择自落式或强制式搅拌站（楼），自落式搅拌站（楼）适用于各种级配水工混凝土的生产，而强制式搅拌站在生产常态三级配混凝土时，因其物料粒径大，刮刀所遇到的阻力变大，搅拌机需要降级使用，一般选用额定出料容积为 $1.5m^3$（2 方机）～$3m^3$（4.5 方机），4.5 方机也可以用于生产少量的常态四级配混凝土。在生产常态三级配和四级配混凝土为主时可以选用 $4.5m^3$（6 方机）。

（3）根据混凝土总量中温控混凝土的占有量选择，如果温控混凝土占有量大时，温控混凝土一个小时最大浇筑强度=所有搅拌站（楼）的预冷预热混凝土理论生产率×折减系数 0.6（经验值）。

（4）根据混凝土总量中常态混凝土和碾压混凝土的占有量选择，假定大粒径常态混凝土占有量大（最大粒径达到 150mm），宜采用自落式搅拌站（楼），如果是碾压混凝土占有量大，宜采用强制式搅拌站（楼）。

（5）根据经济性和环保性要求，如果生产同类型混凝土时，计算所得的生产率可以选择自落式或者强制式搅拌站（楼）。从经济的角度分析，自落式搅拌楼的采购成本低。从环保的角度分析，自落式搅拌楼在拌和过程中，搅拌机轮流生产，一台搅拌机进料的同时另外一台搅拌机需要倾翻卸料，与此同时，大量的粉尘会散落到搅拌站（楼）内，对工作人员身体健康影响较大且自落式搅拌机的维护工作量大，因此用户更倾向于选用强制式搅拌站（楼）。

5 结语

随着社会的发展，环保要求日趋严格，土地资源日益紧缺，多机型混凝土拌和系统的设计方案另辟蹊径，能更好地适应市场需求，同时也奠定了多机型混凝土拌和系统设备选型的基础。

参考文献

[1] 中华人民共和国国家质量监督检验检疫总局，中国国家标准化管理委员会. GB/T 10171—2016 混凝土搅拌站（楼）[S]. 北京：中国标准出版社，2016.

[2] 陈家庆. 环保设备原理和设计 [M]. 北京：中国石化出版社，2005.

[3] 田悦，欧阳静平，许金东，王福华. 收尘系统的设计原则 [J]. 中国水泥，2008（5）：71-72.

作者简介

肖青波，男，工程师，主要从事砂石系统、混凝土生产系统、搅拌站（楼）、干粉砂浆站（楼）等工程项目的设计与咨询工作。E-mail：359675070@qq.com

浅谈 TB 水电站砂石系统跨江栈桥体系的施工监理

郭晓伦

（中国水利水电建设工程咨询西北有限公司 TB 监理中心，云南省迪庆藏族自治州　674400）

[摘　要] 跨江栈桥由钢管柱贝雷梁支架模板及跨江贝雷桥模板组成，跨江栈桥是一种经济性高且安全性比较突出的施工方法，监理在施工过程中对施工质量和安全的管理尤为重要。本文介绍了 TB 水电站砂石系统输料跨江栈桥的结构，及监理在施工过程中的管控措施，可供其他工程参考和借鉴。

[关键词] 跨江栈桥；施工监理

0　引言

最近几年，钢管柱贝雷梁支架模板支撑体系已逐渐在工程建设中得到广泛应用，采用钢管柱贝雷梁支架模板支撑体系是一种经济性和安全性比较突出的施工方法，在施工中可以根据荷载大小和结构的跨度大小，合理考虑钢管柱和贝雷梁的布设间距及数量，适用性较强。

TB 水电站主体砂石系统布置于坝址下游左岸侧 TB 沟内，用于生产主体工程所需砂石骨料。砂石系统利用沟口一座跨江栈桥，将左岸生产的成品砂及混合料通过跨江栈桥上的带式胶带机输送到右岸储存，满足工程建设要求。跨江栈桥为贝雷桥结构。桥体由并排布置的 4 组共 8 根钢管桩支撑，桥梁耐久性满足使用年限 5 年的要求，仅承担砂石滑料的运输，不作为人行、车辆通行等其他用途使用。

1　桥体结构形式

跨江栈桥全长 121.92m，桥面设计高程为 1634.4m，净宽 3.15m，无纵坡和横坡。桥梁平面设计线位置相对桥梁结构中心线向上游偏心 0.3m。

1.1　下部结构设计

0、3 号桥墩采用双柱式墩，$\phi1.016$m 钢管混凝土柱+$\phi1.1$m 钢筋混凝土嵌岩柱，钢管中为钢筋混凝土柱，柱间平联采用 $\phi610\times12$ 钢管。1、2 号桥墩采用双柱式墩，$\phi1.524$m 钢管混凝土柱+$\phi1.6$m 钢筋混凝土嵌岩桩，钢管中为钢筋混凝土柱，柱间平联采用 $\phi914\times12$ 钢管。

1.2　上部结构设计

主梁为三跨连续梁体系，采用 ZB200 型桁架作为主梁，为下承式结构，中跨编组为双排双层加强 DDSR 型，边跨为双排单层加强 DSR2 型。由标准桁架单元（标准贝雷桁片）、高抗剪桁架单元（高抗剪贝雷桁片）、桁架销子、端柱、加强弦杆、桁架螺栓、弦杆螺栓等构成。

支座附近剪力较大部位采用高抗剪贝雷桁片，0 号墩大桩号侧 1 节，1 号墩小桩号侧 1 节、大桩号侧 2 节，2 号墩小桩号侧 2 节、大桩号侧 1 节，3 号墩小桩号侧 1 节采用高抗剪贝雷桁片，其他部位采用普通贝雷桁片。

ZB200 贝雷桁片采用 Q355qC 钢，为装配式成品件，横梁采用 H400×200×8×13 型钢，桥面板为 ZB200-202-000 标准桥板，横桥向三片布置。横梁和桥面板中的构件除花纹桥面板采用 Q235qC 钢，其他都采用 Q355qC 钢。栏杆采用 1.5m 高钢丝网架，网孔为 60mm×60mm，钢丝直径为 4mm。

2 支架施工前的监理控制

2.1 专项施工方案的监理审查

本项目的钢管柱式贝苗梁支架专项施工方案由施工单位技术负责人负责编制，并经专家论证审查通过后，将初稿报关监理单位，监理单位收到专项方案初稿后，立即组织了由监理单位总工和总监理工程师主持、参建各方参加的评审会。评审会形成会议纪要，施工单位根据评审会意见修改完善专项施工方案后，以正式文件报送监理单位，监理单位依据评审会精神和现场施工条件进行方案的正式审批。

2.2 现场条件的审查

监理工程师根据最终审批通过的专项施工方案内容，进行现场施工条件的审查，内容包括两岸临江侧施工便道的施工情况，临水平台的施工情况、临水安全设施的布置情况等。

2.3 进场材料的审查

施工单位对进场的钢管柱、联结槽钢、贝雷片等进行报验，监理单位接到报验单后，由专业监理工程师组织对以下项目内容进行审查。

（1）相关证明材料：产品标识及产品质量合格证、产品质量出厂检验报告；

（2）构配件品种、规格尺寸是否符合专项方案要求，外观质量是否符合规范要求；

（3）构配件的数量及拟使用部位是否符合施工方案的要求。

以上均符合设计图纸、施工规范及专项施工方案要求后，监理工程师才签署意见同意材料投入现场使用。

3 施工过程的监理工作

3.1 混凝土钢筋桩支墩基础施工及地基处理

栈桥基础钢筋桩水下基础入岩部分主要为灰绿色细粒至中粒状片理化辉长岩。监理旁站过程施工单位严格按照设计图纸要求进行施工，在桩孔凿孔施工阶段，主要确保桩孔孔径、孔深、垂直度及入岩深度满足设计要求；对于入岩深度，需联合设计单位地质专业人员通过凿孔岩渣进行判定。在终孔通过验收后，现场严格对混凝土钢筋桩的钢筋笼制作、安装进行检查、验收，桩孔水下混凝土浇筑过程中严格进行料位监控及拔管速度控制，确保不出现断桩。

3.2 钢管柱支墩的施工

钢管柱支墩应严格按照专项方案要求数量和位置布设，为确保支墩的垂直度，采用吊垂线进行控制，支墩顶面浇筑完成后必须保持水平，且四排支墩纵性之间均需采用与钢管柱形同材料的钢管做横型连接，结点均采用焊接。

3.3 贝雷梁安装

贝雷梁安装监理现场督促严格按不同断面设计要求准确布置，对于扭曲变形严重的不允许使用，插销连接不牢靠的督促予以调整加固或更换。贝雷梁需进行除锈处理，严重锈蚀的不予使用，立杆必须支撑在分配梁上，贝雷梁之间采用标准架横向连接，每 3m 连接一道，无法使用标准架连接的，采用型钢加工成联结框进行连接，确保贝雷梁横向抗扭效果和整体稳定性。

4 安全管理的监理工作

严把安全生产、责任关，全面切实履行项目建设管理中的安全管理责任。杜绝发生重、特大安全事故。

4.1 安全管理组织机构

审查施工单位安全管理组织机构，建立健全各级人员安全岗位责任制，明确各自职责。并组织对全体施工人员进行《安全生产法》《劳动法》及其他有关安全法律、法规进行学习教育，提高大家的安全意识。

混凝土钢管柱施工前，项目技术负责人、专职安全员对施工员及班组进行技术交底及安全交底，监理组列席交底会，鉴于支架安全性的特殊要求，该项目执行原材料选择、加工、安装全程安全报验制度，报验时班组长先进行自检，而后安全员专检，专检合格后报监理组验收。

4.2 施工过程中主要危险因素

（1）吊装设备使用不当造成倾覆；挂钩、钢丝绳破坏造成吊物坠落。
（2）用电不符合规定，造成触电事故。
（3）临水、临边作业，造成人员溺水、坠落。

4.3 采取的控制措施

（1）起重作业伤害。起重过程中，可能因起重设备倾覆或重物坠落导致人员伤亡，吊装设备使用前，监理工程师组织施工单位安全管理员检查吊具、起重吊装机运行部位、电装设备的安全装置等，确保吊装安全；起重前对起重设备的稳定性进行确认；起重重物时，操作人员一律不允许位于重物下方。

（2）现场电源线路及电气设备，均由持证电工负责安装维护，经监理工程师验收后方可投入使用，并且每班对线路及电器设备进行检查。

（3）施工场地临边、临水，现场施工前对临边区域全部做临边防护工作，临水作业时，所有施工人员全部穿戴救生衣进行施工。

5 施工过程中难点分析及对策

难点 1：栈桥主体桁架安装施工是本工程重难点。本工程栈桥桁架跨度大，加之受现场实际地形条件及水位因素影响，主梁架设施工难度较大。

对策：吊装法、悬臂推出法是桥梁架设中最为常见两种方法。充分考虑水位、安全、现场地形条件等因素，本工程采用悬臂推出法结合吊装法用于跨江栈桥主梁的架设施工。

难点 2：悬臂推出法施工时，桁架拼装场地设置在左岸 0 号桩后方，0 号桩后方场地狭小且与沿江公路相邻，作业场地受限，施工难度大。

对策：根据现场地形情况，开挖回填形成拼装施工场地，规划拼装施工场地纵向长 13m，横向宽 10m。

6 结语

通过上文叙述分析可知，大跨度连续钢构桥梁施工技术的关键点在于桥梁主体工程的施工、结构参数的设计和施工控制方案的精准执行；对桥梁结构的线型、预应力变化趋势进行预测以便于及时调整施工技术和手段，保障施工顺利进展。以站在整个桥梁建筑工程高度进行的施工控制，专业的数据建模分析，形成对施工偏差、工程病害的有效预测和防治，在实践中提高桥梁施工技术的水平，提升大跨度连续钢构桥梁的建筑质量。

参考文献

[1] 潘永祥，祝永胜. 公路工程中钢结构桥梁施工控制的探析 [J]. 建筑工程技术与设计，2015（12）.

[2] 王培显. 浅谈城市钢结构桥梁分析与设计 [J]. 建筑工程技术与设计，2015（14）.

[3] 程停. 关于钢结构桥梁施工控制的探讨 [J]. 建筑工程技术与设计，2014（35）.

作者简介

郭晓伦（1992—），男，主要从事水利水电工程施工管理工作。E-mail：928777578@qq.com

水电站电气预埋管件施工优化

陈 宇

（雅砻江流域水电开发有限公司，四川省成都市 610000）

[摘 要]本文以某水电站电气预埋管件施工过程中发现的质量问题为着眼点，从现场安装工艺方面进行优化，成功解决了电气预埋管件安装不规范、分线盒找不到等问题，保障了预埋管件施工质量，可为类似电站和工程预埋管件安装提供参考。

[关键词]电气预埋管件；安装工艺；优化；分线盒

0 引言

水电站建设过程中，电气预埋管件的安装是整个工程建设的重要组成项目，对后续机电设备安装的施工质量和稳定性有着重要影响。电气预埋管件的安装影响着电气设备的使用情况和运行效果，关乎水电站建成后的稳定运行。提升电气预埋管件的安装工艺，能提高后续电气设备的安装效率，为水电站按期投入运行打下良好的基础。

某水电站电气预埋管件主要包括各规格种类的暗敷电缆管、电线管以及控制保护设备基础的预埋件制作和安装。预埋管主要分为预埋电缆管和电线管，保证从埋管引出的电缆或电线与明装设备、桥架的连接便利且美观。预埋件包括设备基础预埋板、槽钢等，其将作为后续电气设备的安装基础。

1 电气预埋管件施工常规工艺

1.1 常规工艺流程

某水电站电气预埋管件常规工艺流程依次为施工准备、测量放样及安装、固定及防腐、标识自检、整体验收，主要施工关键点和难点在于预埋管件安装。

1.2 预埋管件安装

（1）暗敷的电气预埋管件随土建钢筋网绑扎进行，埋敷的管路应保证水平方向上的水平度和竖直方向上的垂直度，并与接地导体连接稳固，导通良好。

（2）预埋电缆保护管在机电设备侧露出地面的长度不应小于 300mm，露出墙面的长度不应小于 100mm，且均宜与地面或墙面垂直；露出地面和墙面的管口应在安装完成后，使用 3～10mm 厚钢板点焊周边进行封堵，并用油漆或挂牌进行标识。

（3）预埋的接线盒、分线盒、灯头盒应紧贴土建混凝土浇筑模板，有牢固绑扎且填塞软性材料进行密封保护。安装完成后在盒体外表面涂刷红色油漆进行标识。

（4）电缆管与电缆管连接时，清理干净接管口内、外壁毛刺、刃口，然后对准两管口，使用套接的短套管进行连接，满焊密封套管两端头，电缆管不允许直接对焊。电缆管、电线管与分线盒、灯头盒、接线盒连接时，分别在盒子与电缆管两侧采用 0.5m 长包塑可挠金属电线保护套管连接，示意简图如图 1 所示。

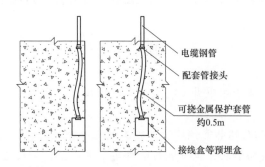

电缆钢管

配套管接头

可挠金属保护套管
约0.5m

接线盒等预埋盒

图 1　预埋电缆管与接线盒等预埋盒的连接示意简图

2　埋件安装问题分析

按照工艺流程，在进行电气预埋管件安装时，发现以下问题：管口封堵不完全、管路标识不完善、管路接头处理不规范、管路排列不平直、分线盒和配电箱内管口封堵不佳、分线盒安装偏移及定位标识不清。

2.1　管口封堵不完全

常规工艺实施过程中，金属板焊接存在封堵不严的问题，易发生混凝土污染，造成管路堵塞，后续无法穿线或穿线困难等，如图 2 所示。

2.2　管口标识不完善

常规工艺实施过程中，管口处存在油漆脱落或挂牌掉落的问题，导致管口无标识，造成土建拆模后无法辨识，如图 3 所示。

图 2　金属板焊接封堵不严

图 3　管路无标识

2.3　管路接头处理不规范

常规工艺未对套接的短套管进行严格要求，在施工过程中，存在使用不完整套管作为管路接头，且接头处未固定的问题，导致套管接头处存在水和泥浆渗入的可能性，如图 4 所示。

图 4　使用未完整套管，接头未固定

2.4　管路排列不平直

　　常规工艺未对管路出口水平间距和排列固定方式进行详细说明，在施工过程中，存在主电缆管与分支电缆管交叉、管路排列不平直的问题，如图 5 所示。

2.5　分线盒和配电箱内管口封堵不佳

　　常规工艺对分线盒和配电箱内管口封堵要求不严，盒内和箱内管口封堵具有随意性，封堵材料选择不当，封堵效果不佳，容易在混凝土浇筑时受到污染，如图 6 所示。

图 5　主电缆管与分支电缆管交叉、管路排列不平直　　　　　图 6　分线盒内管口封堵不佳

2.6　分线盒安装偏移及定位标识不清

　　工艺仅要求接线盒、分线盒、灯头盒紧贴土建混凝土浇筑模板，未详细说明具体施工措施。现场施工时发现，因受力挤压变形，分线盒等较难实现紧贴模板。且浇筑时，混凝土钢筋晃动，会导致分线盒远离模板。标识的红色油漆容易掉落，造成分线盒在土建拆模后难以找到，如图 7 所示。

图 7　分线盒未紧贴模板

3　工艺优化措施

针对施工过程中发现的问题，比照工艺流程要求，如果仍采用常规工艺施工，电气预埋管件安装质量无法保证，将极大影响后续电线及电缆安装，进而影响水电站正常接机发电。在深入了解问题产生的原因后，对施工工艺进行了相应优化。

3.1　管口封堵优化

常规工艺使用 3～10mm 厚钢板点焊周边进行封堵，工艺优化为预埋过程中存在的 DN25 及 DN32 镀锌焊接钢管管口使用定制黑色橡胶管口封堵头（内径为 3.5/42mm，厚度≥1.5mm，长度为 100mm）进行封堵，封堵头形式如图 8 所示。

优化工艺不仅直接避免封堵不严与掉落风险，而且方便封堵头安装和拆卸。

3.2　电缆管标识优化

常规工艺用油漆或挂牌进行标识，工艺优化为预埋管管口用"兄弟牌 PT-P900W"专用标签打印机打印覆膜色带防水标签粘贴，标签宽度为 24mm，白底黑字，标识清晰，粘贴牢固，标识以下内容（标识效果如图 9 所示）：

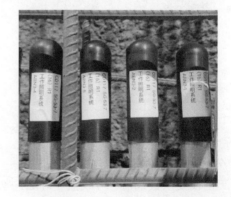

<table>
<tr><td align="center">图 8　定制的橡胶管口封堵头</td><td align="center">图 9　管口封堵头安装及专用标签粘贴效果图</td></tr>
</table>

（1）安装管路所属的图纸号。

（2）安装管路所属专业系统。

（3）安装管路回路号、用途、设备编号等信息。

（4）管口封堵头内、外分别粘贴标签进行标识。

优化工艺既可以避免标识损坏，还详细标清管路所属系统，方便下一步电缆安装。

3.3 管路接头优化

常规工艺使用套接的短套管进行连接，而后满焊密封套管两端头，工艺优化如下（接头剖面如图10所示）：

（1）将完整管路套管（直径略大于预埋管理，管路外径小于90mm时套管长度不小于200mm，管路外径大于90mm时套管长度不小于300mm）套在管路上。

（2）打磨需对接管路接口，保证接口齐平无毛刺。

（3）用胶带缠绕对接的管路接口，缠绕长度不小于5cm，缠绕厚度控制在2层胶带。

（4）将套管移至管路对接部位，保证套管中线与管路接口对应。

（5）满焊套管两头与管路接触部位。

（6）待焊接部位冷却后用胶带整体缠绕接头部位，胶带缠绕长度超过套管5cm，厚度控制在3层胶带。

（7）将管路接头两侧部位与钢筋网进行焊接固定。

在采用优化工艺后，管路接头外观平整，对接良好，因同时采用焊接和胶带缠绕方式，有效规避了杂物或积水进入管内的风险。

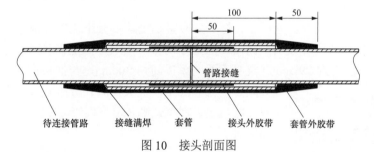

图10 接头剖面图

3.4 电缆管安装及布置优化

常规工艺埋敷的管路只要求保证水平方向上的水平度和竖直方向上的垂直度，工艺优化为成排埋管管路之间的水平间距为10mm，两列管路之间的距离为20mm，电缆管与钢筋网焊接固定，金属软管采用钢丝绳与钢筋绑扎固定，如图11所示。

优化布置后的电缆管排列整齐，管口间距合适，固定牢固。

图11 电缆管布置及固定

3.5 分线盒、配电箱内管口封堵优化

常规工艺仅要求对分线盒和配电箱内填塞软性材料进行密封保护，优化为接入预埋分线盒、配电箱内的管口全部采用与其孔径匹配的橡胶内堵头进行封堵，橡胶堵头外边沿应不小于 5mm，防止堵头掉落管口内，在浇筑混凝土前在分线盒内填充泡沫密封胶等填充物，拆模后予以撤除，分线盒封堵如图 12 所示。

优化工艺后，盒内和箱内管口封堵良好，无异物落入管中。

图 12 分线盒内管口封堵

3.6 分线盒安装、定位标识优化

常规工艺预埋的接线盒、分线盒、灯头盒应紧贴土建混凝土浇筑模板，安装完成后在盒体外表面涂刷红色油漆进行标识。优化工艺为分线盒焊接固定在主钢筋网，分线盒四角增加 4 根支撑钢筋，长度约为 29.5cm（混凝土两侧模板间距 30cm），与前后模板对称并与主筋点焊固定。在混凝土模板关模时在分线盒外表面粘贴双面胶，双面胶与模板保持紧贴（留下痕迹，方便拆模后查找），如图 13 所示。

优化后分线盒安装牢固，拆模后易于寻找。

图 13 分线盒安装、定位标识优化

4 工艺优化后的成效

为了提高电气预埋管件施工水平，指导现场施工，提升预埋管件安装质量，根据前述优化措施改进了电气预埋管件常规安装工艺。施工过程中严格执行该优化工艺相关要求，埋管管口整齐，焊接牢固、布置美观，未再出现电气预埋管件质量问题。土建拆模以后，对所有预埋管进行疏通检查，检测结果均为埋管疏通，保证了后续电缆安装。因管口封堵良好，标识清楚，接头美观，排列整齐，该水电站还制作工艺橱窗进行全站推广展示。

5 结语

电气埋管是水电站建设的基础，良好的电气埋管安装是对后续设备正常布置的保证。目

前常规埋管工艺仍不太成熟，在实际安装过程中易出现一些质量问题。通过对某水电站埋管质量问题的收集、深入分析，找出了问题出现的根源，并通过优化改进埋管施工工艺消除此类质量问题，解决了埋管安装管口封堵不完全、接头处理不完善、排列不规范，拆模后无法找到分线盒的问题，使埋管安装更加系统规范、整齐美观，为后续电缆敷设和设备安装打下良好的基础。同时该工艺优化方式适用面广、可操作性强，能够推广至其他类似电站和工程并指导电气预埋管件安装。

参考文献

[1] 孔志刚. 浅议地下埋管的安装施工 [J]. 四川水力发电，2008（4）.

[2] 孙立春. 建筑电气施工中的质量通病和防治措施分析 [J]. 黑龙江科技信息，2011（23）.

[3] 李世峰. 建筑工程电气安装中的技术要点与问题防治 [J]. 黑龙江科技信息，2010（28）.

作者简介

陈　宇（1993—），男，工程师，主要从事水电站运维工作。E-mail：1654690045@qq.com

浙江缙云抽水蓄能电站
1号引水上斜井反井钻钻杆断裂工程处理措施探讨

邵　增　王海建　李　晨

（中国水利水电建设工程咨询西北有限公司，陕西省西安市　710100）

[摘　要]以浙江缙云抽水蓄能电站斜井施工过程为基础，通过对上斜井反井钻钻杆断裂工程处理措施的研究，重点对钻杆断裂原因分析、钻杆断裂问题解决的工程措施等成功经验进行总结，提出了解决问题的施工方案，实践证明效果良好，研究成果对今后同类型工程类似问题的解决具有较高的实用性和明显的示范效应。

[关键词]抽水蓄能电站；斜井；钻杆断裂；处理措施

1　工程概况

1.1　电站工程概况

浙江缙云抽水蓄能电站位于浙江省丽水市缙云县境内，上库地处缙云县大洋镇漕头村方溪源头，下库坝址位于方溪乡上游约1.9km的方溪干流河段上。下库坝址距丽水市、杭州市、温州市和台州市的公路里程分别为37、278、163km和200km。电站主要由上水库、输水系统、地下厂房、地面开关站及下水库等建筑物组成。地下厂房内安装6台单机容量为300MW的混流可逆式水轮发电机组，总装机容量为1800MW。电站上水库正常蓄水位为926.0m，死水位为899.0m，有效库容为865万m³；下水库正常蓄水位为325.0m，死水位为298.0m，有效库容为823万m³。工程属大（1）型一等工程，主要永久建筑物按1级建筑物设计，次要永久建筑物按3级建筑物设计。

浙江缙云抽水蓄能电站工程引水系统采用三洞六机斜井式布置，共计6条斜井，分上下斜井。其中上斜井开挖断面为D=7.4m的圆形，1号引水上斜井桩号引10+209.558～引10+429.351，长384.16m。

1号引水上斜井围岩岩性为钾长花岗岩，岩石微风化～新鲜，总体属微透水性，较完整～完整，局部完整性差，次块状～块状结构为主，主要有f44、f46、f54、f46断层，与隧洞大角度相交，NWW～NNW向及NE～NEE向陡倾角节理较发育，多与斜井呈小角度相交，节理间的组合也可在洞顶形成小掉块，围岩类别Ⅱ类、Ⅲ类为主，断层破碎带为Ⅳ、Ⅴ类。

1.2　引水上斜井施工工艺

上斜井导井倾角为58°，最大斜长366.73m，导孔偏斜率要求小于5‰，扩孔直径为2.5m，斜井施工先采用定向钻机进行导孔（216mm）施工。定向孔采用定向钻机具组合进行钻进，在钻进过程中使用测斜仪对钻进轨迹进行连续监测，发现偏斜，操作人员进行调整钻进轨迹；

在定向孔贯通前 70～90m 时，在斜井下游侧安装磁导向仪器，并对最后贯通前进行深度的连续监测，确保偏斜率符合设计及规范要求；贯通后更换 285mm 钻头进行反向扩孔施工（286mm），扩孔结束后更换反井钻机进行反拉导井施工，反井钻机沿定向钻导孔把钻杆下放到上斜井底部，固定钻杆、钻头安装直径为 2.5m 的刀盘，再进行反拉扩孔施工，角度为 58°，沿导孔轨迹进行施工即可；最后进行斜井爆破扩挖施工，达到 7.4m 直径。

定向钻机采用进口设备 FDP-68 型，216mm 牙轮钻头，导孔钻杆直径为 127mm。反井钻机采用进口设备 RHINO1008DC 型，反井钻钻杆直径为 254mm，反井刀具型号为 CMR41，滚刀直径为 280mm，刀具需安装 12 个滚刀，互相配合进行反拉施工。

2 1 号引水上斜井反井钻机钻杆和刀盘掉落过程分析

2.1 反井钻机钻杆和刀盘掉落事件

1 号上斜井反井钻机由下往上导井扩孔施工至 137m 时，反井钻机动力头与钻杆公扣连接中间部位突然发生断裂，导致钻杆和刀盘掉落。导井井内及引水中平洞共掉落 81 根钻杆，每根 1.5m，共计 121.5m；导井井内留有 74 根钻杆、每根 1.5m、共计 111m，斜井下部洞口至引水中平洞地面有 7 根钻杆、共计 10.5m；刀盘随钻杆掉落至引水中平洞内，滚刀脱落。

2.2 反井钻机钻杆和刀盘掉落原因调查分析

（1）钻杆质量问题。从深井成像仪器拍摄的视频分析，导井内钻杆接缝处无明显松脱、开裂情况，钻杆整体稳定性较好；掉落至引水中平洞的钻杆母扣位置存在变形、撕裂情况；第三方检测机构对掉落、备用钻杆检测均无裂缝，钻杆无质量问题。

（2）动力头质量问题。钻杆拆除结束后，安装钻杆重新下钻时发现反井钻机动力头齿扣已经产生变形，无法与钻杆公扣连接，无法安装，需进行更换，此动力头为国外生产进口，后期采用切割、打磨等方式进行拆除，对拆除难度、拆除时间等进行分析，认为动力头发生了质量问题。

（3）地质岩层变化情况。钻杆自重每节约 400kg，刀盘、滚刀自重共 7t 左右，反井钻动力头位置所承受拉力和扭力大，如果反井钻施工时遇到岩层变化，扭矩、拉力和轴线突变，会造成动力头中部应力集中，超过动力头的承受力矩，致使动力头中部突然断裂；后期通过成像观测，钻杆断裂附近位置，岩层地质情况有轻微变化。

（4）机械设备操作人员水平。反井钻机正常运行过程中，当遇到动力头或钻杆等设备发生异常、反井钻机设备反拉进尺遇到岩层变化、钻杆向软弱岩层产生偏斜等异常问题时，反井钻机设备操作控制台显示器上的相关数据会发生异常，操作人员可根据数据显示情况，凭借施工经验应有初步状况判断，应暂停施工，及时调整、维修直至异常数据解决恢复正常。本次反井钻机钻杆和刀盘掉落事件，操作人员操作技能不娴熟是重要原因。

3 解决钻杆问题的工程措施

3.1 解决钻杆问题的可行性分析

（1）备选方案 1：了解钻杆在孔内状态，采用失锥进行打捞，回收折断处以上钻杆，丢弃折断处以下钻杆，另选凿岩位置，重新施工。备选方案 2：从斜井下出口一节一节拆除、移走。

（2）确定方案：现场初步勘察，导孔内的钻杆已经掉落到了反提扩孔井壁上，钻杆断裂处在反井钻动力头位置，111m 钻杆在孔内，丢弃钻杆代价极大；重新选择凿岩位置需要重新设计，另行确定设计和施工方案，严重影响工期，所以采用从引水上平洞上捞取钻杆的方案无法实施。选择制定方案，采用深井成像仪器，对井内钻杆螺纹接缝及钻杆整体稳定性及井壁岩石状况进行观测，从 1 号引水中平洞逐步取出钻杆，从斜井下出口一节一节拆除打捞。

3.2 钻杆拆除过程

（1）上斜井下弯段导井口左右两侧各打 8 根锚杆（C32、$L=6m$），锚板与锚杆有效焊接，井口两侧各安装 2 台 20t 电动链条葫芦，分别编号为 1、2、3、4 号，葫芦一端连接在锚垫板处，另一端连接在固定钻杆的卡扣吊耳处，其中 1 号和 4 号葫芦为一组连接 2 号钻杆卡扣处、2 号和 3 号葫芦为一组连接 1 号钻杆卡扣处。然后拉紧葫芦链条，使其均匀受力钻杆保持稳定，斜井井口向下游侧方向洞顶 20m 处安装一台 5t 电动链条葫芦，配合其他 4 台电动葫芦进行吊装作业。

（2）利用 4 台 20t 电动链条葫芦相互配合，同步加力，使钻杆提起离开地面 20～30cm，并固定牢固，用拆卸工具拆卸①钻杆，拆除后，4 台 20t 电动链条葫芦同步放松链条，使钻杆落在地面上，并固定牢固。

（3）利用 4 台 20t 电动链条葫芦相互配合，1 号和 4 号葫芦拉紧受力，保持钻杆固定，再让 2 号和 3 号葫芦放松，把 1 号钻杆卡扣从③钻杆上移到④钻杆固定，然后拉紧 2 号和 3 号葫芦受力，保持钻杆固定。然后，再让 1 号和 4 号葫芦放松，把 2 号钻杆卡扣从②钻杆上移到③钻杆固定，然后拉紧 1 号和 4 号葫芦受力，保持钻杆固定。

（4）移出 4～6 节钻杆后，利用 4 台 20t 电动葫芦同时拉紧受力，使钻杆固定牢固，再拆卸拉出的钻杆。随着拆除钻杆的数量的增加，井内钻杆重量减轻，逐步增加可拆除钻杆的数量。

（5）直至拆卸 15 节后，在确保安全的情况下，利用 5t 电动链条葫芦给钻杆提供向上的拉力，保持第一条钻杆不接触地面。再利用 4 台电动链条葫芦同步放松拉力，使钻杆缓慢向外移动，再重复以上步骤直至钻杆全部取出。

4 安全保证措施

拆除前，对整个拆除过程进行危险源辨识，制定专项安全方案，安排专职安全人员到现场全程监督管理。斜井井口和整个工作面做好安全警戒和安全防护。对拆除作业人员做好安全教育和安全技术交底，熟悉拆除流程。拆除过程中，深井成像仪器需全程观察井岩石、钻杆稳定情况。

5 结语

抽水蓄能电站斜井施工，地质情况复杂、施工技术难度大、机械设备复杂、对设备操作技能要求高，文章通过对 1 号上斜井施工工艺、反井钻机钻杆和刀盘掉落原因查明、工程处置措施等分析和总结，为避免类似故障的发生，提出以下建议：

（1）完善反井钻机操作规程，强化对设备操作人员的技术培训，严格按程序操作。

（2）设备及配件进场前应进行无损检测，确保机械设备质量合格，施工过程中定期对反井钻设备、易损配件进行维护、保养。

（3）根据设计图纸和定向钻的数据情况，对地质进行分析，在反井钻拉力和扭矩变化较大时，及时对数据进行分析，放慢钻机速度。

（4）在反井钻设备安装警示装置，在设备施工过程中遇异常情况，施工人员无法判断、决策时，设备自动报警并暂停施工，从而避免因人员操作经验不足导致故障发生。

作者简介

邵　增（1987—），男，工程师，主要从事水利水电工程监理工作。E-mail：498355797@qq.com

王海建（1983—），男，高级工程师，主要从事水利水电工程监理工作。E-mail：82300623@qq.com

李　晨（1989—），男，主要从事水利水电工程监理工作。E-mail：261182596@qq.com

浙江缙云抽水蓄能电站
锯式切割在边坡开挖中应用的技术研究

邵　增　王海建　彭德宽

（中国水利水电建设工程咨询西北有限公司，陕西省西安市　710100）

[摘　要]以浙江缙云抽水蓄能电站地面开关站边坡开挖施工过程为基础，通过对边坡锯式切割施工工艺的研究，提出了解决抽水蓄能电站岩石边坡开挖的锯式切割新工艺，实践证明开挖效果和经济效益良好，研究成果对今后同类型工程类似问题的解决具有较高的实用性和明显的示范效应。

[关键词]抽水蓄能电站；地面开关站；边坡开挖；锯式切割工艺

1　工程概况

1.1　缙蓄电站工程概况

浙江缙云抽水蓄能电站位于浙江省丽水市缙云县境内，上库地处缙云县大洋镇漕头村方溪源头，下库坝址位于方溪乡上游约 1.9km 的方溪干流河段上。电站主要由上水库、输水系统、地下厂房、地面开关站及下水库等建筑物组成。地下厂房内安装 6 台单机容量为 300MW 的混流可逆式水轮发电机组，总装机容量为 1800MW。电站上水库正常蓄水位为 926.0m，死水位为 899.0m，有效库容为 865 万 m^3；下水库正常蓄水位为 325.0m，死水位为 298.0m，有效库容为 823 万 m^3。工程属大（1）型一等工程，主要永久建筑物按 1 级建筑物设计，次要永久建筑物按 3 级建筑物设计。

1.2　地面开关站工况简介

浙江缙云抽水蓄能电站地面开关站布置在佛堂坑左岸河边；地面开关站边坡基岩为燕山期钾长花岗岩，肉红色，细粒结构，无大型断裂带及褶皱构造；在边坡的右侧发育一条小断层带和一破碎夹层，近顺坡向陡倾，间隔 10m 左右；地面开关站正前方 100m 内有当地村民生活住房；开关站边坡设计开口线以上存在多处孤石。

地面开关站为一级建筑物，场地高程为 438.7m，场地尺寸为 120.0m×40.0m（长×宽），开挖边坡最大高度约 40m。开关站布置有 GIS 楼、继保楼以及出线场等建筑物。

2　开关站边坡锯式切割技术工程措施

2.1　边坡开挖锯式切割技术可行性分析

传统钻爆法施工是岩石边坡开挖的主要施工方法，爆破安全风险高，爆破开挖容易造成超挖或欠挖情况；地面开关站爆破开挖涉及征地、移民和搬迁，移民费用高、工期影响长。因此结合地面开关站现场实际情况，研究采用圆盘锯、液压破碎锤破碎、绳锯等机械切割技术进行开关站边坡开挖。

2.2 施工工艺

（1）圆盘锯结合液压破碎锤施工。地面开关站 453.7～468.7m 高程范围内和 438.7～453.7m 高程范围右侧约 60m 内，岩体较为破碎，呈裂隙块状结构，因此采用圆盘锯切割成条、液压破碎锤破碎的施工工艺。其中在 457.0～468.7m 高程范围内采用 2.2m 直径圆盘锯进行切割，切割台阶高度为 0.95m，共切割 9 层，切割条块宽度为 1.5m；在 464.6～468.7m 高程范围采用破碎锤将台阶破除后，发现边坡坡面外观较差，开挖效率较低，因此在 457.0m 高程以下采用 3.3m 大圆盘锯进行切割，切割台阶高度为 1.25m。

施工工艺为首先在工作面由山体外侧向内侧按照测量定位进行岩体切割，待圆盘锯切割内侧岩体时，采用破碎锤破碎外侧已经切割完成的岩体，反铲和自卸车出渣，清理出切割工作面，待破碎锤破碎内侧岩体时，圆盘锯进行下一层外侧岩体的切割。

（2）圆盘锯结合绳锯施工。在 438.7～453.7m 高程范围左侧约 2 万 m³ 岩体，岩体完整性好，采用圆盘锯网状切割结合绳锯底部切割分离的施工工艺。

施工工艺为采用圆盘锯网格化垂直切割，将岩石切割成块体，结合金刚石串珠绳锯切割进行底面分离，从而开采出比较规则的方体石材。串珠绳从圆盘锯切割缝中放入，从绳锯机穿绳口传入、出口穿出。在切割的过程中采用钢钎插入切割缝的方式，防止切割过程中石材的移动。将岩石切割成 1.5m×1.5m×1.25m 的石材，通过叉车和平板运输车运输至指定地点编号存放。

2.3 锯式切割效率分析

根据现场切割统计数据，圆盘锯结合液压破碎锤施工工艺中，针对切割深度为 0.15m，单次切割速率为 37m/h，有效切割效率为 5.55m²/h；针对切割深度为 0.95m，单次切割速率为 5.8m/h，有效切割效率为 5.51m²/h。圆盘锯结合绳锯施工工艺中，针对切割深度为 0.15m，单次切割速率为 40m/h，有效切割效率为 6.0m²/h；针对切割深度为 1.25m，单次切割速率为 4.5m/h，有效切割效率为 5.6m²/h。绳锯机的有效切割效率为 8.0m²/h。单台破碎锤的破碎能力约为 30m³/h。

3 经济效益比对分析

3.1 地面开关站边坡开挖石材经济价值

地面开关站石方开挖工程量约 8.0 万 m³。根据现场统计数据，锯式切割工艺开采出可加工成级配碎石的毛料石渣 6 万 m³，单位为 58 元/m³；能够加工制成各类石材成品的石材 1 万 m³，单价为 2000 元/m³，据此产生的经济价值为 2348 万元。根据爆破施工工艺，预计开采出可加工成级配碎石的毛料石渣 7 万 m³；锯式切割工艺比传统爆破工艺增加经济价值约 1942 万元。

3.2 地面开关站边坡支护费用

根据爆破施工工艺，地面开关站挂钢筋网片、喷射混凝土等支护费用为 142.5 万元；采用锯式切割工艺开挖，切割面平整，稳定性好，无爆破振动影响，无挂钢筋网片、喷射混凝土支护工序。

3.3 地面开关站边坡开挖费用

根据爆破施工工艺，地面开关站边坡开挖总费用为 358.8 万元；无爆破锯式切割工艺开挖总费用为 2628.16 万元；锯式切割工艺比传统爆破工艺开挖增加 2269.4 万元。

3.4 征地移民拆迁费用

根据地方政府移民拆迁政策和地面开关站正对面村民房屋面积、人员数量，初步预估移民拆迁费用为 500 万～800 万元。锯式切割工艺的使用，不再需要征地、移民。

3.5 环境影响

传统爆破工艺会产生大量烟尘、飞石、有害气体，产生各种施工噪声，爆破产生的振动波会对临近建筑物及山上孤石的稳定性产生有害影响，对生态环境的破坏和不利影响大；相比而言，锯式切割工艺环境效益显著。

综上分析，与传统爆破工艺相比，地面开关站采用锯式切割工艺节约生产成本 100 万～300 万元。

4 结语

根据工程现场实际情况，浙江缙云抽水蓄能电站地面开关站采取锯式切割施工工艺，从施工安全、工程质量、环境保护、经济效益等方面体现出明显施工优势，文章总结成果对抽水蓄能电站同类型工程类似问题的解决具有较高的实用性和明显的示范效应。

邵　增（1987—），男，工程师，主要从事水利水电工程监理工作。E-mail：498355797@qq.com

王海建（1983—），男，高级工程师，主要从事水利水电工程监理工作。E-mail：82300623@qq.com

彭德宽（1993—），男，主要从事水利水电工程监理工作。E-mail：1009120241@qq.com

卡洛特水电站重大件运输方案设计及实施

岳朝俊　杨学红　潘少华　陈道春

（长江勘测规划设计研究有限责任公司，湖北省武汉市　430010）

[摘　要]水轮机整体转轮作为卡洛特水电站控制性重大件，如何安全顺利运送至工地现场，直接关系到工程投产运行的顺利推进。本文从重大件特性、运输条件、运输方式、运输车辆、保障措施等多方面综合考虑，制定出了巴基斯坦国内切实可行的运输方案并已成功实施，可为巴基斯坦其他工程项目重大件运输提供一些参考。

[关键词]卡洛特水电站；重大件；运输方案

0　引言

卡洛特水电站地处巴基斯坦境内旁遮普省吉拉姆河流域中游，为Ⅱ等大（2）型水电工程，工程为单一发电任务的水电枢纽，水库正常蓄水位为 461m，正常蓄水位以下库容为 1.52 亿 m^3，电站装机容量为 720MW（4×180MW）。枢纽主要建筑物由沥青混凝土心墙堆石坝、溢洪道、引水发电系统等组成，最大坝高 95.5m。作为"一带一路"首个大型水电投资项目，也是"中巴经济走廊"首个水电投资项目，还是南亚地区首个按照中国规范建设的水电站项目，卡洛特水电站的建成发电对中国水电走出去意义重大。

水轮机整体转轮作为卡洛特水电站的控制性重大件，直径 6.4m，高 3.4m，重达 125.85t，由中国东方电机有限公司负责制造生产。本文以卡拉奇港为起点，从重大件特性、运输条件、运输方式、运输车辆、保障措施等多方面综合考虑，制定出了巴基斯坦国内切实可行的运输方案并已成功实施，可为巴基斯坦其他工程项目重大件运输提供一些参考。

1　运输条件

1.1　公路运输条件

公路运输方面，转轮的运输尺寸受跨公路的构筑物、障碍物净空高度以及公路沿线隧道的建筑限界控制，其重量还要受公路沿线桥涵的允许通过的荷载控制。通过分析巴基斯坦国家公路网，最终选择的路线是卡拉奇—拉瓦尔品第—卡洛特。

从卡拉奇至拉瓦尔品第的 N5 国道桥梁均未设置限载标示，巴基斯坦的路面承载力及技术标准与欧美高速公路相同，桥梁荷载可以通行车货总重 200t 以上的车辆。收费站的过道宽度只有 3.5～4.5m，但收费站加宽过道或侧面可通过宽度在 7.5m 以下车辆，因此运输重量一般控制在 120t 左右，运输物尺寸控制在 7.5m×4.3m（宽×高）范围内是可以通行的。

拉瓦尔品第至卡洛特坝址有两条公路线可供选择，线路 1 为拉瓦尔品第—拉瓦特—本多里—坝址，全长 75km，道路宽度和限高均满足 7.5m×4.3m（宽×高）运输条件，但沿途有中桥 2 座、小桥 1 座没有限载标示，需要采取加固措施。线路 2 为拉瓦尔品第—卡胡塔（Kahuta）—坝址，全长 58km，中小桥 5 座，满足运输条件，但该线路需经过巴基斯坦核工业研究基地，此处属保密地带，无巴基斯坦内政部许可禁止通行。

1.2　铁路运输条件

巴基斯坦铁路始建于 1861 年，截至 2008 年 6 月底，巴基斯坦铁路铺轨里程为 11658km，运营里程为 7791km，其中复线运营里程 1164km，约占铁路运营里程的 15%；电气化运营里程 293km，不到铁路运营里程的 3.8%。

铁路货运量仅约占全国货运总量（远洋运输除外）的 3%。由于设备老化、设施落后、能耗较大，年年亏损，运输效率低下，运输时间较长。

同时，巴基斯坦铁路承运能力有限，且无法运送 20t 以上的货物。

1.3　水路运输条件

卡洛特水电站位于吉拉姆河干流，是巴基斯坦境内印度河流域水系最大的河流之一。但是印度河及项目所处的吉拉姆河均不具备通航条件，通过水路运输转轮不可行。

2　运输方案确定

通过分析巴基斯坦境内公路、铁路和水运条件，卡拉奇至拉瓦尔品第为 N5 国道，公路运输条件较好，除收费站需绕行或局部加宽外，沿线桥梁无须改建加固。拉瓦尔品第至坝址公路及沿线桥梁标准较高，满足整体转轮运输要求。确定整体转轮运输方式为公路运输，运输线路为卡拉奇—拉合尔—拉瓦尔品第—卡胡塔—坝址，运输里程为 1580km。

3　方案实施

运输方案确定后，需要根据方案配套运输车辆和保障措施等，同时需要解决运输过程中清关和通行等问题。

3.1　运输车辆

考虑整体转轮的运输重量和尺寸，选定 VOLVO（380 匹马力）作为牵引车，2 纵列，10 轴线哥德浩夫作为拖车，运输车辆参数见表 1。

表 1　转轮运输车辆参数表

运输车辆	哥德浩夫（德国，2016）
拖车总长度	15m（2 纵列，10 轴线 15m）
轴线分布	2 纵列，10 轴线
车辆重量	拖车 39t
转轮重量	125.85t
每轴线负载	16.485t
牵引车辆	VOLVO（380 匹马力）
转弯半径	10m

3.2 加固方式

考虑到卡洛特现场位置及沿线道路情况，公路运输采用钢丝绳和链条进行转轮固定，钢丝绳、链条与转轮接触的部位用橡胶隔开，确保车辆在行驶过程中绑扎不会松散且不会对转轮造成损伤。

3.3 遇到的问题及处理方案

卡洛特水电站水轮机 1 号转轮于 2020 年 7 月 8 日乘船驶离中国上海港，8 月 11 日抵达巴基斯坦卡拉奇卡西姆港，8 月 26 日开始公路运输，9 月 29 日抵达卡洛特工地现场（如图 1 所示），途中共历时 84 天。运输过程中遇到了诸多问题，由于准备得当，这些问题都得到了妥善解决。

图 1　转轮成功运抵卡洛特现场

3.3.1 道路问题

转轮运输期间正值巴基斯坦雨季，雨后部分道路泥泞，路况较差，不适合运输作业，容易导致运输车辆受损。

为解决以上问题，运输前指定了如下保障措施：

（1）配备两名驾驶员，两人轮班驾驶，避免疲劳驾驶引发交通事故；

（2）配备专门护送车辆，运输过程中实时监控路况，最大限度避免交通施工发生；

（3）在运输车辆上安装 GPS 定位器，实时追踪车辆位置信息；

（4）随车专人关注沿途天气情况，如预报有大雨、大风等恶劣天气，将转轮提前运输至安全地点停放，待天气好转后继续运输；

（5）每日检查运输车辆，定期维修，刹车片等易损配件及时更换。

3.3.2 通行许可问题

由于转轮运输尺寸和重量均较大，运输期间不可避免对地方交通造成影响，部分城市（如海德拉巴市）还规定超限车辆不得白天通过市区道路。为避免因通行许可问题造成转轮不能按期运抵现场，须安排专人提前办理公路通行许可，保障车辆顺利通行。

拉瓦尔品第—拉瓦特—本多里—坝址沿线有一座简支桥（如图 2 所示），因年久失修，部分桥墩已损坏，需要新建一座大桥，满足整体转轮运输要求，投资约 1850 万元。项目部提前谋划，在 2019 年年底拿到了拉瓦尔品第—卡胡塔—坝址的通行许可，既满足整体转轮的运输要求，又节省了投资。

图 2　本多里—坝址沿线简支桥

3.3.3　设备清关问题

转轮运至卡拉奇港后须清关后才能进入巴基斯坦国内，巴基斯坦的清关相对来说比较复杂，经常会因为海关检查和文件等手续造成货物在港口滞留而产生集装箱超期费和堆存费，延误货物运输时间。

鉴于此，项目部提前部署，在充分调研巴基斯坦最新海关政策后，于 2020 年 7 月 22 日提交转轮电子进口申报文件，8 月 4 日完成电子进口申报文件的审批，8 月 10 日收到免税文件，8 月 17 日完成清关工作。从 8 月 11 日转轮抵达卡西姆港到 17 日清关完成，仅耗时 7 天，大大减少了清关工作对运输时间的影响。

4　结语

水轮机整体转轮作为卡洛特水电站控制性重大件，若要完成在巴基斯坦境内的安全运输，不仅要在调查清楚卡拉奇至工地现场沿线运输条件的基础上，选择合适的运输方式、运输线路，配置合适的运输车辆，还要提前筹划运输过程中可能遇到及必然遇到的客观及主观问题，并制定好解决思路和对策，提前办理好相应的通行手续和清关文件。

截至 2021 年 7 月 8 日，卡洛特水电站水轮机 1～3 号整体转轮已安全运抵工地现场，满足工程总进度要求，整体转轮的成功运输经验可为巴基斯坦同类工程重大件运输提供借鉴和参考。

参考文献

[1] 孙鸿秉. 水轮机分半转轮运输方案的选择及实施 [J]. 水电站机电技术，1996（S1）135-137.

[2] 李修树. 水电站机电设备重大件运输问题探讨 [J]. 水力发电，2011，37（10）：93-95.

[3] 李胜兵，方晓红. 白鹤滩水电站水轮机转轮加工和运输方案 [C] //第十九次中国水电设备学术讨论会议论文集：259-263.

[4] 杨胜. 巴基斯坦进出口清关流程及注意事项 [J]. 中国外汇，2020（10）：23-25.

作者简介

岳朝俊（1986—），男，工程师，主要从事水利水电工程施工组织设计与管理工作。E-mail：yuechaojun@cjwsjy.com.cn

杨学红（1971—），男，正高级工程师，主要从事水利水电工程施工组织设计工作。Email：yangxuehong@cjwsjy.com.cn

潘少华（1985—），男，高级工程师，主要从事水利水电工程施工组织设计工作。E-mail：panshaohua@cjwsjy.com.cn

陈道春（1975—），男，工程师，主要从事水利水电工程设计工作。E-mail：439451418@qq.com

乌东德特高拱坝边坡及建基面精细开挖技术

曹刘光

（中国水利水电建设工程咨询西北有限公司，陕西省西安市　710100）

[摘　要] 乌东德水电站特高拱坝边坡及建基面开挖过程中凝练的技术和管理的创新成果，实现了特高拱坝边坡及建基面优质、高效、安全、绿色、环保开挖，具有重要的理论价值和广阔的工程应用前景，可为同类型工程提供借鉴。

[关键词] 特高拱坝；边坡；建基面；精细开挖；施工技术

1　项目概况

乌东德水电站为金沙江下游 4 个水电梯级中的第一个梯级电站，位于四川省会东县和云南省禄劝县境内。枢纽工程由挡水建筑物、泄水建筑物、引水发电系统等组成。挡水建筑物为混凝土双曲拱坝，最大坝高 270m，厚高比为 0.19，全坝由 15 个坝段组成，为目前世界上最薄的 300m 级特高拱坝。坝址位于"V"形河谷，大坝开挖边坡高度近 500m，坝肩槽最大开挖坡度为 80.5°。边坡开挖工程地质条件复杂，岩体层状结构发育，开挖面狭长，道路布置困难，需要进行大量超深孔预裂，两岸边坡上部存在大量不稳定结构岩体，属于岩溶地区的特高陡边坡薄层开挖，其施工组织和协调管理面临极大挑战。依托乌东德水电站工程，对陡倾地层高拱坝边坡及建基面开挖技术及经验进行研究和总结，并着力打造精品样板工程，开发并实现自主创新的成套技术体系，形成适用于复杂地质条件下高拱坝坝肩槽开挖工程涵盖管理、设计、施工、监测全过程的规模化精细开挖技术。

2　精细开挖设计新理念

乌东德水电站特高拱坝边坡及建基面开挖构建了层状岩体结构特征岩溶地区特高拱坝边坡及建基岩体开挖设计新理念：提出"整体布局、突出重点、兼顾一般、动态调整"的地质勘察原则和确保自然边坡"整体稳定、局部可控"的最优选址方法，构建了"精细勘探、精准评价、动态优化"边坡开挖设计新理念，建立了以清除、锚固、回填等方法为主、多种手段相结合的坝肩边坡地质缺陷个性化处理措施。具体处理措施为：①对大坝建基面在每个梯段开挖过程中揭露的小块体，采取"以清除为主、锚固为辅"的方式进行处理。②大坝建基面及附近揭露有 8 条规模小、可能对坝肩及拱座有一定不利影响的结构面或裂隙性小断层。其中左岸不利结构面 Kf2（ZTf1）、ZTf2 的处理方式为：刻槽+混凝土回填+坝基固结灌浆孔加密、加深；右岸不利结构面处理方式为：坝基固结灌浆孔加密、加深（Tb35、Tb37）；置换平硐置换+坝基固结灌浆孔加密、加深[T262（938、928 层）、T510（915、900 层）、Tf1

（955 层）、Tf1-1（935 层）]。

提出"整体布局、突出重点、兼顾一般、动态调整"的地质勘察原则，开展坝区选址地质勘察；开展施工前、施工期和运行期各阶段各工况的三维边坡抗滑稳定分析，对坝址区特高自然边坡及建基面边坡的稳定性进行全面分析，提出了确保自然边坡整体稳定、局部可控的最优选址方案（如图 1～图 3 所示）。建基面选择原则：①坝基中下部主要利用未卸荷岩体、中上部利用微卸荷岩体或未卸荷岩体；②两岸嵌深满足坝肩稳定要求；③左岸高程为 780m、右岸高程为 795m 以上采用半径向开挖；④在河床中心部位靠近上游侧局部开挖至高程 718m，其余部位高程为 720m，中间以 1:5 的斜坡衔接。

设计及施工阶段对坝肩边坡的稳定性进行反复验证，构建了"精细勘探、精准评价、动态优化"边坡开挖设计新理念，结合地质勘察及开挖揭露地质情况，对边坡开挖进行了精细、动态设计，提出了相应的开挖技术要求。

（1）主要技术要求和施工方法。左、右岸拱肩槽开挖采用分层梯段爆破，两岸施工分层均为 28 个梯段，分层高度标准梯段均按照 10m 控制，并根据实际开挖情况进行调整。开挖厚度方向上分前区和后区，后区为距离拱肩槽坡面 10m 范围内的开挖区域，即拱肩槽建基面开挖区域。后区爆破前，前区必须低于后区 1 个梯段以上，保证后区爆破的临空面条件良好，并且要求上、下游坝肩边坡也低于拱肩槽开挖。岩石边坡主要采用预裂爆破成型，预裂孔采用 QZJ-100B 型支架式钻机，为便于预裂孔钻机架设，建基面采用超欠平衡开挖的方式。坝基高程 735.00～721.00m 梯段开挖过程中，通过控制钻爆作业，确保 3m 厚保护层预留完整。

建基面保护层采用掏槽爆破法进行开挖，坝基上下游两侧、底部及周边采用光面爆破的施工方法进行施工，底板水平光爆造孔采用手风钻进行。

（2）施工质量控制标准与措施。

1）施工质量控制标准。

超欠挖：无论有无结构配筋要求及预埋件的部位，均不允许欠挖，允许超挖 20cm。

平整度：相邻两残留炮孔间的不平整度不应大于 15cm（2m 直尺测量）。

开挖轮廓面上的残留爆破孔痕迹应均匀分布，炮孔痕迹保存率（半孔率）：Ⅱ级岩体应达到 90% 以上，Ⅲ级岩体应达到 60%～90%，Ⅳ级岩体应达到 20%～60%；壁面不应有爆破裂隙。爆破裂隙：残孔壁面无明显爆破裂隙，除地质缺陷外，不产生张开、错动及层间抬动现象。影响深度：爆前爆后声波衰减 10% 的基岩厚度不大于 1m（建基面以下 1m）。安全质点振动速度：拱肩槽建基面爆破质点振动速度不大于 10cm/s（距爆区 15m 的上一台阶坡脚处）。

2）施工质量控制措施。大坝拱肩槽自 2015 年 3 月 27 日至 6 月 22 日分别在大坝左、右岸岩石边坡进行 6 次模拟试验，其中在非拱肩槽部位模拟拱肩槽开挖体形及施工参数实施生产性试验 4 次，左右岸拱肩槽开展原位生产性试验 2 次。在此基础上总结和优化调整，并经参建相关单位共同研究讨论最终确定了大坝拱肩槽开挖爆破施工参数。每梯段预裂爆破后，施工单位、长科院、监理中心专业人员对爆堆形状、高度、爆块粒径、抛掷距离、残孔预留、不平整度等情况进行感观查看，如发现异常情况在下一梯段爆破设计进行针对性优化调整。坡面开挖后，监理组织参建四方进行拱肩槽开挖坡面验收，分初验、终验两次进行，监理组织初验，主要对坡面块体、地质缺陷及设计提出的相关要求进行处理，待上述问题处理完成后，经监理验收合格，现场标识完成、验收资料准备满足要求，监理组织四方进行终验。拱肩槽每一梯段开挖完成后，监理组织现场质量检查、验收，组织业主、设计、长科院、物探项目召开拱肩槽爆破总结会，制定改进措施，并在后续梯段开挖爆破中，根据拱肩槽地质现状、边界条件、火工器材性能、施工工艺等因素，及时进行有针对性、个性化的爆破参数优化调整，最大限度避免了超欠挖、不平整度、爆破裂隙、质点振动速度超标等质量问题。

　　针对岩溶斜井、不利结构面、块体等坝肩边坡地质缺陷，对其安全性影响进行详细评价，提出采取以清除、锚固、回填等方法为主、多种手段相结合的个性化处理措施，确保了边坡稳定和施工安全。

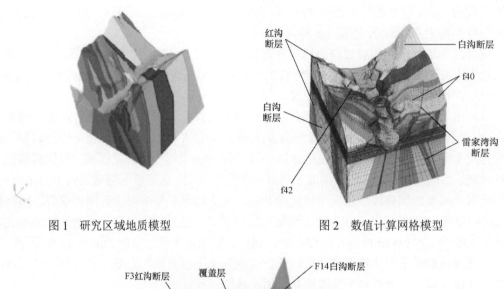

图 1　研究区域地质模型　　　　　　　　图 2　数值计算网格模型

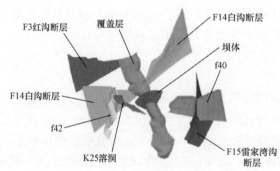

图 3　模型中的主要地质构造

3　精细开挖爆破成套技术

　　乌东德水电站特高拱坝边坡及建基面开挖构建了特高拱坝岩石高边坡开挖的精细、环保爆破成套技术：提出了以超欠平衡技术、高精度雷管起爆网路技术为核心的特高拱坝岩石高边坡开挖的精细爆破设计方法，建立了主动防护与被动悬挑防护相结合的立体安全防护体系，研发了以高压喷枪降尘和跨江水幕降尘为核心的坝肩槽大规模开挖的降尘环保施工成套技术。

　　提出了特高拱坝岩石高边坡开挖的精细爆破设计方法，采用超欠平衡技术（如图4所示）、高精度雷管起爆网路技术（如图5所示）等，实现了炸药能量的有效利用，达到爆破效果及爆破有害效应的有效控制。

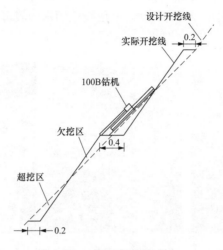

图 4　超欠平衡技术

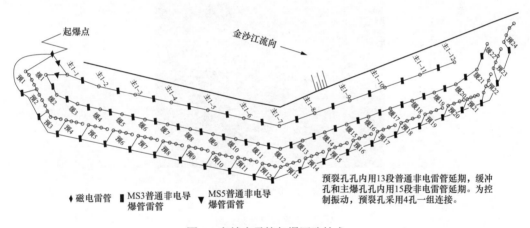

图 5　高精度雷管起爆网路技术

坝肩槽边坡梯段开挖超欠平衡法：大坝拱肩槽边坡一坡到底，中间不设马道，为满足开挖架钻需要，采用每梯段"坡脚超挖+坡顶欠挖"超欠平衡法施工，一般台坎宽度为 40~60cm，个别梯段略大。当边坡由陡变缓时，采用向边坡内超挖的方式施工。

坝肩槽边坡梯段雷管起爆网络设计：先开挖前区，为后区爆破提供临空面。后区爆破联网设计原则：主爆孔装药量不大于 60kg，预裂炮孔先于相邻主爆孔不得小于 75~100ms。后区爆破一般为"一排主爆孔+一排缓冲孔+一排预裂孔"。

坝肩槽建基面不设置系统锚喷支护，为加固坡面，抑制崩塌和风化剥落、卸荷坍塌的发生，限制局部或少量落石运动范围，建立了主动防护与被动悬挑防护相结合的立体安全防护体系（如图 6 所示），主动防护网随边坡开挖及时完成施工，高程 960~750m 每隔 30m 设置一道被动防护网作为拦挡防护，施工中及时安装到位，有效地抑制了崩塌和风化剥落、卸荷坍塌，控制了局部或少量落石的安全风险。

提出了坝肩槽大规模开挖的降尘环保施工成套技术，采用高压水喷雾降尘等措施（如图 7 所示），有效地降低了钻孔、爆破及出渣运输对环境和施工作业人员的有害影响。高压喷枪取用净化水,进入高压造雾机,经造雾泵加压至 5～7MPa,再经高压输水管道输送至喷雾场所,最后由雾化喷头高速喷出形成雾化粒子。高压喷枪洒水一般可使粉尘浓降低 20%～35%,降尘效果显著(见表 1)。

图 6　坝肩槽主、被动防护技术和悬挑防护技术

图 7　高压喷枪降尘效果

表 1　　　　　　　　　　　　　　　　降尘试验检测结果统计

爆破部位	粉尘浓度检测仪器位置	洒水前粉尘浓度 (mg/m³)	洒水后粉尘浓度 (mg/m³)	备注
左岸坝肩槽 EL925～915m	上游围堰顶	0.117	0.088	
左岸坝肩槽 EL885～875m	下游围堰顶	0.240	0.079	粉尘浓度正常值 0.06～0.07mg/m³
右岸坝肩 EL875～865m	右岸 988m 平台	0.129	0.087	

4　精细开挖爆破技术、管理和质量评价体系

乌东德水电站特高拱坝边坡及建基面开挖构建了拱肩槽精细爆破技术、管理和质量评价体系:提出"一炮一设计、一炮一总结、一炮一改进"精细爆破管理制度,研发了坝肩槽开挖精细爆破施工的专项设备,建立了以"三定""三证""五次校钻"等精细爆破管理体系,建立了以质点振动速度、岩石声波、钻孔电视、平整度和超欠挖检测等定量评估爆破效果评

价体系。

　　"一炮一设计、一炮一总结、一炮一改进"即每次爆破完成后对该梯段施工过程进行总结，对存在的问题进行讨论研究并提出具体的改进措施，在下一梯段的施工过程中进行改进；"三证"即开挖爆破施工严格执行"准钻孔证""准装药证""准爆证"，确保钻爆施工过程受控，确保最终开挖质量；"三定"即定人、定机、定孔。通过"三定"确保每一个钻孔都有可追溯性，在爆破完成后，根据孔位、孔向情况对作业人员进行现场总结并严格考核（见表2）；"五次校钻"即开孔前、20cm、50cm、1m、3m五次对钻机角度进行校核。

表2　　　　　　　　　　　右岸拱肩槽高程875～865m 钻工钻孔质量分析表

钻机编号	钻机操作手	预裂孔号	最大超挖（cm）	平均超挖（cm）	评价
1 号	王玉华	10、11、12、13、14、15、16、17、18、19、20、21、22、23、24、25、26、27、28、29	21.9	8.5	4
2 号	向银华	30、31、32、33、34、35、36、37、38、39、40、41、42、43、44、45、45、47、48	19.8	7.1	1
3 号	王飞	68、69、70、71、72、73、74、75、76、77、78、79、80、81、82、83、84、85、86	21.8	7.6	3
4 号	唐志	49、50、51、52、53、54、55、56、57、58、59、60、61、62、63、64、65、66、67	20.7	7.2	2

　　对钻机和样架进行改造，将钻杆直径从 ϕ45mm 调整为 ϕ60mm，并增加钻杆刚度、增加限位板、加装扶正器，钻机底部增加一根辅助横杆，避免了钻杆在岩石中发生挠性变形以及因岩石变化引起的"飘钻"现象；改进施工量角器精度，将坝肩槽位置钻孔角度量测仪器的精度由 0.5°提升至 0.1°。形成了坝肩槽开挖精细爆破施工的专项设备（如图8所示）。

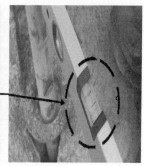

加焊限位板

图8　精细爆破专项设备

　　建立了以质点振动速度、岩石声波、钻孔电视等对爆破效果进行定量评估的评价体系，用具体数值指标定量化评估衡量爆破效果的好坏，为爆破参数调整提供定量的依据。根据起爆单响最大药量和试验场地的地质情况，将测振传感器分别布置在预裂缝、坡面以及需要重点检测的支护及浇筑混凝土部位，进行质点振动速度监测，测点布置采用"近密远疏"的原则。左右岸坝肩边坡质点振动速度、爆破影响深度见表3。

表3　　　　　　　　　　左右岸坝肩边坡质点振动速度、爆破影响深度

部位	高程范围 （m）	平均质点振动速度 （cm/s）	平均爆破影响深度 （m）	备注
左岸	987.65～728	8.86	0.63	质点振速超标 5 次，爆破影响深度 有 1 次大于 1m
右岸	975.65～732	8.74	0.59	质点振速超标 5 次

从表 3 中可以看出，安全质点振动速度：拱肩槽建基面爆破质点振动速度平均为 8.8cm/s（不大于 10cm/s）；爆破影响深度：爆前爆后声波衰减 10%的基岩厚度平均为 0.61m（不大于 1m），均满足施工质量控制要求。

爆破影响深度大于 1m 部位发生在左岸开挖初期高程 975～965m 部位，分析其原因，认为可能与开挖部位存在溶缝裂隙不利地质条件等因素有关。针对质点振动速度超标，均及时召开了原因分析专题会，从控制临空面、优化联网结构与检查、减小装药量等方面提出了调整意见，为后续施工提供指导意见。RS-ST01 声波仪如图 9 所示，当次爆破对边坡保留壁面的影响示意图如图 10 所示。

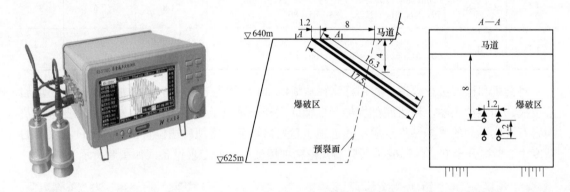

图 9　RS-ST01 声波仪实物图　　　　图 10　当次爆破对边坡保留壁面的影响示意图

建立和完善建基面开挖质量管理办法、施工控制措施、奖惩制度（包括金沙江乌东德水电站工程质量管理办法、石方明挖施工质量管理办法、测量工作管理办法、开挖爆破安全管理实施办法、工点管理责任制实施办法、拱坝建基面开挖单元工程验收办法、拱坝建基面开挖地质工作细则、拱坝建基面平整度、超欠挖检测及评定实施细则等）；为及时协调解决拱坝边坡及建基面开挖过程中出现的地质和验收问题，成立了拱坝边坡及建基面开挖质量控制、地质和验收领导小组与工作组；引进第三方专项开展爆破监测和物探检测工作，对大坝建基面开挖提供技术支持和指导，对参建各方管理及技术人员开展爆破技术咨询；运用 TQC 方法，成立了"岩石上的雕刻"QC 小组，集思广益解决施工质量控制问题，提高了建基面爆破开挖质量。

5　结语

乌东德水电站特高拱坝边坡及建基面开挖爆破高精控制技术的应用，使拱肩槽开挖爆破

取得了巨大成功，质量等级全部达到优良标准，效果和质量均居于国内国际领先水平。在乌东德水电站进水口边坡、泄洪洞边坡等的开挖中，也不同程度地采用了拱肩槽边坡开挖的成功技术，同样取得了良好的爆破效果。

作者简介

曹刘光（1981—），男，高级工程师，主要从事水利水电工程监理工作。E-mail：37158943@qq.com

TB 水电站人工挖孔抗滑桩施工技术与实践

吕　垒　赵兴旺

（中国水利水电建设工程咨询西北有限公司 TB 监理中心，云南省迪庆藏族自治州　674400）

[摘　要] 抗滑桩是穿过滑坡体深入滑面以下稳固岩体中的桩柱，用以阻挡滑坡体的滑动力，起到稳定边坡的作用，主要适用于浅层和中厚层的滑坡，是一种抗滑处理的主要措施。本文结合 TB 水电站 BT1 堆积体二期治理工程人工挖孔抗滑桩施工实例，对抗滑桩施工的重点、难点及需要注意的问题等进行介绍，为其他工程抗滑桩施工提供参考。

[关键词] 堆积体；抗滑桩；施工技术；实践

0　引言

在工程建设中，抗滑桩是滑坡体治理的一种主要措施，将抗滑桩施工各个环节的控制到位，是确保滑坡体治理成败的关键。本文结合 TB 水电站 BT1 堆积体抗滑桩施工实例，对人工挖孔抗滑桩施工的重点、难点及需要注意的主要问题等进行介绍，为其他工程抗滑桩施工提供参考。

1　工程概况

TB 水电站 BT1 堆积体分布高程为 1640～1845m，由上部（高程 2050m 以上）的二叠系板岩塌滑堆积而成。堆积体上部分布较厚的崩坡物，水平厚度一般为 22～38m，堆积紧密。堆积体主要由碎块石、碎石夹粉质黏土及少量块石组成，胶结较紧密，无架空现象，块石成分以板岩为主，仅在近地表部位见少量辉长岩块石。碎块石直径为 5～30cm，少量块石直径局部达 1～2m，堆积体水平厚度一般为 30～85m，中部厚，上下部相对较薄。BT1 堆积体主要治理措施包括抗滑桩、预应力锚索、自然边坡网格梁+植草护坡、开挖边坡贴坡混凝土+系统锚杆、网格梁+干砌石护坡、坡面系统排水孔、排水洞以及周边截水沟等。

2　抗滑桩设计参数

BT1 堆积体治理工程在高程 1775m、高程 1723～1732m 共设置 32 根人工挖孔抗滑桩。抗滑桩净断面尺寸为 3m×5m，深度为 28～53m，桩中心距为 8m。抗滑桩开挖断面尺寸为 3.8m×5.8m，开挖阶段加固措施采用锚杆和钢筋混凝土护壁的组合方式，锚杆采用 ϕ25mm 砂浆锚杆，长 3m，水平布置，排距 2m，钢筋混凝土护壁厚度为 0.4m，混凝土强度等级为 C35。抗滑桩桩身为钢筋混凝土结构，混凝土强度等级为 C35。抗滑桩顶部设置混凝土连系梁，且每根抗滑桩顶部布置 2 束 2000kN 预应力锚索，倾角为 15°～20°、长度为 45～65m。

3 抗滑桩施工技术

3.1 技术准备

根据 NB/T 10096—2018《电力建设工程施工安全管理导则》，本工程抗滑桩为超过一定规模的危险性较大的分部分项工程。项目实施前，施工单位须编制专项施工方案，并组织专家论证，论证结论为"通过"的，施工单位参考专家意见自行修改完善后，经施工单位本部技术负责人、总监理工程师、建设单位技术负责人审核签字后，方可组织实施。

3.2 现场准备

根据施工现场的实际地形地貌、交通条件以及抗滑桩施工所需设备、设施等情况，合理规划布置施工临时道路、临建设施、施工用风、水、电、弃渣场地等。同时，组织满足施工需求的施工资源，以满足抗滑桩正常施工需求。

3.3 测量定位

根据设计图纸，对抗滑桩轴线、平面位置以及地面高程进行准确的测量放线，标明抗滑桩开挖轮廓线，设置桩轴线定位标志和施工辅助测量点，并提交测量成果，报监理工程师审查，经监理工程师批准后，才能开挖。设置的桩轴线定位标志在施工期予以保留并定期复核，施工过程中测量复核桩的垂直度。抗滑桩工程竣工后及时按要求进行竣工验收测量，确定桩位及桩顶高程偏差，编制竣工桩位图及相关图件。

3.4 锁口及桩口防护

根据设计图纸进行锁口圈梁钢筋加工，现场绑扎成型，圈梁模板施工时，须测放圈梁角点位置，校核桩中心点位置，确保圈梁位置满足设计要求。锁口圈梁混凝土顶面高于地表 500mm，预埋倒 U 型钢筋，井口设置不低于 1.4m 高的防护栏和不小于 35cm 高的挡脚板与预埋钢筋固定，防护栏挂满密目安全网，并在防护栏四周设立明显的警示标示。

3.5 桩身施工

3.5.1 整体施工流程

抗滑桩施工整体流程如图 1 所示。

3.5.2 桩身开挖

桩孔分两序施工，单号孔为Ⅰ序孔，双号孔为Ⅱ序孔，采取分序间隔方式开挖，每次间隔 1 孔。桩孔开挖以人工开挖为主，采取全断面自

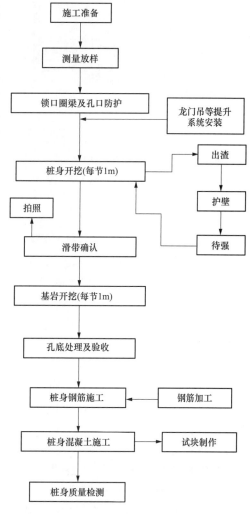

图 1 抗滑桩施工流程

上而下分段掘进、分段支护。分层高度以不超过 1.0m 为宜。在Ⅰ序孔桩身混凝土强度达到70%以后方可开挖相邻桩孔。

覆盖层段采用机械加人工的方式开挖，机械采用 1.6m³ 反铲、长臂反铲、10 型反铲等，机械开挖不到的部位由人工采用风镐开挖；基岩段石方开挖采取爆破加人工修整的方式开挖，采用龙门吊、扒杆吊的方式进行出渣。开挖施工工艺图如图 2 所示。

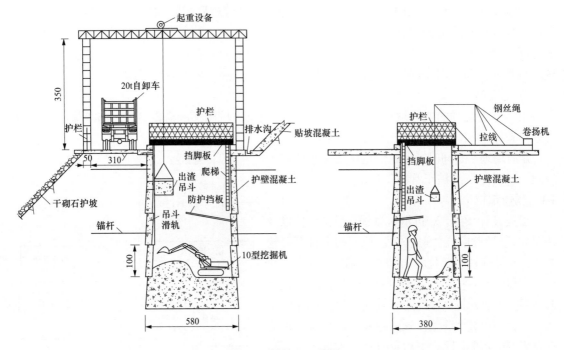

图 2　开挖施工工艺图

基岩或坚硬孤石段采用浅孔爆破法开挖，并进行爆破试验，以便确定最优爆破参数，并严格控制炸药用量，确保爆破质点震动速度控制在 2.5cm/s 以内。在炮眼附近加强支撑和护壁，防止震塌孔壁。同时，为确保爆破岩石不飞出孔外，需做好防护工作，具体实施时，桩深 0～10m 范围可在孔口先用铁皮或木板等覆盖，然后在上面堆压沙袋，做到绝对安全。覆盖物离锁口顶面 30cm，覆盖的沙袋边缘超出孔口护壁不小于 30cm；桩深 10m 以下范围可仅在孔口覆盖竹跳板加适当重物进行防护。爆破完成后，应先进行通风排烟，经气体检测仪检查无有害气体后，施工人员方可下井继续作业。

每段开挖后，应及时进行地质编录，仔细核对滑面（带）的情况，综合分析研究，如实际位置与设计有较大出入时，应将发现的异常情况及时向设计报告，及时对终孔孔深等进行变更设计。

3.5.3　桩身支护

抗滑桩孔壁锚杆采用 YT-28 手风钻钻孔，采用先注浆后插杆的方式，锚杆与护壁钢筋焊接形成整体。护壁钢筋在钢筋加工场集中制作，龙门吊至井内，井内绑扎成型，竖向钢筋需预留一定长度与下节护壁钢筋焊接，搭接长度需满足设计及规范要求。桩孔上段护壁混凝土采用天泵直接入仓浇筑，随着桩孔深入，天泵无法浇筑段混凝土利用串筒下落到护壁浇筑时搭设的临时平台，利用斜溜槽入仓，采用软轴式振捣器振捣密实。护壁后的桩孔应保持垂直，其竖向垂直度允许偏差应小于 5%。待护壁混凝土强度达到设计强度的 50%时，方可进行下一个循环的开挖支护施工。

3.5.4　孔底处理及验收

桩孔开挖至桩底设计标高 0.3m 以上或设计要求的持力层时，应清除孔底沉渣、杂物，并经监理会同设计及有关人员共同确认，明确是否可以终孔。若地质复杂，应用钢钎探明孔底以下地质情况。

当桩底高程满足设计要求，桩底处于倾斜岩层时，桩底应凿成水平状或台阶形，然后采用厚 100mm 的 1:1 水泥砂浆铺底。

成孔过程中应检查桩位、桩深，逐段检查桩孔断面尺寸、桩身倾斜度及护壁质量，经参建各方联合验收合格后，方可进行下道工序施工。

3.5.5　桩身钢筋安装

考虑现场交通干扰以及钢筋笼的尺寸大、竖向钢筋多、吊装连接困难等问题，采用钢筋孔外加工、钢筋笼孔内制作的方式，整桩一次制作成型的方式。

钢筋在加工场地加工好后用 25t 吊车吊放至桩口附近，人工用吊绳沿井壁吊放至孔内，并严格按照纸图纸及相关规范进行钢筋安装，验收合格后方可进行混凝土施工。

3.5.6　桩身混凝土施工

钢筋制作安装、声测管安装以及监测仪器施工完成后应迅速清理孔底，桩孔中有水时应用水泵排干，桩孔经监理工程师检查验收合格后方可灌注混凝土。

抗滑桩混凝土采用 12m³ 混凝土罐车运至施工平台附近，混凝土泵车配合漏斗、导管灌入桩体内，每根桩布置 2 根下料管同时浇筑，采用插入式振捣器对混凝土进行振捣以保证混凝土密实。

3.5.7　质量检测

抗滑桩应进行 100%的桩身完整性检测，采用声波透射法检测，检测方法满足规范要求。

4　施工过程控制重点

4.1　质量控制

4.1.1　抗滑桩开挖期质量控制

（1）桩轴线及桩位的复核检验，其桩孔位置应符合设计要求，桩的承力面均应与桩轴线平行。

（2）护壁和锁口圈梁定位及尺寸、钢筋强度等级及配置、混凝土强度应符合设计要求。

（3）桩孔尺寸、孔深、垂直度应符合设计要求。

（4）挖孔桩嵌入滑床的深度应符合设计要求。

（5）成孔过程中应检查桩位及桩深，逐段检查桩孔断面尺寸、桩身倾斜度和护壁质量。

挖孔质量控制指标如下：

1）桩位偏差为±10cm；

2）孔深偏差＜10cm；

3）桩身垂直度偏差＜0.5%；

4）桩身方位角偏差＜20°；

5）桩身截面尺寸≥设计尺寸。

4.1.2 抗滑桩钢筋安装质量控制

（1）钢筋安装在桩井开挖及支护验收合格后进行，桩底采用1:1的水泥砂浆铺底，厚100mm。

（2）钢筋安装前，根据桩井开挖时确认的滑面（带）位置和实际的桩深，仔细核对每根桩的钢筋结构类型，然后依据设计图纸，以滑面（带）为基准，复核每根桩对应于钢筋图中可变段的具体长度，核对确认该桩的每段配筋形式。

（3）钢筋的安装位置、间距、保护层及各部分钢筋的大小尺寸，均按设计图纸及有关文件的规定制作安装。

（4）竖向受力钢筋的接头不得放在土石分界处或滑面（带）处，其错距应大于3.0m。

（5）竖向主钢筋的接头采用双面焊接或机械套筒连接。接头强度不低于原钢筋抗拉强度标准值，并具有高延性和反复性，施工前应进行钢筋接长工艺和拉伸试验，以选择可靠的连接方式，经设计单位和监理确认后，方可大规模施工。

（6）钢筋接头应分散布置。配置在抗滑桩"同一截面内"受拉区的钢筋，其接头的截面面积不得超过钢筋总截面面积的1/3，且有接头的截面之间的距离不得小于500mm，钢筋束三根钢筋须紧贴，沿钢筋长点焊成束。受力钢筋接头位置设在结构受力较小处。

（7）为了保证混凝土净保护层厚度，在钢筋与井壁之间设置强度不低于设计强度的混凝土垫块。垫块埋设铁丝并与钢筋扎紧。垫块互相错开，分散布置。在多排钢筋之间，用短钢筋支撑以保证位置准确。

4.1.3 抗滑桩混凝土质量控制

（1）桩身混凝土应通过串筒或导管注入桩孔，串筒或导管的下口与混凝土面的距离为1.0m。

（2）桩身混凝土灌注应连续进行，不留施工缝。当出现意外情况，必须留施工缝时，则应严格采用风、水枪进行冲毛处理。

（3）桩身混凝土每连续灌注0.5m时，应插入振捣器振捣密实。振捣上一层混凝土时，将振捣器插入下层混凝土5.0cm左右，以加强上下层混凝土结合。

（4）对出露地表的抗滑桩应及时派专人用麻袋、草帘加以覆盖并养护，养护期应在7d以上。

（5）每根桩内在浇筑混凝土之前按施工图纸要求安设声测管，用于超波测深法检查混凝土质量，钢管底部封口，以免混凝土漏入。

4.2 安全控制

4.2.1 安全风险因素及控制难点

由于桩深较深，所处施工环境及地质构造复杂，采用人工挖孔时，存在较多的安全隐患，主要体现在以下方面。

（1）物体打击：本工程抗滑桩开挖尺寸为3.8m×5.8m，井底开挖人员及设备始终处于吊物下面，极易受到物体打击。

（2）高处坠落：抗滑桩最深桩为53m，人员上下时容易失稳发生坠落。

（3）淹溺、窒息或中毒：人工挖孔作业环境复杂，开挖过程中可能遇到地下水，若遇瞬间突发大量涌水，使井内水位迅速上升，造成井内人员淹溺。同时，随着开挖深度增加，可能出现严重缺氧、遭遇有毒气体等。

（4）坍塌：桩井施工过程中没有及时跟进支护或护壁施工质量存在缺陷时，以及护壁混凝土受外部压力挤压失稳，可能造成桩井壁垮塌，掩埋井内施工作业人员。

（5）机械伤害：桩井内施工面狭窄，人机交叉作业，施工机具使用过程中因操作不当或机械故障等原因造成机械伤人。

4.2.2　安全风险因素控制措施

（1）物体打击：锁口混凝土应高出地面 30cm，并设置高度不小于 1.4m 的防护栏和高度不小于 35cm 的踢脚板；桩孔周边 1m 范围内不准堆放杂物；每班人员下桩前，逐孔检查开挖渣料提升钢丝绳及渣斗，并做好检查记录，且装渣时不能超过渣斗上口；桩底部设置挡板，在吊运物料时，井下人员应紧贴护壁站在挡板下。

（2）高处坠落：井口部位设置防护罩，施工暂停期间，孔口必须用防护罩全面遮盖，防止发生坠落伤人；设置爬梯作为人员上下井的安全通道，通道外侧加设护栏，并间隔一定距离设置休息平台。

（3）淹溺、窒息或中毒：在井口搭设防雨棚防止雨水入井，并在井口周边设置排水沟；桩井内有渗水时，根据水量大小及时进行抽排；人员入井施工前，使用气体检测仪来测量井内空气指标，满足施工要求，方可下井作业；在各井口设置通风机，通过送风管将新鲜空气送入井底，确保作业面空气质量。

（4）坍塌：严格控制开挖进尺，并确保护壁混凝土紧跟开挖面，护壁混凝土强度满足要求后，方可进行下一循环施工；遇不良地质带时，可对井底进行钻孔探查，确认安全后，方可继续开挖；若遇地下水造成孔壁成型困难、坍塌等情况时，可对渗水采用灌浆的方式进行封堵，在该地层或上节护壁混凝土发生变形时，可采用型钢对护壁混凝土进行对撑加固。

（5）机械伤害：各种机械操作人员须取得操作合格证，并对操作人员建立档案；每班施工前，对施工机械进行安全检查；加强井内照明；加强机械设备保养及检修。

4.2.3　应急措施

由于人工挖孔施工过程中，安全风险大，为确保一旦发生意外事件，能迅速进行处理和救援，施工单位须成立应急小组，编制相应应急技术措施、应急资源储备及应急保障措施。

5　结语

在工程建设中，抗滑桩是滑坡体治理的一种主要措施，将抗滑桩施工的各个环节控制到位，是确保滑坡体治理成败的关键。本文结合 TB 水电站 BT1 堆积体二期治理工程人工挖孔抗滑桩施工实例，对抗滑桩施工的重点、难点及需要注意的问题等进行介绍，为其他工程抗滑桩施工提供参考。

作者简介

吕　垒（1985—），男，高级工程师，主要从事水利水电工程施工监理工作。E-mail：258164415@qq.com

赵兴旺（1983—），男，高级工程师，主要从事水利水电工程施工监理工作。E-mail：583499560@qq.com

锚杆无损检测准确性影响因素浅析

吴丽波　　惠金涛

（中国水利水电建设工程咨询西北有限公司，陕西省西安市　710000）

[摘　要]为达到准确评价锚杆质量的目的，某水利水电工程通过试验分析各类因素对锚杆无损检测的影响情况，以减小或避免这些影响。本文对试验过程和结果做简单论述，总结影响因素和影响情况。

[关键词]锚杆；锚杆无损准确性影响因素；超长外露锚杆

0　引言

20 世纪 70 年代，国外已有专家学者开始研究基于超声导波法、冲击法的锚杆无损检测技术。发展至今，锚杆无损检测技术已十分成熟，在各类工程中也得到了广泛的应用。但锚杆无损检测技术受检测人员、仪器、环境、被检对象等多种因素的影响，知道这些因素造成的影响情况就能有效避免或减小锚杆无损检测结果误差。本文介绍基于声波法的锚杆无损检测技术在某水利水电工程中的应用，通过对比试验分析各类因素对锚杆无损检测准确性的影响程度。

1　锚杆无损检测介绍

1.1　锚杆无损检测定义
对锚杆实施无损害或不改变其性能的检测手段。

1.2　声波法锚杆无损检测
声波法锚杆无损检测是在锚杆外露端施加瞬态或稳态激振荷载，实测加速度或速度响应时程曲线，进行时域和频域等分析，对被检测锚杆锚固质量状况进行评价的检测方法。

2　影响因素分析与试验

2.1　工程概况

2.1.1　锚杆施工技术要求

某洞室采用有压隧洞后接无压隧洞型式，隧洞全长 1450m，分为有压段、闸室段、无压段、出口明渠段。开挖断面为城门洞形，有 7m×5.5m、8m×5.5m（宽×高）两种尺寸。洞室支护使用的锚杆类型包括全长砂浆锚杆、普通应力锚杆、高预应力锚杆、自钻式注浆锚杆、锚筋束、超前注浆小导管等，锚杆设计参数见表 1。顶拱部位采取先插杆后注浆的方式进行施工，边墙部位砂浆锚杆采取先注浆后插杆的方式进行施工。采用"先注浆后插杆"的程序安装砂浆锚杆，应先将注浆管插到孔底，然后退出 50～100mm，开始注浆，注浆管随砂浆的注入缓慢匀速拔出，锚杆安装后孔内应填满砂浆。

表1   锚 杆 设 计 参 数

锚杆类型	设计长度（m）	设计外露（cm）	锚杆直径（cm）	围堰类型	设计间（m）
注浆小导管	6.0	10	25	—	0.5×0.5
砂浆锚杆	2.5	10	22	Ⅲ	—
砂浆锚杆	3.0	10	22	Ⅳ	1.2×1.2
砂浆锚杆	3.5	10	22	Ⅴ	1.2×1.2
超前锚杆	4.5	10	22	Ⅴ	—
底板系统锚杆	3.0	40	22	—	1.5×1.5
砂浆锚杆	3.5	10	22	—	1.2×1.0
砂浆锚杆	6.0	120	25	—	—

2.1.2 锚杆质量评价标准

砂浆锚杆质量检查应以无损检测为主、拉拔力检测为辅；无损检测包括采用砂浆饱和仪器或声波物探仪进行砂浆密实度和锚杆长度检测。本工程采用检测仪器为武汉长盛公司生产的 JL-MG（C）锚杆质量检测仪，该仪器的原理为声波反射法。单根锚杆（锚杆束）合格标准为：锚杆钻孔满足要求，锚杆实测入孔长度不小于设计长度的 95%，且砂浆锚杆注浆密实度不小于 80%、预应力锚杆不小于90%。

2.1.3 注浆密实度试验

选取与现场锚杆的锚杆直径和长度、锚孔孔径和倾斜度相同的锚杆和塑料管，采用与现场注浆相同的材料和配比拌制的砂浆，并按与现场施工相同的注浆工艺进行注浆，养护 7 天后剖管检查其密实度。对不同类型和不同长度的锚杆均进行试验，试验段注浆密实度不小于90%，否则进一步完善试验工艺，然后再进行试验，直至达到90%或以上的注浆密实度为止。

2.2 影响因素分析

根据检测锚杆无损检测过程中遇到的一系列异常的波形图，采取试验方法分析出现此类现象的原因。

（1）锚杆无损检测时发现部分波形图带毛刺状如图 1 所示。根据现场观察，出现毛刺状的锚杆端头有砂浆，可能是砂浆引起。用榔头等把锚杆端头清理干净，采集到波形不再有毛刺。

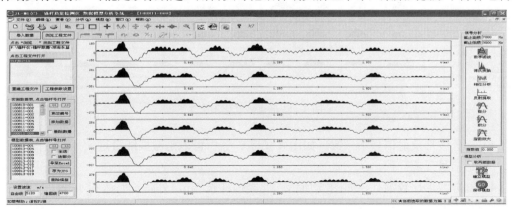

图1   波形带毛刺状

（2）部分波形波峰跨度很长、波形衰减变化不是很大，如图 2、图 3 所示。重新采集依然出现此种情况。检查锚杆仪，发现超磁发射头过松，将超磁发射头顶紧，此现象有所改善。

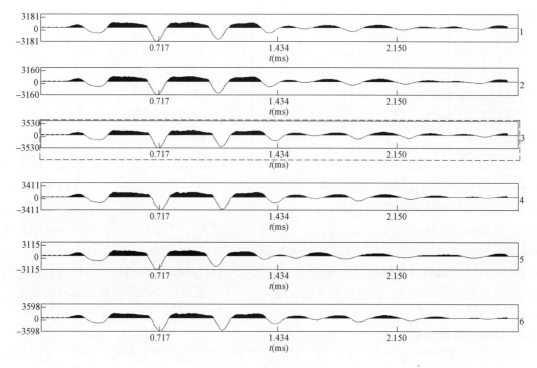

图 2　波形波峰跨度很长

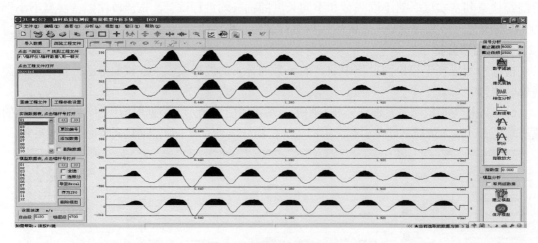

图 3　波形衰减变化不大

（3）部分波形反射信号不一致，如图 4 所示。分析可能是激振能量过大，通过改变激振能量，波形信号反应一致。

（4）部分波形比较混乱，如图 5 所示。此类锚杆长 7m，外露长度达到 1.2m。为验证是否是外露长度的影响，特进行对比试验。

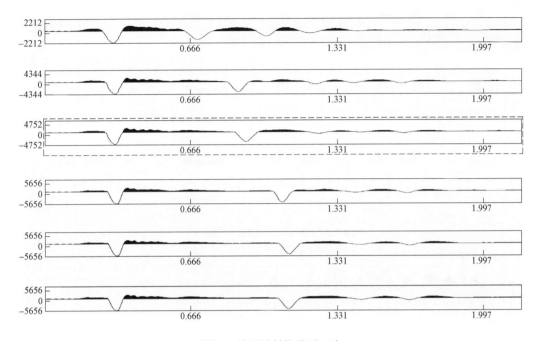

图 4 波形反射信号不一致

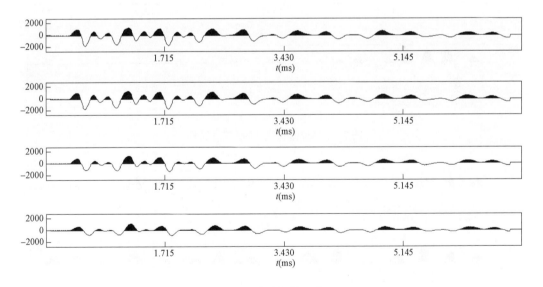

图 5 波形比较混乱

2.3 试验对比

试验采用在现场随机抽检 3 根同类型锚杆,将其外露长度分别割短至 70cm、90cm、1.1m,检测发现锚杆波形图有较大变化。割短前后对比如图 6～图 11 所示。

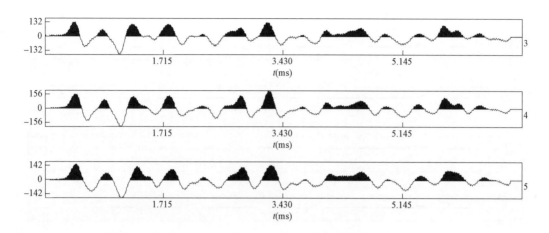

图 6　1 号外露长度 1.2m 锚杆波形

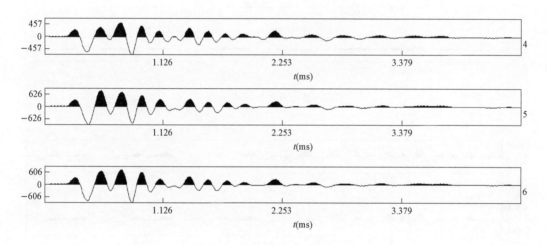

图 7　1 号外露长度 70cm 锚杆波形

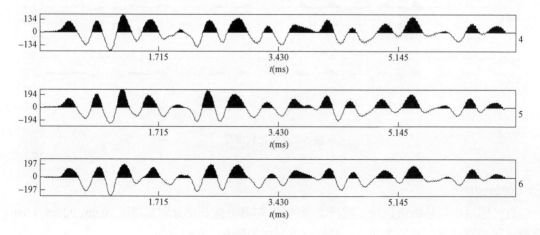

图 8　2 号外露长度 1.2m 锚杆波形

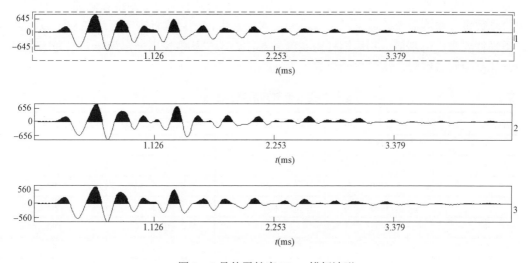

图 9　2 号外露长度 90cm 锚杆波形

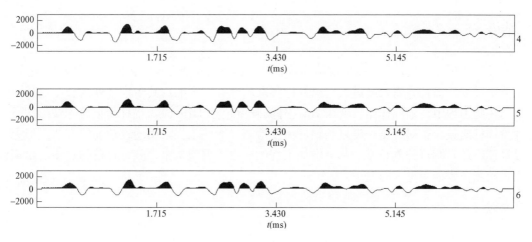

图 10　3 号外露长度 1.2m 锚杆波形

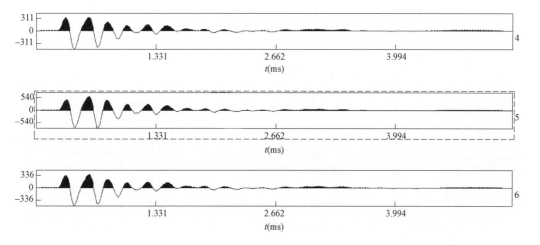

图 11　3 号外露长度 1.1m 锚杆波形

通过割短锚杆外露长度对比发现，割短外露长度波形图较规则。为排除偶然性因素影响，扩大检测数量，检测后统计数据见表 2。通过对比发现，割后锚杆密实度均在 90%以上，达到一类锚杆要求。将割前、割后锚杆密实度做对比，希望从中找出一定规律，但为工程安全考虑，能割短数量有限，从仅有的数据中无法找出代表性规律。

表 2   锚杆外露长度割短后密实度统计

割前杆体长度（m）	割后杆体长度（m）	设计外露（m）	割后实测外露（m）	锚杆密实度（%）
7	6.72	1.20	0.92	97
7	6.51	1.20	0.71	91
7	6.90	1.20	1.10	98
7	6.83	1.20	1.03	95
7	6.75	1.20	0.95	92
7	6.87	1.20	1.07	95
7	6.55	1.20	0.75	98

3 结语

通过试验可以看出，声波反射法检测锚杆时，锚杆端头有砂浆、锚杆仪超磁发射头过松、激振能量过大、锚杆外露长度过长对锚杆检测准确性都有影响。其中锚杆外露长度过长影响最大，在此工程中，锚杆杆体长度在 7m，外露长度超过 1.1m 时，锚杆无损检测波形图就不能评价锚杆质量。针对外露长度过长锚杆无损检测，一些工程采用增设辅筋的方法，但无论增设辅筋，还是割短外露长度，都会增加工程的成本。展望未来，随着科技的进步，希望锚杆无损检测技术能用更大的改进。

参考文献

[1] 郭凤卿，张昌锁. 锚杆锚固质量无损检测技术及研究进展 [J]. 太原理工大学学报，2006，36（9）：11-13.
[2] 中华人民共和国国家能源局. DL/T 5424—2009 水电水利工程锚杆无损检测规程 [S]. 北京：中国电力出版社，2009.

作者简介

吴丽波（1996—），女，助理工程师，主要从事水利水电工程施工工作。E-mail：2313242553@qq.com
惠金涛（1996—），男，助理工程师，主要从事水利水电工程施工工作。E-mail：728973266@qq.com

裸岩无盖重固结灌浆在乌东德水电站大坝工程上的应用及管控措施

陈邦辅

（中国水利水电建设工程咨询西北有限公司，陕西省西安市　710100）

[摘　要]本文从乌东德大坝坝基整体地质条件、固结灌浆招标设计、无盖重固结灌浆的背景、施工工艺、现场管控措施、效果等各方面进行了阐述，为后续水电工程中类似地质条件下坝基固结灌浆施工提供一定的借鉴经验。

[关键词]裸岩；无盖重；固结灌浆

1　主要地质特征概述

乌东德水电站位于云南省禄劝县和四川省会东县交界的金沙江干流上，大坝为混凝土双曲拱坝。建基面高程为 718m，坝顶高程为 988m，最大坝高 270m，拱冠梁顶厚 11.98m，底厚 51.41m，厚高比为 0.19。坝体设横缝不设纵缝，共分 15 个坝段。坝址区主要出露会理群落雪组（Pt2l）和因民组（Pt2y）两组浅变质碳酸盐岩地层，岩性为灰岩、大理岩、白云岩和大理岩化白云岩、千枚岩等。地层整体呈单斜状，岩层走向与金沙江流向呈大角度斜交，倾向下游，倾角为 60°～80°。地层结构较完整，岩体裂隙总体不发育，以中倾角为主，次为陡倾角，缓倾角裂隙不发育。根据可研阶段成果，大坝建基岩体主要为中元古界会理群落雪组 Pt 2l3-1 中～厚层灰岩，岩石强度高，岩体质量以Ⅱ级为主，局部为Ⅲ级，岩体质量总体优良。

2　招标设计阶段灌浆方案

招标设计阶段全坝基及坝基轮廓以外 5～10m（水平投影距离）范围均需进行固结灌浆，其中坝基上游以外（坝趾区）按 5m 控制，坝基下游轮廓线以外（坝踵区）按 10m 控制，固结灌浆总量约 13 万 m。河床坝段及缓坡坝段（6～9 坝段）深部利用岩体盖重+浅层有混凝土盖重固结灌浆；陡坡（1～5 号，10～15 号）坝段岩体条件较好（Ⅱ级岩体）时，采用裸岩无盖重固结灌浆；陡坡坝段岩体地质条件较差（Ⅲ1 级岩体为主）时，采用全孔无盖重灌浆+浅层异孔引管灌浆（结合接触灌浆）的方式进行。综合考虑了坝基地质条件、开挖卸荷回弹及爆破影响深度、规范要求及类似工程经验，坝基固结灌浆孔孔深一般为 13～15m；为了防止拉应力区扩大及上游基岩拉裂破坏，同时增强坝趾部位的承载能力，适当加深坝踵部位 10m 范围、坝趾部位 5m 范围的孔深。无盖重固结灌浆孔钻孔孔向一般垂直建基面布置；有盖重固结灌浆一般采用铅直孔。灌浆孔排距一般为 2.5m×2.5m，局部采用 2.5m×1.25m。

2.1 施工工期难点

乌东德大坝混凝土浇筑间歇期宜控制在 8～10 天，最多不超过 14 天，传统坝基固结灌浆与大坝混凝土浇筑、岸坡接触灌浆相互干扰、占压工期，特别在基础强约束区内，坝基固结灌浆与大坝混凝土相互制约、干扰问题突出。而河床部位坝段固结灌浆工程量往往较大，且灌浆工程有自身的特点，各孔序施工相互制约，投入过多的设备，势必导致同时施工的灌浆孔间距过小，孔间发生串浆的可能性较大；在多孔同时灌浆时，混凝土发生抬动的可能性也较大，可能会导致混凝土裂缝产生。再者，进行固结灌浆施工时，由于难以解决固结灌浆与混凝土之间的干扰问题，造成了大量人员、设备在仓面上"几进几出"，致使大坝施工难以组织起均衡生产，造成大量人员和设备窝工，施工单位无经济效益，对施工产生不利影响。同时，灌浆工程属于地下隐蔽工程，在施工过程中有很多因素不能准确预测，如遇吸浆量较大的孔段或串、冒、漏浆时，经常会采用待凝的办法进行处理，会对工期安排造成不利影响。

2.2 与冷却水管、观测仪器相互影响

乌东德水电站大坝主要采用 4.5m 升层浇筑，局部基础约束区部位采用 3～6m 升层浇筑，仓内埋设间距为 1.5m×1.5m（水平×竖向）的高密度聚乙烯冷却水管进行通水冷却，根据不同升层高度，每仓铺设冷却水管 1～3 层，坝体混凝土冷却水管的层数较多，加之埋设了较多的观测仪器，其埋设位置及观测电缆的走向均可能与固灌孔产生冲突，在灌浆钻孔施工过程中难以避免破坏冷却水管、观测仪器等情况，一旦破坏，往往难以处理。

2.3 与混凝土内钢筋的影响

由于混凝土防裂需要，往往在基础强约束区铺设限裂钢筋。在固结灌浆钻孔施工过程中，难以避免会遇到埋设在混凝土内的钢筋，也极大降低了固结灌浆钻孔施工的工效，同时增加了钻孔消耗，在局部部位可能会影响到整个固结灌浆施工的进度。

3 裸岩无盖重灌浆研究背景

乌东德水电站河谷狭窄（宽高比为 0.9～1.1）、岸坡十分陡峻（角度为 60°～75°）、坝段数量少（15 个坝段）。常规有盖重固结灌浆与混凝土浇筑、岸坡接触灌浆之间的矛盾十分突出，预计影响直线工期为 3 个月以上。考虑到大坝建基岩体以Ⅱ级为主、局部为Ⅲ级，质量优良，若全坝基采用无盖重固结灌浆，不仅可以解决上述固结灌浆与混凝土浇筑、岸坡接触灌浆、冷却水管及基础约束去钢筋之间的巨大干扰，而且对现场施工组织、均衡生产、连续施工等方面都具有重大的工期与经济效益。

浅表层岩体是爆破裂隙与卸荷裂隙集中发育的部位，同时，对于陡倾层状岩体，层面是岩体中的主要结构面，无盖重灌浆时，浆液容易通过层面或裂隙串冒至地表，导致灌浆无法升压，影响灌浆效果。因此，无盖重灌浆只有达到良好的裂隙封闭效果，才能提升灌浆压力，保证浅表层岩体的灌浆质量。裸岩无盖重灌浆工程实例很少，乌江构皮滩水电站现场灌浆试验中曾对比研究了快硬水泥、帕斯卡防水材料及防水宝等材料的裂隙封闭效果，研究结论认为：裂隙不发育部位，上述材料均可取得较好的封闭效果；裂隙发育部位，上述材料进行裂隙封闭后，压水、灌浆过程中均多次出现封堵体被击穿的现象，需反复进行封堵。考虑乌东

德大坝建基岩体以Ⅱ级为主，质量优良，又鉴于现有的裂隙封闭材料及工艺效果较差，参建各方于 2016 年 9～12 月，在大坝左、右岸拱肩槽分别选择了较有代表性的 3 个试验区（A、B、C 区）开展原位裸岩无盖重固结灌浆工艺参数试验研究，并取得了重要成果，对了全坝基采用裸岩无盖重固结灌浆方案提供了指导性思路和重要支撑依据。

4 裸岩无盖重固结灌浆的应用

经现场原位裸岩无盖重固结灌浆试验论证，采用环氧胶泥和快硬水泥对岩石裂隙进行封闭处理后，各试验区固结灌浆灌后压水透水率、平均波速及波速提高率均满足设计要求，试验成果表明：环氧胶泥和快硬水泥对裂隙封闭均有良好的效果，其中环氧胶泥适用于宽大裂隙，快硬水泥适用于一般裂隙封闭，且不受基岩面潮湿影响。试验成果经各级审查，最终确定乌东德大坝全坝基固结灌浆采用无混凝土盖重+表层引管灌浆（岸坡坝段结合接触灌浆进行）方式施工，固结灌浆分 4 序施工，先施工Ⅰ、Ⅱ序灌浆孔，再施工Ⅲ、Ⅳ序灌浆孔。Ⅰ、Ⅱ序灌浆孔孔深 3m，采用矩形布置，孔排距离一般为 2.5m×2.5m，Ⅲ、Ⅳ序灌浆孔孔深为 13～23m（坝基区域孔深为 13m，坝趾部位为 18～23m）采用矩形布置，孔排距离一般为 2.5m×2.5m。

4.1 主要设计指标

4.1.1 段长划分

固结灌浆孔第 1 段一般为 3m，第 2 段及以下各段一般为 5m。地质缺陷部位可适当缩短段长；终孔段根据实际情况，可适当加大段长，但最大段长一般不得大于 7m。Ⅲ、Ⅳ序孔孔底段灌前透水率大于 20Lu 或灌浆注入量大于 100kg/m 时，自动加深 1 段，加深段长 5m，灌浆压力同孔底段。

4.1.2 灌浆压力

各部位灌浆压力一般按表 1 控制，执行过程中根据灌浆过程中抬动变形监测情况尽可能采用高值。

表 1 坝基固结灌浆孔灌浆压力表 MPa

部位	分序	第一段	第二段	第三段	第四段及以下
河床坝段坝基及岸坡坝段坝基一般部位	Ⅰ序孔	0.5～0.7	—	—	—
	Ⅱ序孔	0.6～0.8	—	—	—
	Ⅲ序孔	0.7～0.9	1.0	2.0	—
	Ⅳ序孔	0.8～1.0	1.2	2.5	—
坝踵范围	先序孔	0.5～0.7	1.0	2.0	—
	后序孔	0.6～0.8	1.2	2.5	—
坝趾范围	先序孔	0.5～0.7	1.0	2.0	2.5
	后序孔	0.6～0.8	1.2	2.5	2.5

4.1.3 合格标准

乌东德大坝坝基固结灌浆质量以检查孔压水试验成果和物探孔声波测试成果为主；检查

孔压水试验在灌浆结束 3~7 天后进行，物探孔声波测试在灌浆结束 14 天后进行。检查孔压水试验灌后基岩透水率 q≤3Lu；检查标准以单孔声波测试为主、跨孔声波测试为辅。一般部位灌后声波测试合格标准见表 2。

表 2   乌东德大坝坝基固结灌浆灌后声波测试合格标准

检查内容	检测深度	合格标准
单孔声波	0~3m	坝段灌后声波平均值 V_p≥5200m/s，小于 4500m/s 的测试值不超过 5%，且不集中
	3m~孔底	坝段灌后声波平均值 V_p≥5500m/s，小于 4700m/s 的测试值不超过 5%，且不集中
跨孔声波	0~3m	坝段灌后声波平均值 V_p≥5000m/s，小于 4300m/s 的测试值不超过 5%，且不集中
	3m~孔底	坝段灌后声波平均值 V_p≥5200m/s，小于 4500m/s 的测试值不超过 5%，且不集中

4.2 整体工艺流程

裸岩裂隙封闭→灌前物探测试孔钻孔、测试、保护—抬动变形观测孔钻孔、观测设施埋设→表层（建基面以下 3m）Ⅰ、Ⅱ序孔分序钻孔、压水、灌浆、封孔→全孔（建基面以下 13m）Ⅲ、Ⅳ序孔分序分段钻孔、压水、灌浆、封孔→质量检查孔钻孔、取芯、压水、测试、封孔→灌后物探测试孔扫孔、测试、封孔→抬动观测孔封孔。

4.3 主要施工措施

4.3.1 表面裂隙封闭

大坝坝基固结灌浆裂隙封闭材料主要为快硬水泥、环氧胶泥，对于宽度≤2mm 的裂隙一般采用快硬水泥封闭，宽度≥2mm 的裂隙一般采用环氧胶泥进行封闭。

（1）材料主要性能指标。快硬水泥、环氧胶泥主要性能指标见表 3~表 5。

表 3   快硬水泥裂隙封闭材料性能指标要求

序号	性能指标	单位	指标值	备注
1	初凝时间	min	≤5	23°
2	终凝时间	min	≤10	23°
3	固结体抗压强度	MPa	≥17	3 天
4	固结体抗折强度	MPa	≥4.5	3 天
5	固结体劈拉强度	MPa	≥1.5	3 天
6	砂浆试件对粘抗拉	MPa	≥1.2	7 天
7	抗渗压力	MPa	≥1.5	试件

表 4   环氧胶泥裂隙封闭材料性能指标要求

序号	性能指标	单位	指标值	备注
1	外观/流动性	—	黏稠膏状物	立面批刮 10mm 厚不流刮
2	操作时间	min	25~45	25°
3	固化时间	min	≤200	25°

续表

序号	性能指标	单位	指标值	备注
4	固结体抗压强度	MPa	≥65	7天
5	固结体抗折强度	MPa	≥8.0	7天
6	固结体劈拉强度	MPa	≥8.5	7天
7	砂浆试件对黏强度	MPa	≥3.5	7天
8	抗渗压力	MPa	≥1.5	涂层，厚度1.0mm

表5 不同裂隙封闭材料配合比和初凝、养护时间表

材料类型	配合比/A:B	环境温度（℃）	初凝时间（min）	养护时间（h）
环氧胶泥	10:3	<35	约40	24
	10:3	35～40	约40	24
	10:3	>40	约40	24
固结体抗压强度	10:4（灰:水）	>5	约5	2

（2）工艺流程。裂隙封闭材料施工流程：场地清理—裂隙素描—裂隙清洗—基底处理—封闭材料涂刷（宽度、厚度）—养护—利用灌浆孔预压水检查。

（3）质量控制。

1）建基面清理完成后，对建基面可能漏浆裂隙（重点是张开裂隙、溶蚀裂隙和充填软弱、破碎物质的裂隙）做好素描、标识（如图1所示），经监理会同地质工程确认后，针对不同开度裂隙涂刷相应封闭基岩裂隙，表面裂隙封闭严格按照"建基面清理→裂隙素描→裂隙清理或置换→批刮封闭材料"工艺流程进行。

图1 裂隙素描

2）建基面裂隙冲洗采用高压水枪进行，压力不小于5MPa，尽可能利用高压水冲走裂隙中夹杂的泥土、岩屑等杂物，如图2所示。裂隙宽度较大时，采用人工挖、凿等措施对裂隙充填物进行清除并冲洗，裂隙清理深度一般不小于其宽度的5倍。

图 2 裂隙编号、冲洗效果

3）批刮环氧胶泥裂隙封闭材料时，按以下要求控制批刮质量：①批刮环氧胶泥前，应保持裂隙及基岩面干燥；②批刮封闭材料时，应采用灰刀沿裂隙用力批刮，裂隙较大时应自内向外分层批刮，保证裂隙内的空隙填充密实；③裂隙表面应批刮平整，裂隙两侧批刮宽度应各不小于 3cm（批刮宽度需兼顾两侧微裂隙），厚度应不小于 10mm。

4）批刮快硬水泥裂隙封闭材料时，应按以下要求控制批刮质量：①批刮快硬水泥前，应保持裂隙及基岩面湿润，必要时可采用毛刷蘸水涂刷，使裂隙及基岩面充分湿润；②批刮封闭材料时，应采用灰刀沿裂隙用力批刮，裂隙较大时应自内向外分层批刮，保证裂隙内的空隙填充密实；③裂隙表面应批刮平整，裂隙两侧批刮宽度应各不小于 4cm，厚度应不小于 3cm。

5）各灌浆孔钻孔后正式压水试验前先均进行"预压水"，压水压力从 0MPa 逐级提升至设计压水压力，并随时观察外漏、注入率及抬动变形等，如无异常方可维持设计压水压力开始正式压水试验，如有外漏则再次进行裂隙封闭、待强，直至无外漏，方可进行灌浆施工。预压水过程中的外漏一般采用快硬水泥进行封堵。灌前预压水是直观发现外漏裂隙的有效途径，且预压水暂停不影响灌浆质量，此项工序为裂隙封闭效果及质量评价的控制关键。封闭效果如图 3 所示。

图 3 封闭效果

4.3.2 防灌浆与混凝土干扰措施

河床建基面部位固结灌浆在建基面清理干净及表面裂隙封闭完成后，采用自行试履带钻直接在建基面上进行钻孔、灌浆施工，灌浆、灌后检查完成后随即进行大坝混凝土浇筑。有效解决了固结灌浆与混凝土浇筑之间的干扰问题。两岸岸坡全部采用钢管搭设脚手架形成施工平台，进行相应部位的钻灌施工，与大坝混凝土浇筑之间采用"追赶法"进行，通过整体资源配置、灌浆及混凝土工分析，控制两者之间的施工关系（坝基固结灌浆与混凝土仓面高差控制在 30～45m）。通过高差控制，进一步减小了坝基固结灌浆与大坝混凝土之间的干扰问题，又避免了已灌建基面因长时间未进行混凝土浇筑而造成岩体二次卸荷的不利影响。

4.4 坝基固结灌浆施工

坝基固结灌浆按分序加密的原则施工，先施工Ⅰ、Ⅱ序灌浆孔，再施工Ⅲ、Ⅳ序灌浆孔，后序灌浆孔须在周围的前序灌浆孔施工完毕且封孔后，才能实施钻灌。Ⅰ、Ⅱ序灌浆孔（孔深 3m）采用"一次成孔，一次灌浆"方法灌浆，Ⅲ、Ⅳ序灌浆孔一般采用"1—2—3"自上而下分段灌浆方式进行，Ⅱ级岩体部位采用"1—3—2"综合灌浆法进行施工。第 1 段灌浆塞深入基岩 20～30cm，其他各段灌浆塞阻塞在各灌浆段段顶以上 50cm 处。浆液水灰比采用 3:1、2:1、1:1、0.8:1、0.5:1（质量比）五个比级，开灌水灰比根据灌前透水率情况确定，但须满足表 6 有关规定。

表 6 乌东德坝基固结灌浆开灌水灰比及灌浆水灰比表

灌前透水率	开灌水灰比	灌浆水灰比
≤10Lu	3:1	3、2、1、0.8、0.5
≤50Lu	1:1	1、0.8、0.5
>50Lu	0.8:1	0.8、0.5

灌浆过程中采用分级升压灌注，灌浆压力与注入率相适应，灌浆压力与注入率的关系按表 7 要求控制。升压中因岩体抬动或发生劈裂等不能达到规定设计压力时，报监理人同意后，以不发生抬动或岩体劈裂的最大压力灌浆结束。

表 7 灌浆压力与注入率关系

注入率（L/min）	>50	50～30	30～20	20～10	<10
灌浆压力（MPa）	0.1～0.2P	0.2～0.3P	0.3～0.5P	0.5～0.8P	0.8～1.0P

注 P 为设计灌浆压力值。

5 监理管控措施

坝基固结灌浆质量管理控制措施方面，乌东德监理中心着重对灌浆项目弄虚作假的防范，以及工程量计量与结算控制，在施工队伍准入、记录仪管控、水泥物资核销、现场巡视及旁站等方面，按照"技术先行、个性组织、重点管控、平行检验、合理建议"的总体管控思路，做好大坝坝基固结灌浆施工全过程管控工作，力争整体工程质量达标创优。

5.1 技术先行

正式开工前，及时对设计图纸、技术要求组织各方进行详细交底，确保承包方真正明了设计意图，掌握现场施工技术要点；对重大方案、施工组织设计及时组织专题会进行讨论、审查后予以批复。

5.2 个性组织

各坝段坝基固结灌浆按照工程量分布、工程进度要求、资源投入水平合理划分施工阶段，将河床及岸坡部位区别对待、个性组织，实施工程量总量、施工部位（点）总量控制，保障施工安全、质量管理人员管理精力和能力达到全覆盖、全过程。

5.3 重点管控

（1）严把灌浆施工队伍准入关，监理中心严格按照相关规定，对进入工地进行水泥灌浆施工队进行市场准入审核，杜绝转包和违法分包。

（2）开工条件落实、检查，严格执行"准钻准灌证"制度，检查开工前的各项准备工作，审查单元工程开工申请，各项检查结果满足要求时（如周边探洞封堵情况、表面裂隙封闭情况、孔位放样标识情况、灌浆设备、仪器仪表率定情况等），签发单元工程准钻、准灌证。

（3）过程巡检、重点旁站，24h现场监理值班制度，全过程强化灌浆各工序控制，确保实体工程质量。灌浆系掩蔽工程，弄虚作假的防范始终是长期以来灌浆质量管理的重中之重。项目实施过程中，严格执行过程巡检、重点旁站，24h现场监理值班制度及干部突击巡视检查的工作制度，始终坚持"一落实、五检查"（即开工条件落实，记录仪检查、灌浆管路检查、灌浆孔位段位检查、灌浆参数检查、灌浆资料防伪检查）的总体管控思路，做好灌浆项目全过程管控工作，确保监理范围各部位灌浆施工质量满足设计要求，杜绝弄虚作假事件发生。

5.4 平行检验

坝基固结灌浆质量评价按灌后压水透水率和声波测试成果双控指标进行控制，检查孔由监理会同设计、业主根据灌浆成果、现场条件综合布置，在施工单位自检过程中抽取部分孔段进行灌后物探声波检测，物探声波检测由第三方独立实施，第三方检查在与施工单位自检平行开展，检测频次占施工单位自检频次的50%。

5.5 合理建议

组织技术攻关，优化灌浆施工工艺。根据坝基固结灌浆受灌岩层地质条件影响的差异性，针对不同地质条件，为达到最佳效果，在施工过程中监理中心及时组织参建各方进行技术攻关，提出了多项工艺革新措施。

（1）河床坝基局部缓倾角裂隙相对发育，局部开挖揭露岩体为Ⅲ1类岩体，裂隙走向多为缓倾角裂隙，整体岩体结构呈层状分部，灌浆过程中极易发生抬动、掉块等情况，为保证缓倾角裂隙发育区基岩固结灌浆质量，在监理中心的有效组织推进下，在缓倾角裂隙发育区增加抗抬砂浆锚杆、减小灌浆压力等措施，有效避免了灌浆施工发生岩体抬动破坏。

（2）坝基岩石完整性较好、强度高，以Ⅱ级为主，质量优良，若采用"自下而上"方式进行灌浆，不仅对现场灌浆工效提高有较大意义，还进一步减小了高排架上频繁移动钻机带来的安全风险。对此，在灌浆监理的合理建议下，大坝坝基Ⅱ级岩体部位固结灌浆采用"1—3—2"综合灌浆方法进行，保证浅表层灌浆效果及提高施工功效的同时，进一步减小了高排架作业的安全管控风险及降低现场施工人员劳动强度。

6 效果分析

6.1 施工工期

乌东德大坝坝基固结灌浆于 2017 年 1 月正式开工，至 2019 年 9 月基本完成施工，施工工期为 33 个月，与传统坝基固结灌浆相比，预计节省直线工期 6 个月。

6.2 施工成果

表 8～表 10 所示坝基固结灌浆综合成果表明，大坝坝基固结灌浆效果明显，灌前透水率和单位注灰量逐序递减规律明显，从灌前平均透水率分布情况来看，Ⅰ、Ⅱ、Ⅲ序孔灌浆施工完成后，Ⅳ序孔灌前压水透水率基本达到了设计小于 3Lu 的合格指标，灌浆效果尤为明显。其中河床部位灌前平均透水率及单位注灰量均较岸坡部位大，主要因灌浆过程中采用履带式钻机钻孔施工，钻机行走过程中，对表层裂隙封闭效果存在一定影响，导致表层Ⅰ、Ⅱ序灌浆过程外漏，整体注入量较岸坡部位整体偏大。

表 8 　　　　　　　　　大坝左岸岸坡坝基固结灌浆综合成果分析统计表

工程部位	孔序	孔数	灌浆长度（m）	水泥注入量（kg）	单位注入量（kg/m）	灌前平均透水率（Lu）
左岸边坡坝基 1～5 坝段	Ⅰ	687	2364.90	127241.92	53.80	23.18
	Ⅱ	684	2371.80	52001.10	21.92	12.24
	Ⅲ	1139	15766.14	206863.50	13.12	4.26
	Ⅳ	1136	15674.55	99561.30	6.35	1.59
	总计	3646	36177.39	485667.82	13.42	4.87

表 9 　　　　　　　　　大坝河床坝基固结灌浆综合成果分析统计表

工程部位	孔序	孔数	灌浆长度（m）	水泥注入量（kg）	单位注入量（kg/m）	灌前平均透水率（Lu）
河床坝基 6～9 坝段	Ⅰ	401	1199.80	127037.50	105.88	85.56
	Ⅱ	402	1159.60	69703.50	60.11	22.58
	Ⅲ	518	6901.90	193106.10	27.98	4.65
	Ⅳ	518	6869.80	86359.20	12.57	2.07
	总计	1839	16131.10	476206.30	29.52	10.86

表 10 　　　　　　　　　大坝右岸岸坡坝基固结灌浆综合成果分析统计表

工程部位	孔序	孔数	灌浆长度（m）	水泥注入量（kg）	单位注入量（kg/m）	灌前平均透水率（Lu）
右岸边坡坝基 10～15 坝段	Ⅰ	819	3236.3	127550.42	39.41	17.66
	Ⅱ	820	3209.3	50565.2	15.76	5.28
	Ⅲ	1444	20983	157177.12	7.49	5.57
	Ⅳ	1437	20672.92	53669.3	2.60	0.73
	总计	4520	48101.52	388962.04	8.09	4.67

6.3 灌浆效果

灌后透水率：乌东德大坝坝基固结灌浆灌后检查孔按灌浆孔数 5%布置，目前已完成灌后检查孔压水 328 孔，压水 1041 段，合格 1039 段，一次检查合格率为 99.8%，最大透水率为 3.35Lu，略超出设计规定值，可满足不合格试段的透水率不超过设计规定值的 150%，且不集中之规定。满足设计要求。

灌后声波：在相应部位灌浆结束 14 天后进行，声波测试孔进行灌前、灌后单孔声波测试，且每组孔选 1 个剖面进行灌前、灌后跨孔声波检测，同时，灌后利用 50%压水检查孔做单孔声波抽查。成果表面，灌后单孔平均波速均达到 $V_p \geq 5200m/s$ 以上，跨孔平均波速达 $V_p \geq 5000m/s$，低波速占比均未超过 5%，满足设计要求。

7 结语

全坝基采用裸岩无盖重固结灌浆施工工艺在乌东德大坝坝基上的全面推广应用，通过表面裂隙封闭、缓倾裂隙区增加抗抬锚杆等技术措施及一系列管理措施，保证坝基固结灌浆施工质量的同时，有效解决了坝基固结灌浆于大坝混凝浇筑、冷却通水及安排接触灌浆之间的巨大干扰问题，对大坝工程建设现场施工组织、均衡生产、连续施工方面都具有重大的工期与经济效益。该项施工工艺，在乌东德二道坝坝基固结灌浆施工中，得到了进一步推广、应用，并取得了较好的灌浆效果，为后续水电工程中同类地质条件下坝基固结灌浆施工提供了一定的借鉴经验。

作者简介

陈邦辅（1986—），男，工程师，主要从事水利水电工程监理工作。E-mail：563464403@qq.com

古水争岗滑坡堆积体地下排水措施论证研究

范雪枫[1]　田　雷[2]　闫　龙[2]　詹虎跃[3]　杨　玲[2]　王环玲[2]　徐卫亚[2]

（1. 中国电建集团昆明勘测设计研究院有限公司，云南省昆明市　650051；
2. 河海大学，江苏省南京市　210098；
3. 华能澜沧江水电股份有限公司，云南省昆明市　650214）

[摘　要]争岗滑坡堆积体位于古水水电站坝址下游右岸，规模巨大，监测表明争岗滑坡体目前变形仍在缓慢增加，在降雨条件下的稳定性对工程建设和运行安全会产生极大的影响，是制约工程建设和运行安全的关键问题。在地质勘查、工程地质分析基础上，采用饱和—非饱和渗流理论开展了不同降雨工况下争岗滑坡堆积体的渗流边界条件和上层滞水的空间分布特征；根据滑带滞水的分布特征设计了不同的地下排水方案，并进行了排水效果的论证。

[关键词]争岗滑坡堆积体；防治措施；地下排水洞；排水效果；古水水电站

0　引言

降雨是滑坡失稳破坏的主要诱因之一，也是国内外研究热点问题[1-3]。受降雨入渗作用，一方面，滑坡体容重增加，滑动力增加；另一方面，滑坡体尤其是滑带的抗剪强度降低，抗滑力减小；此外，透水性较差的滑带在强降雨过程中形成上层滞水，滑面上形成孔隙压力，这样更容易引起滑坡失稳破坏。地下排水能够在降雨过程中实时有效地排出滑坡体内部滞水，大大降低孔隙水压力，提高滑带抗剪强度，防治效果极佳，被广泛应用于滑坡治理中[4-7]。

陈国金[6]等人通过监测和放水试验研究，分析论证了黄蜡石滑坡地下排水工程的排水效果，结果表明，排井与平洞结合的地下排水工程能够有效减缓滑体变形破坏进程。孙红月[7]等人对比 K103 滑坡实施地下排水工程措施前后地下水位监测结果，表明破碎岩质边坡中采用地下排水隧洞后，坡体中地下水位明显下降，且排水隧洞流量变化与降雨各时段基本同步。彭绍才[8]等人基于滑坡表面变形和地下水位监测成果，证实了乌东德金坪子滑坡地下排水洞能够有效排水，且滑坡体年同期表面位移增量减小，排水措施起到增强滑坡稳定性的作用。

以上研究多针对已实施地下排水措施的滑坡，基于排水过程中地下水位和滑坡体变形实时监测数据，判断排水措施对于水位的降低作用以及提高滑坡稳定性的有效性。对于地下排水措施的排水机理以及计算方法，也有学者开展了相关研究。徐卫亚[9]等人结合三峡库区大石板滑坡，基于观测资料，采用人工神经网络方法预测排水工程实施前后滑坡内地下水位变化，计算了滑坡稳定系数，结果表明地下排水工程的实施能够显著提高滑坡稳定性。严绍军[10]等人采用 FLAC^{3D} 动态模拟了滑坡在水平隧洞排水过程中的孔隙水压力分布、水位及排水流量的变化，得到了坡体典型剖面排水作用下的稳定性动态变化曲线。

本文以古水水电站争岗滑坡堆积体为研究对象，在现场进行野外勘测、地质结构特征和水文地质条件分析基础上，采用饱和—非饱和渗流理论开展降雨工况下争岗滑坡堆积体上层滞水的空间分布特征研究，提出不同的地下排水方案并进行了排水效果的论证。研究成果有利用促进对争岗滑坡堆积体防治措施的认识，同时也对降雨主导的这类滑坡工程防治实践具有重要参考价值。

1 争岗滑坡堆积体基本特征

争岗滑坡堆积体位于古水水电站坝址下游右岸约 1km 处，是一个规模巨大的古滑坡，争岗滑坡堆积体以右 7 号沟和哑贡沟为上下游两侧边界，横向宽近 1300m，分布高程 2180～3220m，高差达 1040m，纵向长约 1500m。争岗古滑坡堆积体平面形态呈舌形，后缘呈圈椅状，高程 2250m 以上，地形完整，地形坡度一般 20°～30°；高程 2250m 以下，地形完整性差，溯源冲沟发育，岸坡较陡，地形坡度一般 40°，高程 2100m 以下基岩裸露。

根据滑坡堆积体地形地貌、边界条件、物质结构特征、变形现状及变形特征等因素，将争岗滑坡堆积体划分为蠕变变形区和基本稳定区两部分，其中Ⅰ区以右 7 号沟和争岗沟为两侧边，高程 2500m 后缘横向拉张裂缝为界的下部滑体为蠕变变形区（Ⅰa 区），高程 2500m 后缘拉张裂缝以上并至右 7 号沟之间的上部滑体为基本稳定区（Ⅰb 区）；Ⅱ区以争岗沟和哑贡沟为两侧边，高程 2700m 后缘拉张裂缝为界的下部滑体为蠕变变形区（Ⅱa 区），高程 2700m 后缘拉张裂缝以上并至高程 3220m 之间的上部滑体为基本稳定区（Ⅱb 区）。争岗滑坡堆积体地段变形特征分区如图 1 所示。堆积体总方量约 4750 万 m^3，其中Ⅰ区方量约 $940 \times 10^4 m^3$，Ⅱ区方量约 $3810 \times 10^4 m^3$。处于蠕变状态的总方量约 $2900 \times 10^4 m^3$，其中，Ⅰ区约 $550 \times 10^4 m^3$，Ⅱ区约 $2350 \times 10^4 m^3$。

图 1 争岗滑坡堆积体地段变形特征分区示意图

争岗滑坡堆积体所在区域气候属寒温带山地季风气候，气温低，降雨少，年平均气温 –2.6～12℃，多平均年降水量为 494.7～522.4mm。2008 年 10 月总雨量为 151mm，单日降雨量最大为 78mm，为近年来的最大值，单日降雨量的过大是导致争岗滑坡堆积体复活的重要因素之一。

堆积体地下水的补给来源主要为大气降水，排向澜沧江，澜沧江为区内的最低排泄基准面，堆积体范围内地下水类型主要有基岩裂隙水和包气带内的上层滞水。现场地质调查共发现了 18 处泉水出露点，分布高程 2250～2450m，其中位于 9 号沟附近的 2 号流量最大，流量为 30～50L/min。平洞在揭穿相对隔水的滑带时有明显的地下水集中现象。

现场观测数据显示，上层滞水的水位埋深为 30～55m，水层厚度一般为 5～15m。根据地质勘探成果，争岗滑坡堆积体透水性较差，滑坡体中前部位以及 2700m 高程附近极为陡缓交界部位的上层滞水现象明显，尤其在滑动面附近较为集中，平洞施工过程中揭露滑动面时出现明显的地下水集中排泄情况，对坡体稳定极为不利。因此，争岗滑坡堆积体防治措施应优先考虑排水。

2　降雨工况下滑带滞水厚度

争岗滑坡堆积体中的滑带土主要物质成分为黏土，黏土层为相对的隔水层，地下水在松散介质中运动遇到相对隔水层形成上层滞水从地表松散的滑坡堆积体中流出形成泉水，滑坡堆积体部位上层滞水主要受大气降水补给，采用饱和—非饱和理论开展降雨工况下的滑带滞水厚度分析，可为堆积体的稳定性评价和排水处理措施提供依据。

2.1　饱和—非饱和渗流控制模型

对滑坡体进行划分，对任意单元体流入侧水体质量与流出侧的水体质量，进出流量之差进行计算，累加各净有流入量，得到微元体内总流入量为水体质量在微元体内积累的速率，根据质量守恒原理，它应等于微元体内水体质量 M 随时间的变化速率

$$\frac{\partial M}{\partial t} = \frac{\partial(n\rho v)}{\partial t} = n\rho\frac{\partial v}{\partial t} + \rho V\frac{\partial n}{\partial t} + nV\frac{\partial \rho}{\partial t} \tag{1}$$

式中　n ——土体的孔隙率；

ρ ——水的密度；

v ——微元体的体积。

上式右边三项分别代表土体骨架、孔隙体积及流体密度的改变速率。

引入弹性压缩理论可得

$$\frac{\partial M}{\partial t} = \rho^2 g(\alpha + n\beta)V\frac{\partial h}{\partial t} \tag{2}$$

式中　α ——土颗粒压缩模量；

β ——水的压缩性；

h ——渗流测压管水头。

根据质量守恒原理可得到

$$-\left(\frac{\partial v_x}{\partial x} + \frac{\partial v_y}{\partial y} + \frac{\partial v_z}{\partial z}\right) = \rho g(\alpha + n\beta)\frac{\partial h}{\partial t} \tag{3}$$

降雨入渗过程中，土体非饱和区特征对入渗特征存在影响。通常认为，在非饱和状态下 Darcy 定律仍然适用。饱和非饱和渗流微分方程如下

$$\frac{\partial}{\partial x}\left(k_u\frac{\partial h}{\partial x}\right) + \frac{\partial}{\partial y}\left(k_u\frac{\partial h}{\partial y}\right) + \frac{\partial}{\partial z}\left(k_u\frac{\partial h}{\partial z}\right) + \frac{\partial k_u}{\partial z} = [C(h_p) + \beta S_s]\frac{\partial h}{\partial t} \tag{4}$$

557

式中　S_s——单位储存量（尺度为 1/L），即单位体积得饱和土体在水头下降 1m 时，由于土体压缩和水体膨胀所释放出来得储存水量；

　　　k_u——非饱和渗透系数 $k_u=k_sk_r$（h）；

　　　k_s——饱和渗透系数；

　　　k_r——比透水系数；

　　　C——容水度。

2.2　渗透特性和计算参数

争岗滑坡堆积体主要成分为有机质土层、块石、碎石夹黏土、砂土、粉土等，分选性较好，表层天然含水率 1%～8%。滑带土成分主要为黏土，黏土质砾，黏土夹砾石、碎石，粉土夹砾石等。黏土可塑性较强，透水性差，为相对隔水层，滑带上部局部有上层滞水。滑带天然含水率 23%左右，争岗滑坡堆积体各材料分区计算参数见表 1。

表 1　　　　　　　　　　　　　争岗滑坡堆积体材料参数

岩土层	容重（kN/m³）		黏聚力（kPa）		内摩擦角（°）		渗透系数（m/s）	VG 模型参数			
	天然	饱水	天然	饱水	天然	饱水		α	n	θ_s	θ_r
滑体	21.5	23.0	47.5	40.0	32.5	30.5	5.0e-5	0.042	5.0	0.39	0.02
滑带土	19.0	20.0	45.0	35.0	28.5	27.5	3.0e-8	0.010	1.1	0.39	0.15
基岩	23.0	—	176.0	175.0	36.5	36.5	1.5e-6	0.050	2.0	0.39	0.10

2.3　计算工况

研究区域 2008 年 10 月强降雨为该区雨量最大值，25～28 日累计降水量达 134mm.，计算中考虑降雨 3 天和停 7 天，前 10 小时降雨量 100mm，后 62 小时降雨量 50mm。3 天降雨量共计 150mm。采用 Geostudio 软件的渗流模块 Seep/W 对典型剖面在暴雨工况下的渗流情况进行分析。

2.4　典型剖面渗流计算结果分析

Ⅰ区典型剖面计算结果显示，降雨以垂直入渗为主，暴雨持续 12 小时后，浸润前锋尚未到达滑带，滑带上无滞水现象。降雨持续 48 小时后［见图 2（a）］，滑带上滞水层最大厚度约为 1.99m，滞水范围进一步扩大，滞水厚度大于 1.00m 的分布高程为 2230～2330m、2380～2560m，沿滑带方向流速较大，坡体含水率增加，孔隙水压力减小。降雨持续 72 小时后，滑带上滞水层最大厚度约为 3.48m，分布高程在 2305m 上下。高程 2210～2550m 范围内滞水厚度均大于 2.00m，其他高程部位滞水零星分布。停雨第 3 天后［见图 2（b）］，坡内孔隙水压力增大，随时间推移高处滞水对低处滞水进行补给，较大滞水层分布高程为 2200～2560m，滞水厚度最大达 4.89m。

Ⅱ区典型剖面计算结果显示，暴雨持续 12 小时后，浸润前锋尚未到达滑带，滑带上无滞水现象。降雨持续 48h 后［见图 3（a）］，滑带上滞水层最大厚度约为 2.72m，高程为 2250m，滞水范围进一步扩大，滞水厚度大于 1.00m 的主要分布高程为 2240～2430m，其余高程滑带有零星分布，滞水厚度相对较小。降雨持续 72h 后，滑带上滞水层最大厚度约为 5.33m，分布高程为 2255m。高程 2248～2320m 范围内滞水厚度均大于 3.50m，在高程 2320～2440 范围内，滞水厚度范围为 2.10～3.00m；其余高程滑面较陡，滞水厚度也相对较小。停雨第 3 天后 [见图 3（b）]，坡内孔隙水压力增大，滑面上水流速度减小，较大滞水层分布高程为 2248m～2330m，最大滞水厚度达 8.29m。同时堆积体前缘剪出口附近有水溢出。

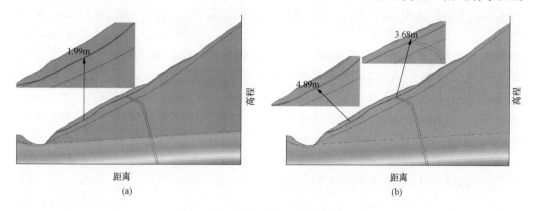

图 2　Ⅰ区降雨工况下孔隙水压力分布

（a）降雨 48 小时后；（b）停雨 3 天后

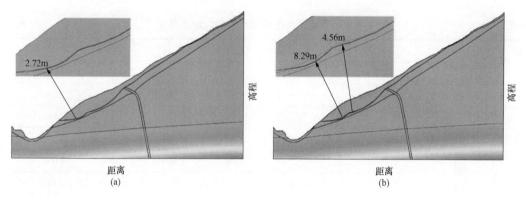

图 3　Ⅱ区降雨工况下孔隙水压力分布

（a）降雨 48 小时后；（b）停雨 3 天后

计算结果表明，降雨作用下，堆积体表层渗透特性较好，降雨强度小于渗透系数时以垂直入渗补给为主。降雨初期，堆积体饱和度较低，坡体内负压值增大，随着雨水的入渗，滑带附近土体饱和度不断增加，流量逐渐增大。且滑带附近水分补给方向以沿滑面向下为主，饱和后自由水流动方向为顺滑面向下。由于重力作用最大滞水厚度大多位于中下部滑带，该位置容易最先形成滞水层，在堆积体上部，相对平缓的滑带部位也容易形成滞水层，滑带坡度较陡部位滞水厚度相对较小。滑带上部堆积体局部位置厚度相对较大，使得滞水厚度的增加存在一定的滞后效应，停雨之后滞水层厚度达到最大，这一现象与现场勘测吻合。

3　争岗滑坡堆积体地下排水治理措施论证

3.1　地下排水系统布置方案

根据争岗滑坡堆积体水文地质条件，结合降雨过程中滑带滞水厚度的分布特征，设置两种排水洞布置方案，方案一是在争岗滑坡堆积体范围内布置 3 层排水主洞，高程分别为 2400m、

2300m 和 2250m；方案二是在争岗滑坡堆积体范围内布置 5 层排水主洞，高程分别为 2700、2500、2400、2300m 和 2250m。

　　排水主洞为城门洞形，净断面尺寸为 2.5m×3.5m，洞顶距基岩面一般 20～50m、最小厚度 10m。排水洞顶拱向坡里侧及坡外侧布置两排排水孔，排水孔间距 4m，孔径 $\phi110$，孔深按穿过滑带土进入堆积体或不小于 30m 控制，内置排水盲沟管。主洞形成后，再从主洞向坡外每隔 50m 设置一条 1.8m×2.5m 排水支洞，排水支洞穿过底滑面至少 3m。排水支洞边墙和顶拱打 8m 深的 $\phi110$ 排水孔，内置排水盲沟管，排水孔排距 4m，梅花形布置，靠近滑面附近排水孔加密。底部 2250m 高程排水洞从上游向下游按 0.5% 放坡，其余四条从中部往两端按 1% 放坡。排水主洞从基岩里绕过滑坡体引至滑坡体两侧稳定坡面上出洞，形成良好的施工通道。

3.2　争岗滑坡堆积体排水条件下的渗流场分析

　　对排水条件下降雨及停雨后的渗流场进行计算分析，排水计算时，将模型中排水洞范围内的节点设置为排水边界。表 2 列出了暴雨工况下争岗滑坡堆积体在不同排水方案下滑带最大滞水厚度。

表 2　　　　　　　　　争岗滑坡堆积体排水条件下滑带最大滞水厚度　　　　　　　　　m

时间	Ⅰ 区		Ⅱ 区	
	3 层排水洞	5 层排水洞	3 层排水洞	5 层排水洞
暴雨 48 小时	1.03	0.96	1.90	1.89
暴雨 72 小时	2.08	2.07	2.93	2.88
停雨 1 天	2.58	2.51	3.81	3.54
停雨 3 天	2.95	2.81	3.65	3.05
停雨 5 天	2.24	2.20	2.83	2.48
停雨 7 天	1.41	1.37	2.21	1.92

　　在考虑地下排水措施后，降雨 2 天后，Ⅰ 区滞水层分布范围明显减小；降雨 3 天后，采取三层排水洞措施后，滞水厚度为 2.08m，主要分布在 2270～2330m 高程，采取五层排水洞措施后，较大滞水厚度分布范围进一步减小，分布高程为 2280～2300m，最大滞水厚度为 2.07m。停雨 3 天后，两种排水方案下的滞水厚度分别为 2.95m 和 2.81m，五层排水洞相较于三层排水洞滞水厚度和滞水分布范围均有减小。随着排水的持续进行，上层滞水厚度逐渐减小，随着渗压的下降，排水速度逐渐减小，滑带上层滞水厚度降低速度变缓，停雨 7 天后，局部滑带有上层滞水分布，两种排水方案下的滞水厚度分别为 1.41m 和 1.37m。

　　Ⅱ 区排水条件下滑带滞水厚度的演化规律与 Ⅰ 区大致相同，在排水条件下最大滞水厚度在停雨 1 天后达到，两种排水方案下最大滞水厚度分别为 3.81m 和 3.54m。停雨 3 天后，两种排水方案下的滞水厚度分别为 3.65m 和 3.05m。可以看出在排水洞排水措施下，降雨过程中上层滞水厚度显著减小，随着排水时间的增加，在停雨 7 天后，两种排水方案均能将大部分上层滞水都排出。

3.3　地下排水措施后的稳定性评价

　　采用极限平衡法对争岗滑坡堆积体 Ⅰ 区和 Ⅱ 区典型剖面在降雨工况下排水措施实施前后

的稳定性进行分析，计算时排水洞影响范围 40m 内，底滑面以上无水头，抗剪强度采用天然参数，Ⅰ区其余部位底滑面以上设置 2~5m 水头，Ⅱ区其余部位底滑面以上设置 2~10m 水头，抗剪强度采用饱和参数。计算所得安全系数如表 3 所示。

计算结果表明，采取三层排水洞措施后，降雨工况下，Ⅰ区典型剖面沿一期滑面和二期滑面均满足设计安全系数 1.05 的要求，三期滑面不满足设计要求；Ⅱ区典型剖面沿一期滑面不满足设计要求，其余均满足设计要求。五层排水洞方案治理工程实施后，降雨工况下Ⅰ区和Ⅱ区典型剖面滑面安全系数均满足设计要求。

表 3   争岗滑坡堆积体地下排水措施实施前后安全系数

分区	滑动模式	排水前	三层排水	五层排水
Ⅰ区	一期滑面	1.028	1.050	1.074
	二期滑面	1.035	1.056	1.095
	三期滑面	1.011	1.045	1.079
Ⅱ区	一期滑面	1.006	1.045	1.065
	二期滑面	1.012	1.054	1.075
	三期滑面	1.053	1.110	1.113

综合地下排水措施的排水效果以及采取排水洞措施后降雨工况下的安全系数可以看出，采取三层排水洞措施后，滑带滞水厚度较排水前明显减小，安全系数也提升了 2.0%~5.4%；采取五层排水洞后滞水厚度较三层排水有所减小，但减小幅度不大，安全系数的增加幅度为 0.3%~3.7%。采取五层排水较三层排水效果增加不明显的主要原因是增加的两层排水洞高程位于堆积上部，而滑带上的滞水主要分布在堆积体中下部位。因此，建议在争岗滑坡堆积体地下排水治理措施实施过程中，首先进行高程为 2400、2300m 和 2250m 的排水洞施工，后期根据三层排水洞的排水效果、变形监测、地下水监测以及稳定性分析等进行动态评估，依据评估结果再确定是否需要实施高为 2700m 和 2500m 的地下排水洞工程。

4   结语

（1）争岗滑坡堆积体变形主要受降雨影响，现场勘测表明，滑带上部滞水明显，2008 年 10 月出现强降雨，使得堆积体产生新的变形。

（2）饱和—非饱和渗流计算结果表明随着雨水的入渗，滑带附近土体饱和度不断增加，由于重力作用最大滞水厚度大多位于中下部滑带，该位置容易最先形成滞水层，滞水厚度的增加存在滞后效应，停雨达到最大，停雨第 3 天后，Ⅰ区和Ⅱ区最大滞水厚度分别为 4.89m 和 8.29m。采取排水洞措施后，降雨过程中上层滞水厚度显著减小，随着排水时间的增加，在停雨 7 天后，两种排水方案下的滞水厚度分别为 1.41m 和 1.37m。

（3）在争岗滑坡堆积体地下排水洞治理措施实施过程中，建议首先进行高程为 2400、2300m 和 2250m 的排水洞施工，并依据排水效果再确定是否需要实施高为 2700m 和 2500m 的地下排水洞工程。

参考文献

[1] 徐卫亚，周伟杰，闫龙. 降雨型堆积体滑坡渗流稳定性研究进展 [J]. 水利水电科技进展，2020，40（4）：87-94.

[2] 张永双，吴瑞安，任三绍. 降雨优势入渗通道对古滑坡复活的影响 [J]. 岩石力学与工程学报，2021，40（4）：777-789.

[3] XUE C H，CHEN K J，TANG H，et al. Heavy rainfall drives slow-moving landslide in Mazhe Village，Enshi to a catastrophic collapse on 21 July 2020 [J]. Landslides，2022，19（1）：177-186.

[4] YAN L，XU W Y，WANG H L，et al. Drainage controls on the Donglingxing landslide（China）induced by rainfall and fluctuation in reservoir water levels [J]. Landslides，2019，16（8）：1583-1593.

[5] SUN H Y，Louis Ngai Yuen Wong，SNANG Y Q，et al. Evaluation of drainage tunnel effectiveness in landslide control [J]. Landslides，2010，7（4）：445-454.

[6] 陈国金，张陵，张华庆，等. 黄蜡石滑坡地下排水效果分析 [J]. 中国地质灾害与防治学报，1998，9（4）：80-85.

[7] 孙红月，尚岳全，申永江，等. 破碎岩质边坡排水隧洞效果监测分析 [J]. 岩石力学与工程学报，2008，27（11）：2267-2271.

[8] 彭绍才，郑栋，段国学，等. 乌东德金坪子滑坡地表变形特征与地下排水效果 [J]. 水利水电技术，2021，52（1）：146-158.

[9] 徐卫亚，高德军，郭其达，等. 三峡库区大石板滑坡区排水系统效果评估 [J]. 工程地质学报，2002，10（01）：83-88.

[10] 严绍军，唐辉明，项伟. 地下排水对滑坡稳定性影响动态研究 [J]. 岩土力学，2008，29（6）：1639-1643.

作者简介

范雪枫（1993—），男，工程师，主要从事水利水电工程设计工作。E-mail：fxfslxy@qq.com

基于 FLAC3D–PFC3D 耦合的库水骤降滑坡机制数值模拟研究

杨肖锋[1]　石　崇[2]　陈光明[1]　詹虎跃[3]　崔景涛[3]

（1. 中国电建集团昆明勘测设计研究院有限公司，云南省昆明市　650051；
2. 河海大学岩土工程研究所，江苏省南京市　210098；
3. 华能澜沧江水电有限公司，云南省昆明市　650206）

[摘　要] 水位变动诱发库岸边坡滑坡是一类常见的地质灾害，为研究在水位骤降条件下库岸边坡的变形破坏机理，本文推导并拟合了在水位骤降时边坡的浸润线公式，分析了边坡渗流场中的水—颗粒的力学相互作用，依托工程案例，利用连续非连续耦合数值模拟方法构造了颗粒流细观模型，探讨了库岸堆积体在水位下降条件下的稳定性。结果表明，在水位骤降条件下，堆积体边坡易发生渐进式牵引式滑坡。本研究可为复杂地形地貌边坡的稳定性评价提供参考。

[关键词] 库水位骤降；FLAC-PFC；数值模拟；边坡稳定性

0　引言

水利水电工程在运行期间会出现周期性的水位升降，引发库区边坡潜在滑坡体复活[1]，且水位骤降下库区边坡的渗透变形规律复杂，因此库水位变动诱发的滑坡过程分析对边坡工程防灾减灾有重要意义。

国内外学者对库水位变化引发滑坡的研究主要是通过现场监测、数值模拟以及模型试验等方法进行[2-10]，数值模拟由于其成本低、效果明显的特点被广泛应用。其中，有限元方法计算效率高、易于建立复杂模型，因此众多学者[11, 12]通过有限元方法研究水动力型滑坡。但有限元方法难以考虑大变形，无法反映裂隙的延伸过程，颗粒流方法[13, 14]因此逐渐发展。通过 DEM-CFD 耦合[15-17]，可以将渗流场与应力场结合研究水对岩体的作用。CFD-DEM 流固耦合模拟应用越来越多，但其计算效率低下，仅能模拟简单、结构化的流场，对实际工程的模拟仍有难度。

为解决有限元方法难以计算大变形和颗粒流方法流固耦合计算复杂的问题，本文将边坡划分为四个等效水位下降区域，并将此方法应用于工程实例分析了堆积体的滑坡过程。

1　研究方法

1.1　库水位下降渗流分析

为简化库水位下降作用以应用于工程实践，在进行浸润线公式推导时应对边坡及库水位的变化做出以下假定：①含水层均质、各向同性，侧向无限延伸，其底部为水平不含水层；②库水降落前，原始潜水面水平；③潜水流为一维流；④库水位以 V_0 的速度等速下降；⑤库岸按垂直考虑。库水降幅内的库岸与大地相比小得多，为了简化将其视为垂直库岸[18]。

简化的一维潜水渗流基本方程可由 Boussinesq 方程得到，即

$$\frac{\partial h}{\partial t} = a \frac{\partial^2 h}{\partial x^2}, \quad a = \frac{Kh_{\mathrm{m}}}{\mu} \tag{1}$$

式中 K ——渗透系数；

      h ——库水位高度；

      μ ——给水度；

      t ——库水位下降的持续时间；

      h_{m} ——平均含水层厚度。

如图 1 所示，初始水位为 $h_{(0,0)}$，距库岸 x 处的地下水位变化幅度为

$$u(x,t) = h_{(0,0)} - h_{(x,t)} \tag{2}$$

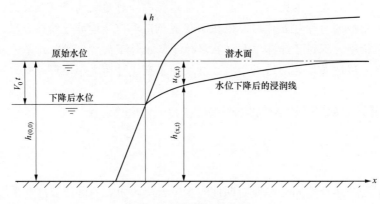

图 1   浸润线计算简图

则可以把上述一维潜水渗流方程归结为以下数学模型

$$\frac{\partial u}{\partial t} = a \frac{\partial^2 u}{\partial x^2} \quad 0 < x < \infty, \quad t > 0$$
$$u(x,0) = 0, \quad 0 < x < \infty$$
$$u(0,t) = V_0 t, \quad t > 0 \tag{3}$$
$$u(\infty,t) = 0, \quad t > 0$$

将上述数学模型利用 Laplace 积分变换和逆变换得到

$$u(x,t) = V_0 t \left[(1 + 2\lambda^2) \mathrm{erfc}(\lambda) - \frac{2}{\sqrt{\pi}} \lambda e^{-\lambda^2} \right] \tag{4}$$

其中，$\lambda = \dfrac{x}{2\sqrt{at}} = \dfrac{x}{2}\sqrt{\dfrac{\mu}{Kh_{\mathrm{m}}t}}$，$\mathrm{erfc}(\lambda) = \dfrac{2}{\sqrt{\pi}} \displaystyle\int_{\lambda}^{\infty} \mathrm{e}^{-x^2} dx$

则在水位下降条件下，边坡体内部的浸润线公式为

$$h_{(x,t)} = h_{(0,0)} - V_0 t \left[(1 + 2\lambda^2) \mathrm{erfc}(\lambda) - \frac{2}{\sqrt{\pi}} \lambda e^{-\lambda^2} \right] \tag{5}$$

为方便将浸润线公式应用于工程实践，令 $M(\lambda)=(1+2\lambda^2)\mathrm{erfc}(\lambda)-\dfrac{2}{\sqrt{\pi}}\lambda e^{-\lambda^2}$，将 $M(\lambda)$ 进行多项式拟合，拟合效果如图 2 所示，则浸润线公式的简化形式为

$$\begin{cases} h(x,t)=h_{(0,0)}-V_0 tM(\lambda) & (0\leqslant\lambda<2) \\ M(\lambda)=-2.26\lambda^6+2.03\lambda^5-0.83\lambda^4+0.09\lambda^3+0.03\lambda^2-0.01\lambda+1 \\ h(x,t)=h_{(0,0)} & (2\leqslant\lambda) \end{cases} \tag{6}$$

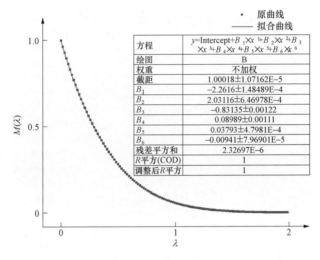

图 2 浸润线公式拟合

1.2 库水位下降力学分析

流体与颗粒间的作用力，除最常见的浮力外，还有拖曳力、压力梯度力、虚质量力、Basset 力和升力等。拖曳力由颗粒和流体间的速度差而产生，动压力梯度力由流体动压产生，虚质量力与加速周围流体所需的作用力有关，Basset 力是由于相对速度随时间改变而导致边界层发展暂时滞后所引起的力[19]，升力由颗粒旋转而产生[20]。在土体渗流中，虚质量力、Basset 力以及升力对颗粒运动所产生的影响相对于浮力、拖曳力和压力梯度力来说很小，因此流体与颗粒间的作用力仅考虑浮力与拖曳力与压力梯度力。

压力梯度力的细观表达式为

$$f_p=\frac{4}{3}\pi r^3\nabla p \tag{7}$$

式中 ∇p ——流体压力梯度矢量。

流体作用于颗粒上的拖曳力为

$$\vec{f}_{drag}=\vec{f}_0\varepsilon^{-\chi} \tag{8}$$

式中 $\vec{f}_0$ ——单个颗粒所受的拖曳力；

ε ——颗粒所在流体单元的孔隙率；

$\varepsilon^{-\chi}$ ——考虑局部孔隙度的经验系数。

单个圆形颗粒所受拖曳力为[21, 22]

$$\vec{f}_0=\frac{1}{2}C_d\rho_f\pi D\,|\,\vec{v}-\vec{u}\,|(\vec{v}-\vec{u}) \tag{9}$$

式中　C_d——拖曳力系数；

　　　ρ_f——流体密度；

　　　D——颗粒直径；

　　　$\vec{v}$——流体速度矢量；

　　　$\vec{u}$——颗粒线速度矢量。

经验系数 χ 为

$$\chi = 3.7 - 0.65\exp\left(-\frac{(1.5-\lg Re_p)^2}{2}\right) \qquad (10)$$

其中，Re_p 为颗粒雷诺数：

$$Re_p = \frac{2\rho_f r\,|\vec{v}-\vec{u}|}{\mu} \qquad (11)$$

式中　μ——流体动力黏度。

C_d 与 Re_p 关系如下

$$C_d = \left(0.63 + \frac{4.8}{\sqrt{Re_p}}\right)^2 \qquad (12)$$

2　库水位下降等效方法

水位下降对于边坡稳定性的影响可以简化为三个方面：①水对土体的软化作用，可简化为对浸润位线以下的颗粒参数进行折减；②水对土体的浮力作用，即在浸润线以下土体采用浮重度；③由于土体内水位下降滞后于库水位的下降，坡体内会产生指向土坡外的渗流，因此土体颗粒还受到渗流力的作用。

在水位下降后，根据浸润线将边坡体划分为如图 3 所示的四个区域，依据浸润线对边坡模型分区域设置物理力学参数以及施加渗流力。

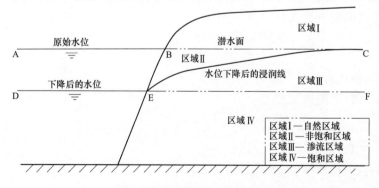

图 3　库岸边坡内部区域划分

对以上四个区域内的颗粒参数设置及渗流力施加情况如下：

（1）原始潜水面 BC 以上区域为天然区域（I 区），土体颗粒状态为天然状态，颗粒参数

采取天然重度 γ_1，接触参数采取天然参数 f_1。

（2）浸润线 EC 以上、原始潜水面 BC 以下区域为非饱和区域（Ⅱ区），土体颗粒状态为非饱和状态，Ⅱ区内的土体含水量与其距 EC 的距离线性相关，颗粒容重 γ_2 及接触参数也应根据含水量进行相应的折减，即

$$\gamma_2 = \gamma_3 + \frac{H_2}{H_1}(\gamma_1 - \gamma_3) \tag{13}$$

$$f_2 = f_3 + \frac{H_2}{H_1}(f_1 - f_3) \tag{14}$$

其中，γ_1 和 f_1、γ_2 和 f_2、γ_3 和 f_3 分别为天然区域、非饱和区域、饱和区域的颗粒容重和摩擦系数，如图 4 所示，H_1 为颗粒 A 所在位置浸润线与原始潜水面的高度差值，H_2 为颗粒 A 距浸润面的距离。

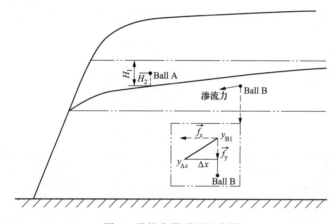

图 4 具体变量说明示意图

（3）在浸润线 EC 以下、水位线 EF 以上区域（Ⅲ区），土体颗粒状态为饱和状态，采用本文提出的等效方法时，Ⅲ区内的土体颗粒重度应取浮重度 γ_3[23]，对于土体颗粒的细观参数，依据工程经验，应对颗粒间接触的摩擦系数折减 15%（即 $f_3 = 0.85 f_1$）[24]。

由于边坡内部渗流滞后于外部水位下降，Ⅲ区内的水位高于水位 DE，存在超孔隙水压力，因此Ⅲ区会产生渗流，颗粒受到渗流力的作用。渗流力可依据式（7）、式（8）施加，方向为颗粒所在位置浸润线的切线方向。

则颗粒所受到的渗流力在 x、y 方向的分力为

$$f_x = \frac{\Delta x}{\sqrt{(y_{B1} - y_{\Delta x})^2 + \Delta x^2}} f_s \tag{15}$$

$$f_y = \frac{y_{B1} - y_{\Delta x}}{\sqrt{(y_{B1} - y_{\Delta x})^2 + \Delta x^2}} f_s \tag{16}$$

其中，Δx 为单位长度，y_{B1} 为颗粒 B 上方浸润线的 y 值，$y_{\Delta x}$ 为颗粒 B 前 Δx 处浸润线的 y 值，f_s 为颗粒所在位置的渗流力，如图 4 所示。

（4）水位线 EF 以下区域（Ⅳ区），由于水位与坡体外部水位相同，颗粒并未受到渗流

力的作用，物理力学参数应按照饱和状态折减，即颗粒重度取浮重度 γ_3，接触参数采取饱和状态的参数 f_3。

3 水位骤降滑坡过程分析

3.1 模型建立

实际工程项目中，边坡地形起伏较大，建筑构造也会对边坡产生一定影响，边坡的变形破坏特征往往具有明显的三维效应，因此进行三维的模拟分析是很必要的。但单独通过三维颗粒流方法来研究边坡性往往计算效率较低，因此在潜在破坏区域采用非连续方法模拟，对于变形量小的基岩部分采用连续数值模拟方法分析，既能满足计算效率的要求，又不受变形量限制。

构建三维FLAC-PFC耦合模型如图5所示，三维模型尺寸为1500m×1500m×800m，模型分为基岩、倾倒变形体和冰水堆积体三部分。冰水堆积体用离散元颗粒表示，基岩及倾倒变形体部分通过网格表示。

图 5 FLAC-PFC 耦合模型

颗粒间采用接触黏结模型。基岩和倾倒变形体较小，采用连续单元模型，使用Mohr-Coulomb准则来模拟其力学特征，模型的前后左右侧约束水平位移，底边固定，颗粒细观参数取值以及单元的宏观参数取值如表1所示。

表 1   计算模型宏细观力学参数

PFC	颗粒半径 r（m）	颗粒密度 ρ（kg/m³）	有效模量 E^*（MPa）	摩擦系数	抗拉强度 σ_c（MPa）	黏聚力 c（MPa）
	1.2-2.4	2350	10	1.0	0.8	0.8
FLAC	倾倒变形体	密度 ρ（kg/m³）	杨氏模量 E（GPa）	泊松比 ν	摩擦角 ϕ（°）	黏聚力 c（MPa）
		2500	5	0.28	38	5
	基岩	密度 ρ（kg/m³）	杨氏模量 E（GPa）	泊松比 ν	摩擦角 ϕ（°）	黏聚力 c（MPa）
		2700	10	0.22	50	10

3.2 三维库水位等效实现方法

由于三维模型中的地形起伏更加多样化，导致边坡中渗流区域的也更多样化，因此三维数值模型中的水位等效下降方法更难实现，如何根据地形的起伏来考虑渗流力的施加至关重要；此外，堆积体的稳定性受更多因素影响，变形破坏特征也具有明显的三维效应。

为实现三维数值模型中的水位下降，需要确定出三维模型中浸润面的位置来划分图 3 所示的非饱和区域和渗流区域，由于三维模型中堆积体的厚度不一且地形变化较为复杂，因此实现三维模型中浸润面的设置更困难。

水位等效实现方法如图 6 所示，为实现三维模型中浸润面的设置，将所有颗粒按照一定的单位长度，沿 X 方向等间距条分，为如图 7（a）所示，寻找出每个条分区域内在下降后的水位线水平上 Y 坐标最小的颗粒，颗粒坐标即为条分区域内浸润线的起点，如图 7（b）所示，根据这个颗粒与浸润线地高程信息来判定颗粒的所属区域，对不同区域的颗粒赋组，就完成了各区域的划分，实现效果如图 8 所示。

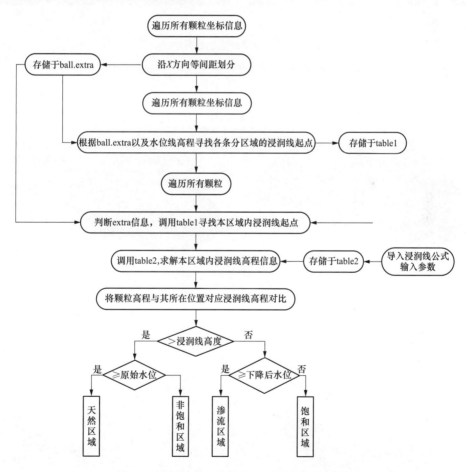

图 6　水位下降等效方法三维推广应用具体流程

3.3 水位骤降滑坡过程分析

设定原始水位为 2265m，下降后水位为 2165m，水位下降速度为 5m/d，土体的渗透系数按照野外实验所测得的数据取值为 $1×10^{-5}$m/s，为研究滑坡过程中堆积体的裂隙延伸及边坡破坏情况，将水位下降产生的荷载适当放大，即将饱和参数按照天然参数的 70%折减，将渗流力放大 5 倍，以更好地展示破坏过程，按照上述的等效方法，模型的参数赋予与渗流力施加效果如图 9 所示。

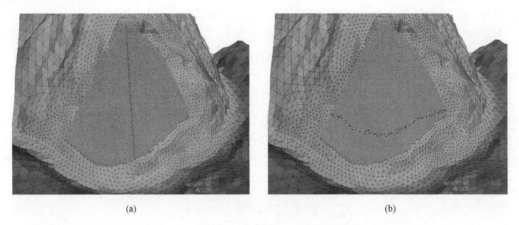

图 7　三维浸润面划分方法

（a）颗粒沿 x 方向等间距条分；（b）条分区域内浸润线起点

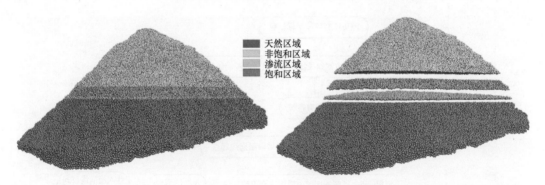

图 8　堆积体内部区域划分

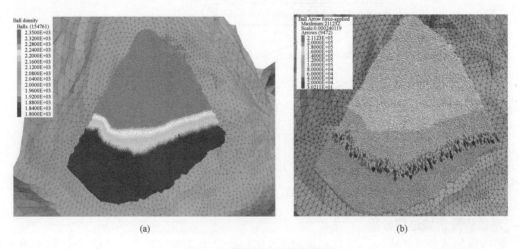

图 9　三维等效方法施加效果

（a）不同区域的重度施加情况；（b）渗流区域渗流力施加情况

　　根据颗粒平均速度变化及滑坡过程，可将堆积体的滑坡过程划分为如图 10 所示地 6 个阶段。对所有颗粒的平均速度、位移以及裂隙数目进行监测，结果如图11（a）～图11（c）所示。

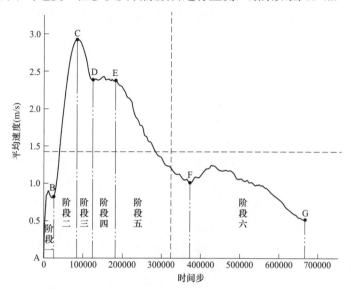

图 10　滑坡阶段划分示意图

　　为更清晰地显示堆积体的变形破坏情况，将堆积体按高程分组（如图 11 所示）。水位骤降，堆积体内部形成较大的孔隙水压力，且浸润线以上土体重度增加，导致土体下滑力增加，因此第一阶段，颗粒平均速度增大，位移主要集中在非饱和区域至水位线附近。

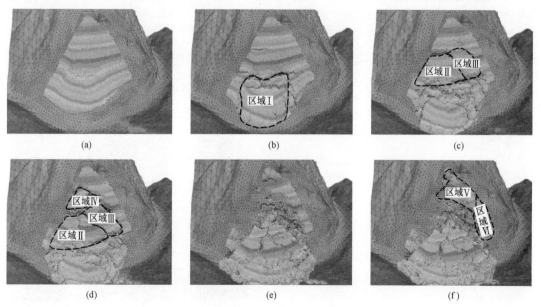

图 11　水位骤降堆积体边坡滑坡过程

（a）2.5 万步；（b）8 万步；（c）12 万步；（d）18.5 万步；（e）37 万步；（f）42 万步

　　第二阶段，颗粒平均速度急增，堆积体出现大量裂隙贯通导致滑坡。水位骤降后非饱和区域内颗粒重度增加，加上渗流力作用，堆积体平衡状态被破坏，导致大范围滑坡，由于失去下部土体的支撑，天然区域也出现裂隙和变形导致大范围牵引式滑坡，在滑动过程中，区域Ⅰ边缘也出现了诸多滑坡导致的裂隙带。

第三阶段，区域Ⅰ滑坡触及谷底，底部颗粒减速，颗粒平均速度减小，由于失去下部土体的支撑，堆积体中部也形成大量的贯通裂隙，但此阶段中部并未发生大规模的滑坡。

第四阶段，颗粒平均速度基本不变，由于区域Ⅰ滑坡至谷底，但堆积体的中部，裂隙逐渐贯通，形成如图 11（d）所示的滑坡区域，三个区域依次发生滑坡，颗粒速度增大，区域Ⅰ颗粒速度不断减小，平均速度维持稳定，由于区域Ⅰ趋于稳定，区域Ⅱ和Ⅲ开始滑动，因此区域Ⅰ的顶部出现大量的挤压破碎带和裂隙。

第五阶段，区域Ⅰ逐渐趋于稳定，区域Ⅱ、Ⅲ、Ⅳ的滑动也趋于结束，虽然堆积体大范围滑坡，但颗粒平均速度下降，原因在于区域Ⅰ颗粒趋于稳定，尽管区域Ⅱ、Ⅲ、Ⅳ发生滑坡，颗粒平均速度持续减小，剩余堆积体厚度较薄，暂时稳定，但随着时间的推移，区域Ⅳ失去下部土体的支撑，开始产生裂隙。

第六阶段，区域Ⅴ失去下部土体的支撑，顶部出现贯通裂隙并滑动，随后区域Ⅵ在区域Ⅴ的推动下发生滑坡，这个阶段颗粒平均速度先变大后减小，之后颗粒平均速度曲线斜率开始增大，区域Ⅴ和Ⅵ与已滑坡的土体接触。

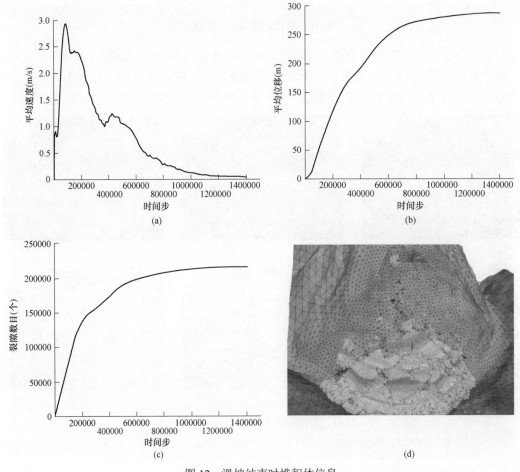

图 12　滑坡结束时堆积体信息

（a）颗粒平均速度变化；（b）颗粒平均位移变化；（c）裂隙数目变化；（d）堆积体最终状态

之后颗粒平均速度持续减小，平均位移和裂隙数目不再增加，滑坡体趋于稳定，最终状态如图 12（d）所示，形成大量堰塞体，阻挡河道，堆积体顶部和左侧部分土体由于土体厚度较薄，自重条件下稳定性未受滑坡的影响。

4　结语

本文通过分析在水位骤降条件下的边坡内部浸润线变化规律，构造了基于颗粒流细观渗流作用的连续非连续耦合细观分析方法，探讨库岸堆积体在水位下降条件下的变形破坏机理，主要结论如下：

（1）推导了库水下降作用坡体内浸润线的简化计算公式，分析了边坡渗流场中了水—颗粒的力学相互作用机理，可将边坡渗流中的水土作用力简化为浮力、压力梯度力与拖曳力。

（2）提出了将边坡划分为天然区域、非饱和区域、渗流区域、饱和区域四个区域的水位下降等效实现方法，并将其推广运用于三维 FLAC-PFC 模拟中，该方法可研究复杂地形地貌边坡在水位骤降条件下的变形破坏机理。

（3）依托古水水电站坝前堆积体地质条件，建立三维 FLAC-PFC 耦合模型，在水位骤降条件下，堆积体边坡极易发生渐进式牵引式滑坡，滑坡过程可分为 6 个阶段。

参考文献

［1］WANG F，LI T. Landslide Disaster Mitigation in Three Gorges Reservoir，China［J］. Springer Berlin Heidelberg，2009，30：184-185.

［2］ZHOU C，SHAO W，WESTEN C V. Comparing two methods to estimate lateral force acting on stabilizing piles for a landslide in the Three Gorges Reservoir，China［J］. Engineering Geology，2014，173：41-53.

［3］TAN Q，TANG H，FAN L，et al. In situ triaxial creep test for investigating deformational properties of gravelly sliding zone soil：example of the Huangtupo 1# landslide，China［J］. Landslides，2018，15.

［4］TAN Q，TANG H，HUANG L，et al. LSP methodology for determining the optimal stabilizing pile location for step-shaped soil sliding［J］. Engineering Geology，2017.

［5］WANG D J，TANG H M，ZHANG Y H，et al. An improved approach for evaluating the time-dependent stability of colluvial landslides during intense rainfall［J］. Environmental Earth ences，2017，76（8）：321.

［6］TANG H，RUI Y，ELDIN M. Stability analysis of stratified rock slopes with spatially variable strength parameters：the case of Qianjiangping landslide［J］. Bulletin of Engineering Geology and the Environment，2016：1-15.

［7］HUIMING，TANG，CHANGDONG，et al. Evolution characteristics of the Huangtupo landslide based on in situ tunneling and monitoring［J］. Landslides，2015，12：511-521.

［8］QIONG，WU，HUIMING，et al. Identification of movement characteristics and causal factors of the Shuping landslide based on monitored displacements［J］. Bulletin of Engineering Geology & the Environment，2019，78（3）：2093-2106.

［9］ZHU A X，WANG R，QIAO J，et al. An expert knowledge-based approach to landslide susceptibility mapping using GIS and fuzzy logic［J］. Geomorphology，2014，214（jun.1）：128-138.

［10］ZHANG Z，LIU G，WU S，et al. Rock slope deformation mechanism in the Cihaxia Hydropower Station，

Northwest China [J]. Bulletin of Engineering Geology and the Environment, 2015, 74 (3): 943-958.

[11] 薛凯喜, 丁辰, 康国芳, 等. 不同降雨工况下红黏土边坡持水响应规律与稳定性分析 [J]. 水力发电, 2021, 47 (3): 31-36.

[12] 高冯, 李小军, 迟明杰. 基于有限元强度折减法的单双面边坡稳定性分析 [J]. 工程地质学报, 2020, 28 (3): 650-657.

[13] WEI J, ZHAO Z, XU C, et al. Numerical investigation of landslide kinetics for the recent Mabian landslide (Sichuan, China) [J]. Landslides, 2019, 16 (11): 2287-2298.

[14] HE J, LI X, LI S, et al. Study of seismic response of colluvium accumulation slope by particle flow code [J]. Granular Matter, 2010, 12 (5): 483-490.

[15] LI L, HOLT R M. Simulation of flow in sandstone with fluid coupled particle model: ROCK MECHANICS IN THE NATIONAL INTEREST, VOLS 1 AND 2 [Z]. Elsworth D, Tinucci J P, Heasley K A. 38th US Rock Mechanics Symposium (DC Rocks 2001): 2001165-172.

[16] 蒋明镜, 张望城. 一种考虑流体状态方程的土体 CFD-DEM 耦合数值方法 [J]. 岩土工程学报, 2014, 36 (05): 793-801.

[17] 王胤, 艾军, 杨庆. 考虑粒间滚动阻力的 CFD-DEM 流—固耦合数值模拟方法 [J]. 岩土力学, 2017, 38 (6): 1771-1780.

[18] 郑颖人, 时卫民, 孔位学. 库水位下降时渗透力及地下水浸润线的计算 [J]. 岩石力学与工程学报, 2004 (18): 3203-3210.

[19] ZOU X, CHENG H, ZHANG C, et al. Effects of the Magnus and Saffman forces on the saltation trajectories of sand grain [J]. Geomorphology, 2007, 90 (1): 11-22.

[20] XU B H, YU A B. Numerical simulation of the gas-solid flow in a fluidized bed by combining discrete particle method with computational fluid dynamics [J]. Chem.eng, 1997, 52 (16): 2785-2809.

[21] 周号同. 基于离散元法的水土流动系统耦合数值分析方法研究 [D]. 中国地质大学 (北京), 2020.

[22] FELICE R D. The voidage function for fluid-particle interaction systems [J]. International Journal of Multiphase Flow, 1994, 20 (1): 153-159.

[23] 毛昶熙, 段祥宝, 吴良骥. 再论渗透力及其应用 [J]. 长江科学院院报, 2009, 26 (S1): 1-5.

[24] 司宪志, 宁宇, 石崇, 等. 基于连续—非连续方法的高填方边坡变形稳定性分析 [J]. 河北工程大学学报 (自然科学版), 2021, 38 (02): 53-60.

作者简介

杨肖锋 (1995—), 男, 助理工程师, 主要从事岩土结构设计相关工作。E-mail: 1757660126@qq.com